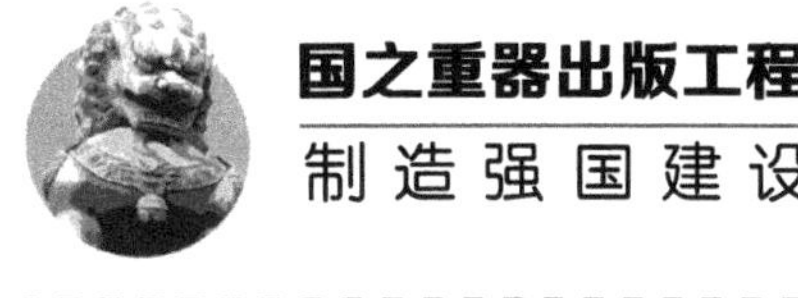

新型显示技术丛书

非主动发光显示技术

马群刚　著

電子工業出版社
Publishing House of Electronics Industry
北京·BEIJING

内容简介

本书介绍了获得广泛应用的三类非主动发光显示技术：液晶显示技术、电子纸显示技术和投影显示技术。对于液晶显示技术，详细介绍了液晶的基本特性，各种液晶显示模式，液晶显示产品的结构、功能与制造，高品质液晶显示技术，以及液晶显示在高精细方向的发展趋势。对于电子纸显示技术，详细介绍了电子纸显示的特点、应用与挑战，并分粒子移动型电子纸、液晶型电子纸、电色型电子纸、仿生光学型电子纸四大类介绍了各种电子纸显示技术。对于投影显示技术，详细介绍了投影显示的特点、应用与挑战，并分 LCD 投影、DLP 投影、LCOS 投影三大类介绍了各自的显示屏技术与光学引擎技术，最后介绍了激光超短焦投影显示技术。

本书可作为高校、科研单位、企业、政府部门等理解、应用和发展液晶显示技术、电子纸显示技术、投影显示技术的重要参考资料。

图书在版编目（CIP）数据

非主动发光显示技术/马群刚著. —北京：电子工业出版社，2022.1
（新型显示技术丛书）
ISBN 978-7-121-42663-6

Ⅰ. ①非… Ⅱ. ①马… Ⅲ. ①电致发光显示 Ⅳ.①TN27

中国版本图书馆 CIP 数据核字（2022）第 004688 号

策划编辑：徐蕾薇
责任编辑：韩玉宏
印　　刷：固安县铭成印刷有限公司
装　　订：固安县铭成印刷有限公司
出版发行：电子工业出版社
　　　　　北京市海淀区万寿路 173 信箱　　邮编：100036
开　　本：720×1000　1/16　印张：29.75　字数：534 千字
版　　次：2022 年 1 月第 1 版
印　　次：2022 年 1 月第 1 次印刷
定　　价：158.00 元

凡所购买电子工业出版社图书有缺损问题，请向购买书店调换。若书店售缺，请与本社发行部联系，联系及邮购电话：（010）88254888，88258888。

质量投诉请发邮件至 zlts@phei.com.cn，盗版侵权举报请发邮件至 dbqq@phei.com.cn。

本书咨询联系方式：xuqw@phei.com.cn。

《国之重器出版工程》
编辑委员会

专家委员会委员（按姓氏笔画排列）：

于　全　中国工程院院士
王　越　中国科学院院士、中国工程院院士
王小谟　中国工程院院士
王少萍　“长江学者奖励计划”特聘教授
王建民　清华大学软件学院院长
王哲荣　中国工程院院士
尤肖虎　“长江学者奖励计划”特聘教授
邓玉林　国际宇航科学院院士
邓宗全　中国工程院院士
甘晓华　中国工程院院士
叶培建　人民科学家、中国科学院院士
朱英富　中国工程院院士
朵英贤　中国工程院院士
邬贺铨　中国工程院院士
刘大响　中国工程院院士
刘辛军　“长江学者奖励计划”特聘教授
刘怡昕　中国工程院院士
刘韵洁　中国工程院院士
孙逢春　中国工程院院士
苏东林　中国工程院院士
苏彦庆　“长江学者奖励计划”特聘教授
苏哲子　中国工程院院士
李寿平　国际宇航科学院院士

郑纬民	中国工程院院士
郑建华	中国科学院院士
屈贤明	国家制造强国建设战略咨询委员会委员、工业和信息化部智能制造专家咨询委员会副主任
项昌乐	中国工程院院士
赵沁平	中国工程院院士
郝　跃	中国科学院院士
柳百成	中国工程院院士
段海滨	“长江学者奖励计划”特聘教授
侯增广	国家杰出青年科学基金获得者
闻雪友	中国工程院院士
姜会林	中国工程院院士
徐德民	中国工程院院士
唐长红	中国工程院院士
黄　维	中国科学院院士
黄卫东	“长江学者奖励计划”特聘教授
黄先祥	中国工程院院士
康　锐	“长江学者奖励计划”特聘教授
董景辰	工业和信息化部智能制造专家咨询委员会委员
焦宗夏	“长江学者奖励计划”特聘教授
谭春林	航天系统开发总师

新型显示技术丛书编委会

总 序

新型显示产业是国民经济和社会发展的战略性和基础性产业，加快发展新型显示产业对促进我国产业结构调整、实施创新驱动发展战略、推动经济发展提质增效具有重要意义。新型显示产业具有投资规模大、技术进步快、辐射范围广、产业集聚度高等特点，是一个全球年产值超过千亿美元的新兴产业。为了推动我国新型显示产业链条的延伸和产业升级发展，贯彻党中央、国务院提出的“加快实施科技创新和制造强国的发展战略”，系统掌握新型显示产业技术的本质特征，深刻认识新型显示产业技术的发展趋势，具有现实和长远的战略意义。

我国领导人高度重视新型显示产业的发展。习近平总书记先后于 2007 年 6 月 19 日视察上海广电 NEC 液晶显示器有限公司的中国大陆地区第一条 G5 液晶面板生产线，2011 年 4 月 9 日视察合肥京东方光电科技有限公司（以下简称“合肥京东方”）的中国大陆地区第一条 G6 液晶面板生产线，2016 年 1 月 4 日视察重庆京东方光电有限公司的 G8.5 液晶面板生产线，2018 年 2 月 11 日视察成都中电熊猫显示科技有限公司（以下简称“成都中电熊猫”）的世界第一条 G8.6 IGZO 液晶面板生产线。在合肥京东方，习近平总书记指出：显示产业作为战略性新兴产业，代表着科技创新和产业升级的方向，决定着未来经济发展的制高点，一定要大力培育和发展。在成都中电熊猫，

习近平总书记勉励企业抢抓机遇，提高企业自主创新能力和国际竞争力，推动中国制造向中国创造转变、中国速度向中国质量转变、中国产品向中国品牌转变。

短短十多年来，在政策推动及产业链相关企业的共同努力下，我国新型显示产业取得了跨越式发展。2017 年，我国大陆地区 TFT-LCD 面板出货量和出货金额双双跃居世界第一。2018 年，我国大陆地区显示面板出货量稳居世界第一，营收规模居世界第二。截至 2019 年 8 月，我国已建成显示面板生产线 43 条，规划或在建显示面板生产线 17 条，全球建成或在建的 6 条 G10 以上超高世代显示面板生产线都在中国。显示面板生产线的投资总额已超过 1 万亿元人民币。2020 年，我国在全球显示面板市场的占比将超过 50%。

在我国显示面板规模稳居世界第一的当下，如何引领显示产业继续向前发展是我们面临的新课题。未来几年是我国新型显示产业进入由大到强、由并跑到领跑的关键时期，面临着产能规模大与创新能力不足、产业配套能力薄弱之间的不平衡，技术储备和前瞻技术布局不充分，资源分散与集聚发展的要求不协调等诸多问题和挑战。深刻认识新型显示技术的原理、内涵和显示产业的发展规律，利用并坚持按科学发展规律指导显示产业布局，关系到我们是否能够引领新型显示产业的高质量发展，是否能够推动信息产业的转型升级。为了系统呈现当代新型显示技术的发展全貌及其进程，总结和探索新型显示领域已有的和潜在的研究成果，服务我国新型显示产业的持续发展，电子工业出版社组织编写了“新型显示技术丛书”。

本丛书共 7 册，具有以下特点。

（1）系统创新性。《主动发光显示技术》和《非主动发光显示技术》概述了等离子体显示、半导体发光二极管显示、液晶显示、投影显示等全部新型显示技术，《TFT-LCD 原理与设计（第二版）》和《OLED 显示技术》系统地介绍了目前具备大规模量产能力的 TFT-LCD 和 OLED 两大显示技术，《3D 显示技术》和《柔性显示技术》完整地介绍了最具潜力的两种新型显示形态，《触控显示技术》全面地介绍了显示终端界面实现人机交互的支撑技术。

（2）实践应用性。本丛书基于新型显示的生产实践，将科学原理与工程应用相结合，主编和执笔者都是国内各相关技术领域的权威人士和一线专家。其中，马群刚博士、闫晓林博士、王保平教授、黄维院士都是工业和信息化部电子科学技术委员会委员。工业和信息化部电子科学技术委员会致力于电子信息产业发展的科学决策，推动建立以企业为主体，“产、学、研、用”相结合的技术创新体系，加快新技术推广应用和科研成果产业化，增强自主创新技术和产品的国际竞争力，促进我国电子信息产业由生产大国向制造强国转变。本丛书是产业专家和科研院所研究人员合作的结晶，产业导向明确、实践应用性强，有利于推进新型显示技术的自主创新与产业化应用。

（3）能力提升性。本丛书注重新型显示行业从业人员应用意识、兴趣和能力的培养，强调知识与技术的灵活运用，重视培养和提高新型显示从业人员的实际应用能力和实践创新能力。本套丛书内容着眼于新型显示行业从业人员所需的专业知识和创新技能，使新型显示行业从业人员学而有用，学而能用，从而提升新型显示行业从业人员的能力及工作效率。

培育新型显示人才，提升从业人员对新型显示技术的认识，出版“产、学、研、用”结合的科技专著必须先行。希望本丛书的出版，能够为增强新型显示产业自主创新能力，推动我国新型显示产业迈向全球中高端价值链贡献一份力量。

王小谟

中国工程院院士

工业和信息化部电子科技委首席顾问

2019 年 10 月 30 日

序

近年来，光电信息技术以其极快的响应速度、极宽的频带、极大的信息容量、极高的信息效率和分辨率推动了现代信息技术的发展。以电光转换效应为核心的光电显示，涉及光电信息的交换、存储、处理与显示等众多的内容，已经成为现代电子信息社会不可或缺的重要组成部分。

当前，显示产业已是我国电子信息产业发展的“重头戏”，与集成电路并称“一屏一芯”，是先进制造和新一代电子信息领域的核心基础产业。显示产业作为战略性新兴产业代表着科技创新和产业升级的方向，决定着未来经济发展的制高点，一定要大力培育和发展。

如今，物联网、大数据和人工智能等技术的进步推动了显示技术不断迭代升级，显示应用从电视机、手机、监视器等传统应用，进一步向 5G、物联网时代的智慧教育、智能家居、智慧车联等全新场景拓展。伴随交互方式的改变，显示技术应用范围正在不断扩大，终端硬件也将随之升级变化，显示产业正在发生深刻变革。

目前，液晶显示、电子纸显示、投影显示三类非主动发光显示技术都具有较大的市场规模，特别是液晶显示在整个显示产业中的规模占比高达 90%。非主动发光显示的特点是亮度、色域等指标由发光光源控制，像素分辨率和刷新频率等指标由半导体阵列基板控制，灰阶、响应速度、视角等指标由液晶、微胶囊、油墨等材料或 MEMS 等结构控制。这种“博采众长”的特点把光学、微电子学、化学等领域长期积累的经验及优势融合在一起，促进了非主动发光显示技术和产业的发展，特别是液晶显示以超乎预想的速度普及。因此，来自发光光源、半导体工艺、液晶材料等领域的技术突破都可能推动显示产业的持续发展。

没有科技创新就无法推动产业发展，没有技术积累就无法推动科技创新。梳理液晶显示技术、电子纸显示技术、投影显示技术的科学原理与工程应用成果，有助于从事显示技术研究的工程师和科技人员更全面、系统地掌握非主动发光显示技术的原理和应用，更好地理解显示产业的发展规律，更有力地激发创新思维。

本书系统地整理了液晶显示、电子纸显示、投影显示三类具有相当产业规模的非主动发光显示技术。作者马群刚博士长期从事新型显示技术的研究工作，使本书的质量有了很好的保证。很高兴有机会将本书推荐给产业界人士和高校师生，以及对未来新型显示技术演进感兴趣的各界人士。希望广大读者可以将本书应用于研发生产，从应用角度对未来显示产业的发展进行探索，推动我国新型显示产业的转型升级和跨越式发展。

姜会林

中国工程院院士

2021 年 2 月 22 日

前言

本书是《主动发光显示技术》的姊妹篇。根据处理光信息方式的不同，显示器件分为主动发光显示器和非主动发光显示器两大类。非主动发光显示器本身并不发光，而是通过透射、反射、散射、干涉等现象，对其他光源所发出的光进行调制，即通过光变换进行显示，也称被动显示器或受光显示器。在非主动发光显示中，发光的归主动发光光源，控光的归显示屏，两者相辅相成，共同推动显示产业的快速发展。

根据光阀处理方式的不同，非主动发光显示主要包括液晶显示、电子纸显示和投影显示三种具体实现形式。目前，这三类显示产品都形成了一定的产业规模。其中，液晶显示的应用几乎涵盖整个显示领域，电子纸显示主要应用于阅读，投影显示则主要应用于大屏幕。所以，本书的定位以技术为主，追求对工程应用起指导作用。本书分三篇依次介绍这三种非主动发光显示技术。

第 1 篇介绍液晶显示技术，共 5 章。第 1 章从液晶显示技术的发展、液晶的物理特性和液晶的电光特性等方面概述了液晶显示技术。第 2 章介绍了 GH、DS、PDLC、PSLC、TN/STN、VA、IPS/FFS、OCB 等液晶显示模式。第 3 章介绍了液晶显示产品的结构、功能及其制造技术。第 4 章从色彩管理、高耐用度与低反射、轻薄化、窄边框、低功耗等方面介绍了高品质液晶显示技术。第 5 章特别介绍了液晶显示在超高清显示方向的技术路线与挑战。

第 2 篇介绍电子纸显示技术，共 5 章。第 6 章概述了电子纸显示的技术特点、技术分类、技术发展与挑战。第 7 章介绍了旋转球显示、微胶囊电泳显示、微杯电泳显示、横向电泳显示、电子粉流体显示等粒子移动型电子纸显示技术。第 8 章介绍了表面稳定铁电液晶显示、胆甾相液晶显示、双稳态扭曲向列相液晶显示、双稳态向列相液晶显示、顶点双稳态显示等液晶型电子纸显示技术。第 9 章介绍了电润湿显示、电流体显示、电致变色显示等电色型电子纸显示技术。第 10 章介绍了干涉调制显示、光子晶体显示等仿生光学型电子纸显示技术。

第 3 篇介绍投影显示技术，共 5 章。第 11 章概述了投影显示技术发展概况、背投与前投的显示原理与发展。第 12 章介绍了 LCD 投影发展概况、HTPS-LCD 显示屏技术、单片式和三片式 LCD 光学引擎技术。第 13 章介绍了 DLP 投影发展概况、DMD 显示屏技术、单片式和多片式 DLP 光学引擎技术、GLV 投影显示技术。第 14 章介绍了 LCOS 投影发展概况、LCOS 显示屏技术、单片式和三片式 LCOS 光学引擎技术。第 15 章的内容包括激光超短焦投影显示技术概述、激光光源技术与色彩管理、高分辨率激光显示技术、超大尺寸激光显示技术。

全书由马群刚博士负责撰写与统稿。焦峰高级工程师参与撰写了第 1 章和第 2 章，刘伟俭博士、郭汝海博士、何龙博士参与撰写了第 15 章。

感谢各专业领域的多位教授和博士对相关章节进行了认真审稿。杨槐教授审阅了第 1 章，华瑞茂教授审阅了第 2 章，李祥高教授审阅了第 6 章，王喜杜博士审阅了 7.1 节、7.2 节和 7.3 节，陈新华博士审阅了 8.1 节和 8.2 节，薛九枝博士和杨登科博士审阅了 8.3 节、8.4 节和 8.5 节，王宏志教授审阅了 9.3 节，胡伟教授审阅了 10.2 节，刘旭教授审阅了第 11 章和第 12 章，郑臻荣教授审阅了第 13 章，李青教授审阅了第 14 章，毕勇研究员审阅了第 15 章。

感谢工业和信息产业科技与教育专著出版资金的支持，感谢在本书撰写过程中给予支持的各位专家。限于作者的水平，书中难免存在不足之处，真诚希望各位专家和读者批评指正。

作 者

2021 年 1 月 16 日

目 录

第1篇 液晶显示技术

第 2 篇 电子纸显示技术

第 3 篇 投影显示技术

第1篇　液晶显示技术

第1章 LCD 技术概述

液晶显示（Liquid Crystal Display，LCD）成为应用最广的显示技术，离不开 LCD 的先天优势与稳健研究。从 1888 年发现液晶到 20 世纪 80 年代，人们对 LCD 进行了持久的基础研究，之后在半导体工业发展的推动下进行了有效的量产开发工作，并取得了巨大的成果。LCD 将发光光源、灰阶显示和彩色显示分别交给背光源、液晶及彩膜承担，把电子、化学等技术融合在一起，这促成了 LCD 的快速普及。

1.1 显示技术和 LCD 技术的发展

新型显示代替阴极射线管（Cathode Ray Tube，CRT）显示的过程，也是 LCD 在电子显示领域确立主导地位的过程。LCD 技术的发展过程是一个不断满足人类对显示功能需求的过程。显示是把电信号（数据信息）转变为可视光（视觉信息）的过程，完成显示的设备就是人机界面。显示技术的发展在于不断提高产品的性价比，即在提高产品画质的同时降低产品的功耗和成本。

1.1.1 显示技术的发展

显示器作为人机交互界面，承载着大量的信息传递。如图 1-1 所示，新型显示产业诞生于康德拉季耶夫波的第四波——IT 革命。新型显示是推动 IT 革命的重要因素，同时半导体技术、通信和广播电视基础设施的发展也促进了新型显示的发展。在 IT 革命中实现飞跃的新型显示产业，2000 年后过渡到第五波，进入一个应用多样化的时代。

新型显示取代 CRT 显示，特征优势是轻薄化和大型化。轻薄化有利于便携与节能环保，大型化可以在显示场景时给人身临其境的感觉。新型显示的

发展过程也是 LCD 成长壮大的过程，所以 LCD 产品的轻薄化和大型化是两个重要的发展方向。决定 LCD 产品厚度与重量的部材主要有背光源、玻璃、偏光片和驱动基板，其中背光源是关键，玻璃次之。大尺寸 LCD 产品的玻璃厚度为 0.4 ~ 0.7mm，而中小尺寸 LCD 产品的玻璃厚度已经薄化到 0.15mm。玻璃越薄越轻，但是越薄越不容易大型化生产。背光源的轻薄诉求是一个矛盾体，如果以“轻”为先就要采用直下式背光源，去掉导光板，但是背光源较厚；如果以“薄”为先就要采用侧光式背光源。

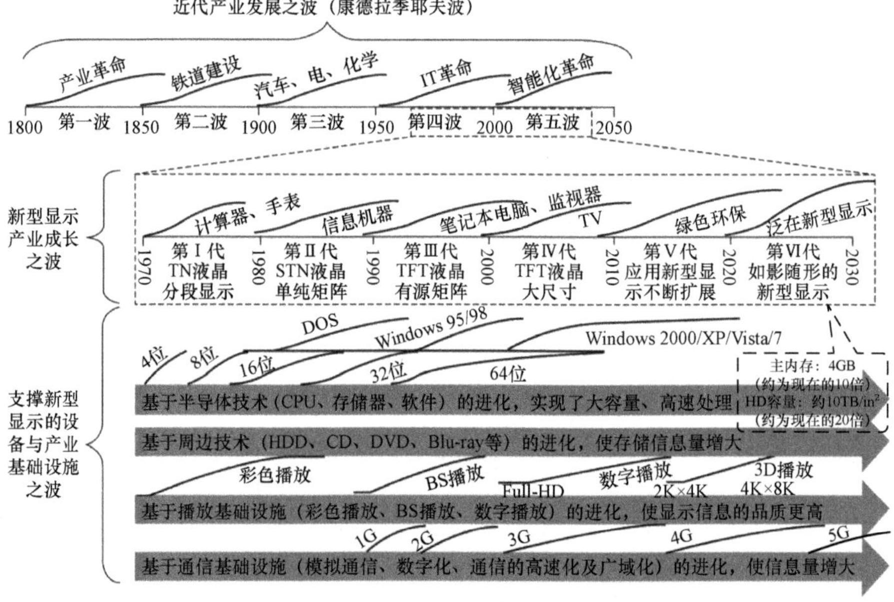

图 1-1　新型显示的发展之波（根据寺内健一的资料整理）

新型显示大型化是人类视觉和听觉享受的基本要求，就像电影宽荧幕的出现。大型化需要低成本和低功耗支撑，同时又要不断提高画质。伴随大型化的一个主要画质提升方向是提高显示屏的像素分辨率。新型显示的分辨率从 HD（1366×768）依次向 FHD（1920×1080）、UHD（3840×2160）、SHV（7680×4320）发展，最佳观看距离和显示区高度的比值依次下降为 5:1→3:1→1.5:1→0.75:1。新型显示纵向解析度提高 1 倍，最佳观看距离缩短一半。如图 1-2 所示，在观看距离一定的情况下，在不影响最佳观看效果的前提下，通过提高分辨率可以支撑显示的大型化，扩大视野范围，带来临场感。在精细化的同时，借助帧速从 60Hz 向 120Hz、240Hz、480Hz 的提升，实现 3D 显示，可进一步提升临场感。

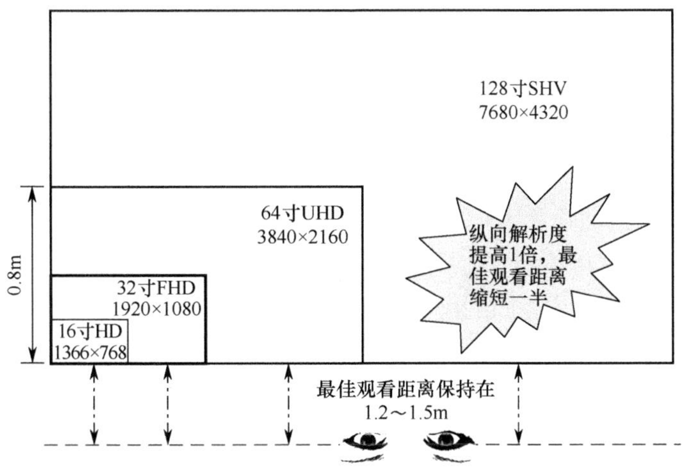

图 1-2　新型显示精细化与大尺寸的关系

显示器作为人机交互界面，其核心价值是给用户提供尽可能大的信息量。构成显示信息量的基本要素包括亮度、色彩与像素。显示最高亮度与显示最低亮度之比超过 5000:1 后，基本达到人眼的对比度分辨能力；显示色彩数达到 10 位后，基本上超出了人眼分辨能力。所以，决定显示光线数量的像素数提升是显示性能发展的最根本方向。

显示技术的基本要求是高画质和大信息量，高画质在于真实还原景象。显示的画质根据显示特征、用途、视角、使用环境等的不同，对应的参数指标超过 100 个，每个指标的进步都是向显示的一个方向发展的。表征显示信息量的 4 个参数有分辨率、颜色数、亮度、响应速度。其中，响应速度涉及刷新频率，亮度参数涉及伽马值、对比度、峰值亮度等具体参数，颜色数涉及色度阈、色温等具体参数。表征用途的 3 个参数有文本、图片、影视。表征视角的 3 个参数有观看距离、上下左右视角、斜视角。表征环境的两个参数有室内和室外。以上参数组合后共有 4×3×3×2 =72 种情况。大信息量是信息社会获取信息的基本诉求，产品尺寸越大，精细度越高，信息量越大。

作为工业产品，新型显示必须具有规模优势和成本优势。具体到每一款产品，必须具有尽可能高的性价比。LCD 在经历了多种技术革新后发展到了目前的巨大规模。技术革新的主轴是“性能的提升”与“成本的下降”。其中，起支撑作用的是面板技术、生产技术及部材技术的进步，通过依据实时的市场要求进行开发，推动了 LCD 的进步。未来，LCD 技术的发展仍将在两轴间不断摇摆，各种相应的面板技术及产品也随之被开发出来。

为适应各种应用需求，新型显示在自身技术发展的同时，需要进行系统集成。电视智能化除了大屏幕、高分辨率、轻薄、低功耗外，还要搭配 3D、多功能整合（传感器、智能电视）等功能。其中，为了适应 3D 发展的需要，需要开发高速响应、高分辨率、窄边框和大屏幕技术。

大屏幕、高清晰及 3D 是显示画面给人以身临其境感觉的 3 个必要因素。身临其境就是意识不到“在看显示器”，而专注于内容的感觉，在显示器屏幕上创造一个与现实相同的世界，使用者所处的角度从观看变成身临其境。现实世界与屏幕场景的无缝对接是显示器开发者此前一直追求的目标。多色阶、广色域、轻薄、高精细化、宽视角化、快速响应等均可降低显示器的存在感。显示器隐去现有形式的一个发展方向是集成到所有的工业产品中，比如作为装饰物、各种电子产品的界面融入环境中。

1.1.2 LCD 技术的发展

LCD 分为无源矩阵（Passive Matrix，PM）驱动方式和有源矩阵（Active Matrix，AM）驱动方式。最早的 LCD 属于 PM 型 LCD。目前，三端子有源矩阵驱动的 TFT-LCD 主宰了 LCD 应用领域。TFT-LCD 的发展经历了漫长的基础研究阶段，TFT-LCD 产品以其轻薄、环保、高性能等优点，应用越来越广。

1. PM 型 LCD 的发展

自 1888 年奥地利植物学家 F.Reinitzer（莱尼茨尔）发现液晶，并在 1889 年被德国物理学家 O.Lehmann（莱曼）通过实验验证开始，在近一百年的时间里，液晶一直没有被很好地利用。直到 1968 年，才有美国 RCA 公司的 G.H.Heilmeier（海尔梅尔）发明了基于动态散射（Dynamic Scattering，DS）模式的 LCD 装置。一般，把 1888 年称为液晶元年，把 1968 年称为 LCD 元年。两个元年之间漫长的 80 年称为液晶材料性能与应用的研究时期。

DS-LCD 的出现，标志着 LCD 技术进入了实用化阶段。初期，用直流电压驱动 DS 液晶，液晶材料及电极会发生氧化还原反应而变质，导致严重的可靠性问题，使用不到 1 小时，显示就会消失。1971 年和 1972 年，美国的 Optel 公司和 Microma 公司用简单的交流驱动 DS 液晶，先后推出数字式电子手表。但是，推出的产品仍然不能获得良好的显示性能，不能长时间使用，而且还存在驱动电压高、响应速度慢等问题。后来，夏普公司通过在液晶材料中加入离子性杂质来增大液晶的导电率，再用交流驱动，获得了良好的显示特性。1973 年，夏普公司采用 DS-LCD 量产了小型计算器 EL-805。这一年称为 LCD 产业化的元年。由于 DS-LCD 的产品存在驱动电压高、电流大、对比度低、响应速度慢、液晶易分解、寿命短等问题，很快就被淘汰了。导致这种技术昙花一现的症结是电流效应的电光特性。

1971 年，M.Schadt 等发明的扭曲向列相（Twisted Nematic，TN）液晶显示模式解决了这个问题。与 DS-LCD 用电流驱动不同，TN-LCD 改用电压驱动，几乎没有电流流过液晶，因此耐久性显著提高，功率损耗也低。TN 液晶起到光阀的作用，通过施加不同的电压来控制液晶分子的转动量，从而控制 LCD 的出光量。这种工作原理一直沿用至今。其中的问题是液晶调节的是偏振光而不是自然光，所以需要采用偏光片把自然光转为线偏振光，光源利用效率不到 50%。TN-LCD 是最常见的一种液晶显示器件，液晶分子的长轴在上下玻璃基板之间被连续扭曲 90°，具体的工作原理可以参考后面章节的介绍。早期的 TN-LCD 属于 PM 型 LCD，在点阵显示方式下交叉效应严重，加上电光特性曲线平缓、响应速度慢、阈值效应不明显等问题，一般只用于静态或低阶的动态段式显示。1973 年，精工集团采用 TN-LCD，成功推出实用化的数字式电子手表。

从 TN-LCD 开始，实用化的 LCD 技术基本上都采用了电压效应的电光特性，并使用偏光片。TN 模式的点阵显示，扫描线数量可以做得比 DS 模式多，但当扫描线增加到 60 条左右时，图像就会发生变形。TN-LCD 扫描线的最大数量取决于液晶 *V-T*（电压–透光率）曲线的上升沿。为此，英国皇家信号与雷达研究院（RSRE）于 1982 年发明了超扭曲向列相（Super Twisted Nematic，STN）液晶，将液晶的扭曲角从 TN 模式下的 90°增大到 270°。1984 年，T.Scheffer 等发明了类似 STN 的超扭曲双折射效应（Super-twisted Birefringent Effect，SBE）液晶。STN-LCD 在液晶中掺入了一定比例的手性旋光材料，使液晶分子扭曲成 180°～270°，电光特性曲线变陡。电光特性曲线变陡，可以实现更多路的动态显示。增大信息量的同时，提升了画质。STN-LCD 在早期的笔记本电脑、手机、高档仪表、电子翻译机等领域获得广泛应用。

从 DS 到 STN 的短短 20 年左右时间，LCD 技术得到了快速发展。除了常用的 TN 和 STN 外，还产生了其他众多的液晶显示模式。表 1-1 罗列了这些液晶显示模式的相关信息。

表 1-1 液晶显示模式概览

电光特性	液晶显示模式	年份	发明人
电流效应	动态散射（DS）	1968 年	G.H.Heilmeier 等
电场效应	宾主（Guest-Host，GH）	1964 年	G.H.Heilmeier 等
	相变（Phase Change，PC）	1968 年	J.Wysocki 等
	扭曲向列相（TN）	1971 年	M.Schadt 等
	电控双折射（Electrically Controlled Birefringence，ECB）	1971 年	M.Schiekel 等
	共面转换（In-Plane Switching，IPS）	1974 年	R.Soref
	铁电液晶（Ferroelectric Liquid Crystal，FLC）	1975 年	R.Meyer 等
	超扭曲双折射效应/超扭曲向列相（SBE/STN）	1984 年	T.Scheffer 等
	高分子散射（Polymer Dispersed，PD）	1985 年	J.Fergason 等

典型的 PM 驱动 LCD 结构示意图如图 1-3 所示。扫描（行）电极和数据（列）电极分别位于上下两块玻璃基板上，中间隔着一层液晶，通过同时选通一行扫描电极和一列数据电极，确定交叉位置上的像素工作状态。这种 PM 驱动结构下的每个像素作为一个电容，当一个像素被选通时，上下左右相连的像素都处于半选通状态。这种干扰的存在，使得 PM 型 LCD 很难满足对多路、视频运动图像的显示要求。这个瓶颈的存在，催生了 AM 型 LCD 的快速发展。

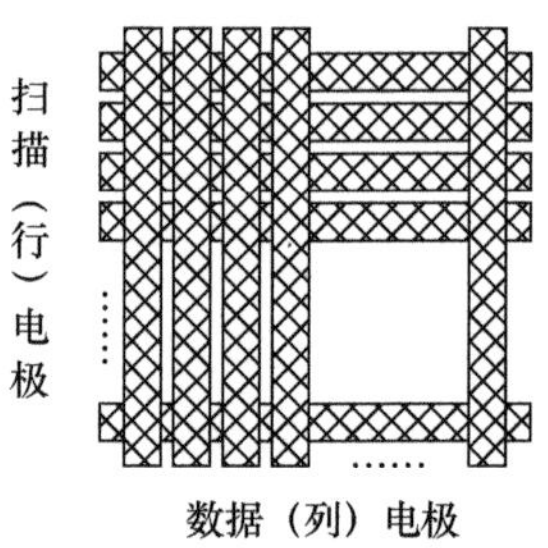

图 1-3 典型的 PM 驱动 LCD 结构示意图

2. AM 型 LCD 的发展

AM 型 LCD 是在每个像素上都设计一个非线性的有源器件，使每个像素都可以被独立控制，从而消除 PM 型 LCD 的“交叉效应”。AM 型 LCD 常用的有源器件种类分为二端子方式和三端子方式，二端子方式以金属–绝缘体–金属（Metal-Insulator-Metal，MIM）二极管为主，三端子方式以薄膜晶体管（Thin Film Transistor，TFT）为主。

早期的 TN 和 STN 等 PM 驱动技术存在对比度较低、难以显示细微灰阶等问题。通过 TFT 开关控制各像素的 AM 驱动技术可以独立控制各像素，防止周围像素的影响而产生的交调失真，可以显示高对比度与细微灰阶。TFT-LCD 的发展源自 TFT 器件和材料的研究开发。TFT 的半导体材料可以是 CdSe、Te、a-Si、p-Si 等。在 LCD 发明后的 1971 年，德国的 J.Borel 等用 MOSFET 控制 DS 液晶，第一次实现 AM 型 LCD。随着为太阳能电池而开发的非晶硅（a-Si）技术的不断成熟，1980 年，英国 Dundee 大学的 P.Le Comber 等试制成功基于 a-Si TFT 的 LCD 样品。

早期的 TFT-LCD 只能显示黑白画面，彩色显示的发展得益于彩色滤光片（Color Filter，CF）的应用。1981 年，日本的内田龙男发布了并置加法混色法，通过有序排列的 RGB 三色 CF 实现了彩色显示。1988 年，10.4 英寸 a-Si TFT-LCD 显示器（IBM 公司与东芝公司）和 14 英寸 a-Si TFT-LCD 彩色电视（夏普公司）上市，标志着彩色 TFT-LCD 时代的到来。

1983 年，日本精工进行了基于 p-Si TFT 的 2.1 英寸彩色液晶电视试作，三洋电机进行了基于 a-Si TFT 的 5 英寸彩色液晶电视试作。随后的 1984 年，2.1 英寸 TFT-LCD 彩色液晶电视开始面世销售。但在随后的 10 年左右时间里，TFT-LCD 由于技术不成熟、成本高等原因，一直没有获得充分的应用。在 TFT-LCD 的发展过程中，TN、STN 等 PM 型 LCD 也在蓬勃发展。到 20 世纪 90 年代初期，TN、STN 等 PM 型 LCD 遇到尺寸难以做大的瓶颈。1993 年左右，日本掌握了 TFT-LCD 的大规模生产技术，克服了 TFT-LCD 的技术瓶颈，并且完善了画质，在笔记本电脑的应用中崭露头角。

早期商用的 TFT-LCD 产品基本采用了 TN 显示模式，其最大问题是视角不够宽。随着 TFT-LCD 产品尺寸的增加，特别是 TFT-LCD 在 TV 领域的应用，具有广视角特点的共面转换（In-Plane Switching，IPS）显示模式、垂直取向（Vertical Alignment，VA）显示模式依次被开发出来并加以应用。IPS 显示模式最早由美国人 R. Soref（索里夫）在 1974 年的论文上发表，并由德国人 G. Baur（鲍尔）提出把 IPS 作为广视角技术应用于 TFT-LCD 中。1995 年，日本的日立公司开发出了世界首款 13.3 英寸 IPS 模式的广视角 TFT-LCD 产品。1997 年，日本的富士通公司提出了多畴垂直取向（Multi-domain Vertical Alignment，MVA）显示模式的专利申请。此后，日本的夏普公司开发了连续焰火状取向（Continuous Pinwheel Alignment，CPA）显示模式，韩国的三星公司开发了图形化垂直取向（Patterned Vertical Alignment，PVA）显示模式。韩国的现代公司在 IPS 的基础上开发了边缘场转换（Fringe-Field

Switching，FFS）显示模式。日本的松下公司开发了光学自补偿弯曲（Optically Compensated Bend，OCB）显示模式。

1.2 液晶的物理特性

LCD区别于其他显示技术的最大特征是液晶材料作为控光光阀的使用，液晶材料的特性决定着LCD的显示画质。

1.2.1 液晶的相结构与分类

物质的三种形态分别是固态、液态和气态。而液晶是一种兼具有固态（结晶）规则性和液态流动性的物质。它具有类似固态晶体的力学、电学、磁学性质，同时又具有类似普通液体的流动性质，而且还能表现出不同于晶体和液体的特殊光电特性。

1. 物质的状态

物质状态彼此间的不同在于每种状态中分子具有不同的有序度。

固态物质的分子刚性排列，它们占据特定的位置，进行一定的排列取向，具有高度的有序度，物理上表现为坚硬，具有一定形状，很难形变。液态物质的分子自由流动，也不以特殊方式取向，但分子间作用力较强，物理上表现为没有固定形状，具有流动性。气态物质的分子相互作用力小于液体，分子取向杂乱无章，物理上表现为没有一定形状，没有恒定密度，易于压缩。温度对于物质的作用是分子无规则运动的量度。随着温度的升高，分子无规则运动加剧，固态可以转变成液态，液态可以转变成气态。

相即态，它用来描述物质的一种特定状态，并称那种特定的物质状态是在那个温度下的稳定相（态）。例如，冰的稳定相是固相，水的稳定相是液相，水蒸气的稳定相是气相。相变指温度改变会引起的物质的相的改变。相变温度是指相的改变发生在一个精确的温度下，即在那个温度下发生了相变。在相变中发生重要变化的是物质分子的有序度。

物质的三种形态如图1-4所示。液晶相是在1个或2个方向（维）上长程有序，即在2个方向上结晶而在1个方向上呈液体，或者在1个方向上结晶而在2个方向上呈液体。通常的结晶（相）是在3个方向上结晶，而通常的液体（相）是在3个方向上呈液体。液晶相存在条件：内部要求分子在性状上是长棒状的，即长度远大于宽度，分子的中心部分具有一定的刚性，分子两端具有一定的柔软性；外部要求只有在一定的物理条件下，液晶物质才处于液晶相，如一定的温度范围的热致液晶或一定的浓度范围的溶致液晶。

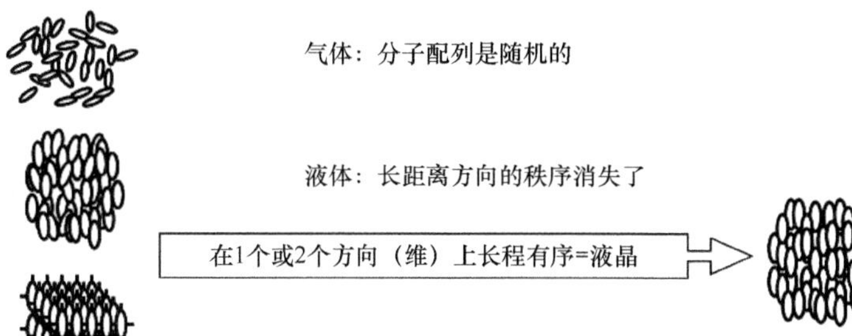

图 1-4　物质的三种形态

2．液晶相的分类

根据形成液晶相的外部物理条件，液晶通常被分为热致液晶和溶致液晶。热致液晶是指其液晶相的转变是由温度的变化而引起的。溶致液晶是指其液晶相的转变是由溶剂中组成分子的浓度的变化而引起的。热致液晶根据组成分子或分子团的结构的不同，可以分为长棒状分子液晶和盘状分子液晶。1922 年，Friedel 把液晶分为向列相、胆甾相和近晶相，主要就是长棒状液晶。

Sackmann 和 Demus 提出了一种溶混方法来鉴别液晶的不同相：如果一个未知相与一个已知相在任意比例范围内都相溶，那么它们就在这个范围内具有相同相；反之，就不能确定它的液晶相。国际液晶与国际纯化学和应用化学联盟命名方法判断已知的液晶相如下。

（1）结晶相：Cr 代表结晶相，Cr1、Cr2、Cr3、……代表多种结晶模型；Cr^*代表手性结晶相。

（2）软晶体相（位置长程有序）：B、E、G、H、J、K 代替前面所用的 SmB^{cryst}、SmE、SmG 等，B^*、E^*、G^*、H^*、J^*、K^*代表由手性分子组成的软晶体相。

（3）近晶相（也称层状相）：SmA、SmB、SmC、SmI、SmF 代表非手性近晶相，SmA^*、SmB^*、SmC^*、SmI^*、SmF^*代表手性近晶相。

（4）近晶相 SmC^*次级相：SmC_{α}^*仍然存在争议，但是假设存在于一些样品的 SmA^*以下的非对称相。SmC^*为螺电性手性近晶 C 相，它经常表现为铁

电性。$SmC_{1/3}^*$和 $SmC_{1/4}^*$为中间相，经常被误导为压电相 SmC_{F11}^*和 SmC_{F12}^*。SmC_A^*为反铁电手性近晶 C 相。

（5）其他一些反铁电相：SmI_A^* 代表反铁电近晶 I 相。

（6）扭曲晶界相（只在手性材料中出现）：TGBA*为扭曲晶界近晶 A 相，TGBC* 为铁电扭曲晶界近晶 C 相，$TGBC_A^*$为反铁电扭曲晶界近晶 C 相。

（7）向列相：向列相用 N；手性向列相用 N*，也可以用于胆甾相。

（8）蓝相（仅在手性材料中出现）：BP Ⅰ*、BP Ⅱ*、BP Ⅲ*为蓝相。

（9）各向同性相：非手性用 Iso、手性用 Iso*。

（10）其他相：立方相和香蕉相等。

3. 三种重要的液晶相

向列相、胆甾相和近晶相是三种应用较广的液晶相。

如图 1-5 所示，向列相的分子具有长程的取向有序性，而没有任何的长程位置有序性，即分子趋向于沿某个方向排列。这个方向通常称为在这个区域的分子的从优取向，定义为液晶分子在此处的指向矢 n。在一均匀排列的样品中向列相液晶是光学单轴的并具有强的双折射性。

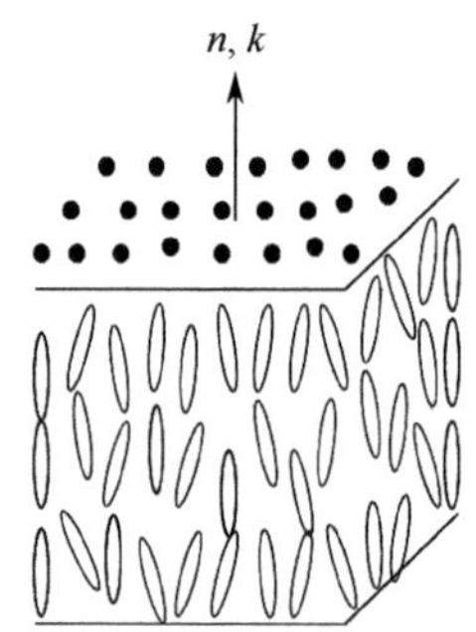

图 1-5　向列相的示意图

近晶相的分子排列成层状结构。在垂直于层的法线方向 k，分子具有一维的位置有序性，而在每一层中分子具有取向有序性，所以它比向列相更有序。近晶相液晶中层间的吸引力比分子横向相互作用力弱，所以层可以容易地相对滑动。对于一个给定的材料，近晶相往往出现在比向列相更低的温度区间。根据在每一层中分子的排列结构的不同，还存在多种不同的近晶相液晶，如 SmA、SmC 等，如图 1-6 所示。近晶 A（SmA）相的分子在每一层中是垂直于层的平面排列的，而分子在层中不具有长程位置有序性。它具有光学单轴性，光轴垂直于层的平面。近晶 C（SmC）相的分子在层中与 SmA 相一样不具有长程位置有序性。在每一层中，分子不再垂直于层平面，而是和层的法线构成一定的角度 θ_0。由于分子短轴具有不同扰动模式的两个特殊方向，所以 SmC 相具有光学双轴性。

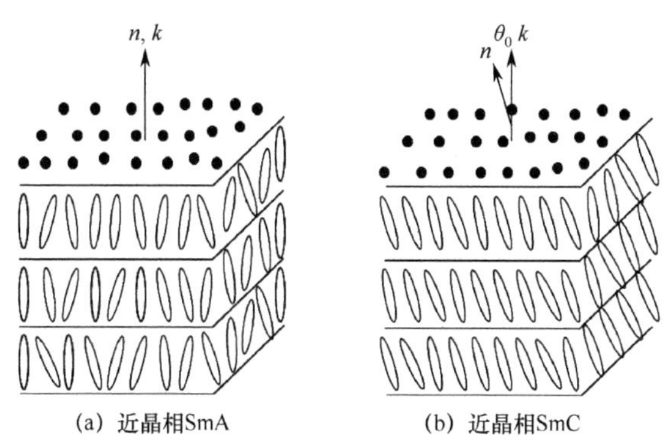

图 1-6　近晶相 SmA 与 SmC 的示意图

如图 1-7 所示，当液晶中含有手性分子时，对应于 SmC 相的将是螺旋结构的近晶 C 相，也叫胆甾相或铁电 C 相，即 SmC^*。液晶分子在层内的可能取向呈一圆锥形轨迹，分子将围绕指向矢沿 θ_0 角旋转排列，自发极化矢量 $\boldsymbol{P}_s$ 垂直于指向矢，这种螺旋排列沿层推移，且从宏观上没有自发极化产生。螺距 P 是指向矢在圆锥上转 2π 沿着层法线方向所通过的距离。

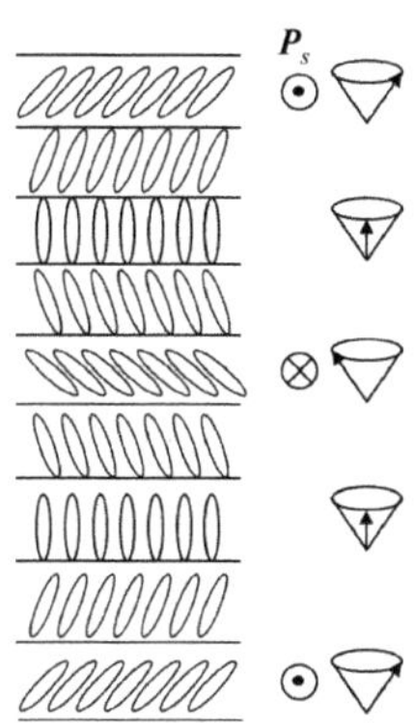

图 1-7　近晶相 SmC^*在液晶层内的分子位置的示意图

1.2.2　序参数与连续弹性体理论

为了解释液晶相的发生和它的性质，已经有多种理论被提出，有从微观角度出发的，也有从宏观角度出发的。这里主要介绍序参数和连续弹性体理论。

1. 序参数

因为液晶分子排列的取向有序性直接影响到它的一些重要性质，如折射率、介电常数等，所以必须引进一个参数来描述这个分子取向有序性的程度，这个参数叫作序参数。

通常，液晶分子排列会因为分子热运动而引起混乱。热运动会使分子不停地变化方向和位置，分子大致沿某一从优方向排列，这个方向称为指向矢 n。指向矢的两个方向 $\vec{n}$ 和 $-\vec{n}$ 是等价的。

假设将任意一瞬间的分子团定格拍摄下来，分子长轴和指向矢的夹角示意图如图 1-8 所示。

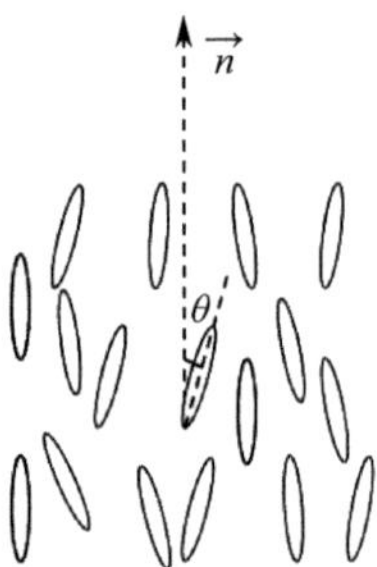

图 1-8　分子长轴和指向矢的夹角示意图

如果任意一瞬间所有分子都完全整齐排列，即所有分子长轴与指向矢的夹角都为零，那么它们的取向有序性最大，即平均角度为零。反之，平均角度为零并不代表这一时刻的所有分子都完全整齐排列，可能它们的排列是各个方向都有，只不过平均值正好为零。因此，不能使用平均角度来衡量分子排列的有序性。需要引入一个序参数 S 来衡量分子排列的有序性：

$$S=\frac{1}{2}\left\langle(3\cos^2\theta-1)\right\rangle \tag{1-1}$$

式中，θ 是分子长轴与分子长轴平均取向的夹角。$\left\langle(3\cos^2\theta-1)\right\rangle$ 表示 $(3\cos^2\theta-1)$ 的统计平均值：

$$\left\langle(3\cos^2\theta-1)\right\rangle=\int_0^{\pi}(3\cos^2\theta-1)f(\theta)\sin\theta\mathrm{d}\theta\Big/\int_0^{\pi}f(\theta)\sin\theta\mathrm{d}\theta \tag{1-2}$$

式中，$f(\theta)$ 表示全部液晶分子角度的统计分布。积分 $\int_0^{\pi}f(\theta)\sin\theta\mathrm{d}\theta$ 表示在

立体角 $\sin\theta d\theta$ 内绕分子长轴的那一部分分子的和。

对于完全取向有序，S=1；对于完全没有取向有序，S=0。液晶序参数的典型值范围是 0.3 ~ 0.9。随温度的上升，序参数减小。

液晶还具有位置有序性，如在层状相中，分子质量中心的平均密度沿层的法线方向 z 的变化为

$$\rho(z)=\rho_0[1+\psi\cos(2\pi z/d)] \tag{1-3}$$

式中，ψ 表示分子排列的位置有序性。ψ =0，无位置有序性；ψ 越大，位置有序性越大。

2. 连续弹性体理论

液晶的连续体理论是由弗兰克（F.C.Frank）提出来的，并把它表示成曲率弹性理论。它是一种宏观理论，不考虑分子尺度范围内的结构细节，而把液晶看成一种连续介质。因为液晶中描述分子取向的指向矢在外场作用下可以改变它的取向，而在外场移走后，由于分子间的相互作用，它又会弹性地恢复到它的原先取向。液晶所有的形变可以用三种基本类型的形变来描述，即展曲（splay）、扭曲（twist）和弯曲（bend），如图 1-9 所示。弹性常数分别为 K_{11}、K_{22}、K_{33}。

(a) 展曲（K_{11}）(b) 扭曲（K_{22}）(c) 弯曲（K_{33}）

图 1-9　展曲、扭曲和弯曲的示意图

如果选择一个坐标系（x_1, x_2, x_3）来描述空间某点 $P(\vec{r})$ 处的指向矢 $\vec{n}$，并让原点处的指向矢沿 x_3 轴，设指向矢的形变随位置的变化是缓慢和连续的，则以上三种基本形变可以用指向矢的微分来描述。

展曲形变：$\nabla\cdot\vec{n}\neq 0$

扭曲形变：$(\nabla\times\vec{n})//\vec{n}$

弯曲形变：$(\nabla\times\vec{n})\perp\vec{n}$

连续弹性体理论讨论的是在外场作用下液晶平衡态的变化，即液晶中指向矢的变化情况。因此，必须引进一个与指向矢的形变有关的自由能，通过求解自由能的最小值，发现在外场作用下相应的新的平衡态。

在小形变的条件下，液晶中单位体积的自由能，即自由能密度 F，可以

用指向矢变化量的一阶项或（和）二阶项的函数来表示，而忽略高阶项。从唯象的观点出发并考虑到液晶中存在的各种对称性，可以得出向列相液晶的自由能密度 F 为

$$F=\frac{1}{2}[\underbrace{k_{11}(\nabla\cdot\vec{n})^2}_{\text{展曲弹性形变}}+\underbrace{k_{22}(\vec{n}\cdot\nabla\times\vec{n})^2}_{\text{扭曲弹性形变}}+\underbrace{k_{33}(\vec{n}\times\nabla\times\vec{n})^2}_{\text{弯曲弹性形变}}] \tag{1-4}$$

对于螺旋状相液晶，需要增加一项与天然螺距有关的项，变成

$$F=k_2(\vec{n}\cdot\nabla\times\vec{n})+\frac{1}{2}[k_{11}(\nabla\cdot\vec{n})^2+k_{22}(\vec{n}\cdot\nabla\times\vec{n})^2+k_{33}(\vec{n}\times\nabla\times\vec{n})^2] \tag{1-5}$$

式中，k_2 是描述分子自发扭曲的弹性常数，其正负号表示螺旋状相液晶不同的螺旋旋转方向。

$$P=2\pi k_{22}/k_2 \tag{1-6}$$

式中，P 为螺距。

对于近晶相，层状结构限制了它的形变类型。假设层是不可压缩的，则有 $\nabla\times\vec{n}=0$。这说明在层状 A 相中只能产生展曲形变，而不能产生扭曲形表和弯曲形变。

1.2.3　液晶的取向原理

在观察液晶的微观结构或进行应用时，一般需要制作样品液晶盒。通常液晶盒是由上下基板贴合构成的，液晶在上下基板表面的排列取向对液晶的实际应用至关重要。如图 1-10 所示，图（a）展示的是没有经过取向的基板上的液晶分子，图（b）展示的是经过配向的基板上的液晶分子。

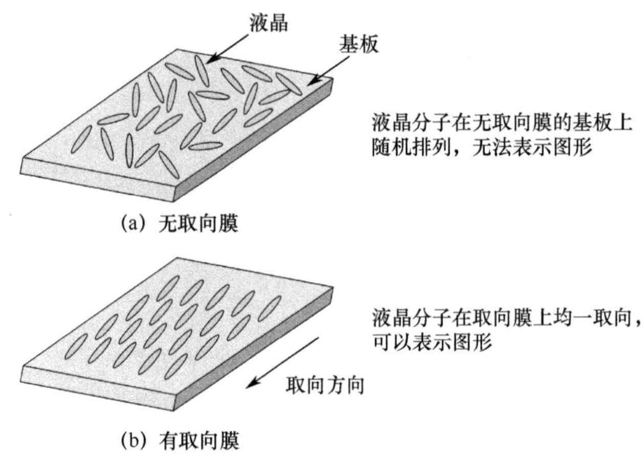

图 1-10　取向前后基板上的液晶分子排列取向的示意图

在液晶和基板（取向膜）的相互作用下可以产生如图 1-11 所示的几种取向形态。为了使液晶在基板上按照一定的方向进行排列取向，Mauguin 等人认识到在液晶盒内，表面经过充分处理后可以使液晶取向，他用镜头纸擦拭玻璃面获得部分表面排列。其他人用棉花或类似的材料在玻璃面上单方向摩擦，可以获得细微沟纹，这样就增强了液晶排列。在液晶应用于显示设备时，为了获得更好的排列，开发了许多不同的排列技术，如取向膜技术。不能忽略的是，尽管宏观上的排列已经了解清楚，但是分子内部的内在原因到现在还尚未弄清楚。

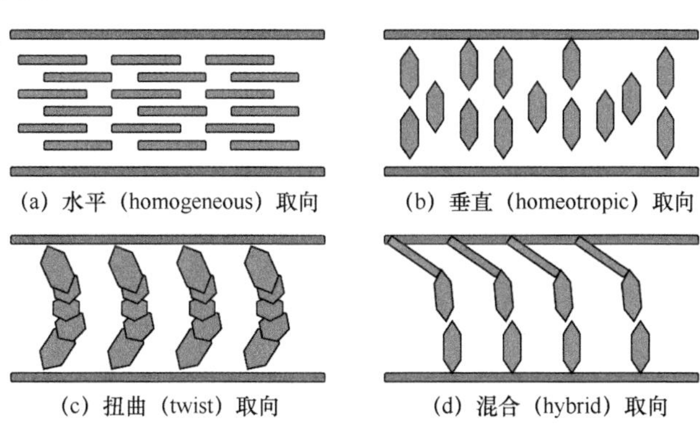

图 1-11　取向形态

通常显示要求的取向膜需要满足以下条件：①为了实施 Rubbing 处理，膜自身的机械强度要足够；②和下基板的密着性要很好；③在 Rubbing 处理后，因为要洗净膜表面，所以要有耐溶剂性；④要有即使经过后工程的热处理，取向能力也不会消失的热稳定性；⑤要有和液晶的亲和性，但不能反应。满足这些条件并且能提供实际使用的材料，仅有聚酰亚胺（Polyimide，PI）材料。

通过摩擦使液晶分子排列的机理如下。

第一，通过摩擦形成细小的沟，液晶分子沿着这些沟排列，如图 1-12 所示。经过摩擦处理，取向膜表面有细微凹凸形成。在取向膜和液晶界面，液晶分子按变形最小方向取向。

第二，通过摩擦剪断取向膜分子间应力，取向膜延伸，在取向膜分子和液晶分子的长轴方向一致的地方，能量最稳定，液晶分子能在该处稳定排列取向，如图 1-13 所示。经过摩擦处理，取向膜分子按摩擦方向延伸。因 PI 分子锁和液晶分子间力的作用，液晶分子按摩擦方向取向。

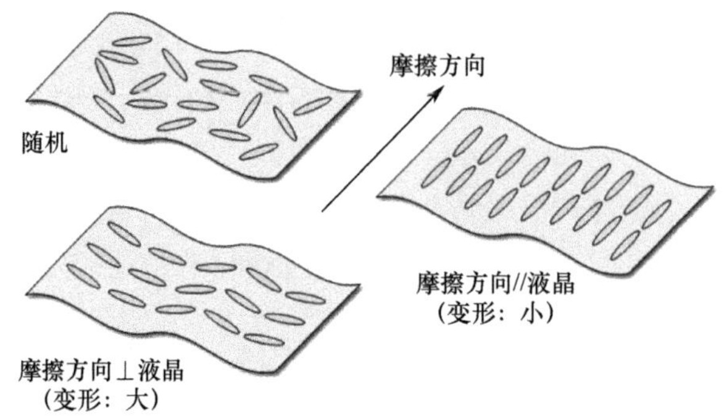

图 1-12　第一种机理的示意图

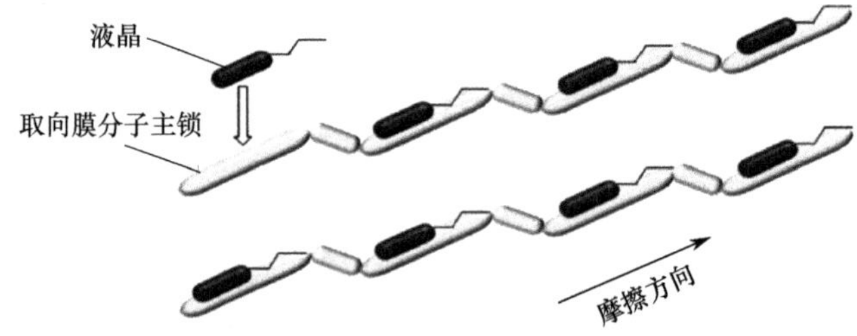

图 1-13　第二种机理的示意图

矩形和梯形模式将导致均一平面排列，锯齿结构被认为将导致垂直或平面排列，这主要取决于表面结构的倾斜程度，也就是说与锯齿的角度有关。一般来说第二种机理的效果较大。

1.3　液晶显示基础

液晶具有双折射特性，形成了光学各向异性。光学各向异性的结构具有偏光功能，转动入射光的偏振方向，只让某个方向振动的光透过。利用液晶的双折射率控制光的透过是液晶光学的本质。液晶的光学功能是处理经过偏光片过滤后的直线偏振光。这些直线偏振光透过液晶后再经偏光片过滤，可以选择出射光线的亮度。所以，在两片偏光片之间放置液晶，通过控制液晶的转动来调节液晶的双折射率，可以控制出射光线的不同亮度，实现灰阶显示。

1.3.1　液晶的双折射特性

液晶在电场中所表现出来的电致双折射效应比普通的各向同性物质和晶体的类似效应要容易得多和明显得多，这是因为液晶在电场中的光电效应是分子的转向所致，普克尔效应和克尔效应则是组成物质的晶胞的微小形变或分子的电子云形状的改变所致。液晶中传播的光可以分解为相互垂直的两个光矢量，即正常光和异常光。对于正常光，液晶的折射率保持不变；对于异常光，液晶的折射率与指向矢和光线的传播方向之间的夹角有关。外加的电场或磁场可以改变液晶分子的指向矢的方向，也就改变了液晶对异常光的折射率，当然就改变了液晶的双折射率。

1. 基本概念

当一束光在各向同性介质——空气与水的界面折射时，折射光线只有一束，而且遵守折射定律。但当光束在空气和双折射晶体的界面折射时，折射光将分成两束，这种现象称为双折射。正常光是指经折射后的两束光总有一束遵守折射定律，即无论入射光束的方位如何，这束光总在入射面内，折射率为正常数，用 o（ordinary）表示。异常光是指即使入射角为零，折射角也不为零，而且这束折射光与入射光不在同一平面内，它不遵守折射定律，用 e（extraordinary）表示。

一致取向的向列相液晶、近晶相液晶与单轴晶体一样，存在着一个且只有一个特殊的方向，当光在这个介质中沿着这个方向传播时，不发生双折射，这个特殊的方向称为光轴。液晶的光轴一般与液晶分子的长轴方向一致。光轴不是某一条特定的直线，而是一个方向，沿这个方向在单轴晶体和液晶内任意位置传播的光线都不会产生双折射，所以在其中通过每一点都可以做出一条光轴来。只有一条光轴的晶体称为单轴晶体。

在单轴晶体内，由 o 光线与光轴构成的平面称为 o 主平面，而由 e 光线与光轴构成的平面称为 e 主平面。一般情况下，o 主平面和 e 主平面是不重合的。如果光线在由光轴和晶体表面法线组成的平面内入射，则 o 光和 e 光都在这个平面内，这个面就是 o 光和 e 光共同的主平面，叫作主截面。如果用检偏器来检验 o 光和 e 光的偏振状态，就会发现 o 光和 e 光都是线偏振光，o 光的光矢量总是与光轴垂直，e 光的光矢量与光轴的交角随着传播方向的不同而改变。

液晶的各向异性使得在其中平行于指向矢偏振的光以一个折射率 $n_{/\!/}$ 传播，而垂直于指向矢偏振的光则以另一个折射率 $n_{\perp}$ 传播，这里的 $n_{/\!/}$ 相当于 n_e，而 $n_{\perp}$ 相当于 n_o。$\Delta n= n_{/\!/}- n_{\perp}$ 称为光学各向异性或双折射率（birefringence）。Δn 是随序参数变化而单调变化的。如图 1-14 所示，液晶的双折射率 Δn 随温度的上升而变小。

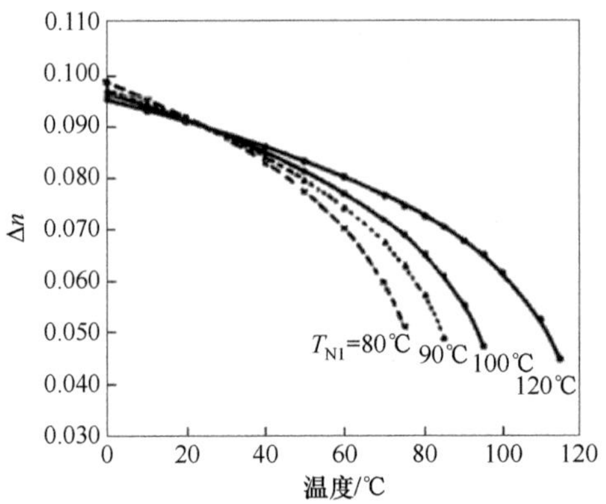

图 1-14　液晶的双折射率随温度变化的示意图

因为液晶具有双折射，所以在液晶中沿着不同方向偏振的光会以不同的速度传播，因此两个垂直分量在液晶中传播时的相位会渐渐偏离开来，这就是相对相位延迟。

设偏振方向与指向矢成 45°角的平面波进入厚度为 d 的液晶样品，其真空波长为 λ_0。液晶的两个折射率是 $n_{/\!/}$和 $n_{\perp}$。如图 1-15 所示，这个线偏振光具有两个同相的分量，一个沿 x 轴偏振，一个沿 y 轴偏振。

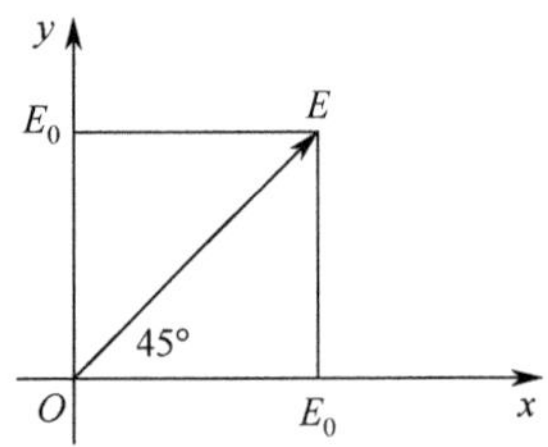

图 1-15　入射光线偏振方向的示意图

与 x 轴和 y 轴成 45°角偏振的光在进入液晶的起始点（z=0）处的电场分量为

$$\begin{aligned} E_x(z,t) &= E_0 \cos \omega t \\ E_y(z,t) &= E_0 \cos \omega t \end{aligned} \tag{1-7}$$

在液晶中，两个分量的角频率 ω 相同。但各分量的波长 λ、角波数 k 与速度 c 不同，可得

$$k_{/\!/ \text{or} \perp} = 2\pi \frac{1}{\gamma_{/\!/ \text{or} \perp}} = \left(2\pi \frac{1}{\gamma_0}\right) n_{/\!/ \text{or} \perp} = \frac{\omega}{c_0} n_{/\!/ \text{or} \perp} = \frac{\omega}{c_{/\!/ \text{or} \perp}} \tag{1-8}$$

在液晶中，$z=d$ 处的光的两个偏振状态可分别写成

$$\begin{aligned} E_x(z,t) &= E_0\cos(n_{\perp}k_0 d-\omega t) \\ E_y(z,t) &= E_0\cos(n_{//}k_0 d-\omega t)=E_0\cos(n_{\perp}k_0 d-\omega t+\Delta n k_0 d) \end{aligned} \quad (1\text{-}9)$$

因此，这两个分量以相位差 Δnk_0d 出射。一般来说，出射光将是椭圆偏振光，其长半轴和短半轴各与 x 轴倾斜 45°，两个分量的相对相位延迟为

$$\delta_{\mathrm{r}}=-k_0\Delta nd=-k_0(n_{//}-n_{\perp})d=\frac{2\pi}{\lambda_0}(n_{//}-n_{\perp})d \quad (1\text{-}10)$$

相位延迟 δ_{r} 随着波长 λ 的减小而增大，和样品厚度 d 成正比。所以，测量已知厚度的液晶样品的相位延迟 δ_{r} 就可以测出其双折射率 Δn。

液晶样品厚度 d 是很重要的参量，如果选择液晶样品厚度 d 使得 $\delta_{\mathrm{r}}=-\pi/2$，就会得到四分之一波片。对于入射线偏振光，出射光将为左旋圆偏振光。如果选择液晶样品厚度 d 使得 $\delta_{\mathrm{r}}=-\pi$，就会得到二分之一波片，出射光的两个分量相位差为 180°，它们的合成仍为线偏振光，但偏振方向将垂直于入射光的偏振方向。

透光轴方向正交的两个偏振器（通常分别称为起偏器、检偏器）之间只有各向同性的均匀透明介质时，基本不会有光从正交偏振器透过，因为起偏器的线偏振光在各向同性物质中传播时偏振态不变。当液晶被置于正交偏振器之间时，就可清楚地看出向列相液晶的双折射现象。如果液晶的指向矢平行于两个偏振器透光轴所在的平面，并且与起偏器透光轴的夹角不等于 0°或 90°，那么对于透过液晶层入射到检偏器的光，电矢量平行于指向矢和垂直于指向矢的两个偏振分量就会产生相位差，一般来说是椭圆偏振光。这一椭圆偏振光将会从检偏器（第二个偏振器）出射。在正交偏振器之间插入向列相液晶，一般会使视场变亮。而在偏振器之间无液晶时，视场是暗的。

液晶插入两个正交偏振器之间后仍然呈暗态的两种特例是：①起偏器的透光轴平行（或垂直）于指向矢，透过液晶的光仍为偏振方向不变的线偏振光，垂直于检偏器的透光轴，输出将消光，但是这时若旋转样品，则视场将变亮；②相延 $\delta_{\mathrm{r}}=-2N\pi$。

显微镜下的液晶照片通常是将样品置于正交偏振器之间而获得的。样品中不同处的指向矢往往方向不同。在指向矢与偏振器透光轴平行或垂直的区域是暗区，而指向矢与偏振器透光轴交角非 0°或 90°的区域则是亮区。仔细观察在偏光显微镜下所得的图像会发现：有一些呈线状的亮度突变，这表明指向矢在相应位置有突变。这些线称为向错，表明这些地方的指向矢实际上不确定，在一个极小区域里它指向很多不同的方向。因此，这些向错就是缺陷。

2. Maxwell 方程组

光线也是一种电磁波，它的传播仍然要遵守 Maxwell 方程：

$$
\begin{aligned}
&\nabla\times H=\frac{1}{c}\cdot\frac{\delta D}{\delta t}+\frac{4\pi}{c}j\\
&\nabla\times E=-\frac{1}{c}\cdot\frac{\delta D}{\delta t}\\
&\nabla\cdot D=4\pi\rho\\
&\nabla\cdot B=0
\end{aligned}
\tag{1-11}
$$

式中，E 和 H 分别是电场强度和磁场强度；D 和 B 分别是电位移矢量和磁感应强度；ρ 和 j 分别是电荷密度和电流密度。讨论光在液晶介质中的传播，一般情况下电荷密度和电流密度都等于零。

除上述 Maxwell 方程外，还存在本构方程：

$$
\begin{aligned}
&D=\varepsilon E\\
&B=\mu H\\
&j=\sigma E
\end{aligned}
\tag{1-12}
$$

式中，ε、μ 和 σ 分别是材料的介电常数、磁导率和电导率。对于各向同性介质，它们是标量；对于像液晶一类的各向异性介质，它们是二阶张量。

$$
\begin{aligned}
&D_i=\varepsilon_{ij}E_j\\
&B_i=\mu_{ij}H_j\\
&j_i=\sigma_{ij}E_j
\end{aligned}
\tag{1-13}
$$

光学介电常数实际上是折射率的平方，对于向列相液晶，在主轴坐标系中，可以表示为

$$
\frac{\tau}{\varepsilon}=\begin{pmatrix}\varepsilon_{\perp} & 0 & 0\\ 0 & \varepsilon_{\perp} & 0\\ 0 & 0 & \varepsilon_{//}\end{pmatrix}=\begin{pmatrix}n_0^2 & 0 & 0\\ 0 & n_0^2 & 0\\ 0 & 0 & n_e^2\end{pmatrix}
\tag{1-14}
$$

式中，$\varepsilon_{\perp}$、$\varepsilon_{\perp}$和 $\varepsilon_{//}$是单轴介质的介电张量的 3 个独立主轴分量；n_0、n_0 和 n_e是折射率张量的 3 个独立主轴分量。

1.3.2 平面光波的偏振特性

平面光波是横电磁波，其光场矢量的振动方向与光波传播方向垂直。一般情况下，在垂直平面光波传播方向的平面内，光场振动方向相对光传播方向是不对称的，光波性质随光场振动方向的不同而发生变化。这种光场振动

方向相对光传播方向不对称的性质，称为光波的偏振特性。它是横波区别于纵波的最明显标志。

1. 偏振机理

根据空间任一点光电场 E 的矢量末端在不同时刻的轨迹不同，其偏振态可分为线偏振、圆偏振和椭圆偏振。设光波沿 z 方向传播，电场矢量为

$$E = E_0 \cos(\omega t - kz + \varphi_0) \tag{1-15}$$

为表征该光波的偏振特性，可将其表示为沿 x、y 方向振动的两个独立分量的线性组合，即

$$E = iE_x + jE_y \tag{1-16}$$

式中，$E_x = E_{0x} \cos(\omega t - kz + \varphi_x)$；$E_y = E_{0y} \cos(\omega t - kz + \varphi_y)$。将这两式中的变量 t 消去，经过运算可得

$$\left(\frac{E_x}{E_{0x}}\right)^2 + \left(\frac{E_y}{E_{0y}}\right)^2 - 2\left(\frac{E_x}{E_{0x}}\right)\left(\frac{E_y}{E_{0y}}\right)\cos\varphi = \sin^2\varphi \tag{1-17}$$

式中，$\varphi=\varphi_y-\varphi_x$。这个二元二次方程在一般情况下表示的几何图形是椭圆，如图 1-16 所示。

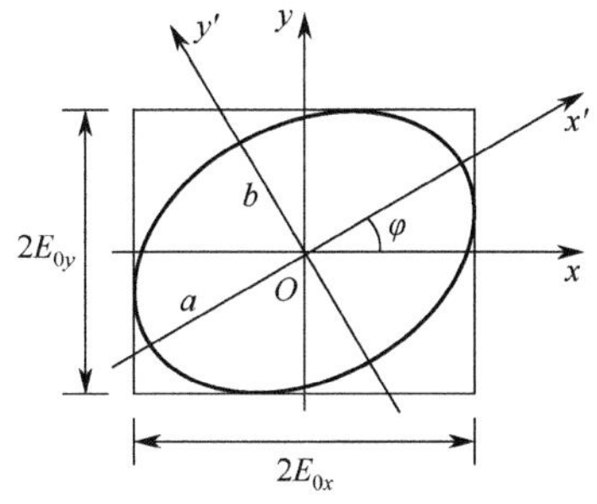

图 1-16　椭圆偏振诸参量的示意图

在上面的公式中，相位差 φ 和 E_y/E_x 的不同，决定了椭圆形状和空间取向的不同，从而也就决定了光的不同偏振状态。图 1-17 画出了几种不同 φ 值对应的椭圆偏振态。实际上，线偏振态和圆偏振态都可以看作椭圆偏振态的特殊情况。

两个振动方向相互垂直的偏振光叠加时，通常将形成椭圆偏振光，其电场矢端轨迹的椭圆长、短轴之比及空间取向，随两个线偏振光的振幅比 E_{0y}/E_{0x} 及其相位差 φ 变化，它们决定了该光的偏振态。

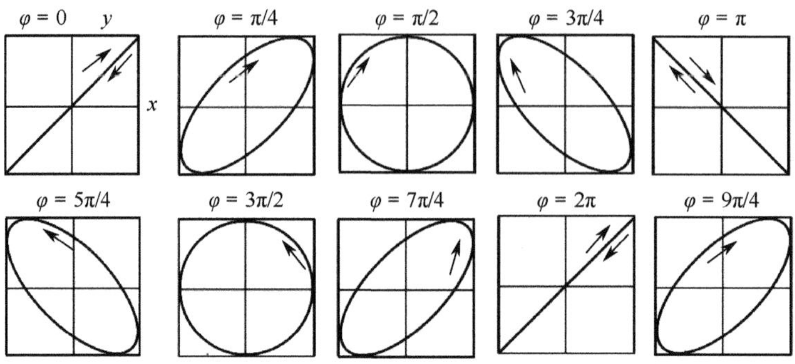

图 1-17 不同 φ 值对应的椭圆偏振态示意图

2. 偏振态的三角函数表示法

如前所述，两个振动方向相互垂直的线偏振光电场强度 E_x 和 E_y 叠加后，一般情况下将形成椭圆偏振光：

$$\left(\frac{E_x}{E_{0x}}\right)^2+\left(\frac{E_y}{E_{0y}}\right)^2-2\left(\frac{E_x}{E_{0x}}\right)\left(\frac{E_y}{E_{0y}}\right)\cos\varphi=\sin^2\varphi \tag{1-18}$$

式中，E_{0x}、E_{0y} 和 φ 决定了该椭圆偏振光的特性。在实际应用中，经常采用由长、短轴构成的新直角坐标系 $x'Oy'$ 的两个正交电场分量 $E_{x'}$ 和 $E_{y'}$ 描述偏振态，新旧坐标系之间电场矢量的关系为

$$\begin{aligned}E_{x'}&=E_x\cos\psi+E_y\sin\psi\\E_{y'}&=-E_x\sin\psi+E_y\cos\psi\end{aligned} \tag{1-19}$$

式中，ψ（$0\leqslant\psi<\pi$）是椭圆长轴与 x 轴间的夹角。设 $2a$ 和 $2b$ 分别为椭圆长、短轴的长度，则新坐标系中的椭圆参量方程为

$$\begin{aligned}E_{x'}&=a\cos(\tau+\varphi_0)\\E_{y'}&=\pm b\sin(\tau+\varphi_0)\end{aligned} \tag{1-20}$$

式中，正、负号对应于两种旋向的椭圆偏振光；$\tau=\omega t-kz$。令

$$\begin{aligned}&\frac{E_{0y}}{E_{0x}}=\tan\alpha,\ 0\leqslant\alpha\leqslant\frac{\pi}{2}\\&\pm\frac{b}{a}=\tan\chi,\ -\frac{\pi}{4}\leqslant\chi\leqslant\frac{\pi}{4}\end{aligned} \tag{1-21}$$

则已知 E_{0x}、E_{0y} 和 φ，即可由下面的关系式求出相应的 a、b 和 ψ：

$$\begin{aligned}&\tan 2\alpha\cos\varphi=\tan 2\psi\\&\sin 2\alpha\sin\varphi=\sin 2\chi\\&E_{0x}^2+E_{0y}^2=a^2+b^2\end{aligned} \tag{1-22}$$

3．偏振态的琼斯矩阵表示法

琼斯（Jones）矩阵经常被用来分析经由偏振光组件组成的复杂系统后出射的偏振状态。可以通过简单的矩阵来辨识光路各处的偏光器件，用矢量来表示偏光，而数学上只需简单的矩阵运算就可以了。1941 年，Jones 利用一个列矩阵表示电场矢量的 x、y 分量：

$$\begin{bmatrix} E_x \\ E_y \end{bmatrix} = \begin{bmatrix} E_{0x}\mathrm{e}^{\mathrm{i}\varphi_x} \\ E_{0y}\mathrm{e}^{\mathrm{i}\varphi_y} \end{bmatrix} \tag{1-23}$$

这个矩阵通常称为琼斯矢量。这种描述偏振光的方法是一种确定光波偏振态的简便方法。对于在Ⅰ、Ⅲ象限中的线偏振光，有 $\varphi_x=\varphi_y=\varphi_0$，琼斯矢量为

$$\begin{bmatrix} E_x \\ E_y \end{bmatrix} = \begin{bmatrix} E_{0x} \\ E_{0y} \end{bmatrix}\mathrm{e}^{\mathrm{i}\varphi_0} \tag{1-24}$$

对于左旋、右旋圆偏振光，有 $\varphi_y-\varphi_x=\pm\pi/2$，$E_{0x}=E_{0y}=E_0$，其琼斯矢量为

$$\begin{bmatrix} E_x \\ E_y \end{bmatrix} = \begin{bmatrix} 1 \\ \pm\mathrm{i} \end{bmatrix} E_0\mathrm{e}^{\mathrm{i}\varphi_0} \tag{1-25}$$

考虑到光强 $I=E^2_x+E^2_y$，有时将琼斯矢量的每一个分量除以 $\sqrt{I}$，得到标准的归一化琼斯矢量。例如，x 方向振动的线偏振光、y 方向振动的线偏振光、45°方向振动的线偏振光、振动方向与 x 轴成 θ 角的线偏振光、左旋圆偏振光、右旋圆偏振光的标准归一化琼斯矢量形式分别为

$$\begin{bmatrix} 1 \\ 0 \end{bmatrix}, \begin{bmatrix} 0 \\ 1 \end{bmatrix}, \frac{\sqrt{2}}{2}\begin{bmatrix} 1 \\ 1 \end{bmatrix}, \begin{bmatrix} \cos\theta \\ \sin\theta \end{bmatrix}, \frac{\sqrt{2}}{2}\begin{bmatrix} 1 \\ \mathrm{i} \end{bmatrix}, \frac{\sqrt{2}}{2}\begin{bmatrix} 1 \\ -\mathrm{i} \end{bmatrix}$$

如果两个偏振光满足式（1-26）所示的关系，则称此两个偏振光呈正交偏振态。

$$E_1 \cdot E_2^* = [E_{1x} \quad E_{1y}]\begin{bmatrix} E_{2x}^* \\ E_{2y}^* \end{bmatrix} = 0 \tag{1-26}$$

例如，x 和 y 方向振动的两个线偏振光、右旋圆偏振光与左旋圆偏振光等均是互为正交的偏振光。

利用琼斯矢量可以方便地计算两个偏振光的叠加：

$$\begin{bmatrix} E_x \\ E_y \end{bmatrix} = \begin{bmatrix} E_{1x} \\ E_{1y} \end{bmatrix} + \begin{bmatrix} E_{2x} \\ E_{2y} \end{bmatrix} = \begin{bmatrix} E_{1x}+E_{2x} \\ E_{1y}+E_{2y} \end{bmatrix} \tag{1-27}$$

亦可方便地计算偏振光 E_i 通过几个偏振器件后的偏振态：

$$\begin{bmatrix} E_{tx} \\ E_{ty} \end{bmatrix} = \begin{bmatrix} a_n & b_n \\ c_n & d_n \end{bmatrix} \cdots \begin{bmatrix} a_2 & b_2 \\ c_2 & d_2 \end{bmatrix} \begin{bmatrix} a_1 & b_1 \\ c_1 & d_1 \end{bmatrix} \begin{bmatrix} E_{ix} \\ E_{iy} \end{bmatrix} \tag{1-28}$$

式中，$\begin{bmatrix} a_n & b_n \\ c_n & d_n \end{bmatrix}$ 为表示光学元件偏振特性的琼斯矩阵。

常用的偏振光的琼斯矢量包括：水平线性偏振光 $x = \begin{bmatrix} 1 \\ 0 \end{bmatrix}$，垂直线性偏振光 $y = \begin{bmatrix} 0 \\ 1 \end{bmatrix}$，±45°线性偏振光 $\frac{1}{\sqrt{2}}\begin{bmatrix} 1 \\ \pm 1 \end{bmatrix}$，任意角度的线性偏振光 $\begin{bmatrix} \cos\theta \\ \sin\theta \end{bmatrix}$，左旋圆偏振光 $L = \frac{1}{\sqrt{2}}\begin{bmatrix} 1 \\ \mathrm{i} \end{bmatrix}$，右旋圆偏振光 $R = \frac{1}{\sqrt{2}}\begin{bmatrix} \mathrm{i} \\ 1 \end{bmatrix}$ 或 $R = \frac{1}{\sqrt{2}}\begin{bmatrix} 1 \\ -\mathrm{i} \end{bmatrix}$，左旋椭圆偏振光 $J_1(\Psi,\delta) = \begin{bmatrix} \cos\Psi \\ \sin\Psi \exp(\mathrm{i}\delta) \end{bmatrix}$，右旋椭圆偏振光 $J_r(\Psi,\delta) = \begin{bmatrix} \sin\Psi \\ \cos\Psi \exp(\mathrm{i}\delta + \pi) \end{bmatrix}$。

所有琼斯矢量皆具有正交性，即 $x^* \cdot y = 0$，$R^* \cdot L = 0$，$J_1(\Psi,\delta)^* \cdot J_r(\Psi,\delta) = 0$。

线性偏振光与圆偏振光之间可以相互变换：

$$R = \frac{1}{\sqrt{2}}(x - \mathrm{i}y),\ L = \frac{1}{\sqrt{2}}(x + \mathrm{i}y) \tag{1-29}$$

$$x = \frac{1}{\sqrt{2}}(R + L),\ y = \frac{1}{\sqrt{2}}(R - L) \tag{1-30}$$

4．偏振态的斯托克斯参量表示法

如前所述，为表征椭圆偏振，必须有 3 个独立的量，如电场强度 E_x、E_y 和相位差 φ，或者椭圆的长、短半轴 a、b 和表示椭圆取向的 ψ 角。1852 年，斯托克斯（Stockes）提出用 4 个参量（斯托克斯参量）来描述光波的强度和偏振态，在实际应用中更为方便。与琼斯矢量不同的是，这种表示法描述的光可以是完全偏振光，也可以是部分偏振光和完全非偏振光；可以是单色光，也可以是非单色光。可以证明，对于任意给定的光波，这些参量都可由简单的实验加以测定。一个平面单色光波的斯托克斯参量为

$$\begin{aligned} s_0 &= E_x^2 + E_y^2 \\ s_1 &= E_x^2 - E_y^2 \\ s_2 &= 2E_x E_y \cos\varphi \\ s_3 &= 2E_x E_y \sin\varphi \end{aligned} \tag{1-31}$$

式中，只有 3 个参量是独立的，因为它们之间存在下面的恒等式关系：

$$s_0^2 = s_1^2 + s_2^2 + s_3^2 \tag{1-32}$$

参量 s_0 显然正比于光波的强度，参量 s_1、s_2 和 s_3 则与表征椭圆取向的 ψ 角（$0 \leqslant \varphi < \pi$）和表征椭圆率及椭圆转向的 χ 角（$-\pi/4 \leqslant \chi < \pi/4$）有如下关系：

$$\begin{aligned} s_1 &= s_0 \cos 2\chi \cos 2\psi \\ s_2 &= s_0 \cos 2\chi \sin 2\psi \\ s_3 &= s_0 \sin 2\chi \end{aligned} \tag{1-33}$$

5．偏振态的邦加球表示法

1892 年，由邦加（Poincare）提出的邦加球表示法是表示任一偏振态的图示法。邦加球在晶体光学中非常有用，可决定晶体对于所穿过光的偏振态的影响。邦加球是一个半径为 s_0 的球 Σ，其上任意点 P 的直角坐标为 s_1、s_2 和 s_3，而 2χ 和 2ψ 则是该点的相应球面角坐标，如图 1-18 所示。一个平面单色波，当其强度给定时（s_0=常数），对于它的每一个可能的偏振态，Σ 上都有一点与之对应，反之亦然。由于线偏振光的相位差 φ 是零或 π 的整数倍，斯托克斯参量 s_3 为零，所以各线偏振光分别由赤道面上的点代表。对于圆偏振光，因为 $E_{0x}=E_{0y}$，所以分别由南、北极两点代表左、右旋圆偏振光。

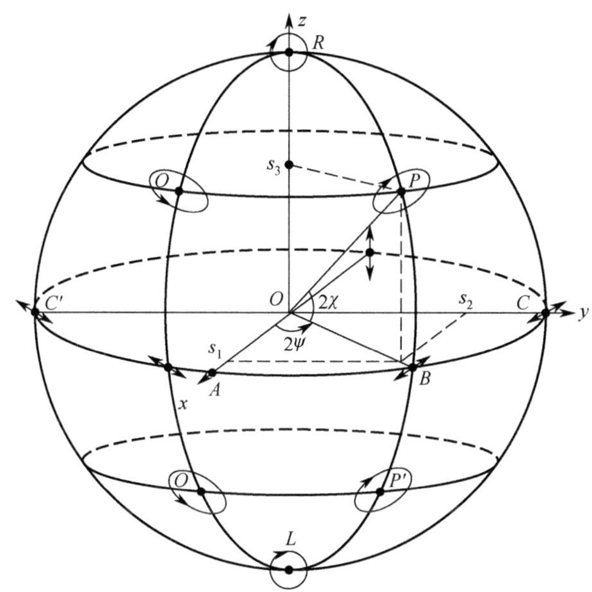

图 1-18　单色波偏振态的邦加球表示法示意图

1.3.3 液晶显示的电场模式

液晶显示的本质是用液晶控制光的偏振状态，在上下偏光片的作用下获得所需的亮暗（灰阶）效果。通过 TFT 开关在液晶两端输入一定的电压，可以精确控制液晶的偏转状态，从而精确控制光的偏振状态。因为液晶不发光，所以液晶显示要么利用自然光，要么在显示屏背后加背光源。

如图 1-19 所示，根据施加在液晶上的电场方向的不同，液晶显示模式可以分为垂直电场模式和水平电场模式两大类。基于垂直电场模式的液晶显示屏，像素电极电压和 COM 电压分别加在 TFT 基板和 CF 基板上，液晶分子存在一个垂直转动的过程。在外界压力作用下，液晶分子会在垂直方向上改变转动状态，从而影响显示效果，所以这种显示屏又称“软屏”。基于水平电场模式的液晶显示屏，像素电极电压和 COM 电压都加在 TFT 基板上，液晶分子只在水平方向转动。即使受到外界压力作用，液晶分子还是处在水平状态，显示效果不受影响，所以这种显示屏又称“硬屏”。

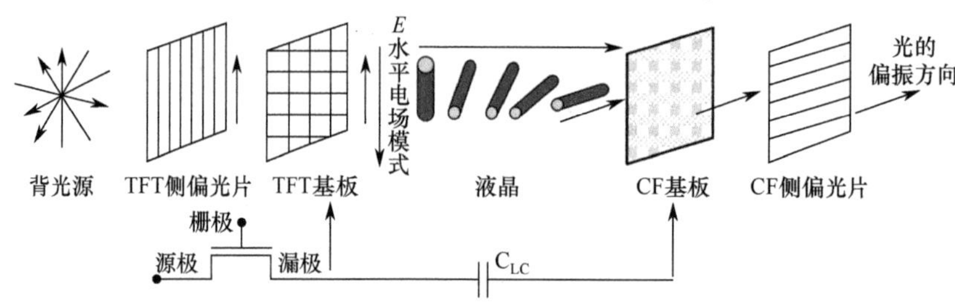

图 1-19 液晶显示屏的基本结构及工作原理

大部分液晶显示模式都属于垂直电场模式，典型的有 TN 模式和 VA 模式。与 VA 液晶分子纯粹上下转动不同，TN 液晶分子除了上下转动外，还存在扭转成分。属于水平电场模式的液晶显示主要有 IPS 模式和 FFS 模式。垂直电场模式的液晶显示，透光率都与 $\Delta nd/\lambda$ 因子有关，对透光率影响最大的因素是双折射率 Δn。水平电场模式的液晶显示，透光率与液晶分子的转动角度强相关。TN 液晶的透光率公式如下，上下层液晶分子的扭曲角 θ=90°时的透光率最高。

$$T=\frac{1}{2}\frac{\sin\left(\frac{\pi}{2}\sqrt{1+u^2}\right)}{1+u^2}，\ u=2\Delta nd/\lambda \qquad (1\text{-}34)$$

VA 液晶的透光率公式如下，液晶分子长轴与偏光片吸收轴之间的方位

角 ψ=45°时的透光率最高。

$$T=\frac{1}{2}\sin^2 2\psi \sin^2 \frac{\pi\Delta nd}{\lambda}=\frac{1}{2}\sin^2 \frac{\pi\Delta nd}{\lambda}，\ \psi=45° \tag{1-35}$$

IPS/FFS 液晶的透光率公式如下，当相位延迟 Δnd 为绿光波长的一半时透光率最高。

$$T=\frac{1}{2}\sin^2 2\psi \sin^2 \frac{\pi\Delta nd}{\lambda}=\frac{1}{2}\sin^2 2\psi，\ \Delta nd=\lambda（绿光）/2 \tag{1-36}$$

如图 1-20 所示，TN 模式和 VA 模式等垂直电场模式的液晶是站起来的，所以从斜视角看，有效 Δnd 的视角依存性很大，即在不同视角下的透光率变化很大。对于 IPS/FFS 模式，因为液晶是在面内扭转的，所以从斜视角看的有效 Δnd 的视角依存性很小，相应的透光率变化很小，几乎不会发生灰阶反转。正是由于 IPS/FFS 液晶的有效 Δnd 的视角依存性比 TN 液晶和 VA 液晶要小，所以 IPS/FFS 模式在全视角范围内，特别是在上下左右 4 个方向上的对比度稳定性要比 TN 模式好。同时，式（1-36）中 $\Delta nd=\lambda$（绿光）/2 的设计条件基本成立，IPS/FFS 液晶的透光率基本上不存在视角依存性。

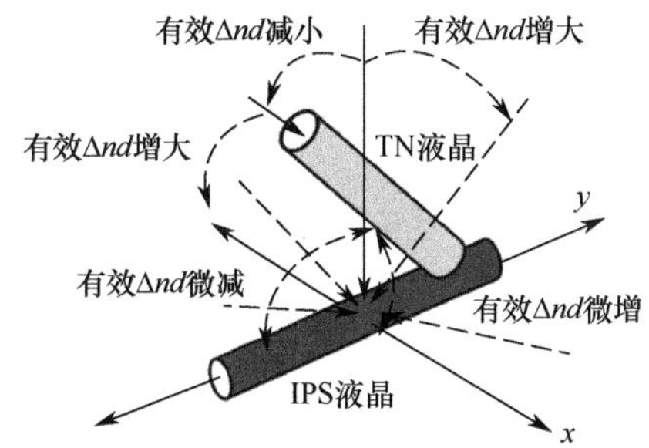

图 1-20　IPS/FFS 液晶和 TN/VA 液晶的有效 Δnd 的视角依存性比较

参 考 文 献

[1] 姜会林. 空间光电技术与光学系统[M]. 北京：科学出版社，2016.

[2] 曹汉. 基于液晶偏振光栅的非机械式光束偏转技术研究[D]. 长春：长春理工大学，2019.

[3] WIERWILLE W W, GAGNE G A, KNIGHT J R. A Laboratory Display System Suitable for Man-Machine Research[J]. IEEE Transactions on Human Factors in Electronics, 2006, HFE-8(3):250-253.

[4] 黄阳华. 工业革命中生产组织方式变革的历史考察与展望——基于康德拉季耶夫长波的分析[J]. 中国人民大学学报, 2016, 30(3):66-77.

[5] IWAMOTO Y. Electro-optical characteristics and optimization of vertically aligned STN-LCDs[J]. Journal of the Society for Information Display, 2000, 8(4):295.

[6] BLANCA C E, FRANCISCO G G. A review of mathematical analysis of nematic and smectic-A liquid crystal models[J]. European Journal of Applied Mathematics, 2014, 25(1):133-153.

[7] WEIS J J, LEVESQUE D, ZARRAGOICOECHEA G J. Orientational order in simple dipolar liquid-crystal models[J]. Physical Review Letters, 1992, 69(6):913-916.

[8] KANG D, MACLENNAN J E, CLARK N A, et al. Electro-optic Behavior of Liquid-Crystal-Filled Silica Opal Photonic Crystals: Effect of Liquid-Crystal Alignment[J]. Physical Review Letters, 2001, 86(18):4052-4055.

[9] ROSENBLATT C, PINDAK R, CLARK N A, et al. Freely Suspended Ferroelectric Liquid-Crystal Films: Absolute Measurements of Polarization, Elastic Constants, and Viscosities[J]. Physical Review Letters, 1979, 42(18):1220-1223.

[10] MAKAROV D V, ZAKHLEVNYKH A N. Influence of shear flow on the Fréedericksz transition in nematic liquid crystals[J]. Physical Review E, 2006, 74(4):041710.

[11] JOSHI A A, WHITMER J K, ORLANDO GUZMÁN, et al. Measuring liquid crystal elastic constants with free energy perturbations[J]. Soft Matter, 2014, 10(6):882-893.

[12] WU S T, YAN J. Optically isotropic liquid crystals for next-generation displays[J]. SPIE Newsroom, 2011, 21(22):7870-7877.

[13] DHARA S, BALAJI Y, ANANTHAIAH J, et al. Active and passive viscosities of a bent-core nematic liquid crystal[J]. Physical Review E, 2013, 87(3):1-5.

[14] VICTOR G TARATUTA, FRANKLIN LONBERG, ROBERT B. Meyer. Anisotropic mechanical properties of a polymer nematic liquid crystal[J]. Physical Review A, 1988, 37(5):1831-1834.

[15] INOUE M, YOSHINO K, MORITAKE H, et al. Influence of Liquid-Crystal Directors in an Electric Field on Elastic Wave Propagating in Liquid-Crystal Cell[J]. Japanese Journal of Applied Physics, 2001, 40(9):5798-5802.

[16] LESLIE F M. Flow alignment in biaxial nematic liquid crystals[J]. Journal of Non-Newtonian Fluid Mechanics, 1994, 54:241-250.

[17] PARANG Z, GHAFFARY T, GHARAHBEIGI M M. Effect of elastic constants of liquid crystals in their electro-optical properties[J]. International Journal of Geometric Methods in Modern Physics, 2017, 14(11):1750163.

[18] KATO T. Self-Assembly of Phase-Segregated Liquid Crystal Structures[J]. Science, 2002, 295(5564):2414-2418.

[19] LIM K C. Critical Suppression of Birefringence in a Smectic-A Liquid Crystal near the Smectic-C Phase[J]. Physical Review Letters, 1978, 40(24):1576-1578.

[20] MUSCHIK W, PAPENFUSS C, EHRENTRAUT H. Mesoscopic theory of liquid crystals[J]. Journal of Non-Equilibrium Thermodynamics, 2004, 29(1):75-106106.

[21] ARAMAKI J. The Effect of External Fields in the Theory of Liquid Crystals[J]. Tokyo Journal of Mathematics, 2012, 35(2012):181-2111.

[22] OSEEN C W. The theory of liquid crystals[J]. Transactions of the Faraday Society, 1933, 29(140):86-89.

[23] GEARY J M, GOODBY J W, KMETZ A R, et al. The mechanism of polymer alignment of liquid-crystal materials[J]. Journal of Applied Physics, 1987, 62(10): 4100-4108.

[24] LIEN A. Extended Jones matrix representation for the twisted nematic liquid-crystal display at oblique incidence[J]. Applied Physics Letters, 1990, 57(26):2767.

[25] VALYUKH I V, SLOBODYANYUK A V, VALYUKH S I, et al. Using the Jones matrix to model light propagation in anisotropic media[J]. Journal of Optical Technology, 2003, 70(7):470-473.

[26] AGARWAL G S. SU(2) structure of the poincare sphere for light beams with orbital angular momentum[J]. Journal of the Optical Society of America A, 1999, 16(12): 2914-2916.

[27] KHAN S A. Polarization in Maxwell Optics[J]. Optik-International Journal for Light and Electron Optics, 2017, 131:733-748.

[28] KAWAMOTO, H. The history of liquid-crystal displays[J]. Proceedings of the IEEE, 2002, 90(4):460-500.

[29] KOHLER C, HAIST T, OSTEN W. Model-free method for measuring the full Jones matrix of reflective liquid-crystal displays[J]. Optical Engineering, 2009, 48(4):044002.

[30] YEH P. Optical properties of general twisted-nematic liquid-crystal displays[J]. Journal of the Society for Information Display, 1997, 5(18):1398-1400.

[31] KONOVALOV V A, MINKO A A, MURAVSKI A A, et al. Mechanism and electro-optic properties of multidomain vertically aligned mode LCDs[J]. Journal of the Society for Information Display, 1999, 7(3):213-220.

[32] AOKI, H. Dynamic characterization of a-Si TFT-LCD pixels[J]. IEEE Transactions on Electron Devices, 1996, 43(1):31-39.

[33] FUJIKAKE H, KUBOKI M, MURASHIGE T, et al. Alignment mechanism of liquid crystal in a stretched porous polymer film[J]. Journal of Applied Physics, 2003, 94(5): 2864-2867.

[34] MAEDA T, HIROSHIMA K. Tilted Homeotropic Alignment with High Reliability of Liquid Crystal Molecules Adsorbed on Anodic Porous Alumina in a Magnetic

Field[J]. Japanese Journal of Applied Physics, 2014, 44(8):310-312.

[35] LIM J G, KWAK K, SONG J K. Computation of refractive index and optical retardation in stretched polymer films[J]. Optics Express, 2017, 25(14):16409.

[36] KIENLE A, FOSCHUM F, HOHMANN A. Light propagation in structural anisotropic media in the steady-state and time domains[J]. Physics in Medicine and Biology, 2013, 58(17):6205-6223.

[37] YANG T, WAN X, JING H, et al. An improved Jones matrix for a birefringent plate with optical axis parallel to the surface[J]. Journal of Optics A: Pure and Applied Optics, 2007, 9(3):222-228.

第2章 液晶显示模式

在液晶显示器发展历史中，随着人们对显示特性的要求而不断改进，也就产生很多种液晶显示模式。根据液晶显示的工作原理不同，可分为宾主（Guest-Host，GH）、动态散射（Dynamic Scattering，DS）、聚合物分散液晶（Polymer Dispersed Liquid Crystal，PDLC）和聚合物稳定液晶（Polymer Stabled Liquid Crystal，PSLC）、扭曲向列相（Twisted Nematic，TN）和超扭曲向列相（Super Twisted Nematic，STN）、垂面取向（Vertical Alignment，VA）、共面转换（In-Plane Switching，IPS）和边缘场转换（Fringe-Field Switching，FFS）、光学自补偿弯曲（Optically Compensated Bend，OCB）和蓝相液晶（Blue Phase Liquid Crystal，BPLC）等液晶显示模式。无论哪种显示模式，都是在外加电场作用下，使液晶分子从特定的初始排列状态转变为其他排列状态，改变液晶显示器的透光特性。不同的液晶显示模式表现出来的光学特性有较大的不同，造成它们在应用过程中适用的显示器件也不同。

2.1 数字显示的液晶显示模式

最早期的液晶显示器是用于数字显示的，在当今社会中，依然有数字显示的需求。作为数字显示应用，对响应速度要求不高，甚至对对比度的要求都很一般，所有的液晶显示模式都可以实现数字显示，为了不重复介绍，在本节中只介绍 GH、DS、PDLC 和 PSLC 四种液晶显示模式。

2.1.1 GH 液晶显示模式

GH 液晶显示模式中的液晶由宾体和主体所组成，宾体是二向色性染料，主体是具有一般特性的液晶材料，染料和液晶的形状相似。二向色性染料对不同方向偏振的光有不同的吸收系数，一般染料分子的长轴方向有强的吸收性，短轴方向吸收性差，这类染料被称为 P 型染料。GH 液晶显示模式是指二向色性染料分子（宾）与向列相液晶（主）在电场作用下重新排列，对光的吸收强弱变化造成透光强度或颜色发生变化的显示模式。GH 液晶显示模式可以不使用偏光片，或者使用一片偏光片，因此具有宽视角和高透光率或反射率的优点。

二向色性染料在可见光通过时，沿分子长轴和短轴方向的光吸收量是不同的，所以它的排列状态与入射光线的方向不同，对光的吸收效应也不同。制造中，通常将 1%～5%的这种染料溶解于液晶，由于形状相似，所以染料分子和液晶分子呈同向的有序排列。如果施加外电场，液晶分子的排列方向便会在电场的作用下发生改变，带动染料分子的排列方向发生相同的改变，这样，就可以使染料对可见光波的吸收量相应改变，这种电光现象叫作宾主效应。

GH 液晶盒的透光率可以用如下公式描述：

$$\begin{aligned} T_{/\!/}&=\exp(-\alpha_{/\!/}cd),\ \alpha_{/\!/}=(2S+1)\,\alpha_0 \\ T_{\perp}&=\exp(-\alpha_{\perp}cd),\ \alpha_{\perp}=(1-S)\,\alpha_0 \end{aligned} \tag{2-1}$$

式中，$T_{/\!/}$、$\alpha_{/\!/}$和 $T_{\perp}$、$\alpha_{\perp}$分别是 GH 液晶盒对于非寻常光和寻常光的透光率和吸收系数；α_0 是染料分子在各向同性介质中的吸收系数；S 是序参数；c 是染料浓度；d 是盒厚。二向色性比定义为

$$\mathrm{DR}=A_{/\!/}/A_{\perp}=(1+2S)/(1-S) \tag{2-2}$$

式中，$A_{/\!/}=\alpha_{/\!/}cd$ 和 $A_{\perp}=\alpha_{\perp}cd$ 是平行和垂直于液晶指向矢的吸收系数。

最初的 GH 液晶盒结构由美国无线电公司的 G.H.Heilmeier 和 L.A.Zanoni 在 1964 年提出，如图 2-1 所示。使用的液晶由少量的 P 型染料和介电各向异性为正的向列相液晶组成，液晶在液晶盒内为平行排列。当没有电压驱动时，通过偏光片后的线偏振光平行于染料分子的长轴，染料对光进行大量吸收，透射出来的光就会是染料的颜色，常被称为暗态显示。在施加驱动电压后，液晶盒中的液晶分子垂直于基板排列，通过偏光片的线偏振光垂直于染料分子的长轴，染料对光只有微量吸收，透射大部分光，观看效果为亮态，称为亮态显示。

因为 Heilmeier-Zanoni 液晶盒中使用了一片偏光片，入射光在进入液晶盒之前被偏光片吸收了至少一半，因此光利用率就比较低，在环境光作为照明的器件中，显示器的亮态就比较差。美国通用电气公司的 H. S. Cole 和 R. A. Kashnow 提出了一种高光利用率的反射式 GH 液晶盒（Cole-Kashnow 液晶盒），液晶盒中使用的液晶材料和染料分子的性质和 Heilmeier-Zanoni 液晶盒

相同，液晶盒中液晶的排列相同。在该反射式液晶盒中，在液晶盒和反射板之间插入一片四分之一波片，大幅提高了光的利用效率，如图 2-2 所示。当暗态显示时，没有外电场施加在液晶上，平行于染料分子的长轴的 $L_{//}$光被大量吸收；垂直于染料分子的长轴的 $L_{\perp}$光则被通过，通过反射后实际上经过了两次四分之一波片，转化为 $L_{//}$光，这个 $L_{//}$光又被大量吸收，这样入射

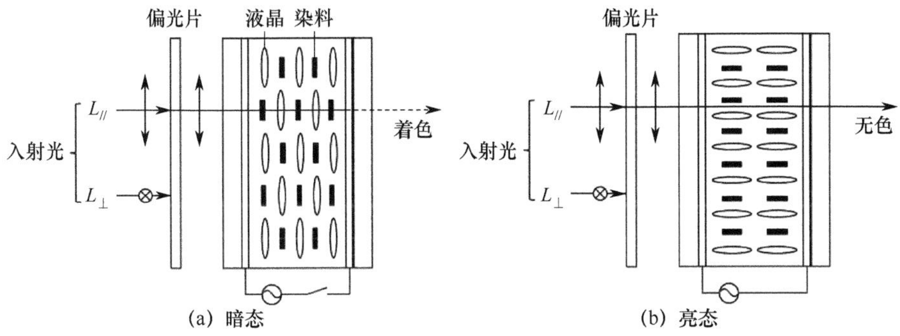

图 2-1　Heilmeier-Zanoni 液晶盒的结构

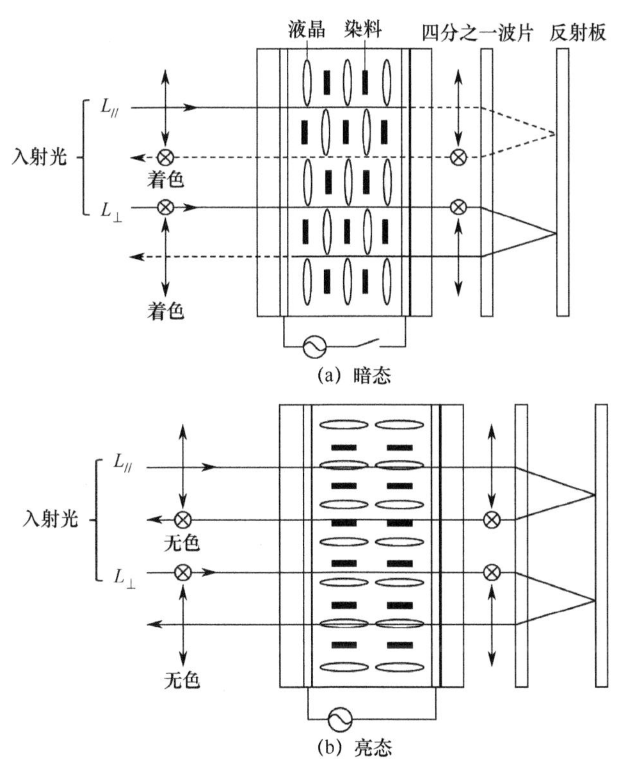

图 2-2　Cole-Kashnow 液晶盒的结构

的自然光就被大量吸收，从而形成暗态。在施加驱动电压后，液晶分子和染料分子都垂直于玻璃基板，自然光两次穿过液晶盒与四分之一波片的时候几乎没有被吸收，反射回来的光强度减少很小，观看效果也就是亮态。

美国贝尔实验室的 D.L.White 和 G.N.Taylor 提出了如图 2-3 所示的宾主显示器件。White-Taylor 液晶盒中所使用的液晶添加了大约 2%的染料和大约 1%的手性剂材料，由于手性剂的存在，液晶指向矢和染料分子形成扭曲结构，扭曲角度取决于 d/p 的值。例如，240°扭曲的 White-Taylor 液晶盒的 d/p 应为 2/3。扭曲角度对亮态影响不大，这是因为在电场作用下，液晶和染料分子沿电场方向排列，入射光 $L_{/\!/}$ 和 $L_{\perp}$ 分量均与染料分子长轴垂直，吸收很少，反射率高且对扭曲角度不敏感。当关态显示时，超过 180°扭曲（超扭曲）的液晶和染料分子的排列，入射光 $L_{/\!/}$ 和 $L_{\perp}$ 分量都得到较强的吸收，从而获得暗态。但是，这个扭曲角度不能够太大，主要考虑到超扭曲排列的液晶在电场驱动下，当扭曲角度超过 250°时，液晶对电场的响应有回滞效应，所以在制作中通常选择扭曲角度为 250°以下。

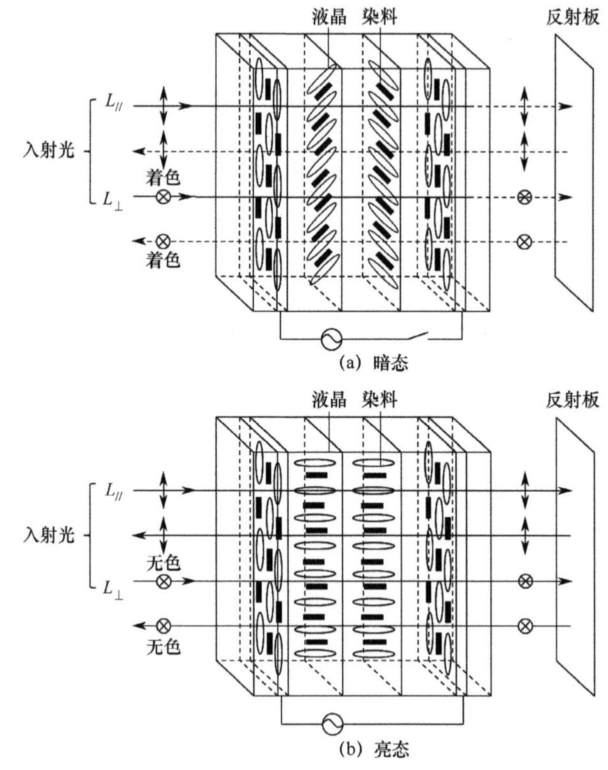

图 2-3 White-Taylor 液晶盒的结构

以上三种 GH 液晶盒结构简单，制造和驱动也很容易，但是它们的对比度比较低，对于白光入射，对比度一般低于 4:1，对于吸收峰值波长处的光，对比度也是低于 6.5:1，因此还需要进行性能改进。

双层宾主液晶盒具有达到高亮度和高对比度的潜能。双层宾主液晶盒由两个平行排列盒或两个垂直排列盒构成，两个盒中分子排列是相互垂直的，如图 2-4 所示。当暗态显示时，入射光的一个极化分量如 $L_{//}$ 被第一个盒吸收，透过的 $L_{\perp}$ 被第二个盒吸收，结果得到一个很好的暗态。在加电压后，两个盒内的染料分子接近于垂直于基板排列，对光的吸收很少，所以得到一个亮态。而在原理上，双层宾主液晶盒是调制光的最有效的方法，两个盒各吸收光的一个分量，可同时得到高亮度和高对比度。而且双层宾主液晶盒可使用很薄的液晶层，这一点使双层宾主液晶盒有很快的响应速度。双层宾主液晶盒的主要问题是液晶层之间的基板会引起重影。

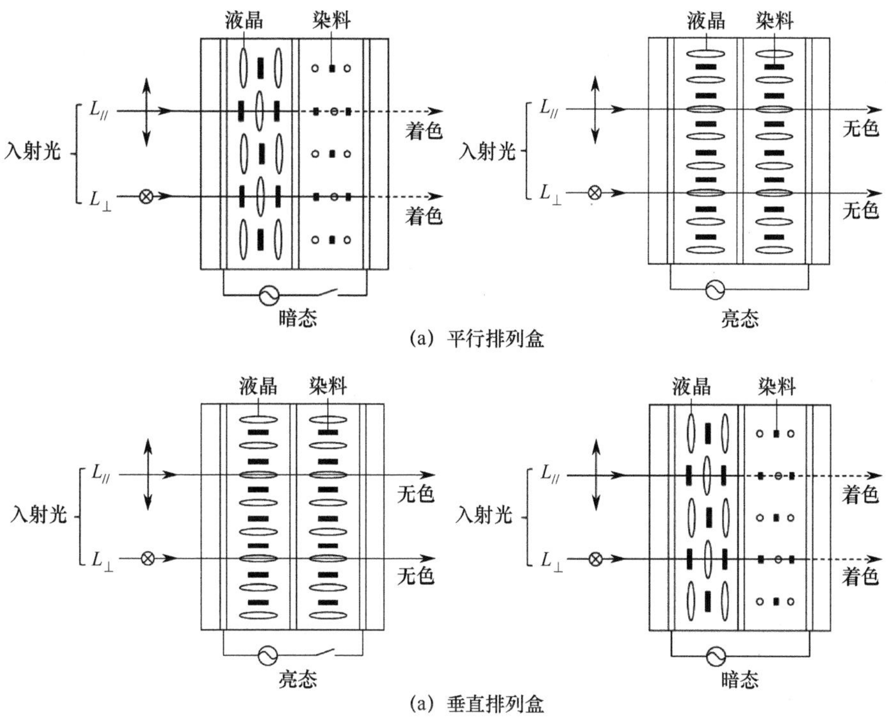

图 2-4 双层宾主液晶盒的结构

GH 液晶显示模式中，由于可以不使用偏光片，所以具有很高的光利用

率和很好的视角特性，但是该显示模式中染料的含量很低，从而导致显示器的对比度很低，所幸该显示模式可以表现出有颜色的状态，所以观看效果还不错，但是由于该显示模式较差的整体效果，只能用于简单的笔段显示，现在也很少能见到该类型的显示器了。

2.1.2 DS 液晶显示模式

1968 年，美国 RCA 公司的 Heilmeier 等人第一次利用 DS 液晶显示模式制作了人类历史上第一个可以工作的液晶显示器，同时该公司还合成了西夫碱类液晶材料，混合后的液晶材料可以实现室温下的显示，因此 DS 液晶显示器件是第一代液晶显示器件。

DS 液晶显示模式的电光特性属于电流效应，并且不需要偏光片结构。DS 液晶显示器件是由两片带有透明导电电极图形的玻璃基板构成的，液晶盒中的液晶材料电阻率不是很高，具有一定的导电性能，同时液晶材料的介电各向异性为负。如图 2-5（a）所示，由于液晶基板经过取向处理，液晶分子沿着基板面排列，在上下透明电极不加电的情况下，液晶盒是透明的。在施加一定频率的交流电的情况下，随着电压的升高，液晶层中通过的电流会引起液晶分子向电流方向排列，同时介电各向异性为负的特性使液晶保持平行基板的排列，结果在液晶层内会形成一种与液晶盒厚相同间隔的周期性静态条纹图案，如图 2-5（b）所示，称为威廉斯畴。进一步升高电压，电流和电场效应更加强烈，液晶分子的排列变化更加混乱，就会形成如图 2-5（c）所示的紊流，使液晶层对光产生强烈的光散射作用，呈现出乳白色的状态，这种散射现象称为动态散射。DS 液晶显示器件也是唯一的电流型液晶显示器件。

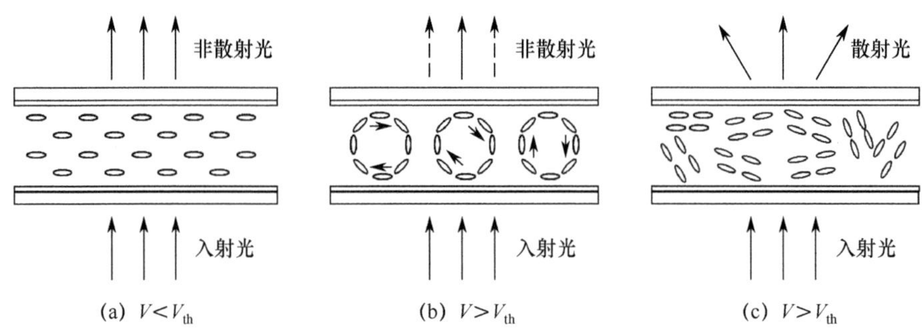

图 2-5　DS 液晶显示器件的工作原理

DS 液晶显示器件的驱动电压由液晶的电导率及液晶本身的各向介电常数决定，其阈值电压的计算公式为

$$V_{\mathrm{th}}=\frac{V_0^2[1+(2\pi f)^2\tau^2]}{g^2-[1+(2\pi f)^2\tau^2]} \tag{2-3}$$

式中，f 为驱动频率；τ 为介电弛豫时间；g 为海尔夫利希参数。

DS 液晶显示器件的动态散射效应只有在一定频率条件下才会发生，其临界频率 f_{c} 为

$$f_{\mathrm{c}}=\frac{(g^2-1)^{1/2}}{2\pi\tau} \tag{2-4}$$

DS 液晶显示模式使用的电流较大，容易造成液晶材料发生电化学反应，从而降低液晶显示器的可靠性，寿命缩短。同时由于其对比度不高的特性，DS 液晶显示模式在几年后出现了纯电场驱动的 TN 液晶显示模式（彻底解决了寿命短和显示稳定性差的问题）后，就被淘汰了。但是，动态散射效应还是可以用于无损探测绝缘膜上的缺陷的。

2.1.3　PDLC 显示模式

PDLC 材料是由液晶与聚合物组成的，液晶和聚合物的比例通常控制在 3:7 到 7:3 的范围内。在 PDLC 中，液晶以微滴的形式存在于聚合物网络中，液晶微滴之间相互隔离，液晶微滴的大小与液晶的浓度相关，工作在透明态和散射态之间。在透明态，液晶分子的排列使材料表现为一个折射率，这时材料是一个均匀的介质，入射光在其中传播几乎没有损失，视觉表现为透明的玻璃。在散射态，液晶是一个无规则的多畴结构，入射光遇见的是不均匀的折射率，且被散射，偏离原来的传播方向，透光率可以控制在 5%以下，视觉表现为乳白色。其优点是不需要偏光片，在透明态，透光率可达 90%以上，很适合透明度高的场所。

1. 基本构型

在 PDLC 中，使用的液晶可以是向列相、胆甾相、近晶 A 相、近晶 C^* 相。最为常见的是向列相液晶。在液晶微滴中，指向矢的构型由微滴形状大小、微滴表面锚泊能、外加电场和液晶材料的弹性常数决定。按照液晶分子在微滴中的取向状态，指向矢的构型一般分为四类，即双极型、环型、径向型和轴向型，如图 2-6 所示。

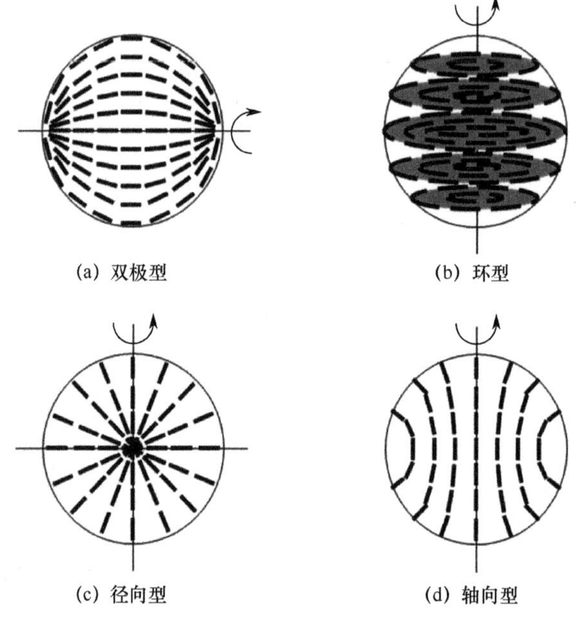

图 2-6　PDLC 中液晶微滴指向矢的构型

对于如图 2-6（a）所示的双极型微滴，在微滴的一条直径的两个端点有两个点缺陷，这条直径叫作双极轴；在微滴边沿，液晶指向矢和圆是正切的，在圆面内的其他点，指向矢的分布遵从使自由能最小的原则。对于如图 2-6（b）所示的环型微滴，沿着微滴的直径有一条缺陷线，在垂直于这条直径的平面上，液晶指向矢沿同心圆切线方向排列。环型微滴只是在弯曲弹性常数小于展曲弹性常数时才存在，否则它将采取双极型构型。对于如图 2-6（c）所示的径向型微滴，任何一处的指向矢都沿径向排列，在微滴的中心有一个点缺陷。在偏光显微镜中观察时，径向型微滴的黑十字是窄的。对于如图 2-6（d）所示的轴向型微滴，沿周长方向有一个线缺陷，在垂直于这个线缺陷的平面上，包含一条微滴的直径，相对于这条直径有旋转对称性。轴向型微滴的偏光显微照片表明，在微滴中心的黑十字要比径向型微滴粗，这是因为在轴向型微滴中心，液晶指向矢平行于对称轴。对于液晶微滴中的液晶分布，还有很多种其他形貌，这在科学研究中有重要的意义，但在液晶显示方面就不是那么重要了，在这里不再赘述。

2. PDLC 的制备

制备 PDLC 的方法有四种。

第一种方法为微胶囊法。微胶囊法制备 PDLC 使用向列相液晶和水溶性聚合物［如聚乙烯醇（PVA）］相混合。使用机械搅拌此混合物形成一种乳剂，其中将形成直径为微米大小的液晶微滴，以更快速度搅拌，可以得到更小的微滴。然后将乳液涂覆在基板上，烘干后，再贴合上第二块基板，就制成了 PDLC 显示器件。

第二种方法为溶剂蒸发引发相分离法（SIPS）。将液晶和热塑性聚合物溶解在共同的溶剂中形成均匀溶液，溶剂被蒸发，聚合物进行固化，相分离就会发生。微滴的大小取决于溶剂蒸发的速度，较快的蒸发速度可以得到较小的微滴。溶剂蒸发引发相分离法很少使用，因为控制溶剂的蒸发速度很困难。

第三种方法为热致相分离法（TIPS）。在较高温度时，液晶和热塑性聚合物可形成均匀的混合物，呈透明状态。随着温度降低，均匀的混合物发生相分离，聚合物塑化，液晶析出逐渐形成微滴。液晶微滴的大小由冷却速度决定，冷却速度越快，液晶微滴越小。这种方法常用于科学研究，因为这种 PDLC 可以热循环很多次，不同的冷却速度可以得到不同大小的液晶微滴。

第四种方法为聚合引发相分离法（PIPS）。这是指通过热聚合或光聚合引发相分离。在热聚合中，单体通常是环氧树脂和固化剂硫醇的组合。混合物在室温下充分搅拌，然后在较高的温度下固化，在温度高时或环氧树脂浓度高时，有较高的反应率，可以得到较小的液晶微滴。在光聚合中，常使用具有丙烯酸酯或甲基丙烯酸酯基团的单体，且需要光引发剂，通过紫外光照射固化，在较高的紫外光照射能下，可得到较小的液晶微滴。使用紫外光聚合的方法，操作方便，设备简单，是现在的常用方法。

3. PDLC 的工作原理

下面以双极型微滴为例介绍 PDLC 的工作原理。在没有施加电压的零电场情况下，液晶微滴的指向矢是无序的，如图 2-7（a）所示。液晶微滴的指向矢方向和液晶盒的法线方向成 $\varPhi$ 角。假设垂直入射光的偏振方向在光的传播方向和微滴双极轴定义的平面内，入射光在液晶微滴处的折射率为

$$n(\varPhi)=\frac{n_{/\!/}n_{\perp}}{(n_{/\!/}^2\cos^2\varPhi+n_{\perp}^2\sin^2\varPhi)^{1/2}} \tag{2-5}$$

式中，$n_{/\!/}$和 $n_{\perp}$分别是平行于和垂直于液晶指向矢的折射率。各向同性聚合物的折射率 n_{p} 要等于 $n_{\perp}$，光线在液晶微滴和聚合物中遇到不同的折射率，

即 PDLC 是一个非均匀介质，所以光在传播过程中不断折射，从出射侧来看就是散射态。在一个充分高的电压施加在 PDLC 盒上后，液晶微滴中的液晶将重新排列，它们的指向矢方向平行于液晶盒的法线方向，当垂直入射光在液晶微滴内传播时，遇到的折射率是 $n_{\perp}$，这和在聚合物中传播时一样，即 PDLC 对入射光来说是均匀的介质，所以光透过 PDLC 没有散射，呈现透明态，如图 2-7（b）所示。

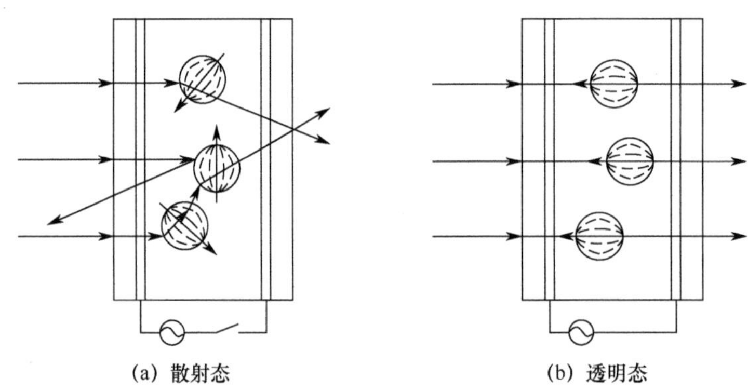

图 2-7　PDLC 中液晶微滴散射态和透明态的取向

驱动电压是对应透光率为最高透光率 90%的电压。对于强锚泊条件，驱动电压可由下式来计算：

$$V_{\mathrm{d}}=\left(\frac{A}{C\Delta\varepsilon}\right)^{1/2}\frac{d}{D} \tag{2-6}$$

式中，$V_{\mathrm{d}}D$ 为常数。对于弱锚泊条件，驱动电压为

$$V_{\mathrm{d}}=\left(\frac{B}{C\Delta\varepsilon}\right)\frac{d}{D^{1/2}} \tag{2-7}$$

式中，$V_{\mathrm{d}}D^{1/2}$ 为常数。以上两式中，A、B、C 是常数；d 是盒厚；D 是液晶微滴的尺寸。

PDLC 显示模式虽然可以用于笔段显示，但是显示效果并不好，尤其是视角不宽，目前较为广泛的应用为可调光窗。作为散射型器件，在其中掺杂入量子点材料，可以有效提高量子点材料的光转换效率。

2.1.4　PSLC 显示模式

PSLC 中的液晶不像 PDLC 中的液晶形成球形，而是在聚合物三维网格

中形成连续性通道网，所用的液晶材料有向列相液晶和胆甾相液晶，聚合物含量一般低于 10%。聚合物材料和液晶材料相似，有刚性的基团。在聚合物聚合之前，聚合物材料和液晶的混合物处于液晶态，可以被基板表面的取向层限制，呈现某种状态的排列，当聚合物聚合后形成三维的聚合物网络时，液晶的排列可以保持，聚合物和液晶之间的相互作用力也会使少量的液晶分子取向有变化，但大多数液晶分子取向不变。如图 2-8（a）所示，平行排列的液晶分子对入射光没有散射，入射光透过液晶盒。在液晶盒加电压后，液晶分子在聚合物网络的影响下取向方向的变化比较混乱，在液晶层中形成混乱的排列，从而对入射光有强烈的散射，如图 2-8（b）所示。图 2-9 所示是初始状态为垂面排列、加电压后液晶排列混乱的情况。这两种 PSLC 都是无电压驱动时为透明态，加电压后为散射态，其中所用液晶材料的介电各向异性分别为正（如图 2-8 所示）和负（如图 2-9 所示）。

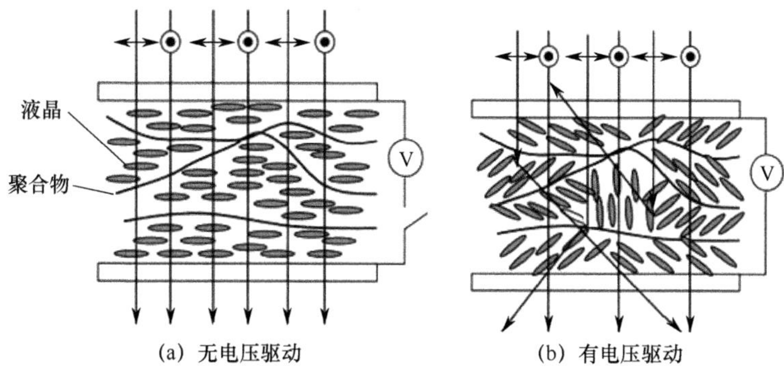

图 2-8 使用介电各向异性为正的液晶材料制作的 PSLC

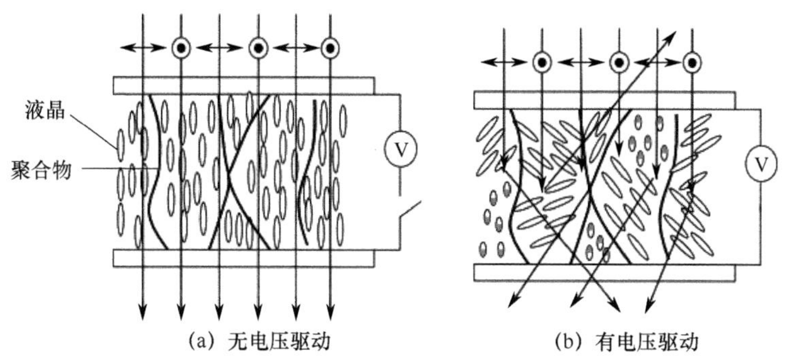

图 2-9 使用介电各向异性为负的液晶材料制作的 PSLC

使用介电各向异性为正的液晶，加入适量的手性剂材料，在聚合物稳定的条件下形成聚合物稳定胆甾相液晶（Polymer Stablcd Cholesteric Texture，PSCT），在无取向表面的液晶盒中，可以获得无电压驱动时为散射态、加电压后为透明态的反模式（常黑模式），如图 2-10 所示；也可以使用平行取向的液晶盒，获得无电压驱动时为透明态、加电压后为散射态的正模式（常白模式），如图 2-11 所示。在这两种结构中，液晶的螺距为 1～2μm，既能保证散射特性，又能保证驱动电压较低，实际产品如图 2-12 所示。也可以将螺距减小到胆甾相液晶可以实现反射可见光的情况，并且能够双稳态显示，实际产品如图 2-13 所示。

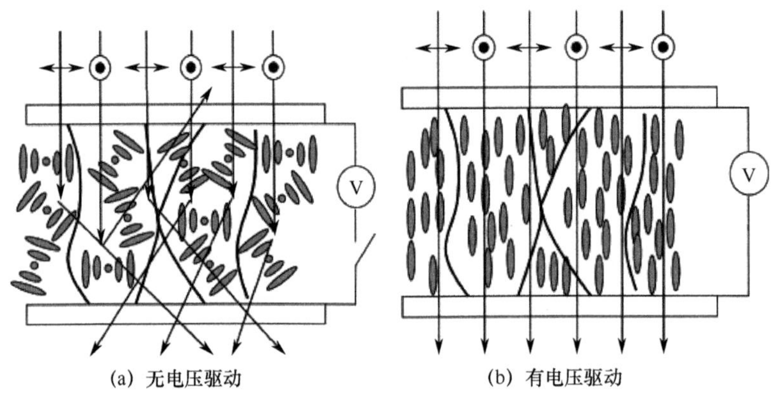

图 2-10　使用手性向列相液晶制作的反模式 PSCT

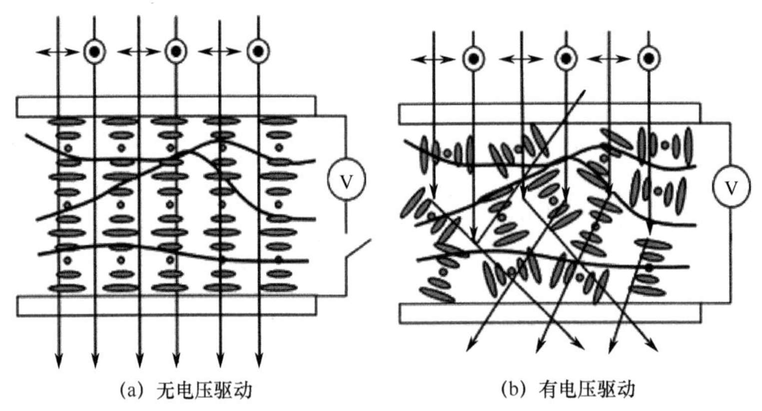

图 2-11　使用手性向列相液晶制作的正模式 PSCT

(a) 调光窗（反模式）

(b) 显示器（正模式）

图 2-12　PSCT 的使用产品

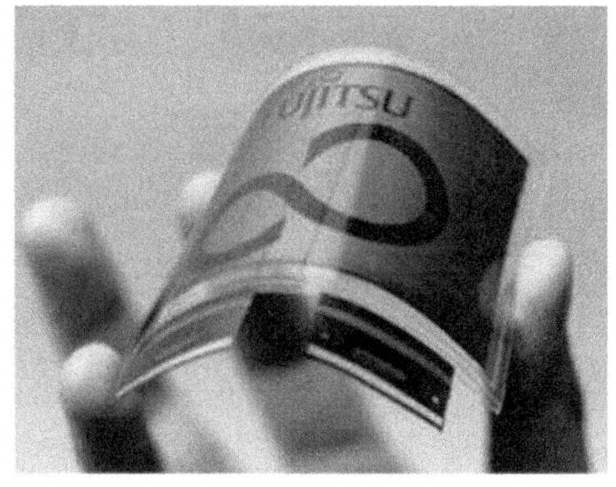

图 2-13　PSCT 显示器反射可见光的产品例子

2.2　图像显示的液晶显示模式

液晶显示的产业化应用是从便携式计算器开始的，从笔记本电脑和监视器开始大规模化应用。图像显示经历了两个阶段：无源矩阵驱动时代和有源矩阵驱动时代。在第一个阶段，1971 年发明的 TN 液晶显示模式，实现了长期稳定的显示特性，可以在显示器上进行多行显示，但还不能够进行图像显示。为了增大显示信息量，1985 年发明的 STN 液晶显示模式可以实现几十行的显示，从而可以实现简单图形的显示，随后几年发展到了几百行的图形显示，但是显示效果并不是很好，并且也是以静态图像显示为主。随着薄膜晶体管技术的发展，到了 20 世纪 90 年代，性能稳定的有源矩阵驱动液晶显示器可以实现动态显示的图像显示，图像显示进入第二个阶段。首先应用的是 TN 液晶显示模式，但是该液晶显示模式的显示视角较窄，从而在较大屏幕上显示时出现显示不均匀的问题。为了扩大视角，人们使用 VA、IPS、FFS 液晶显示模式，直到今天都在使用。进入 21 世纪后，各种新的技术应用于液晶显示器中，具体内容见第 4 章和第 5 章。在今天来说，图像显示的液晶显示模式，就是从 20 世纪 90 年代开始应用的这几种液晶显示模式。

2.2.1 TN 液晶显示模式

1971 年，瑞士 Roche 公司发布了一款 TN 液晶显示器，标志着 TN 液晶显示模式的诞生。TN 液晶显示模式是最早应用于图像显示的液晶显示模式，直到今天还广泛应用于对视角要求不高的笔记本电脑和监视器。

1. TN 液晶显示器的工作原理

常白型 TN 液晶显示器在不加电压时的透光状态和加电压后的不透光状态下的液晶排列情况如图 2-14 所示。在图 2-14（a）中，液晶在上下玻璃基板之间均匀扭曲 90°，当液晶层的Δnd满足 Gooch-Tarry 透光率最高的极值条件时，入射的线偏振光就会随着液晶分子的旋转而旋转，从而透过正交的检偏偏光片，呈现为亮态。在图 2-14（b）中，液晶分子在电场作用下大多数处于垂直于基板的状态，扭曲结构解体，线偏振光在液晶内不再旋转传播，保持偏振方向到达检偏偏光片，被检偏偏光片吸收，呈现为暗态。TN 液晶显示模式通常使用常白模式，可以实现非常好的暗态，这是因为：在驱动电压作用下的液晶层中，处于基板表面的液晶分子方向是互相正交的，残留的相位是互相补偿的，所以可以在较低的驱动电压下实现暗态，并且暗态的透光率与可见光波长无关。

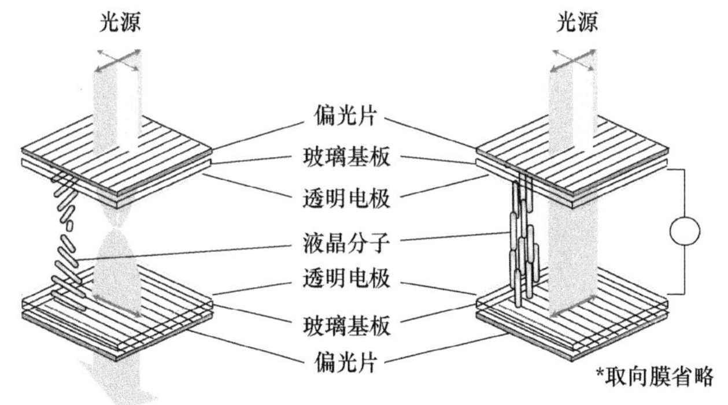

(a) 不加电压（V=0）时的透光状态　　(b) 加电压（$V \gg V_{th}$）后的不透光状态

图 2-14　TN 液晶显示器的工作原理

在制作 TN 液晶显示器时，为了防止出现扭曲缺陷，通常在向列相液晶中添加少量的手性材料来获得左旋或右旋，旋转方向对 TN 液晶显示器的驱动电压和响应时间没有影响，但会影响到显示器的视角特性。

2. TN 液晶显示器的电光特性

对于 90°扭曲的 TN 液晶显示器，当偏光片的透光轴与邻近基板表面的液晶分子取向相同时，该液晶显示器的透光率可表示为

$$T_{\perp} = \cos^2 X + \left(\frac{\Gamma}{2X}\right)^2 \sin^2 X \tag{2-8}$$

式中，$\Gamma = 2\pi\Delta nd/\lambda$；$X = \sqrt{(\pi/2)^2 + (\Gamma/2)^2}$。$\lambda$ 为光波长。由上式可知，当 $\cos^2 X = 1$ 时，$T_{\perp} = 1$ 为最高透光率，这样可以得到 Gooch-Tarry 条件：

$$\frac{\Delta nd}{\lambda} = \sqrt{m^2 - \frac{1}{4}} \quad（m 为正整数） \tag{2-9}$$

当 m=1 时，$\Delta nd/\lambda = \sqrt{3}/2$，这是 90°扭曲 TN 液晶显示器的 Gooch-Tarry 第一最大条件，是普通液晶显示器制作的优选条件；对于 m=2 及以上的条件，仅用于一些特殊需求的液晶显示器件。

在液晶显示器上施加电压后，只有电压超过一个临界值后，液晶分子才有明显的转动，这个临界值称为阈值电压，该阈值电压与液晶材料的 3 个弹性常数和介电各向异性相关，表示为

$$V_{th} = \pi\sqrt{\frac{K_{11} + \frac{1}{4}(K_{33} - 2K_{22})}{\varepsilon_0 \Delta\varepsilon}} \tag{2-10}$$

式中，ε_0 为真空中的介电常数；$\Delta\varepsilon$ 为液晶的介电各向异性；K_{11}、K_{22} 和 K_{33}

分别为液晶的展曲、扭曲和弯曲弹性常数。

对于 TN 液晶显示器的响应时间，一般用式（2-11）和式（2-12）来表示下降时间和上升时间：

$$\tau_{\mathrm{d}}=\frac{\gamma_1 d^2}{\pi^2\left[K_{11}+\frac{1}{4}(K_{33}-2K_{22})\right]} \tag{2-11}$$

$$\tau_{\mathrm{r}}=\frac{\tau_{\mathrm{d}}}{\left(\frac{V}{V_{\mathrm{th}}}\right)^2-1} \tag{2-12}$$

其中，γ_1 为旋转黏滞系数（rotational viscosity coefficient）。

在设计 TN 液晶显示器时，考虑到人眼对光波长的敏感特性，一般选择 $\lambda=550\text{nm}$ 来优化设计，从式（2-9）可以得知，Δnd 约为 480nm 为最佳值。常白 TN 液晶显示器透光率随电压的变化（电光特性曲线）如图 2-15 所示。当不加电压时，不同波长光的透光率不相同，与液晶材料双折射率的色散特性相关；在较高的驱动电压下，所有波长光的透光率都趋向于零。显示器的对比度随着驱动电压的升高而升高，可以达到 400:1，对于一般的液晶材料，其光学响应时间大约是 20～30 ms。这些显示特性对于从显示静态画面为主的笔记本电脑是可以接受的。TN 液晶显示器的主要缺点是视角窄和由于液晶分子倾斜造成的灰阶反转，如图 2-16 所示。

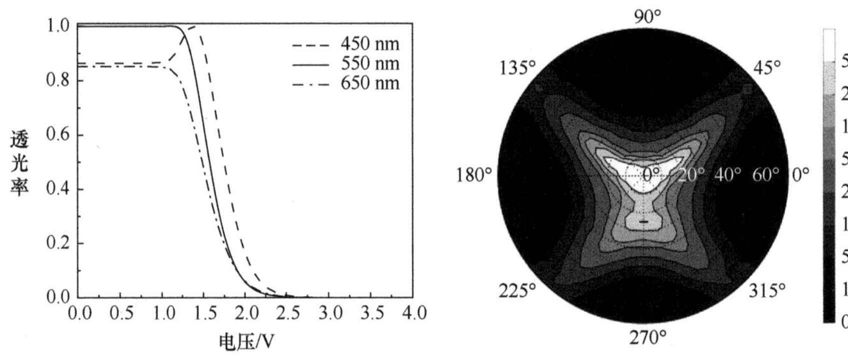

图 2-15　常白 TN 液晶显示器透光率随电压的变化（电光特性曲线）

图 2-16　TN 液晶显示器的对比度视角图

为了获得较宽视角的 TN 液晶显示器，通常使用为 TN 液晶显示器设计的宽视角补偿膜，如图 2-17 所示的盘状结构和补偿膜结构。用这种补偿膜补偿后的 TN 液晶显示器的对比度视角图如图 2-18 所示，水平视角达到 120°

以上，上下视角可以超过 80°。用这种补偿膜补偿后的 TN 液晶显示器可以应用在对角线尺寸为 20 英寸左右的显示器中，但是因为视角还是有限制，所以在大尺寸电视机器件中不能应用。

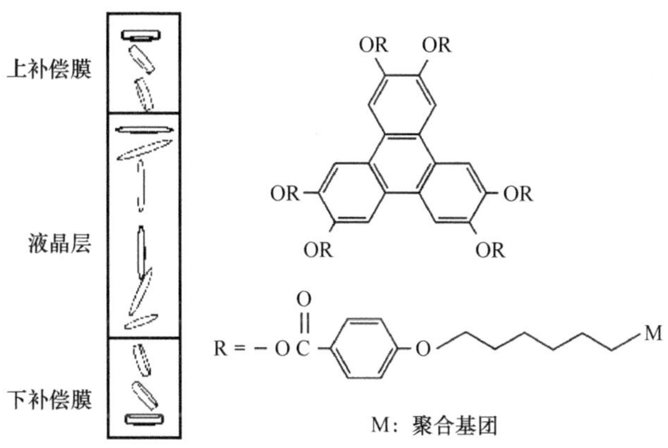

图 2-17　TN 液晶显示器中使用的宽视角结构和材料

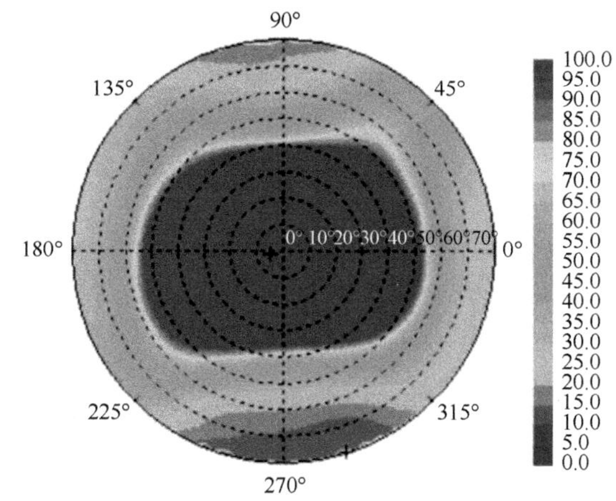

图 2-18　补偿后的 TN 液晶显示器的对比度视角图

2.2.2　STN 液晶显示模式

在早期实现图像显示的液晶显示器中，STN 液晶显示模式是首选的，一般用于无源矩阵驱动 LCD 器件，可以实现几十行到几百行的显示，从而可以实现较复杂图像或文字的显示，如图 2-19（a）、（b）所示。彩色 STN 液晶显示器是在传统单色 STN 液晶显示器上加上彩色滤光片，通过彩色滤光片显示红、绿、蓝三原色，实现彩色显示，但是 STN 液晶显示模式在实现彩色的质量上远不如现在 TFT 驱动的液晶显示器，因此常被用于多色显色的仪器仪表，如图 2-19（c）所示。

(a) 64行显示

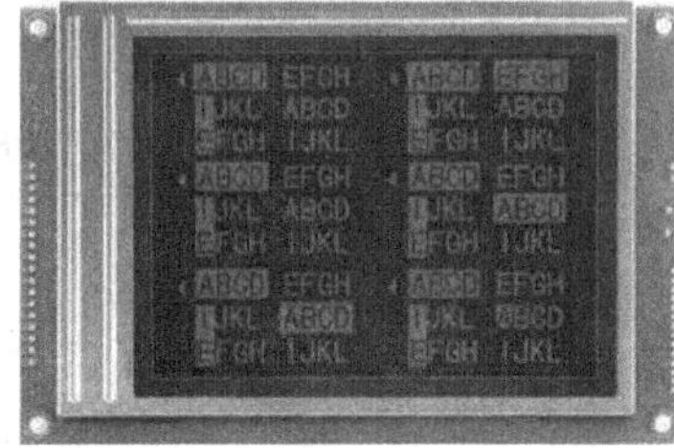

(b) 240行显示

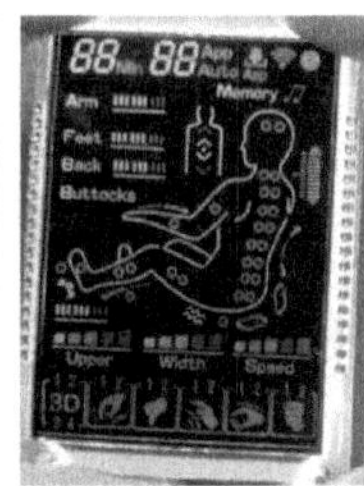

(c) 彩色显示

图 2-19　STN 液晶显示器

1. STN 液晶显示器的工作原理

当无源矩阵驱动的液晶显示器用作图像显示时，要求选择点和非选择点上施加的驱动电压差别不大，也就是要求液晶显示模式的电光特性曲线特别陡峭，即液晶分子在某一窄的电压范围内存在倾角的较大变化。在一般的 TN 液晶显示模式中，液晶分子倾角与电压的关系曲线比较平坦，当增大扭曲角时，可以使液晶分子倾角与电压的关系曲线变陡，如图 2-20 所示。其中，V_c 为无扭曲液晶显示器的阈值电压。

T. J. Scheffer 设计了超扭曲双折射效应（Super-twisted Birefringent Effect，SBE）显示器，扭曲角度为 270°。SBE 的电光特性曲线很陡峭，但是带底色，不加电时为黄色或蓝色底色，加电后为黑色或白色底色。图 2-21 所示为 SBE 显示器的工作原理。起偏偏光片的透光轴 P_1 相对于入射光侧的液晶分子长轴方向，顺时针旋转 30°。检偏偏光片的透光轴 P_2 相对于出射光侧液晶分子长轴方向，顺时针旋转 60°。液晶盒厚 d 与液晶双折射率 Δn 之积 Δnd，在不考虑液晶分子的预倾角时大约为 0.8μm。当不施加电压（V=0）时，入射直线偏振光经过液晶盒以后，由于液晶的双折射作用而变为椭圆偏振光，与 0.8μm 相当的黄色干涉光可以透过检偏偏光片，显示屏呈黄色。在施加电压（V>V_{th}）后，电极基板附近区域以外的液晶分子长轴与电场方向呈平行排列，从而使入射直线偏振光在通过显示屏时，不受双折射的作用，而透射光被检偏偏光片吸收，显示屏呈不透光的黑色状态。这就是 SBE 液晶显示器的黄色模式。当检偏偏光片的透光轴旋转 90°时，在不施加电压的情况下，显示屏呈蓝色，施加电压后，显示屏能够透光呈亮态。

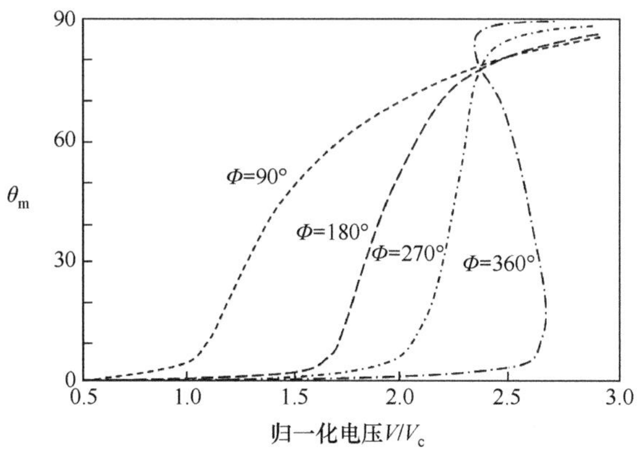

图 2-20　不同扭曲角条件下电压对液晶分子倾角的作用

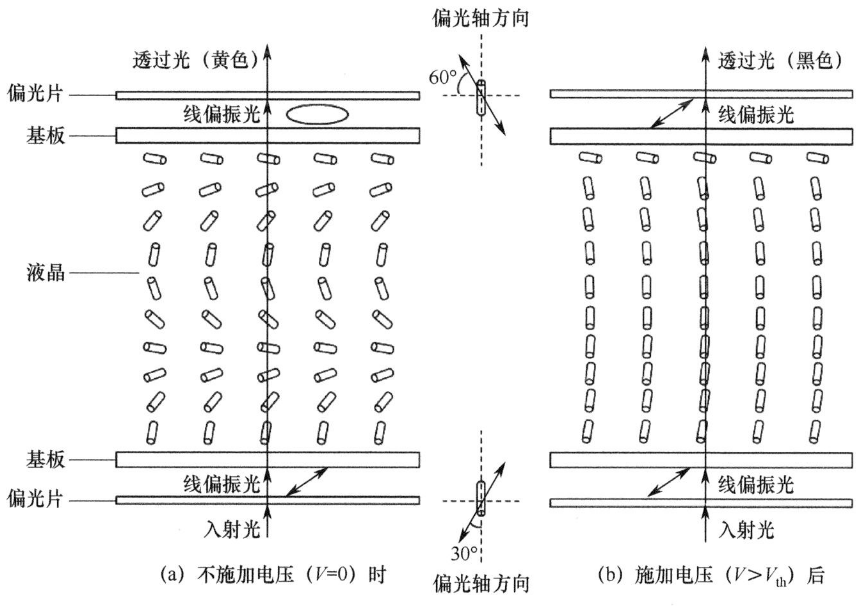

图 2-21　SBE 显示器的工作原理

2．STN 液晶显示模式的应用

由于 STN 液晶显示模式是采用双折射原理来工作的，通常带背景色。实现黑白显示的方法通常为相位补偿 STN 液晶显示器，通过外加多层补偿膜来获得黑白显示，但其补偿效果还是比不上薄膜晶体管驱动的液晶显示器。在 STN 液晶显示器中配置彩色滤光片，可以实现彩色显示，但现在以简单的多色显示为主，其主要原因是显示性能远不如 TFT-LCD，价格上的优势也已不明显。因此，STN 液晶显示模式虽然具有图像显示和彩色显示的能力，但在现实生活中应用的产品也只剩下了看起来显示内容并不是很复杂的仪器仪表和简单图形显示器。

2.2.3 VA 液晶显示模式

VA 液晶显示模式指液晶分子初始排列状态为垂直于玻璃基板的状态，在上下透明电极之间的电场驱动下，液晶分子倾斜倒下产生双折射，从而控制光透过的显示模式。VA 液晶显示模式最早是在 1971 年提出的。1997 年，日本的富士通公司提出了具有突起结构的 MVA（Multi-domain Vertical Alignment，多畴垂直取向）液晶显示模式，之后又陆续出现了其他的 VA 液晶显示模式，如 CPA（Continuous Pinwheel Alignment，连续火焰状取向）、PVA（Patterned Vertical Alignment，图形化垂直取向）、PSVA（Polymer Sustained Vertical Alignment，聚合物稳定垂直取向）、UV^2A（Ultra Violet Vertical Alignment，紫外光垂直取向）等。它们的工作机制是相同的，区别是实现液晶分子在垂直面内旋转的结构或制造工艺不同，但实现多畴结构是它们的共同目的。使用补偿膜补偿的多畴 VA 液晶显示模式具有高对比度和宽视角特性，以及快速的响应速度和工艺制造中不需要摩擦取向等优点，是大尺寸液晶电视产品中常用的液晶显示模式。

1. VA 显示器的工作原理

如图 2-22 所示，液晶盒夹在正交偏光片之间，液晶的初始排列为垂面排列。当没有加电压时，光源发出的自然光经过上偏光片后变成平行于上偏光片透光轴的线偏振光，线偏振光进入液晶层，这时线偏振光的偏振方向平行于液晶分子的短轴方向，保持偏振方向到达下偏光片，偏振方向垂直于下偏光片的透光轴，光线被下偏光片吸收，表现为暗态（关态）。在加电压后，由于液晶的介电各向异性为负，液晶分子向垂直于电场方向旋转，线偏振光进入液晶层后偏振方向与液晶分子所在平面成 45°夹角，在液晶层中形成双折射效应，从而可以将光的偏振方向旋转到下偏光片的透光轴方向，透过下偏光片，表现为亮态（开态）。不同的电压作用下，液晶分子的倾斜程度不同，液晶显示器的透光率也不同，与液晶层的相位延迟相关。透光率与相位延迟之间的关系为

$$T=\frac{1}{2}\sin^2\frac{\pi\Delta nd}{\lambda} \tag{2-13}$$

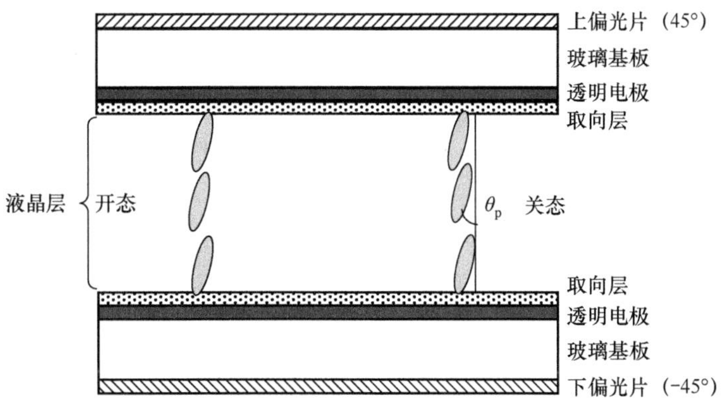

图 2-22　VA 液晶显示器结构图

2. VA 液晶显示器的电光特性

图 2-23 所示为 VA 液晶显示器的电光特性曲线。从图 2-23 中可以看到，当电压低于某个值时，透光率为零，随着电压升高，透光率从零开始升高，红、绿、蓝三种波长光的透光率随电压的变化而变化。

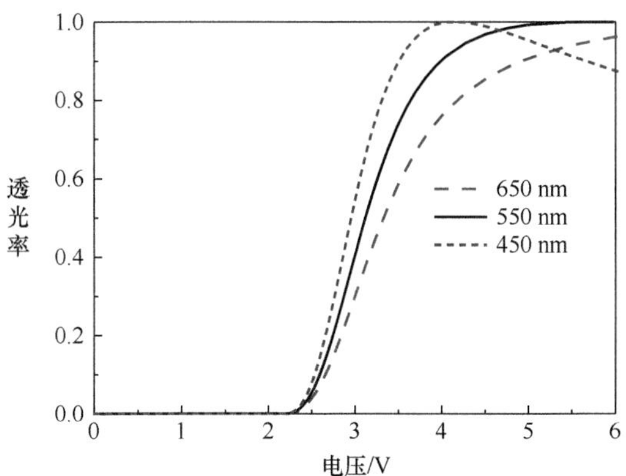

图 2-23　VA 液晶显示器的电光特性曲线

VA 液晶显示器的阈值电压为

$$V_{\mathrm{th}}=\pi\sqrt{\frac{K_{33}}{\varepsilon_0\left|\Delta\varepsilon\right|}} \tag{2-14}$$

式中，ε_0 为真空中的介电常数；$\Delta\varepsilon$ 为液晶的介电各向异性；K_{33} 为弯曲弹性常数。

当忽略掉液晶中的流动效应和惯性效应时，VA 液晶显示器的光学下降时间和上升时间分别为

$$\tau_{\mathrm{d}}=\frac{\tau_0}{2}\ln\left\{\frac{\arcsin\left[\sqrt{0.9}\sin(\delta_0/2)\right]}{\arcsin\left[\sqrt{0.1}\sin(\delta_0/2)\right]}\right\} \tag{2-15}$$

$$\tau_{\mathrm{r}}=\frac{\tau_0}{2}\frac{1}{\left(\frac{V}{V_{\mathrm{th}}}\right)^2-1}\ln\left\{\frac{\frac{\delta_0/2}{\arcsin\left[\sqrt{0.1}\sin(\delta_0/2)\right]}-1}{\frac{\delta_0/2}{\arcsin\left[\sqrt{0.9}\sin(\delta_0/2)\right]}-1}\right\} \tag{2-16}$$

其中，$\tau_0=\frac{\gamma_1 d^2}{\pi^2 K_{33}}$；$\delta_0$ 为加电压状态下的相位延迟量。当 $\delta_0 \ll 1$ 时，上面两个式子可简化为

$$\tau_{\mathrm{d}}=0.55\tau_0 \tag{2-17}$$

$$\tau_{\mathrm{r}}=1.844\frac{\tau_0}{\left(\frac{V}{V_{\mathrm{th}}}\right)^2-1} \tag{2-18}$$

由此，可以简单计算 VA 液晶显示器的光学响应时间。实际产品中，响应时间还与表面预倾角、表面锚泊能等参数相关，这里不再赘述。

对于无补偿膜补偿和单畴 VA 液晶显示器，其视角既不对称也不宽，因此，在实际应用的 VA 液晶显示器中都是有补偿膜补偿的多畴 VA 液晶显示模式。虽然有很多种不同形态的多畴 VA 结构，但其光学本质是相同的，在这里，使用普通的 4 畴 VA 液晶显示器的结构来给出无补偿膜补偿和有补偿膜补偿的视角特性，如图 2-24 所示。在无补偿膜的情况下，尽管在水平和垂直两个方向（偏光片的透光轴方向）具有很好的视角，但在其他方位角度上视角很差；在某种补偿膜补偿方案下，可以在所有方位角度上都具有很好的对比度视角结果。

在实现多畴 VA 液晶显示器的实际显示时，不管如何设计突起结构，设计电极狭缝结构，或者使用聚合物稳定技术（如图 2-25 所示），都是为了实现多方向的液晶分子倾斜。在补偿膜补偿方案上，也有多种方案来实现各个方向观看的一致性，实现更佳的显示效果，如低伽马偏移和宽色域特性等。

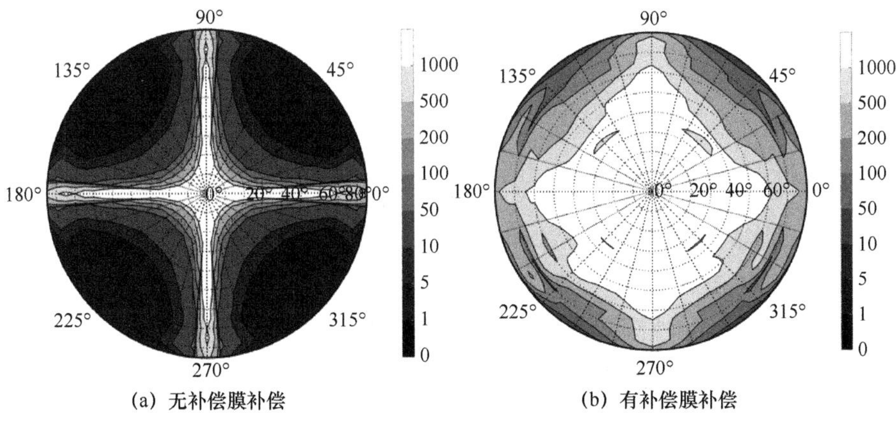

(a) 无补偿膜补偿　　(b) 有补偿膜补偿

图 2-24 无补偿膜补偿和有补偿膜补偿 4 畴 VA 液晶显示器的对比度视角图（λ=550nm）

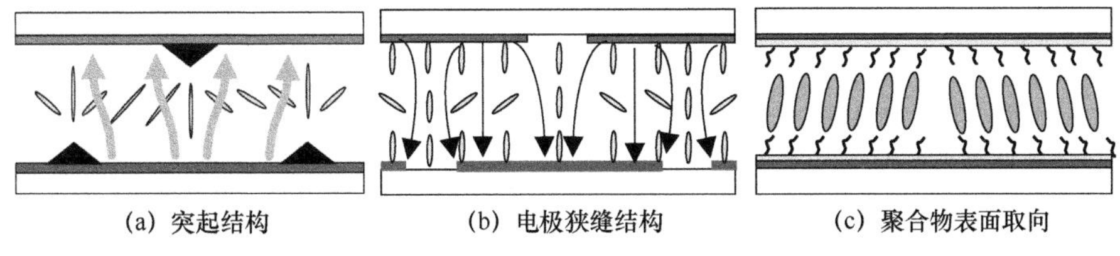
(a) 突起结构　　(b) 电极狭缝结构　　(c) 聚合物表面取向

图 2-25 实现多畴结构的突起结构、电极狭缝结构和聚合物表面取向

2.2.4 IPS/FFS 液晶显示模式

IPS 液晶显示模式是指在 TFT 基板上的平行电极间施加电压，液晶分子在平面内旋转产生双折射效应，从而控制光透过的液晶显示模式。IPS 液晶显示模式最早是由美国人 R. Soref 在 1974 年提出的，1992 年德国人 G. Baur 研究了它的视角特性，可以解决 TN 液晶显示模式的窄视角问题。1995 年，日立公司开发出了世界上首款 IPS 液晶显示模式的 TFT-LCD 产品，之后通过优化平行电极结构陆续出现了 Super-IPS、Advanced Super-IPS、IPS-Provectus 等结构，大大提高了透光率和对比度。FFS 液晶显示模式是在 TFT 基板上形成双层电极，在电极之间产生具有强横向电场成分的边缘电场，使靠近 TFT 基板的液晶分子在平面内旋转来产生双折射效应，控制光的透过。1998 年 S.H.Lee 提出的 FFS 液晶显示模式，相比于 IPS 液晶显示模式，具有更高的透光率，2004 年改进为 AFFS 结构，2004 年提出的 IPS-Provecturs 结构与 AFFS 结构相同，只是在像素中的细节位置进行了优化。今天，IPS

和 FFS 液晶显示模式在实际产品中已经趋向一致，具有优异的高透光率特性、宽视角特性、高动态清晰度、高色彩还原效果，在触摸时显示器的显示特性基本不变，因此成为各个尺寸显示器的高端产品。

1. IPS 液晶显示器的工作原理

IPS 液晶显示器的工作原理如图 2-26 所示。当不加电压时，光源发出的自然光经过下偏光片后变成平行于下偏光片透光轴的线偏振光，线偏振光的偏振方向垂直于液晶分子的长轴，保持偏振方向到达上偏光片，偏振方向垂直于上偏光片的透光轴，光线被上偏光片吸收，表现为暗态。在加电压后，液晶分子受电场作用在基板平面内旋转，线偏振光进入液晶层后，偏振方向不再垂直于液晶分子的长轴，从而出现双折射效应，线偏振光变成椭圆偏振光，部分透过上偏光片，表现为亮态。

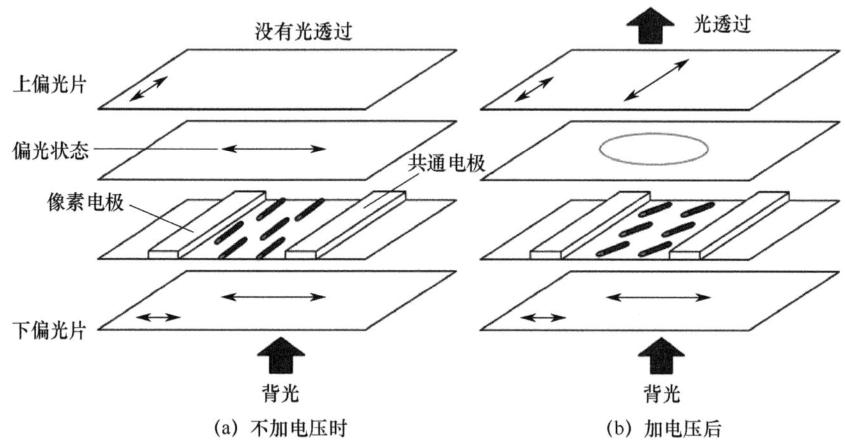

图 2-26　IPS 液晶显示器的工作原理

2. IPS 液晶显示器的电光特性

在 IPS 液晶显示器中，由于电极都在 TFT 基板上，并且电极有一定的宽度，所以电极之间产生的电场是不均匀的，由此造成液晶分子的旋转角度和倾斜角度也都不同，所以透光率随电极的周期性变化而变化，如图 2-27 所示。电极所在位置的透光率要比电极之间低很多，这是因为电极宽度约为液晶层厚度，电极之间的电场引起液晶分子旋转，而电极正上方的液晶由于没有横向电场的作用而旋转很小。

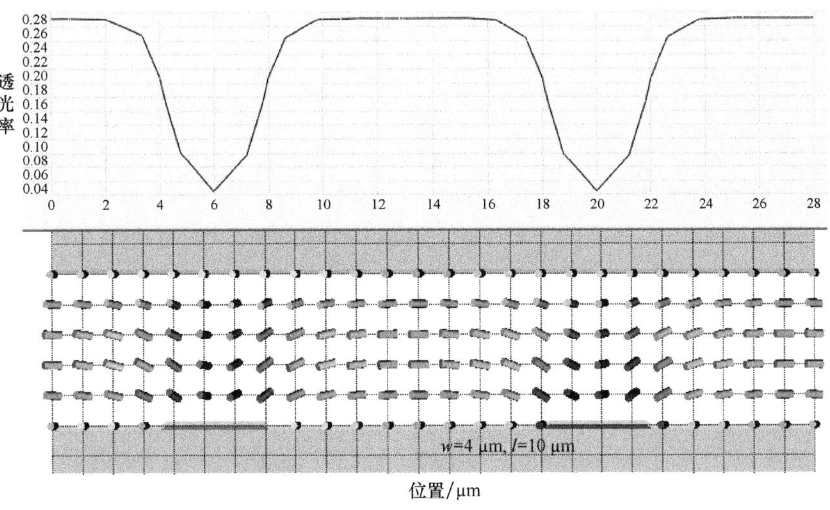

图 2-27　IPS 液晶显示器中指向矢分布和透光率变化

为了降低理论研究的难度，通常将液晶层中的横向电场强度认为相同，没有电极宽度的影响。我们可以从液晶的动力学方程来得到 IPS 液晶显示器的光学响应时间。动力学方程为

$$\gamma_1 \frac{\partial \psi}{\partial t} = K_{22} \frac{\partial^2 \psi}{\partial z^2} + \varepsilon_0 \Delta\varepsilon E^2 \sin\psi \cos\psi \tag{2-19}$$

式中，ε_0 是真空中的介电常数；$\Delta\varepsilon$ 是液晶的相对介电各向异性；K_{22} 是扭曲弹性常数。液晶分子的初始排列方向与电极长方向之间存在一个夹角，为摩擦角度 $\varPhi$，通过推导计算，指向矢的下降时间与摩擦角度无关，为

$$\tau_{\text{delay}} = \gamma_1 d^2 / \pi^2 K_{22} \tag{2-20}$$

式中，d 是液晶层厚度。指向矢的上升时间为

$$\tau_{\text{rise}} = \frac{\gamma_1}{\varepsilon_0 \Delta\varepsilon E^2 \sin(\varPhi + \bar{x})\cos(\varPhi + \bar{x}) - \pi^2 K_{22} / d^2} \tag{2-21}$$

式中，$\bar{x} = \frac{2}{d}\int_0^{\frac{d}{2}} x\mathrm{d}z$，$x = (\psi_{\text{m}} - \varPhi)\sin\left(\frac{\pi z}{d}\right)\exp\left[(t - \tau_{\text{rise}})/\tau_{\text{rise}}\right]$。当电压略高于阈值电压时，$\bar{x} \ll 1$，同时摩擦角度为零时，则上升时间变为

$$\tau_{\text{rise}} = \frac{\gamma_1}{\varepsilon_0 \Delta\varepsilon E^2 - \pi^2 K_{22} / d^2} \tag{2-22}$$

液晶分子的旋转导致液晶分子长轴，即液晶层的光轴，发生变化，光轴与偏光片吸收轴之间的方位角 ψ 发生变化，对应的透光率为

$$T = \frac{1}{2}\sin^2 2\psi \sin^2 \frac{\pi \Delta n d}{\lambda} \tag{2-23}$$

将液晶指向矢的下降和上升过程的变化带入，可以得到液晶层的光轴与偏光片吸收轴之间的方位角ψ。当光轴变化量很小时，光学下降时间和上升时间分别为

$$\tau_{\mathrm{d}}=1.1\tau_{\mathrm{delay}} \tag{2-24}$$

$$\tau_{\mathrm{r}}=2.2\tau_{\mathrm{delay}}/\left[\left(\frac{V}{V_{\mathrm{th}}}\right)^{2}-1\right] \tag{2.25}$$

IPS 液晶显示器的阈值电压为

$$V_{\mathrm{th}}=\frac{\pi l}{d}\sqrt{\frac{K_{22}}{\varepsilon_0\Delta\varepsilon\sin(\varPhi+\overline{x})\cos(\varPhi+\overline{x})}} \tag{2-26}$$

式中，l 为相邻电极间的距离。阈值电压与摩擦角度相关，摩擦角度增大，阈值电压下降，上升速度增快，但摩擦角度太大，工作电压会太高。为了平衡响应时间和驱动电压，典型的摩擦角度设置为 12°，为了获得更快的响应速度，可以将摩擦角度设置为 20°～30°。

3. FFS 液晶显示器的工作原理

在 FFS 液晶显示模式中，TFT 基板上设置有上层条状像素电极和下层面状公共电极，因此电极之间产生的强电场集中在像素电极边缘，由于像素电极的宽度和间隙都小于液晶层厚度，所以电极之间和电极正上方的液晶分子都能在平行于玻璃基板的平面上旋转，它在本质上属于 IPS 液晶显示模式。FFS 液晶显示模式在继承了 IPS 液晶显示模式的宽视角的同时，获得了更高的透光率。FFS 液晶显示模式中液晶分子的排列和偏光片的设置与 IPS 液晶显示模式相同，所以不加电压时为暗态。在施加驱动电压后，FFS 液晶显示器中指向矢分布和透光率变化如图 2-28 所示，在像素电极正上方也有很高的透光率，整体透光率比如图 2-27 所示的结果要高很多。如果在 FFS 液晶显示模式中使用介电各向异性为负的液晶材料，光利用率可以达到 TN 液晶显示模式的 95%以上。FFS 液晶显示模式的响应速度与 IPS 液晶显示模式相近，阈值电压和驱动电压稍低。

IPS 和 FFS 液晶显示模式的暗态为不加电压的平行排列状态，具有非常好的暗态视角，同时亮态也为液晶分子在基板平面内旋转，亮态视角也很好，所以不加补偿膜补偿的 IPS 和 FFS 液晶显示模式也具有很好的视角特性。图 2-29 所示为单畴 IPS 液晶显示模式、单畴 FFS 液晶显示模式和有补偿膜补偿的 FFS 液晶显示模式的对比度视角图。它们的视角具有很好的对称性，在偏光

片的透光轴方向有非常宽的视角，在正交偏光片光轴的角平分线方向也具有较好的视角。单畴 IPS 和 FFS 液晶显示模式的对比度视角图有不对称的位置，这是由于液晶分子的倾角和单方向旋转造成的。在双畴电极结构的液晶显示器中，同时使用补偿膜补偿对角线方向的视角，从而得到全视角上对比度超过 100:1 的结果。经过精细设计的双畴电极结构也经历折弯式像素结构到长条状像素结构的变化，如图 2-30 所示，不仅提高了透光率和对比度，还能够实现很低的颜色偏移和伽马偏移，对于实现高品质显示特性有重要的作用。

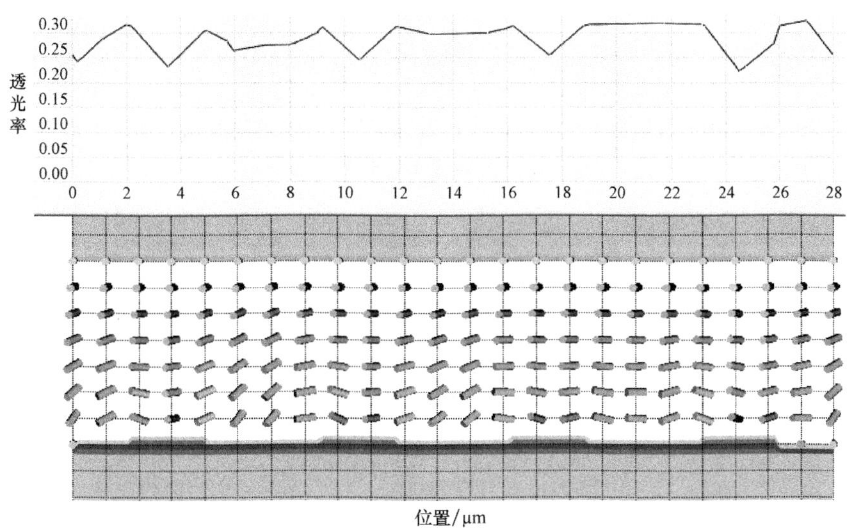

图 2-28　FFS 液晶显示器中指向矢分布和透光率变化

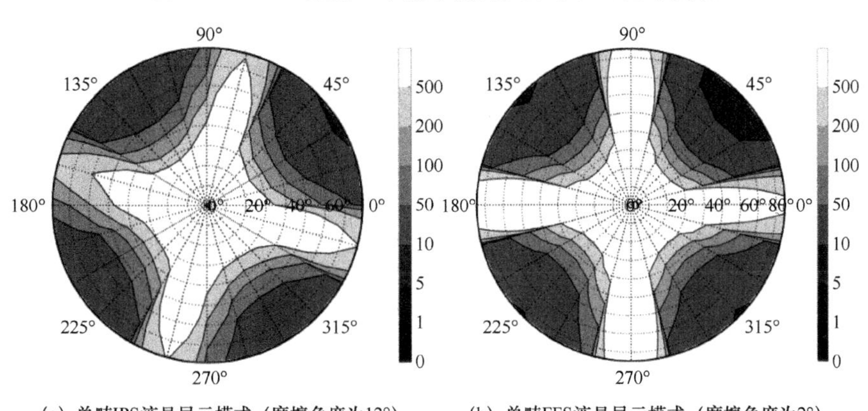

图 2-29　单畴 IPS 液晶显示模式、单畴 FFS 液晶显示模式和有补偿膜补偿的 FFS 液晶显示模式的对比度视角图

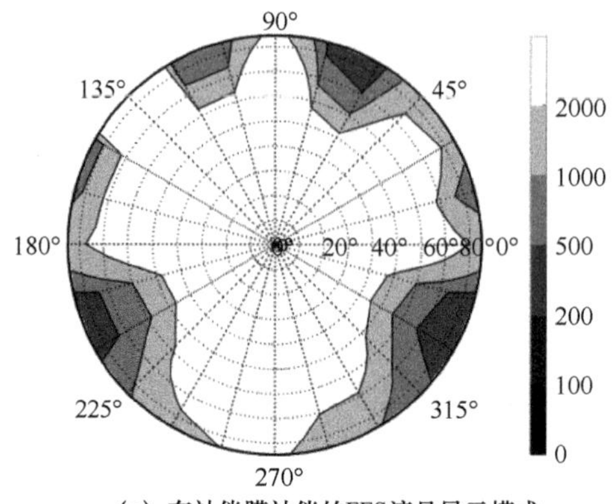

（c）有补偿膜补偿的FFS液晶显示模式

图 2-29　单畴 IPS 液晶显示模式、单畴 FFS 液晶显示模式和有补偿膜补偿的 FFS 液晶显示模式的对比度视角图（续）

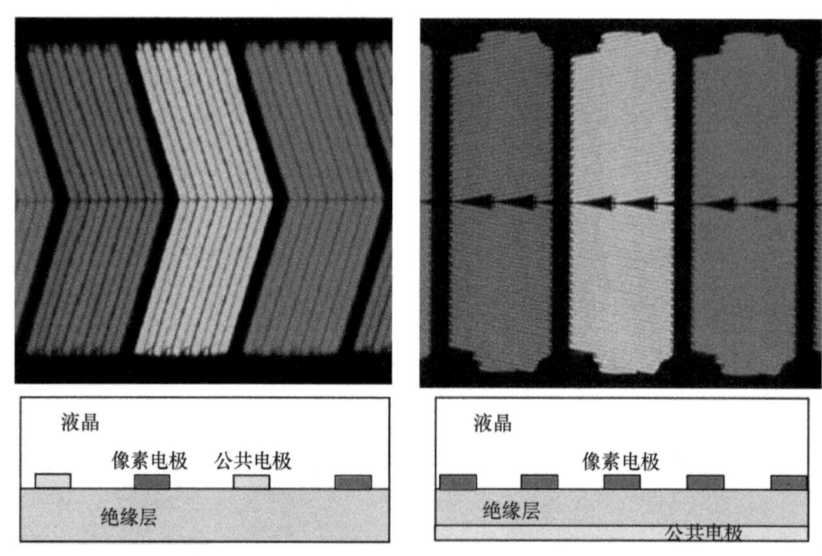

（a）双畴IPS结构中的电极结构　　（b）双畴IPS-Pro结构中的电极结构

图 2-30　传统双畴 IPS 和 IPS-Pro 结构中的电极结构

在实现图像显示的几种液晶显示模式中，TN 液晶显示模式适用于较为低档的中小尺寸显示器；STN 液晶显示模式只适用于无源矩阵驱动的简单图形显示器；IPS 和 FFS 液晶显示模式由于良好的抗压特性，适用于高档触摸功能的显示器，又由于其优秀的视角特性，不仅可以应用于大尺寸电视机，还可以应用于高档的医用显示器；多畴 VA 液晶显示模式则由于具有更快的响应速度和正视的高对比度，适用于电视机产品。

人眼对图像的暂留时间为 16.6ms，而一般液晶显示技术的响应时间为 5ms 以上，这就使得显示器在显示过程中出现“图像残留”的问题。显示器的响应速度越慢，转换的帧频就越低，图像残留就越严重，这对于以显示静态画面为主的显示器，没有太大的问题，但是对于以显示视频或高动态画面为主的显示器，则需要显示器的响应速度更快。这个响应时间短于 1ms，则可以忽略响应时间带来的负面影响。这也是液晶显示技术进入 21 世纪以来一直在追求和研究的关键问题。

2.3　快速响应的液晶显示模式

相比于主动发光显示技术，响应速度慢是液晶显示技术的一个劣势。改善 LCD 响应速度的方法有：①合成旋转黏滞系数更小的液晶材料，同时兼顾液晶的双折射率和弹性常数，获得综合参数更好的液晶材料，不断提升 LCD 响应速度，但至今还未能在 IPS 和 MVA 液晶显示模式中获得响应时间短于 1ms 的响应速度；②通过背光中插黑屏技术来截断响应过程中的上升和下降阶段光透过，但不能改善显示器的高频显示；③使用快速响应的液晶显示模式，如 OCB 液晶显示模式、铁电液晶（Ferroelectric Liquid Crystal，FLC）显示模式和蓝相液晶显示模式。在这些方法中，最直接的方法是使用快速响应的液晶显示模式。

2.3.1　OCB 液晶显示模式

1984 年，美国泰克公司的 P. J. Bos 等人提出了 OCB 液晶显示模式，因其中液晶排列近似于 π，相应的显示屏又称为 π 盒。1993 年，日本的 T. Uchida 对这个技术进行了液晶显示器的开发，主要研究了其宽视角特性。而后很多研究对该液晶显示模式的展曲到弯曲的转变、响应时间和宽视角等特性进行了较详细的研究。在 OCB 液晶盒中，基板表面的预倾角是相反的，该角度约为 5°。如图 2-31 所示，在不加电压的情况下，液晶层中的液晶分子为展曲状态；在低电压驱动下发生对称的展曲形变；当电压超过某个临界值时，液晶层中的液晶分子可转变为弯曲状态；在更高的电压驱动下，获得暗态。OCB 液晶显示模式的显示是在弯曲状态下高低电压变化形成的显示。表面相反的预倾角可以提供两个优点：①显示器的视角是对称的；②弯曲取向中不存在背流效应，但是还有流动效应，可以使响应速度非常快。

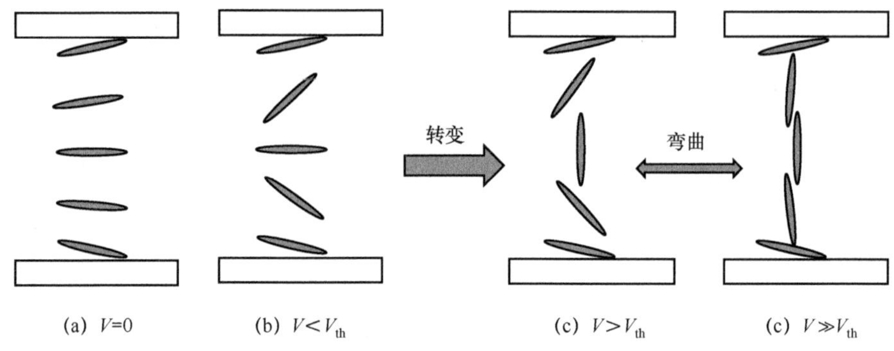

图 2-31　OCB 液晶盒中在不同电压下的指向矢分布图

液晶分子的取向和液晶分子的流动是相互关联的两种现象，在液晶取向转变的同时往往伴随着液晶的流动，流动又导致液晶的质心位置变化，这就是所谓的背流效应，如图 2-32 所示。背流效应在如图 2-32（a）所示的平行排列的液晶盒中非常明显，在弛豫过程中，大大增加了延迟时间；在如图 2-32（b）所示的 OCB 液晶盒中，上下液晶层的指向矢在电场的作用下偏移方向不一致，一个顺时针，一个逆时针，使得在调整取向的过程中只有流动效应，促进液晶分子向着最终状态旋转，从而缩短器件的响应时间。

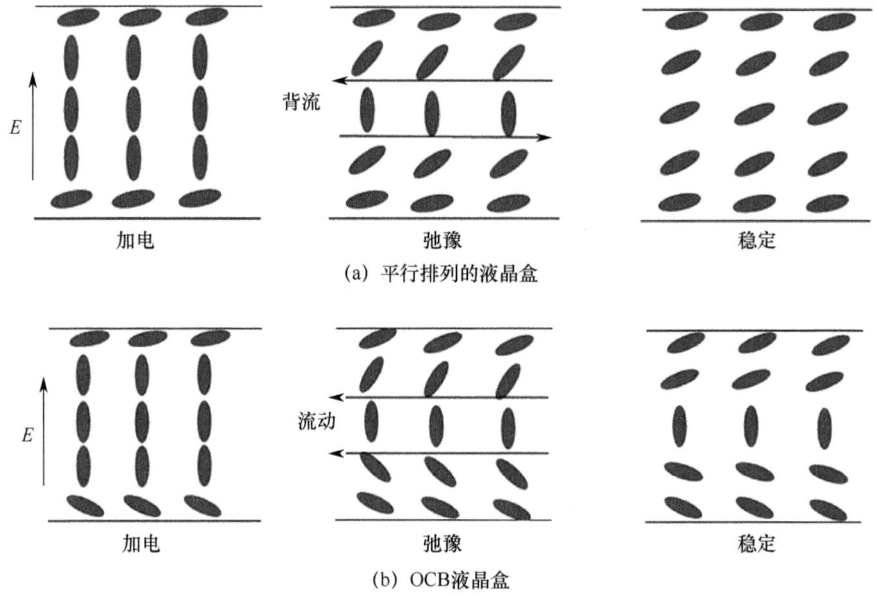

图 2-32　液晶盒中背流效应和流动效应示意图

OCB 液晶显示器的快速响应来自 3 个因素：偏置电压效应（只有靠近基板表面的液晶有较大的倾角变化，也称为表面模式效应）、液晶中的流动效应和半液晶盒效应。具体到各因素对响应速度的影响因子大约为：半液晶盒效应为 1/4，液晶中的流动效应为 1/2，表面模式效应为 1/3 ~ 1/2。总体效应，OCB 液晶显示模式的响应时间大约为 TN 液晶显示器的 1/24 ~ 1/16，一般，OCB 灰阶响应时间短于 3ms，比普通的 VA 和 IPS 液晶显示模式短很多，这对液晶电视应用来说很重要。

为了让 OCB 液晶盒能够正常工作，需要对液晶盒进行预热，将初始的展曲状态转变为弯曲状态。这里存在一个临界电压，只有施加电压超过该临界电压（等效于其他液晶显示器的阈值电压），液晶盒中液晶才能存在于弯曲状态。该临界电压与液晶材料参数和预倾角相关，可以表示为

$$V_{\mathrm{th}}=\sqrt{(K_{33}-K_{11})\frac{2\alpha(\pi-2\alpha)}{\varepsilon_0\Delta\varepsilon}+(K_{33}+K_{11})\frac{2\alpha(\pi-2\alpha)(\pi-4\alpha)}{\varepsilon_0\Delta\varepsilon\sin(2\alpha)}}\Big/\left(\sin\frac{\pi\alpha}{2\alpha_{\mathrm{c}}}\right)^{0.15} \tag{2-27}$$

式中，K_{11}、K_{33} 分别为液晶的展曲和弯曲弹性常数；α 为表面预倾角；α_{c} 满足下式：

$$(K_{33}-K_{11})\sin(2\alpha_{\mathrm{c}})+(K_{33}+K_{11})(\pi-4\alpha_{\mathrm{c}})=0 \tag{2-28}$$

从展曲状态到弯曲状态的转变需要花费一些时间，不同的转变方法需要的时间为几秒到几十秒。

OCB 液晶显示器中的指向矢分布在一个平面内，导致在驱动电压下液晶层中上下表面处剩余的延迟量不能互相抵消，因此需要复杂的补偿膜结构，来获得好的视角特性。如图 2-33 所示，OCB 液晶盒两侧使用盘状液晶膜和双轴补偿膜后，对比度视角具有很好的对称性。

虽然 OCB 液晶显示器能够表现出较好的视角特性，但是依然存在视角不对称的特性，还存在灰度反转的特性，因此在高质量的显示器中不能得到应用。幸好，OCB 液晶显示模式具有很好的响应速度特性，可以应用在光开关器件中。OCB 液晶显示模式主要应用在液晶光阀和 3D 投影机系统中的偏振旋转器中，能够在驱动的作用下实现响应时间短于 0.1ms 的响应速度。

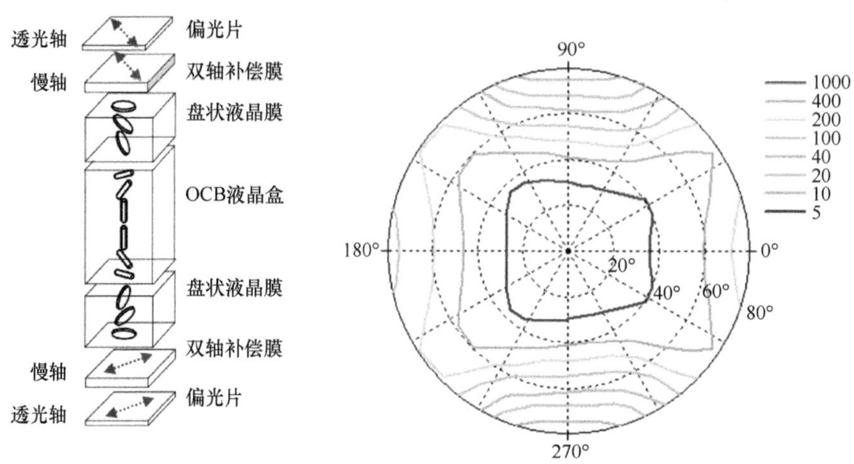

图 2-33　OCB 液晶显示器的补偿膜结构和对比度视角图

2.3.2　蓝相液晶显示模式

2002 年，日本九州大学的 H. Kikuchi 教授使用聚合物稳定蓝相液晶，成功地获得了温度范围超过 60K 的稳定蓝相结构，随后多年中，人们致力于增大克尔常数。2008 年，三星公司在 SID 会议上展出了第一台蓝相液晶显示器样机，如图 2-34 所示，它可实现 240Hz 的刷新频率和宽视角特性，立刻引发了蓝相液晶显示器的热点研究。2011 年，三星公司在 SID 会议上披露了蓝相液晶显示器的技术细节和性能指数，使用的半椭圆形突起电极结构（如图 2-35 所示），将驱动电压降低到 30V，获得了 200:1 的对比度和只有 0.4V 的迟滞效应。2015 年，友达公司在 SID 会议上展出了墙状电极结构的蓝相液晶显示器（如图 2-36 所示），在墙状突起结构表面制作了透明电极层，与三星公司样机相似，也是需要 30V 的驱动电压，所以它们的 TFT 驱动电路需要特殊设计来达到驱动电压的要求。

图 2-34　2008 年三星公司展出的蓝相液晶显示器样机

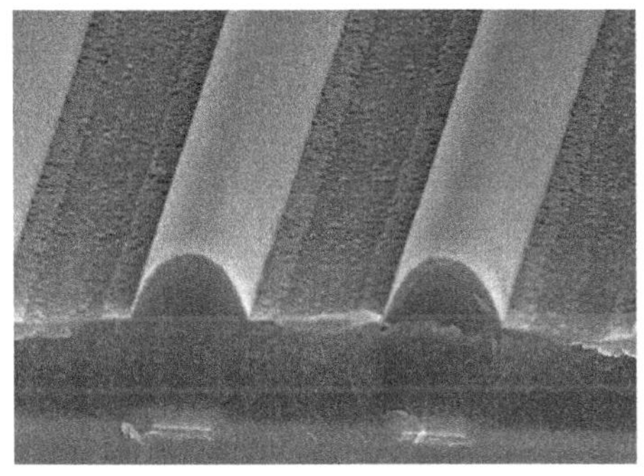

图 2-35　2011 年三星公司展出的蓝相液晶显示器样机和电极结构

(a) 10英寸蓝相液晶显示器

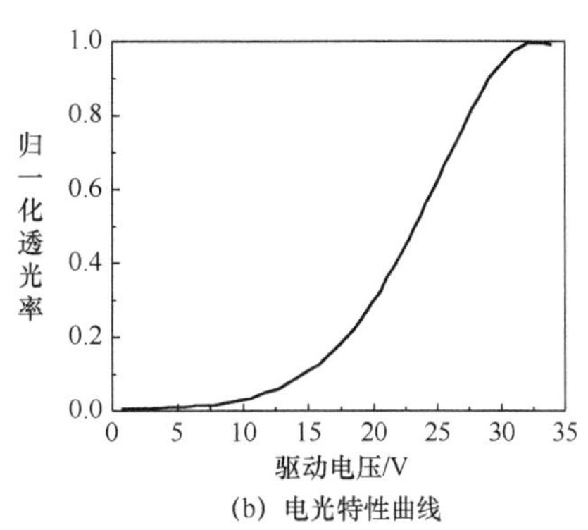

(b) 电光特性曲线

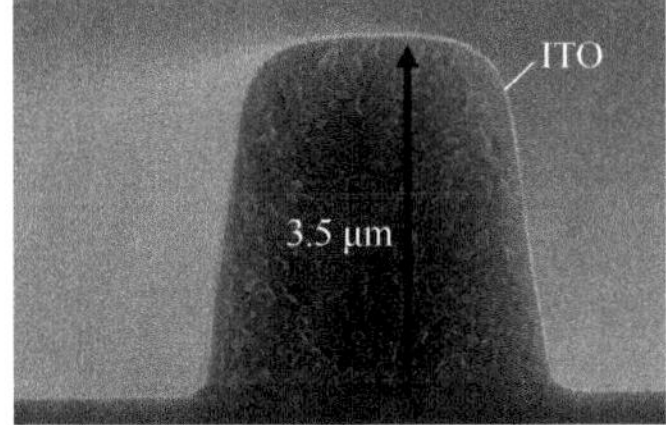

(c) 墙状电极结构的扫描电子显微镜图

图 2-36　友达公司的 10 英寸蓝相液晶显示器及其电光特性曲线和墙状电极结构的扫描电子显微镜图

聚合物稳定蓝相液晶是目前制造大温度范围蓝相液晶的常规方法，适当的聚合物和液晶的含量比，可以将蓝相液晶的存在温度范围扩大到超过60K，如2002年就实现了−10℃～50℃温度范围的聚合物稳定蓝相液晶。由聚合物丝线构成的网络稳定双螺旋结构的蓝相液晶，防止温度和电场作用破坏蓝相液晶的结构，如图2-37所示。蓝相液晶在宏观表现上是光学各向同性介质在电场作用下，液晶分子的排列状态会有相应的变化，呈现为光学各向异性，如图2-38所示。这种由电场诱导的双折射特性，称为克尔效应。双折射率与电场之间的关系表达为

$$\Delta n_{\text{ind}} = \Delta n_{\text{s}} \left\{ 1 - \exp\left[-(E/E_{\text{s}})^2 \right] \right\} \tag{2-29}$$

式中，Δn_{s}和E_{s}分别为饱和双折射率和饱和电场强度。饱和双折射率为蓝相液晶在外加电场不断增强，同时不破坏蓝相液晶的基本结构的情况下，蓝相液晶系统所能达到的双折射率。饱和电场强度的定义为$\Delta n_{\text{s}} = \lambda K E_{\text{s}}^2$（$\lambda$为光波长，$K$为克尔常数）。

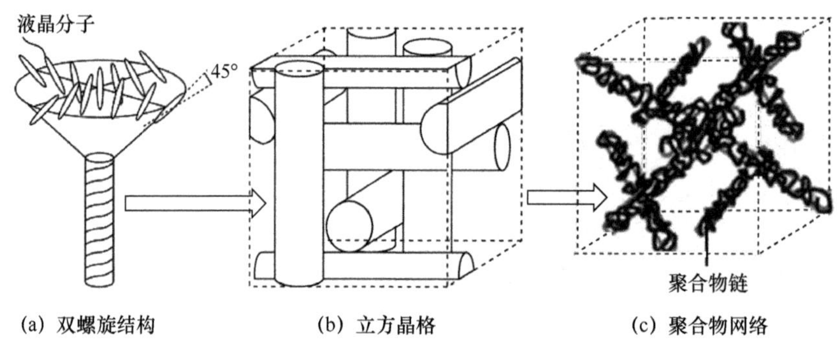

图2-37　聚合物稳定蓝相液晶中的双螺旋结构、构成的立方晶格和聚合物网络

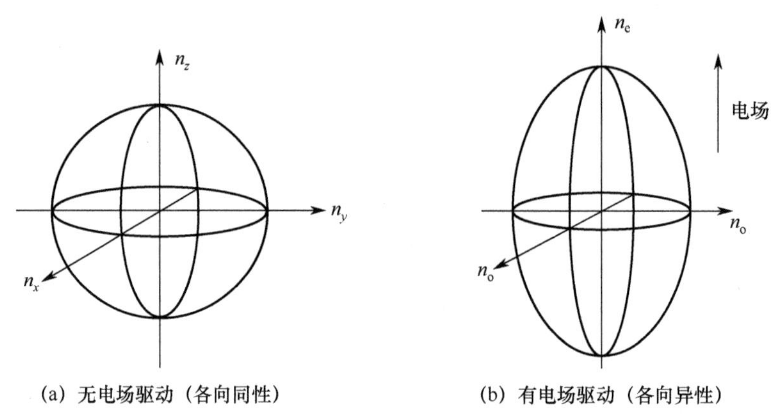

图2-38　蓝相液晶在无电场驱动和有电场驱动情况下的折射率变化

蓝相液晶显示器的优点为：①蓝相液晶的双螺旋圆柱结构直径为 100nm 以下，液晶内部有很大的弹性力，因此响应时间为亚毫秒量级，比向列相液晶显示器的响应速度快 10 倍；②由于蓝相液晶的自组装结构，制造工艺中不需要制作取向层；③由于暗态的光学各向同性和亮态的多畴结构，视角宽而且对称；④当液晶层厚度超过 5μm 时，透光率与液晶层厚度的关系不再敏感，因此制造过程中对液晶层厚度的要求不用精确。蓝相液晶显示器在制造过程中可以极大地简化制造工艺，更快的响应速度也有利于显示器实现彩色时序显示，提高了 3 倍的光利用率和分辨率，对降低高分辨率显示器的功耗极其重要。蓝相液晶还在高衍射效率液晶光栅、无偏光片自适应液晶透镜等光子学领域有重要的应用潜力。

蓝相液晶显示器的研究主要针对蓝相液晶显示器中存在的问题来进行，这些问题包括：①较高的驱动电压；②明显的迟滞效应；③相对低的光利用率。其中，降低驱动电压是实际应用中首要解决的问题，为了适应现有 TFT 技术，驱动电压要求低于 10V，峰值电场强度要小于式（2-29）中的 E_s，从而使蓝相液晶中的晶格畸变可忽略，迟滞效应可忽略。在展示的三星公司和友达公司的样机中，假设蓝相液晶显示器中电场作用深度为 d_E，电极间隙为 L，蓝相液晶的克尔常数为 K，则蓝相液晶显示器的光学驱动电压（对应最高透光率）为

$$V_{sat} = \frac{L}{\sqrt{2}}\sqrt{\frac{1}{Kd_E}} \tag{2-30}$$

由式（2-30）可以得到，当 $L = 10\mu m$、$d_E = 5\mu m$ 时，得到驱动电压为 10V 所需要的克尔常数为 $100nm/V^2$。这对现在所用的蓝相液晶来说，是个不小的挑战。蓝相液晶的克尔常数与液晶材料参数之间的关系为

$$K \approx \frac{\Delta n \cdot \Delta\varepsilon}{k}\frac{\varepsilon_0 P^2}{\lambda(2\pi)^2} \tag{2-31}$$

式中，k、Δn、$\Delta\varepsilon$分别为液晶的平均弹性常数、固有双折射率和介电各向异性；λ 为光波长；P 为液晶的螺距。对于蓝相液晶显示器，要求布拉格反射在紫外光范围，则要求螺距要小于 250nm。为了增大克尔常数，要求液晶具有高双折射率和大介电各向异性，这两个参数的要求使液晶分子的长度增加，旋转黏滞系数增大。大介电各向异性会增大像素的电容，增加像素充电时间（降低帧频）。另外，大介电各向异性的液晶材料具有低德拜弛豫频率，也会限制工作频率。

聚合物稳定蓝相液晶的响应时间与液晶材料参数之间的关系为

$$\tau \approx \frac{\gamma_1 P^2}{k(2\pi)^2} \tag{2-32}$$

由式（2-32）可知，旋转黏滞系数和螺距的增大都将使响应速度变慢。因此，在选择大介电各向异性液晶材料的时候，需要考虑旋转黏滞系数的变化，在增大螺距增大克尔常数的同时，也需要考虑对响应速度的影响。所有的参数需要综合考虑，以满足蓝相液晶显示器的驱动电压和响应速度的要求。

现在，蓝相液晶材料的克尔常数已经达到 20 ~ 40nm/V^2，但距离要求还有一些差距。因此，在液晶显示器件结构上做了很多种设计，如使用窄间距电极可以有效降低驱动电压，但电极间距/电极宽度直接影响了显示器的透光率。使用垂面电场驱动的蓝相液晶显示器，如图 2-39 所示，驱动电压可以降低到 10V 以下，同时透光率可以达到最高，但结构需要复杂的光学转换部分，很难在实际生产中得到应用。

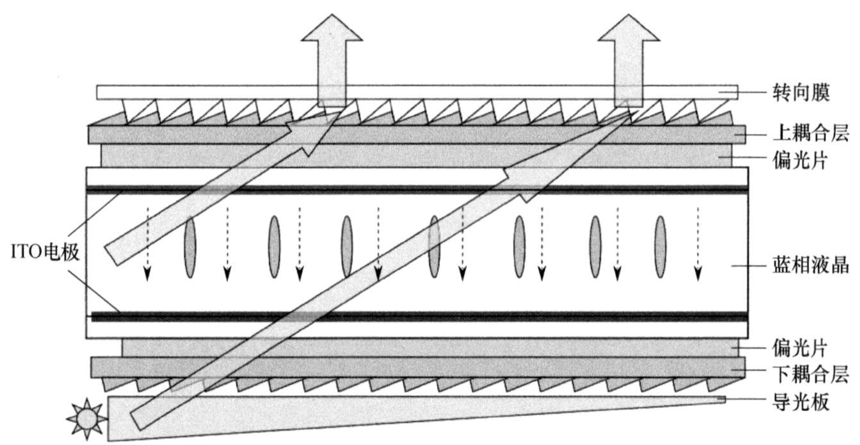

图 2-39　垂面电场驱动的蓝相液晶显示器结构示意图

在蓝相液晶显示器中，除了存在高驱动电压和迟滞效应，还存在液晶材料的克尔常数与光波长、与温度、与驱动电压的频率的问题。随着光波长的增大，克尔常数在减小，需要对显示器中不同颜色显示的像素进行不同参数的设计，来消除电光特性曲线的不一致；随着温度的变化，克尔常数也有较大的变化；由于大介电各向异性液晶材料的介电各向异性对频率敏感，随着频率的升高，克尔常数显著减小。克尔常数随光波长的变化，是来自于双折射率与光波长的关系；另外两个变化是来自于液晶的介电各向异性与频率和温度的关系，使用较小介电各向异性和高清亮点的液晶，可以有效减小这种变化，但同时克尔常数的数值又会减小，因此需要平衡考虑克尔常数和频率依赖性。

虽然蓝相液晶显示器具有亚毫秒量级的响应时间、宽视角特性和简单的制造工艺，但其在高驱动电压、迟滞效应、温度和频率效应方面，不能够全面解决，从而导致蓝相液晶显示器在展出了几次样机，持续了 5～7 年的研究热点之后，逐渐退出了人们的视野。

随着平板显示器的发展，各种主动发光显示方式的提出，响应速度已经不是它们的问题。相比于液晶显示器，各种主动发光显示方式更关注于寿命、发光效率和色彩等方面。而现在依然是平板显示器主流的液晶显示器在不断吸收新技术，如引入量子点背光和 mini-LED 背光提高显示特性的色域，在保持长寿命和稳定显示的基础上，追求快速响应依然是其主要的任务之一。只不过，人们在探索更快速响应速度的道路上投入了二十多年的时间，虽然也得到了一些具有更快响应速度的新型显示模式，如含有横向电场的垂面取向液晶显示模式、图形化电极驱动共面转换液晶显示模式等，但都因为有难以克服的透光率低的缺点而得不到实际应用，在目前常用的几种液晶显示模式基础上，只能等待新材料的出现才能实现。

参考文献

[1] HEILMEIER G H , ZANONI L A. Guest-Host interactions in nematic liquid crystals. A new electro-optic effect[J]. Applied Physics Letters, 1968, 13(3): 91-92.

[2] HEILMEIER G H, CASTELLANO J A, ZANONI L A. Guest-Host interactions in nematic liquid crystals[J]. Molecular Crystals and Liquid Crystals, 1969, 8(1): 293-304.

[3] COLE H S, KASHNOW R A. A new reflective dichroic liquid crystal display device[J]. Applied Physics Letters, 1977, 30(12): 619-621.

[4] WHITE D L, TAYLOR G N. New absorptive mode reflective liquid crystal display device[J]. Journal of Applied Physics, 1974, 45(11): 4718-4723.

[5] HEILMEIER G H, ZANONI L A, BARTON L A. Dynamic scattering in nematic liquid crystals[J]. Applied Physics Letters, 1968, 13(1): 46-47.

[6] YANG D K, WU S T. Fundamentals of Liquid Crystal Devices[M]. Hoboken: John

Wiley & Sons Ltd., 2015.

[7] ONO K, MORI I, ISHII M, et al. Progress of IPS-Pro technology for LCD-TVs[J]. SID Symposium Digest of Technical Papers, 2006, 37(1): 1954-1957.

[8] TAKEDA A, KATAKA S, SASAKI T, et al. A super-high image quality multi-domain vertical alignment LCD by new rubbing-less technology[J]. SID Symposium Digest of Technical Papers, 1998, 29(1), 1077-1080.

[9] KAWAMOTO H. The history of liquid-crystal displays[J]. Proceedings of the IEEE, 2002, 90(4):460-500.

[10] HEILMEIER G H, ZANONI L A, BARTON L A. Further studies of the dynamic scattering mode in nematic liquid crystals[J]. IEEE Transactions on Electron Devices, 1970, 17(1):22-26.

[11] SCHEFFER T J. Guest-Host Devices Using Anisotropic Dyes[J]. Philosophical Transactions of the Royal Society A: Mathematical, Physical and Engineering Sciences, 1983, 309(1507):189-201.

[12] FUH Y G, TSAI M S, HUANG L J, et al. Optically switchable gratings based on polymer-dispersed liquid crystal films doped with a guest–host dye[J]. Applied Physics Letters, 1999, 74(18):2572.

[13] CHIGRINOV V G, SIMONENKO G V. Optimization of "Guest-Host" Liquid Crystal Display[J]. Molecular Crystals & Liquid Crystals Science & Technology, 2000, 351(1):51-59.

[14] SIMONENKO G V, CHIGRINOV V G, KWOK H S. Optical characteristics of a reflective guest-host liquid-crystal display with a phase compensator and no polarizing sheet[J]. Journal of Optical Technology, 2001, 68(3):216-221.

[15] COLE H S, KASHNOW R A. A new reflective dichroic liquid-crystal display device[J]. Applied Physics Letters, 1977, 30(12):619.

[16] GHARADJEDAGHI F, SAURER E. A Novel Type of Inverted Dichroic Display Employing a Positive Dielectric Anistropy Liquid Crystal[J]. IEEE Transactions on Electron Devices, 1980, 27(11):2063-2069.

[17] SCHEFFER T J. Guest-Host Devices Using Anisotropic Dyes[J]. Philosophical Transactions of the Royal Society A: Mathematical, Physical and Engineering Sciences, 1983, 309(1507):189-201.

[18] HEILMEIER G H, ZANONI L A, BARTON L A. Dynamic Scattering: A New

Electrooptic Effect in Certain Classes of Nematic Liquid Crystals[J]. Proceedings of the IEEE, 1968, 56(7):1162-1171.

[19] SPRUCE G, PRINGLE R D. Polymer dispersed liquid crystal (PDLC) films[J]. Electronics & Communications Engineering Journal, 1992, 4(2):91.

[20] AMUNDSON K. Electro-optic properties of a polymer-dispersed liquid-crystal film: Temperature dependence and phase behavior[J]. Physical Review E, 1996, 53(3):2412-2422.

[21] YANG D K. Review of operating principle and performance of polarizer-free reflective liquid-crystal displays[J]. Journal of the Society for Information Display, 2012, 16(1):117-124.

[22] COX S J, RESHETNYAK V Y, SLUCKIN T J. Effective medium theory of light scattering in polymer dispersed liquid crystal films[J]. Journal of Physics D: Applied Physics, 1998, 31(14):1611-1625.

[23] MALIK P, RAINA K K. Droplet orientation and optical properties of polymer dispersed liquid crystal composite films[J]. Optical Materials, 2005, 27(3):613-617.

[24] HEILMEIER G H, ZANONI L A, BARTON L A. Dynamic scattering: A new electrooptic effect in nematic liquid crystals[J]. IEEE Transactions on Electron Devices, 2005, 15(9):691-691.

[25] KLOSOWICZ S J. Optics and electro-optics of polymer-dispersed liquid crystals: physics, technology, and application[J]. Optical Engineering, 2005, 34(12):3440-3450.

[26] LOIKO V A, KONKOLOVICH A V. Focusing of light by polymer-dispersed liquid-crystal films with nanosized droplets[J]. Journal of Experimental and Theoretical Physics, 2006, 103(6):935-943.

[27] SERBUTOVIEZ C, KLOOSTERBOER J G, BOOTS H, et al. Polymerization-Induced Phase Separation. 2. Morphology of Polymer-Dispersed Liquid Crystal Thin Films[J]. Macromolecules, 1996, 29(24):7690-7698.

[28] HEROD T E, DURAN R S. Polymer-Dispersed Liquid Crystal Monolayers[J]. Langmuir, 1998, 14(24):6956-6968.

[29] MALIK P, RAINA K K. Droplet orientation and optical properties of polymer dispersed liquid crystal composite films[J]. Optical Materials, 2004, 27(3):613-617.

[30] SCHADT M, HELFRICH W J. Voltage Dependent Optical Activity of a Twisted Nematic Liquid Crystal[J]. Applied Physics Letters, 1971, 18(4):127-128.

[31] SCHADT M, SEIBERLE H, SCHUSTER A. Optical patterning of multi-domain liquid-crystal displays with wide viewing angles[J]. Nature, 1996, 381(6579): 212-215.

[32] GOOCH C H, TARRY H A. Optical characteristics of twisted nematic liquid-crystal films[J]. Electronics Letters, 1974, 10(1):2.

[33] SUH S H, ZHUANG Z, PATEL J S. Propagation and Optimization of Stokes Parameters for Arbitrary Twisted Nematic Liquid Crystal[J]. SID Symposium Digest of Technical Papers, 1998, 29(1):997-1000.

[34] ONG H L. Origin and characteristics of the optical properties of general twisted nematic liquid-crystal displays[J]. Journal of Applied Physics, 1988, 64(2):614-628.

[35] YEH P. Optical properties of general twisted-nematic liquid-crystal displays[J]. Journal of the Society for Information Display, 1997, 5(18):1398-1400.

[36] SCHEFFER T, NEHRING J. Supertwisted nematic (STN) liquid crystal displays[J]. Annual Review of Materials Science, 1997, 27(1):555-583.

[37] SCHADT M. Liquid Crystals in Information Technology[J]. Berichte Der Bunsengesellschaft Für Physikalische Chemie, 2010, 97(10):1213-1236.

[38] MA J, YANG Y C, ZHENG Z, et al. A multi-domain vertical alignment liquid crystal display to improve the V-T property[J]. Displays, 2009, 30(4-5):185-189.

[39] GE Z, ZHU X, WU T X, et al. High Transmittance In-Plane Switching Liquid Crystal Displays[J]. Advanced Display, 2006, 2(2):114-120.

[40] HARENG M, ASSOULINE G, LEIBA E. Liquid crystal matrix display by electrically controlled birefringence[J]. Proceedings of the IEEE, 1972, 60(7):913-914.

[41] SATO S, WADA M. Liquid-crystal color display by DAP-TN double-layered structure[J]. IEEE Transactions on Electron Devices, 1974, 21(5):312-313.

[42] JEWELL S A, SAMBLES J R. Optical characterization of a dual-frequency hybrid aligned nematic liquid crystal cell[J]. Optics Express, 2005, 13(7):2627-2633.

[43] MATSUMOTO S, KAWAMOTO M, MIZUNOYA K. Field-induced deformation of hybrid-aligned nematic liquid crystals: New multicolor liquid crystal display[J]. Journal of Applied Physics, 1976, 47(9):3842-3845.

[44] LEE S H, LEE S M, KIM H Y, et al. 18.1″ Ultra-FFS TFT-LCD with Super Image Quality and Fast Response Time[J]. SID Symposium Digest of Technical Papers,

2001, 32(1):484-487.

[45] KOMA N, MIYASHITA X, UCHIDA T, et al. Using an OCB-Mode TFT-LCD for High-speed Transition from Splay to Bend Alignment[J]. SID Symposium Digest of Technical Papers, 2012, 30(1):28-31.

[46] ISHINABE T, WAKO K, SEKIYA K, et al. High-performance OCB-mode field-sequential-color LCD[J]. Journal of the Society for Information Display, 2008, 16(2): 251-256.

[47] MEIBOOM S, SAMMON M. Structure of the Blue Phase of a Cholesteric Liquid Crystal[J]. Physical Review Letters, 1980, 44(13):882-885.

[48] HENRICH O, STRATFORD K, CATES M E, et al. Structure of Blue Phase III of Cholesteric Liquid Crystals[J]. Physical Review Letters, 2011, 106(10):107801.

[49] GE Z, GAUZA S, JIAO M, et al. Electro-optics of polymer-stabilized blue phase liquid crystal displays[J]. Applied Physics Letters, 2009, 94(10):101104.

[50] YAN L, JIAO M, WU S T. Transflective display using a polymer-stabilized blue-phase liquid crystal[J]. Optics Express, 2010, 18(16):16486-16491.

[51] JIN Y, CHENG H C, GAUZA S, et al. Extended Kerr Effect of Polymer-Stabilized Blue-Phase Liquid Crystals[J]. Applied Physics Letters, 2010, 96(7):071105.

[52] RAO L, YAN J, WU S T, et al. A large Kerr constant polymer-stabilized blue phase liquid crystal[J]. Applied Physics Letters, 2011, 98(8):081109

[53] CHEN K M, YAN J , WU S T , et al. Electrode Dimension Effects on Blue-Phase Liquid Crystal Displays[J]. Journal of Display Technology, 2011, 7(7):362-364.

[54] ZHENG Z, HU W, ZHU G, et al. Brief review of recent research on blue phase liquid crystal materials and devices[J]. Chinese Optics Letters, 2013, 11(1):011601.

[55] JUNG J E, LEE G H, JANG J E, et al. The Improvement of Polymerization Characteristics for Reflective Dye-Doped Polymer Dispersed Liquid Crystal (PDLC) Display[J]. Journal of Computational and Theoretical Nanoscience, 2012, 18(1):225-229.

[56] SUZUKI K, HASEGAWA S, TORIYAMA K, et al. Contrast Ratio of Planar-Type Phase Change Guest-Host Color LCD[J]. Japanese Journal of Applied Physics, 1983, 22(2):223-227.

[57] CHEN K M, YAN J, WU S T, et al. Electrode Dimension Effects on Blue-Phase Liquid Crystal Displays[J]. Journal of Display Technology, 2011, 7(7):362-364.

第3章

LCD 产品技术

LCD 一般以模组的形态作为元器件供给 LCD 终端使用。组成 LCD 模组的三大部件是显示屏、驱动电路和背光源。制造 LCD 模组的工艺技术包括阵列制造技术、CF 制造技术、成盒制造技术、模组制造技术。

3.1 LCD 产品的基本结构与功能

3.1.1 LCD 模组的基本结构

一个能正常显示的 LCD 模组主要由显示屏、驱动电路、背光源和前框组成。显示屏和驱动电路是定义液晶彩色显示的基础，背光源是给显示屏提供均匀的面光源，前框用于固定显示屏。图 3-1 给出了 LCD 模组的基本结构。

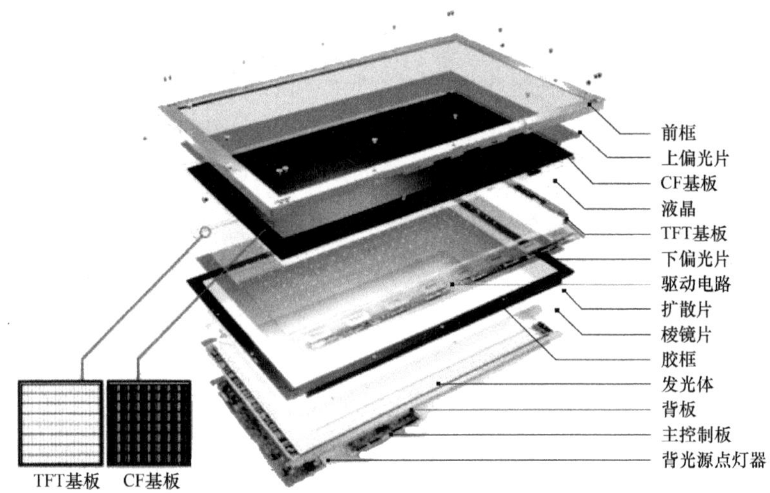

图 3-1 LCD 模组的基本结构

1．显示屏

显示屏由上偏光片、CF 基板、液晶、TFT 基板、下偏光片等组成。下偏光片把来自背光源的自然光转换为直线偏光，而上偏光片把经液晶调制的偏振光进一步过滤。TFT 基板由纵横排列的数据线和扫描线分割而成的数百万个像素组成，每个像素至少包括一个 TFT 开关用于连接扫描线、数据线和像素电极。CF 基板将 RGB 三原色的有机光阻材料制作在每一个像素之内，用于对每个像素的光进行着色。液晶在 LCD 模组中的使用量微乎其微，如 32 英寸 LCD 模组的液晶使用量只有 2mg 左右，而且液晶在所有 LCD 模组的材料成本中所占的比例也只有 3%左右。但 LCD 模组大部分构件都围绕液晶工作。背光源给液晶提供自然光源，下偏光片给液晶提供可调制的线偏振光，驱动电路在一定的时序下给液晶提供指定高低的电压，上偏光片对经液晶调制的不同偏振方向的光进行过滤，CF 基板对过滤出来的光进行着色。

2．驱动电路

驱动电路包括覆晶薄膜（Chip On Flex/Film，COF）与印制电路板（Printed Circuit Board，PCB）。因为实际使用的 PCB 上焊接有电阻、电容、芯片等元器件，所以又称为印制电路板组装（Printed Circuit Board Assembly，PCBA）。PCBA 将从整机输入的影像信号转换为 LCD 模组的显示信号，向显示屏输入所需的电压至像素电极，以控制液晶分子的转动程度。PCBA 上主要的芯片包括电源芯片（Power IC）、时序控制芯片（TCON）、伽马电路等。PCBA 除了把这些芯片电路连接起来以外，还需要一些电容、电阻、电感等分离元器件及接口电路。COF 分为连接数据线的数据驱动芯片（Source IC）及连接扫描线的扫描驱动芯片（Gate IC）。

3．背光源

背光源由发光体［冷阴极荧光灯管（Cold Cathode Fluorescent Lamp，CCFL）或发光二极管（Light Emitting Diode，LED）］、棱镜片、扩散片、胶框、背板及背光源点灯器等部件组成，其中侧光式背光源还需要导光板，直下式背光源还需要扩散板。在背光源中，扩散片的作用是将发光体射出的光扩散，并使其亮度均匀化。扩散板和扩散片的功能类似，将正下方的 CCFL 线光源或 LED 点光源均匀扩散成面光源。胶框主要用来固定整个背光模组，防止碰撞、脏污等对背光模组功能的损害及影响。背板是将背光源、显示屏、驱动电路等固定在外框结构架上的设备，用于 LCD 模组的最终组装。背光源点灯器将直流电压转换为脉冲交流电高频高压并持续点亮背光源中的 CCFL，或者将输入的 12～24V 直流电压升压为 50～60V 的 LED 灯条驱动电压。

4. 前框

前框用来保护显示屏的边缘并防止静电放电冲击和加固 LCD 模组结构。在 LCD 模组与整机的一体化设计时，LCD 模组的前框往往用整机的外壳直接替代。

3.1.2 LCD 产品的显示功能

被动发光的 LCD 产品，其显示过程可以大致分为 3 个部分：①点光源或线光源转为面光源；②液晶与偏光片的组合在驱动电路的作用下，控制背光源透过显示屏后的出光量；③使用 CF 对不同的出光量进行加法混色，产生所需的彩色显示。完成 LCD 产品显示过程光学处理的结构及其支撑材料如图 3-2 所示，背光源为侧光式，因为目前的大尺寸 LCD 电视和中小尺寸 LCD 产品基本都采用侧光式背光源。

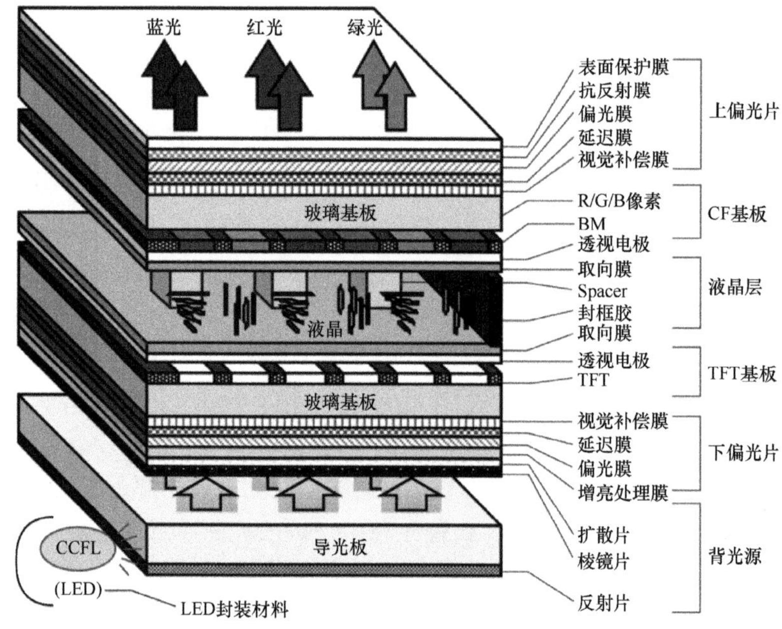

图 3-2　完成 LCD 产品显示过程光学处理的结构及其支撑材料

LCD 产品显示过程的第 1 个部分是成本控制的主体。在侧光式背光源中，CCFL 线光源或 LED 点光源发出的光进入导光板，通过导光板下表面的网点反射、折射等光学作用后在整个面内大致均匀分布开来。从导光板下表面漏出的光经下方反射片作用后反射到导光板的出光面。从导光板出光面射出的光是散乱的，而且不够均匀，所以需要用扩散片、棱镜片（增亮膜）等光学膜片进行聚光和均匀化处理。

LCD 产品显示过程的第 2 个部分是技术核心和品质控制的关键。液晶作为双折射体，处理的是光的偏振状态，而背光源发出的是自然光，所以需要先通过 TFT 侧偏光片把自然光转换为线偏振光。一般，CF 侧偏光片和 TFT 侧偏光片呈正交状态，通过液晶的偏光处理，在全白与全黑之间分出 256 段（8 位）的亮度等级，即 256 个灰阶。与此对应，液晶存在 256 个偏振状态。而这些偏振状态通过驱动电路进行控制，液晶的每个偏振状态都对应一个信号电压。实际上，考虑到液晶的信赖性问题，驱动液晶的电压为交流电压，所以液晶的每个偏振状态往往对应正、负两个信号电压。根据液晶显示模式的不同，有的驱动电压同时加在 CF 和 TFT 两侧，有的驱动电压只加在 TFT 一侧。

LCD 产品显示过程的第 3 个部分是彩色显示的核心，主要影响因素是 CF 和背光源。背光源决定了 LCD 产品显示的色温，CF 决定了 LCD 产品显示的色域。背光源的分光光谱和 CF 的透过光谱共同决定了 CF 的基色透光程度。

3.1.3　LCD 的应用

LCD 的应用很广，LCD 的应用与液晶显示模式密切相关。低阶中小尺寸以 TN 为主，高阶中小尺寸以 IPS/FFS 为主，大尺寸分为 VA 和 IPS/FFS 两种技术路线。

TN 模式的主要优势为透光率高、响应速度快。显示屏的高透光率有利于降低 LCD 的耗电量。液晶的快速响应有利于提高游戏等动态画面的显示质量，还为以降低功耗为目的的低压驱动提供了余地。TN 模式液晶面板对提高响应速度的需求持续至今，现在的量产目标是 3ms。提高响应速度的对策除了改进液晶材料的物体特性外，LCD 盒厚也从原来的 5μm 缩小到 3μm，工作电压从原来的 4V 提高到 6V。手机、平板电脑、笔记本电脑等移动终端，特别注重低耗电量，因此需要同时实现高速响应和低耗电量。

VA 模式的主要优势是视角宽、工艺简单。在水平和垂直方向接近 90°

的宽广视角，有利于 VA 在电视、广告屏等领域的应用。大尺寸 LCD 的生产成本相对较高，所以对合格率的要求较高。VA 模式的像素比 IPS/FFS 模式的简单，并且为常黑显示模式，合格率较高。

IPS/FFS 模式的主要优势是视角宽、色彩还原性好、抗干扰能力强。IPS/FFS 模式具有同 VA 模式一样的视角优势，但是产品的合格率比 VA 模式低，所以 IPS/FFS 模式在电视领域的应用不及 VA 模式。IPS/FFS 模式在全视角范围内具有良好的色彩还原性，所以广泛应用于医疗器械等特殊用途。通过扩大工作温度范围，可将 IPS/FFS 模式的 LCD 应用于车载设备。

如图 3-3 所示，当像素尺寸小于 160μm 时，即 LCD 的 ppi 值大于 120 时，IPS/FFS 模式的开口率比 TN 模式和 VA 模式都高，加上抗干扰能力强等特点，IPS/FFS 宽视角技术在移动终端上的应用不断增加。FFS 显示模式在像素尺寸小于 80μm 后更具高开口率优势。

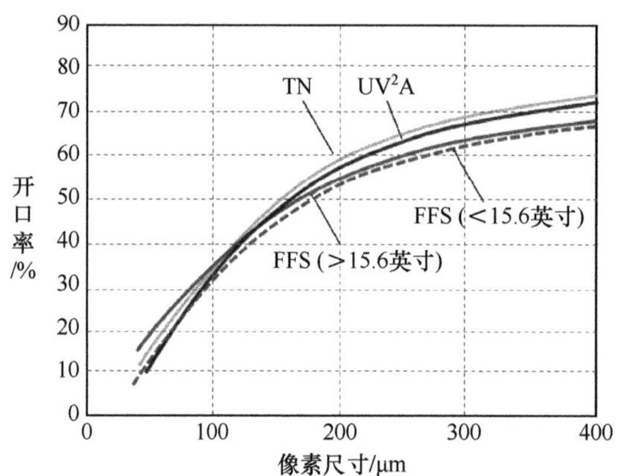

图 3-3　对应不同像素尺寸的分模式像素开口率

3.2　LCD 显示屏技术

LCD 显示屏的基本结构是在 TFT 基板和 CF 基板之间夹一层液晶。因为液晶处理的是线偏振光，所以在 TFT 基板和背光源之间需要贴一片偏光片作为偏光子，相应地需要在 CF 基板表面贴另外一片偏光片作为检光子。为了得到良好的黑态显示，上下两片偏光片的偏光轴要么相互平行，要么垂直正交。LCD 显示屏的核心是夹在 CF 基板和 TFT 基板之间的液晶，液晶的显示模式决定了显示屏之间的本质区别。

3.2.1　TFT 基板

TFT-LCD 是电压保持型的电光转换器件。对应一定亮度的灰阶电压从数据驱动芯片输出后，通过数据线，在 TFT 开关打开后进入像素电极。写入像素电极的灰阶电压要求尽可能地接近数据驱动芯片的输出值。写入后的像素电压要求在 TFT 关断后保持在一个灰阶电压允许的误差范围内。电压写入越快越好，电压保持越久越好。

如图 3-4 所示，灰阶电压从数据驱动芯片输出后，依次经过数据线、TFT 开关，进入像素电极。写入路径整体来看是一个 *RC* 电路。*RC* 值越小，灰阶电压的写入能力越强。写入路径上影响写入能力的因素有配线延迟效应、TFT 开关的开态电阻、像素电极的负荷电容。降低配线延迟的根本对策是采用低阻抗的金属配线，比如用 Cu、Al 或铝合金代替 Mo、Ti 或 Cr。降低 TFT 开关开态电阻的根本对策是使用高电子迁移率的 TFT 器件，比如用 LTPS TFT 或 Oxide TFT 代替 a-Si TFT。

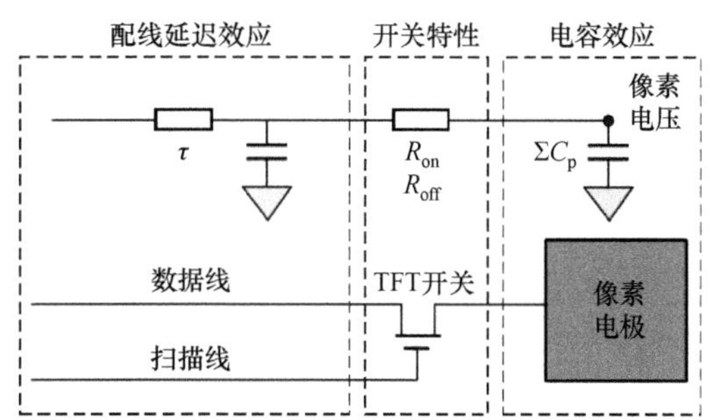

图 3-4　灰阶电压的写入路径与影响因素

要提高电压写入能力，需要减小像素电极的负荷电容；要提高电压保持能力，需要增大像素的负荷电容。像素的电压保持载体是负荷电容，负荷电容存储的电荷量主要通过 TFT 关态电阻漏电和液晶电阻漏电。漏电后液晶电容上的电压变低，灰阶亮度发生改变，TFT-LCD 的对比度下降。液晶电阻的漏电路径是从像素电极漏电到 CF 侧的 COM 面电极，减小液晶电阻漏电的主要对策是提高液晶材料的电阻率 ρ。TFT 关态电阻漏电的路径是从像素电极到数据线，或者从数据线到像素电极。一般，像素电极上保持的灰阶电压越高，经过 TFT 关态电阻的漏电流越大；TFT 开关的关态电阻越大，漏电流越小。

保持像素电压的电荷，有很小一部分散布在连接像素电极的寄生电容上。如图 3-5 所示，在典型的 COM-C_s像素结构中，像素电极覆盖部分公共电极线，像素电极上的寄生电容有 C_{DPI1}、C_{DPI2}、C_{GPI}、C_{gs} 等。这些寄生电容 C 的另一端发生电压变化ΔV 时，寄生电容上会产生电荷流动。电荷流动使像素电极上的电荷总量发生变化，表现在电压上就形成一个电压变化量ΔV_p，这个变化量的计算公式为

$$\Delta V_p = \Delta V \times (C / \Sigma C_p) \tag{3-1}$$

式中，ΣC_p 表示连接像素电极的所有电容之和。像素电极总电容 ΣC_p 越大，寄生电容的电压变化对像素电极的电压扰动越小。表现寄生电容影响力的因子 $C/\Sigma C_p$ 也称为寄生电容的电容比。寄生电容的电容比越大，寄生效应越明显，对显示品质的影响越大。

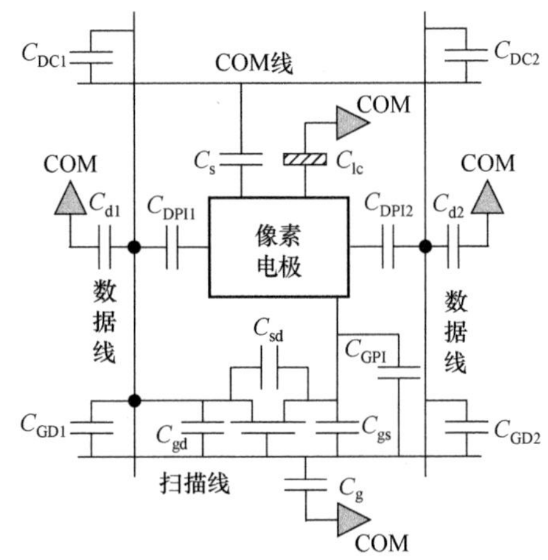

图 3-5 COM-C_s 结构的像素等效电路图

3.2.2 CF 基板

CF 基板的主要功能是滤光着色，以及通过柱状间隙子（Photo Spacer，PS）支撑 CF 基板和 TFT 基板以保持显示屏的盒厚均一性。此外，对垂直电场模式还附有氧化铟锡（Indium Tin Oxide，ITO）面电极，与 TFT 基板的像素电极形成垂直电场。

CF 基板上起滤光着色功能的结构是 RGB 彩色色阻和 BM 黑色色阻，色阻图案都是通过光刻技术形成的。色阻的基本组成除了溶剂外，主要如图 3-6 所示：光起始剂的功能是在 UV 光照射后快速形成自由基或离子活性基；PR 聚合物的功能是增强颜料分散效果和对玻璃基板的附着力，保证色阻的机械

强度；分散剂的功能是促进颜料的浸润和分散；颜料的功能是调节光阻的色彩；多官能基单体的功能是在光照后与起始剂迅速反应形成互相连接的网络，阻挡弱碱溶液侵蚀。

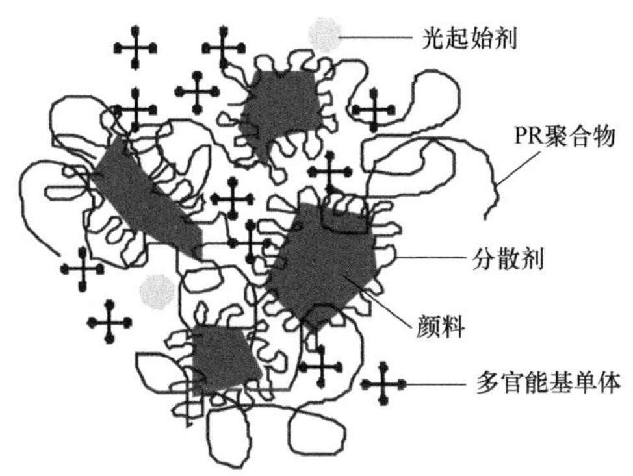

图 3-6　CF 色阻各组成示意图

通过优化色阻的分散工艺或使用新的颜色成分，可以提升 CF 的透光率。在 LCD 中具体使用时，CF 色阻的透光率和背光源的分光光谱需要匹配，以达到最佳的透过效率。如图 3-7 所示，与 CCFL 背光源相比，LED 的蓝光成分较强，相应的 CF 蓝色色阻的透光率范围可以相对缩小；但是 LED 的红光成分较弱，相应的 CF 红色色阻的透光率范围需要增大。背光的强度 $S(\lambda)$ 经过色阻透过频谱 $T(\lambda)$ 过滤后，透光量 Y 是一个波长范围内的积分值，即

$$Y=K\cdot\int_{380}^{780}S(\lambda)T(\lambda)\bar{y}(\lambda)\mathrm{d}\lambda \tag{3-2}$$

提高 LCD 透光量的一个重要途径就是在提高 CF 色阻透光率的同时，提高背光中 RGB 三色光的强度。

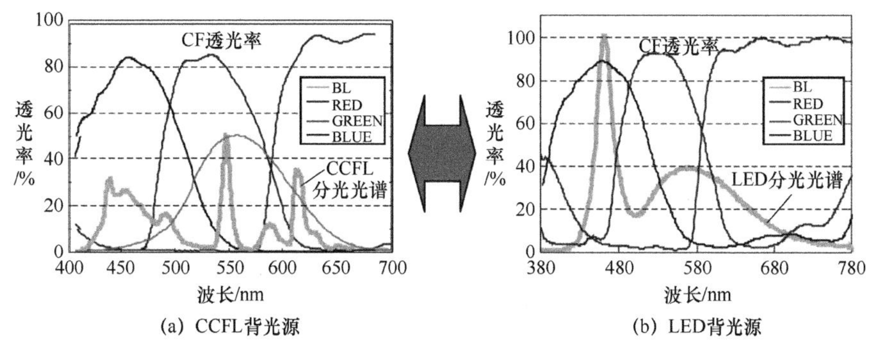

图 3-7　不同背光源的 CF 透光率优化

如图 3-8 所示，形成在 CF 基板上的单个柱状 PS 有主柱和辅助柱之分。

在显示屏的 TFT 基板和 CF 基板贴合后，受压顶住 TFT 基板的 PS 柱子叫作主柱，没有顶住 TFT 基板的 PS 柱子叫作辅助柱。主柱是 TFT-LCD 正常工作环境下一直起作用的柱子。辅助柱在 TFT-LCD 显示屏意外受到外界压力时，通过顶住 TFT 基板提高 PS 柱子整体的支撑强度，避免显示屏在外力压迫后受损。如果受到足够大的外加压力后，辅助柱还来不及顶住 TFT 玻璃基板，辅助柱就没有存在的意义了。这就涉及一个 PS 柱子高度的设计问题，柱高就是柱子顶端和 CF 显示开口区平面之间的距离。重点是设定一个合适的 PS 柱高。

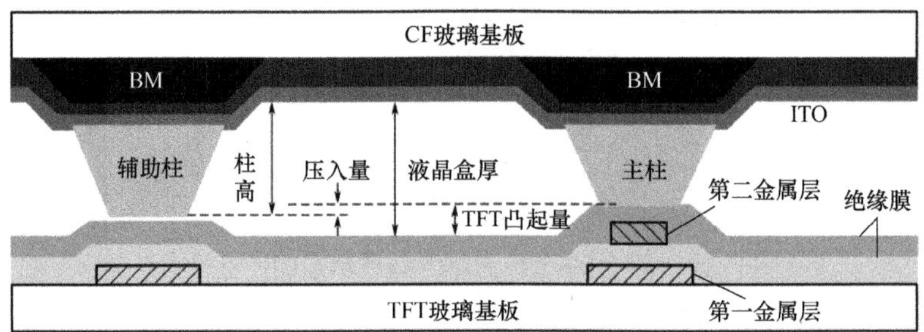

图 3-8　PS 柱高设计

PS 顶住外加压力是通过显示屏上所有的 PS 柱实现的。整体 PS 的设计，重点是设定一个合适的 PS 柱密度。PS 柱密度表示 1 个 RGB 完整的像素中，有多少个 PS 柱子。如图 3-9（a）所示的柱密度为 1/3，表示 3 个像素中才有 1 个 PS 柱子。如图 3-9（b）所示的柱密度为 1/1，表示 1 个像素中就有 1 个 PS 柱子。如果柱密度过大，或者 PS 压入量过大，PS 顶住玻璃会导致顶住区域的玻璃折射率发生改变，形成雾状显示不均。如果柱密度过小，或者 PS 压入量过小，液晶受热膨胀后 PS 无法继续支撑 CF 基板和 TFT 基板，导致液晶垂直下流，形成底部黄色显示不均。

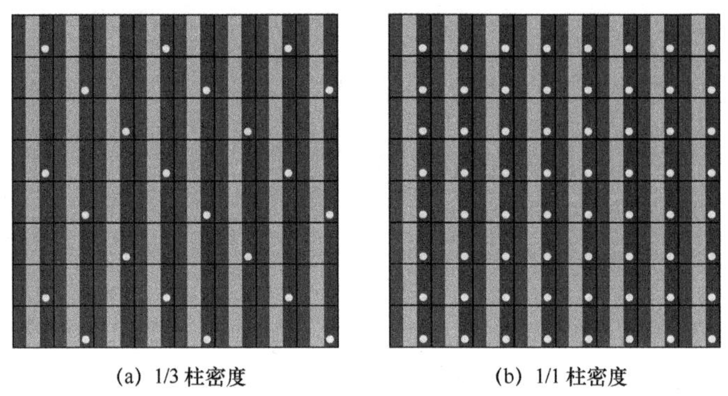

(a) 1/3 柱密度　　(b) 1/1 柱密度

图 3-9　柱密度示意图

3.3　LCD 驱动电路技术

LCD 驱动系统主要分为 PCBA 电路和驱动芯片。如图 3-10 所示，PCBA 电路主要包含电源电路（DC/DC converter）、时序控制电路（Timing Controller，TCON）、伽马矫正电路（Gamma correction）三大块。驱动芯片分为连接数据线的数据驱动芯片和连接扫描线的扫描驱动芯片。TCON 与整机视频转换（Scaler）芯片之间的输入接口可以采用 TTL、LVDS 或 TMDS（DVI），常用的为 LVDS 接口。TCON 与数据驱动芯片之间的输出接口可以采用 TTL、RSDS 或 mini-LVDS，电视和监视器一般采用 mini-LVDS 接口。

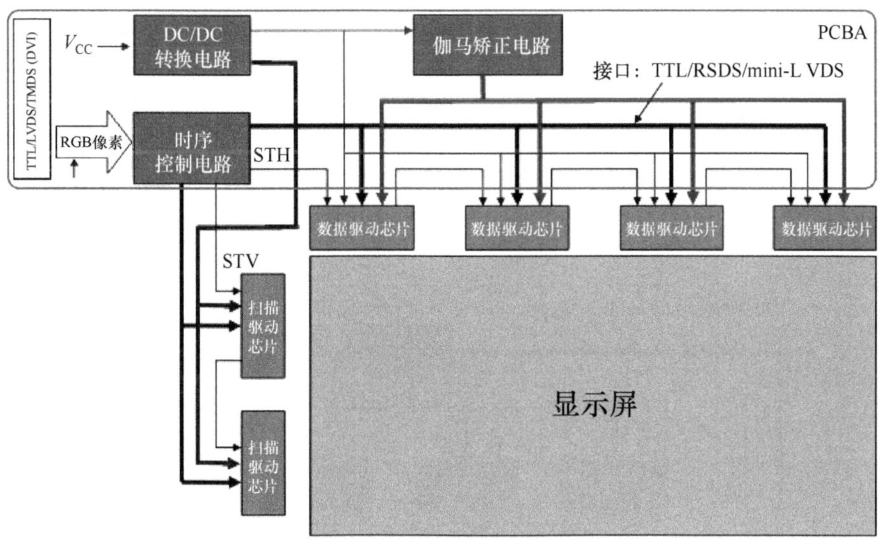

图 3-10　LCD 驱动系统示意图

3.3.1　PCBA 电路技术

在 PCBA 电路中，通过 TCON 处理驱动显示屏的所有信号。TCON 通过输入接口从整机的视频转换芯片获得显示画面所有 RGB 像素的电压信号，接口可以采用 TTL、LVDS 或 TMDS（DVI），常用的为 LVDS 接口。输入的 RGB 数据，通过如图 3-11 所示的 TCON 的处理，分为两个部分输出。一部分作为扫描驱动芯片的控制信号输出，包括 ckv、stv、oe、gvon 和 gvoff 等信号。另一部分作为数据驱动芯片的控制信号输出，包括 RGB 数据、dinv、ckh、sth、tp 和 pol 等信号。

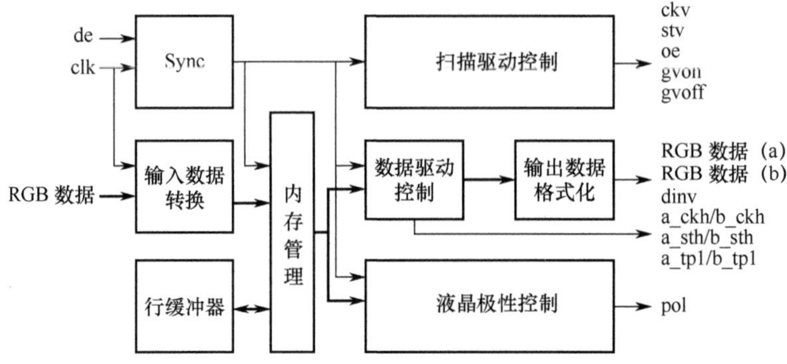

图 3-11 TCON 基本架构

从 TCON 输出的 RGB 数据，在 STH（FSTH 和 BSTH）信号控制下，从第一个数据驱动芯片开始，以串行传输方式依次送入所有数据线对应的 RGB 数据。数据线数目越多，帧频越高，TCON 处理 RGB 数据的时钟频率越高。为了降低 TCON 的时钟频率，改善 RGB 数据传输过程中的 EMI 现象，可以采用如图 3-12 所示的双端口（dual port）驱动架构。

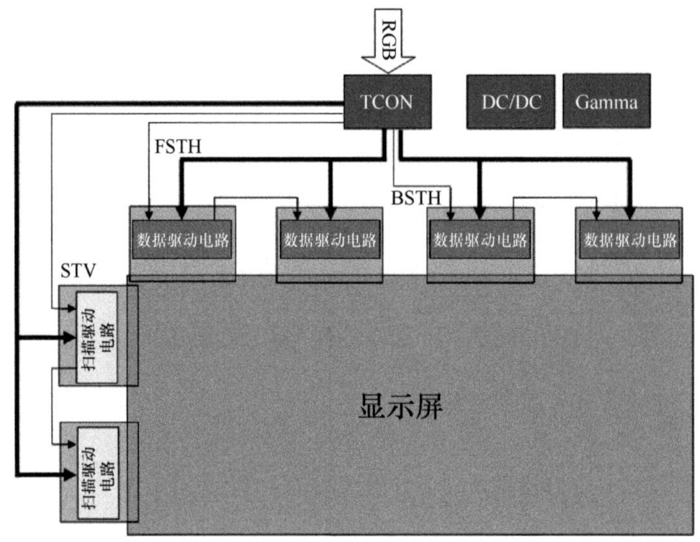

图 3-12 双端口驱动架构

从 TCON 输出的 RGB 数据是二进制代码，把二进制代码转换为实际电压值需要伽马参考电路和数据驱动芯片的共同调整。通过分压电阻电路形成各个灰阶电压，然后根据 RGB 二进制代码选取对应的灰阶电压。伽马参考电路属于粗调，数据驱动芯片属于微调。图 3-13 以 64 个灰阶为例，伽马参考电路通过计算调整，产生规定的参考电压，然后向数据驱动芯片提供伽马参考电压，通过其内部的电阻分压网络产生所需的 64（$=2^6$）个灰阶电压。

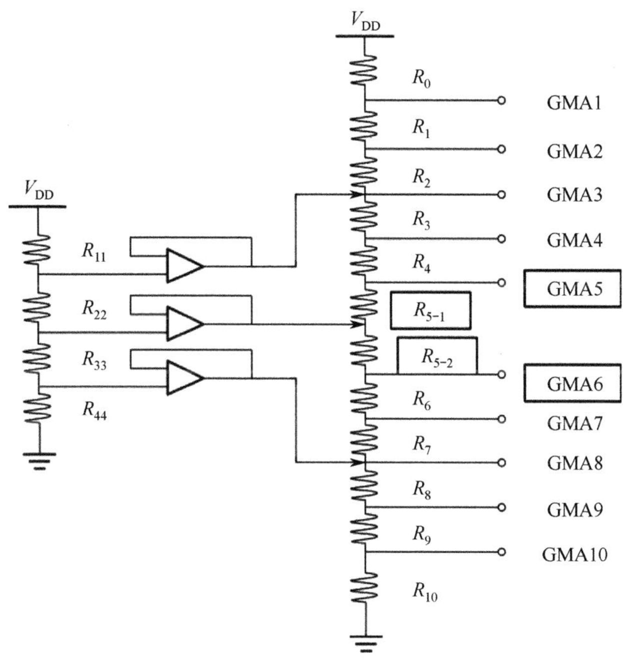

图 3-13　对应 64 个灰阶的伽马参考电路

如图 3-14 所示，在 LCD 驱动系统中，所有电路的直流电压都通过 DC/DC 转换电路转换而来。对于输入 PCBA 的 V_{in} 信号，笔记本电脑用 LCD 一般为 3.3V，显示器用 LCD 一般为 5V，电视用 LCD 一般为 5V 或 12V。由 V_{in} 降压形成 TCON（I/O 和 core）、SDRAM、EEPROM、数据驱动等芯片的 V_{CC} 电压。一般，V_{CC} 电压为 3.3V，手机等中小尺寸 LCD 用芯片的 V_{CC} 电压一般为 2.5V。V_{in} 通过 PWM 电路升压后形成 V_{AA} 电压，一般在 10V 左右。V_{AA} 通过分压可以得到 10 组伽马值和 V_{com} 值来控制 64 个灰阶，同时也用作数据驱动芯片的模拟电源和 OP 放大器的电源。V_{AA} 通过电荷泵，升压后形成 TFT 开关的开态电压 V_{gh}，降压后形成 TFT 开关的关态电压 V_{gl}。V_{gl} 一般在−6V 左右，V_{gh} 一般在 23V 左右。事实上，供显示屏 TFT 工作的扫描驱动电压 V_{gh} 是幅值为 23V 的脉宽波形。

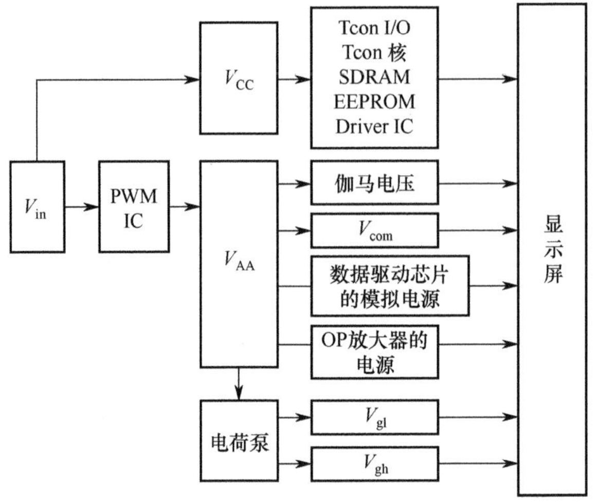

图 3-14　电源生成示意图

3.3.2　驱动芯片技术

来自 TCON 的信号由数据驱动芯片依照信号提供灰阶电压，TFT 的开或关则由扫描驱动芯片来控制。

扫描驱动芯片的原理框图如图 3-15 所示。其中，输出缓存器（output buffer）用于增强输出的驱动能力，电平移位器（level shifter）可将 3.3V/0V 电压转移到 TFT 开关电压−26V/−8V，移位寄存器（shifter register）在每一个时钟 CPV 上升沿将输入级逻辑状态传输到输出级，实现扫描。

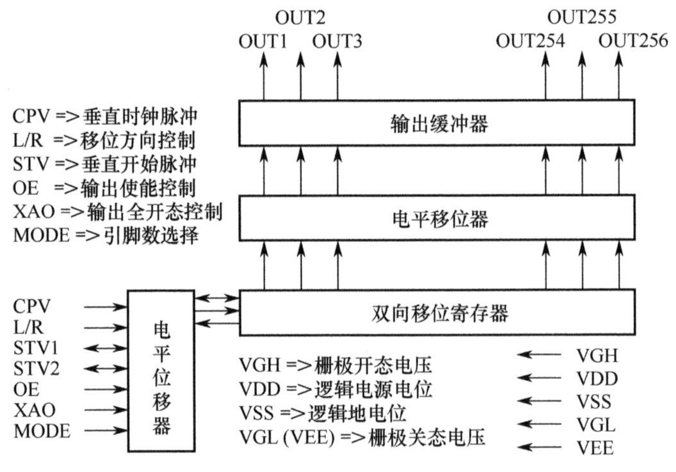

图 3-15　扫描驱动芯片的原理框图

扫描驱动芯片主要用来控制栅极连接扫描线的 TFT 器件的开态和关态。控制机制为一次打开一条扫描线，其他扫描线都保持关态。扫描驱动芯片控制信号和输出信号的工作时序如图 3-16 所示。顺序扫描主要由移位缓存器来完成，上下扫描信号之间不能出现信号重叠。其中，OE1（Output Enable）为输出控制使能信号，而 OE2 为对应 V_{gh} 削角的 MLG（Multi Level Gate）输出控制信号。

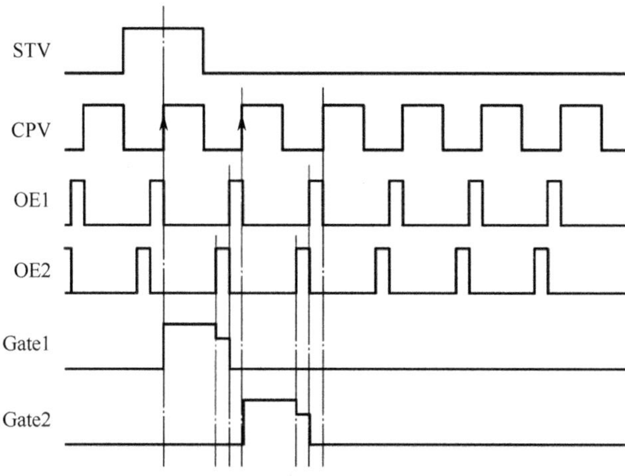

图 3-16　扫描驱动芯片控制信号和输出信号的工作时序

数据驱动芯片的原理框图如图 3-17 所示。输出复选器（output multiplexer）用于选择输出电压极性。输出缓冲器用于为输出电流增幅，以保证足够强的显示屏驱动能力。数模转换器以伽马电压为基准，将输入的 mini-LVDS 信号转换为显示屏显示的模拟信号。电平移位器将数字信号进行电平增大，驱动数模转换器（DAC）。行缓冲器（line buffer）进行第 n 行数据缓存，便于第 n+1 行接收。移位寄存器把串行顺序数据移位存储。

数据驱动芯片用来输出每一行像素的灰阶电压，根据扫描线上 TFT 器件打开的顺序输入所有像素的灰阶电压。数据驱动芯片控制信号和输出信号的工作时序如图 3-18 所示。D00 ~ D57 为表示灰阶电压大小的二进制代码，通过 DAC 处理后输出相应的灰阶电压值 OUT1 ~ OUT384。每一帧画面，输入二进制代码的起始信号为 DI/O 和 DO/I，输出灰阶电压的起始信号为 LOAD。为了避免液晶物理特性恶化，前后帧画面的像素电压正负极性反转，控制极性反转的信号为 POL。

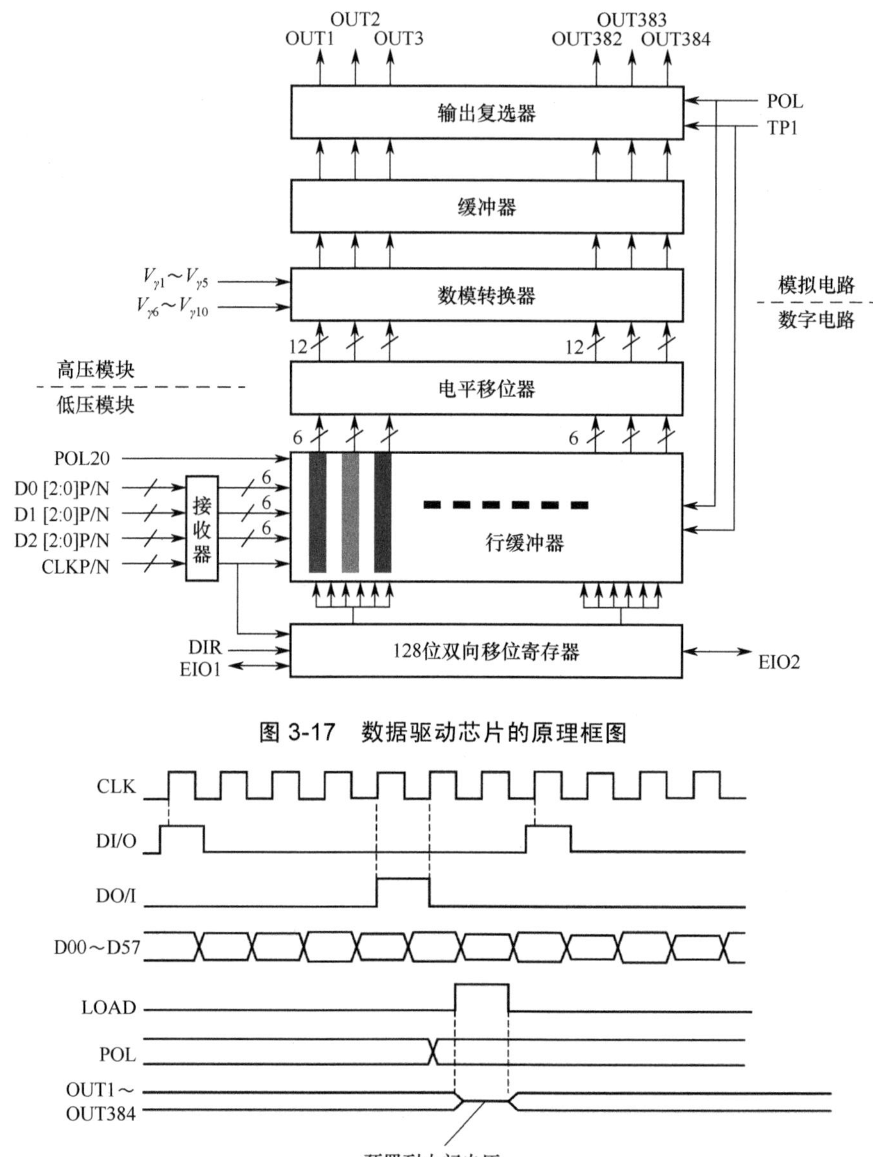

图 3-17　数据驱动芯片的原理框图

图 3-18　数据驱动芯片控制信号和输出信号的工作时序

3.4　LCD 背光源技术

背光源的基本功能是给 LCD 提供具有一定亮度的均匀面光源。此外，背光源也是 LCD 控制功耗和成本、实现轻薄化的主要载体，其中的关键是背光源结构技术。

3.4.1　均匀面光源技术

作为面光源，除了要求具备一定的亮度和均匀度外，还要求在寿命、振动冲击、高温高湿等信赖性方面，以及显示不均、漏光、白/黑点等画质方面满足一定的规格要求。

对于侧光式背光源，把 CCFL 线光源或 LED 点光源转换为面光源，需要使用导光板。如图 3-19 所示，发光体的光进入导光板的比例与发光体与导光板的间距成反比。没有进入导光板的光包括上下漏光、在空气中的损失、周围结构件的吸收等。一般，发光体的光进入导光板的入光效率在 80%左右。

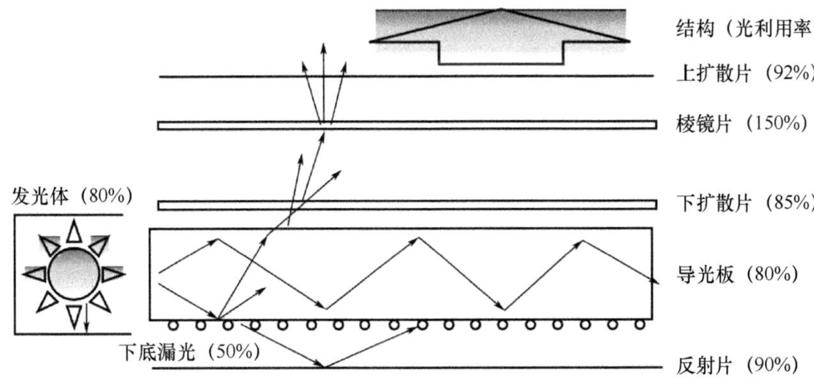

图 3-19　侧光式背光源的典型结构及光路上各个结构的光利用效率

导光板的主要功能在于引导光线方向，大部分的光利用全反射向前传导，光线在底面碰到扩散点或微结构后正面射出。利用疏密、大小不同的扩散点或微结构图案设计，可以控制导光板整面均匀出光。扩散点是用具有高反射率且不吸光的材料，在导光板底面用网版印刷印上的圆形或方形图案。导光板本身的透光率一般在 92%以上，考虑到底部扩散点或微结构及漏光等因素，导光板的光利用效率会明显下降，但一般不低于 80%。

下底漏出的光会被反射片反射回导光板中，以提高光的使用效率。反射片本身的光反射效率为 95%～98%，考虑到反射回去的光被导光板的扩散点或微结构吸收，以及周边漏光等因素，反射片的实际光利用效率只接近 90%。假设导光板中损耗的 20%的光有一半进入反射片，经过导光板和反射片的综合作用后，光的利用效率可以达到 89%（=80%+20%÷2×90%）左右。

从导光板射出的光，已经接近于面光源，但是均匀度只有 80%～85%。为了提高面光源的均匀度，必须在导光板上方配置扩散片，一般简称下扩。扩散片是含有微粒子的树脂层，光线经过扩散片时会不断在两个折射率相异的介质中穿过，光线同时发生折射、反射、散射的现象，从而产生光学扩散的效果。下扩的光利用率一般在 85%左右。下扩将导光板收到的光进行扩散，在提高面光源均匀性的同时，还可以拓宽视角，隐蔽形成在导光板上的图案。

光线通过下扩后，存在严重的损失。为了提高显示屏的亮度，特别是正面亮度，一般在下扩的上方使用棱镜片，将扩散的光在一定角度内汇聚。棱镜片又叫增亮膜，通过全反射，让分散的光集中在法线 70°范围内出光，让大于 70°射出的光又反射回来再次被利用，可使法线上（正面）的亮度提高 150%。如图 3-20 所示，为了确保 LCD 水平方向和垂直方向的视角一致，进一步提高正面的出光量，往往在水平和垂直两个方向各设计一片棱镜片。这时，LCD 正面的亮度可以提高到 200%左右。LCD 亮度指标测量的是显示屏正面亮度，所以从 LCD 正面看的亮度较高，但从偏离正面一定角度观看，亮度会有明显的下降。

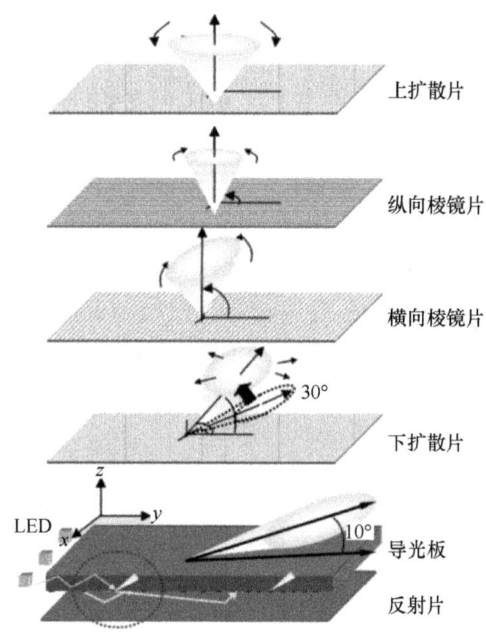

图 3-20　背光在各段光路中的出光角度

棱镜片的上表面有一些尖端突起，所以表面很脆弱，容易被磨损。为了避免显示屏磨损棱镜片，一般在棱镜片的上方会设计一层扩散片，简称上扩。上扩的设计要兼顾亮度和均匀度，所以光利用率较高，一般在 92%左右。

综合光路上各个结构的光利用效率，可以得到背光源的整体光利用率在 89%（≈85%×89%×85%×150%×92%）左右。

直下式背光源与侧光式背光源在结构上的主要差异是不用导光板，而是在底部发光体上方配置扩散板。扩散板比扩散片更厚更硬，光利用效率只有 55%左右。一方面是为了遮蔽发光体，形成面光源并提高面光源的均匀度；另一方面是支撑上方的光学膜片，因为直下式背光源主要用于大尺寸 LCD，所用光学膜片下垂明显。

3.4.2　背光源结构技术

在实际使用时，LCD 需要防尘、抗震、耐冲击。这需要 LCD 模组结构来保证，其中的关键是背光源结构设计。如图 3-21 所示，固定背光源各种光学膜片的结构是胶框（housing）与背板（chassis），固定显示屏的是胶框与前框（front bezel）。胶框的侧面是“⊢”结构，其中下面的“┌”结构与背板之间夹着如图 3-19 所示的所有零组件，而上面的“└”结构支撑着显示屏。

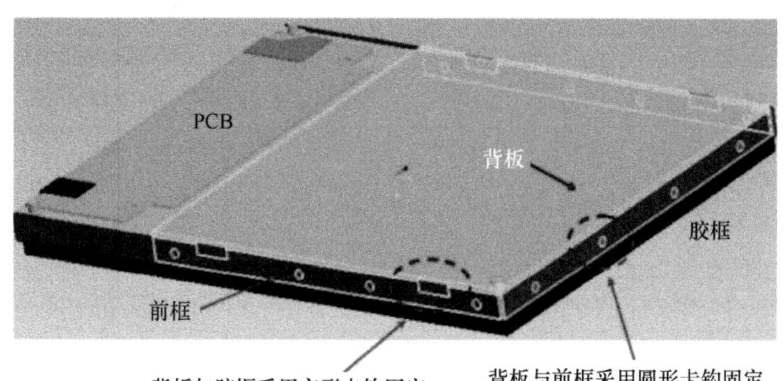

图 3-21　LCD 模组的固定

前框、胶框和背板的固定一般用卡扣嵌合，作为补充也可以使用铆接、螺丝固定或胶带贴合。卡扣的卡钩和凸起设计影响到 LCD 模组组装后的效果，目标是组装后各个配合件卡得到位且紧密，不松动、不脱落。因为前框和胶框为细条状而背板为面状，背板的强度更大，所以卡扣的凸起一般设计在背板侧，而卡钩分别设计在前框侧和胶框侧。图 3-22 给出了几种常见的卡钩结构。平直型卡钩的模具加工简单，组装返工容易，但是一旦配合不好就容易出现松动现象。带倒刺型卡钩可以让配合件之间的配合比较紧密，不易脱落，但是模具加工稍显复杂，并且组装后比较难返工，易变形。圆点型卡钩的模具加工容易，组装方便，占用面积小，适合超薄设计，但是一旦配合不好就有松动现象，需要同时使用多个圆点型卡钩。

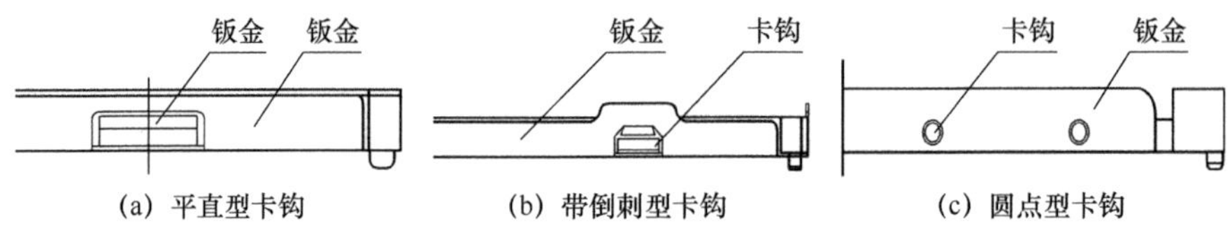

图 3-22　几种常见的卡钩结构

除了基本的固定设计外，背光源结构设计还要进行组装设计、强度设计、散热设计、防尘设计、安全性设计等。

组装设计的目的是简化组装的零组件和工序。具有良好组装性的结构设计必须考虑如下因素：组装的顺序、简易的组装指示、尽量少的组装工序和组装的安全性。通过结构设计来减少组装的工序，可以提高生产效率，降低成本。组装简单易行可以保证作业者准确把握组装的信息，减少作业上的偏差，降低组装时引起的不良发生率。

强度设计的目的是让产品满足耐振动、耐冲击规格。通过进行振动冲击试验分析破坏的地方，调查破坏的原因。根据调查结果进行设计变更。也可以根据已有的经验，在设计阶段对背光源结构中强度低的地方进行补强设计，主要使用的补强方法有拉伸、加强筋、折边、卷边、三角补强等。

散热设计的目的是避免因为发光体产生热量聚集而导致LCD品质和寿命的下降。散热设计时需要确认各元器件在受热后可能出现的不良问题。背光源对热信赖性要求比较严格，背光源过热会影响电路元器件的性能，降低发光体的发光效率，使光学膜片产生褶皱现象造成背光源显示不均，在模组老化时产生液晶工作不稳定现象。对显示屏而言，务必保证受热后的温度不超过液晶的清凉点，否则液晶不能正常工作。此外，受热后产生的温度也不能高到引起偏光片或偏光片黏着材变形，否则偏光片容易脱落剥离，引起显示不均。

防尘设计的目的是避免因为尘埃等异物进入模组内部而引起显示不良。防尘设计必须保证尘埃试验中没有尘埃进入模组，影响显示品质。尘埃进入模组后，最容易在点灯显示时被发现的地方是显示屏背面、光学膜片表面或光学膜片之间。这些地方的尘埃也最容易影响显示品质。防尘设计的重要对策是采用封闭式的结构。

安全性设计的目的是在结构设计时消除电学上和结构上可能存在的安全隐患。产品设计者在设计阶段就要考虑到产品责任，基于有关安全规格要求进行产品设计，提供消费者所期待的安全等级。在安全性设计上，设计者需要确定产品的界限，认识可能的危险，评价产品开发的风险。先通过结构设计排除危险。排除不了时，尽量降低产品的危险等级。如果产品设计不能避免危险，就要设计专用的保护装置。如果还有危险，就要设计注意或警告的条码，提醒消费者在使用时加以注意。如果危险等级太高，就要重新评估产品概念，甚至放弃产品的开发，避免这样的产品流入市场。

背光源发出的面光源质量直接影响 LCD 的光学品质，背光源同时还集中了 LCD 模组 50%～80%的厚度、70%左右的功耗。背光源的光学品质、功耗、轻薄化、窄边框等影响 LCD 的产品性能。所用的光源决定了背光源的功耗、亮度、颜色等光电参数，也决定了其使用条件和使用寿命等特性。降低背光源功耗的两大途径是提高显示屏的透光率和提高发光体的发光效率。

轻薄是平板显示产品的主要特征。直下式背光源因为发光体和扩散板之间存在一个约 3cm 厚的混光区，所以比侧光式背光源厚。但是，侧光式背光源在发光体和扩散片之间存在一个 5mm 厚的导光板，所以比直下式背光源重。又轻又薄是背光源技术的一个重要发展方向。

窄边框是 LCD 产品的一个趋势。LCD 整机的边框宽度是指整机前框四周的宽度。整机的前框包覆着 LCD 模组的前框，模组的前框宽度同样是指前框四周的宽度。LCD 模组的前框宽度包含如下 3 个部分：大部分显示屏的周边宽度、胶框侧壁厚度、前框侧壁厚度。为了保证胶框和前框的强度，两者的侧壁都需要有一定的厚度。

3.5　LCD 制造技术

从制造技术角度看，LCD 模组需要经过前段阵列制造和 CF 制造、中段成盒制造、后段模组组装 3 个过程。不同的显示模式、不同的产品设计、不同的工艺水平，所对应的制造技术都不同。本书只介绍一些基本的、共通的制造技术。

3.5.1 阵列制造技术

如图 2-23 所示，LCD 阵列制造过程是一个成膜工艺与光刻工艺多次重复的过程。阵列制造的关键是成膜、曝光、刻蚀及剥离。以 5 道掩模版（Mask）工艺为例，根据成膜的先后顺序，依次分为 G 工程、I 工程、D 工程、C 工程和 PI 工程。G 工程形成扫描线（Gate）相关的图案，I 工程形成 TFT 沟道用硅岛（Island）图案，D 工程形成数据线（Date）相关的图案，C 工程形成接触孔（Contact Hole）图案，PI 工程形成像素电极。每形成一层薄膜图案，就需要一张掩模版。每形成一层薄膜图案，就需要进行一次光刻胶的图案处理，所以，5Mask 工艺也称为 5PEP （Photo Engraving Process）工艺。

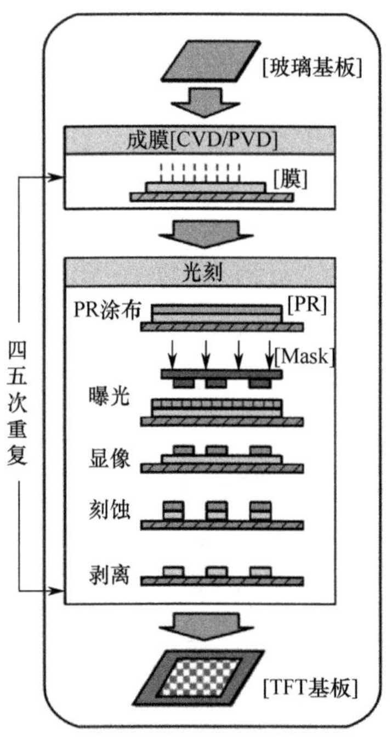

图 3-23 阵列制造流程循环示意图

G 工程主要包括 PVD 成膜（G-Sputter）、光刻胶涂布（G-PR）、金属湿法刻蚀（G-WE）、光刻胶剥离（PR 剥离）等重要工艺。投入的玻璃基板经过洗净处理后，进入 G-Sputter 工程，溅射形成一定厚度的 G 金属层。接着，在 G 金属层上涂布一层正性光刻胶 PR，用 G 层对应的 G-Mask 进行曝光处理。被光照射到的 PR 接触显影液后，溶于显影液，PR 被去除。没有被光照射到的 PR 留下。PR 被去除的地方，用刻蚀液处理后，相应的金属也被去除掉，只留下没有被光照射到的 PR 及其下面的金属图案。最后把基板放入剥离液，溶解剥离掉剩余 PR，只剩下所需的 G 金属图案。

I 工程主要包括 CVD 成膜（第一层 SiN*x*-CVD 和 3 层-CVD）、光刻胶涂布（I-PR）、干法刻蚀（I-DE）、光刻胶剥离（PR 剥离）等重要工艺。G 工程结束后，进行 I 工程的成膜前洗净。首先，利用 CVD 成膜工艺生成第一层 SiN*x* 薄膜。接着再进行洗净，然后连续采用 CVD 成膜工艺生成第二层 SiN*x* 薄膜、本征 a-Si 薄膜和 n^+ a-Si 薄膜。先后形成的 SiN*x* 层，因为形成于 G 金属层上，所以简称为 G-SiN*x* 层。分两层成膜，可以有效降低针孔（pinhole）现象。G-SiN*x* 层上的 a-Si 薄膜先采用低速成膜，获得电子迁移率较高的 TFT 前沟道。然后采用高速成膜，提高生产节拍。本征 a-Si 和 D 层金属之间的接触势垒较大，所以引入 n^+ a-Si 薄膜层来减小接触电阻。在沉积 a-Si 前通常对衬底用 H_2 等离子体处理，目的是在衬底上预沉积一层 H 原子，增强 Si 原子和衬底的浸润性。另外，界面也是缺陷和杂质离子容易聚集的地方，所以经常需要对界面进行等离子处理。3 层 CVD 成膜结束后，涂布一层 PR。在用 I-Mask 进行曝光和 PR 显影处理后，硅岛处的 PR 保留下来，下面的 n^+ a-Si 和本征 a-Si 也保留下来，而其他地方的 a-Si 薄膜经过干刻处理后被完全去除。最后，把 PR 剥离就留下所需的 I 层图案。对于 IGZO TFT 阵列基板，I 工程类似 G 工程，但一般用干刻形成 IGZO 图案，并在 IGZO 上下层用 SiO_2 薄膜保护。

D 工程主要包括 PVD 成膜（D-Sputter）、光刻胶涂布（D-PR）、金属湿法刻蚀（D-WE）、沟道过刻蚀（CH-DE）、光刻胶剥离（PR 剥离）等重要工艺。I 工程结束后，进行 D 工程的成膜前洗净。然后溅射形成 D 金属层。D 金属成膜结束后，涂布一层 PR，并用 D-Mask 进行曝光。TFT 源漏极对应的 PR 和 D 端子对应的 PR 没有被光照射，经过 PR 显影后，这里的 PR 会留下来。然后，经过湿刻处理，没有被 PR 保护的 D 金属层被完全去除。D 金属图案形成后，还要把沟道的 n^+ a-Si 薄膜去掉，然后还要刻蚀掉一部分本征 a-Si 薄膜，也就是沟道过刻蚀工艺。最后，把 PR 剥离留下所需的 D 层图案。

C 工程主要包括 CVD 成膜（PA-CVD）、光刻胶涂布（C-PR）、干法刻蚀（C-DE）、光刻胶剥离（PR 剥离）等重要工艺。D 工程结束后，进行 C 工程的成膜前洗净。先用 CVD 方式形成 PA-SiN*x* 层，作用是把裸露在外的 D 金属图案和 TFT 沟道保护起来。接着，在 PA-SiN*x* 层上涂布一层 PR，并用 C-Mask

进行曝光。C-Mask 是一张反版，需要接触孔图案的地方才让光透过。所以，只有连接像素电极的地方和端子处的 PR 会在光照射后，经 PR 显影被去除掉。然后，经过干刻处理，把这些没有用 PR 保护的 PA-SiN*x* 层完全去除。最后，把 PR 剥离留下所需的 C 层图案。

PI 工程主要包括 PVD 成膜（PI-Sputter）、光刻胶涂布（PI-PR）、金属湿法刻蚀（PI-WE）、光刻胶剥离（PR 剥离）、退火等重要工艺。C 工程结束后，进行 PI 工程的成膜前洗净。PI 工程的工艺类似于 G 工程和 D 工程。先溅射生成 ITO 薄膜，然后涂布 PR，接着用 PI-Mask 曝光，需要留下 ITO 图案的地方光被挡住，PR 显影后只有这里的 PR 被保留下来。没有 PR 保护的地方，经过湿刻处理后，ITO 薄膜被完全去除。最后，把 PR 剥离，就留下所需的 PI 层图案。PI 层图案是阵列制造的最后一道 PEP 工艺，完成 PI 工程后需要对整个阵列基板进行退火处理。

3.5.2　CF 制造技术

CF 制造工艺主要是形成 BM 图案、RGB 色层图案、ITO 层和 PS 图案。在 PVA 显示模式中，ITO 层需要图案化，形成狭缝（slit）。在 MVA 显示模式中，在形成 PS 之前需要形成凸条（protrusion）图案。而 IPS 和 FFS 显示模式中，既没有 ITO 层，也没有凸条层。作为制造技术，除了形成基本的功能层图案外，还需要对制造过程进行必要的配套管理。

1. BM 层制造技术

BM 是在玻璃基板上制作的第一层图案，所以在进行 BM 制造工序前要对玻璃基板、BM 光阻、RGB 光阻、PS 光阻、掩模版和 ITO 靶材进行入料检查确认。确认项目包括外观尺寸、光学特性、组分等。如图 3-24 所示，确认好玻璃基板的厚度和 OF 角后，依次进行后续处理。

在图 3-24 中，从预清洗、BM 光阻涂布、预烘烤到 BM 图案曝光属于流水线作业。预清洗一般用纯水清洗，同时用刷子清扫玻璃。BM 光阻涂布需要控制涂布量和涂布速度，并且要保证涂布口与玻璃基板之间隔开一定的距离。在 BM 图案曝光处理后，需要定期抽检基板到 OD 值测量机上确认 BM 层的 OD 值。2D 码上有 CF 厂家和用户的信息，是 CF 基板的 ID 码。2D 码曝光后，可以在 Na 灯的照射下，用发射光确认涂布显示不均。显影后，读取 CF 厂家部分的 2D 码，确认 2D 码曝光效果。然后，把基板送入 BM 外观检查机，检查曝光后的 BM 图案是否有共通缺陷。在后烘烤处理后，把基板送入 BM 测长机以确认总节距（total pitch）、图形位置精度、开口宽度；把基板送入膜厚测定机以确认 BM 层的膜厚；把基板送入宏观缺陷检查设备以查找显示不均、损伤、污斑等肉眼可确认的宏观缺陷。

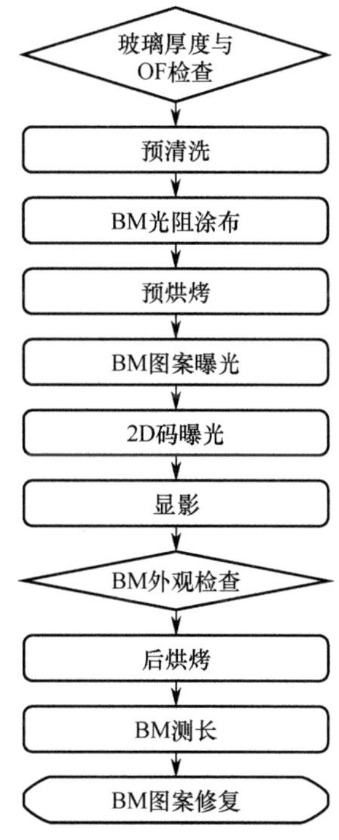

图 3-24　BM 层制造流程

对于查出的问题，如果是简单的白色缺陷（pinhole 之类的缺膜亮点），或者黑色缺陷（开口区沾有黑色树脂），可以进行修复处理。有的白色缺陷并不是完全没有黑色树脂，而是黑色树脂太薄，相应的缺陷称为灰度等级缺陷。这种白色缺陷和黑色缺陷的修复方法如下：先用激光把缺陷区域的黑色树脂层打掉，然后注入黑色树脂并保证膜厚。

2. 色阻层制造技术

BM 是掺有黑色颜料的树脂，而色阻是掺有 RGB 颜料的树脂，所以色阻层的制造工艺与 BM 层类似。如图 3-25 所示，与 BM 层一样，色阻层的基本制造过程依次是预清洗、涂布、预烘烤、曝光、显影和后烘烤。与 BM 层不同，RGB 色阻层属于透光材料，成膜质量直接影响显示效果。所以，曝光后需要进行显示不均检查，以确认是否存在涂布显示不均之类的显示不均。显示不均检查既要进行反射显示不均检查，也要进行投射显示不均检查。把基板送入着色外观检查机，主要检查 RGB 色阻的突起、白色缺陷、残留等目视可测项目。后烘烤后，可以通过测量色阻层的透光率来确认色阻层的色度，确保色阻层的光学显示效果。

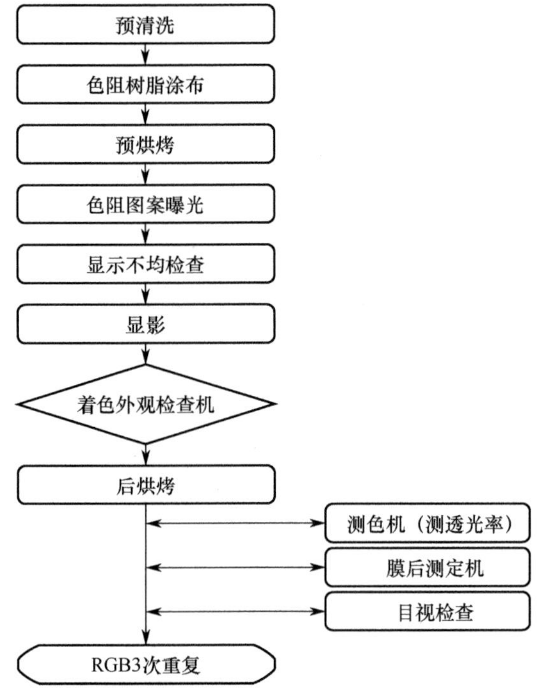

图 3-25　色阻层制造流程

RGB 色阻层的膜厚测定和目视检查项目与 BM 层类似，基本的色阻白色缺陷和残留等修复方法也与 BM 层类似。不过，由于 RGB 色阻对显示效果的影响更明显，所以色阻层的检查比 BM 层更严格。如果研磨去胶修复或喷墨补胶修复后效果仍不满足规格要求，就要进行报废处理。

3. ITO 层制造技术

不同显示模式的 CF，其 ITO 层的制造技术不同。IPS 和 FFS 显示模式的 CF，在液晶层一侧没有 ITO 层，但在 CF 基板背面需要在 BM 层工艺之前，最先制作一层面状 ITO 层，用于屏蔽 LCD 外界电场对液晶层的干扰。这层 ITO 的制造技术与 TN 显示模式的 CF 一样，在预清洗后，依次经过 ITO 溅射、退火和后清洗处理。PVA 显示模式的 CF，要在 ITO 层上形成 slit 图案，所以如图 3-26 中的虚线框所示，需要在 ITO 溅射后依次进行 PR 涂布、PR 曝光、PR 显影、ITO 刻蚀和 PR 剥离等工艺处理。

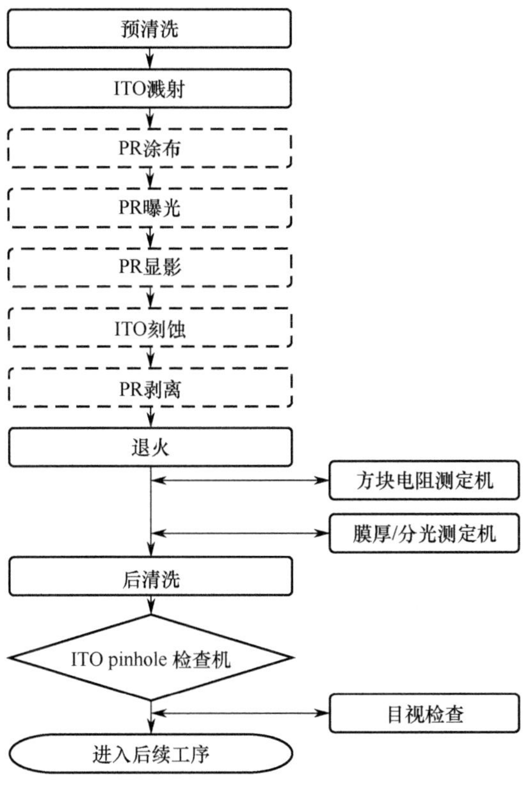

图 3-26　ITO 层制造流程

ITO 层在 CF 中既有导电方面的电学功能，也有透光方面的光学功能。ITO 层在退火炉中经过退火处理后，导电能力增强，需要达到小于 50Ω/□左右的电学规格要求。所以，在退火后需要用电阻测定机确认 ITO 层的方块电阻值。同时，需要确认 ITO 层的膜厚及分光光谱。

因为 ITO 层透明，所以就没有 BM 层和色阻层所用的通过亮度等级确认缺陷的外观检查项目。但是，可以通过自动光学检查设备确认是否存在 ITO 针孔缺陷，可以通过目视检查确认是否存在损伤、污斑、显示不均等宏观缺陷。

4．PS 层和凸条层制造技术

PS 层和凸条层的制造工序与色阻层的制造工序类似，只是树脂层里面没有掺入颜料。检查项目主要是共通缺陷检查、膜厚测定及外观检查。在有的产品中，会用 RGB 色阻层和凸条层叠加形成不同高度的凸起，实现 PS 层的功能。

3.5.3　成盒制造技术

成盒制造技术是把 TFT 基板和 CF 基板贴合并在中间封闭液晶，制作成合格的液晶显示屏，提供给模组工程进行组装。如图 3-27 所示，成盒制造工艺一般分为前、中、后 3 个部分：前工程主要进行配向处理，中工程主要进行液晶滴下（One Drop Filling，ODF）和真空贴合，后工程主要进行切断和贴偏光片。

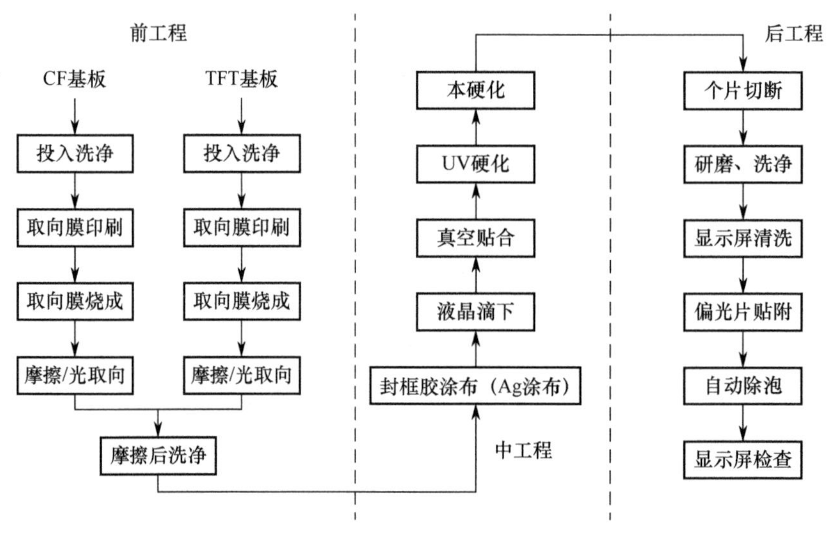

图 3-27　成盒制造流程图

1．前工程

成盒制造的前工程是在 TFT 基板和 CF 基板表面形成一层均匀的取向膜并固化，通过摩擦或光取向处理，使其对液晶分子具有取向控制力，使液晶分子具有正确、稳定的取向，并形成一定的预倾角。前工程的主要工序有：投入洗净、取向膜印刷、取向膜烧成、摩擦、摩擦后洗净。其中，关键工艺是形成厚度均一的取向膜，进行表面均匀的取向处理。

投入前洗净的目的是除去 TFT 基板和 CF 基板上的异物粒子和污染物，提高取向膜的印刷性。常用的洗净方法如表 3-1 所示。洗净效果的评价项目包括有机污染物去除能力、异物粒子的去除能力、干燥性和涂布性。有机污染物去除能力的评价内容包括：EUV 照度和有机膜去除性的相关评价，药液温度和洗净能力的相关评价（CF 侧），搬送速度和洗净能力的相关评价。异物粒子的去除能力的评价内容包括：刷子的压入量和洗净能力的相关评价，空化水射流（Cavitation Jet，CJ）压力/流量和洗净能力的相关评价。干燥性的评价内容是气刀流量、高度、位置、角度和去水能力的相关评价。涂布性的评价内容是 EUV 照度和涂布性的相关评价。

表 3-1　常用的洗净方法

<table>
<tr><th colspan="3">洗净方法的类型</th><th>用途和特征</th></tr>
<tr><td rowspan="6">湿式清洗</td><td rowspan="2">化学清洗</td><td>药液清洗</td><td>大量有机污染物的去除，需要根据污染物选择溶剂</td></tr>
<tr><td>纯水清洗</td><td>用于上述药液的去除，但附着粒子去除不充分</td></tr>
<tr><td rowspan="4">物理清洗</td><td>滚刷清洗</td><td>用于去除强固吸附的大粒子（3μm 以上），但不适用于微小粒子的去除，可与化学清洗组合使用</td></tr>
<tr><td>高压 Jet</td><td>用于去除中等粒径（1～3μm）的异物粒子</td></tr>
<tr><td>超声波清洗</td><td>用于去除小粒径（1μm 以下）的异物粒子</td></tr>
<tr><td>Hyper Mix</td><td>利用气液混合方式去除中小粒径的异物粒子</td></tr>
<tr><td rowspan="2">干式清洗</td><td colspan="2">低压水银灯（UV）</td><td>可以用于去除膜状有机物，并且可以提高成膜的涂布性</td></tr>
<tr><td colspan="2">极紫外线（EUV）</td><td>作用同上，但是 EUV 的清洗效果更好</td></tr>
</table>

取向膜印刷的目的是在 TFT 基板及 CF 基板上均匀地印刷一层可使液晶分子取向的取向材。所使用的取向材为聚酰亚胺（Polyimide，PI）。PI 在大面积均匀性、涂覆性、摩擦性、取向控制力、化学稳定性及对液晶兼容性等方面均优于其他高分子。取向膜印刷之后进行预干燥，取向膜中溶剂成分部分挥发，烧成时基板被加热到更高温度，使溶剂全部挥发，并且取向材固化（亚胺化）形成聚酰亚胺。取向膜固化后，通过布摩擦或紫外光照射取向膜，使取向膜具有取向液晶的能力，使液晶排列具有预期的预倾角。

摩擦后洗净的目的是去除摩擦工程后基板上的异物及污染物，防止异物不良和取向不良，包括有机污染物（摩擦布）和异物粒子（摩擦布、取向膜残屑）、离子性不纯物等。在摩擦洗净工程中，为了保证取向的均一性，必须保证洗净的均一性。

2. 中工程

成盒制造的中工程是在 CF 基板和 TFT 基板之间注入液晶并贴合密封。

中工程的主要工序有：封框胶涂布、液晶滴下、真空贴合、封框胶硬化。其中，关键工艺是形成盒厚均一的显示屏，同时要避免液晶被污染。

涂布封框胶的目的是连接 CF 基板和 TFT 基板，防止液晶泄漏。在封框胶中混入直径在 3～10μm 的间隙子，有利于控制周边盒厚，有利于后工程的切断。封框胶材的黏度范围大，为 20～700Pa·s。一般要求封框胶的涂布位置精度在 80μm 左右，涂布幅宽为 0.2～0.4mm，涂布高度为 25～50μm，断面积精度在 10%左右。如图 3-28 所示的显示屏角部，是封框胶涂布重点控制的区域。为了保证角部封框胶的位置和形状，一般转角的最小 R 描画控制在 0.5mm 左右，涂布速度控制在 20～100mm/s。

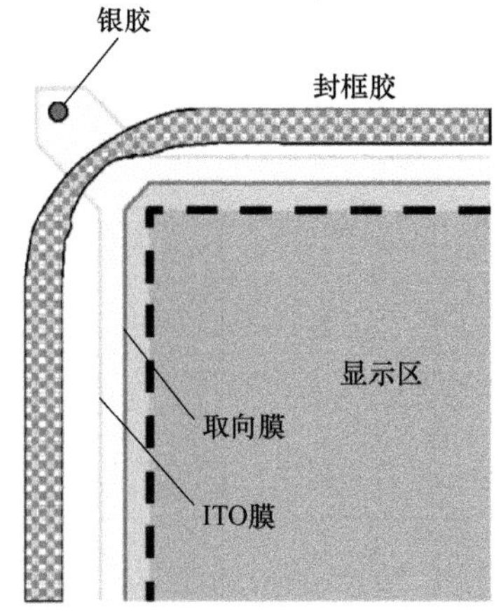

图 3-28　显示屏角部的封框胶位置

在图 3-28 中，封框胶外侧设计有一小块银胶。在 TFT 基板的配线（一般为 COM 配线）上涂布银胶，使 TFT 基板与 CF 基板导通。随着封框胶内掺入导电金球工艺的成熟，银胶导电技术逐渐废弃。目前，为了对策封框胶内导电金球工艺引起的静电破坏等不良现象，也可以用含大量导电金球的金球胶代替银胶，专门涂布在封框胶外侧，使 TFT 基板和 CF 基板导通。

通过液晶滴下，在 TFT 基板（或 CF 基板）上滴下适量的液晶，形成所要求的显示屏盒厚值。液晶滴下的主要控制参数包括：液晶滴下量、液晶滴下位置、液晶滴下打点数、液晶脱泡条件（时间、真空度）和 Lead Time（液晶滴下到真空贴合的间隔时间）。液晶滴下量必须适中，滴下量过多会导致周边盒厚值增大，滴下量过少会导致显示屏中央盒厚值减小。如图 3-29 所示，滴下位置必须适中，如果不是最佳位置，在大气开放时，将形成面内压力差，导致周边盒厚不良。

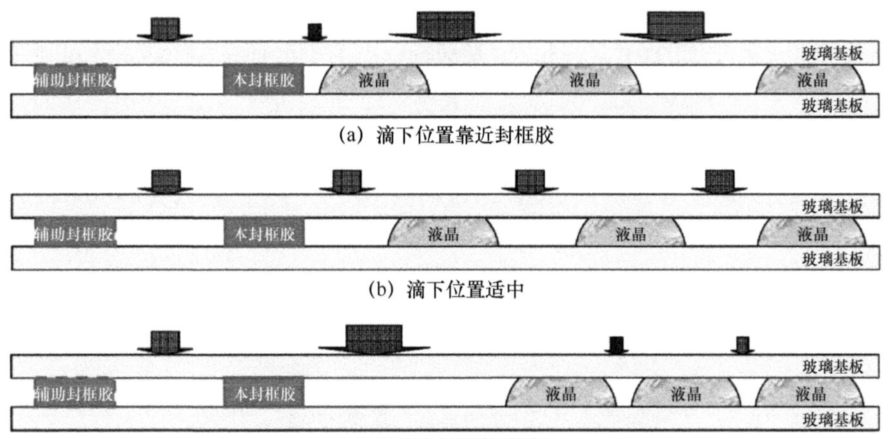

(a) 滴下位置靠近封框胶

(b) 滴下位置适中

(c) 滴下位置远离封框胶

图 3-29　液晶滴下位置对贴合的影响

液晶滴下之后，在真空中将 TFT 基板和 CF 基板在数微米的精度范围内进行贴合。真空贴合过程中，如果没有达到要求的真空度，贴合之后的显示屏会出现盒厚不良，产生气泡。一般要求真空度在 0.13Pa 以下。真空到达时间：60s 内达到 1Pa 以下，120s 内达到 0.5Pa 以下。在液晶脱泡不充分或排气速度太快的情况下，会导致液晶飞溅出来，若飞溅到封框胶材上，则会导致封框胶材接着不良，液晶泄漏。贴合后，通过专用的离线贴合精度测定装置，自动进行测定。一般，玻璃基板越大，贴合精度越差，G4.5 生产线的贴合精度在±3μm 左右，G8.5 生产线的贴合精度在±7μm 左右。

封框胶硬化的目的是通过 UV 及加热对封框胶进行充分硬化，使真空贴合后的 CF 及 TFT 基板通过封框胶高信赖性的无偏移接着，形成盒厚稳定的液晶屏。同时，防止液晶气泡的产生（长时间放置），使液晶完全扩散。封框胶硬化一般分为 UV 硬化和热硬化前后两个部分。UV 硬化使封框胶材达到一定程度的硬化，真空贴合后的 CF 基板和 TFT 基板接着，形成稳定盒厚。热硬化使封框胶材充分硬化达到高信赖性，同时通过加热再降温使液晶各向同性（isotropic）化，进行再取向。

3．后工程

成盒制造的后工程是从贴合好的基板上切出一定大小的显示屏，并贴上偏光片。后工程的主要工序有：个片切断、研磨、洗净、显示屏洗净、偏光片贴附、显示屏检查等。

个片切断是将 TFT 基板和 CF 基板贴合后的大型基板按制品尺寸进行上下切断，分割为单块显示屏。如图 3-30 所示，个片切断一般先用高浸透刀片上下切断，然后分离。上下切断方式的优势是采用高浸透刀片，只划片就能使基板完全断裂，无须裂片，避免裂片时对屏产生的损伤；无大型基板翻转，避免了翻转时因夹杂异物而对屏产生损伤。

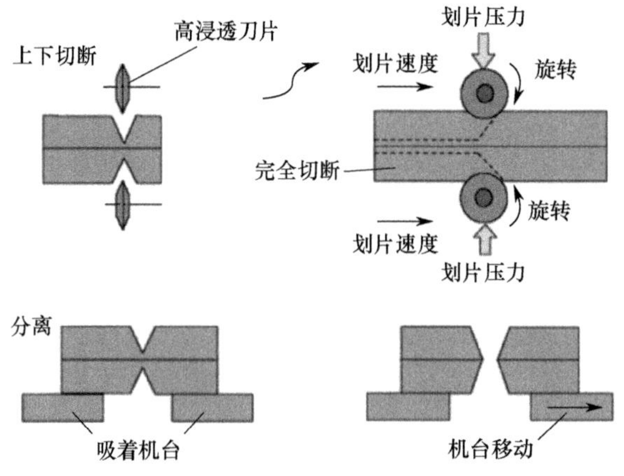

图 3-30　个片切断示意图

对切出来的单个显示屏进行研磨，除去扫描线电极和数据线电极短路连接的静电破坏防止电路，使扫描线电极和数据线电极各自分离独立。通过液晶屏玻璃端面处理，防止后续工程中出现缺口及划伤驱动芯片。通过洗净和干燥处理，装入料盒进行显示屏的显示功能检查。

在偏光片贴附前，通过洗净处理除去显示屏上附着的异物。研磨头在显示屏上移动，去除异物；研磨带一般呈卷曲状态，可以防止异物再附着和磨耗；研磨使用湿处理方式，可以防止显示屏表面损伤和静电破坏。根据显示屏的液晶取向方向，将偏光片的偏光轴与之重合进行贴附。显示器和手机等中小尺寸的显示屏，一般呈水平状态进行偏光片贴附，CF 侧和 TFT 侧的偏光片依次进行贴附。电视等大尺寸的显示屏，一般呈准垂直状态进行偏光片贴附。显示屏在准垂直状态，CF 侧和 TFT 侧的偏光片可以同时贴附。这种方式还可以节约设备面积。偏光片贴附后，对显示屏进行加压加热处理，以除去偏光片之间的微小气泡。

偏光片贴附后，显示屏具备了基本的显示功能。这时，需要对显示屏进行如图 3-31 所示的缺陷检查，简称 P 检。外加电压信号通过 P 检设备的探针输入显示屏，通过输入不同的信号使显示屏显示各种检查所需的画面。比如，通过低灰阶画面可以检查亮点缺陷，通过白色画面可以检查暗点缺陷，通过独立的 R、G、B 画面可以检查左右像素短路缺陷。存在缺陷的显示屏需要降低处理，或者报废。为了减少偏光片不必要的消耗，可以在 P 检后进行偏光片贴附操作。这样，P 检发现需要报废的显示屏就不进行偏光片贴附。这样的操作，需要在 P 检时在显示屏上下两侧配置通用的偏光片。由于上下两侧的偏光片没有与显示屏紧密贴合，将使一些与偏光片相关的细微的缺陷无法检出。

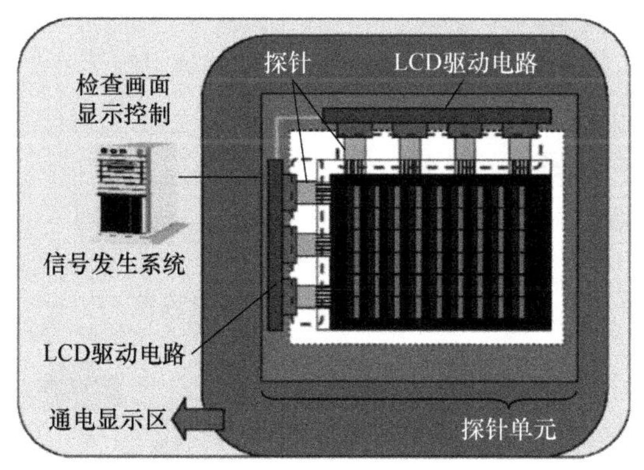

图 3-31　显示屏检查示意图

3.5.4　模组制造技术

模组制造技术包括作为前工程的模组组装，以及作为后工程的模组检查两个部分。图 3-32 给出了模组制造过程中，生产线与相应设备、部材、资材的配套关系。前工程的主要任务是压接 COF 和 PCB 基板，然后将背光源、前框等组件组装成一个完整的 LCD 模组。后工程的主要任务是对组装好的模组进行电学和光学的检查，防止不合格产品流入市场。

1. 前工程

COF 压接是把 COF 连接到显示屏的输出端子上，使 PCB 基板上的控制信号和电源信号输入显示屏。压接时，采用具有可靠性且能对应窄间距的 ACF 作为其连接载体。如图 3-33 所示，COF 压接的基本工艺流程依次为：

端子洗净、ACF 预压接、COF 预压接、COF 本压接。

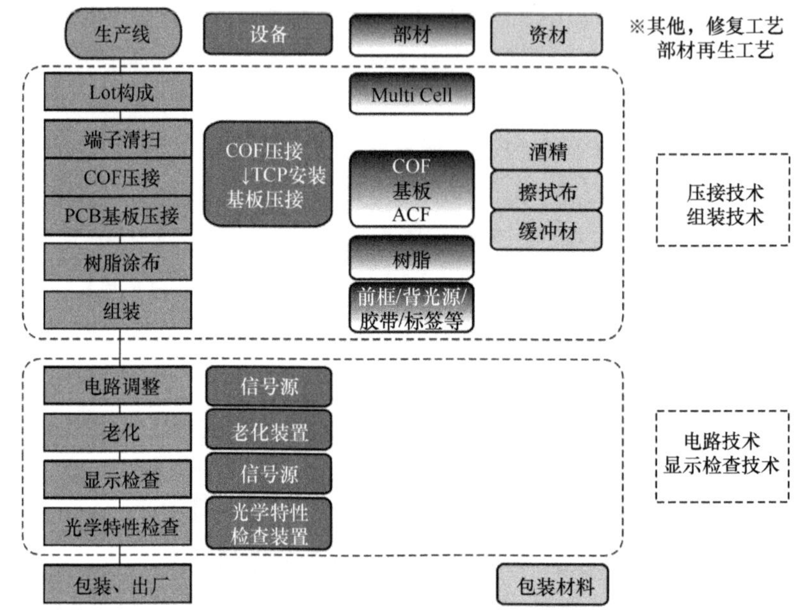

图 3-32　模组制造工艺流程图

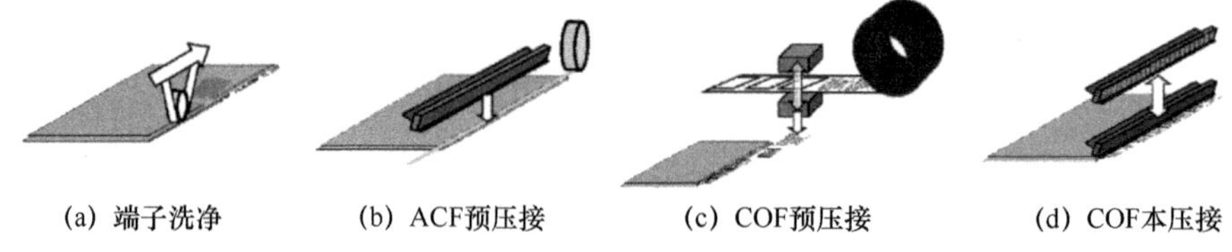

(a) 端子洗净　(b) ACF预压接　(c) COF预压接　(d) COF本压接

图 3-33　COF 压接的基本工艺流程

端子洗净是除去显示屏端子部的异物、污物，防止显示屏破裂、端子短路、端子腐蚀等情况发生。异物、污物主要包括导电性异物、玻璃粉、皮脂及其他物质。除去大粒径的异物一般用空气吹扫，除去小粒径异物及污物一般用酒精擦拭。擦拭布由尼龙和聚酯等极细纤维织造而成，利用酒精挥发时产生的毛细管现象将异物和污物等卷入擦拭布中。

ACF 预压接就是将电学连接用材料 ACF 贴到显示屏的端子上，覆盖住裸露部分的端子。压头和 ACF 之间隔着缓冲材，通过压头加热加压，使 ACF 中的导电粒子被压扁，保证 COF 上的 OLB 电极和显示屏上的端子电学导通。加热温度不能过高，以防止 ACF 黏合剂硬化；加压压力不能过大，以防止

ACF 导电粒子被破坏。ACF 压接后，剥离上面的一层底膜（basefilm）。剥离时，应防止 ACF 主剂卷曲和剥离静电。

COF 预压接前，需要把成卷的带状 COF 冲压成个片，然后放置于显示屏端子部，通过识别对位标记，自动实现 COF 和显示屏的高精度对位。压头经过适当地加热加压后，隔着缓冲材对 COF 进行预固定。放置好 COF 后，进行 COF 本压接。本压接时，要保证压头加热加压的均一化。通过加热使 ACF 主剂硬化，确保连接强度。通过加压使导电粒子扁平化，确保连接面积。加热后 COF 有热膨胀，导致 COF 的尺寸比加热前大。因此，必须对 COF 尺寸进行补正，补正系数一般大于 0.995。压接时，要保证 COF 的平行度，防止安装错位。同时，也要防止对其他部材的影响，比如烧伤偏光片等。

PCB 基板压接就是把 COF 压接到 PCB 基板上，与 COF 压接到显示屏上的工序基本一致。如图 3-34 所示，先在 PCB 基板的端子上压接整条的 ACF，然后保证显示屏上的 COF 与 PCB 基板精确对位，最后通过压头加热加压，隔着缓冲材把 COF 压接到 PCB 基板上。

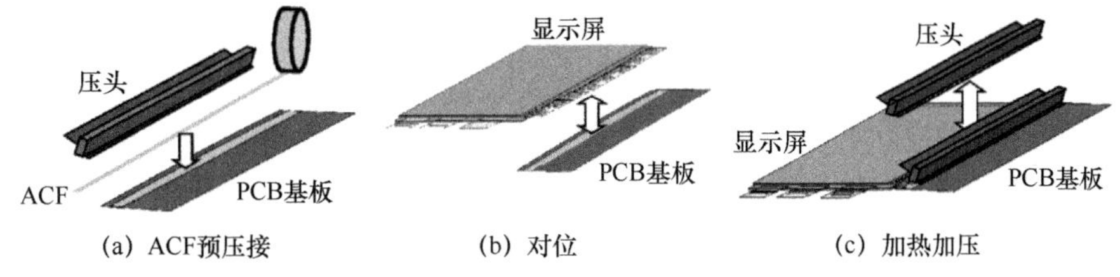

(a) ACF预压接　　(b) 对位　　(c) 加热加压

图 3-34　PCB 基板压接工艺流程

COF 和 PCB 基板压接完成后的显示屏，一般称为开路显示屏（Open Cell）。如图 3-35 所示，Open Cell 与背光源贴合后，就能在外加信号控制下显示各种图像。为了固定 Open Cell 和背光源，并且保护 Open Cell 周边不被碰伤、不沾染异物，需要从 Open Cell 上方套上一个前框，一般为钣金件。模组组装的一般工序如下：①剥掉 TFT 侧偏光片保护膜；②在离子枪吹扫后安装背光源；③将 PCB 基板翻折；④剥掉 CF 侧偏光片保护膜；⑤安装钣金件，固定 Open Cell 和背光源；⑥贴基板保护膜和产品标签。

2. 后工程

后工程的主要任务是检查缺陷产品，防止不良产品流到下一个工序。

批量产出的 LCD 模组，由于显示屏和各种电学零组件都各自存在参数波动、偏离设计值的现象，反映到 LCD 模组上，各个模组的显示效果存在明显的差异。为了消除不同模组之间的显示差异，确保产品的显示质量，需要对LCD 模组的电学特性进行调整，消除差异。LCD 的基本原理是像素电压与透光率之间的 *V-T* 特性。统一不同 LCD 模组的像素电压就能统一不同 LCD 模组的显示效果。像素电压是像素电极电压 V_p 与公共电极电压 V_{com} 之间的压差。色深为 8 位的灰阶数为 256 个，即像素电压 V_p 值有 256 个，而 V_{com} 值只有一个。所以，通过调节 V_{com} 进行电路调整，可以简化工艺。

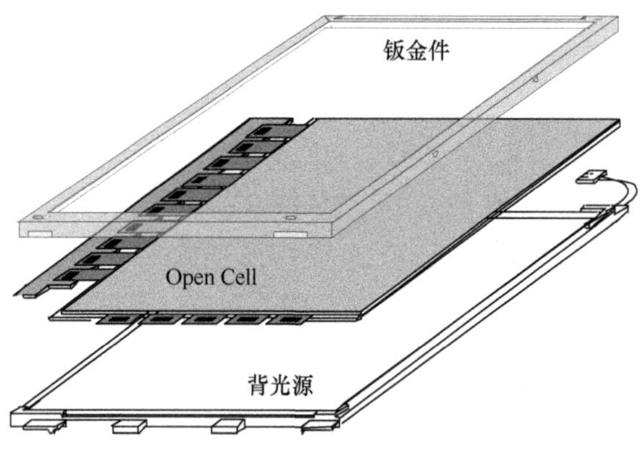

图 3-35　模组组装

电路调整一般使用如图 3-36 所示的点市松画面。在点市松画面中，全黑显示的点与中间灰阶显示的点交错，容易用人眼轻松分辨出闪烁现象。闪烁的一个重要原因就是 V_{com} 的值偏离像素电极电压的中心值。通过调节 PCB 基板上的可调电阻，可以调节 V_{com} 的值，一直调到点市松画面闪烁最弱为止。在图 3-36 中，使用中间灰阶是因为在 *V-T* 曲线上，中间灰阶出现微小的电压变动就会引起明显的透光率变化。所以，使用中间灰阶有利于人眼分辨 V_{com} 的偏差。

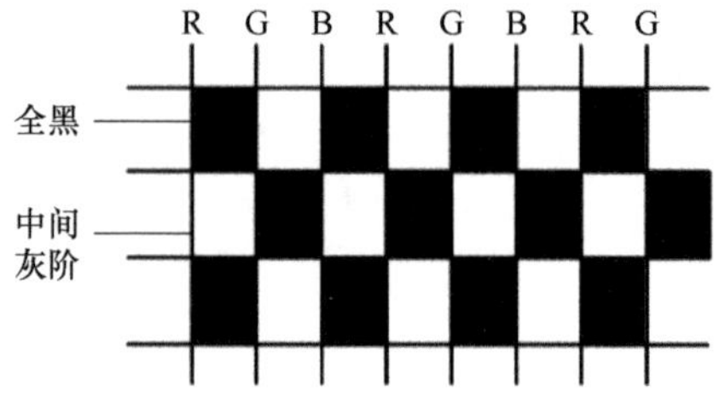

图 3-36　点市松画面

高温老化是利用产品可靠性中的浴盆曲线原理，让不良产品加速恶化，在出厂前剔除老化中发现的不良品。老化温度一般在 50℃左右，老化时间分 2 小时、4 小时、8 小时等。老化时，LCD 模组需要显示一些用于老化效果确认的画面。没有经过电路调整的 LCD 模组如果直接进行高温老化，由于显示屏上不同区域的液晶 *V-T* 特性不同，老化后显示的画面容易出现残留，即残像（烧付现象）。所以，老化前必须进行电路调整。

LCD 模组检查是模拟 LCD 产品的实际使用状态，在产品出厂前提前检查出不合格产品。模组检查包括显示检查、外观检查和光学检查。显示检查和外观检查都由操作人员进行判断，而光学检查由光学测试设备进行测量。

参 考 文 献

[1] 马群刚.TFT-LCD 原理与设计[M].北京：电子工业出版社，2011.

[2] CHIU H J, CHENG S J. LED Backlight Driving System for Large-Scale LCD Panels[J]. IEEE Transactions on Industrial Electronics, 2007, 54(5):2751-2760.

[3] CHIEN K W, SHIEH H P D. Design and Fabrication of an Integrated Polarized Light Guide for Liquid-Crystal-Display Illumination[J]. Applied Optics, 2004, 43(9):1830-1834.

[4] LI C J, FANG Y C, CHU W T, et. al. Design of a prism light-guide plate for an LCD backlight module[J]. Journal of the Society for Information Display, 2008, 16(4): 545-550.

[5] LIAO Y S, YANG G M, HSU Y S. Vibration assisted scribing process on LCD glass substrate[J]. International Journal of Machine Tools and Manufacture, 2010, 50(6): 532-537.

[6] CHEN P L. Green TFT-LCD Technologies[J]. SID Symposium Digest of Technical Papers, 2010, 41(1):108-111.

[7] KUO J L, HSIEH C H. Optimal Improvement on Cutting Yield Rate in ACF Attach Process of TFT-LCD Module Using Response Surface Method[J]. Advanced Materials Research, 2010, 126-128:208-213.

[8] KUO J L, CHAO K L, HSIEH C H. Improvement on Yield of Anisotropic Conductive Film Attach Process in TFT-LCD Module Using Taguchi Method[J]. Key Engineering Materials, 2010, 443:717-722.

[9] SU C T, SU F M. Yield Improvement in Color Filter Manufacturing Using Taguchi Methods and TRIZ's Substance-Field Analysis[J]. IEEE Transactions on Components, Packaging and Manufacturing Technology, 2018,8(12):1-15.

[10] PA P S. Precise thin-film etching process using a rectangle cathode tool[J]. Materials

Science in Semiconductor Processing, 2010, 13(3):173-179.

[11] CHEN C N, HUANG J J, WU G M, et al. Taper Angle of Silicon Nitride Thin Film Control by Laser Direct Pattern for Transistors Fabrication[J]. Applied Mechanics and Materials, 2013, 284-287:225-229.

[12] LAN J H, KANICKI J, CATALANO A, et al. Patterning of transparent conducting oxide thin films by wet etching for a-Si:H TFT-LCDs[J]. Journal of Electronic Materials, 1996, 25(12):1806-1817.

[13] HUO X D, CHEN B, LEE J H, et al. Influence of different dry etching process of contact hole on TFT-LCD performance[J]. Chinese Journal of Liquid Crystals & Displays, 2016, 31(1):58-61.

[14] CHOE H H, JEON J H, LEE K W, et al. Brief Study of an Electric Force on a Glass Substrate in a Dry Etching System[J]. SID Symposium Digest of Technical Papers, 2012, 37(1):452-453.

[15] LI W S, HUI G B, CHOI S J, et al. Preliminary study on improving resolution on mirror projection mask aligner with phase shift mask[J]. Chinese Journal of Liquid Crystals & Displays, 2014, 29(4):544-547.

[16] CHEN S F, LAI C C. The Defect Classification of TFT-LCD Array Photolithography Process via Using Back-Propagation Neural Network[J]. Applied Mechanics and Materials, 2013, 378:340-345.

[17] KIDO S, AKAGAMI K, SAKUMITI N, et al. A 14-in. LCD Panel Formed using New 4-Mask Technology with Chemical Re-Flow Technique[J]. SID Symposium Digest of Technical Papers, 2012, 37(1):1650-1653.

[18] XIAO A, SONG S, ZHANG W, et al. Study of Uncured Sealant Contaminating Liquid Crystal in One Drop Filling Process of Thin Film Transistor Liquid Crystal Display[J]. SID Symposium Digest of Technical Papers, 2014, 44(1):1134-1136.

[19] LIN C S, SHIH S J, LU A T, et al. The quality improvement of PI coating process of TFT-LCD panels with Taguchi methods[J]. Optik-International Journal for Light and Electron Optics, 2012, 123(8):703-710.

[20] CHOI J. Novel manufacturing process for anti-glare of LCD cover and development of haze model[J]. Journal of Mechanical Science and Technology, 2016, 30(6):2707-2711.

[21] CAI H, ZHU F, WU Q, et al. Heuristic hybrid genetic algorithm based shape matching approach for the pose detection of backlight units in LCD module assembly[J]. The International Journal of Advanced Manufacturing Technology, 2016, 87(4):3437-3447.

[22] LI Y, CHU P, LIU J, et al. A Novel Partitioned Light Guide Backlight LCD for Mobile Devices and Local Dimming Method With Nonuniform Backlight Compensation[J].

Journal of Display Technology, 2014, 10(4):321-328.

[23] CHEN S L, TSAI H J. A Novel Adaptive Local Dimming Backlight Control Chip Design Based on Gaussian Distribution for Liquid Crystal Displays[J]. Journal of Display Technology, 2016, 12(12):1494-1505.

[24] YOON G W, BAE S W, LEE Y B, et al. Edge-lit LCD backlight unit for 2D local dimming[J]. Optics Express, 2018, 26(16): 20802-20812.

[25] CHOI D Y, SONG B C. Power-constrained Image Enhancement Using Multiband Processing for TFT LCD Devices with Edge LED Backlight Unit[J]. IEEE Transactions on Circuits and Systems for Video Technology, 2017, 28(6):1445-1456.

[26] JUNG S S. Local Dimming Design and Optimization for Edge-Type LED Backlight Unit[J]. SID Symposium Digest of Technical Papers, 2012, 42(1):1430- 1432.

[27] DENG Y, BU Z C, ZHENG X P, et al. Design of Low Power Consumption Backlight Unit for CCFL LCD TV[J]. Chinese Journal of Liquid Crystals & Displays, 2011, 26(4):480-485.

[28] CHEN L X, KANG C T. A New Method for Hot-Spot and Mura Quantification and Evaluation in LCD Backlight Units and Panel[J]. SID Symposium Digest of Technical Papers, 2012, 43(1):50-52.

[29] CHAO C P, TSAI C H, LI J D, et al. Optimizing angular placements of the LEDs in a LCD backlight module for maximizing optical efficiency[J]. Microsystem Technologies, 2013, 19(9-10):1669-1678.

[30] FANG Y C, CHENG D L, HUANG J W. Optical Design of External Illuminance for Display Backlight Module[J]. Journal of Display Technology, 2015, 11(12):979-986.

[31] CHO S I, KANG S J, KIM Y H. Image Quality-Aware Backlight Dimming With Color and Detail Enhancement Techniques[J]. Journal of Display Technology, 2013, 9(2):112-121.

[32] WANG Y, CEN J, CAO W, et al. Thermal performance of direct illumination high-power LED backlight units with different assembling structures[J]. Heat and Mass Transfer, 2017, 53(5):1619-1630.

[33] HWANG J H, SHIN D M, GONG D W, et al. Enhancement of Brightness and Uniformity by LED Backlight Using a Total Internal Reflection (TIR) Lens[J]. SID Symposium Digest of Technical Papers, 2012, 39(1):1645-1647.

[34] XIE B, HU R, CHEN Q, et al. Design of a brightness-enhancement-film-adaptive freeform lens to enhance overall performance in direct-lit light-emitting diode backlighting[J]. Applied Optics, 2015, 54(17):5542.

第4章 高品质 LCD 技术

产品品质一般包括功能、特征、可信赖度、耐用度、服务度、外观等。高品质的产品源自高品质的技术。高品质 LCD 技术的发展是 LCD 产品多样化和应用人性化的基础。

4.1 高品质 LCD 技术概述

LCD 的基本功能是显示，所以出色的画质是高品质 LCD 的根本。随着信息化程度的提高，越来越多的 LCD 产品集成了触控、3D、网络化等特征。同时，高品质的外观也成为吸引消费者的一个重要手段。随着应用领域的细化，对 LCD 产品的可信赖度和耐用度要求出现分化，比如对电视等长年使用的 LCD 产品要比手机等更换频繁的 LCD 产品，在可信赖度和耐用度上要求更高。

4.1.1 高画质技术的发展

决定 LCD 画质的因素很多，主要包括亮度、对比度、视角、响应速度、色域（色再现性）、伽马特性、灰阶及色数、精细度等满足一定技术指标的可视性因素，以及低闪烁、低串扰、无显示不均等特殊画质要求。

在改善显示屏结构和液晶材料的同时，通过其他的手段，如通过外部光学材料、驱动系统等方面的改善，来达到提高显示画质的目的。亮度、对比度、视角、响应速度、色域等是传统的画质指标。这些指标的高低本质上取决于液晶显示模式，比如 TN 模式的透光率高（相对亮度就高）、响应速度快，VA 模式的视角宽、对比度高。产品的不同用途，需要配合不同的显示模式，并且确定不同的画质指标。比如，灰阶及色数视用途而定，普通液晶显示器的灰阶一般为 6 位，高阶 LCD 电视的灰阶一般为 8 位。

不同用途的 LCD，对画质要求的优先度不同。获得清晰舒适的图像和文本阅读的关键因素有：亮度、精细度、颜色准确度、对比度。精细化包含更多的信息量，有利于放大操作。颜色准确度要求准确反映实物的色彩，不能过饱和，过饱和的颜色看起来非常强烈；也不能欠饱和，欠饱和的颜色看起来很枯燥。这样指标如果要进行权衡，亮度和精细度的优先度比广色域和对比度的优先度要高。特别是在环境光比较亮的情况下，亮度的重要性比对比度更高。获得清晰流畅的动态图的关键因素有：响应速度、亮度、颜色准确度、对比度。

液晶显示屏的透光率只有 3%～7%，即背光源的光有 93%～97%被浪费掉了。所以，提高显示屏的透光率，提升液晶显示亮度一直是高画质技术的发展方向。

为了改善早期 TN-LCD 视角较窄的问题，开发了带视角补偿功能的偏光片以扩大 TN-LCD 的视角。此外，还开发了宽视角的 IPS 技术和 VA 技术，为了进一步扩大视角，还开发了 IPS 和 VA 的视角补偿技术，比如在偏光片中使用视角补偿膜，在像素结构中使用多畴设计。

液晶只有经过取向处理才能沿着一定的方向转动，取向处理后的液晶存在一定的预倾角。预倾角的存在使 LCD 在显示黑态时不能获得完美的纯黑显示，从而降低对比度。在常用的 TN、IPS 和 VA 三种显示模式中，TN 和 IPS 的对比度在 1000 左右，VA 的对比度高达 3000 以上。TN 的预倾角最大，IPS 次之，但 IPS 密布的电极结构会进一步提高取向膜表面液晶的倾斜角度。VA 不需要对取向膜进行取向处理，所以对比度很高。对比度越高，能够获得的画面层次感和视觉感受就越强。但是，传统 VA 像素结构中的凸条和狭缝结构会使附近的液晶出现一定角度的倾斜，从而降低 VA 的对比度。提升对比度的对策很多：在工艺上可以采用光取向技术，在材料上可以提高偏光片的偏光度，在驱动上可以采用动态背光技术，在设计上可以屏蔽电磁干扰，在结构上可以进行平坦化处理，等等。

LCD 是通过液晶的转动来控制显示亮度的。液晶是由 20nm 大小的液晶分子混合而成，带有一定黏度的流体物质。为了使所有液晶分子都沿统一的方向转动，需要一定的时间。液晶响应速度与显示模式有关，OCB 显示模式和 BPLC 显示模式的响应时间可以达到 1～2ms，量产 TN 液晶的响应时间可以达到 5ms，虽也有 3ms 产品，但品质仍待进一步追踪及改良。提高响应速度可以降低液晶的黏度，减小显示屏的液晶盒厚，但会使显示色彩鲜艳度受到影响。

LCD 作为显示工具，基本功能是再现大自然中的所有色彩，即再现国际照明协会（Commission International de l'Eclairage，CIE）色度图中的所有色彩。CIE 中的颜色无法 100%再现，但基于 CIE 标准诞生了若干个不同行业的色彩空间，常用的有如图 4-1 所示的 NTSC、sRGB 及 CMYK 3 个。1952 年，由 NTSC（美国国家电视系统委员会）制定了彩电的色彩空间，即 NTSC 色域。1998 年，IEC（国际电气标准会议）规定将 700nm 的红、546.1nm 的绿以及 435.8nm 的蓝作为三原色，取名“standardRGB”（简写 sRGB），制定了显示器及数码类产品的色彩空间，即 sRGB 色域。sRGB 的色域范围正好是 NTSC 的 72%。色域范围越大，LCD 能够再现的色彩范围越大。LCD 的颜色来源于背光源发光体发出的白色光，然后通过 CF 上的 RGB 滤色膜再分离出白光中的三基色光。所以，扩大 LCD 色域范围的根本对策是提高背光源中三基色光的饱和度，同时提高 CF 上的 RGB 滤色膜的透光率。

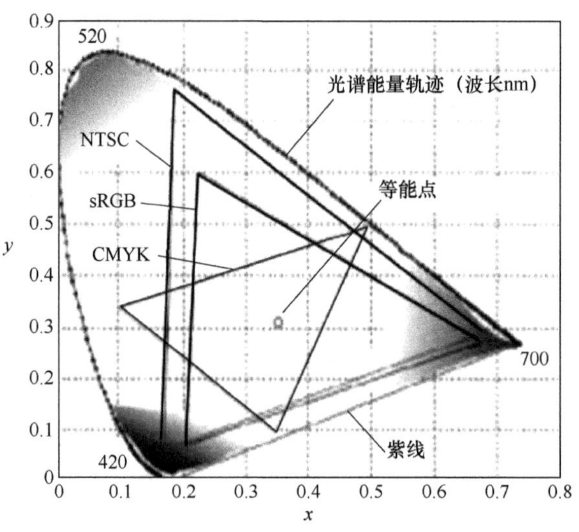

图 4-1　NTSC、sRGB 和 CMYK 3 个色域（色彩空间）的比较

4.1.2　其他高品质技术的发展

高画质是达到良好显示性能的最基本条件。除了画质外，高品质还有满足认知世界原有面目的真实感，主要包括大尺寸、窄边框、轻薄化，以及 3D 显示、触控显示等智能用途。

LCD 产品作为服务于人眼的产品，单纯从外观上判断是否具有高品质的感觉也很重要。比如，大尺寸显示能带来家庭影院般的效果，窄边框能带来画一般的视觉感受。

LCD 界面作为信息社会的人机交互界面，方面使用者通过 LCD 界面进行互动是高品质 LCD 技术的未来发展趋势。触控显示能给使用者带来更方便的操作，不仅能够通过消除键盘而实现更大的显示画面，还能够通过软件的配合实现更多的控制按钮。

LCD 作为日常生活的基本配置，需要具有高可信赖度和高耐用度，具备良好的环境适应性。高可信赖度不仅要求所用产品能在各种环境中使用，还要求实际所购买产品的品质要和展示产品的品质一致。如果产品的品质不稳定，消费者就会失去信心及信赖感。耐用度除了要求产品具有较长的使用寿命外，还要求产品能抗刮、抗摔等。高可信赖度和高耐用度对特殊用途的 LCD 格外重要。

4.2　色彩管理技术

作为提升 LCD 画质的主要手段，色彩管理要解决两大课题：①让显示器“如实反映”所拍摄景物的颜色；②让显示器根据使用者的习惯，“投其所好”显示拍摄景物的颜色。用人造的显示器只能产生一个与实物颜色更接近、更一致的视觉匹配，而无法做到绝对真实地再现实物颜色。毕竟，从取景到显示的整个过程中，各个设备记录色彩的载体不同，传输色彩的机制不同，表现色彩的色域不同。并且，不同的人对色彩的感觉和喜好不同，就像是每台设备都有着各自的色域和再现能力一样。色彩管理的方法，除了要对所拍摄影像的颜色数据进行处理外，还要扩大 LCD 色域范围，统一相关设备的色平衡。

4.2.1　色域标准与基础广色域技术

标清电视（SDTV）的色域标准有 NTSC、SMPTE C 和 EBU，高清电视（HDTV）的色域标准是全球统一的 ITU-R709。1953 年，美国以 C 光源为基础确立的 NTSC 色域，当时只有摄像机才能达到这个标准，CRT 使用的荧光粉很难实现这么宽的色域，特别是符合 NTSC 色域的绿色荧光粉发光效率太低，无法实用。之后，欧洲和美国分别在实用化的基础上制定了色域范围更小的 EBU 和 SMPTE C 标准。ITU 在制定 HDTV 色域时，对 EBU 和 SMPTE C 标准折中处理。如图 4-2 所示，ITU-R709 色域与 EBU 和 SMPTE C 非常接近，特别是和 EBU 的色域几乎是相同的，只是绿色坐标的 x 值略有差异。

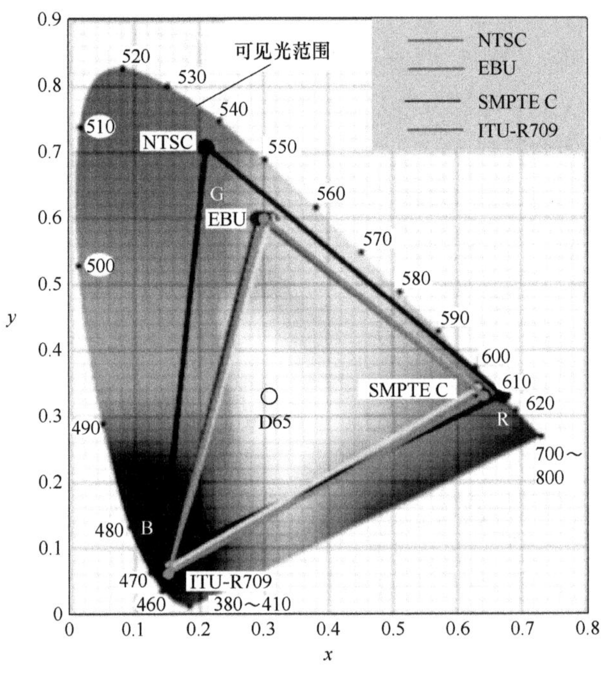

图 4-2　几种不同色域范围的比较

如图 4-3 所示，用不同色域拍摄相同景物时，同一色彩在不同色域中的彩色饱和度不同。设单色原色点的彩色饱和度为 1，用 NTSC 宽色域拍摄时的绿色饱和度是 0.5，而用 ITU-R709 窄色域拍摄时的同一绿色饱和度为 0.7。拍摄后的影像资料经过处理后，用液晶显示器播出时，所能显示的图像色域最终都要匹配液晶显示器本身的色域范围。对于色域范围为 NTSC 的 72% 的普通液晶显示器，基本对应 ITU-R709 的色域范围。这样，用 NTSC 宽色域拍摄时得到的图像彩色饱和度比较低，但可以区分出相近彩色之间的差别；而用 ITU-R709 窄色域拍摄时得到的图像彩色饱和度虽然比较高，但无法表现出相近彩色之间的差别。

所以，色再现性的能力与拍摄色域、播放色域，以及 LCD 色域有关。拍摄色域与播放色域不匹配时，色彩会失真。比如，高清拍摄标清播出的图像彩色过重，与标清拍摄的图像不同。把高清摄像机设置改为与标清相同的

NTSC 宽色域，变换后就能与标清拍摄图像的彩色饱和度相同。高清 LCD 电视使用 ITU-R709 矩阵解码，可以很好地再现高清拍摄的图像。但是，ITU-R BT.709 对应的色域范围虽然涵盖了绝大部分的自然色，而像如图 4-4 所示的金币的金色、乐器的金属色、向日葵的黄色等鲜艳的金黄色，以及大海的翠蓝色、晴朗天空的蔚蓝色等青蓝色和青绿色却被排除在 ITU-R BT.709 色域范围之外，无法通过普通色域的 LCD 进行再现。

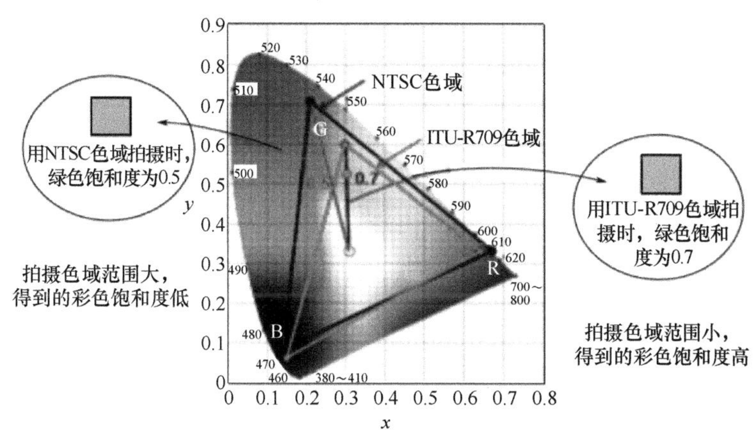

图 4-3　不同色域拍摄相同彩色时的结果

图 4-4　扩大色域范围

色深、液晶显示模式等因素不能改变 LCD 色域。比如，8 位色深相比 6

位色深只是提高了色数，并不能使 LCD 的颜色看起来更加鲜艳，只是让每种颜色之间的差异变得更小，让颜色过渡更细腻。同样，改变驱动电路及液晶分子的排列组合方式，色域空间也不会变大。

为了提高 LCD 的色再现性水平，需要进一步扩大 LCD 色域范围。背光源发出的白光通过 CF 分离出 RGB 三原色光，由这 3 个原色光围成的三角形面积就是 LCD 色域范围。LCD 能够显示出来的色域范围取决于背光源和 CF，如果通过 CF 滤色后的三原色范围足够大，那么最终 LCD 色域范围就大。一般，把色域比 HDTV BT.709-2 定义值宽的显示器称为广色域显示器。目前，LCD 色域范围一般为 NTSC 的 72%，就是按照 ITU-R709 的色域标准进行设计的。

传统的 CCFL 背光源只能实现 72%的 NTSC 色域范围，采用 CCFL 背光源的 LCD 能够显示比 CRT 宽的色域。W-CCFL（Wide Cold-Cathode Fluorescent Lighting）更新了荧光粉的配方，使其能够输出色域达 NTSC 92%的白光，实现更宽的色域。CCFL 的原理限制了其输出的白光只能无限接近 NTSC 色域，而且随着灯管的老化，输出的白光会逐渐变黄。采用 LED 背光源的 LCD 能够显示比 NTSC 更宽的色域。LED 不需要荧光粉发光，它依靠半导体电子跃迁发光来实现光输出。理论上通过改变半导体的制造工艺，LED 能够发出可见光中的所有颜色。所以，LED 背光源除了可以使 LCD 更轻薄外，还可以使 LCD 获得极致的色彩。用饱和度更高的 RGB 三原色 LED 作为背光源，LCD 能够再现 120%的 NTSC 色域范围。

除了背光源外，实现广色域还需要进一步升级与之配套的 CF 和驱动电路。对于一定的背光源光谱，CF 的滤色特性要更加准确，否则就会出现颜色偏差。有的 LCD 在提高亮度之后，整体颜色会变得冷艳，色温偏高。这就是 CF 滤色特性与背光源光谱特性发生偏差造成的。对于驱动电路的影响，过去用来对应普通 CCFL 色域的色彩信号变换要做相应的变更，否则就会导致显示效果失真。此外，还要设置合理的伽马值。

4.2.2 多原色显示技术

在 CCFL 背光源时代，多原色技术的开发较为活跃。比如，可以使用 R、G、B 和 W（白）的四原色 CF 来提高 LCD 的亮度。三星曾采用 R、G、B 和 C（青）、M（品红）、Y（黄）的六原色 CF，制造 17 英寸（640 像素×364 像素）LCD，色域范围达到 NTSC 的 98%。如图 4-5（a）所示，在一个 RGBCMY

像素中并未等分出六种颜色，R、G、B 各自的面积正好是 C、M、Y 各自面积的 3 倍。六原色不同的配置比例获得的颜色效果不同。如图 4-5（b）所示，过去使用三原色 CF 的显示屏无法表现的祖母绿色等颜色表现得更接近于本色，非常自然。RGBCMY 和 RGBW 的图像信号处理算法类似。

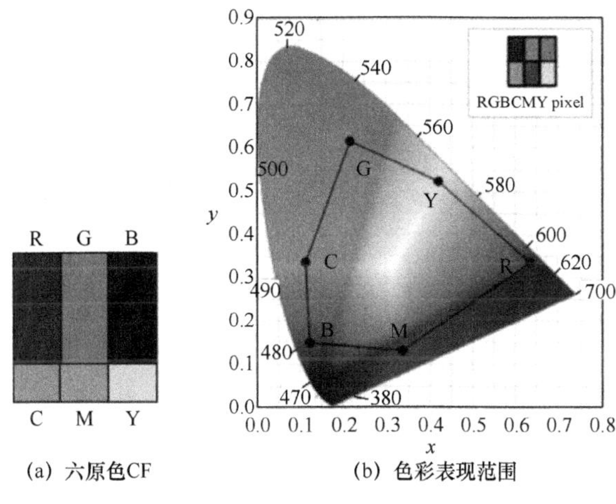

(a) 六原色CF　　(b) 色彩表现范围

图 4-5　RGBCMY 六原色效果图

夏普曾使用 R、G、B 和 C（蓝绿色）、Y（黄色）五原色的 CF，开发了 60.5 英寸（1920 像素×1080 像素）LCD，忠实再现了三原色 LCD 难以表现的大海的翠蓝色、铜管乐器的金黄色、玫瑰的红色等色彩。在 *xy* 色度图中 NTSC 规格比为 110%，在 *u'v'* 色度图中为 130%，色温为 6500K，背光依然采用 CCFL。如图 4-6 所示，夏普在 RGB 三原色边上追加 Y（黄色）子像素的 Quattron 技术，通过追加黄色，扩大了黄色和青色的色彩表现范围，可以显示普通三原色显示器无法再现的彩色度更高的黄色，如显示黄色向日葵的花朵等。

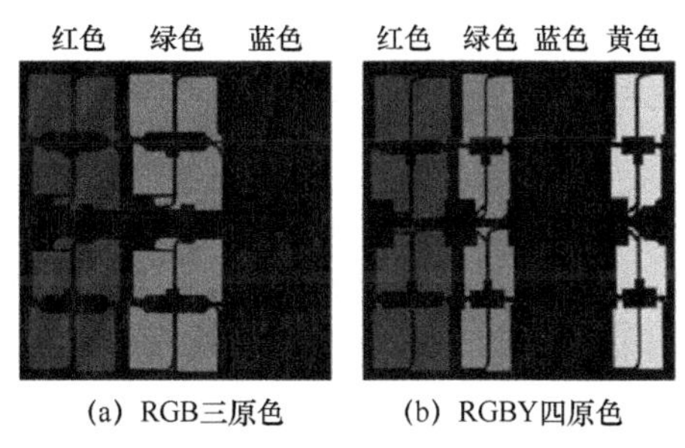

(a) RGB三原色　　(b) RGBY四原色

图 4-6　RGBY 四原色与传统三原色的像素结构

从三原色改为四原色，像素开口率下降。对策除了采用透光率更高的 UV^2A 显示模式外，还可以如图 4-7（b）所示通过改进背光源，有效利用原来舍弃的黄色 Y 波长范围的背光源的光线。并且，为了追加 Y 波长范围的光线，可以使用 LED 背照灯中包含的 Y 波长成分，从而提高光的利用效率。不过，LED 中增加 Y 成分会增加 LED 驱动电流值。

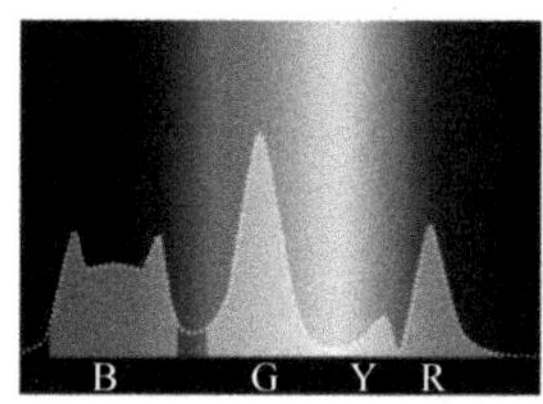

(a) CCFL 四原色光源利用效果

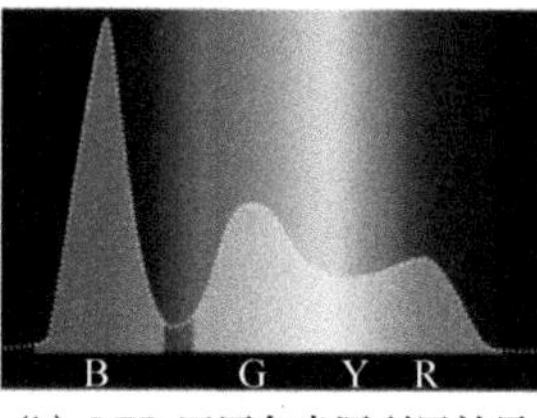

(b) LED 四原色光源利用效果

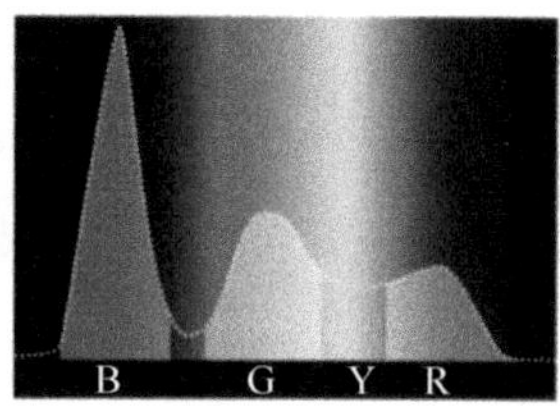

(c) LED 三原色光源利用效果

图 4-7 不同原色结构的背光光谱效果

4.2.3 显示白平衡调整技术

白平衡是描述显示装置中 RGB 三原色混合成白色的精确度的一项指标。白色是指反射到人眼中的光线由于红、绿、蓝三原色光比例相同，且具有一定亮度所形成的视觉反应。理论上，白色是不含有色彩成分的亮度。白色物体中的“白”，在不同光源照射下，给人的视觉反应不同。用钨丝灯照明，白纸偏红。白平衡的基本要求是不管在任何光源下，都能将白色物体还原为白色，不含其他杂色。如果白是白，那其他景物的影像就会接近人眼的色彩视觉习惯。

不同的人对颜色的感觉不一样。如果 LCD 发生色偏，哪怕是很微小的颜色偏离都会影响画面的色彩质量。LCD 能够显示的颜色数不低于 1000 万种，对显示颜色与实物本身的色彩进行一一对应管理几乎不可能实现。最有效的管理方法是调整白平衡。

一般，和显示有关的白平衡调整主要涉及数据采样用摄像机的白平衡调整和数据读取用显示器的白平衡调整。对应不同光源的白平衡调整，本质就是调整色温。如果摄像机的色彩调整同景物照明的色温不一致就会发生色偏，白平衡调整是通过摄像机内部的电路调整（改变 RGB 3 个 CCD 电平的平衡关系）使反射到镜头里的光线都呈现为消色。消色表示一种光线中 RGB 三原色成分比例相同时对应的视觉反应，表现为黑色、白色和灰色。

LCD 白平衡调节的依据如式（4-1）所示，通过调整 RGB 三原色的坐标控制 LCD 的亮度，使 LCD 达到某一要求的色温值。这个色温值必须同时符合 LCD 的其他参数规范要求，调整好的 R、G、B 数据存入 EEPROM。

$$Y=0.029R+0.587G+0.114B \tag{4-1}$$

在显示器中常见的色温有 5000K、6500K（D65）、9300K 等。色温越高，颜色越偏蓝（冷色调），而色温越低，颜色越偏红（暖色调）。D65 是显示器、电视、投影机、制图、印刷等的行业标准。一般，显示器的色温设置得越高，图像效果看起来就越漂亮。我国新颁布的《数字电视液晶显示器通用规范》中，9300K 为第一色温选择，6500K 为色温第二选择。不过，色温太高，消费者所能看到的将是越发偏离本色的影像。

不同人种看到的颜色都一样。人眼看到的色彩与眼睛的颜色无关，因为是视网膜的椎体细胞负责感知颜色的，与人种无关。色温设置与 LCD 使用环境有关。像日本人习惯于在明亮的荧光灯环境中收看电视，因此 LCD 的色温通常都定在 9300K 左右。而欧美则通常使用间接照明，在光线较为暗一些的环境中收看电视，因此 LCD 的色温通常控制在 6500K 左右。假如直接将日本生产的 LCD 电视机拿到欧美去，影像效果就会显得苍白。反之，用欧美生产的 LCD 电视机收看日本电视节目时，就会偏红。

在 LCD 模组设计时，一般会选定一个色温。比如，监视器用途的 LCD 色温一般设为 6500K，对应的白色坐标为（0.313±0.03,0.329±0.03）。比如，电视用途的 LCD 色温一般设为 9300K，对应的白色坐标为（0.297±0.03, 0.308±0.03）。色温的表现体现在两个方面：一方面是全白画面下的色温，另一个是不同灰阶下的色温。出色的色温一致性，要求在不同灰阶下的色温值尽可能保持一致，比如不同灰阶色温最大相差值不超过 200K。

4.2.4　场序列彩色显示技术

1. 场序列彩色显示原理

场序列彩色液晶显示器（Field Sequential Color LCD，FSC-LCD）是一种不需要使用 CF 即可实现彩色显示的液晶显示器。如图 4-8 所示，利用时序控制背光源依次发出红色背光、绿色背光和蓝色背光，相应地在显示屏上依次显示红色子画面、绿色子画面和蓝色子画面，在人眼无法识别的极短时间内，利用人眼视觉暂留效应，在视网膜上透过时间混色的方法呈现一幅全彩色影像。场序列彩色显示技术是综合场序列背光源、快速响应液晶、高频驱动 TFT 开关和无色阻 CF 的集成技术。

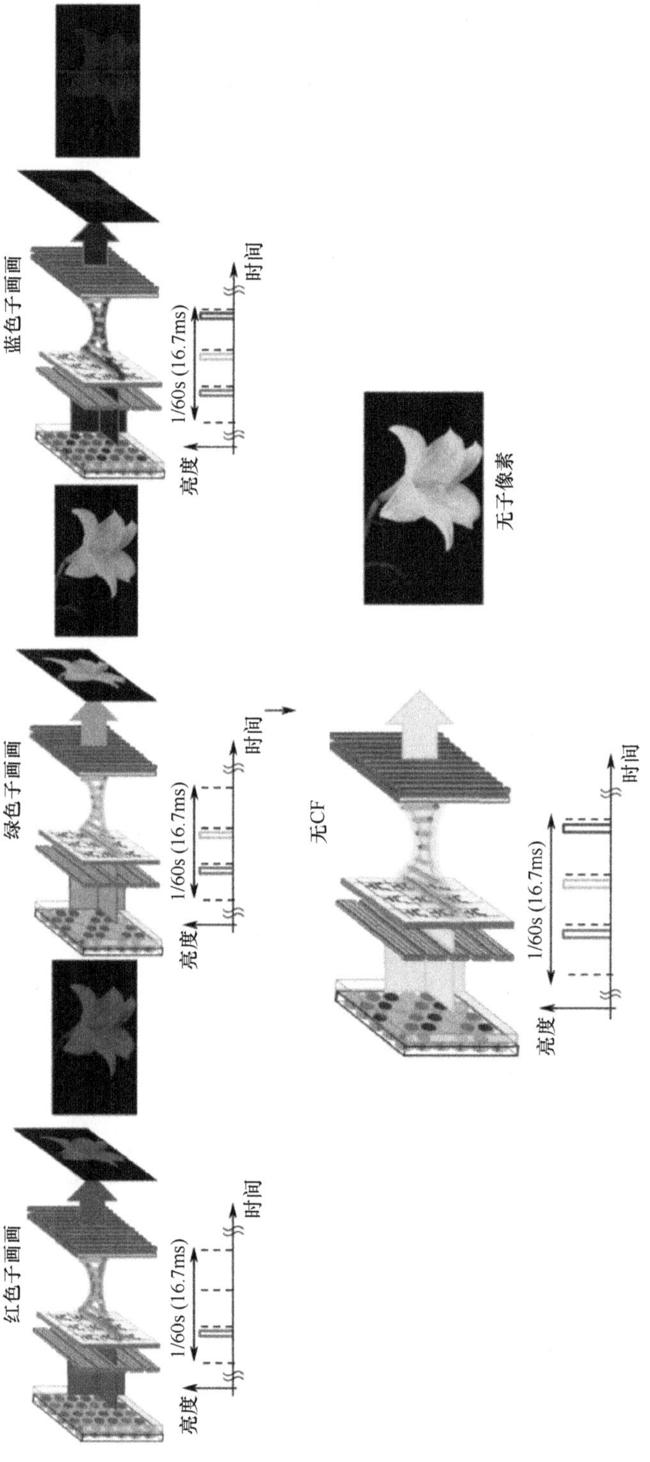

图 4-8 FSC-LCD 工作原理

由于没有 CF 色阻的滤光作用，显示屏的透光率可以从现有的 6%提高到 20%左右，有效降低 LCD 的功耗。由于采用三原色的 R-LED、B-LED 和 G-LED，画面的色彩饱和度更高，色域范围大于 NTSC 110%。并且，能够获得高性能的运动影像。CF 不需要 RGB 色阻还可以降低产品的成本。

但是，FSC-LCD 存在严重的色分离（Color Breakup，CBU）现象，影响影像质量。FSC-LCD 工作时，人眼与影像之间有一个相对速度，RGB 3 个子画面在视网膜上无法完全重叠，在边缘会有颜色错位的现象，并经视觉暂留积分形成色分离现象。改善色分离现象的对策主要有两个方向：加快液晶的响应速度、优化驱动电路的算法。

2. 液晶的快速响应技术

提高 LCD 画面的更新频率，可以缩短 RGB 子画面在视网膜上的分离宽度，降低人眼对色分离现象的感受。图 4-9 比较了在不同帧频下，RGB 三原色通过 FSC-LCD 合成后的模拟色分离效果。根据模拟结果，提高帧频可以有效改善 FSC-LCD 的色分离现象。提高 LCD 帧频，需要提高数据线和扫描线的电压传输能力、提高 TFT 的开关速度，提高液晶的响应速度。

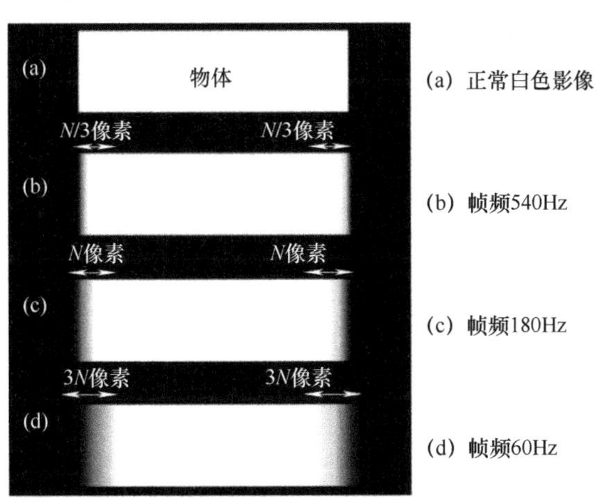

图 4-9　不同帧频下的色分离效果

提高数据线和扫描线的电压传输能力可以用电阻率更低的铜材料代替现有的铝系材料；提高 TFT 的开关速度可以用电子迁移率更高的 LTPS TFT 或 Oxide TFT 代替现有的 a-Si TFT。理论上，在其他条件不变的前提下，TFT 器件的电子迁移率提高 8 倍，驱动帧频提高 8 倍，即帧频从 60Hz 提升到 540Hz

（=3×180Hz），也能保证像素电压的正常写入。

目前，阻碍 FSC-LCD 进一步发展的瓶颈是液晶的响应速度不够快。如图 4-10 所示，以 R 色场为例，在一帧时间内，等所有扫描线上的液晶转动到指定的亮度（对应一定的倾斜角度）后，R-LED 才能点亮，以保证整个 R 子画面不受其他信号的干扰。设 R-LED 点亮时间为 T_{flash}，在 R-LED 点亮之前，一帧时间内还包括所有扫描线扫描完成所需的时间 T_{scan}，以及液晶的光学响应时间 T_{response}，三者的关系满足式（4-2）。在量产的液晶材料中，TN 的响应时间最短，也只有 5ms 左右，相应的灰阶响应（Gray to Gray，GTG）时间只有 2～3ms。假设 GTG 时间为 3ms，一帧时间的 5.6ms 里，用于 LED 照明的时间不到 2.6ms。这样，相比使用相同颗数白光 LED 带 CF 模组亮度，FSC-LCD 的亮度最多只有 46.4% [≈3×2.6/（5.6×3）]。

$$T_{\text{scan}}+T_{\text{response}}+T_{\text{flash}}<1/180\text{s}\approx5.6\text{ms} \tag{4-2}$$

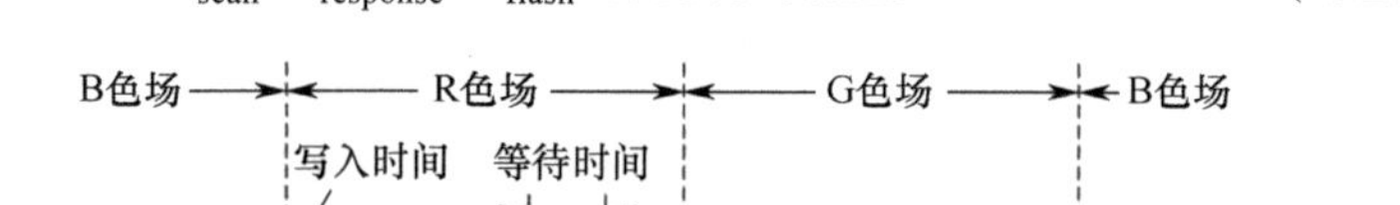

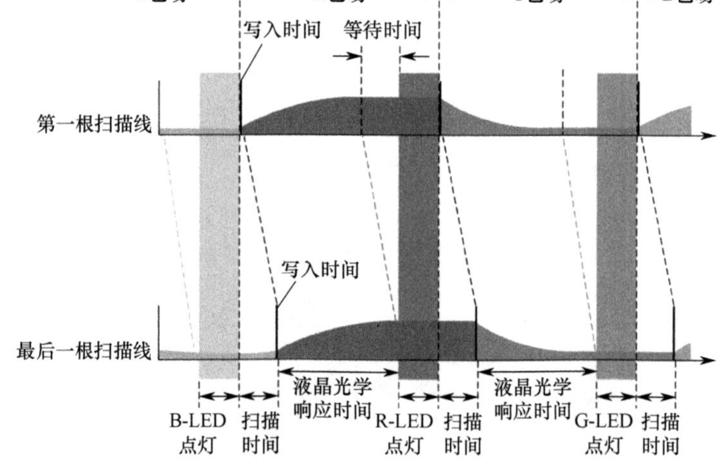

图 4-10　FSC-LCD 的工作时序

可见，传统 FSC-LCD 的问题就是背光作用时间很短，需要超高亮度的高功率 RGB 三原色 LED。如果能够加快液晶的响应速度，就能增加 LED 点灯时间，从而提高 FSC-LCD 的亮度。目前，能够大幅提升响应速度的液晶主要有 OCB 液晶和蓝相液晶。OCB 液晶在加电状态下液晶分子的偏转角度极小，转换速度非常快，这种液晶模式的响应时间为 0.2～2.4ms。而蓝相液晶具有比 OCB 液晶更快的超高速响应，达亚毫秒级别。FSC-LCD 采用蓝相液晶，可以大大降低动态伪像，改善色分离现象。

3. 驱动电路算法优化技术

为了改善 FSC-LCD 的色分离现象，还可以采用插帧技术、动态画面补偿技术、Stencil-FSC 法等。大部分技术都需要快速响应的液晶支撑。有些方法会牺牲显示亮度，有些方法受到观察者不确定的运动限制。

插帧技术就是插入其他颜色的子色场画面，使色分离条纹与所插入的子色场进行色彩的叠加，缩小图像边缘错开的颜色差异，减少颜色条纹的对比，抑制人眼对色分离的感知。图 4-11 给出了几种插帧技术基于人眼积分模型（eye-trace integration modeling）算得的白色画面合成效果：插入黄色 Yellow 子色场的 RGBCY 色序法、插入白色 White 子色场的 RGBW 色序法、插入黑色 Black 子色场的 RGBKKK 色序法等。插入其他补偿色的色序法，其动态画面色分离现象与单纯 RGB 色序（RGB 180Hz 和 RGBRGB 360Hz）相比，色分离现象有明显的改善。其中，RGBW（或 GBRW、BRGW）色序法可将物体一侧色分离现象“漂白”，合成更宽范围的白色，使动态色分离现象不明显。

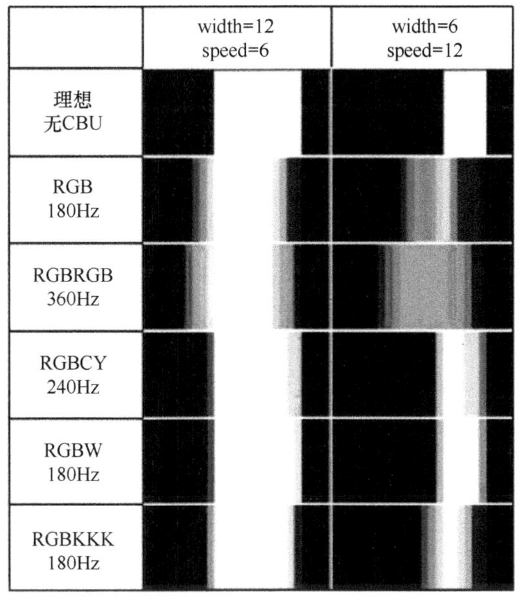

注：speed=6 表示扫过 XGA 像素的时间为 3.8s，speed=12 表示扫过 XGA 像素的时间为 1.4s。

图 4-11　几种插帧技术基于人眼积分模型算得的白色画面合成效果

RGBW 色序法可以提高画面亮度，但会降低画面对比度。如果插入的是 RGB 三色中的某一色，即 RGBG、GRGB、BGRG、GBGR 色序法，效果就相对较差，因为其无法完全补偿图像边缘错开的颜色差异，在图像边缘混不出无色灰阶画面。其他插入更多子色场的技术，由于受制于液晶响应速度而难以实现。比如，RGBW 色序法可把物体两侧色分离现象同时“漂白”，改善色分离现象的效果更明显，但需要 300Hz 的高频驱动。

色分离现象的本质是人眼追迹物体的连续积分不同于影像的非连续动作。动态画面补偿技术就是分析画面中的物体移动，作为预期眼球跟随移动物体的移动速度，然后依据画面内容及眼球速度调整各色场画面内容。该技术通过改变各个子画面的内容来补偿人眼的运动，使 3 个子画面呈现在同一位置，以解决色分离现象。如图 4-12 所示，在观察者观看时，通过减少眼球与画面各色场之间的相对运动，以减小色分离条纹宽度。该技术的缺点是需要较复杂的人眼运动模拟算法及执行算法所需的硬件。如果眼睛与移动物体产生反向的运动，将导致更严重的色分离现象发生。

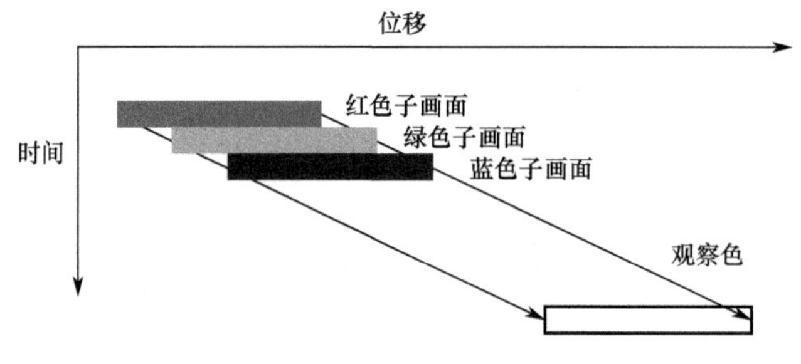

图 4-12　动态画面补偿原理

Stencil-FSC 法是一种四色场色序法，抛开传统色序法的各子画面只显示单色影像的限制，改为使用显示彩色影像的子画面，如图 4-13 所示。首先，利用第一个含有大部分影像亮度的彩色色场显示大致画面，再使用红、绿、蓝 3 个单色色场来修补影像的细节。通过 Stencil-FSC 法可降低红、绿、蓝三色场的色彩及亮度，有效抑制色分离现象。Stencil-FSC 法的帧频一般为 240Hz，又称 4-Field Stencil-FSC 法。如果要让 FSC 技术应用于 TN 等显示模式中，可以把帧频降低到 180Hz，实现 3-Field Stencil-FSC 法。因为人眼对绿色是最敏感的，所以将绿色色场的信息放在第一个色场，则分离的颜色将不存在绿色，所以色分离几乎无法察觉。

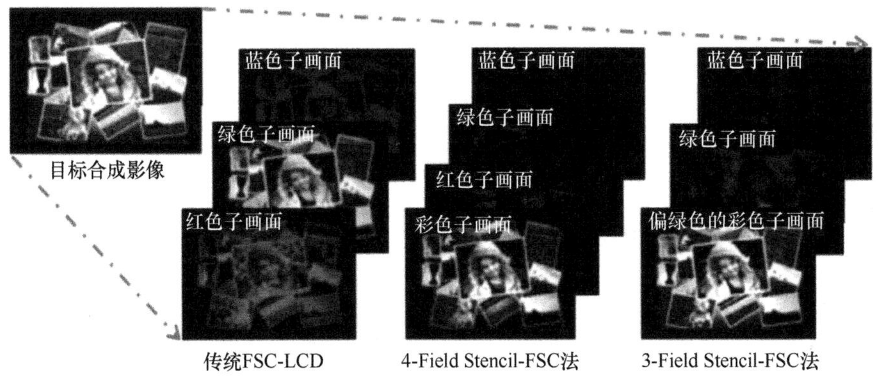

图 4-13　Stencil- FSC 法与传统 FSC-LCD 各子画面合成技术的比较

FSC-LCD 中的色分离现象，在液晶响应速度不够快的限制下，只能设法尽量不被观察者所感知。除改善色分离现象外，FSC-LCD 还需要在液晶响应速度受限的条件下，尽量提升显示性能。比如，利用扫描背光技术提高显示亮度，降低功耗。如图 4-14 所示，扫描背光技术就是把背光源从上到下依次分成 m（$m>n+1$）个区块，分别进行独立的点灯控制。扫描背光技术可以把 T_{scan} 时间缩短到原来的 1/m，这样就可以在不提高液晶响应速度的条件下增加 LED 背光的点灯时间 T_{flash}。对于高分辨率的产品，采用扫描背光技术可以实现高亮度和低功耗的效果。

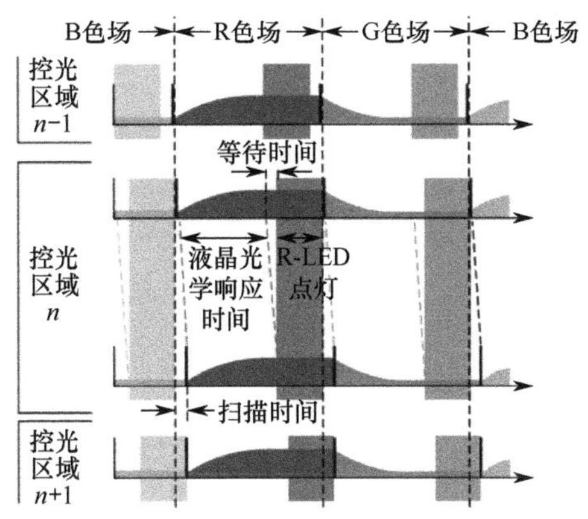

图 4-14　扫描背光技术的原理

4.3　高耐用度与低反射技术

影响 LCD 的显示效果的环境因素包括温度、湿度、光线、尘埃等。温度适应性要求 LCD 能在 50℃以上和−20℃以下的环境下正常显示。湿度和尘埃适应性要求 LCD 在充满水汽和尘埃的环境下不出现点缺陷、线缺陷、显示不均等不良现象。光线适应性要求 LCD 不受外界自然光或照明光的影响，具有防眩、低反射等效果。

4.3.1 高耐用度技术

高耐用度对特殊用途的 LCD 格外重要。对于飞机、汽车等特殊领域使用的 LCD，要求能够耐高低温、抗震等。耐高低温就是要求可适应沙漠炎热干旱地区和极地严寒地区的极端恶劣环境，抗震就是要求能应对剧烈震动或瞬间起落撞击。这种典型应用就是在飞机上。

飞机在距离地面一万米左右的高空飞行，光线强烈、气温低，要求 LCD 的对比度更高、使用温度范围更大。一般，飞机用 LCD 采用 IPS 技术或 FFS 技术，提高对比度的重要途径是提高亮度。LCD 作为非主动发光显示技术，可以通过提高背光源的亮度来满足 LCD 亮度的要求。此外，飞机对 LCD 抗震要求也很高。如图 4-15 所示，为了保证 LCD 工作温度不低于下限值，需要在显示屏下方设计一块加热片，提供均匀的加热处理；为了保证 LCD 工作温度不高于上限值，需要在背光架构上加强散热处理，减少背光发热量；为了保证 LCD 的抗震能力，需要用背光框架、光学膜片框架和显示屏框架进行加固处理。

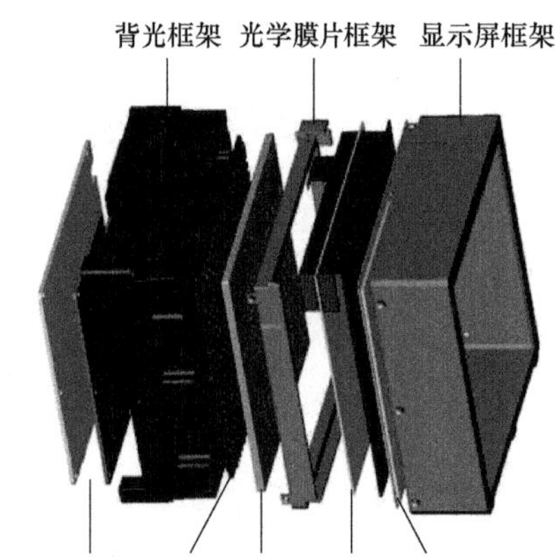

图 4-15　耐高低温和抗震 LCD 的基本结构

4.3.2 低反射技术

如图 4-16（a）所示，使用没有经过表面处理的偏光片，LCD 在工作及关闭电源的瞬间，会反射出自己和周围的物体。这在明亮的地方不用太在意，而在看电影等较暗的地方会使人分心。但是，这种光泽 LCD 的色彩真实，因黑色稳定而具有较高的对比度。高光泽度可抑制画面表面产生的外光漫反射现象，还可通过防止显示屏内部的光在表面扩散而控制黑浮现象（因为漏光等原因导致黑色不够黑），提高对比度。如图 4-16（b）所示，如果光泽 LCD 不反射外界物体，在显示静止画面或影像时，可以获得清晰的画质。

(a) 反射状态显示效果

(b) 无反射状态显示效果

图 4-16　光泽 LCD 的显示效果

如果对 LCD 偏光片表面进行防眩（Non Glare 或 Anti Glare，AG）处理，可以减少外界光的反射，长时间使用可以减轻眼睛的负担。但是，如图 4-17 所示，防眩 LCD 在显示静态画面或影像时，画面会泛白导致对比度下降。由于经过一道表面处理工艺，防眩 LCD 表面比光泽 LCD 表面更耐刮耐磨。一般，防眩 LCD 通过如图 4-18（a）所示的表面凹凸结构使入射光呈漫反射，从而减少进入人眼的反射光。但是，这种表面凹凸结构也会打乱来自背光源的光。所以，加上外界光的漫反射，低灰阶的亮度偏高。为了减少外界光的反射，可以采用如图 4-18（b）所示的防反射（Anti Reflection，AR）涂布工艺，通过吸收特定波长范围的光来减少外界光的反射。如果采用多层 AR 涂布工艺，可扩大所吸收的外界光的波长范围。但是，成本增加，整体亮度下降。

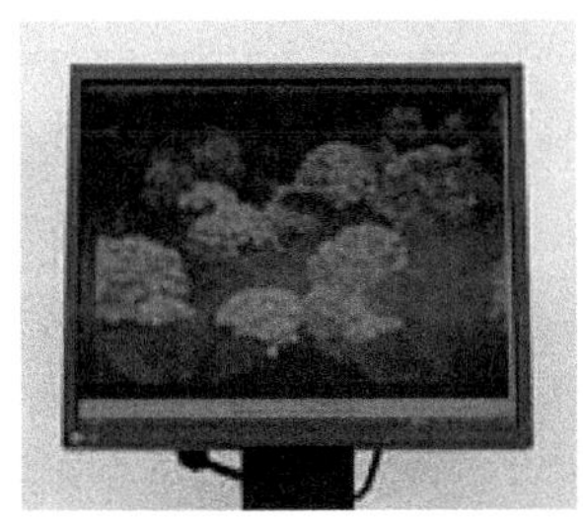

图 4-17　防眩 LCD 的显示效果

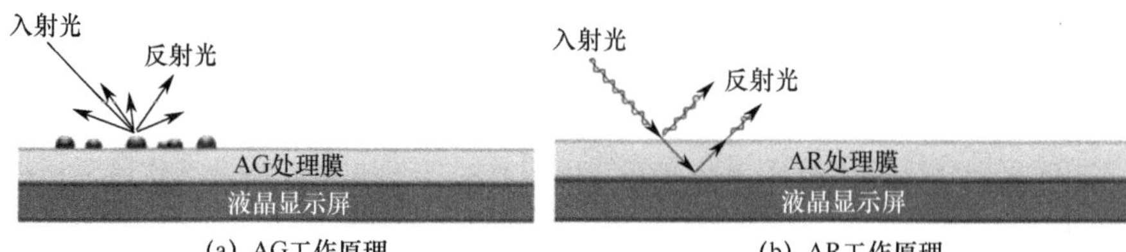

(a) AG工作原理　　(b) AR工作原理

图 4-18　LCD 表面处理的工作原理

光泽 LCD 笔直发光，能够提高视觉上的对比度感和精细感，但难免会产生照明眩光，使人分心。防反射 LCD 是通过磨砂玻璃状的低反射涂布来实现的，虽然实现了低反射，但电视的光也扩散。防眩 LCD 会使质感冰冷生硬。

采用蛾眼构造的玻璃，显示屏不仅能够保持光泽显示屏的精细感，同时比老式低反射显示屏减少了反射。蛾眼技术如图 4-19 所示。蛾眼显示屏是在表面上配置了具有 100nm 左右规则性凸起阵列结构的显示屏，反射是在物体的光折射率（玻璃为 1.5，空气为 1.0）不连续时发生的。蛾眼的原理是如果能让物体之间的界面消失，反射就会消失。蛾眼显示屏的表面凸起的折射率自上而下连续变化，因此不会出现折射率明显不同的界面，并且几乎不反射照在薄膜上的光线。由于画面反射少，因此暗部的再现性提高，实现了高对比度。由于在光的全波长范围内实现了固定的低反射率，因此即便有些许反射的图像也不带颜色。光泽显示屏的反射率为 4%左右，老式低反射显示屏的反射率不足 1%，这两种显示屏的反射率都随着光的波长而有所不同。而蛾眼显示屏实现了 0.1%以下的基本固定的低反射率，斜着看反射率也很低。传统技术斜视角超过 40°，反射陡增，而蛾眼显示屏即使斜视角达到 60°，反射率也仅有 1%左右，与老式低反射显示屏从正面看相当。

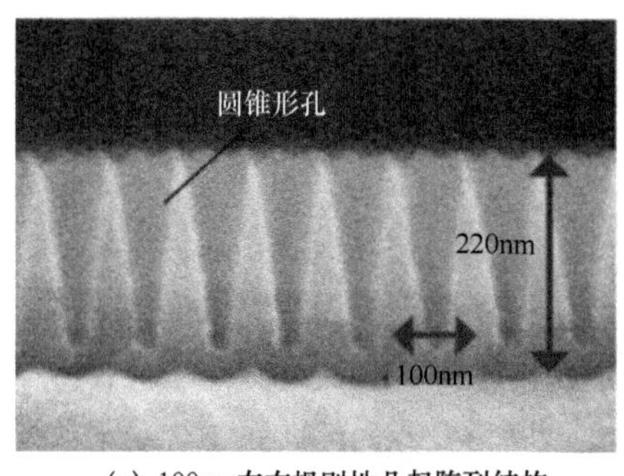

(a) 100nm左右规则性凸起阵列结构

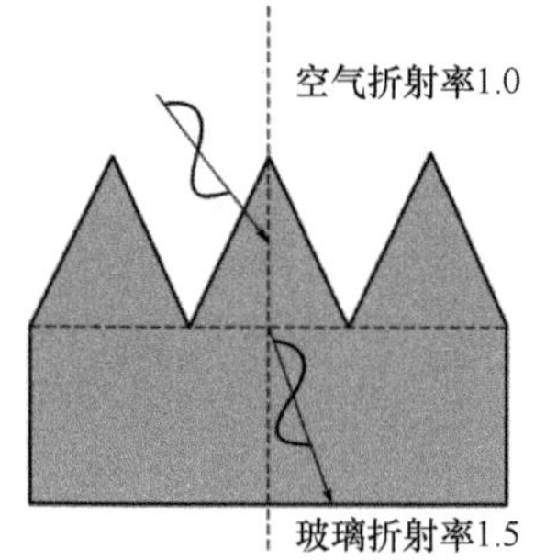

(b) 纳米级微细凸起吸收空气和玻璃的折射率之差

图 4-19　蛾眼技术

另外一种可以增强环境适应性的技术是采用“隐形玻璃”。隐形玻璃的正反面实施了防反射涂布，大幅抑制了光反射，因此看起来好像什么都没有。普通玻璃可透过约 92%的光线，而隐形玻璃却可透过约 99.5%的光线。采用隐形玻璃，LCD 画面会更明亮，还可抑制室内照明的反射，能够舒适地收看电视节目。

4.4　轻薄化技术

LCD 轻薄化体现为显示屏轻薄化、模组轻薄化和整机轻薄化。模组的轻薄化与整机的轻薄化都涉及部材的一体化设计。

4.4.1　显示屏轻薄化技术

显示屏的厚度主要体现在玻璃和偏光片上，质量主要体现在玻璃上。玻璃和偏光片薄化的同时，还可以减小质量，提高透光率。

偏光片的厚度一般在 0.2mm 左右。如图 4-20 所示，因为偏光片的厚度主要集中在 TAC 层上，所以偏光片轻薄化的方向是减小 TAC 层厚度。TAC 层薄化的趋势是从现有的 80μm 薄化到 50μm 以下。目前量产的 60μm 厚度 TAC，一般用在靠近玻璃基板一侧，并具有抗静电功能。厚度只有 40μm 的 TAC 还有待进一步普及。

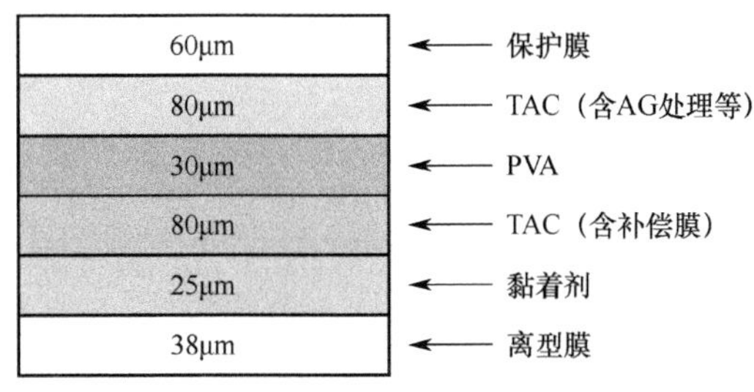

图 4-20　偏光片功能层的典型结构及其厚度

根据产品用途的不同，玻璃轻薄化的趋势不同。电视用 LCD 的玻璃厚度从原来的 0.7mm 依次薄化到 0.63mm、0.5mm。随着 LCD 电视厚度的减小，玻璃的厚度比重上升。当 LCD 模组的厚度减小到 4mm 以下后，相比 0.7mm 厚度的玻璃，0.5mm 厚度的玻璃可以对 LCD 模组的薄化再贡献 10%。手机、电脑和显示器用 LCD 的玻璃轻薄化趋势更加明显。目前最薄的量产玻璃为 0.4mm，经过化学腐蚀、研磨等薄化工艺后，厚度可以进一步减小到 0.25mm。

当 LCD 模组的厚度减小到 3mm 时，相比 0.5mm 厚度的玻璃，0.4mm 厚度的玻璃可以进一步减小模组厚度 7%。

对于厚度只有 0.1mm 的超薄玻璃基板，需要通过将玻璃浸入 KNO_3 溶液，将玻璃表面的钠（Na）离子替换为尺寸较大的钾（K）离子，从而提高强度。同时，需要保持透明性、耐热性及电气绝缘性等玻璃特性。玻璃基板轻薄化不但能使配备该玻璃的移动终端实现轻量化，还可提高显示屏的透光率和触摸显示屏的灵敏度。

厚度在 0.4mm 及以下的超薄玻璃，除生产困难外，在搬运、处理等方面要求特殊的设备。目前对应的制造工艺有如图 4-21 所示的片对片（sheet to sheet）方式和卷对卷（roll to roll）方式。片对片方式将 0.1mm 厚超薄玻璃基板贴合到运送用 0.5mm 厚载体玻璃基板上，一体化后的基板在热处理及化学处理方面具有与普通玻璃基板相同的耐久性。载体玻璃基板可轻松剥离，而且，与载体玻璃基板贴合的超薄玻璃基板不与制造设备直接接触，因此可防止划伤。片对片方式无须改造已有的 LCD 生产线即可处理超薄玻璃基板。此外，玻璃的超薄化实现了可弯曲性，因此还可利用卷对卷方式制造。卷对卷方式需要改造现有设备。

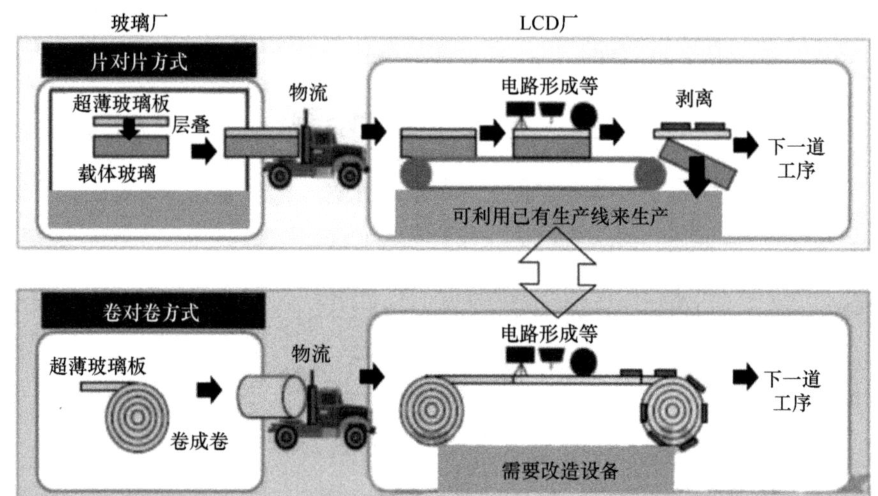

图 4-21 使用超薄玻璃基板的制造工艺示意图

4.4.2 模组轻薄化技术

LCD 模组的最厚部分是背光源。从背光源的结构看，侧光式比直下式薄。通过将背光源由 CCFL 替换为 LED，可以使 LCD 模组进一步实现轻薄化及低功耗化。侧光式 LED 背光源模组中，影响厚度的主要因素是驱动板电路、导光板等光学元件、胶框等结构件。

背光源中，减小导光板、扩散片、增亮膜等光学元件的厚度可以实现模组的轻薄化。导光板是侧光式 LED 背光源中最厚的光学元件，以 PMMA 为主要材料。电视用途的导光板厚度在 3mm 左右，监视器用途的导光板厚度在 2mm 左右，手机等中小型便携产品用途的导光板厚度在 1mm 左右。限制导光板继续减薄的瓶颈是导光板材质和网点设计。基于 PMMA 材质的导光板厚度极限在 0.8mm 左右，如果要继续减薄导光板，需要采用 PC 代替 PMMA。导光板越薄，网点设计的难度越大，采用现有工艺制作网点容易引起导光板翘曲，导致背光源亮度均一性下降。利用喷墨技术，与利用射出成型和丝网印刷工艺制造导光板时相比，图案直径更小，可实现轻薄化。

如图 4-22 所示，光学元件的一体化集成是实现模组轻薄化的关键。3M 公司开发的空气导光板 CMOF（Collimated Multilayer Optical Film），可取代原来使用树脂导光的固体导光层，拥有可使空气层导光的功能，经过偏转的光线射向显示屏。空气导光板能使指向性强的 LED 光沿垂直方向从导光板射出，同时还能增加导光板内光线的混合量，保证 LED 光源间隔较远也不会发生光源不均。如图 4-23 所示，利用空气导光板不仅可以省去现有的固体导光板，还能减少各种光学膜片，提高光的利用效率，减少 LED 使用颗数，减小背照灯质量（1/10 以下），降低成本。

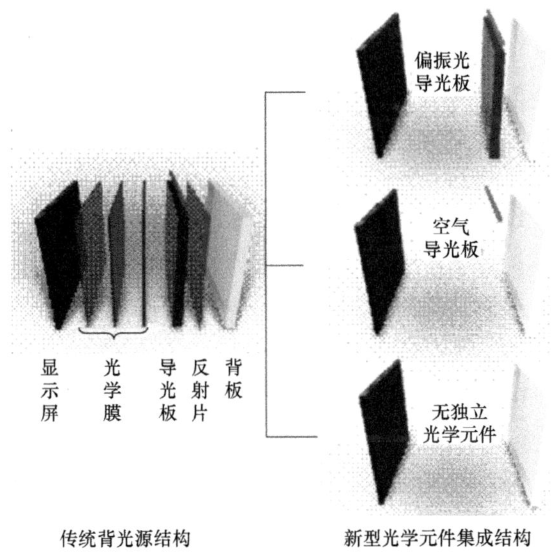

图 4-22　光学元件的一体化集成示意图

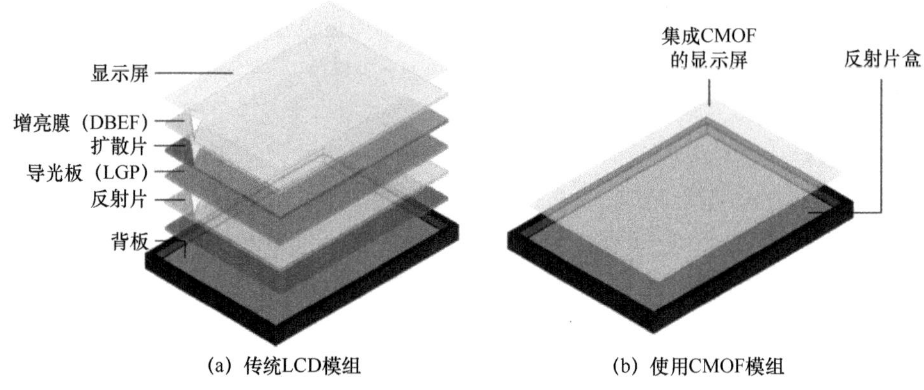

(a) 传统LCD模组　　(b) 使用CMOF模组

图 4-23　使用 CMOF 技术的 LCD 模组轻薄化效果示意图

驱动板电路轻薄化技术是不让驱动板额外占用厚度空间，一般采用如图 4-24 所示的平置 PCB 结构设计。平置 PCB 结构是让 PCB 基板和显示屏呈水平放置，模组组装时可以忽略 PCB 基板的厚度。PCB 的厚度一般在 3mm 左右。平置组装可以有效实现模组轻薄化，但 PCB 基板占用了横向空间，所以难以做到窄边框设计。因为 PCB 基板平置，所以这种组装方式所用的 COF 是最短的。

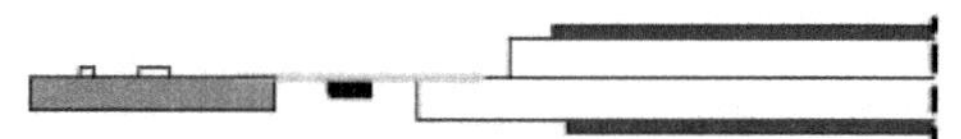

图 4-24　平置 PCB 结构设计

4.4.3　整机轻薄化技术

一般，LCD 整机的厚度组成包括：前框（厚度约 1mm）、模组前钣金（厚度约 0.6mm）、CF 侧偏光片（厚度约 0.24mm）、CF 玻璃基板（厚度约 0.7mm）、TFT 玻璃基板（厚度约 0.7mm）、TFT 侧偏光片（厚度约 0.24mm）、胶框（厚度约 7mm）、光学膜片（厚度约 0.6mm）、扩散板（厚度约 0.22mm）、导光板（厚度约 2mm）、反射片（厚度约 0.45mm）、含 PCB 后钣金（厚度约 6mm）、整机驱动板（厚度约 11mm）、整机胶框（厚度约 4mm）、后框（厚度约 1mm）等。

整机轻薄化除减小各组成部分的厚度外，最有效的方法是模组整机一体化设计。用整机的前框代替模组的前钣金，用整机的后框代替模组的背板（后钣金）。

伴随轻薄化设计，散热设计、电源设计等面临更严峻的挑战，如需要使用低高度的变压器、线圈或散热片，及将多个部件串联或对水平安装等。由于窄边化和轻薄化，扬声器开始被尽量隐藏进机身内部。在这种配置下，确保足够的空间非常困难。音响系统也难以保持高音质。轻薄化则导致机身刚性降低，致使扬声器频率特性要求的尽量平坦难以实现。

4.5　显示屏与模组窄边框技术

LCD 窄边框具有美观简洁、显示器存在感弱化，以及相同产品外观的可视面积大等优点。如图 4-25 所示，LCD 不同部分的边框概念不同：显示屏的边框指显示区到玻璃边缘的距离，模组的边框指前钣金的显示面表面宽度，整机的边框指前框的显示面表面宽度。LCD 模组窄边框的尺寸必须能与整机的前框兼容，这是必须克服的差异性问题。

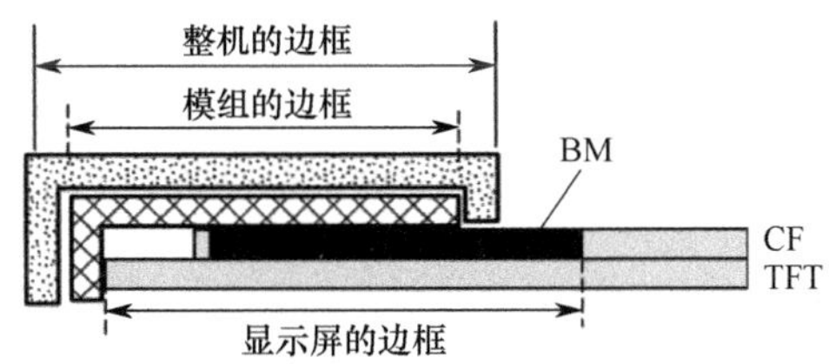

图 4-25　LCD 的三种边框定义

4.5.1　显示屏窄边框技术

显示屏窄边框技术需要从设计、工艺和设备等方面进行保证。设计部分包括 BM、引出配线、阵列基板行驱动（Gate Driver on Array，GOA）等的设计，工艺与设备部分包括液晶滴下、封框胶涂布等。

如图 4-26 所示，在显示屏的边框内，从玻璃边缘到显示区依次分布着 COF、引出配线、封框胶和 COM 线。一般，COF 压接区域的范围是一定的。引出配线受等电阻配线的限制，所需区域的范围也基本一定。并且，引出配线的布线区域宽度受到引线数量和 COF（或 COG）个数的限制。显示屏的分辨率越高，单个 COF（或 COG）对应的引线数量越多，COF（或 COG）的个数越少，要求引出配线的布线区域越大。

扫描线的引出配线一般用第一金属层设计，数据线的引出配线一般用第二金属层设计。由于每侧的引出配线使用同层金属布线，配线之间需要隔开一定的距离。如果单侧的引出配线使用上下绝缘的第一金属层和第二金属层间隔布线，可以有效利用传统直接排布设计时配线间预留的间距，一定程度上可以减小引出配线区域的面积。但是，此种排线的边框宽度仍受到引线数量的限制。显示屏窄边框设计的最有效对策是减小封框胶宽度和周边 COM 线宽度，采用 GOA 技术。

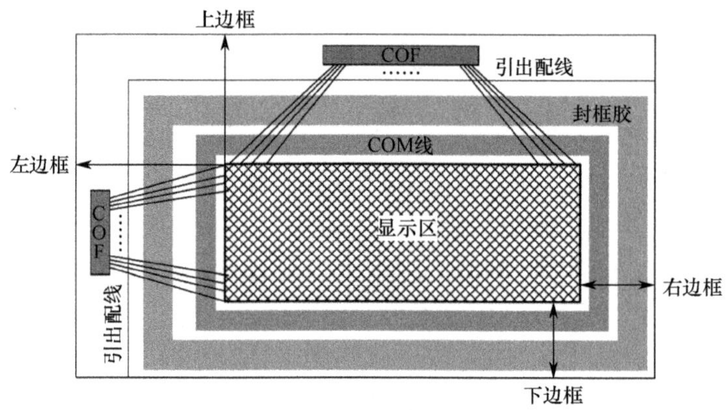

图 4-26 显示屏边框示意图

减小周边 COM 线宽度实现窄边框设计的原理如图 4-27 所示。一般，在平行扫描线方向布有 COM 配线，用作像素存储电容的固定电极。周边 COM 线从 COF 上导入 COM 电位后，需要均匀地把 COM 电位传输到所有 COM 配线上，所以周边 COM 线比较宽，以保证 COM 电位在周边 COM 线上不至于产生太明显的电位差。在图 4-27 中，通过在显示区上下之间用与数据线平行的显示区 COM 线进行 COM 电位传输，纵向分布的显示区 COM 线与横向分布的 COM 配线通过接触孔进行等电位连接，保证 COM 电位均匀地传输到所有 COM 配线上。显示区 COM 线代替了部分周边 COM 线的作用，所以周边 COM 线可以做得更细。

这种 COM 线设计在显示区内的理念，在小尺寸显示屏设计时可以用于扫描线的引出，即把部分扫描线沿着数据线引出，减少扫描线在左右边框上的布线压力。并在数据线驱动芯片一侧进行 COF 压接或 GOA 设计。这种设计可以将显示屏左右边框窄化至极限。

采用 GOA 设计可以省略扫描线驱动芯片的压接区域，在原有的引出配线区域设计电路功能块代替扫描线驱动芯片。采用 a-Si TFT 驱动的大尺寸显示屏的 GOA 电路功能块的宽度在 8mm 左右，小尺寸显示屏的 GOA 电路功能块的宽度在 1.5mm 左右。如果改用 LTPS TFT 或 IGZO TFT 驱动，GOA 电路功能块的宽度可以做得更小。小尺寸显示屏采用 LTPS TFT 设计 GOA 电路功能块，边框宽度在 0.5mm 左右。

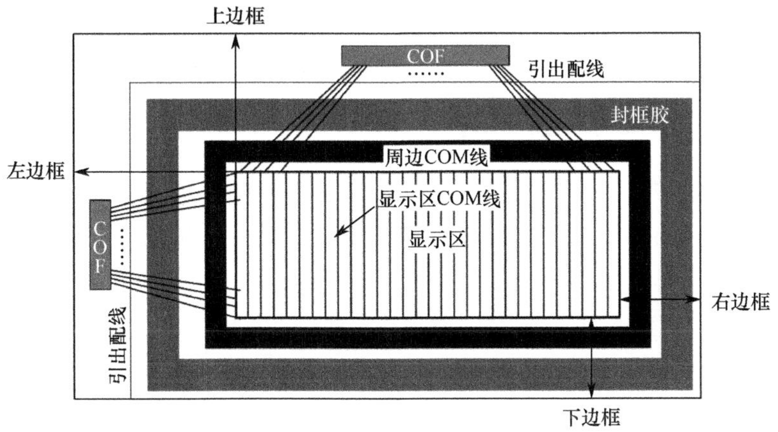

图 4-27　减小周边 COM 线宽度实现窄边框设计的原理

在中小尺寸显示屏中，如果用 a-Si TFT 进行 GOA 设计，由于 a-Si TFT 占用面积大，封框胶涂布在 GOA 区域后，封框胶硬化的 UV 光透光率低，影响硬化效果，进而影响显示效果。除采用氧化物 TFT 或 LTPS TFT 进行 GOA 设计外，采用相邻显示屏封框胶共用的工艺技术，也可以改善窄边框封框胶硬化的问题。如图 4-28 所示，在基板贴合时，两个相邻的显示屏通过单一封框胶分隔，切割母板时，两个相邻显示区域夹持的封框胶同时断裂，并分布在每一个显示区域的边缘。这种工艺技术在提高母板利用率的同时，也得到窄边框显示屏。

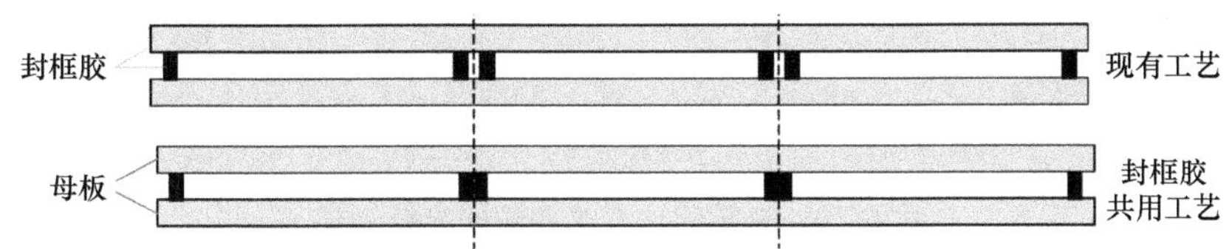

图 4-28　相邻显示屏封框胶共用的示意图

减小封框胶宽度是最直接有效的窄边框对策。封框胶宽度减小后，容易出现封框胶穿刺、未固化的封框胶污染液晶等现象。对策是在 ODF 工艺中使用高黏度的封框胶。高黏度封框胶在涂布时，宽度的控制比较困难，易断胶。并且，封框胶的起点和终点平滑连接也比较困难。这些都对封框胶工艺设备，乃至 ODF 工艺设计提出了更高的要求。

窄边框设计除以上的对策外，还包括 CF 侧显示区周边 BM 和胶框、前框等的协同设计以避免窄边框设计带来的漏光问题，还可以采用减少芯片引脚数以缩小 COF 尺寸的 LPC（Low Pin Count）接口技术等。

4.5.2 模组窄边框技术

LCD 模组的窄边框就是窄前钣金（narrow bezel）。显示屏窄边框是模组窄边框的前提，背光源窄边框是模组窄边框的基础。LCD 模组的边框是前钣金的宽度，其中还包括部分胶框的侧壁厚度。通过显示屏和背光源的窄边框设计，以及胶框和前钣金的轻薄化，能够实现模组的窄边框设计。

背光源的窄边框设计，需要保证在混光距离（比如光源到导光板之间的距离）缩短后在发光区域的边缘不出现显示不均等问题。首先要解决光学膜片与导光板的位置关系。一般，入光侧的光学膜片要比导光板短，如图 4-29（a）所示。如图 4-29（b）所示，如果光学膜片比导光板长，LED 等发光体上方的光线会被导出，导致边缘光线过强，产生亮线或亮带，形成边缘漏光。不过，光学膜片也不能太短，太短就会接近甚至超过出光区，这样在出光区的边缘也会有亮线产生。所以，随着混光距离的缩短，光学膜片的位置设计难度加大。

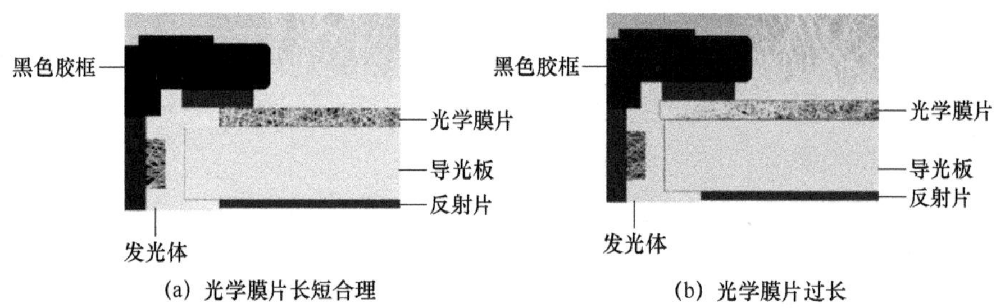

(a) 光学膜片长短合理　　(b) 光学膜片过长

图 4-29　光学膜片边缘台阶的光线追迹

如图 4-30 所示，解决窄边框设计时光学膜片组装的一个有效对策是把光学膜片放在胶框上方，并采用白色胶框。这样，LED 等发光体上方的光线即使没有进入导光板内，也不会因为光学膜片的接收改变方向，而是直接被胶框挡住。使用光线反射率高的白色胶框，可以提高入光效率，避免大部分光被胶框吸收。相比黑色胶框，白色胶框的背光源中心亮度可以提升将近 10%。这种设计的问题是膜片没有胶框固定，运输和组装比较困难。

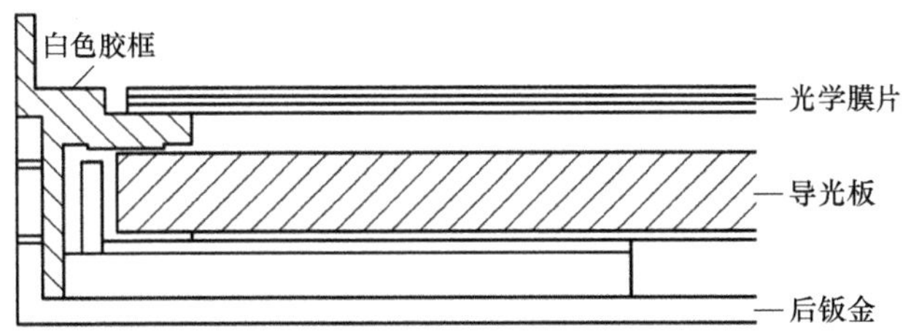

图 4-30　光学膜片置于胶框上方的窄边框结构

4.6　低功耗 LCD 技术

低功耗问题不仅是品质问题，也是可靠性问题和成本问题，是 LCD 作为电子产品的共同问题。为了降低 LCD 耗电量，需要采用新部件、新工艺、优化驱动方法等技术。

4.6.1　节能环保技术的发展

LCD 模组的功耗主要由两个部分构成：背光源的功耗和显示屏的功耗。降低背光源功耗的途径有：提高显示屏的透光率、提高 LED 发光效率、提高光学膜片的透过效率等。降低显示屏功耗的途径有：降低像素 TFT 的驱动频率、减小数据线和扫描线的电容、降低液晶驱动电压。

提高显示屏透光率的主要对策是提高像素开口率，以及提高偏光片和 CF 等部材的透光率。

不同的显示模式，提高像素开口率的具体方法不同。一种共通的技术是采用有机绝缘膜技术。如图 4-31 所示，有机绝缘膜技术通过涂布 2 ~ 3μm 厚度的光敏性丙烯酸树脂层进行平坦化处理，在 ITO 像素电极与数据线、扫描线之间拉大垂直方向的间隔，减少或屏蔽数据线和扫描线的静电耦合，将像素电极向数据线和扫描线方向扩展，从而提高像素开口率。随着 LCD 精细化程度的提高，显示屏的高透光率与低功耗性日显重要，有机绝缘膜技术的应用日益增多。此外，还可以利用 CVD 工艺形成正硅酸乙酯（Tetraethylorthosilicate，TEOS）无机绝缘膜，或者利用 SOG（Spin on Glass）工艺直接在基板上涂布液态 SiO_2 形成无机绝缘膜。大厚度绝缘膜的使用还有平坦化的效果。

提高偏光片和 CF 等部材的透光率，根本的对策是在维持或提高各部材所贡献的显示性能的同时，提高透光率，降低耗电量。一般，部材的透光率与对比度、色域等规格相冲突。在透光率指标很重要的情况下，一般也不会去牺牲对比度，但有的设计会通过降低色域的规格来提高 CF 的透光率，比如把色域的规格从 NTSC 72%下降到 NTSC 68%，甚至更低。

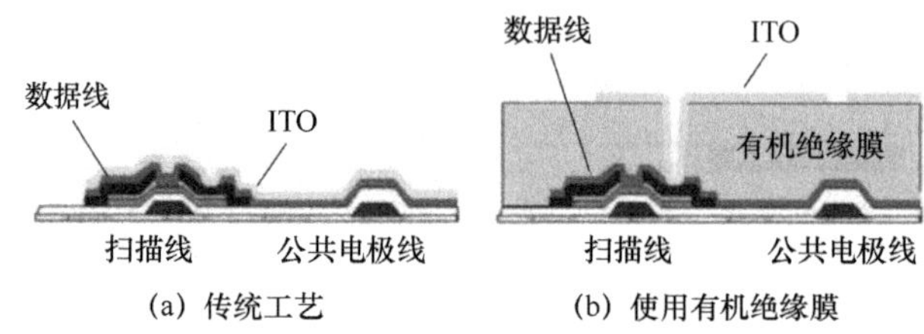

(a) 传统工艺　　(b) 使用有机绝缘膜

图 4-31　有机绝缘膜技术

传统的 LCD 背光源提供的是静态背光，无论影像内容和亮暗程度怎么变，静态背光源所消耗的功率固定不变。并且，常亮的背光会导致显示屏在暗态时出现漏光，导致对比度难以提升。采用区域调光（local dimming）技术，即动态背光技术，分区域控制背光源的亮度，可以在很大程度上降低背光源的功耗，同时提高 LCD 的对比度。

动态背光技术主要用于直下式 LED 背光源。为了减少 LED 数量，结合超薄、美观、低功耗等优势，大尺寸侧光式 LED 背光源也开始导入动态背光技术，也叫主动调光（active dimming）技术。如图 4-32 所示，动态背光技术结合影像优化处理技术，依影像信号特征结合 LED 背光源模块的物理特性，进行亮度调变及显示屏优化补偿调变驱动。一方面，显示屏的灰阶层次分布随着影像内容进行调整，使得影像的灰阶层次更细致，并且由于明暗的对比增强，大幅提升立体感。另一方面，LED 背光的亮度随着影像内容分区域、独立地进行亮度调变，故在显示暗态画面时，LED 亮度随之降低，从而可降低整体背光源的耗电量，降幅在 30%以上。

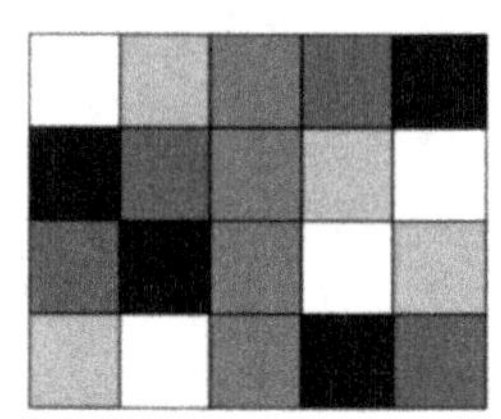

(a) 直下式LED背光（4×4=16区域调光）

(b) 侧光式LED背光（4×2=8区域调光）

图 4-32　动态背光技术的区域调光原理

推动 LCD 向低功耗化发展的另一重要构件是背光源中的光学膜片。其中，具有光的再利用效果的增亮膜(Dual Brightness Enhancement Film，DBEF)尤为突出，虽然价格昂贵，但却是低功耗化不可欠缺的重要材料。为了降低成本，可以换成棱镜片等价格更低的薄膜。

中小尺寸 LCD 的精细化程度不断提高，导致耗电量进一步升高。如图 4-33 所示，对于耗电量在 600mW 以上的智能手机用 LCD 模组，背光源白光 LED 的耗电量占显示屏模块整体耗电量的 75%以上，剩余 25%为液晶显示屏（含驱动电路）的耗电量。在主流智能手机中，每个白光 LED 的耗电量为 100mW 左右，发光效率为 100lm/W 左右。降低耗电量最简单有效的对策是提高占耗电量 7 成以上的白光 LED 的发光效率，减少白光 LED 的颗数。前者主要通过 LED 芯片制造与封装来实现，后者主要通过提高扩散片、增亮膜、导光板、反射片、偏光片等光学元件的光利用率或透光率来实现。

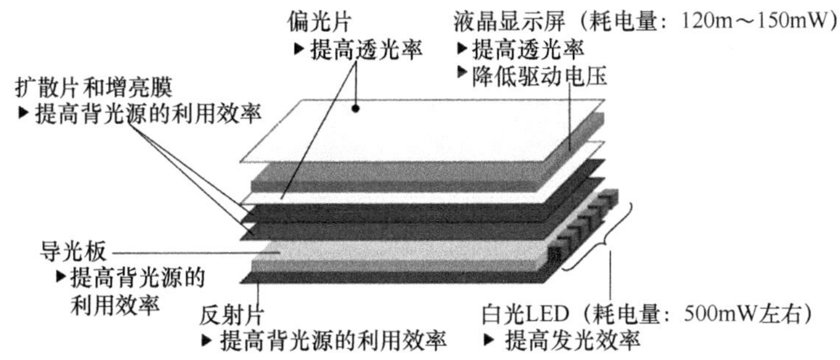

图 4-33　中小尺寸 LCD 耗电量占比解析

对于中小尺寸 LCD，除降低背光源的功耗，以及提高显示屏的透光率外，降低驱动电路的功耗也显得尤为重要。前者都涉及像素结构的变更，后者都涉及驱动频率或驱动电压的下降。高精细化的像素结构一般采用 FFS 或 IPS-Pro Next，驱动电路一般采用 Z 反转驱动技术。

除了前面所述的一些低功耗对策外，还可以用 RGBW 四色 CF 分配给相邻两个像素的 Pentile 技术、场序列动态背光技术、无偏光片技术等。

4.6.2　Z 反转驱动技术

Z 反转（zigzag inversion）驱动是在一帧时间内，在保证显示屏上像素电压极性呈点反转(1dot inversion)的前提下，实现列反转(column inversion)或行反转（row inversion）驱动，从而降低驱动电路的功耗。根据实现方法的不同，Z 反转驱动技术分为数据线两侧像素 Z 反转和扫描线两侧像素 Z 反转两种形式。

1. 数据线两侧像素 Z 反转

数据线两侧像素 Z 反转是在同一根数据线上，上下相邻的像素依次呈左右反转排列，用列反转驱动方式，实现传统点反转驱动对应的像素电压极性图。

如图 4-34（b）所示，在一帧时间内，每根数据线的驱动电压极性相同，相邻数据线的驱动电压不同，每根数据线分别向左右两侧的像素提供相同极性的电压，综合所有像素电压的极性，显示屏具有如图 4-34（a）所示的传统点反转驱动的显示效果。相比传统点反转驱动技术，因为每根数据线与列反转驱动一样都以列为单位正负极性反转，所以，数据线两侧像素 Z 反转驱动的极性反转频率（TCON 输出的 POL 信号频率）等于帧频，即以一帧时间（1 个 VSync 周期）为单位进行正负极性的反转。因此，在一帧时间内，驱动电压的平均变化幅度降低一半左右。根据电容充放电功耗公式（4-3），数据驱动电路的功耗 $P_{\rm d}$ 理论上可以降低到原来的 1/4 左右。

$$P_{\rm d}=\alpha\cdot C_{\rm d}\cdot V^2\cdot f \tag{4-3}$$

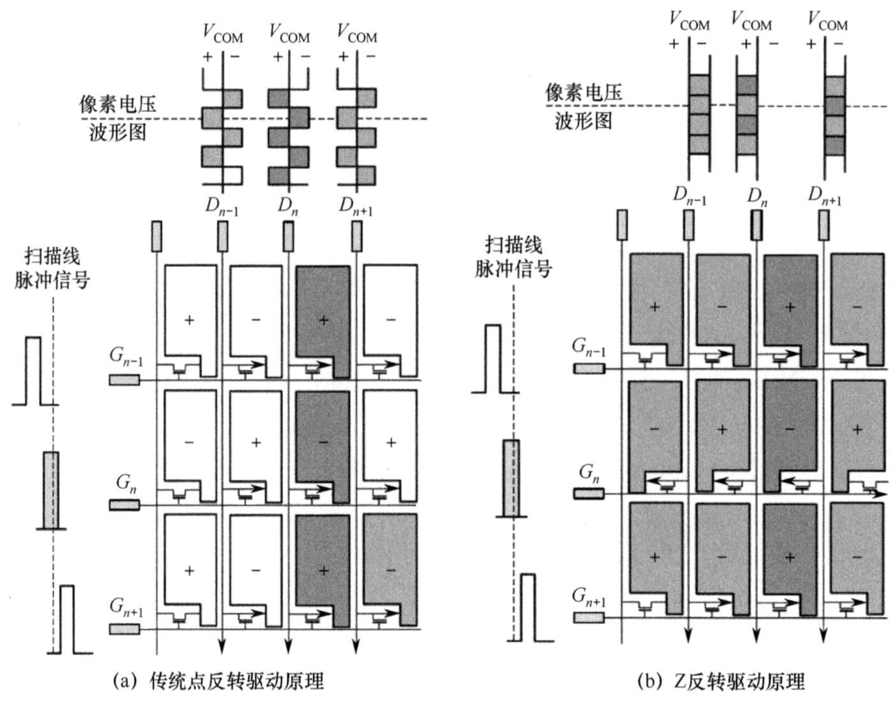

(a) 传统点反转驱动原理　　(b) Z反转驱动原理

图 4-34　传统点反转驱动和数据线两侧像素 Z 反转驱动的比较

在图 4-34（b）中，显示屏最边上的数据线只对单侧像素进行充放电。如图 4-35 所示，根据每行子像素与数据线的位置关系不同，数据线两侧像素 Z 反转驱动分为“之”字形结构和反“之”字形结构。如图 4-35（a）所示的“之”字形结构，奇数行像素在数据线的右侧，偶数行像素在数据线的左侧。如图 4-35（b）所示的反“之”字形结构，奇数行像素在数据线的左侧，偶数行像素在数据线的右侧。无论哪种结构，都要比传统驱动方式多出一根数据线。

在图 4-35 中，Data#1438 表示第 1438 根数据线；Gate#4 表示第 4 根扫描线；R、G、B 分别表示红色子像素、绿色子像素和蓝色子像素。

以图 4-35（a）中的“之”字形结构为例，奇数行扫描线输入 Vgon 信号时，R[0:7]、G[0:7]、B[0:7]信号分别输入 R、G、B 子像素；偶数行扫描线输入 Vgon 信号时，G[0:7]、B[0:7]、R[0:7]信号分别输入 R、G、B 子像素。图 4-36 以 G 信号的输入为例，介绍数据线两侧像素 Z 反转信号输入方法。图 4-36（a）所示为 G 信号输入的普通显示屏驱动方法：随着信号的输入，G 子像素和 R 子像素隔行依次点亮。图 4-36（b）所示为 Z 反转显示屏驱动方法：奇数行扫描线对应的 G 信号和偶数行扫描线对应的 B 信号隔行依次输入。因为，最边上两根数据线的正常电压信号减少一半，驱动对策是在最边上两根数据线的正常电压信号之间插入 Dummy 信号。

在图 4-36 中，Data#955 表示第 955 根数据线；R、G、B 分别表示红色子像素、绿色子像素和蓝色子像素。

数据线两侧像素 Z 反转驱动经常与双栅极（dual gate）结构或三栅极（triple gate）结构一起使用，以减少数据线的数量。因为数据驱动电路比扫描驱动电路更耗电，减少数据驱动电路既可以降低功耗，又能降低成本。如图 4-37 所示，一片分辨率为 1366 像素×768 像素的显示屏，采用三栅极结构并结合 Z 反转驱动，只需要 1367 根数据线（采用传统驱动技术需要 4098 根数据线），数据驱动电路只需要一颗芯片。其中，扫描驱动电路以 GOA 形式分布在两侧。

2. 扫描线两侧像素 Z 反转

扫描线两侧像素 Z 反转是在同一根扫描线上，左右相邻的像素依次呈上下反转排列，用 COM 电压反转的行反转驱动方式，实现传统点反转驱动对应的像素电压极性图。如图 4-38 所示，扫描线两侧像素 Z 反转，显示屏最上面和最下面的扫描线只连接一半的像素，根据每行子像素与扫描线的位置关系不同，扫描线两侧像素 Z 反转驱动也可以分为“之”字形结构和反“之”字形结构。无论哪种结构，都要比传统驱动方式多出一根扫描线。

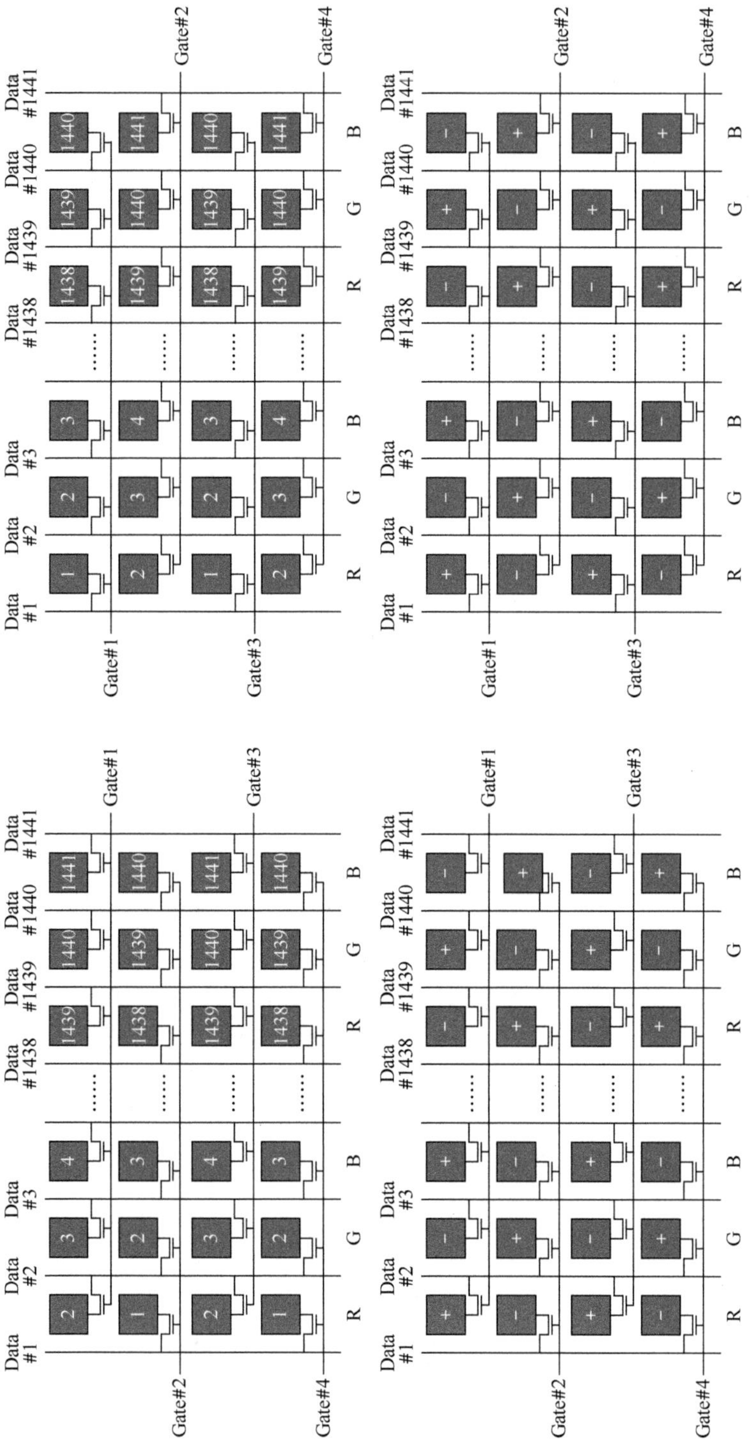

(a) “之”字形结构

(b) 反“之”字形结构

图 4-35 数据线两侧像素 Z 反转驱动的两种实现方式

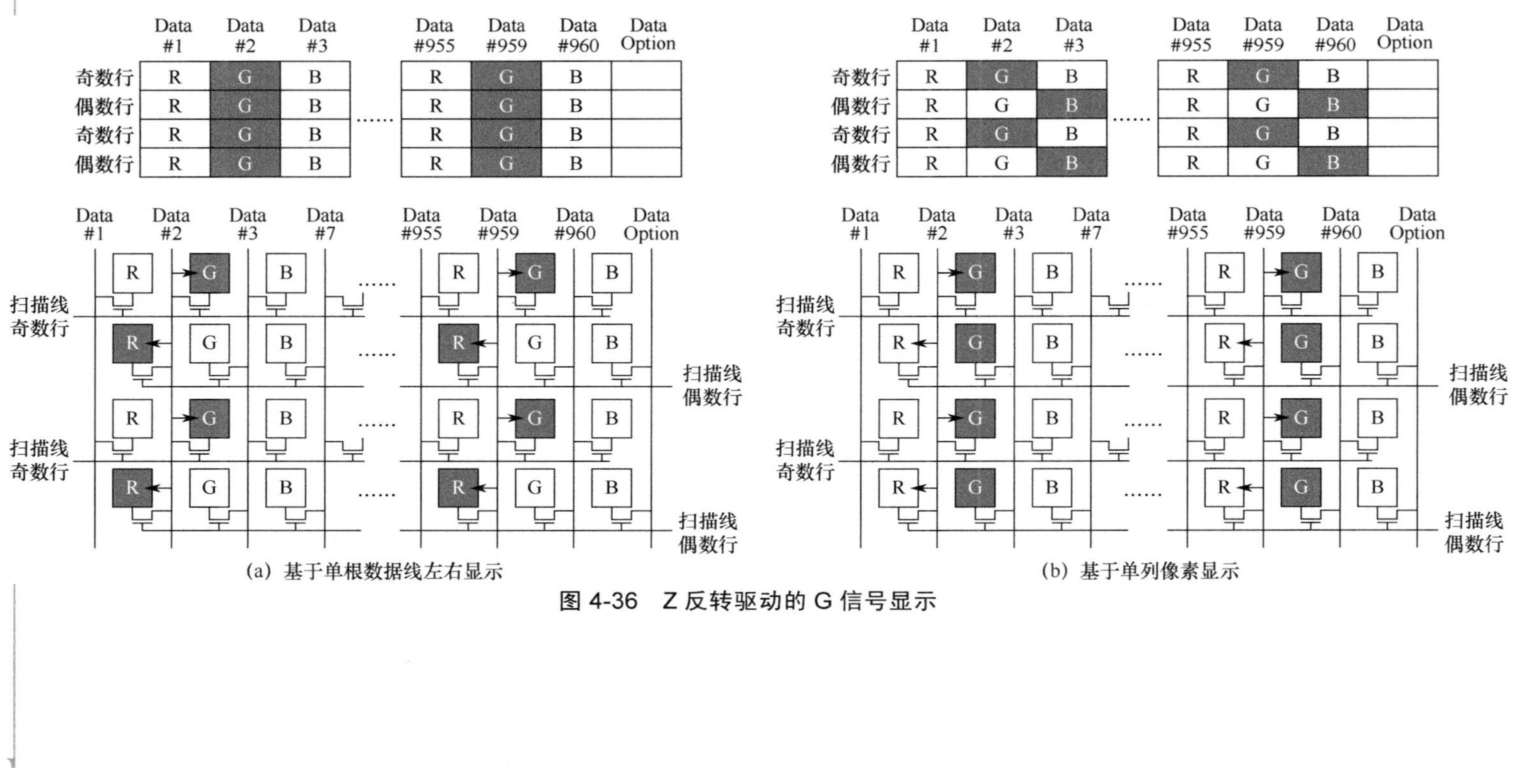

(a) 基于单根数据线左右显示

(b) 基于单列像素显示

图 4-36　Z 反转驱动的 G 信号显示

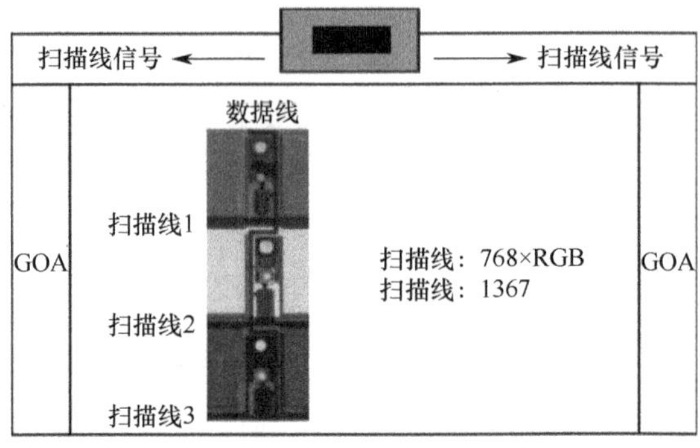

图 4-37　Z 反转驱动结合三栅极的实物结构

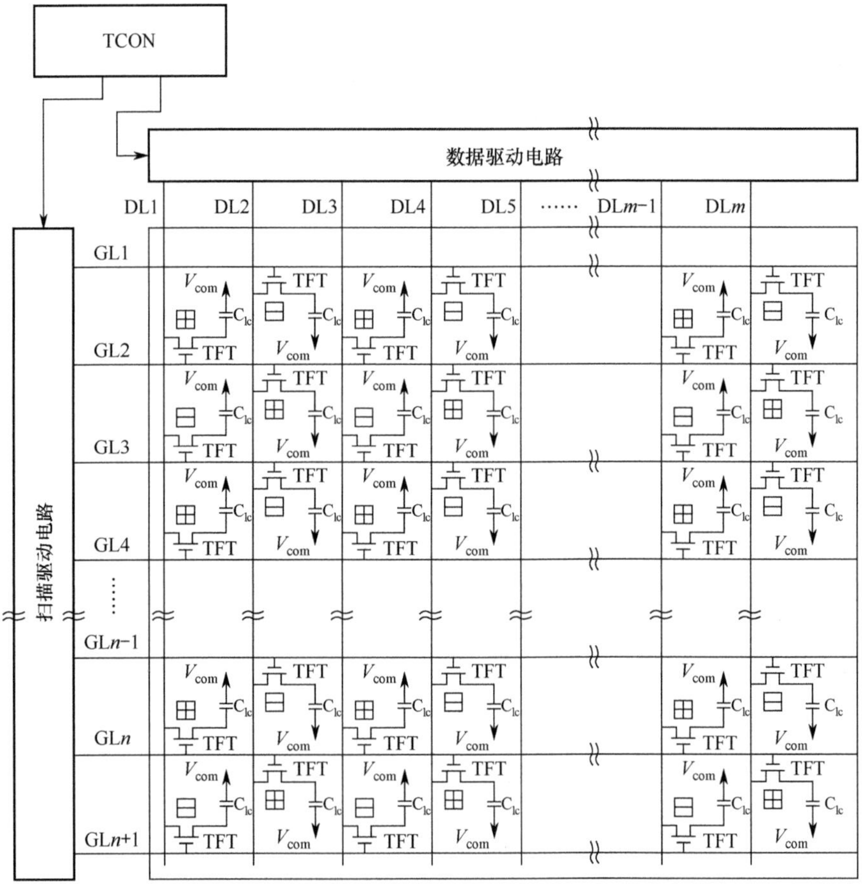

(a)“之”字形结构

图 4-38　扫描线两侧像素 Z 反转驱动的两种实现方式

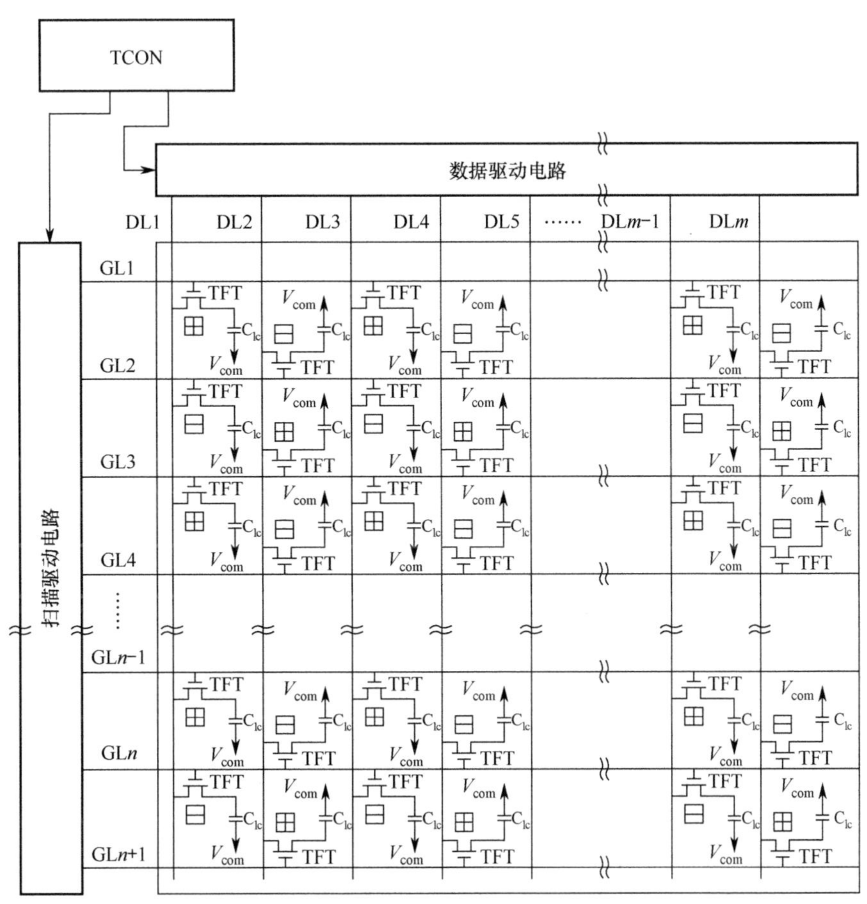

(b) 反“之”字形结构

图 4-38　扫描线两侧像素 Z 反转驱动的两种实现方式（续）

行反转驱动方式可以结合 COM 反转驱动技术，数据线上的驱动电压只有传统点反转驱动方式的一半。根据数据线的功耗公式（4-3），数据驱动电路的功耗理论上可以降低到原来的 1/4 左右。

虽然采用 COM 反转驱动技术可以降低数据驱动电路的功耗，但是 COM 电压整面反转，随着 COM 驱动电路更新频率的提高，COM 驱动电路的功耗升高。另外，随着 LCD 精细化程度的提高，COM 电压的负载越来越大，整面反转时的信号失真很严重，影响显示效果。一般，解析度到 WVGA 程度，基本不能带动 COM 电压整面反转。

无论是数据线两侧像素 Z 反转，还是扫描线两侧像素 Z 反转，除电容的功耗外，还有电阻的功耗。所以，实际的功耗不可能降低到传统点反转驱动的 1/4 左右，而是 30%～40%。

4.6.3 新型背光源技术

由于背光源的耗电量占到 LCD 模组耗电量的 70%以上，所以降低背光源功耗是降低 LCD 功耗的重点。降低背光源功耗的两大途径是提升导光板和光学膜片的光利用效率，以及降低 LED 等发光体的功耗。

1. 光利用效率提升技术

从 CCFL 线光源或 LED 点光源发出的光，需要经过导光板，以及扩散片、增亮膜（棱镜片）、反射片等光学膜片的处理，最后以面光源的形式出射，作为显示屏的背光源。光经过导光板和光学膜片后会造成光量的损失。提升导光板和光学膜片的光利用效率，主要对策方案如下。

（1）提高导光板和光学膜片个体的光利用效率，减少这些部材对光的吸收。

（2）通过导光板、光学膜片的一体化整合，减少光学膜片的数量。

（3）提高背光的指向性，以及把自然光转换为偏振光。

方案（1）的具体实现方式除了研发新材料外，还需要与其他技术指标进行平衡。比如，加厚导光板可以提高光利用效率，但是与轻薄化的技术路线相矛盾。减小扩散片的厚度可以提高光利用效率，但是会降低面光源的均匀度。

方案（2）的具体实现方式有：上扩散片与棱镜片一体化、下扩散片与棱镜片一体化、横向聚光棱镜片与纵向聚光棱镜片一体化、上扩散片与两片棱镜片一体化、下扩散片与两片棱镜片一体化等复合膜技术，以及光学膜片、导光板消减技术。如图 4-39（b）所示，在导光板底面配备双凸透镜以提高 LED 等发光体在导光板出光面的出光效率，同时在棱镜片的底面设计凹凸结构，使光发生全反射，保证来自导光板的光在棱镜片内毫无损失地传到显示屏背面。这种技术可以省略扩散片，显示屏正面的光量能增加到 1.2 倍左右，但是视角会受到一些限制。

光学元件一体化的复合膜技术，以及导光板、光学膜片消减技术与 LCD 轻薄化和降低成本的技术路线一致。随着光路上光处理元件数量的减少，各元件接口部分的光损耗减小，使光源能够被更有效地利用。

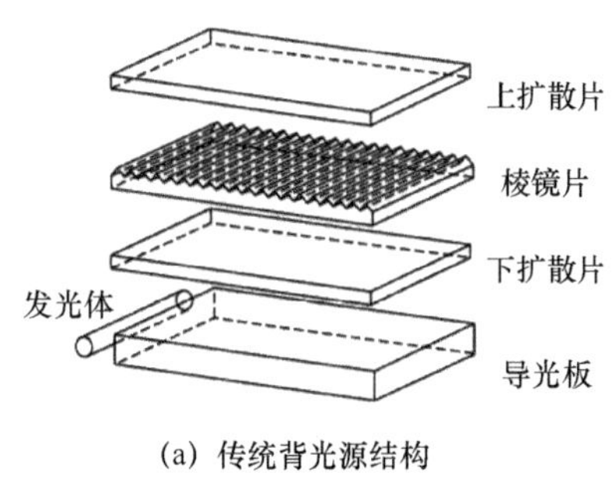

(a) 传统背光源结构

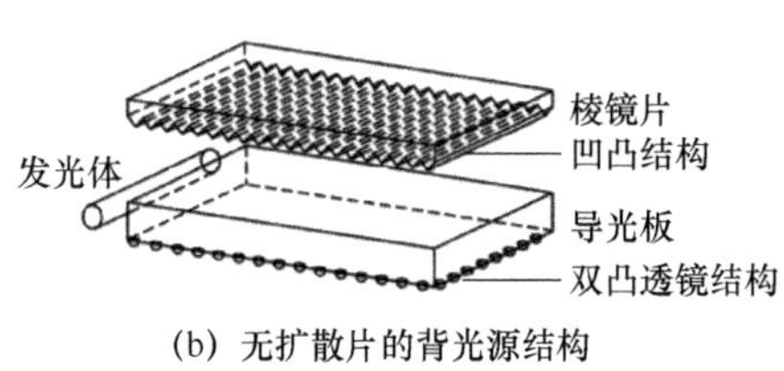

(b) 无扩散片的背光源结构

图 4-39　光学膜片减少技术

方案（3）中，提高背光指向性的传统做法是使用横向棱镜片使横向背光聚光，使用纵向棱镜片使纵向背光聚光。此外，通过优化导光板背面设置的棱柱状构造，以及表面设置的柱状透镜、棱柱形微结构的形状，也可以提高背光的指向性。在提高 LCD 正面亮度的同时，还可以减少斜视方向的漏光。

方案（3）中，把自然光转换为偏振光的传统做法是使用 DBEF。DBEF 把发光体发出的自然光转换为 P 偏振光，结合显示屏上的偏光片，对 LCD 整体亮度的提升达到 40%～45%。DBEF 可以与偏光片集成在一起使用，也可以单独使用。除了使用 DBEF 外，还可以采用如图 4-40 所示的偏振光导光板技术。通过在导光板底面，集成类似微显示投影中使用的无机偏光片（ProFlux）的高密度凹凸结构，把自然光转换为 S 偏振光后，经导光板出射到显示屏一侧。效果类似于 DBEF。

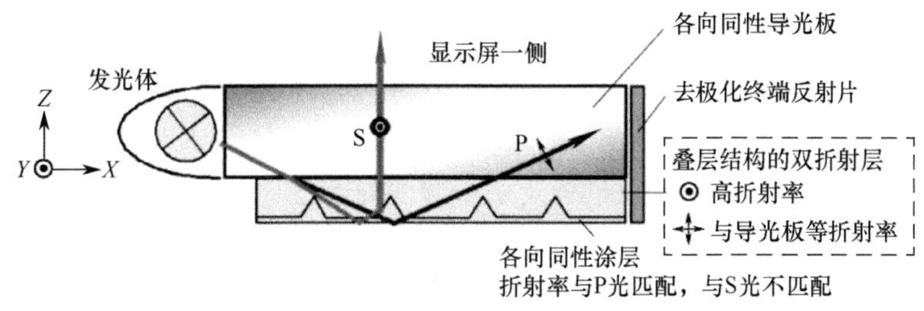

图 4-40　偏振光导光板技术的工作原理

理想的背光源低功耗对策应该是一个系统的解决方案。图 4-41 给出了一个采用可高度控制光的直线性和散射的光散射导光（Highly Scattered Optical Transmission，HSOT）聚合物，以及不会产生双折射的零零双折射（zero-zero birefringence）聚合物的新型光学系统，具有高光利用效率。如图 4-41 所示，用 HSOT 聚合物做导光板，可以提高导光板出光面的光的指向性。把这种导光板做成棒状，把具有偏光效果的点状激光光源转换为线偏振光源，然后导向显示屏下方的面状导光板，可获得指向性很高的背光。零零双折射聚合物材料是将长约 200nm、宽 50～80nm 的针状 $SrCO_3$ 纳米粒子分散到聚碳酸酯中，利用纳米粒子的作用消除双折射现象，不会因树脂取向和外压造成的变形而发生双折射。通过在两片偏光片的表面设置零零双折射聚合物层，代替原有 TAC，可实现几乎没有漏光的效果，并且可以省略相位差薄膜。再把 HSOT 聚合物用于显示屏的表面，可扩大 LCD 的视角。

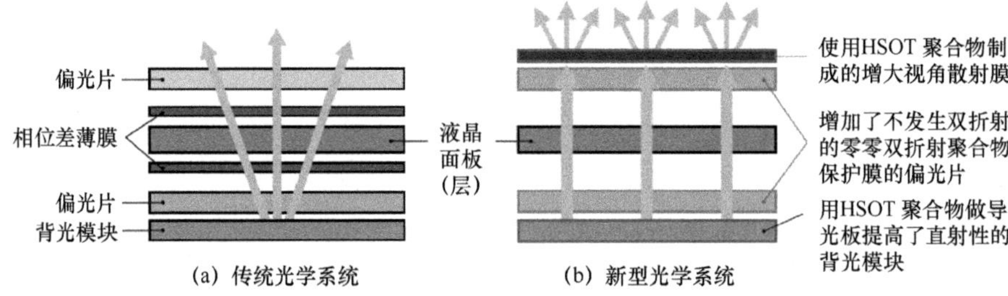

图 4-41 传统光学系统和有高光利用效率的新型光学系统（图片来源：小池研究室）

2. 发光体功耗降低技术

发光体 LED 代替 CCFL 是背光源降低功耗的一个重要途径。降低 LED 功耗除了提高 LED 单体的发光效率外，可以优化背光结构以减少 LED 数量，以及管理 LED 工作状态实现精细化管理。

减少 LED 数量的典型技术路线如图 4-42 所示。背光源结构从直下式转为侧光式，可以大幅减少 LED 的使用数量。为了减少侧光式背光源结构中 LED 的数量，基于 LED 发光效率的提高及功率的提高，LED 灯条由最初的上下左右四侧配置，依次发展为上下长边同时配置、上下长边单边配置、左右短边同时配置、左右短边单边配置。使用高功率的 LED，还可以在导光板的 4 个角上配置 LED，进一步减少 LED 的数量。

图 4-42 减少 LED 数量的典型技术路线

LED 工作状态的精细化管理技术分为：动态背光技术和 LED 电源电压

优化管理技术。

动态背光技术就是对背光源进行区域调光，根据图像的明暗调节 LED 的亮度，对应显示屏画面中高亮区域的 LED 亮度可以达到最大，对应显示屏画面黑暗部分的 LED 亮度可以降低，甚至关掉 LED。动态背光技术不仅可以降低 LED 功耗，还能提高黑画面的“黑色”深度，提高对比度。对于手机等便携式 LCD 应用，主要采用环境光侦测对应背光控制（Light Adaptive Brightness Control，LABC）和内容对应背光控制（Content Adaptive Brightness Control，CABC）两种动态背光技术。对于大尺寸 LCD，动态背光技术主要应用于直下式背光源，大致分为 0D、1D、2D 三种区域调光方式，如图 4-43 所示。区域调光类似于双屏显示：背光源为低分辨率（如 8 像素×8 像素）的“底屏”，显示轮廓模糊的黑白画面；显示屏为高分辨率的“顶屏”，显示轮廓清晰的彩色画面。双屏的驱动时序和电压必须匹配，背光源黑白轮廓的定位决定了最终画面的质量。一般，需要对显示屏上的画面信息进行补偿，以抵消各调光区域边界的干扰。

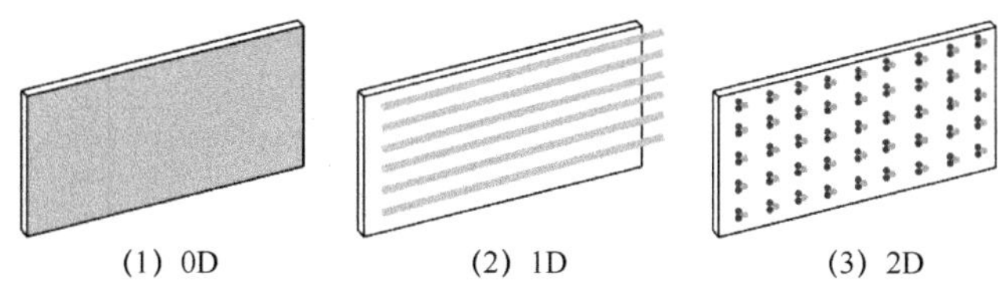

图 4-43　区域调光方式

对 LED 电源电压进行优化管理，可以消除多余的电力损耗。具体方式就是监控串联的多个 LED 列与位于 LED 列后段的调光器接点电压，控制加载到 LED 列的电压（负载电压）。当电压超过正向电压 V_f 后，LED 会流过大电流并发光。V_f 有±10%以上的偏差，这种偏差是提高背光源用电效率的障碍。如果 LED 灯条各个 LED 的 V_f 存在偏差，那么驱动 LED 串发光需要的电压也就需要相应变化。一般来说，LED 驱动芯片输出的一个电压会加载到各 LED 串。如果不考虑偏差的话，就会出现不发光的 LED 串。因此，LED 驱动芯片输出的电压必须是考虑了偏差的稍高电压。电压的增值部分也就意味着更多电力的损耗。以 30 个白光 LED 串联的 LED 串为例，当 V_f 的偏差为 10%时，LED 串发光需要的电压相对于没有偏差时，最大会产生近 10V 的差别。如果向 LED 串通入 100mA 的电流，1 个 LED 串就会产生 1W 的电力损耗。如果能够确定所需亮度下 LED 串发光需要的最低电压，就可以降低这种损耗。具体的 LED 电源电压优化管理方案就是，通过事先监控 LED 与后段的调光器之间的电压，在多个 LED 串中找出电压最低的 LED 串，即由多个 V_f较高的 LED 串联而成的 LED 串，控制 LED 驱动芯片的输出电压，使电压达到稳定。

参考文献

[1] KIM H, AHN S, KIM W, et al. Visual Preference Assessment on Ultra-High-Definition Images[J]. IEEE Transactions on Broadcasting, 2016, 62(4):757-769.

[2] LEE J, PARK I C. High-Performance Low-Area Video Up-Scaling Architecture for 4K UHD Video[J]. IEEE Transactions on Circuits and Systems II: Express Briefs, 2016, 64(4):437-441.

[3] NAKASU E. Ultra High-Definition TV System, Super Hi-Vision[J]. Journal of the Institute of Electrical Engineers of Japan, 2012, 132(2):93-96.

[4] MASAOKA K, KUSAKABE Y, YAMASHITA T, et al. Algorithm Design for Gamut Mapping from UHDTV to HDTV[J]. Journal of Display Technology, 2016, 12(7):760-769.

[5] OHTSUKA S, IMABAYASHI C, KUMAGAI Y, et al. Subjective Assessment of Simulated Curved Displays for Ultra-High-Definition TV in a Large Size and Wide Viewing Angle Environment[J]. SID Symposium Digest of Technical Papers, 2015, 46(1):1274-1277.

[6] LIAO C W, WANG Y, ZENG L M, et al. An Evaluation Method of TFT Integrated Gate Driver for UHD Display[J]. SID Symposium Digest of Technical Papers, 2018, 49(6):6-8.

[7] MI Z, GANG W, LEE S, et al. Development of Large-size Oxide TFT-LCD TV with ADSDS Technology[J]. SID Symposium Digest of Technical Papers 2013, 44(1):104-106.

[8] LEE B W, KIM S, KIM T, et al. TFT-LCD with RGBW Color System[J]. SID Symposium Digest of Technical Papers, 2003, 34(1):1212- 1215.

[9] KATAYAMA M. TFT-LCD technology[J]. Thin Solid Films, 1999, 341(1-2):140-147.

[10] NAKAJIMA Y, TERANISHI Y, KIDA Y, et al. Ultra-low-power LTPS TFT-LCD technology using a multi-bit pixel memory circuit[J]. Journal of the Society for Information Display, 2012, 14(12):1071-1075.

[11] HANAOKA K, NAKANISHI Y, INOUE Y, et al. A new MVA-LCD by polymer

sustained alignment technology[J]. SID Symposium Digest of Technical Papers, 2004, 35(1):1200-1203.

[12] SHIH C C, SU J J, WU M H, et al. Novel Pixel Design for Super-Multi-Domain Polymer Sustained Alignment LCD Technology[J]. SID Symposium Digest of Technical Papers, 2014, 45(1):1481-1484.

[13] ICHIMURA K. Photoalignment of Liquid-Crystal Systems[J]. Chemical Reviews, 2000, 100(5):1847-1874.

[14] GEARY J M, GOODBY J W, KMETZ A R, et al. The mechanism of polymer alignment of liquid-crystal materials[J]. Journal of Applied Physics, 1987, 62(10): 4100.

[15] SCHADT M, SEIBERLE H, SCHUSTER A. Optical patterning of multi-domain liquid-crystal displays with wide viewing angles[J]. Nature, 1996, 381(6579):212-215.

[16] HE Z, NOSE T, SATO S. Molecular Orientations and Optical Transmission Properties of Liquid Crystal Cells with Slit-Patterned Electrodes[J]. Japanese Journal of Applied Physics Part, 1997, 36(3A):1178-1184.

[17] GE Z, ZHU X, WU T X, et al. High Transmittance In-Plane Switching Liquid Crystal Displays[J]. Advanced Display, 2006, 2(2):114-120.

[18] NAKAYOSHI Y, KURAHASHI N, TANNO J, et al. High Transmittance Pixel Design of In-Plane Switching TFT-LCDs for TVs[J]. SID Symposium Digest of Technical Papers, 2003, 34(1):1100-1103.

[19] YOU B H, BAE J S, KOH J H, et al. The Most Power-Efficient 11.6″ Full HD LCD Using PenTile Technology for Notebook Application[J]. SID Symposium Digest of Technical Papers, 2010, 41(1):265-268.

[20] ELLIOTT C H B, CREDELLE T L. High-Pixel-Density Mobile Displays: Challenges and Solutions[J]. SID Symposium Digest of Technical Papers, 2006, 37(1):1984-1986.

[21] JUNG J H, PARK S G, KIM Y, et al. Integral imaging using a color filter pinhole array on a display panel[J]. Optics Express, 2012, 20(17):18744.

[22] HONG M P, ROH N S, HONG W S, et al. New Approaches to Process Simplification for Large Area and High Resolution TFT-LCD[J]. SID Symposium Digest of Technical Papers, 2001, 32(1):1148-1151.

[23] HONG M P, ROH N S, HONG W S, et al. New approaches to process simplification for large-area high-resolution TFT-LCDs[J]. Journal of the Society for Information Display, 2012, 9(3):145-150.

[24] KIM D, KIM Y, LEE S, et al. High Resolution a-IGZO TFT Pixel Circuit for

Compensating Threshold Voltage Shifts and OLED Degradations[J]. IEEE Journal of the Electron Devices Society, 2017, 5(5): 372 - 377.

[25] YEOM H I, MOON G, NAM Y, et al. Oxide Vertical TFTs for the Application to the Ultra High Resolution Display[J]. SID Symposium Digest of Technical Papers, 2016, 47(1):820-822.

[26] KONDO K, MATSUYAMA S, KONISHI N, et al. Materials and Components Optimization for IPS TFT-LCDs[J]. 1998, 29(1):389-392.

[27] YANG J Y, LEE J I, KIM J J, et al. Submicron Pixel Electrode Structure in IPS Mode[J]. SID Symposium Digest of Technical Papers, 2012, 43(1):876-878.

[28] TAKEDA E. Challenges for giga-scale integration[J]. Microelectronics & Reliability, 1997, 37(7):985-1001.

[29] XU H, LAN L, XU M, et al. High performance indium-zinc-oxide thin-film transistors fabricated with a back-channel-etch-technique[J]. Applied Physics Letters, 2011, 99(25): 253501.

[30] MOROSAWA N, NISHIYAMA M, OHSHIMA Y, et al. High-mobility self-aliened top-gate oxide TFT for high-resolution AM-OLED[J]. Journal of the Society for Information Display, 2013, 21(10-12):467-473.

[31] KIM M S, SEEN S M, LEE S H. Control of reverse twist domain near a pixel edge using strong vertical electric field in the fringe-field switching liquid crystal device[J]. Applied Physics Letters, 2007, 90(13):133513.

[32] MIYACHI K, KOBAYASHI K, YAMADA Y,et al. The World's First Photo Alignment LCD Technology Applied to Generation Ten Factory[J]. SID Symposium Digest of Technical Papers, 2010, 41(1):579-582.

[33] LU R, WU S, LEE S H. Reducing the color shift of a multidomain vertical alignment liquid crystal display using dual threshold voltages[J]. Applied Physics Letters, 2008, 92(5):51114.

[34] YIM M J, PAIK K W. Recent advances on anisotropic conductive adhesives (ACAs) for flat panel displays and semiconductor packaging applications[J]. International Journal of Adhesion & Adhesives, 2006, 26(5):304-313.

[35] VENKATESAN S, NEUDECK G W, PIERRET R F. Dual-gate operation and volume inversion in n-channel SOI MOSFET's[J]. Electron Device Letters IEEE, 2002, 13(1):44-46.

[36] UDUGAMPOLA U, MCMAHON R A, UDREA F, et al. Dual gate lateral inversion layer emitter transistor for power and high voltage integrated circuits[J]. IEE Proceedings—Circuits, Devices and Systems, 2004, 151(3):203-206.

[37] HA T J, SONAR P, DODABALAPUR A. High mobility top-gate and dual-gate

polymer thin-film transistors based on diketopyrrolopyrrole-naphthalene copolymer[J]. Applied Physics Letters, 2011, 98(25):118.

[38] TAKECHI K, IWAMATSU S, YAHAGI T, et al. Characterization of Top-Gate Effects in Amorphous $InGaZnO_4$ Thin-Film Transistors Using a Dual-Gate Structure[J]. Japanese Journal of Applied Physics, 2012, 51(10):4201.

[39] KUMAKURA T, SHIOMI M, HORINO S, et al. Development of Super Hi-Vision 8Kx4K Direct-View LCD for Next Generation TV[J]. SID Symposium Digest of Technical Papers, 2012, 43(1):780-783.

[40] HUANG Y, LI S, MU X, et al. Development of 82-inch Super Hi-Vision 10K4K Liquid Crystal Display[J]. SID Symposium Digest of Technical Papers, 2016, 47(1):470-472.

第5章

超高清 LCD 技术

大型化一直是 LCD 技术的发展方向。当 LCD 尺寸可以做到 100 英寸以上后，精细化成为 LCD 技术的发展方向，即从全高清向超高清方向发展。国际电信联盟（ITU）发布的“超高清 UHD”标准 ITU-R BT.2020 建议，将屏幕的物理分辨率达到 7680 像素×4320 像素（8K×4K）及以上的显示称之为超高清显示。

5.1 超高清 LCD 技术的发展方向

LCD 高精细化的参考目标是像纸制印刷品那样拥有生动显示效果的超高分辨率，可以通过放大看到更多的细节。LCD 高精细化的最终目标是提供类似人眼细胞量级的光线数量，为人眼呈现全深度线索，准确还原客观世界的三维空间场景。所以，纯粹的高精细化发展没有尽头。

5.1.1 高精细像素与人眼分辨力

当空间平面上两个点相互靠拢，间距小到一定程度时，两个点在视网膜上成像只引起视网膜上的一个细胞感光，那么眼睛就分辨不出两个点的形状，将两个点看成一个点。分出两个点的物理条件是它们在视网膜上的像分别落在两个锥状细胞上，生理条件是它们之间至少要有一个不受（或很少受）到光刺激的细胞，以便将之分隔开来。锥状细胞的直径在 4μm 左右，这就限定了能辨认的两个点在视网膜上的成像距离，从而也就限定了物体的最小可辨认尺寸。所以，人眼分辨景物细节的能力，即视力，存在一个极限值。此外，人眼分辨力具有如下特点。

（1）具有不同视力的人，眼睛的分辨力不同。视力低的眼睛分辨力低。

（2）观察者与观看点之间的视距不同，人眼分辨力不同。当视距变小时，视角增大，在视网膜上被感光的细胞增多。因此，物体越近越容易辨认。眼睛的最大视力是在视网膜的中央窝处。随观看点离开中央窝的距离变大，人眼分辨力急剧下降，在离中央窝大约与视轴成 20°的地方，只能识别 10°视角的目标，因此视力最大值只有 0.1°。

（3）观看点的照度或背景亮度不同，人眼分辨力不同。当照度太强、太弱时或当背景亮度太强时，人眼分辨力降低。

（4）观看点静止时与运动时的人眼分辨力不同。当视觉目标运动速度加快时，人眼分辨力降低。

（5）人眼对彩色细节的分辨力比对亮度细节的分辨力要差。如果黑白分辨力为 1，则黑红为 0.4，绿蓝为 0.19。

可见，人眼的极限分辨能力没有一个确定值。医学上认为人眼的极限分辨能力在 0.35′（1°=60′）视角左右，但是显示定义的人眼分辨极限大于这个视角。普通人眼最小视角为 5 弧度分，在 Word 中最小字号“5”表示字体高度为 5 个像素，说明普通人眼能分辨的极限是 1 弧度分（～0.016 7°）/1 像素。像素设计达到这个分辨极限的显示屏称为视网膜（retina）屏幕。如式（5-1）所示，代入如图 5-1 所示的显示屏像素尺寸 h 和使用距离 d，可以求得使用时的人眼视角 α。如果 $\alpha \leqslant 0.016\,7°$，则对应的显示屏就属于视网膜屏幕。

$$\tan\left(\frac{\alpha}{2}\right)=\frac{h/2}{d} \quad \Rightarrow \quad \begin{cases} \alpha = 2\arctan\left(\dfrac{h}{2d}\right) \\ h = 2d\tan\left(\dfrac{\alpha}{2}\right) \\ d == \dfrac{h}{2\tan\left(\dfrac{\alpha}{2}\right)} \end{cases} \qquad (5\text{-}1)$$

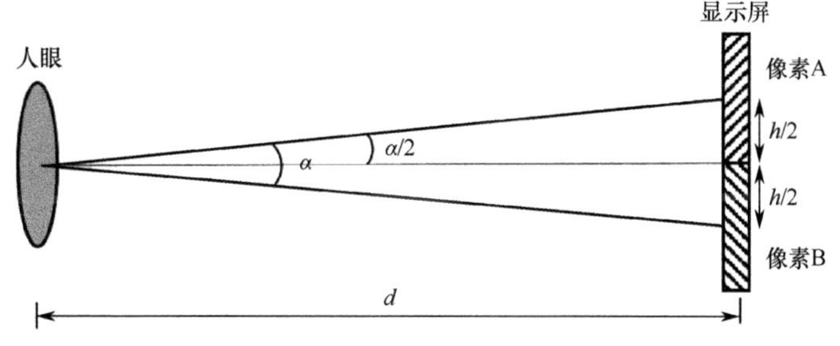

图 5-1　人眼分辨极限计算示意图

人观看物体时，能清晰分辨视场区域对应的双眼（视角）大约是横向 35°、纵向 20°。同时，人眼在中等亮度、中等对比度的分辨力 d_r 为 0.2mm，对应的最佳距离 L_o 为 0.688m。如图 5-2 所示，d_r 与 L_o 满足 $tg(\theta/2)=d_r/2L_o$，θ 为分辨角，一般取值为 1.5′。将视场近似地模拟为地面为长方形的正锥体，其中锥体的高为 $H=L_o=0.688m$，$\theta_1=35°$（水平视角），$\theta_2=20°$（垂直视角）。以 0.000 2m 为一个点，可以得到底面长方形对应的人眼分辨力为 2169 像素×1213 像素。这是人能清晰分辨视场区域的中心视力对应的分辨率。中心视力体现的是人眼识别外界物体形态、大小的能力。如果再算上中心视力上下左右比较模糊的周边视野，即周边视力，人眼分辨力为 6000 像素×4000 像素。

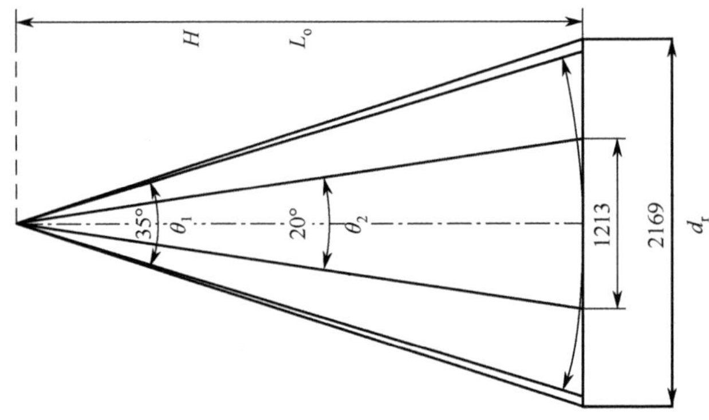

图 5-2　人眼视力对应的分辨率计算

显示屏的像素分辨率越接近人眼视力对应的分辨率，显示图像的精细化程度越高。同样的像素分辨率，可以对应不同尺寸的显示屏。一般用对角线上平均 1 英寸（约 2.54cm）的像素数量来表示显示屏图像的精细化程度，单位为 ppi（pixel per inch）。显示屏的像素 ppi 值越大，能显示的图像就越真实。目前，用于智能手机和平板电脑的中小尺寸 LCD，像素 ppi 值大于 300ppi。用于电视的大尺寸 LCD，像素分辨率大于 4K×2K。

5.1.2　高精细技术与尺寸的关系

LCD 采用的具体高精细技术与产品尺寸有关。因为 LTPS TFT 只能应用于 G6 及以下的显示屏生产线，而 IGZO TFT 可以应用于所有显示屏生产线，所以中小尺寸的高精细 LCD 一般用 LTPS TFT 驱动技术，而大尺寸的高精细 LCD 一般用 IGZO TFT 驱动技术。另外，各种互连线的 RC 器件效应随着尺寸增大而增加，成为大尺寸高精细 LCD 设计的重要挑战。

1．中小尺寸的高精细化

智能手机和平板电脑大量使用的捏放操作，以及高精细图像源的存在，要求显示屏能用来观看更小的细节。为了在任何可能的观看距离下都能轻松、清晰地观看文字和图像，显示屏的高精细化还会进一步发展。超高的显示屏精细度，可以使平面显示实现自然且具有立体感的影像。

一般认为，使用便携式移动终端时，距离眼睛 30cm 左右，300ppi 的精细度已经能够实现视网膜屏幕。不过，实际使用时，观看屏幕的距离会比 30cm 更近。所以，高端智能手机的高精细化进化到“400ppi、FHD、1080p”。400ppi 是 LCD 高精细化的一个转折点，因为每个像素的开口率较低，使得背光源的光利用效率下降，容易导致亮度降低及耗电量上升。从 LCD 的像素开口率看，400ppi 产品为 50%左右，500ppi 产品为 45%左右，600ppi 产品为 35%左右。而且，随着每个像素所占体积变小，还容易发生串扰（带状条纹）现象。

为了提高像素开口率，可以采用的技术对策有：缩小黑色矩阵（BM）、栅源极的布线宽度及 TFT 的沟道宽长比 W/L，提高上下基板的贴合精度，缩小 TFT 基板上下层电学连接用接触孔及支撑上下基板的间隙子，提高白光 LED 背光的性能，在 RGB 三色中增加 W（白色）子像素等。

实现 LCD 高精细化的两大关键技术是高电子迁移率的 TFT 技术和上下基板贴合时的高对准技术。早期，LTPS TFT 技术是实现高精细化的主要支撑技术。目前，也有用 Oxide TFT 驱动技术来实现高精细化。对于特殊用途的高精细 LCD，还会使用电子迁移率高出 a-Si TFT 3 个数量级的 HTPS TFT 技术。对于 LCOS 微显示器件，直接用 Si 衬底制作单晶硅晶体管开关，驱动液晶实现显示。高电子迁移率的 TFT 技术在确保显示屏透光率的同时，还可以削减驱动芯片，降低芯片成本和显示屏耗电量的同时使中小尺寸 LCD 更加轻薄。高电子迁移率的 TFT 技术面临的主要课题是 TFT 稳定性、设计技术及工艺技术。TFT 的特性不均及老化程度都要很小，性能十分稳定。

LCD 上下基板贴合时的对准主要依赖设备技术的进步，对准精度已经从原来的 3μm 提高到了现在的 0.3μm 左右。在 TFT 基板上直接制作 CF 的 COA（CF on Array）技术，或者在 CF 基板上直接制作 TFT 的 AOC（Array on CF）技术，也可以有效提升 LCD 上下基板贴合时的对准精度。

2. 大尺寸的高精细化

大尺寸 LCD 的主要用途是电视、广告机等。电视是使用者眼前的一个长距离视野。电视用的大尺寸 LCD 作为视野世界的一部分，终极目标就是要给人一种身临其境的感觉。在视野领域中，可以看清的条件需要有 60 英寸显示屏，且精细度达到 3TV 条/毫米。如图 5-3 所示，这种电视可激发观看者的真实感，给人以身临其境的感觉。

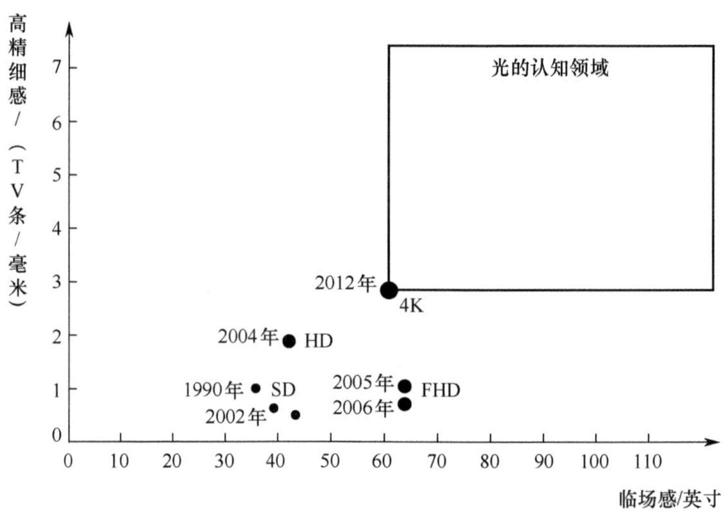

图 5-3　电视给人身临其境感觉的条件

能给人以身临其境感觉的显示屏需要同时具备以下 3 个条件：大尺寸（≥60 英寸）、高精细（≥4K×2K）、3D 显示。在实际使用时，还需要根据式（5-2）确定最佳观看距离。比如，60 英寸的电视，显示区高度为 0.75m，FHD 解析度的垂直分辨率为 1080 像素，最佳观看距离为 2.36m，这是普通家庭观看电视的距离。如果把 60 英寸的分辨率提高到 4K×2K，可以提高影像的真实感。

$$\text{最佳观看距离}=\text{屏幕高度}\div\text{垂直分辨率}\times 3400 \tag{5-2}$$

2011 年，夏普开发了支持 7680 像素×4320 像素（8K×4K）的 85 英寸 SHV（Super High Vision，超高清）LCD，精细度为 103ppi，显示屏的亮度为 300cd/m^2，显示色数为 RGB 各 10 位的 10 亿色，驱动频率为 60Hz。随着精细度的提升，像素开口率下降，亮度减弱。为此，夏普导入了光取向技术 UV^{2}A、低电阻 Cu 布线、高发光效率的 LED 背光源，实现了 300cd/m^2 的亮度。而且，为了以 60Hz 显示 3000 万左右的像素数，还改进了驱动方法。将显示屏分割成上下左右 4 个部分，分别以 4K×2K 为单位来驱动。另外，还在子像素左右配置数据线，从上部起每隔一个子像素来驱动。

5.1.3　高透光率液晶显示模式

为了提升显示屏的透光率，VA 技术的发展出现了 PSA（Polymer Sustained Alignment，聚合物稳定取向）技术和 OA（Optical Alignment，光取向）技术。IPS 技术的发展出现了 FFS 技术和 IPS-Pro 技术。

1. 高透光率 VA 技术

传统的 MVA 技术在 CF 基板的 COM 电极上设计有凸条结构，在 TFT 基板的 ITO 像素电极设计有特殊的狭缝凹槽。对应凸条和狭缝结构的区域，液晶的透光率很低，影响像素的整体透光率。凸条和狭缝是控制 MVA 液晶分子线状取向的基础，去掉这些结构实现液晶分子的面状取向，不仅可以提高像素的透光率，还能提升液晶的响应速度。具有面取向功能的两种典型 VA 技术为 PSVA 技术和 UV^2A 技术。

PSVA 技术是在液晶中掺入特定的物质，在特定的 UV 光照射后，液晶分子形成一定预倾角并有序排列，实现同 MVA、PVA 类似的广视角显示模式，但不需要在 CF 基板和 TFT 基板上设计凸条和狭缝。PSVA 液晶分子的光取向工艺如图 5-4 所示。

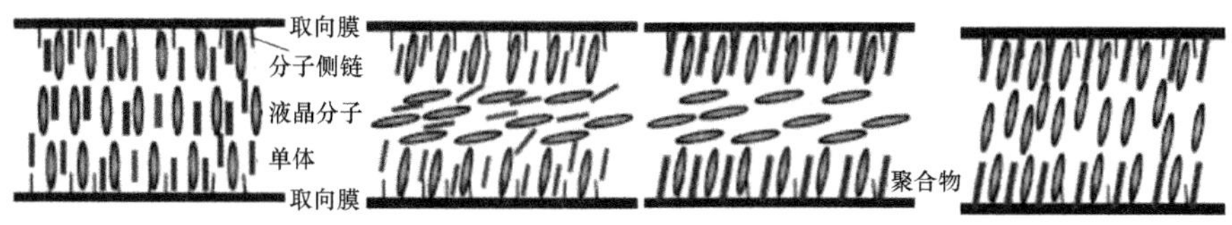

图 5-4　PSVA 液晶分子的光取向工艺

步骤 1：在液晶层中添加 UV 固化单体 RM（Reactive Monomer，可反应单体），并被密封在涂有取向膜的上下基板之间。

步骤 2：在上下基板施加一定的电压，使液晶分子产生倾角，这个倾斜角度就是 PSVA 液晶分子的预倾角。

步骤 3：确定液晶的预倾角后，使用一定能量和波长的 UV 光照射液晶层，液晶层中的单体与取向膜反应形成聚合物层，使液晶以一定的预倾角锚泊在取向膜表面，同时取向膜表面的粗糙度大幅增加 100Å 左右。

步骤 4：去掉外加电压，液晶层中间的液晶分子恢复到施加电压前的状态，在取向膜表面液晶的带动下整体形成一个预倾角。

PSVA 技术由 Hanaoka 在 2004 年提出，典型的像素结构是 CF 侧为普通的面状电极，TFT 侧为如图 5-5（a）所示的鱼骨状。躯干两侧的细缝（fine slit）与躯干的夹角为 45°，所以细缝之间受控的液晶分子方位角 φ=45°，两侧的细缝共同形成 4 个方向的预倾角。细缝宽 L 和细缝间距 S 的尺寸会影响液晶分子的工作状态，比如 S 小可以加强电场，从而提高透光率。

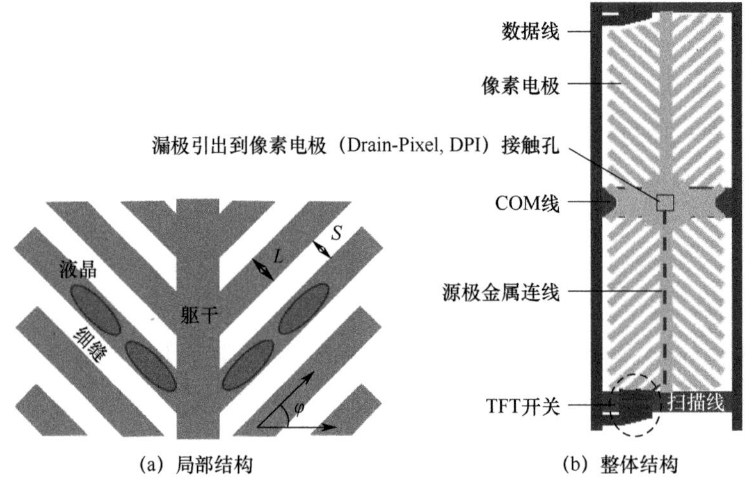

(a) 局部结构　　(b) 整体结构

图 5-5　PSVA 技术的 TFT 侧像素结构

PSVA 液晶分子的倾斜角度由外加电压的高低和单体的含量共同决定。聚合电压越高，预倾角越小。单体的含量高（2%以上），受到聚合物网络强大的稳定作用，一方面双折射率Δn 降低使对比度下降，视角变宽；另一方面使驱动电压降低，增加了开态和关态的响应时间。工艺上，缩短 UV 固化时间可以提高生产效率。然而，由于 UV 固化条件对预倾角的控制有很重要的作用，所以对时间的改善显得比较困难。过快的固化会导致聚合不完全，而剩余的未聚合单体会导致图像残留。

UV^2A 技术与 PSVA 技术的主要不同点为：液晶层为普通的 VA 液晶，取向膜为添加了具有趋光性添加剂的独特光取向膜。在取向工艺上，在斜方向以一定角度入射的 UV 光精确照射在光取向膜上，光取向膜中的特殊高分子材料，以皮米（10^{-12}m，符号为 pm）级的高精度均匀地自动导向成 UV 光照射角度，进而使得液晶分子预倾角自动导向成取向膜高分子方向，控制液晶分子（纳米级大小）沿着 UV 光方向倾斜排列。UV^2A 技术的光取向工艺安排在取向膜涂布之后、液晶滴下（ODF）工程之前。

光取向采用专用的 UV 掩模版，在 CF 基板和 TFT 基板上分别照射。如图 5-6 所示，以一个（子）像素为单位，CF 基板一侧分上下两个方向分别进行 UV 光照射，TFT 基板一侧分左右两个方向分别进行 UV 光照射。CF 基板和 TFT 基板不同的 UV 光照射方向，在一个子像素上形成了 4 个不同的方向组合，对应显示时的 4 个畴。和 PSVA 技术一样，UV^2A 技术的 CF 侧也不需要凸条或狭缝结构，TFT 侧可以和传统 TN 技术的像素结构一致。如图 5-7 所示，在像素结构中 4 个畴之间的边界没有光透过，因为这里的取向经过方向相反的两次 UV 光照射，失去了取向功能。缩小边界的黑纹宽度是进一步提升像素透光率的一个方向。

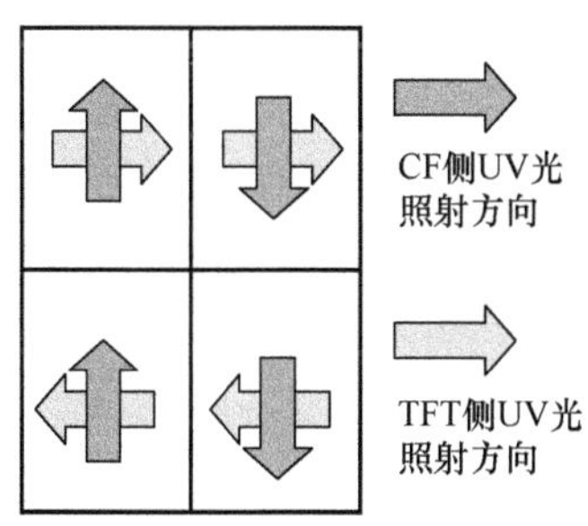

图 5-6　UV^2A 技术的取向方向定义

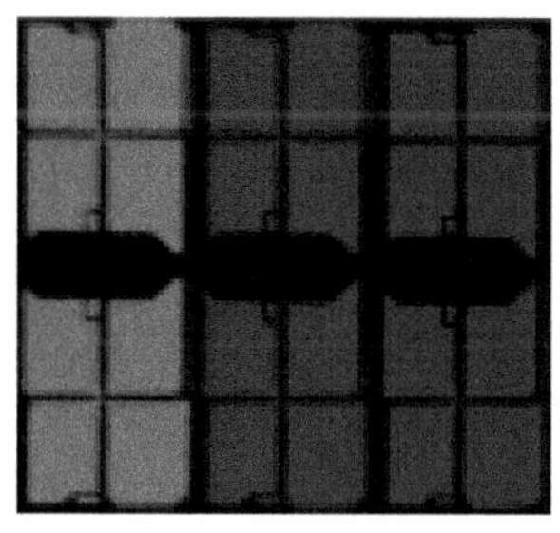

图 5-7　UV^2A 技术的像素结构

PSVA 技术和 UV^2A 技术的液晶分子预倾角由传统的 90°改到了低于 90°。对于预倾角的改变应该尽可能小，否则在黑态时的光程差 Δnd 不为 0，导致漏光现象，降低对比度。相比 MVA 技术，PSVA 技术和 UV^2A 技术不需要传统 MVA 技术中的凸条和狭缝结构，所以可以提升 20%左右的透光率，获得 5000:1 的对比度，以及接近 4ms 的响应时间。

2. 高透光率 IPS 技术

IPS 技术和 FFS 技术都属于横向电场作用下的液晶显示模式。IPS 技术的高开口率发展路线如图 5-8 所示。在传统 IPS 技术中，像素电极和 COM 电极都呈细条状，透光区域主要集中在电极之间的间隙。如图 5-8（a）所示，传统 IPS 技术的像素电极和 COM 电极需要成对出现，间隔排列。电极之间的间距偏大虽然可以提高开口率，但是所需的驱动电压也偏高；电极之间的间距偏小虽然可以降低驱动电压，但是开口率下降。因为提高开口率和降低驱动电压是显示屏降低功耗的两条重要途径，为了同时解决以上两个问题，产生了如图 5-8（b）所示的 FFS 技术。

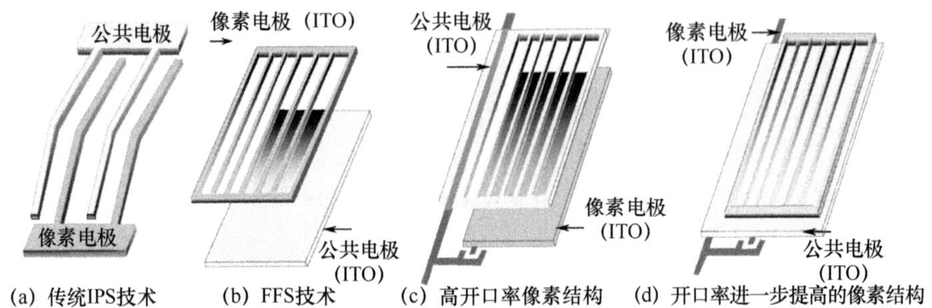

图 5-8　IPS 技术的高开口率发展路线

在 FFS 技术中，上层的像素电极呈细条状，下层的 COM 电极呈面状。因为像素电极覆盖在面状 COM 电极上，所以不需要用专门的 COM 线来设计存储电容，可以有效提高像素开口率。此外，驱动电压的高低主要取决于像素电极与 COM 电极之间 1μm 以下的绝缘层厚度，受像素电极的间距影响相对较小。所以，像素电极之间的间距设计可以兼顾透光率和驱动电压，能够有效降低显示屏功耗。

在如图 5-8（b）所示的结构中，左右两侧的像素电极与数据线之间需要隔开一定的距离，这段距离内没有光透过。为了缩小像素开口区与数据线之间的距离，提高开口率，开发了如图 5-8（c）所示的 COM 电极位于数据线上方，而下方为面状像素电极的结构。这种结构和如图 5-8（b）所示的结构一样，不需要设计专用 COM 线来做存储电容，所以保持了高开口率的特点。同时，由于 COM 电极覆盖了数据线，屏蔽了数据线电场对开口区液晶状态的干扰，使像素开口区可以进一步往数据线一侧拓展，所以相比如图 5-8（b）所示的结构，开口率得到进一步的提高。

在屏蔽数据线电场的前提下，如果能进一步缩小左右两个像素开口区的间距，像素开口率能获得进一步的提高。基于这种构想，开发了如图 5-8（d）所示的开口率进一步提高的像素结构。在图 5-8（d）中，面状 COM 电极横跨多个像素，大面积覆盖数据线和扫描线。在这样的面状电极上设计细条状的像素电极，左右两个像素的像素电极间距可以进一步缩小，从而进一步提高开口率。并且，该结构能够使用适合实现低功耗的列反转驱动方式，从而进一步降低了功耗。

在图 5-8（c）和图 5-8（d）中，覆盖在数据线上的 COM 电极与数据线（或扫描线）之间隔着一层较厚的绝缘膜，一般使用 2～3μm 厚度的有机绝缘膜。基于如图 5-8（c）和图 5-8（d）所示结构的横向电场显示技术，根据细节的不同，JDI 称为 IPS-Pro Next，LG 称为 e-IPS，Hydis 称为 AFFS。

5.1.4　高透光率像素结构

除了显示模式的改进外，还需要开发一些共通的高开口率像素结构，如 Pentile 像素结构和 COA 或 AOC 像素结构。

1. Pentile 像素结构

传统的 Pentile 像素结构是在原来一个 RGB 像素范围内配置 RGBW 四色子像素。加入百分之百透光的 W 子像素，除在室内使用时可降低耗电量外，在户外使用时画面明亮更容易看清。为了避免影像的对比度下降，需要调整将 RGB 影像信号转换成 RGBW 时的图像处理参数。如图 5-9（b）所示的 RGBW Pentile 技术，将 RGBW 四色子像素分配给两个像素。由于将一个像素的子像素数从传统的 3 个减少为两个，因此子像素更大，开口率可以做得更高。在分辨率为 2560 像素×1600 像素的 10.1 英寸产品中导入该技术，耗电量与采用标准 RGB 三原色的 1280 像素×800 像素分辨率的 10.1 英寸产品相近。

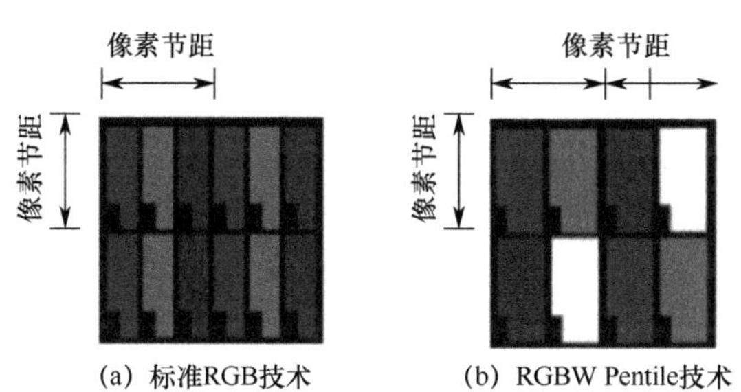

图 5-9　标准 RGB 技术与 RGBW Pentile 技术

除了由一个像素内的不同子像素混色外，还可以采用如图 5-10（b）所示的 RGB Pentile 技术，把一个像素缩减为两个子像素，即由 RG 两个子像素构成一个像素或由 BG 两个子像素构成一个像素。RG 像素在显示彩色或白色时，需要借用相邻的 B 子像素。但是有些场合，邻近的子像素需要显示黑色，就无法正常借光显示彩色或白色。在 RG 像素和 BG 像素中，R 子像素和 B 子像素很大，虽然可以提高像素开口率，但是在文本显示时，颗粒感强，容易造成彩边现象。

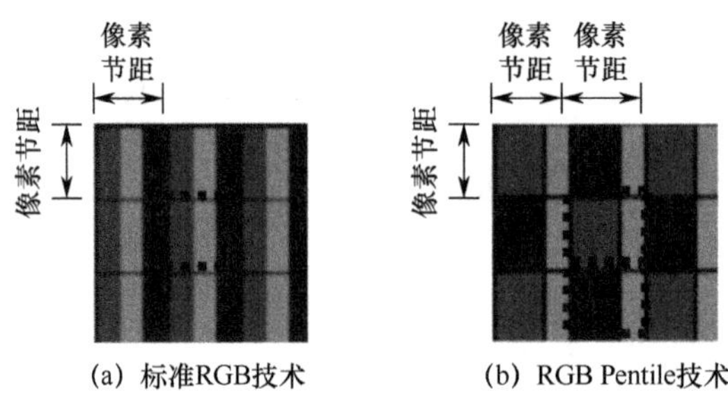

图 5-10　标准 RGB 技术与 RGB Pentile 技术

Pentile 技术利用子像素结构及其对应的子像素渲染算法，使影像与视觉认知相同，减少子像素的数量，扩大子像素的尺寸，提高子像素开口率，有效降低耗电量。但是，子像素的减少会导致画质劣化。最直接的改善对策是优化 Pentile 的像素排列方式，比如采用如图 5-11 所示的菱形像素（diamond pixel）技术：像素排列结合 RGB 子像素的空间频率（单位视角中的灰度变化次数），考虑到人眼对绿光最敏感，G 子像素设计成高空间频率，而 R 子像素和 B 子像素设计为低空间频率，从而更有效地符合人眼视觉认知。

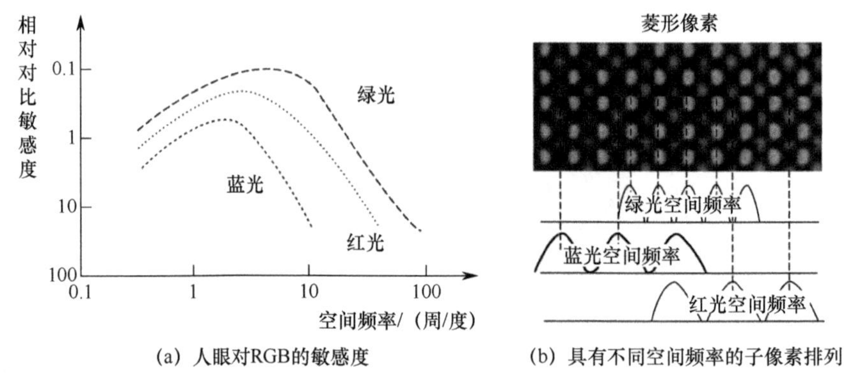

图 5-11　菱形像素技术

2. COA 或 AOC 像素结构

一般 TFT 基板与 CF 基板在贴合时，会产生设备对位误差。随着基板尺寸的增大，对位误差越趋明显，容易造成漏光或显示不均（mura）。把 TFT 器件和 CF 色阻层设计在同一张基板上，不受设备贴合对位误差的影响，可以大大提高像素开口率。如图 5-12 所示，下基板上先做 TFT 器件，再形成 CF 的 BM 层、RGB 色层和 PS 层的结构，称为 COA 像素结构；下基板上先做 CF 各树脂层图案，再形成 TFT 器件的结构，称为 AOC 像素结构。上基板一般留有一层 ITO 导电层。

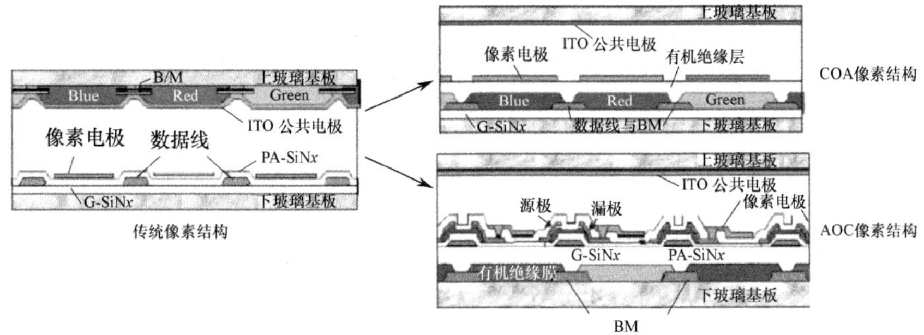

图 5-12　传统像素结构与 COA 或 AOC 像素结构示意图

在 COA 像素结构中，下基板上的像素电极位于最上层，下面的 RGB 色阻起着有机绝缘膜的作用，所以 COA 像素结构除了能消除贴合对位误差外，自身就能提高像素开口率。如图 5-13 所示，在实际制造时，为了避免在形成像素电极图案时影响 RGB 色层，一般在 RGB 色层形成后涂覆一层有机绝缘层以隔绝 RGB 色层与 ITO 层。

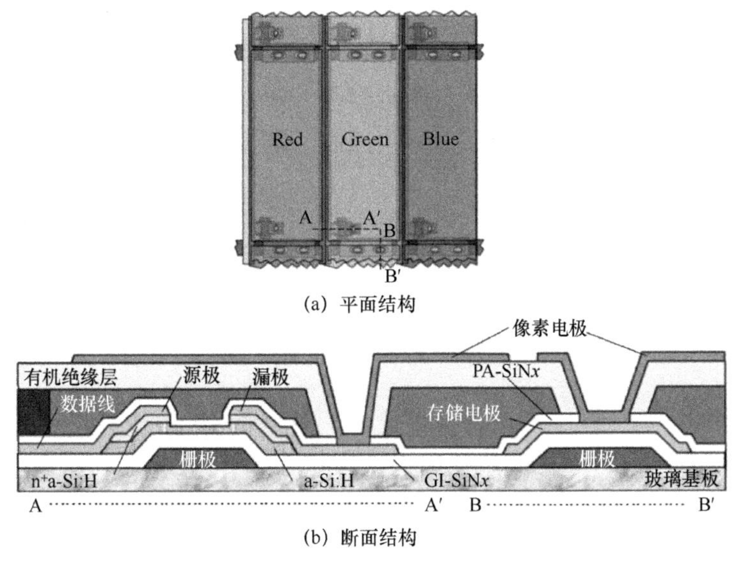

图 5-13　COA 像素结构实例

5.2 超高清显示屏的技术路径

超高清显示屏一般为中大尺寸，其驱动基础是氧化物 TFT 背板，包括 IGZO TFT 开关技术和 Cu 互连技术。氧化物 TFT 背板上 Cu 互连的使用，需要避免 Cu 金属对氧化物 TFT 器件性能的影响。此外，还需要确定显示屏的显示模式。显示屏显示技术研究电光转化模式，大尺寸超高清显示屏的实现需要保证显示屏的像素单元具有最高的光利用效率。

5.2.1 氧化物 TFT 结构选择

提高甚大规模（Giga Scale Integrated，GSI）级氧化物 TFT 背板的驱动能力，关键是提高氧化物 TFT 的电子迁移率，减小氧化物 TFT 的器件寄生电容。目前成熟的氧化物半导体材料是 IGZO。IGZO 的电子迁移率为 2～50cm^2/Vs，关态电流低至 10^{-14} A，关断性能（I_{on}/I_{off}比值）达到 10^9。通过提高成膜温度、控制反应气体成分等工艺优化，可以进一步提高 IGZO TFT 的电子迁移率。新型氧化物半导体材料与氧化物 TFT 结构优化也可以提高器件的电子迁移率。

BCE（Back Channel Etching）结构的 TFT 沟道比 ESL（Etching Stop Layer）结构的精度更高，源漏极与栅极之间的重叠量更小。顶栅（Top Gate，TG）结构的氧化物 TFT 几乎没有源漏极与栅极之间的寄生电容，一方面可以消除像素馈通电压，另一方面可以同时减少数据线与扫描线的延时，是 GSI 级超高清氧化物 TFT 背板的优选器件结构。TG 结构的 IGZO TFT 一共有 3 层金属：最底层金属 Mc 的作用主要为遮光及构成电容，第 2 层金属为扫描线和栅极层，第 3 层金属为数据线和源漏极层。在栅极和栅极绝缘层刻蚀完成后，第 2 层 SiO_2 保护绝缘层成膜前，需要对有源层源漏极欧姆接触的位置实施减小欧姆接触电阻的掺杂工艺。

5.2.2 电流型与电压型选择

OLED 为代表的电流型显示技术，因为电流对寄生电容敏感，随着分辨率的提高，扫描线与数据线之间的寄生电容成倍增大，电流稳定性与均一性的控制更加困难，存在瓶颈。目前，在大尺寸高分辨率上获得应用的显示技术主要有 LCD、OLED 和 mini-LED。表 5-1 比较了这三种显示技术的性能。

表 5-1　LCD、OLED 和 mini-LED 性能对比

	LCD	OLED	mini-LED
显示类型	非主动发光显示	主动发光显示	主动发光显示
驱动类型	电压驱动	电流驱动	电流驱动
寿命	>60 000 小时	~20 000 小时	>200 000 小时
最大尺寸	110 英寸	88 英寸	65 英寸
最高分辨率	16K×8K	8K×4K	4K×2K
应用范围	大	中	小

OLED 和 mini-LED 是电流驱动型显示技术，互连线上的 RC 寄生效应会消耗部分电流，为了保证输入每个像素的电流大小，需要采用补偿电路。分辨率越高，走线的耦合电容越大，电阻也相应增大。RC 寄生效应对电流起到分流影响，从而导致充到像素的电流大小难以精确控制。

通过设计 32 英寸 8K 和 16K OLED 显示屏，可以判断 OLED 等电流型显示技术的分辨率极限。为了实现 32 英寸 8K，选择 Al 互连并用干刻工艺，采用顶栅型 IGZO TFT 以减小器件寄生电容，采用顶发射（top emission）出光结构、蒸镀 WOLED+CF 盖板结构和显示区外部补偿技术以增大像素出光面积。与 LCD 仅有馈通现象不同的是，OLED 除了在像素电压写入过程中有馈通现象外，在开始发光时，因为开关 TFT 关闭，原先获得的驱动 TFT 的栅极和源级电压（V_{gs}）可能还会因为像素内各节点的电压变化和电容耦合作用再次发生变化，也就是说驱动 TFT 的 V_{gs} 有一个误差率。OLED 像素电压写入后，到开始发光，V_{gs} 的保留比例用 DTE（Data Transfer E）来衡量。DTE 的计算方法是：发光阶段的 V_{gs}/充电刚结束时的 V_{gs}。

32 英寸 8K 和 16K 超高清 OLED 显示屏设计指标如表 5-2 所示。32 英寸 8K OLED 显示屏的 DTE 达到 60%，正常显示的风险高。并且，像素的发光区域面积只有 13%，不具备经济发光面积。对于 32 英寸 16K OLED 显示屏，存储电容 C_{st} 的版图面积不足，数据信号已经无法正常写入，像素的发光区域面积低于 5%。可见，32 英寸 8K 是超高清 OLED 显示屏的分辨率极限。所以，与超高清氧化物 TFT 背板匹配的显示技术是电压驱动型 LCD 技术。可见，采用氧化物 TFT 背板驱动技术的 LCD 在大型化和精细化上同时具有优势。

5.2.3　液晶显示模式选择

因为氧化物 TFT 背板的设计与所采用的液晶显示模式有关，所以需要确

定大尺寸超高清 LCD 显示屏采用的具体液晶显示模式。液晶显示模式包括 TN、IPS 和 VA。考虑视角和对比度等参数指标，适用于大尺寸显示屏的显示模式只有 IPS 和 VA。考虑超高清分辨率的应用，需要显示模式具有更高的像素开口率。在 IPS 中，FFS 显示模式的像素开口率最高；在 VA 中，UV^2A 显示模式的像素开口率最高。FFS 显示模式在像素尺寸小于 80μm 后更具高开口率优势。在大尺寸 GSI 级超高清背板中，FFS 像素需要引入金属 COM 电极，并且在蓝色子像素中设计接触孔与面状 ITO-COM 电极进行电连接。金属的引入及接触孔的设计使得大尺寸 FFS 的开口率有所下降。

表 5-2　32 英寸 8K 和 16K 超高清 OLED 显示屏设计指标

	像素尺寸	像素电路	TFT 尺寸	存储电容	DTE	像素开口率
8K	30.3μm	3T1C	4.5μm/4.5μm	0.15pF	60%	13%
16K	15.15μm	—	—	—	—	—

5.3　超高清显示屏设计技术

为了实现更高分辨率的超高清显示屏，需要选择合适的显示屏（背板）尺寸，优化像素结构，以实现光利用效率最大化。相比 8K 超高清显示屏，16K 和 32K 大尺寸超高清显示屏的数据线总数依次翻番，数据线端子压接用的 COF 数增加，需要克服 COF 布局空间不足的问题。超高清显示屏的分辨率越高，像素越小，一方面需要优化像素结构以保证光利用效率最大化，另一方面需要减少总线（数据线、扫描线、公共电极线）延时以保证像素电压的信号完整性。

5.3.1　超高清 TFT 背板尺寸研究

氧化物 TFT 背板的像素集成度从 ULSI 量级进化到 GSI 量级，在相同尺寸的显示屏上，像素尺寸按比例缩小。像素结构的设计基础是保证显示屏上每个像素的像素电极电压信号完整性。像素电极的电压通过数据线和氧化物 TFT 串联的通道送到像素电极。在这个通道上，决定电流大小的关键是氧化物 TFT 的开态电流 I_{on}，而开态电流 I_{on} 主要取决于氧化物半导体材料的电子迁移率；决定电压大小的关键是氧化物 TFT 的打开时间，即扫描线脉冲信号与数据线电压信号的有效重叠时间。扫描线和数据线的延时越短，扫描线脉冲信号与数据线电压信号的有效重叠时间越长，像素电压的写入时间越充分。

在帧频不变（一般为 60Hz）的情况下，随着显示屏解析度的提高，可供像素电压写入的时间按比例缩短。在保证像素电压充分写入的前提下，实现像素开口率的最大化，是像素设计的基本方法。超高清显示屏一般应用在 32 英寸以上。GSI 级氧化物 TFT 背板要素设计如表 5-3 所示。

表 5-3　GSI 级氧化物 TFT 背板要素设计

显示屏尺寸（TFT 结构）	解析度	像素尺寸/μm	扫描线		数据线	
			电阻/Ω	电容/pF	电阻/Ω	电容/pF
32 英寸（BCE）	2K×1K	121	0.309 265 5	1.52E−13	2.50	1.09E−13
	4K×2K	60.5	0.154 632 8	1.01E−13	1.87	5.45E−14
	8K×4K	30.3	0.077 444 2	7.59E−14	0.75	2.73E−14
	16K×8K	15.15	0.075 954 9	1.27E−14	0.63	1.37E−14
98 英寸（BCE）	2K×1K	374.8	0.283 671 4	7.82E−13	6.49	3.02E−13
	4K×2K	187.4	0.174 339 7	3.91E−13	3.24	1.51E−13
	8K×4K	93.7	0.104 603 8	1.96E−13	2.32	7.55E−14
	16K×8K	46.8	0.080 378 6	9.77E−14	1.35	3.77E−14
	32K×16K	23.4	0.058 051 2	1.63E−14	0.81	1.89E−14
98 英寸（TG）	2K×1K	374.8	0.405 623 6	3.96E−13	6.49	2.59E−13
	4K×2K	187.4	0.249 289 5	1.98E−13	3.24	1.29E−13
	8K×4K	93.7	0.149 573 7	9.91E−14	2.32	6.47E−14
	16K×8K	46.8	0.114 933 9	4.95E−14	1.35	3.23E−14
	32K×16K	23.4	0.083 007 8	8.25E−15	0.81	1.61E−14

因为 32K 解析度下的 32 英寸显示屏的像素尺寸不到 7.6μm，已经无法在数据线和扫描线交叉处设计氧化物 TFT 器件，并且数据线宽度及数据线与像素电极之间的间隙宽度加起来已经接近 7μm，已经无法设计正常的像素开口区域。所以，32 英寸显示屏的解析度极限是 16K。由于 64K 解析度下的 98 英寸显示屏的像素尺寸只有 11.7μm，考虑到 LCD 像素 BM 宽度在 6μm 以上，像素开口率不超过 30%，并且对数据线和扫描线的延时要求比 32K 高出将近一倍，已经不适合用现有布局布线架构进行像素设计。所以，在目前的技术条件下，98 英寸显示屏的解析度极限是 32K。

图 5-14 给出了 32 英寸和 98 英寸显示屏在不同解析度下的线宽与延时。随着解析度的倍增，像素尺寸按比例缩小，扫描线和数据线的宽度也按一定比例减小。因为数据线和扫描线的宽度减小及两者的交叉点倍增，使得延时逐渐增加。解析度提高导致像素电压的写入时间减少，扫描线与数据线的延

时理论上要相应减少，但实际上在电容、开口率等的限制下使得延时增加。所以，从根本上减少扫描线与数据线的延时，需要在互连线金属和氧化物 TFT 上寻找对策。

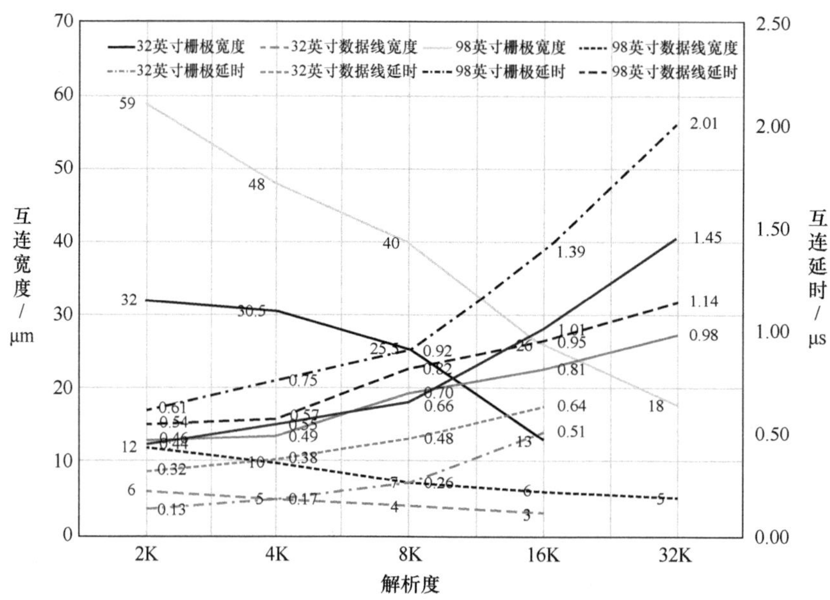

图 5-14　32 英寸和 98 英寸显示屏在不同解析度下的线宽与延时

32 英寸 32K 显示屏的像素尺寸只有 7.575μm，留给像素电极的空间不到 4μm，无法设计 FFS 的细条状像素电极。所以，32 英寸显示屏的解析度极限定为 16K，采用纵向放置的 BCE 型氧化物 TFT。32 英寸 16K 显示屏开发可实现，理论上 65 英寸 32K 显示屏开发也可实现。由于 32 英寸 16K 显示屏的数据线是双侧单边输入的，所以 65 英寸 32K 显示屏开发的挑战主要在像素电压信号完整性对策方面。因为 32K 显示屏的像素电压写入时间缩短为 16K 显示屏的一半。综合像素开口率和像素电压信号完整性，把 32K 显示屏尺寸设为 98 英寸，采用纵向放置的 TG 型氧化物 TFT。

5.3.2　超高清显示屏的像素优化技术

32 英寸 16K 和 98 英寸 32K 超高清氧化物显示屏的关键共性技术是：像素有效发光面积提升技术、TCON 和 COF 驱动技术、像素电压信号完整性技术。

1. 32 英寸 16K 显示屏的像素设计

32 英寸 16K 显示屏的像素结构如图 5-15 所示。液晶显示模式为两条像素电极（2slit）单畴结构的 FFS 技术。IGZO TFT 采用半挂式 BCE 结构，TFT 沟道宽长比 W/L=2μm/7μm。因为 IGZO 有源层的沟道长度为 7μm，与源漏极重叠的长度为 4μm，如果采用传统的 IGZO TFT 横向设计，无法将 TFT 摆放在像素内，所以 TFT 沿垂直方向摆放。像素采用 Cs 金属线设计，将底层 Cs 金属线与上面的 ITO 层 COM 电极的接触孔设计于 B 子像素中，因此导致 B 子像素开口率有所降低。RG 子像素的开口率为 34.14%，B 子像素的开口率为 20.52%。

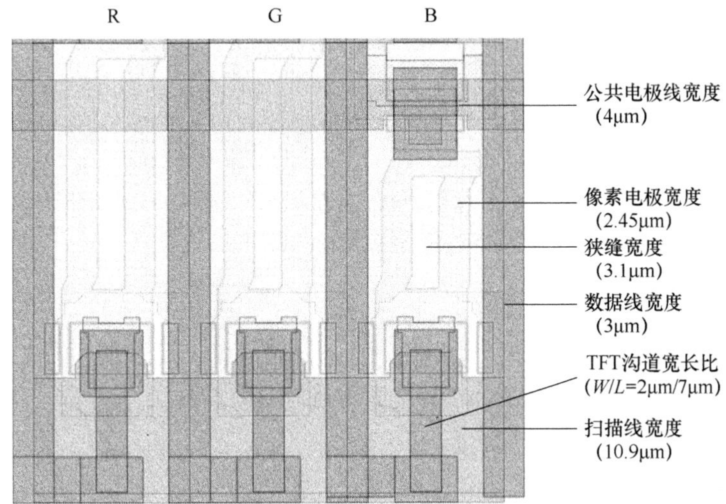

图 5-15　基于 BCE 型 IGZO TFT 的 32 英寸 16K 显示屏的像素结构

因空间限制，无法增大扫描线和数据线的宽度，导致扫描线和数据线的延时过长。对策是增大 Cu 互连的厚度。将扫描线膜厚增大至 5000Å，面电阻率降为 0.05Ω/μm²，扫描线延时减少至 0.63μs。当膜厚增大至 8000Å 时，面电阻率降为 0.03Ω/μm²，扫描线延时减少至 0.51μs，约等于 1/4 充电时间。增大 Cu 金属膜厚会增大 Cu 金属应力，形成翘曲等问题。特别是数据线宽度小，只有 4～5μm，增大膜厚到 8000Å，金属线断面可能出现金字塔形状。

因像素尺寸限制，存储电容 C_{st} 较小，导致馈通电压 ΔV_p 较高，存在串扰、闪烁、灰阶漂移等品质问题。减小存储电容上下电极间的绝缘层膜厚，由 2000Å 减小至 1000Å，ΔV_p 为 1.21V。在计算 ΔV_p 时，V_{gh}=25V，V_{gl}=−8.2V。

因空间限制，相邻像素电极（P-P）间距只有 7.15μm，小于目前工艺设备的保证范围，存在相邻像素间串扰等风险。生产工艺的挑战还包括：数据线太细，断线风险高；IGZO TFT 金属源漏极与 IGZO 的重叠量小，源漏极金属刻蚀过程中药液容易渗入以破坏沟道。

像素的基本特性参数如下：液晶电容 C_{lc}//=1.13E−14F，存储电容 C_{st}=7.06E−14F，扫描线延时为 0.51μs，数据线延时为 0.63μs。对于 60Hz 的驱动频率，像素电压的写入时间是 1.93μs。扫描线与数据线的总延时为 1.14μs，像素电压的有效写入时间不到 0.79μs。这对 IGZO TFT 的开态电流及像素电压的信号完整性设计提出了很高的要求。

为提高开口率，32 英寸 16K 显示屏的像素设计可采用 FFS 混双畴结构。传统 FFS 像素为了改善色偏现象，在单个像素中采用双畴结构，在单个像素内完成色彩补偿。32 英寸 16K 显示屏的像素尺寸为 3×15.15μm，从人眼分辨极限角度看，两个单畴的相邻像素之间进行色彩补偿，可以获得近似的色偏改善效果。

2. 98 英寸 32K 显示屏的像素设计

32K 像素可以覆盖全部的人眼感光细胞。人眼的视角在 120°左右，为了符合人眼的宽视角特征，需要开发大尺寸 32K 显示屏。因为显示屏的尺寸越大，像素设计时的空间限制越小，布局布线越有利。所以，大尺寸 32K 显示屏的开发主要是找到下限尺寸。

采用 FFS 混双畴显示模式的 65 英寸、75 英寸、85 英寸和 98 英寸显示屏，性能参数如表 5-4 所示。受到布局空间限制，将 TFT 沿垂直方向摆放。为了保证像素开口率，加上增大 Cu 互连线宽引起的电阻与电容负相关性，扫描线与数据线的宽度存在上限，导致互连线的负载过大，延时过长。表 5-4 中的扫描线和数据线 Cu 互连金属厚度控制在 8000Å 以内，面电阻率可降为 0.03Ω/μm^2。扫描线的延时达到 2 倍充电时间上下，数据线的延时在 1 倍充电时间上下。减小数据线和 COM 层的交叠面积，延时可减少至 0.70μs 左右，但是 COM 层边缘和数据线可能存在电场干扰。因为扫描线与数据线的延时都超过写入时间 0.96μs，所以扫描线和数据线都采用双向驱动。计算馈通电压ΔV_p时，V_{gh}=30V，V_{gl}=−10V。ΔV_p(∥/⊥)分别表示 LCD 全黑与全白时候的馈通电压。

表 5-4　不同尺寸 32K 显示屏的性能参数（FFS 显示模式）

尺寸		65 英寸	75 英寸	85 英寸	98 英寸
写入时间/μs		0.96	0.96	0.96	0.96
$C_{lc//}$/F		1.03E−14	1.36E−14	1.70E−14	1.78E−14
C_{st}/F		7.28E−14	9.08E−14	1.11E−13	1.17E−13
扫描线	电容/F	1.17E−09	1.24E−09	1.24E−09	2.10E−09
	电阻/Ω	6.45E+03	7.37E+03	7.37E+03	5.44E+03
	延时/μs	1.88	2.29	2.29	2.85
数据线	电容/F	2.37E−10	2.71E−10	2.71E−10	4.60E−10
	电阻/Ω	1.35E+04	1.16E+04	1.16E+04	1.00E+04
	延时/μs	0.80	0.78	0.78	1.15
ΔV_p(// / ⊥)		1.44/1.57	1.16/1.26	0.95/1.04	0.90/0.99

32K 显示屏的像素都比较小，相应的存储电容 C_{st} 较小，导致馈通电压ΔV_p较高。像素电极与 COM 电极之间的绝缘层膜厚从 2000Å 减小至 1000Å，ΔV_p可降至 0.9V。FFS 像素可以考虑挖掉扫描线和数据线上 COM 电极以减小电容，但像素电极的寄生电容增大。为了保证像素电极的 2slit 设计，P-P 间距在 8μm 左右，相邻像素间的串扰风险较高。其他类似 32 英寸 16K 显示屏的设计风险依然存在。

FFS 涉及的图层、设计规则很难满足。所以，采用 TG 结构的 IGZO TFT 和 UV²A 显示模式，分别设计 65 英寸、75 英寸、85 英寸和 98 英寸四款显示屏。为了提高像素开口率，减小 UV²A 显示屏的预倾角。如图 5-16 所示，把液晶分子的预倾角从 89.2°减小到 87.3°可以有效减小暗线宽度，提高像素的开口率。

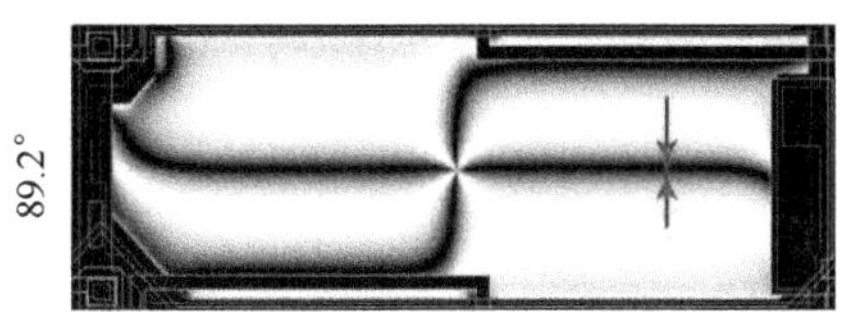

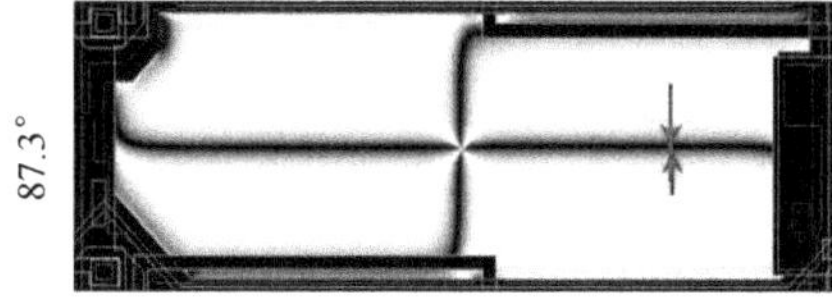

图 5-16　减小预倾角减小暗线宽度

为扩大视角，改善 UV²A 显示模式的色偏现象，采用混 4 畴像素结构和双伽马驱动技术。UV²A 混 4 畴像素结构的原理与 FFS 混双畴的原理类似。传统 UV²A 像素是 4 畴或 8 畴结果，混 4 畴结构是用两个双畴的相邻像素之间进行色彩补偿以改善色偏的。如图 5-17 所示，双伽马驱动技术通过数据线信号，为相邻两行子像素设定不同电压，实现 8 畴像素的显示效果。

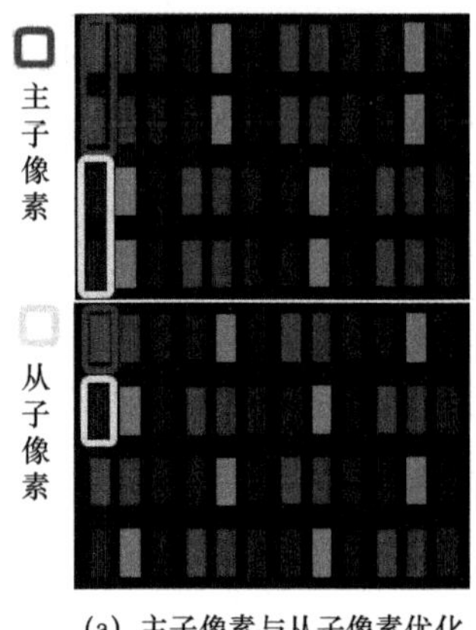

(a) 主子像素与从子像素优化

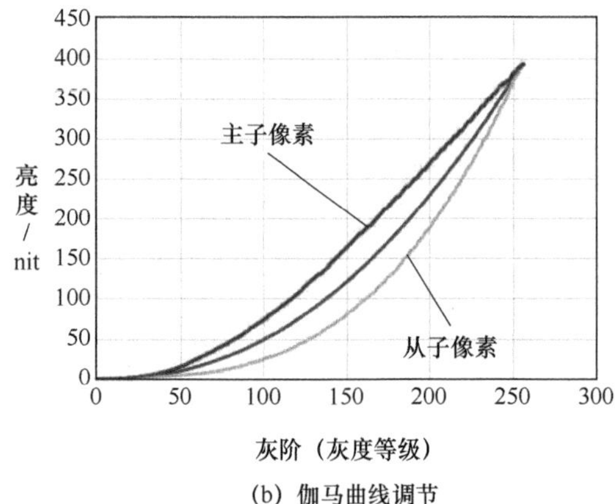

(b) 伽马曲线调节

图 5-17　双伽马驱动技术

基于以上架构，得到如表 5-5 所示的性能参数。与 FFS 显示模式像素设计一样，扫描线和数据线的方块电阻设为 0.05Ω/□，COM 电极与像素电极之间的绝缘层膜厚为 1000Å。采用 TG 结构的 TFT，自对准减小 C_{gd}，减小栅极与源漏极电容的同时可降低ΔV_p。在计算ΔV_p时，V_{gh}=28V，V_{gl}=−6V。因为扫描线与数据线的延时都超过写入时间 0.96μs，所以扫描线和数据线都采用双向驱动。COM 公共电极线的延时也较长，存在横线串扰风险。一方面要增大金属公共电极线宽，减小公共电极线的电阻；另一方面要减小公共电极线与数据线的交叠面积，减小耦合电容。CF 的 BM 到像素开口的边缘距离为 2μm，存在组立漏光风险。像素电极距离数据线太近，只有 1.5μm，存在纵线串扰风险。可以增大像素电极与数据线的间距，但开口变小。

表 5-5　不同尺寸 32K 显示屏的性能参数（UV^{2}A 显示模式）

尺寸		65 英寸	75 英寸	85 英寸	98 英寸
写入时间/μs		0.96	0.96	0.96	0.96
$C_{lc//}$/F		2.66E−15	3.8E−15	5.4E−15	7.7E−15
C_{st}/F		6E−15	9E−15	1.19E−14	1.31E−14
扫描线	电容/F	1.184E−09	1.256E−09	1.33E−09	1.5E−09
	电阻/Ω	3.96E+03	4.52E+03	5.16E+03	5.35E+03
	延时/μs	1.17	1.42	1.72	2.01
数据线	电容/F	2.33E−10	2.46E−10	2.62E−10	3.26E−10
	电阻/Ω	1.04E+04	1.2E+04	1.37E+04	1.40E+04
	延时/μs	0.6	0.75	0.9	1.14
ΔV_p(//∕⊥)		9.23/8.02	4.2/3.4	3.25/2.59	2.75/2.1

65 英寸、75 英寸、85 英寸和 98 英寸四款显示屏的像素开口率，只有 98 英寸的达到 20%以上。如图 5-18 所示，因为 FFS 像素采用 Cs 金属线设计，将底层 Cs 金属线与上面的 ITO 层 COM 电极的接触孔设计于 B 子像素中，因此导致 B 子像素开口率有所降低。并且，FFS 像素开口率整体比 UV^2A 像素开口率低。

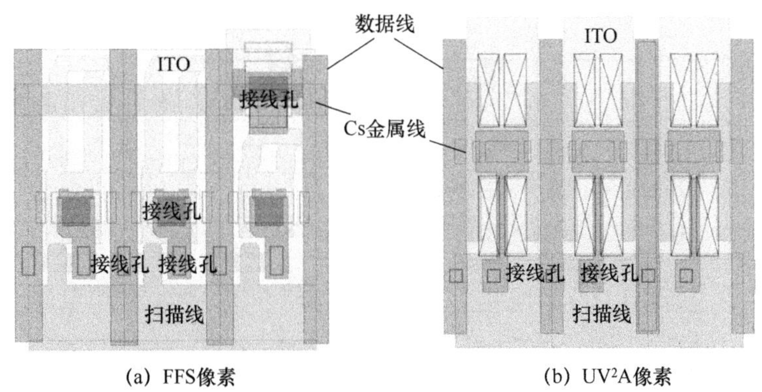

图 5-18　基于 FFS 和 UV^2A 显示模式的 98 英寸 32K 显示屏像素

5.3.3　超高清显示屏驱动系统

32 英寸 16K 显示屏的系统框架如图 5-19 所示。显示区尺寸为 698.112mm×392.688mm，显示区到 CF 基板边缘的尺寸为 7mm，CF 基板到 TFT 基板边缘的尺寸为 2mm。

因为相邻数据线间距只有 15.15μm，数据线采用上下两侧驱动，上侧数据驱动芯片驱动奇数列数据线，下侧数据驱动芯片驱动偶数列数据线。数据驱动芯片的 COF 采用两颗芯片封装在一个 COF 共 1920 根引脚的“pin+2 in 1”结构。上下两侧的数据驱动芯片分别对应两颗 8K TCON，$4n+1$（$n\in[0,11\ 519]$）根数据线由 TCON-1 负责时序处理，$4n+3$（$n\in[0,11\ 519]$）根数据线由 TCON-2 负责时序处理，$4n+2$（$n\in[0,11\ 519]$）根数据线由 TCON-3 负责时序处理，$4n$（$n\in[1,11\ 520]$）根数据线由 TCON-4 负责时序处理。扫描线采用双侧方案，左右两端同时输入扫描线信号，通过扫描线电阻减半来减少扫描线延时。因为扫描线间距只有 45.45μm，GOA 布局空间受限，可以采用 COG 驱动技术，每个 COG 集成 1080 pin。

如果开发了 16K 的 TCON，可以采用如图 5-19 所示的 4 颗 TCON 驱动方案。与图 5-19 不同的是，由于 98 英寸 32K 显示屏的数据线间距是 23.4μm，数据线采用了双侧同时驱动技术，所以 4 颗 TCON 对应的扫描线与数据线呈“田”字形分布，而不是“川”字形分布。为了实现 16K TCON 的时序处理能力，可以通过 FPGA 编程方式实现驱动能力。98 英寸 32K 显示屏也可以采用如图 5-20 所示的 16 颗 8K TCON 的驱动方案，其中 8 颗驱动第 1 根到第 8640 根扫描线对应的像素，剩下 8 颗驱动第 8641 根到 17280 根扫描线对应的像素。

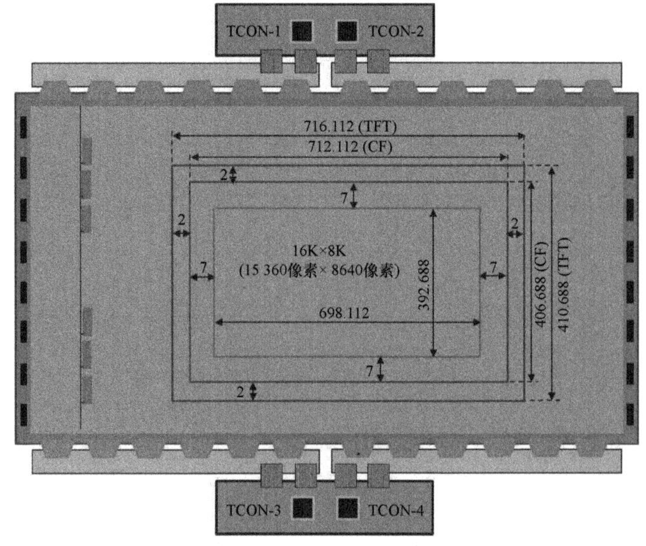

图 5-19　32 英寸 16K 显示屏的系统框架

随着解析度的提高，氧化物 TFT 背板的功耗持续升高，主要是 Cu 互连线上的功耗不断升高。解析度按比例提高，相应的数据线信号切换频率 f 按比例升高，根据式（4-3），数据线的功耗 P_d 也按比例升高。

相比传统点反转驱动技术，列反转驱动以列为单位正负极性反转。在一帧时间内，驱动电压的平均变化幅度降低一半左右。根据电容充放电功耗公式，数据驱动电路的功耗理论上可以降低到原来的 1/4 左右。配合列反转驱动，又能实现像素电压极性呈点反转时的画质水准，数据线设计可以采用 Z 反转驱动技术。数据线两侧像素 Z 反转驱动经常与双栅极结构或三栅极结构一起使用，以减少数据线的数量。因为数据驱动电路比扫描驱动电路更耗电，减少数据驱动电路既可以降低功耗，又能降低成本。但是，数据线两侧像素 Z 反转，除了电容的功耗外，还有电阻的功耗。所以，实际的功耗不可能降低到传统点反转驱动的 1/4 左右，而是 30%～40%。

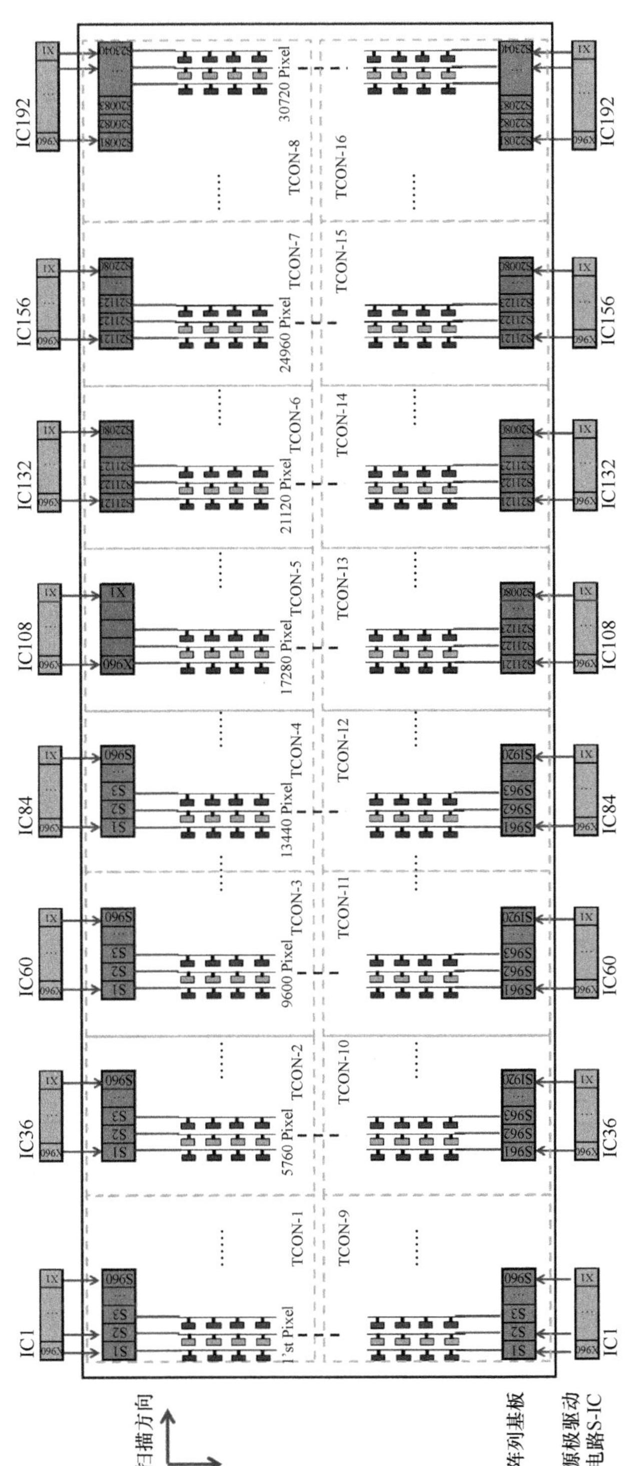

图 5-20　16 颗 8K TCON 的驱动方案

为了减小式（4-3）中的 C_d，可以在像素电极或 ITO COM 电极与 Cu 互连线之间使用有机绝缘膜以增大绝缘层的厚度，减小耦合电容。为了降低成本，可以在氧化物 TFT 基板上直接形成 CF 的 BM 层、RGB 色层和 PS 层，用这些树脂层兼做有机绝缘膜，同时减小 CF 基板与 TFT 基板贴合时的对位影响。

5.3.4 密集数据线的减 COF 技术

采用两颗芯片封装在一起的 2 in 1 COF 技术可以减少需要压接的 COF 数量，采用 1 推 3 的 DEMUX 技术可以减少数据线的引出数量和 COF 压接数量。

1. 2 in 1 COF 技术

超高清显示屏的分辨率越高，需要引出的数据线总数越多，需要压接的 COF 数量越多。32 英寸显示屏有效显示区的横向尺寸为 698.112mm，98 英寸显示屏有效显示区的横向尺寸为 2158.848mm。如表 5-6 所示，对于 8K 超高清显示屏，无论采用 960pin 的 COF，还是采用 1024pin 的 COF，压接 COF 所需要的横向总宽度都超出了 32 英寸显示屏的横向开口区尺寸。对于 16K 超高清显示屏，压接 COF 所需要的横向总宽度超出了 98 英寸显示屏的横向开口区尺寸。虽然，采用 32 颗 1440pin 的 COF，COF 总宽度只有 1920mm，小于 2158.848mm。但是，受限于显示屏压接工艺水平，以及机构定位空间的需求，COF 压接部分长度需要达到 2200 毫米左右才能实现。

表 5-6　GSI 级氧化物 TFT 背板要素设计

解析度	数据线总数/根	960pin			1440pin		
		COF 颗数	COF 宽/mm	总宽/mm	COF 颗数	COF 宽/mm	总宽/mm
8K	23 040	24	48	1152	16	60	960
16K	46 080	48	48	2304	32	60	1920
32K	92 160	96	48	4608	64	60	3840

根据以上分析，采用一颗 COF 上放置一颗驱动芯片的传统技术，无法满足 32 英寸 8K 和 98 英寸 16K 的显示屏布线需求。所以，COF 的设计需要采用一颗 COF 上放置两颗驱动芯片，即 2 in 1 COF 技术，COF 的走线采用双层走线布局。为避免 COF 与机构组件的干涉，COF 外形采用异型结构，

如图 5-21 所示。但是，在一颗 COF 上放置两颗驱动芯片，COF 功耗升高，温度偏高，温度可以达到 100℃以上，从而带来显示屏的可靠性问题。

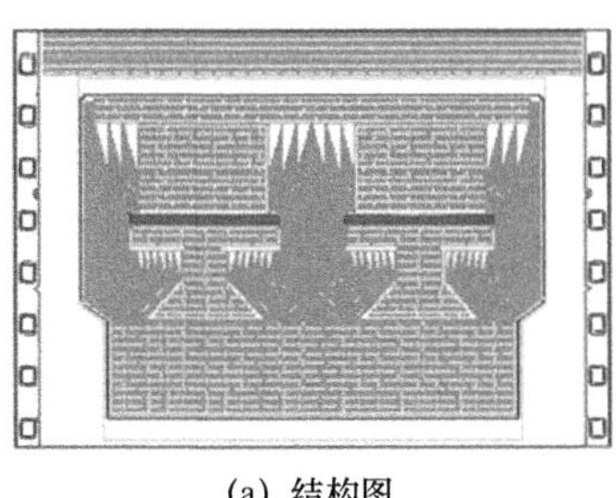

(a) 结构图

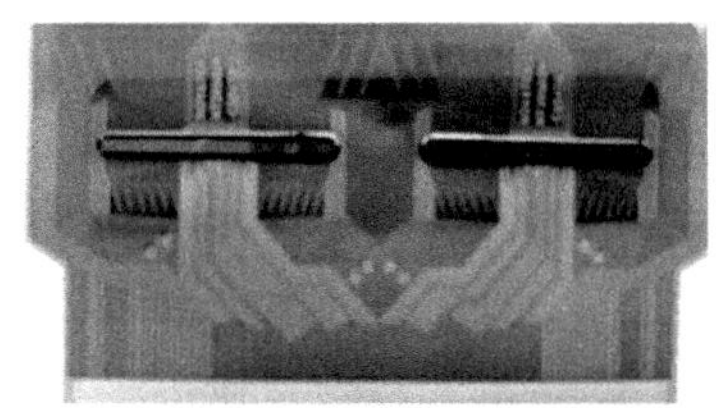

(b) 实物图

图 5-21　2 in 1 COF 技术

2．DEMUX 技术

解决数据线引出空间和 COF 压接空间不足的根本方法是减少数据线总数。在集成电路和 LTPS TFT 背板上，在空间有限的情况下，采用解复用器（Demultiplexer，DEMUX）技术来减少驱动芯片的输出引脚数，即源极驱动器数目。DEMUX 技术的基本原理如图 5-22（a）所示：通过 Demux_A/B/C 3 个依次打开的控制信号，将驱动芯片的输出信号 Data n，拆分为 R_n、G_n、B_n 这 3 个数据信号，提供给像素充电。图 5-22（b）所示为 5.5FHD 的 DEMUX 实物图。5.5FHD 的像素尺寸为 63μm，接近 32 英寸 16K 显示屏的像素尺寸 45.45μm，可以验证 DEMUX 技术在 32 英寸 16K 显示屏上的应用。

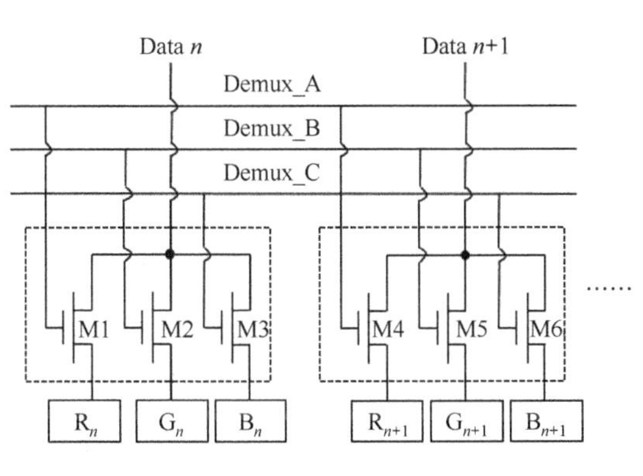

(a) 基本原理

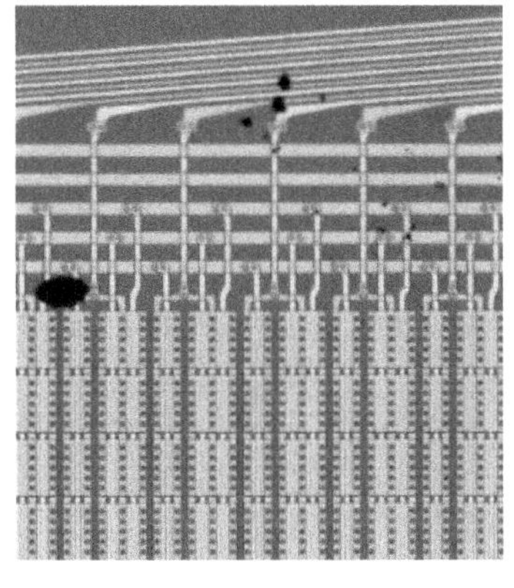

(b) 实物图

图 5-22　DEMUX 技术

图 5-23 所示为典型 DEMUX 驱动信号的时序图。Demux_A 控制信号变为高电平时，开关 M1 打开，Data n 此时刻数据信号传输到 R_n 信号线，对应的像素即被充入相应 R_n 电压。此时，Demux_B 与 Demux_C 为低电平，M2 与 M3 关闭，对应的像素不会被充入电压。同理，下一时刻，Demux_B 控制信号变为高电平时，对应的像素被充为相应 G_n 电压，依次交替进行。

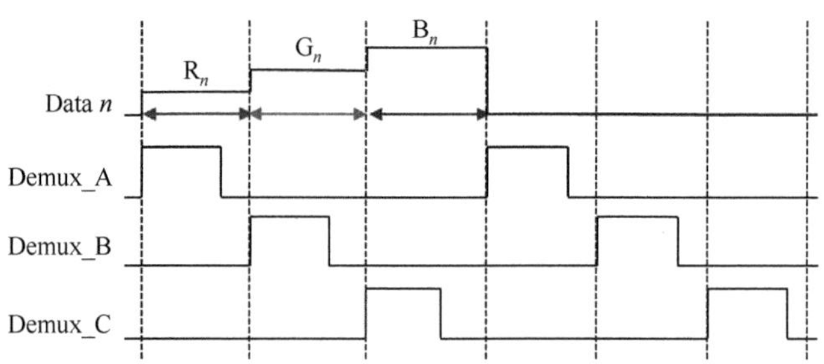

图 5-23　典型 DEMUX 驱动信号的时序图

在 LTPS TFT 背板上采用 DEMUX 电路，因为 LTPS TFT 的电子迁移率高，可以维持比较高的数据线充电率。IGZO TFT 的电子迁移率一般不到 10cm^2/Vs，虽然可驱动应用于 5.5FHD 的 DEMUX 电路，为了驱动 32 英寸 16K 显示屏，需采用更高迁移率 IGZO TFT，如 20 cm^2/Vs 以上。

5.4　像素电压写入能力提升技术

实现大尺寸超高清氧化物显示屏的显示性能，需要在 1μs 左右的写入时间内保证输入像素电极的数据线电压信号完整性。在像素电压信号完整性对策方面，采用列反转驱动方式，设计 3 级（3 个数据线信号写入时间）预充电时间和 1 级（1 个数据线信号写入时间）像素电压调整时间结合的 4 级充电方式，提升显示屏的像素电压写入能力。98 英寸 32K 显示屏采用纵向放置的 TG 型氧化物 TFT，可以采用底层金属设计扫描线的双层扫描线结构，在减小扫描线电阻的同时，减小数据线和扫描线之间的耦合电容，使扫描线延时和数据线延时减小一半左右。同时，公共电压的输入也可以采用双层 COM 线技术。

5.4.1　多级预充与一级调整的充电技术

保证像素电压信号完整性的根本对策是增加像素电压的有效写入时间

和增大氧化物 TFT 开关的开态电流。增加像素电压的有效写入时间，根本是减小扫描线和数据线的电阻、电容。减小 Cu 互连的电阻，主要对策是增大 Cu 金属薄膜的厚度 d。因为数据线宽度 3μm 是金属底层的宽度，如果金属的锥度角（taper angle）控制在 45°，金属上底的宽度为 d。如果要保证上底宽 2μm，则厚度 d=5000Å。如果厚度采用 5000Å，则需要严格控制刻蚀液浓度和刻蚀时间，保证金属的锥度角控制在 45°以上。

相比 BCE 结构，TG 结构的 IGZO TFT，因为没有源漏极与栅极之间的寄生电容，使得数据线与扫描线之间的寄生电容减小一半左右。但是 TG 结构的 IGZO TFT 需要在栅极两端相隔 2～3μm 的位置开孔，保证源漏极与 IGZO 有源层有效接触。该设计规则使得 TG 结构的 IGZO TFT 占用版图面积比 BCE 结构的大。在 15.15μm 的像素空间中，采用 TG 结构将导致开口率下降到 20%以下，无法有效进行像素电极的设计。

在物理结构和材料特性无法进一步提升的情况下，可以通过合理设计数据线与扫描线的驱动方式来提升像素电压信号完整性。采用列反转驱动方式，设计 3 级（3 个数据线信号写入时间）预充电时间和 1 级（1 个数据线信号写入时间）像素电压调整时间结合的 4 级充电方式，对应的扫描线脉冲时间对应 4 级时间，如图 5-24 所示。

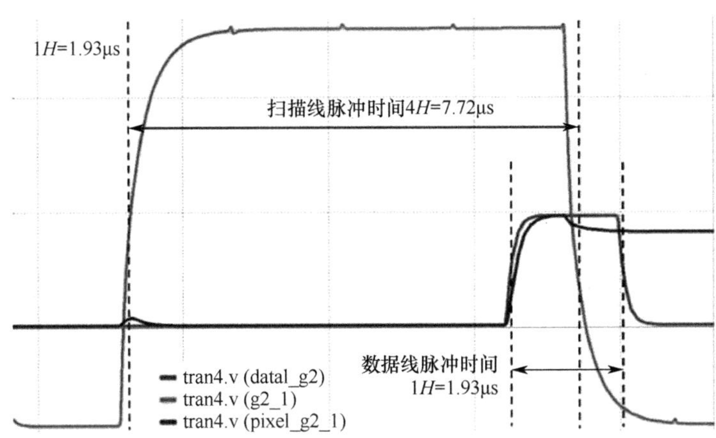

图 5-24　3 级预充电时间和 1 级像素电压调整时间结合的 4 级充电方式

采用如图 5-24 所示的充电方案，显示屏边缘位置 G_{start}、1/4 位置 $G_{quarter}$ 和中间位置 G_{center} 的充电率、ΔV_p 值如表 5-7 所示。最严格的中间位置 G_{center}，像素充电率不低于 99%，可以保证像素电压的正常写入。

表 5-7　显示屏不同位置的像素写入特性

位置	G_{start}	$G_{quarter}$	G_{center}
充电率	99.35%	99.21%	99.1%
ΔV_p	1.12	1.04	1.02

采用列反转驱动方式的数据线，在一帧时间内输入的像素电极电压极性相同，电压值都在 5V 以内。通过预充电，可以在把正式的像素电极电压写入前，让像素电极电压保证在 2.5V 上下。正式电压写入后，在 2.5V 上下调整。相比从 0V 到 5V 或从 5V 到 0V 的大电压差值，采用预充电技术，可以降低正式像素电极电压的写入负荷。

5.4.2　双层扫描线驱动技术

高解析度或高频驱动，数据线延时是瓶颈。即使采用 TG 结构的 IGZO TFT，扫描线延时（1.14μs）和数据线延时（0.98μs）都超过了一个脉冲时间（0.96μs）。虽然扫描线延时更长，但是扫描线延时可以通过数据电压信号波形与扫描线脉冲波形的位移加以解决，所以只要将数据线延时减少到一个脉冲时间以下就可以留出有效充电时间。

数据线的 Cu 金属厚度选择 5000Å，方块电阻在 0.05Ω/□左右。如果 Cu 金属厚度选择 8000Å，方块电阻达到 0.03Ω/□，数据线延时减少到可以留出一点有效充电时间。但是，Cu 金属厚度选择 8000Å，Cu 互连的上底只有 1μm 左右，数据线的断线及其修复问题突出。所以，需要在数据线 Cu 金属厚度不超过 5000Å 的前提下，进一步减小数据线的电容。对此，提出一种双层扫描线驱动技术。

传统 TG 结构的 IGZO TFT，为了遮挡背光对 IGZO 有源层的照射，在最底层需要设计一层 Mc 遮光金属。对于 GOA 电路或 OLED 驱动电路，Mc 遮光层还可以作为平行电容的电极板。如图 5-25 所示，为了尽可能减小扫描线电阻，扫描线与数据线重叠部分的宽度不能减小，使得数据线与扫描线在重叠处的电容较大。为了减小数据线的电容，同时也减小扫描线的电容，可以采用如图 5-25（a）所示的双层扫描线结构。用 Mc 金属层设计底层扫描线，即 Mc 扫描线，与 GE 扫描线并联，一方面把扫描线电阻减小一半左右，另一方面通过减小 GE 扫描线与数据线的重叠面积及增大数据线与 Mc 扫描线之间绝缘层的厚度把数据线与扫描线之间的耦合电容减小一半左右。如果用

Mc 金属层设计底层数据线，虽然数据线电阻可以减小近一半，但是 Mc 数据线单独与扫描线形成耦合电容，使得数据线与扫描线整体耦合电容增大一倍，数据线延时不变的同时扫描线延时增加。

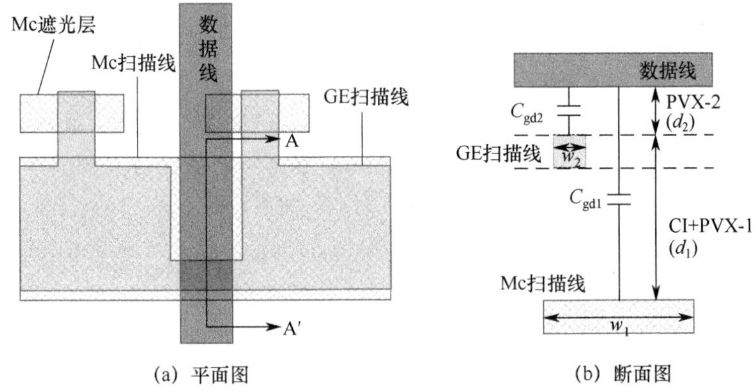

图 5-25　基于 TG 结构的双层扫描线技术

如图 5-25（b）所示，数据线与 GE 扫描线之间绝缘层 PVX-2 的厚度为 d_2，GE 扫描线的宽度为 w_2，数据线与 Mc 扫描线之间的绝缘层包括 PVX-1、栅极绝缘层 GI、PVX-2，Mc 扫描线的宽度为 w_1。数据线与扫描线之间的耦合电容为

$$C_{gd} = w_{data} \cdot \varepsilon_{SiO_2}\left(\frac{w_2}{d_2} + \frac{w_1 - w_2}{d_1 + d_2}\right) \tag{5-3}$$

式中，数据线宽度 w_{data} 采用最小值 5μm；w_1 采用 18μm；w_2 采用 6μm；厚度 $d_1=2d_2$。根据式（5-3）获得的耦合电容 C_{gd} 是单层扫描线的 55.56%。在 PVX-1、GI 和 PVX-2 三层绝缘膜中，GI 的膜厚不能变，其他两层都可以改变膜厚以调节耦合电容 C_{gd} 的值。如表 5-8 所示，采用双层扫描线技术，98 英寸 32K 氧化物 TFT 背板的数据线延时和扫描线延时都减少一半左右，像素的有效写入时间增加 0.3μs。

表 5-8　基于双层扫描线技术的 98 英寸 32K 氧化物 TFT 背板设计

	扫描线		数据线	
	宽/μm	延时/μs	宽/μm	延时/μs
单层扫描线	18	2.01	5	1.14
双层扫描线	14（上层） 18（底层）	0.96	5	0.23

为了保证双层扫描线的并联效果，需要在扫描线不同位置设计接触孔以连接 GE 扫描线和 Mc 扫描线，保证双层扫描线等电位传输。接触孔不需要在每个像素上设计，需要以一定空间频率分布。

参 考 文 献

[1] SCHADT M. Liquid Crystals in Information Technology[J]. Berichte Der Bunsengesellschaft Für Physikalische Chemie, 2010, 97(10):1213-1236.

[2] KIM S S, BERKELEY B H, PARK J H, et al. New era for TFT-LCD size and viewing-angle performance[J]. Journal of the Society for Information Display, 2006, 14(2):127-134.

[3] LIU C T. Revolution of the TFT LCD technology[J]. Journal of Display Technology, 2007, 3(4):342-350.

[4] HATORI M, NAKAMURA Y. 1125/60 HDTV studio standard intended to be a worldwide unified HDTV standard[J]. IEEE Transactions on Broadcasting, 1989, 35(3):270-278.

[5] ZHOU Z W, MENG C J, WANG L, et al. Research of Wide Color Gamut Technology for Liquid Crystal Display[J]. Chinese Journal of Luminescence, 2015, 36(9):1071-1075.

[6] KAKINUMA K, SHINODA M, ARAI T, et al. Technology of Wide Color Gamut Backlight with RGB Light-Emitting Diode for Liquid Crystal Display Television[J]. SID Symposium Digest of Technical Papers, 2007, 38(1):1232-1235.

[7] POYNTON C, STESSEN J, NIJLAND R. Deploying Wide Color Gamut and High Dynamic Range in HD and UHD[J]. SMPTE Motion Imaging Journal, 2015, 124(3):37-49.

[8] HAN S H, KM Y H, YOON J M, et al. Luminance enhancement by four-primary-color (RGBY)[J]. Symposium Digest of Technical Papers, 2010, 41(1):1682-1684.

[9] YANG Y C, SONG K, RHO S G, et al. Development of Six Primary-Color LCD[J]. SID Symposium Digest of Technical Papers, 2005, 36(1):1210-1213.

[10] ZHAO X Z, LIU B, ZHANG X B,et al. Regulated method of realizing white balance for LCD based on FPGA[J]. Chinese Journal of Liquid Crystals & Displays, 2014, 29(3):377-382.

[11] LIN F C, HUANG Y P, WEI C M, et al. Color-breakup suppression and low-power consumption by using the Stencil-FSC method in field-sequential LCDs[J]. Journal of the Society for Information Display, 2009, 17(3):221-228.

[12] HUANG Y P, CHEN K H, CHEN C H, et al. Adaptive LC/BL Feedback Control in

Field Sequential Color LCD Technique for Color Breakup Minimization[J]. Journal of Display Technology, 2008, 4(3):290-295.

[13] CHEN C H, LIN F C, HSU Y T, et al. A Field Sequential Color LCD Based on Color Fields Arrangement for Color Breakup and Flicker Reduction[J]. Journal of Display Technology, 2009, 5(1):34-39.

[14] TAKATORI K I. Field-sequential smectic LCD with twin-gate-TFT pixel amplifiers[J]. Displays, 2004, 25(1):37-44.

[15] 孙立新. LCD 显示器的白平衡调整[J]. 液晶与显示, 2011, 26(2):93-96.

[16] CHIEN M C, TIEN C H, CHEN C C, et al. Region-Partitioned LED Backlight Design for Field Sequential Color LCD[J]. SID Symposium Digest of Technical Papers, 2007, 38(1):441-444.

[17] LEE S R, JHUN C G, YOON T H, et al. Double-Pulse Scan of Field Sequential Color Driving of Optically Compensated Bend Cell[J]. Japanese Journal of Applied Physics, 2006, 45(4A): 2683-2688.

[18] CHEN C H, CHEN K H, HUANG Y P, et al. Gray Level Redistribution in Field Sequential Color LCD Technique for Color Breakup Reduction[J]. SID Symposium Digest of Technical Papers, 2012, 39(1):1096-1099.

[19] LIN F C, HUANG Y P, WEI C M, et al. Color Filter-Less LCDs in Achieving High Contrast and Low Power Consumption by Stencil Field-Sequential-Color Method[J]. Journal of Display Technology, 2010, 6(3):98-106.

[20] CHEN C C, CHEN Y F, LIU T T, et al. Spatial-temporal Division in Field Sequential Color Technique for Color Filterless LCD[J]. SID Symposium Digest of Technical Papers, 2007, 38(1):1806-1809.

[21] ELLIOTT C H B, BOTZAS A, HIGGINS M F, et al. Low Power, High Color Gamut, PenTile RGBCW Hybrid FSC LCD[J]. SID Symposium Digest of Technical Papers, 2012, 43(1):655-658.

[22] YAN S P, CHENG Y K, LIN F C, et al. A Visual Model of Color Break-Up for Design Field-Sequential LCDs[J]. SID Symposium Digest of Technical Papers, 2007, 38(1):338-341.

[23] HUANG Y P, LIN F C, SHIEH H P D. Eco-Displays: The Color LCD's Without Color Filters and Polarizers[J]. Journal of Display Technology, 2011, 7(12):630-632.

[24] SU T W, CHANG T J, CHEN P L, et al. LCD Visual Quality Analysis by Moving Picture Simulation[J]. SID Symposium Digest of Technical Papers, 2005, 36(1): 1010-1013.

[25] BUKOVSKY A. Eye-Trace Integration Effect on The Perception of Moving Pictures and A New Possibility for Reducing Blur on Hold-Type Displays[J]. SID Symposium

Digest of Technical Papers, 2002, 33(1):930-933.

[26] YOSHIDA Y, YAMAMOTO Y, HIJIKIGAWA M. Color management of reflective-type LCDs in terms of adaptation the human visual system to light-source variations[J]. Journal of the Society for Information Display, 2001, 9(4):325-330.

[27] OHSHIMA T, WAKAGI M, AKAHOSHI H, et al. Thin Durable Metal Substrates for High-Resolution a-Si TFT Active Matrix Displays[J]. SID Symposium Digest of Technical Papers, 2006, 37(1):266-269.

[28] BOERNER V, ABBOTT S, BLÄSI B, et al. Holographic Antiglare and Antireflection Films for Flat Panel Displays[J]. SID Symposium Digest of Technical Papers, 2003, 34(1):68-71.

[29] YAKOVLEV D, CHIGRINOV V, KWOK H S. Contrast and Brightness Enhancement of RTN-LCDs Using Antireflective Layers[J]. SID Symposium Digest of Technical Papers, 2000, 31(1):755-757.

[30] TENG T C, KE J C. A novel optical film to provide a highly collimated planar light source[J]. Optics Express, 2013, 21(18):21444.

[31] CHOI S S, BAE H C, KIM W J, et al. Ultra-Slim TV Module Technology[J]. SID Symposium Digest of Technical Papers, 2009, 40(1):720-722.

[32] OHKUMA H, TAJIMA K, TOMIKI K. Development of a Manufacturing Process for a Thin, Lightweight LCD Cell[J]. SID Symposium Digest of Technical Papers, 2000, 31(1):168-169.

[33] HASHIGUCHI T, HIRATA N, BABA T, et al. A Narrow Bezel a-Si TFT LCD with Vertical Gate Line in Pixel[J]. SID Symposium Digest of Technical Papers, 2017, 48(1):1327-1330.

[34] ZHENG G T, LIU P T, WU M C, et al. Design of Bidirectional and Low Power Consumption Gate Driver in Amorphous Silicon Technology for TFT-LCD Application[J]. Journal of Display Technology, 2013, 9(2):91-99.

[35] LIN C L, CHEN F H, CIOU W C, et al. Simplified Gate Driver Circuit for High-Resolution and Narrow-Bezel Thin-Film Transistor Liquid Crystal Display Applications[J]. IEEE Electron Device Letters,2015, 36(8):808-810.

[36] LIM J W, HONG S P, KANG D W, et al. Implementing Narrow Bezel Design through Black Sealant[J]. SID Symposium Digest of Technical Papers, 2017, 48(1): 1469-1471.

[37] ASAOKA Y, SATOH E, DEGUCHI K, et al. Polarizer-Free Reflective LCD Combined with Ultra Low-Power Driving Technology[J]. SID Symposium Digest of Technical Papers, 2009, 40(1):395-398.

[38] CHO H, KWON O K. A backlight dimming algorithm for low power and high image

quality LCD applications[J]. IEEE Transactions on Consumer Electronics, 2009, 55(2):839-844.

[39] ASADA H. Low-Power System-on-Glass LCD Technologies[J]. SID Symposium Digest of Technical Papers, 2005, 36(1):1434-1437.

[40] ONO K, MORI I, ISHII M, et al. Progress of IPS-Pro Technology for LCD-TVs[J]. SID Symposium Digest of Technical Papers, 2006, 37(1):1954-1957.

[41] GOLDSTEIN A P, ANDREWS S C, BERGER R F, et al. Zigzag Inversion Domain Boundaries in Indium Zinc Oxide-Based Nanowires: Structure and Formation[J]. Acs Nano,2013, 7(12):10747-10751.

[42] VENKATESAN S, NEUDECK G W, PIERRET R F. Dual-gate operation and volume inversion in n-channel SOI MOSFET's[J]. Electron Device Letters IEEE, 1992, 13(1):44-46.

[43] HULZE H G, GREEF P D. Driving an Adaptive Local Dimming Backlight for LCD-TV Systems[J]. SID Symposium Digest of Technical Paper, 2012, 39(1):772-775.

[44] HORIBE A, IZHUARA M, NIHEI E, et al. Brighter backlights using highly scattered optical-transmission polymer[J]. Journal of the Society for Information Display, 2012, 3(4):169-171.

[45] TAGAYA A, NAGAI M, KOIKE Y, et al. Thin Liquid-Crystal Display Backlight System with Highly Scattering Optical Transmission Polymers[J]. Applied Optics, 2001, 40(34):6274-6280.

第 2 篇　电子纸显示技术

第6章 电子纸显示技术概述

电子纸（ePaper）作为一类绿色环保的非主动发光显示装置，可视为LCD和OLED的互补产品，在显示领域具有自己特定的市场应用。电子纸的实现技术涵盖电泳、液晶、电化学、仿生学等领域。

6.1 电子纸特点

电子纸是可以进行数字化处理的类纸显示装置，是兼具印刷品等硬拷贝阅读性强、方便携带、信息保存长久，以及电子显示器等软拷贝可重复擦写、可动画显示、兼容数字信息、节约资源等优点的第三类人机界面，是顺利实现阅读行为的新电子媒体。这种“媒体”不单指显示介质，还包括显示内容及其流通、消费过程中的技术与社会框架。通常，可以实现像纸一样舒适阅读、超薄轻便、可弯曲、超低功耗的反射型显示技术都可以归为电子纸技术。

相比电子显示装置，传统纸张主要有下列几个特点：①高反射率（约65%），黑白对比佳；②不需消耗电源（使用环境光源）；③几乎无视角限制；④轻薄、携带方便且可卷曲。相比其他电子显示装置，电子纸最大的特点是它的类纸性。作为类纸型显示器，电子纸必须具备接近传统纸张的低功耗、轻薄及无视角限制等特点。

实现低功耗的最佳显示模式是使用环境光源的反射型显示器。OLED等主动发光显示器或透过型LCD，随着环境照明的加强，显示内容将变得模糊，可阅读性下降。反射型显示器利用环境光产生图像，亮度随眼睛适应照明条件的改变而变化。此外，环境光对反射型显示器的明状态和暗状态的影响相同，因而对比度对于环境光的变化不敏感，适合在不同光照条件下使用。对人的视觉刺激柔和，适合肉眼阅读。

电子纸作为一类无需背光源或发光材料的低功耗显示器件，一般用作类纸型反射显示。反射型电子纸用外界环境光实现显示，须具有高反射率，以满足阅读书刊等的亮度要求，并具有与纸上文字接近的易读性。实现电子纸低功耗目标的另一个特征是具有非易失（存储器）性的记忆效应，图像在屏幕上显示后即保持不变，无须继续供电，即仅在切换显示画面时消耗电力。这样，电子纸的功耗主要取决于画面内容的更新频率，而不是显示画面的时间长短。

反射型显示使电子纸具备光学类纸性，而轻薄、可弯曲是使电子纸具备机械类纸性的基本要求。为了实现像纸一样轻薄、柔软，电子纸的基材可采用塑料、薄型金属和超薄玻璃基板等。柔性显示技术是推动电子纸发展的重要动力。未来的电子纸在厚度上要接近纸张，需要选择柔性基材的背板，制作超薄柔性显示屏。此外，机械类纸性还要求电子纸具备良好的可携带性和抗撞击能力。

电子纸作为反射型显示器，要求具备接近 180°的视角。所以，电子纸中处理光学的载体一般为粒子或液体等柔性可移动物质。相应地，目前的电子纸显示技术主要包括粒子移动型电子纸显示技术、液晶型电子纸显示技术和电色型电子纸显示技术等。

作为双稳态（bistablity）反射型显示的电子纸，在显示静态图像时，不消耗电力，像纸张等印刷品一样实现硬拷贝。如图 6-1 所示，双稳态是一种可以使影像（数据）在没有外加电压驱动的情况下，依然能够保持的稳定“记忆效应”。传统的显示器，无论是否使用背光源，都需要电源来更新画面及稳定保持画面，所消耗的电能过高。而具有双稳态特点的电子纸，当一个影像被写入电子纸时，不必再输入额外的电源，此影像会一直被保留，只有在影像做切换时才需输入额外电源，因此可以省电节能。

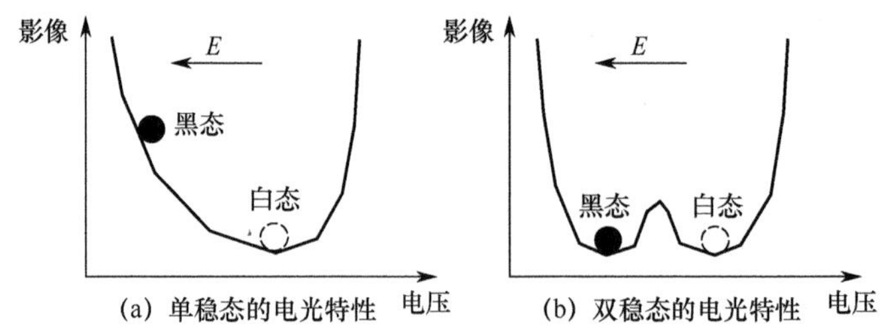

图 6-1　单稳态与双稳态的电光特性比较

电子纸使用外界光进行显示，相比于主动发光显示器或使用背光源的

LCD，更加省电。如图 6-2 所示，电子纸的反射是完全扩散的反射，几乎没有视角的依存性，阅读效果好。而反射型 LCD 的反射成分除 TFT 基板像素电极上的反射点外，还包括上偏光片、CF 等部材的反射。像素电极上的反射点在设计时，受到工艺精度的限制，数量有限，反射后反射光的散射效果欠佳。此外，再加上偏光片、CF 等反射的影响，阅读效果明显不及电子纸。

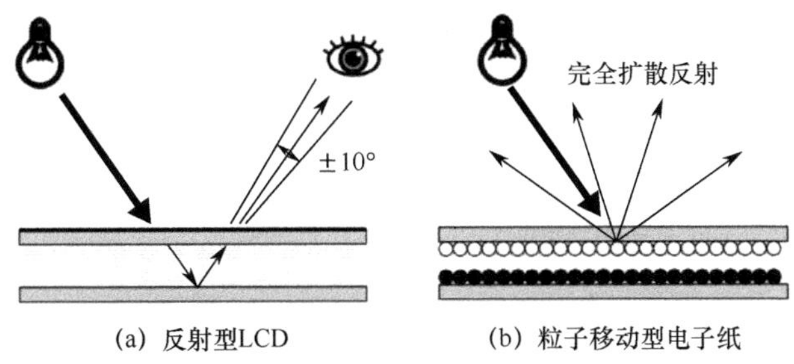

图 6-2　两类反射型显示器的反射效果比较

6.2　电子纸显示技术分类及简介

6.2.1　电子纸显示技术分类

电子纸的标准定义还有待进一步完善和统一，所以电子纸显示技术分类在业界存在差异。广义的电子纸显示技术，从“第三种媒体”的角度进行定义，不仅包括成熟的反射型 LCD 技术，还包括粒子移动型电子纸显示技术和双稳态液晶型电子纸显示技术，以及一些自发光显示技术，甚至还有一些与传统显示方式完全不同的电色型电子纸显示技术和仿生光学型电子纸显示技术。狭义的电子纸显示技术，指的是非主动发光的具有存储信息功能的双稳态显示技术。电子纸显示技术分类如表 6-1 所示。

表 6-1　电子纸显示技术分类

刷新方式		光处理载体	驱动力	开发机构
粒子移动型电子纸	电泳	微胶囊电泳	电场	E Ink、OED
		微杯电泳	电场	SiPix
		横向电泳	电场	Canon
		垂直（移动）型	电场	Matsushita
	粒子旋转	球状或圆柱旋转球	电场	Xerox
		磁性旋转球	磁场	3M

（续表）

刷新方式		光处理载体	驱动力	开发机构
粒子移动型电子纸	粒子移动	带电碳粉	电场	Fuji Xerox
		电子粉流体	电场	Bridgestone
	磁性电泳	磁性电泳型	磁场	—
		磁性感热式	磁场/热	Majima
	光散乱/相变	光散乱（透明/白浊）	热	—
双稳态液晶型电子纸	光学各向异性	胆甾相液晶/光导电层	电场、光	Fuji Xerox
		胆甾相液晶	电场	Kent Display 等
		双稳态向列相液晶	电场	Nemoptic
		表面稳定铁电液晶	电场	Canon 等
		光改写液晶	UV 光	香港科技大学
		顶点双稳态液晶	电场	ZBD Displays
	染色分子取向	二色性染料•液晶分散型	电场/热	—
膜片移动		干涉调制的可动膜片	电场	Qualcomm
染色/相变		无色染料染色与褪色	热	—
光吸收		光致变色	光	—
氧化还原		电致变色	电场	Ricoh 等
		电沉积	电场	—
电润湿		电润湿显示	电场	Liquavista
		电流体显示	电场	Cincinnati

从技术层面看，任何具有双稳态的反射型显示技术都可以用作电子纸显示。从透明显示的角度看，电子纸的根本还是双稳态显示，不受反射型显示的约束。如表 6-1 所示，电子纸显示技术种类繁多，其中最具应用价值的电子纸显示技术当属电泳显示技术和双稳态液晶显示技术，此外电润湿等电色显示技术和干涉调制等仿生光学显示技术也应用于电子纸，并且都有产品推出。表 6-2 罗列了其中较成熟的几种电子纸显示技术，并对其优缺点进行了比较。综合考虑可阅读性、柔性等类纸性特征，以及生产的导入难易程度，微胶囊电泳显示技术和胆甾相液晶显示技术是最成熟的电子纸显示技术。从影像快速彩色显示角度考虑，干涉调制显示技术和电子粉流体显示技术优势明显。

表 6-2　较成熟的电子纸显示技术的优缺点比较

电子纸显示技术	微胶囊电泳	微杯电泳	电子粉流体	胆甾相液晶	干涉调制	电润湿
代表技术供应商	E Ink、OED	E Ink	Bridgestone	Kent Display	Qualcomm	Liquavista
优点	广视角、高对比度、易于柔性显示	广视角、高对比度、易于柔性显示	快速响应、广视角	不需要偏光片、彩色化不需要 CF	快速响应、广视角	广视角、彩色技术对比度高
缺点	响应速度慢	响应速度慢	成本高	对比度较低、响应速度慢、面板抗压性差	彩色化复杂、耗电较高、柔性显示较难	无法柔性显示
电压	15V	15V	70V 高压	20V 低压	30～40V	20V 低压
生产性	简单	简单	较简单	较简单	复杂	复杂

6.2.2　电泳显示技术

粒子移动型电子纸显示技术一般指电泳显示技术。在涂料、浆料等非水体系液体中，加入分散微粒子，形成分散系，两端施加电压后，由于微粒子和液体之间发生电荷授受使微粒子感应出正负电荷，微粒子在库仑力作用下会在液体中涌动，这种现象称为电泳。

利用电泳原理进行显示的器件就是电泳显示器件。根据电泳微粒子与液体的组成方式不同，电泳显示器件主要分为双颗粒电泳显示与单颗粒电泳显示两种。

对于双颗粒模式，带电的着色微粒子稳定地散布在分散介质（一般为悬浮液）中，在外加电场的作用下，带电着色微粒子移动到电极表面而显示图像，不同的电极正负极性选择不同着色微粒子往电极表面移动。

单颗粒模式又分为多色单颗粒和单色单颗粒两种。对于多色单颗粒模式，在单个微粒子表面的不同区域分别涂布不同的颜色，比如黑色和白色。多色单颗粒模式的工作原理类似于双颗粒模式，在外加电压下通过选择微粒子不同着色面往电极表面移动，实现不同色彩的显示。对于单色单颗粒模式，一般颗粒混在着色分散介质中，在外加电压后通过控制微粒子吸附或远离电极表面，分别显示微粒子的色彩或分散介质的色彩。

电泳颗粒与分散介质的混合体俗称电子墨水。电泳颗粒性能对电泳显示器件的对比度、响应时间有重要的影响。根据制备方法的不同，电泳颗粒有

TiO_2、SiO_2、炭黑等无机颗粒、白色聚合物颗粒、粉状染料颗粒、染料微胶囊颗粒等。微胶囊颗粒是最常见的电泳颗粒，所以电泳显示技术一般指微胶囊电泳显示技术。

电泳显示器件的优点包括高对比度、低功耗、低价格、容易实现大面积显示。电泳显示器件的缺点包括响应速度慢、可靠性差、阈值特性不容易控制、仅限于反射显示，显示功能极大地依赖于悬浮液的稳定性及电泳性能，其失效主要起因于微粒的沉淀、浮起、凝结等。

影响电泳显示器件的参数主要有悬浮液在盒中的厚度及外加电场。如式（6-1）所示，电泳迁移率 m（cm^2/Vs）可以表示为在电位梯度 E 的影响下，带电颗粒在时间 t 内的迁移距离 d。

$$m = \frac{d}{t \cdot E} \tag{6-1}$$

由于电泳悬浮液中颗粒团聚和沉淀等现象将导致可靠性差、寿命短等缺点，使电泳显示技术长期无法商业化。后来通过采用微胶囊等方式来抑制电泳颗粒的团聚、结块，逐渐形成产业化。

在电泳显示器件中，微粒子与悬浮液的比重接近，当电场撤除后，微粒子依然能保持加电时的状态，即电泳显示具有双稳态特性。

6.2.3 双稳态液晶显示技术

双稳态液晶显示技术是一类在没有外加电压驱动的情况下，依然能够保持两个稳定状态的液晶显示技术。因为在两个稳定状态间有一个能量势垒，所以每一个状态都非常稳定，并且只有用较高的脉冲电压驱动后，通过克服势垒才能在两个状态之间实现相互转换。

双稳态液晶虽然只有两个状态，但可以部分驱动，通过控制两个状态的所占比例，形成不同的混合态，从而得到不同的显示灰度。对一个像素而言，驱动时可能存在局部驱动，即在一个像素中存在亮态和暗态的混合，实现像素的灰度显示。

不同于 PM 型 LCD 用电压的均方根值 V_{rms} 驱动，双稳态液晶显示是用电压脉冲进行驱动的，即用一个电压脉冲克服两个稳态之间的势垒，实现状态转换。脉冲过后，液晶就稳定在其中的一个稳态或混合态上。所以，双稳态液晶显示技术没有 PM 型 LCD 的交叉效应对矩阵行数的限制。

一般，双稳态液晶显示可通过以下两种方式实现。

（1）直接使用胆甾相液晶等具有双稳态性质的液晶，这一技术以 Kent

Display 等公司为主导。

（2）通过特殊的取向方法使向列相液晶实现双稳态，ZBD Displays、Nemoptic 等公司及惠普实验室都在这方面做了大量的研发工作。

双稳态液晶显示除双稳态带来的省电外，还有 PM 型 LCD 工艺简单的优点，以及 TFT-LCD 高分辨率的优点。和所有 LCD 一样，双稳态液晶显示技术在光学上显示暗态和亮态时都需要使用偏光片。为了利用双稳态液晶显示省电的特点，一般都会把双稳态液晶显示做成反射型显示模式，作为电子纸使用。

6.3　电子纸的发展与挑战

在信息爆炸的时代，纸张的使用量空前庞大。然而，造纸工业是极具污染的现代轻工业之一，造纸工业已经成为全球第五大耗费能源的工业。开发如何取代纸张的应用技术，成为工业界的重要议题。电子纸应运而生。与电脑作为自由输入/输出的终端稍有不同的是，电子纸主要着眼于“浏览信息”，更接近媒体的范畴。电子纸的出现符合工业化社会对节能环保的内在需求。

6.3.1　电子纸的诞生与研发动态

电子纸的概念源于施乐（Xerox）公司在 1975 年发明的 Gyricon 电子墨水技术。Gyricon 系统最初是为施乐的 Alto 个人电脑而研发的全新显示技术，这项技术虽然没有在个人电脑中获得产业化，却奠定了现代电子纸显示技术的基础。由于多年来未针对分色颗粒旋转显示技术进行技术研发，至今仍有部分技术问题难以彻底解决，所以渐渐在电子纸显示技术舞台上销声匿迹。

1996 年，贝尔实验室提出了微胶囊电泳显示技术的概念，并创建了 E Ink 公司来推广电子墨水。从 1975 年松下和施乐分别申请电泳显示专利，到 20 世纪末 E Ink 公司利用电泳技术发明电子墨水的二十多年间，电子纸显示技术由于存在显示寿命短、不稳定、彩色化困难等诸多缺点，一直没有长足的进步，而且还曾一度中断。当 1997 年成立的 E Ink 发明了电子墨水后，业界相继投入此项技术的开发。

电子纸显示技术的发展证明电子显示介质在“信息可刷新特性”方面明显优于传统纸张，又能实现清洁生产、资源环境的最优利用。时至今日，电子纸显示技术已有了长足的发展，并在很多领域得到应用。表 6-3 整理了电子纸的研究与发展历史。

表 6-3　电子纸的研究与发展历史

年份	单位	事件
1975 年	松下和施乐	申请电泳显示专利，提出电子纸的概念
1977 年	施乐	制作具有电子纸概念的分色颗粒旋转显示器件 Gyricon
1987 年	NOK	申请微胶囊电泳显示专利
1996 年	贝尔实验室	制造出电子纸的原型
1997 年	E Ink	E Ink 成立
1999 年	E Ink	推出名为 Immedia 的用于户外广告的电子纸
2000 年	E Ink 和朗讯科技	开发成功第一张可卷曲的电子纸和电子墨水
2001 年	E Ink 与凸版印刷	利用凸版印刷的滤镜技术生产彩色电子纸
	E Ink	推出 Ink-h-Motion 技术，电子纸上可显示活动影像
	Macy	百货公司内的广告牌采用 Smart Paper
2002 年	E Ink 与凸版印刷	东京国际书展上出现第一张彩色电子纸
2004 年	松下、东芝、索尼等	推出采用电子纸显示技术的电子书（e-Book）等终端产品
2005 年	富士通	推出胆甾相液晶的可弯曲的彩色电子纸
2006 年	日立	推出基于普利司通公司 QR-LRD 的电子纸阅读器 Albirey
	元太科技联合宜锐科技	推出 6 英寸基于 E Ink 技术的电子纸产品（Star Ebook）
	宁波日报报业集团	推出全国首家电子纸报纸（宁波播报）
2007 年	索尼	推出 SonyReader 图书阅读器（E Ink 型）
	亚马逊	推出图书阅读器 Kindle（E Ink 型）
2008 年	汉王	“神舟七号”搭载汉王电子书上太空
	元太科技、E Ink	元太科技收购 E Ink
2009 年	亚马逊	发布了 Kindle-2、Kindle-DX 图书阅读器
2011 年	三星	开发出采用电润湿方式的 9.7 英寸彩色电子纸
2012 年	VIVIT	推出全球首款支持视频的彩色电子纸
	索尼	利用印刷技术制作 TFT，推出 13.3 英寸的柔性电子纸
	E Ink、SiPix	E Ink 完成对 SiPix 的收购
	高通	Mirasol 正式量产
2013 年	凸版印刷和 Plastic Logic	42 英寸（16 张基于 E Ink 技术的 10.7 英寸电子纸拼接）柔性数字标牌
2014 年	高通	高通出售中国台湾 Mirasol 面板制造工厂
2015 年	OED	OED 在德国赢得与 E Ink 的专利诉讼
2016 年	SES、Pricer AB	价格标签市场出现爆发性增长
2017 年	OED	OED 发布石墨烯电子纸
2018 年	OED	OED 发布可量产彩色电子纸
2019 年	EIH	EIH 发布可量产彩色电子纸

电子纸显示技术作为一类技术的总称，具体实现的技术方法很多，形成了种类繁多的电子纸显示技术。大量的电子纸显示技术目前还处在研发阶

段。电子纸的研发动态直接影响到电子纸的产业发展方向。各国在粒子移动型电子纸显示技术上的专利布局最多。这与只有粒子移动型电子纸显示技术获得了产业化相符合。除了粒子移动型电子纸显示技术外，其他电子纸显示技术都有各自需要不断完善的技术课题。解决这些技术课题的对策，引导着电子纸产业的发展方向。通过统计分析所有电子纸显示技术的课题及其解决对策，建立了如图 6-3 所示的课题与解决对策矩阵。如图 6-3 所示，对比度和响应性能是申请专利数最多的两项技术课题。而相应的解决对策中，移动粒子、着色材料、电压驱动方法等项目的专利申请数最多。

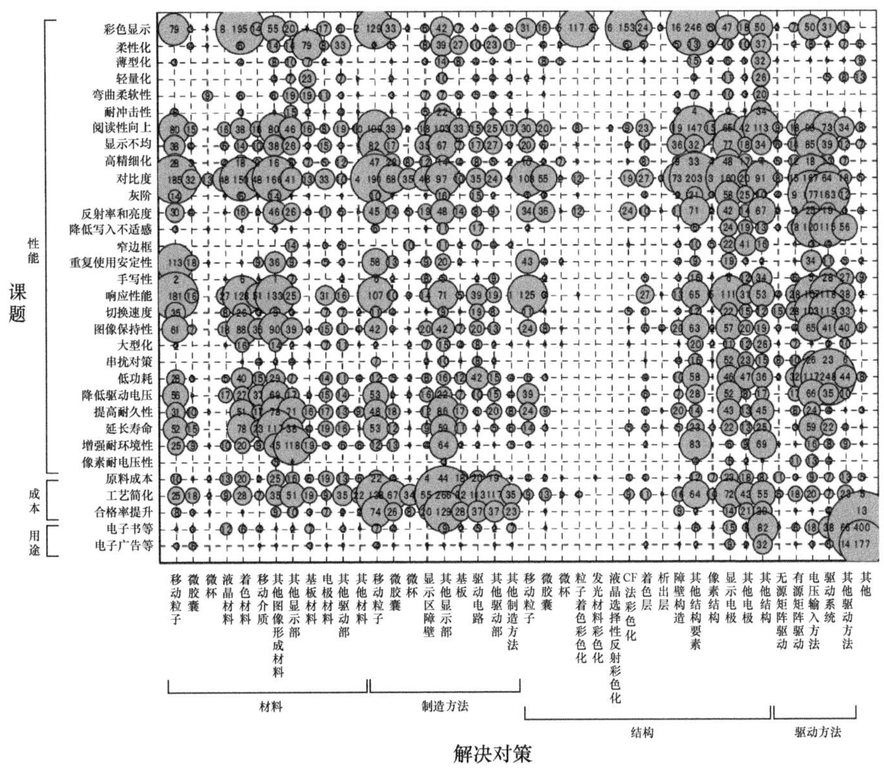

图 6-3　电子纸显示技术课题与解决对策矩阵

从 2000 年开始，液晶型电子纸显示技术的研发报道明显增加，其中包含了少数像素具有 SRAM 电压存储功能的液晶显示技术。液晶型电子纸显示技术居多的一个重要因素是同时期的 LCD 技术蓬勃发展，大量 LCD 研发工作者在发展 LCD 的同时，开始关注液晶在电子纸领域的应用。说明液晶型电子纸的发展可以借助庞大的 LCD 开发力量。

近几年，在各种场合发布的电子纸样品，主要特点是彩色显示、视频播放、柔性显示、新型应用等。E Ink 电子纸由于具备对比度高、阅读舒适、省电低耗的特点，依然为当前的主流。不过，E Ink 屏也有刷新翻页速度慢、不支持视频播放、不能显示彩色图片等缺点。典型的彩色化技术是使用 CF 着色，而有些电子纸显示技术在原理上不需要 CF 着色也能显示彩色画面。E Ink 公司与凸版印刷合作，最早开发了 CF 彩色 E Ink 电子纸，并展示过其试验样机。此外，理光也展出了基于电致变色技术的彩色电子纸，普利司通（Bridgestone）和富士施乐展出了基于电子粉流体技术的彩色电子纸，富士通展出了基于胆甾相液晶技术的彩色电子纸，Mirasol 展出了基于微电机 MEMS 技术的彩色电子纸。

电子纸的生命力在于柔性显示。随着柔性衬底技术的发展，陆续有柔性电子纸样品展出。表 6-4 列举了其中比较有代表性的几个样品。2010 年，LG 推出的 19 英寸电子纸是当时业界最大尺寸的柔性电子纸产品。2011 年，友达展出的 6 英寸电子纸在背部附带 a-Si 太阳能电池，可以把自然光和室内灯光转换成电能用以显示内容，是绿色节能的典范。2012 年，索尼展出的 13.3 英寸电子纸，其中的有机 TFT 是利用印刷技术制作的。2013 年，Intel 展出的带触摸屏平板 PaperTab，以及凸版印刷和 Plastic Logic 联合展出的大尺寸柔性数字标牌都是柔性电子纸应用上的突破。电子纸的应用除了电子书阅读器和价格标签外，使用电子纸的手表、手机等样品都曾有展出。

表 6-4　柔性电子纸样品

机构	LG	友达	索尼	Intel	凸版印刷和 Plastic Logic
时间	2010 年 11 月	2011 年 10 月	2012 年 7 月	2013 年 1 月	2013 年 3 月
样品简介	19 英寸（近似 A3 纸张），a-Si TFT 背板，2560 像素×1600 像素，16 级灰度	6 英寸，有机 TFT 背板，SVGA 分辨率，背部附带 a-Si 太阳能电池	13.3 英寸，有机 TFT 背板，2130 像素×1596 像素，开口率为 82%	10.7 英寸，带触摸屏平板，配备英特尔酷睿 i5 处理器，可拼接	相当于 42 英寸，由 16 张 10.7 英寸、1280 像素×960 像素的单色电子纸拼接而成
样品图示					

电子纸作为低功耗显示技术，除了现有的电子标签、电子书等用途外，还需要进一步拓宽其应用范围。由于电子纸的彩色显示技术还没有达到实用化程度，加上轻薄等便携功能的需求，轻薄的柔性显示与彩色化成为电子纸技术开发的主要方向。2000 年前，日本、美国和欧洲在电子纸研发上的投入较多，大量的电子纸研发企业集中在日本。2000 年以后，韩国企业逐渐开始投入电子纸的研发。世界主要企业的电子纸显示技术研发动向如表 6-5 所示。

表 6-5　世界主要企业的电子纸显示技术研发动向

企业	电子纸显示技术
富士施乐（Fuji Xerox）	①光写入型电子纸技术：结合复印机有机光导电材料和液晶显示材料的新型图像显示结构 ②碳粉显示型电子纸技术：利用复印机所用的 Toner（着色粒子）进行显示的技术
佳能（Canon）	横向电泳显示技术：主攻高精细、RGB 彩色显示等
精工爱普生（Seiko Epson）	微胶囊电泳显示技术：主攻驱动电路、柔性显示等
柯尼卡美能达（Konica Minolta）	①带电 Toner 型显示技术：主攻高对比度、操控性等 ②以胆甾相液晶显示（Ch-LCD）技术为主的液晶型电子纸技术
普利司通（Bridgestone）	电子粉流体技术：主攻图像稳定性、低功耗等
凸版印刷（Toppan）	微胶囊电泳显示技术：主攻高对比度、柔性显示等
理光（Ricoh）	①电泳显示技术：主攻粒子改良、高对比度等 ②电致变色显示技术：主攻材料等
斯大精密（Star Micronics）	磁性电泳显示技术：主攻操控性、驱动等
索尼（Sony）	①电解析出显示技术：主攻均匀显示、高对比度等 ②微胶囊等电泳显示技术：主攻产业化
富士写真（Fujifilm）	电致变色显示技术：主攻画面稳定性、快速响应等
施乐（Xerox）	旋转球显示技术：主攻产业化
东芝（Toshiba）	①微胶囊等电泳显示技术：主攻高精细化、低功耗等 ②膜移动显示技术：主攻膜材料、可视性等
富士通（Fujitsu）	旋转球显示技术：主攻快速响应、低功耗等
夏普（Sharp）	①垂直（移动）型等电泳显示技术：主攻柔性显示等 ②铁电液晶显示技术：主攻高灰阶、高对比度等
东京电气化学（TDK）	电泳显示技术
东洋油墨（Toyoink）	电泳显示技术
兄弟工业（Brother Industries）	电泳显示技术、旋转球显示技术

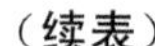
（续表）

企业	电子纸显示技术
E Ink	电泳显示技术：主攻产业化
松下（Panasonic）	①Ch-LCD 等液晶型电子纸技术：主攻操控性等 ②带电 Toner 型显示技术：主攻低功耗等
大日本印刷（DNP）	液晶型等电子纸技术：主攻柔性显示、彩色化等

6.3.2 电子纸的应用与产业动态

由于电子纸具备双稳态性省电节能、光学类纸性适于各种环境阅读、超薄可弯曲等优点，非常适合要求低功耗、便携性、非视频显示、户外显示的应用场合。电子纸最初的产业定位是代替纸张的使用。目前，从价格标签到大型广告牌，电子纸正成为一种可以无处不在的显示媒体。中大尺寸的电子纸往往具有高性能的配置，而 7 英寸以下的小尺寸电子纸往往应用在低性能、低价格的领域。根据产品用途的不同，电子纸可以分为电子纸阅读器、电子货架标签、移动显示、物联网显示、电子书包、智能卡片等。

电子纸阅读器应用方面，元太科技于 2005 年最先将电子纸用于阅读器。从 2009 年到 2011 年底，达到 2320 万台年销售量的登峰，目前电子纸阅读器的销量维持在每年 800 万～1000 万台左右，主要的品牌有亚马逊的 Kindle，乐天旗下的 Kobo Aura，德国电信的 TolinoVision，国内知名品牌有汉王、博阅、文石、掌阅等。纵观整个电子纸阅读的发展，阅读器的性能还是没有得到很大突破，这是导致其近年来销量下降的主要原因。虽然在加快翻页速度、优化显示残影、提升对比度、增加前导光、触摸和盖板等方面进行了尝试，但是阅读器最基本性能并没有变化，还是黑白显示，与液晶显示相比响应速度慢。从目前看来，彩色和柔性显示是下一次增长的突破口。电子阅读器目前在中国的渗透率仅在 1%左右，包括电子书在内整个移动阅读的市场规模仍然比较小，电子书在中国仍然是小众市场。随着国家对出版物知识产权的保护加强，阅读电子书将会变成一种潮流，国内电子阅读器的将会形成新一轮的增长。

电子货架标签（electronic shelf label）市场还处于导入期。作为一种放置于商场、超市等零售店的货架上用于显示商品价格的电子显示装置，一般由显示器、控制电路及无线传输模块组成，与无线收发器、中央服务器一起构成商场的电子货架标签系统。每一个 ESL 通过无线网络与商场计算机数据库相连，并将最新的商品价格通过 ESL 显示出来，摆脱手动更换价格标签的

状况，实现收银台与货架之间的价格一致性。市场上大部分的电子货架标签采用低成本的 LCD 技术。但与电子纸相比，其对比度不高、数字不易阅读、无法显示高精度的图案（如条码）。电子纸货架标签的市场渗透率仅为 5%，主要的目标仍是取代传统的纸质标签。在绿色环保理念的推动下，越来越多的企业开始试用电子标签。2017 年，全球电子价格标签的市场约 3.92 亿美元。

低功耗的反射型电子纸特别适用于强光环境下的移动显示。电子纸具有超低功耗、阳光下可视、显示保持和可弯曲的特点，特别适合于移动设备的显示屏，如可穿戴手环、手机副屏等。2014 年，普京作为国礼送给中国领导人的 Yota 手机就是一款带有电子纸屏的双屏手机，电子墨水屏作为该手机最大的亮点，掀起了全球电子纸手机热潮。

电子纸本身具备双稳态、低功耗的特性，特别适合应用于物联网的各个个体，相当于给物联网增加了一个交流的窗口。目前出现的应用有智能电表，智能学生卡，还有物流网络中的信息标签，这些应用都具有量产可能性。随着相关产业链及技术逐渐成熟，物联网的相关技术快速，如 NFC、无线充电和大数据服务等，结合电子纸的低功耗和双稳态特性，将产生出无数的新型应用，为人们的生活带来极大的便利。在物联网时代超薄、柔性的节能显示必然是未来的主要发展方向。

教育数字化、现代化是国内一直在推行的改革运动，经过多年的努力，目前所有的教材和教辅都可以实现电子化，但是学生还是需要背着沉甸甸的书包上学，很重要的原因是缺少合适的硬件设备。电子纸技术依赖于反射而不是发射的光线，可确保文字在任何光照条件下看起来都很自然，其图像稳定、视角广泛，比其他显示屏看起来更具传统印刷墨水纸张的显示效果，可带来最佳的数字阅读体验。其显示的低功耗特性，能够长时间使用，保证上课时间电量充足。但是目前电子书包对电子纸也提出了新的需求，例如彩色化、柔性显示、成本控制。随着数字教育产品和系统开发的多样化，电子书包的概念有各种不同类型的名称和概念，如电子书包、电子课本、数字校园、在线学习等，市场潜力巨大。

当智能卡与生活密不可分后，人们对它的功能性要求就越高，其中一项便是增加显示屏，让用户在每次使用时可以获得更多的实时信息。在技术上来说，柔性电子纸技术可以达到此需求。以智能卡的实卡规范来说，显示屏的厚度必须小于 400μm，又必须兼顾轻、薄及省电等特点。MasterCard 的 Display Card 结合了普通的信用/签账或 ATM 提款卡与身份验证功能，但只能显示数字。开发可显示中文、英文、数字、图形的智能卡，对于新产品的需求更是迫在眉睫。

电子纸显示屏的应用领域在不断扩展，除了上述几个领域外，电子纸显示屏还可以应用于广告牌、工业仪表仪器显示、看板、公交站牌、电子行李标签、会议桌签等领域。随着电子纸的深入开发和技术提升，以及应用端新产品的开发和市场的培育，其他领域的市场前景也将非常可观。

6.3.3 电子纸的挑战

电子纸的主要性能缺点可归纳为：响应速度慢、色彩单调、缺乏纸张一样的柔性。针对这些缺点，未来电子纸技术的发展将在克服这些缺点的方向上前进。

作为主流电子纸的电泳显示技术依赖于粒子的运动，用于显示的开关时间非常长，长达几十甚至几百毫秒，这个速度对视频应用是不够的。现在许多电子纸产品，用户能够看到刷新的过程，体验非常不好。作为发展方向，电子纸首先要实现快速翻页而没有残影，然后实现视频播放。

目前开发的电子纸大多只能显示单色静态图像，开发能够实现彩色显示及动态图像播放的产品是电子纸发展的必然趋势。电子纸显示的双稳态及转换速度慢，也影响了其连续显示色彩的性能。一些电泳显示器在两种色彩之间切换，如果是彩色显示还需要追加一片 CF。彩色化制造工艺复杂，对材料要求高，成本较高。目前，获得商品化的彩色电子纸主要有三类：①使用 CF 的黑白电泳显示技术；②三层胆甾相液晶（Cholesteric Liquid Crystal Display，Ch-LCD）堆叠分别反射 RGB 色光；③利用光的干涉 RGB 子像素分别反射 RGB 色光的 Mirasol 技术。

电子纸最本质的机械特征是类纸性，就是要像纸张一样轻薄柔软。电子纸是柔性显示的最佳应用技术之一。受到柔性基板技术的限制，目前的电子纸产品基本上都属于刚性硬质显示范畴。随着有机 TFT、Oxide TFT 等低温 TFT 背板工艺的发展，柔性显示技术越来越成熟。在柔性显示的支撑下，实现打印纸显示是电子纸的终极应用。

电子纸技术的驱动由于双稳态现象对节能显示有利，但也带来了挑战，因为它需要采用一种独立的驱动电路，从而导致电子纸模组的成本上升。此外，电子纸的生产合格率都不高，直接影响产品的成本。降低成本是电子纸技术发展最迫切的课题，是电子纸产品推向市场的最现实要求。低成本制作

方面，目前主要有卷对卷（roll to roll）工艺技术，这种工艺与传统的平板显示工艺完全不同，工艺简单，效率高，设备也便宜，可大幅降低生产成本。

虽然电子纸还需要解决许多技术难题，但电子纸还是在一步步艰难前行。未来电子书将具备彩色、动态显示的特点，刷新速度得到提升，并且屏幕可任意折叠，还可支持双面显示、多屏重叠阅读。电子纸的显示效果必将接近真实纸张的显示。

电子纸目前最大的应用仍在电子书阅读器方面。目前市场上的电子书终端几乎全部采用 E Ink 的电泳方式。但是，随着平板电脑的上市，很多在全球迅速成长的电子书市场逐步让位给配备 LCD 面板的平板终端。LCD 平板擅长彩色及视频显示，在电子书市场上正逐渐确立嵌入有色彩鲜艳的照片和视频等的电子杂志这一新领域。国内外的众多出版社开始提供杂志内容。而电子纸的彩色化进展不如预期，加上其画面更新速度过慢，应用层面也仅维持在黑白单色的电子书阅读器，市场似乎难再扩及其他领域，连原本看好的教育市场，也受到 LCD 平板的冲击。

虽然，电子纸具有良好的阅读体验，但如果不能在彩色化与柔性表现上满足消费者的需求，将对电子纸市场发展不利，电子纸的应用重心可能转移到电子标签等领域。面对 LCD 平板带来的冲击，电子纸的彩色化趋势不断加速。2010 年下半年以后，可显示彩色的多款电子纸相继亮相市场。其中，影响力最大的是美国 E Ink 的彩色电子纸的亮相。目前，该公司的单色电子纸正以马逊的 Kindle 和索尼的 Reader 为首广泛应用于全球销售的大部分电子书终端上。OED 和 E Ink 公司的彩色电子纸也陆续面世。例如，富士通研究所和富士通先端科技开发出了的胆甾相液晶型彩色电子纸，美国高通光电科技（Qualcomm MEMS Technologies，QMT）开发的采用 MEMS 技术的彩色 Mirasol 显示器，荷兰 Liquavista BV 开发的电润湿（electrowetting）方式彩色电子纸等。

参考文献

[1] OTA I, OHNISHI J, YOSHIYAMA M. Electrophoretic Image Display(EPID) Panel[J], Proceedings of IEEE, 1973, 61(7):832-836.

[2] CHEN Y, AU J, KAZLAS P, et al. Electronic paper: Flexible active-matrix electronic ink display[J]. Nature, 2003, 423(6936):136-136.

[3] HEIKENFELD J, DRZAIC P, YED J S, et al. A critical review of the present and

future prospects for electronic paper[J]. Journal of the Society for Information Display, 2011, 19(2):129-156.

[4] LEE J, KANG K H. Electronic Paper[M]. New York: Springer, 2014.

[5] POTU A, JAYALAKSHMI R, UMPATHY K. Smart Paper Technology a Review Based on Concepts of E-Paper Technology[J]. IOSR Journal of Electronics and Communication Engineering, 2016, 11(1):42-46.

[6] HAYES R A, FEENSTRA B J. Video-speed electronic paper based on electrowetting[J]. Nature, 2003, 425:383-385.

[7] STECKL H Y J. Three-color electrowetting display device for electronic paper[J]. Applied Physics Letters, 2010, 97(2):1-3.

[8] SHUI L, HAYES R A, JIN M, et al. Microfluidics for electronic paper-like displays[J]. Lab on a Chip, 2014, 14(14):2374.

[9] BOUCHARD A, SUZUKI K, YAMADA H. High-Resolution Microencapsulated Electrophoretic Display on Silicon[J]. SID Symposium Digest of Technical Papers, 2004, 35(1):651-653.

[10] MILES M W. Digital Paper™: Reflective Displays Using Interferometric Modulation[J]. SID Symposium Digest of Technical Papers, 2000, 31(1):32-35.

[11] PAUL D. Displays: Microfluidic electronic paper[J]. Nature Photonics, 2009, 3(5): 248-249.

[12] KIM D Y, STECKL A J. Electrowetting on Paper for Electronic Paper Display[J]. ACS Applied Materials & Interfaces, 2010, 2(11):3318-3323.

[13] KOBAYASHI N, MIURA S, NISHIMURA M, et al. Organic electrochromism for a new color electronic paper[J]. Solar Energy Materials and Solar Cells, 2008, 92(2): 136-139.

[14] BERT T, SMET H D, BEUNIS F, et al. Complete electrical and optical simulation of electronic paper[J]. Displays, 2006, 27(2):50-55.

[15] SHAH J, BROWN R M. Towards electronic paper displays made from microbial cellulose[J]. Applied Microbiology and Biotechnology, 2005, 66(4):352-355.

[16] LENSSEN K M H, BAESJOU P J, BUDZELAAR F P M, et al. Novel Concept for full-color electronic paper[J]. Journal of the Society for Information Displays, 2009, 17(4): 383-388.

[17] XIE Z L, KWOK H S. Reflective Bistable Twisted Nematic Liquid Crystal Display[J]. Japanese Journal of Applied Physics, 1998, 37(5A):2572-2575.

[18] THURSTON R N, CHENG J. BOYD G D. Mechanically bistable liquid-crystal display structures[J]. IEEE Transactions on Electron Devices, 1980, 27(11):2069-2080.

[19] GALLY B, LEWIS A, AFLATOONI K, et al. A 5.7″color mirasol® XGA display for high performance applications[J]. SID Symposium Digest of Technical Papers, 2011, 42(1):36-39.

[20] KHAN A, SHIYANOVSKAYA I, SCHNEIDER T, et al. Reflective cholesteric displays: From rigid to flexible[J]. Journal of the Society for Information Display, 2005, 13(6):469-474.

[21] SAKURAI R, OHNO S, KITA S I, et al. Color and Flexible Electronic Paper Display using QR-LPD® Technology[J]. SID Symposium Digest of Technical Papers, 2006, 37(1):1922-1925.

[22] ANGELÉ J, STOENESCU D, DOZOV I, et al. New Developments and Applications Update of BiNem® Displays[J]. SID Symposium Digest of Technical Papers, 2007, 38(1):1351-1354.

[23] HOU J, CHEN Y, LI Y S, et al. Reliability and Performance of Flexible Electrophoretic Displays by Roll-to-Roll Manufacturing Processes[J]. SID Symposium Digest of Technical Papers, 2004, 35(1):1066-1069.

[24] KUROSAKI Y, KIYOTA Y, IKEDA K, et al. Improvement of Reflectance and Contrast Ratio of Low-Power-Driving, Bendable, Color Electronic Paper Using Ch-LCs[J]. SID Symposium Digest of Technical Papers, 2009, 40(1):764-767.

[25] LIANG R C, HOU J, ZANG H M, et al. Microcup displays: Electronic paper by roll-to-roll manufacturing processes[J]. Journal of the Society for Information Display, 2012, 11(4):621-628.

[26] LEE K U, PARK K J, KIM M H, et al. Preparation of the carbon sphere coated with iron oxide and its application for electronic paper[J]. Dyes and Pigments, 2014, 102(3): 22-28.

[27] KOSC T Z, MARSHALL K L, LAMBROPOULOS J C. Electric-field-induced rotation of polymer cholesteric liquid crystal flakes: mechanisms and applications[J]. Liquid Crystals VI, 2002, 4799(12):96-102.

[28] SHERIDON N K, RICHLEY E A, MIKKELSEN J C, et al. The Gyricon rotating ball display[J]. Journal of the Society for Information Display, 1999, 7(2):141-144.

[29] YAMAMOTO S, KOBAYASHI H, KAKINUMA T, et al. A Novel Photoaddressable Electronic Paper Utilizing Cholesteric LC Microcapsules and Organic Photoconductor[J]. SID Symposium Digest of Technical Papers, 2012, 32(1):362-365.

[30] MANGELSDORF C S, WHITE L R. Electrophoretic mobility of a spherical colloidal particle in an oscillating electric field[J]. Journal of the Chemical Society Faraday Transactions, 1992, 88(24):3567-3581.

[31] DALISA A L. Electrophoretic display technology[J]. IEEE Transactions on Electron

Devices, 1977，24(7):827-834.

[32] YE C, SINTON D, ERICKSON D, et al. Electrophoretic Motion of a Circular Cylindrical Particle in a Circular Cylindrical Microchannel[J]. Langmuir, 2002, 18(23):9095-9101.

[33] DU Y, ZAHN M, LESIEUTRE B C, et al. Moisture equilibrium in transformer paper-oil systems[J]. IEEE Electrical Insulation Magazine, 1999, 15(1):11-20.

[34] DIKIN D A, STANKOVICH S, ZIMNEY E J, et al. Preparation and characterization of graphene oxide paper[J]. Nature, 2007, 448(7152):457-460.

[35] KAO W C, YE J A, LIN F S, et al. Configurable timing controller design for active matrix electrophoretic display with 16 gray levels[J]. IEEE Transactions on Consumer Electronics, 2009, 55(1):1-5.

[36] CHANG P L, WU C C, LEU H J. Investigation of technological trends in flexible display fabrication through patent analysis[J]. Displays, 2012, 33(2):68-73.

第7章 粒子移动型电子纸显示技术

传统印刷品是通过印刷油墨实现文字与图像显示的。油墨含有分散均匀的细微颜料，并具有足够的黏度与良好的流动性。早期的电子纸显示技术借鉴油墨印刷的显示原理，通过电压控制粒子的移动，实现文字与图像的显示。这就是粒子移动型电子纸显示技术的本质，其主流是电泳显示技术。目前，最具应用价值的电泳显示技术是微胶囊电泳显示技术和微杯电泳显示技术。

7.1 旋转球显示技术

作为电子纸原型出现的 Gyricon 电子纸显示器是在电场作用下，通过旋转带电或带磁性的小球实现调节反射光的电子显示器。这些小球的半球带不同颜色。这种电子纸显示技术称为旋转球显示（twisting/rotary ball display）技术，或者微粒显示（particle display）技术、偶极微粒（电子）光阀技术。在旋转球电子纸显示技术的发展过程中，出现过不同的 Gyricon 电子纸，主要差别在于旋转球结构、电子纸结构及性能等的不同。

7.1.1 旋转球显示原理

旋转球显示技术的基本结构如图 7-1 所示。在类似 LCD 结构的上下透明导电基板之间，分布着一层 25～100μm 厚的油液，在油液中分布着数以万计的直径接近油液层厚度的带电小球。每个小球都一面涂上带负电的黑色涂料，另一面涂上带正电的白色涂料，黑白两部分的颜色对半分布，形成双色球结构。双色球悬浮在油液中，油液起到绝缘、润滑和涂层等作用，保证双色球在油液中能够自由旋转。由于双色球表面两种正负电性材料在油液中产生不同的界面电势，使双色球微粒子的表面电荷因半球而异，这样微粒子就在正负电荷不同的两极之间形成偶极矩。当给上下透明基板上的像素电极加上不同极性的电压时，双色球就会向不同方向翻转，白色半球向上的区域反射外界光后显示白色，黑色半球向上的区域吸收外界光后显示黑色。

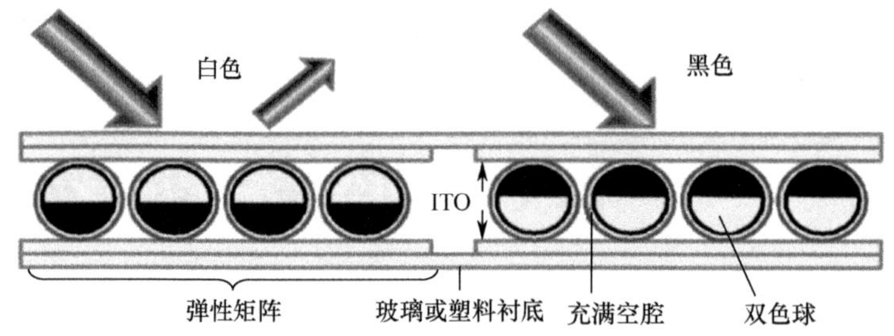

图 7-1　旋转球显示技术的基本结构

如图 7-2 所示，通过外加电压的控制，选择性地将旋转球的黑色部分或白色部分翻转出来，在宏观上就形成需要显示的文字或图案。图 7-3 所示为最早的基于旋转球显示技术的 Gyricon 电子纸：在一小片夹有带电双色小球的硅胶片下方安置一片透明的 X 形状的电极。当电极通电后就形成了“X”（Xerox 首字母）字样。

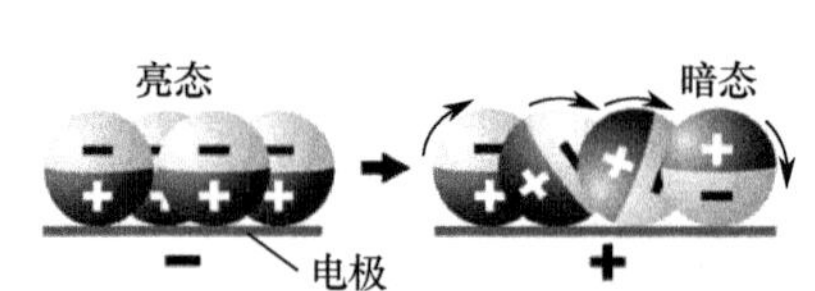

图 7-2　旋转球在外加电压控制下的翻转

图 7-3　最早的基于旋转球显示技术的 Gyricon 电子纸

由于油性介质和双色球的相对密度接近，当电场撤除后已经旋转到位的小球便保持之前的旋转排列方式，宏观上就将显示内容保存下来，像纸张一样长时间稳定显示。所以，旋转球显示技术具有双稳态，能够在不耗电的情况下存储信息。

旋转球显示技术的优点是易于实现大画面显示、适于阅读、具有存储功能、功耗低等。缺点是工艺复杂、显示画面不够细腻、响应时间太长。相对其他显示器件，双色球的制备工艺及整个显示器件的制作工艺都比较复杂。旋转球显示效果受制于带电小球的尺寸大小，以及小球在油液中的密度分

布。如果小球排列太疏，将导致画面连续性和对比度下降；如果小球排列太紧密，将影响正常旋转。如果小球尺寸太大，显示画面难免有颗粒感；如果小球尺寸太小，微细加工工艺难度很大。双色球在电场作用下，以任意方向进行旋转，靠电压转动 100μm 的固态小球需要耗时 100ms 以上。如图 7-4 所示，这种工作原理很难实现旋转双色球的完全翻转，导致对比度相对较低。

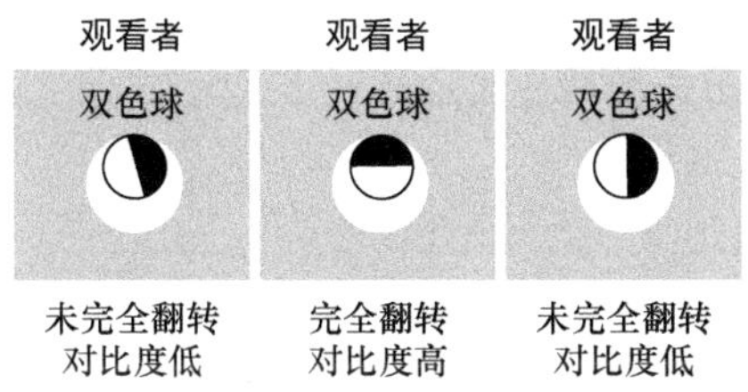

图 7-4　外加电压后旋转球的翻转状态

2002 年，Oji Paper 公司发表了改良版的旋转球。如图 7-5 所示，把原本的球型粒子，改成半黑半白且黑白区域相反的圆柱，将这些圆柱封装在圆形管的水平排列槽中。把旋转球改为旋转圆柱，一方面可以简化旋转粒子的制作工艺，另一方面可以提升粒子的响应速度。

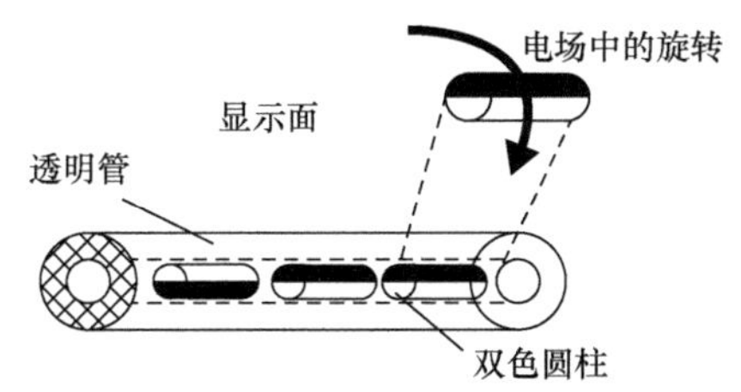

图 7-5　旋转圆柱显示技术

7.1.2　彩色旋转球显示技术

旋转球的彩色显示使用多色旋转球，分别在水平电场、垂直电场和倾斜电场的控制下，选择性地显示所需的色彩。根据多色旋转球的结构不同，形成了高亮度彩色旋转球显示技术和准四色彩色旋转球显示技术。根据显示器件的结构不同，形成了加色法全色 Gyricon 显示器和减色法多层彩色 Gyricon 显示器。

典型的多色旋转球为如图 7-6（a）所示的高亮度彩色旋转球，分为透明、黑色、白色、高亮彩色（绿色或红色或蓝色）、透明 5 个区域四种色彩。其中，中间较宽的白色区可以通过同种材料合并而成。5 个区域分别具有不同的表面电势，使得旋转球各向电性不同。这样，旋转球就可以在电场作用下向所需方向旋转。在图 7-6（a）中，左侧的透明区为最大正表面电势，右侧的透明区为最大负表面电势。高亮度彩色旋转球显示器件的断面图如图 7-6（b）所示：左、中、右 3 个旋转球的电场方向不同，旋转球分别沿着箭头所指方向转动；从上表面看，3 个旋转球分别对应高亮彩色、黑色和白色三种显示效果。这样的颜色配置方式，可以在黑白显示的基础上，显示公司 logo 等高亮图片。

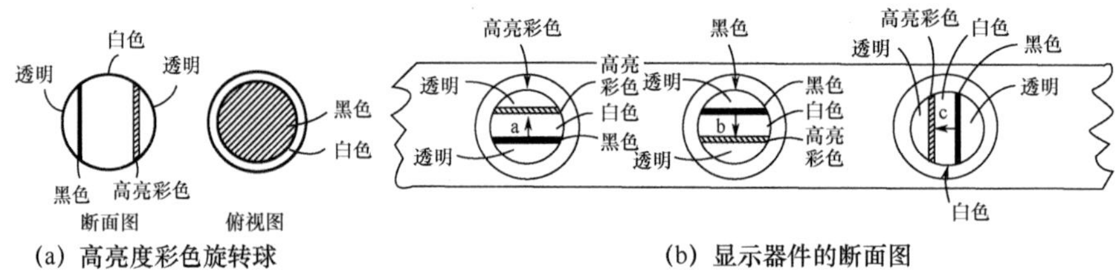

图 7-6　高亮度彩色旋转球显示技术

准四色彩色旋转球（pseudo-four color Gyricon）显示技术采用如图 7-7（a）所示的四色七区域旋转球。比较厚的中间层和左右两侧都是透明的，4 个色彩薄层可以是不同颜色，也可以是其他颜色的组合。旋转球中各区域的表面电势不同，左侧透明区为正的最高表面电势，右侧透明区为负的最高表面电势，这样才能在电场作用下转向不同方向。如图 7-7（b）所示，当旋转球发生转动，使色彩 4 面向观察者时，观察者看到的是色彩 4 的颜色（如蓝色）。类似地，当旋转球转动，使色彩 1 面向观察者时，观察者看到的是色彩 1 的颜色（如红色）。色彩 1 和色彩 4 两个区域的存在，使电子纸能够提供很好的饱和色彩。如图 7-7（c）所示，当施加从左上方到右下方的倾斜电场时，色彩 2 和色彩 4 混合，观察者看到的是这两种颜色叠加后的混合色。类似地，当施加从左下方到右上方的倾斜电场时，色彩 1 和色彩 3 混合，观察者看到两种颜色的混合色。色彩 2 和色彩 3 的存在，使显示器能够提供准饱和色彩。这样，该显示器就能够提供普通二色显示器所没有的色域。在图 7-7（d）中，左侧的小球旋转 90°，观察者看到的是背板色彩；右侧的小球处于水平状态，观察者看到的是饱和色彩。

加色法全色 Gyricon 显示技术采用如图 7-8（a）所示的单色三区域旋转球，左右两侧为较厚的透明区，中间为较薄的红色、绿色或蓝色当中的某种色彩。旋转球两侧的表面电势分别为正的最高值和负的最高值，在适当电场

作用下向所需方向旋转。加色法全色 Gyricon 显示器中，每个像素包含 RGB 3 个子像素，每个子像素包括多个单色三区域旋转球，即 R 子像素包括多个红色三区域旋转球，G 子像素包括多个绿色三区域旋转球，B 子像素包括多个蓝色三区域旋转球。图 7-8（b）列举了其中某个子像素在不同电场状态下的显示效果。左边的旋转球，从上方透过透明区直视显示器件的背板，显示背板色彩。中间的旋转球，从上方看到的是 RGB 当中某种色彩的完整截面，显示的是这种色彩的饱和色。右边的旋转球，从上方看到的是 RGB 当中某种色彩的非完整截面，显示的是这种色彩的不饱和色。

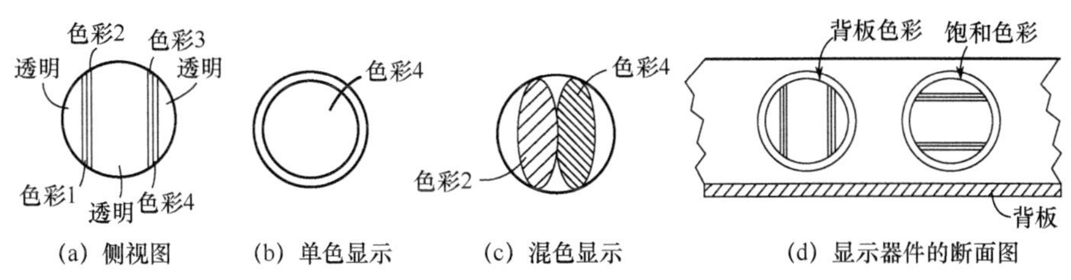

图 7-7　准四色彩色旋转球显示技术

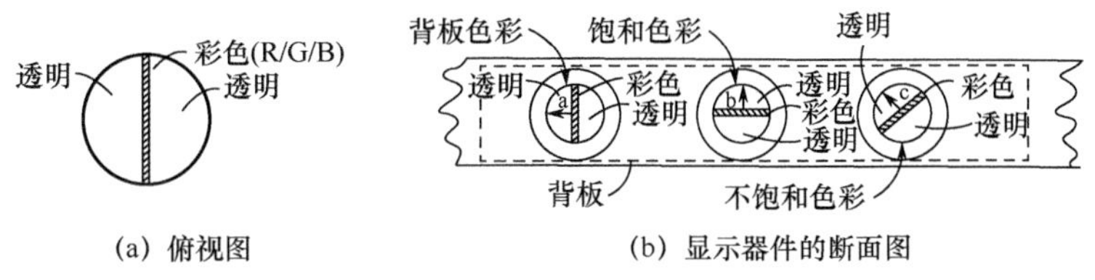

图 7-8　加色法全色 Gyricon 显示技术

减色法多层 Gyricon 显示技术采用如图 7-9（a）所示的单色三区域旋转球。与加色法全色 Gyricon 显示技术所用的旋转球唯一的区别是，中间较薄的色层采用青色 C、洋红色 M 或黄色 Y 当中的某种色彩。减色法多层 Gyricon 显示器由三层分别带 C、M、Y 的透光旋转球薄膜贴合而成。减色法多层 Gyricon 显示器使用的旋转球，中间部位使用透明色的好处是可以使用反射型背板材料。三层旋转球可以位于不同薄膜上，也可以处于同一张薄膜上，无论哪种方式，每个像素都由多个旋转球组成。并且，每层旋转球都有单独的驱动，即电极也分层，通过在各层顺次施加不同强度的电场实现显示。图 7-9（b）中的左、中、右三列叠层分别列举了一个像素在不同电场状态下的显示效果。左边一列的旋转球，从上方入射的光线依次经过 C、M、Y 三色的过滤，最终显示黑色。中间一列的旋转球，从上方入射的光线依次经过

黄色的全过滤、洋红色的部分过滤及青色的部分过滤，显示的是色度图中偏黄色方向的某种不饱和色彩。右侧一列的旋转球，从上方入射的光依次经过三层透明区域，反射的是背板色彩。为了保证减色法多层 Gyricon 显示的画面饱和度，每层旋转球的彩色截面都要全部面向观察者，只允许少量或没有光线漏过，选择旋转球和薄膜及漂浮液呈相同的反射率，可以减少光散射，获得最高的光反射效率。

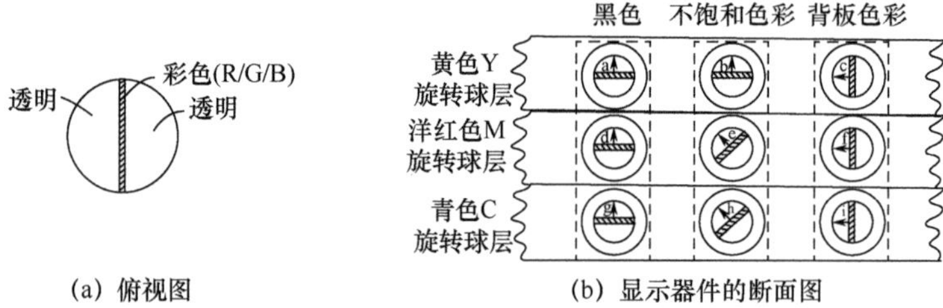

(a) 俯视图　　(b) 显示器件的断面图

图 7-9　减色法多层 Gyricon 显示技术

7.2　微胶囊电泳显示技术

微胶囊电泳显示（Microencapsulated Electrophoretic Display，简称 Microencapsulated EPD）技术属于粒子移动型电子纸显示技术。1987 年，日本的 Nippon Mektron 申请了微胶囊电泳显示的专利。E Ink 开发了双粒子技术，实现了产业化。微胶囊电泳显示技术可阅读性强，具有双稳态特性，功耗低，性能稳定和制程简单，是目前能够量产的技术之一。但它也存在两个弱点：一是为了维持双稳态特性，着色粒子的电泳速度慢，响应时间最快只能在几十毫秒，无法满足视频播放的需求；二是彩色化技术实现难度大，成本高。

7.2.1　微胶囊电泳显示原理

微胶囊电泳显示的包裹层是直径为 5 ~ 200μm 的微胶囊。微胶囊内包裹着染料溶液和着色粒子的混合体，或者透明悬浮液和着色粒子的混合体。如图 7-10 所示，微胶囊内的着色粒子从里到外由 3 个部分构成：内核是纳米级着色小颗粒；包覆在着色小颗粒外面的是带电树脂层，可以感应正负性电极电压；最外面一层是具有稳定分散作用的功能层，保证大量着色粒子分布在微胶囊内时不至于团聚在一起。

制备好的微胶囊材料添加黏结剂（binder）后涂布在透明导电薄膜（如

氧化铟锡薄膜）上，经过处理后与驱动背板贴合后形成显示器件。在图 7-11 中，每颗微胶囊都包含带正电的白色粒子及带负电的黑色粒子，粒子悬浮于清澈的液态介质中。顶部是一层接公共电极电位 V_{com} 的透明电极，底部是像素电极，像素电极电位 V_p 可调，微胶囊夹在这两个电极之间。如图 7-12 所示，如果像素电极分区设计，每个微胶囊的像素电压被分区独立施加，单个微胶囊即可显示出半黑半白的可视表层。分区施加的电压可使分辨率达到最大化，显示图像的轮廓更加清晰锐利。

图 7-10　微胶囊内着色粒子示意图

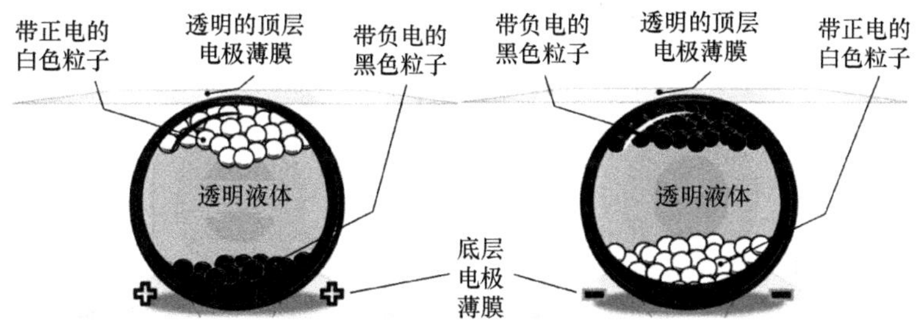

图 7-11　微胶囊电泳显示原理

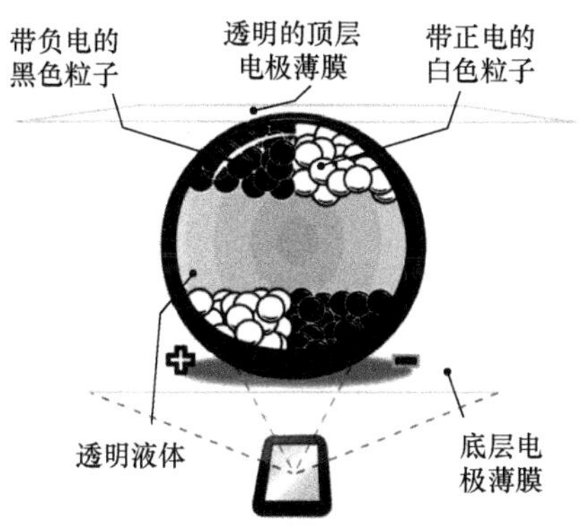

图 7-12　分区显示的微胶囊

采用 TFT 驱动的单个像素的等效电路如图 7-13 所示。通过对存储电压和像素电容的充放电，实现对施加在微胶囊上的电场的控制。当像素电极上的电压为正时，带正电的白色粒子移动到微胶囊顶部，相应位置显示为白色；黑色粒子由于带负电而在电场力作用下到达微胶囊底部，使用者不能看到黑色。相反，当像素电极上的电压为负时，显示效果相反，即黑色显示，白色隐藏。白色部位对应于纸张的未着墨部分，而黑色则对应于纸张上的印刷图文部分。

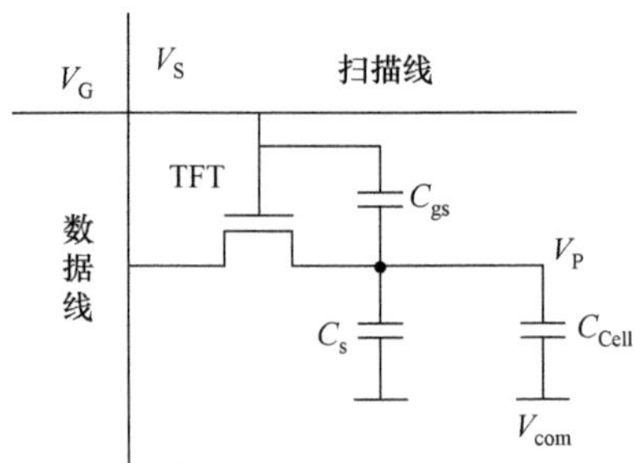

图 7-13　采用 TFT 驱动的单个像素的等效电路

在微胶囊中，除了能够在电场作用下移动的粒子，还有稳定剂、分散剂，粒子本身也有重力和分子间的范德华力。在电场撤离之后，粒子在前面几分钟会有一定的颜色变化，后面整个体系达到一种平衡状态，显示内容可以长时间保持，形成不需要电维持显示的双稳态状况。

微胶囊电泳显示的响应速度和双稳态是相互矛盾的。翻页时希望速度快，翻页完成时，要求显示内容能够长时间保持。这种矛盾的不可调和性，需要对其进行取舍。一般，电子纸为了满足低功耗的需求，会把保持时间作为第一位。当然，针对不用保持很长时间的应用，会有相应的配方调整。例如，电子阅读器和手机应用的电子纸，对快速响应要求比较高，所以会把配方调整成快速响应电子纸；但是针对价格标签这类不需要经常更新、对功耗要求比较高的产品，会把保持时间延长。

7.2.2　微胶囊着色粒子的迁移速度

微胶囊电泳显示画面切换时的耗电主要来自微胶囊内黑白粒子的移动，耗电量取决于着色粒子的迁移速度。着色粒子在微胶囊里的移动，可以等效为粒子层的层流。施加电压后，形成层流的时间在纳秒量级。如图 7-14 所示，黑白粒子在电场作用下的牛顿力为

$$N=qE \tag{7-1}$$

式中，q 表示粒子的带电量；E 表示微胶囊内的电场强度。在牛顿力 N 的作用下，粒子需要克服三种阻力：镜像力、范德华力和液桥力。

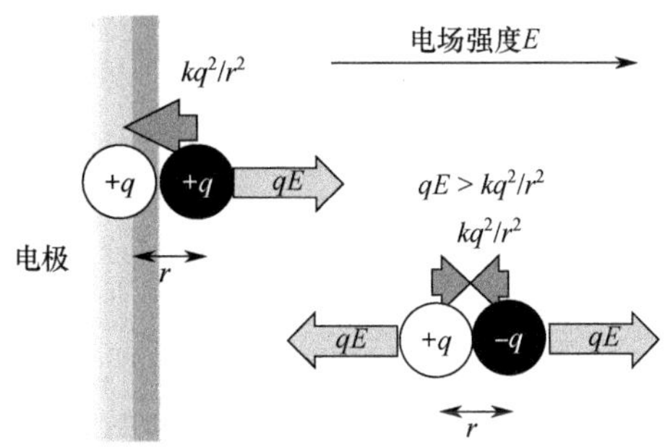

图 7-14　微胶囊内黑白颗粒的移动机理

着色粒子的迁移速度与微胶囊上下两侧的电场强度成正比。所以，缩短着色粒子响应时间最直接的方法是提高两个电极间的电压，缩短粒子从微胶囊的一个电极移动到另外一个电极的电泳时间。但高驱动电压与电子纸的低功耗诉求相违背，在 TFT 驱动时还存在可靠性问题。所以，目前的驱动电压一般控制在±15V 左右。相应地，页面内容的切换时间控制在 100～1000ms。

如图 7-15 所示，用±15V 的驱动电压进行黑白画面的切换，通过驱动时序的控制，尽量避免 TFT 开关的源漏极压差达 30V。TFT 开关的漏电流较大，导致微胶囊上下电极之间的电压下降。一方面会增加电子纸的功耗，另一方面会缩短画面的保持时间。此外，考虑到画面更新时间较长，在这段较长的更新时间内，由于 TFT 开关漏电流引起的上下电极电压下降现象，将导致着色粒子的响应时间延长。为了减小 TFT 开关的漏电流，一个重要的对策是增大 TFT 开关的关态电阻，提升关断能力。除工艺改善和器件设计等对策外，一般采用双 TFT 设计，甚至具有更高电子迁移率的 TFT 驱动技术。

着色粒子的迁移速度还与微胶囊内的着色粒子、液态介质等材料有关。着色粒子的迁移速度 v（m/s）影响着色粒子在画面切换的这一帧时间内，从一个电极移动到另一个电极的距离。一般，着色粒子的迁移速度在 3×10^{-3}m/s 左右。如式（7-2）所示，画面切换所需的时间 t 可以表达为驱动电压 V、电泳迁移率 μ 和盒厚 h（近似为微胶囊直径 d）之间的关系式。

$$t\approx\frac{h}{v}=\frac{h}{\mu E}=\frac{h^2}{\mu V} \tag{7-2}$$

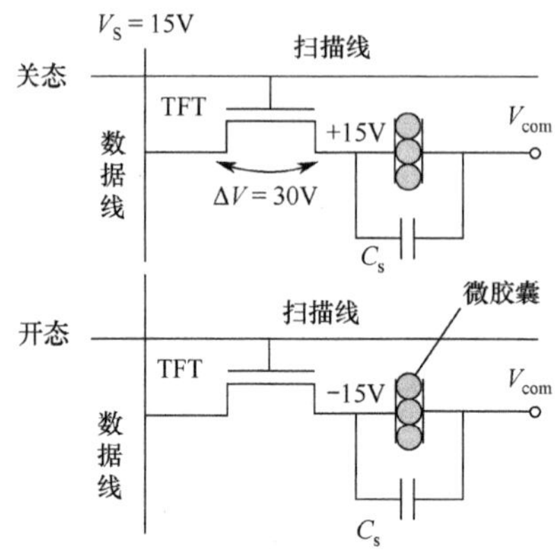

图 7-15　TFT 开关源漏极大电压示意图

要获得所需的粒子迁移速度，需要控制好液态介质的黏度 η（viscosity），必须满足式（7-3）。微胶囊电泳显示电子纸的典型参数是：着色粒子半径 r=0.5μm，着色粒子电荷量 $q=4.8\times10^{-16}$C，微胶囊直径 d=50μm，驱动电压 V=±15V，着色粒子的浓度为 2×10^{16}part./m^3，每个像素内的微胶囊数为 10 个。在 60Hz 的驱动频率下，相应的着色粒子的黏度在 3cP（=0.003Ns/m^2）左右。

$$\eta=q/12\pi r\mu \text{ 或 } \mu=q/12\pi r\eta \qquad (7\text{-}3)$$

7.2.3　彩色微胶囊电泳显示技术

微胶囊电泳显示技术的彩色化主要有两类实现方法：①在黑白显示的微胶囊电泳显示层上增加彩色滤光片（Color Filter，CF），即 CF 法；②微胶囊内封装藏青、黄色或品红的粒子，在电压驱动下按照需要移动到微胶囊的顶部。

1．CF 法

如图 7-16 所示，CF 法是在传统黑白双色微胶囊电泳显示器的上层透明电极板表面，再加铺一层彩色滤光材料。CF 法的原理与彩色 LCD 的彩色显示原理相似。CF 法的制备工艺简单，驱动时间短，是实现彩色电泳显示最简便的方法。但经过 CF 色阻的滤光之后，电子纸的亮度将损失一些，成像的色饱和度受到很大影响。

一种不损失亮度的准 CF 法是通过着色电泳液与单色单颗粒子的组合实现彩色显示的。例如，采用彩色电泳液和仅封装黑色粒子的微胶囊，进行单色显示：需要显示彩色时，使上极板带负电、下极板带正电，带负电的黑色粒子被拉到微胶囊的底部；不需要显示彩色时，使上极板带正电、下极板带负电，黑色粒子向上运动到微胶囊顶部。

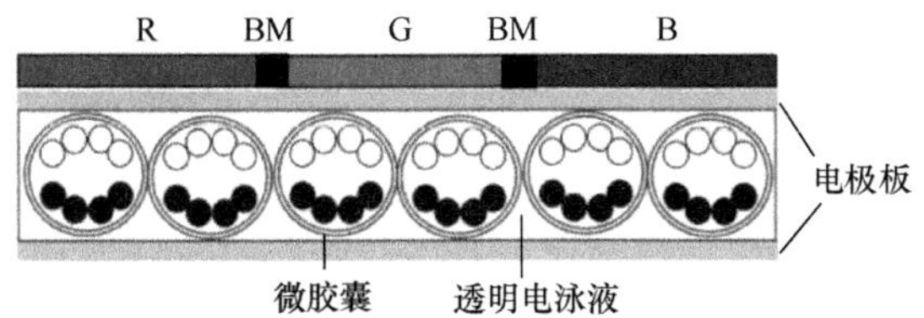

图 7-16　加 CF 的电泳显示器结构示意图

2. 控制电泳速度法

由 Comiskey 等申请的控制电泳速度法专利技术，是在透明电泳液中悬浮 RGB 三种不同颜色、不同 Zeta 电位（一般 R>G>B）的带同种电荷（一般为负电）的着色粒子，通过施加电压使着色粒子具有不同的迁移速度，从而实现彩色显示。控制电泳速度法制备彩色电子纸的方法比较简便，但精确控制三种着色粒子的 Zeta 电位比较困难。

控制电泳速度法的彩色显示原理如图 7-17 所示。在上电极板加负电荷使全部粒子位于下电极板，此时像素显示白色。翻转电场方向，由于红色粒子电泳速度最快，首先到达上电极板，撤除电场后红色粒子位于电泳液上部，绿色和蓝色粒子位于电泳液中部和下部，因此经白光照射后呈现红色。绿色显示可以通过施加电场使红色和绿色粒子到达上电极板，然后施加反向电场，由于红色粒子比绿色粒子电泳速度快，只有绿色粒子位于电泳液上部，所以电泳液经白光照射后呈现绿色。蓝色显示可以通过施加电场使红色、绿色和蓝色粒子都到达上电极板，然后施加反向电场，由于红色和绿色粒子比蓝色粒子电泳速度快，只有蓝色粒子位于电泳液上部，所以电泳液经白光照射后呈现蓝色。

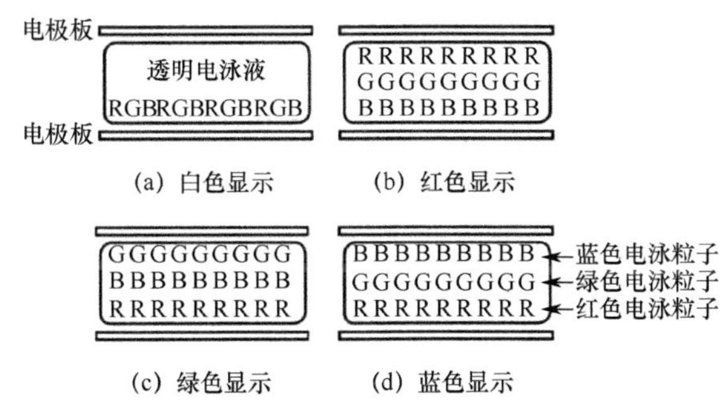

图 7-17　控制电泳速度法的彩色显示原理

2012 年，富士施乐采用类似技术制成了一种 IMCP（Independently Movable Colored Particles）彩色电子纸。IMCP 彩色电子纸的基本构造如图 7-18（a）所示，通过为青色（cyan）、洋红色（magenta）和黄色（yellow）三种着色粒子分别设计不同的电泳阈值（电场 E_t），使粒子得以按色别单独动作，表面可看出两块基板中靠近上基板的粒子颜色。另外，除着色粒子外，在两块基板之间的分散介质中还装入了白色粒子。即使向基板间施加电场，这种白色粒子也不会移动。因此，所有的着色粒子都靠近下基板时，就可以显示白色。该技术的核心是，使显示屏中不同层带电着色粒子的移动引起不同种着色粒子的平列组合，这种驱动电压与彩色显示的关系如图 7-18（b）所示。

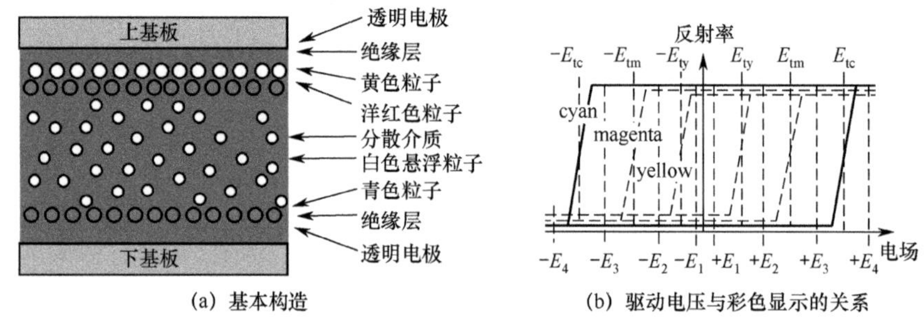

图 7-18 IMCP 彩色电子纸的基本构造和原理

3. 子像素法

由 Kawai 申请的子像素法专利技术，是通过分别控制 R 子像素中的红色微胶囊、G 子像素中的绿色微胶囊、B 子像素中的蓝色微胶囊的粒子移动，实现彩色显示。子像素法的彩色显示效果较好，但微胶囊涂布工艺比较复杂。如图 7-19 所示，首先，分别将含有 RGB 三种不同颜色的着色粒子混在电泳液中进行封装，形成显示不同色彩的微胶囊；然后，以辐射固化材料为黏合剂，先将红色微胶囊涂布在有电极板的基板上，通过光掩模对其进行选择性紫外光固化，再将未固化的辐射固化材料及微胶囊清除，使红色微胶囊涂布在电极板特定的位置上；重复以上步骤，分别将绿色微胶囊和蓝色微胶囊规则地排列在电极板上。

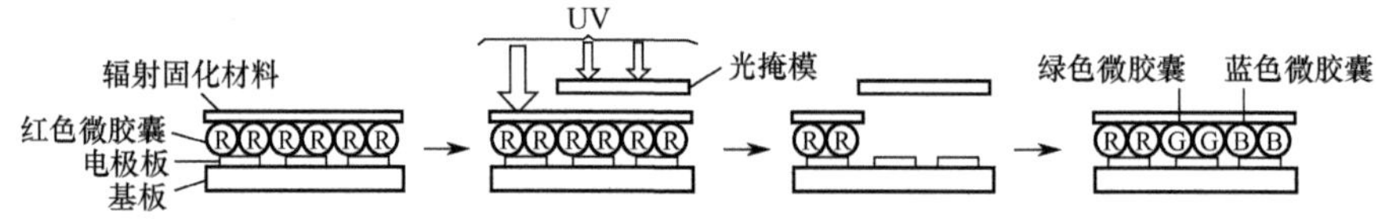

图 7-19 子像素法工艺示意图

7.3　微杯电泳显示技术

微杯电泳显示（Microcup Electrophoretic Display，Microcup EPD）技术属于采用杯状包裹结构对粒子进行封装的粒子移动型电子纸显示技术，由 SiPix 公司开发。由 Clear Ink 开发的透明油墨显示技术，显示原理与微杯电泳显示技术类似。

7.3.1　微杯电泳显示原理

微杯电泳显示电子纸的基本结构如图 7-20 所示，从上至下的结构依次为：PET 塑料基板、ITO 透明电极层、充满有色电泳液的微杯数组、封液层（sealing layer）、黏合层（adhesive layer）及 TFT 背板。微杯结构将电泳液分隔成众多细小的独立单元，有效地预防了电泳液的外漏及不当的微粒位移。微杯数组可用光刻技术或精密微型压花技术在整卷的 ITO 电极膜上制成。

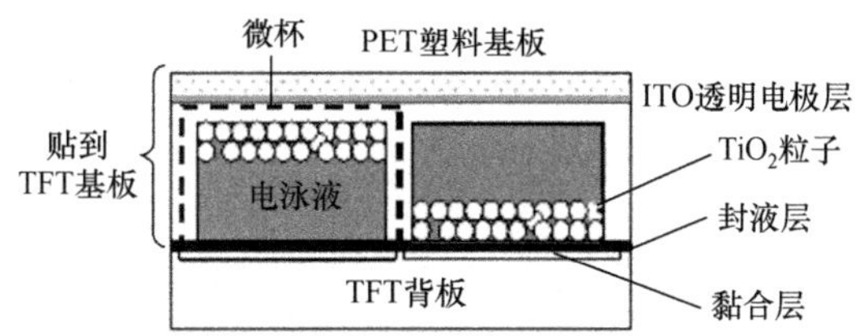

图 7-20　微杯电泳显示电子纸的基本结构

在 TFT 背板的像素电极和 PET 塑料基板的公共电极上施加电压，形成正负电场，可以驱动微杯内带电粒子的移动，实现图案的显示。在图 7-20 中，对应左边微杯的像素电极施加负电位，将带正电的粒子吸附至底端，显示电泳液的色彩；对应右边微杯的像素电极施加正电位，驱使带正电的粒子移动至顶部，显示粒子的白色。当电源关闭时，微粒会因物理及化学特性停留在当时的位置。

微杯结构具有造型上的任意性、结构完整性和机械稳定性等优点。微杯结构的显示效果及结构强度可通过形状和尺寸的变更进行调整。图 7-21 显示的是两种典型的微杯结构。填充系数较小的四方形微杯结构具有较佳的结构强度，同时也提升了电子纸的抗压性，适用于对强度需求较高的应用产品，如显示型智能卡等。填充系数较大的六角形微杯结构则能够提供高白色度、高对比度的显示效果，符合电子书、电子信息广告牌等产品的应用需求。

(a) 四方形微杯（Flex-It^{TM}Standard）

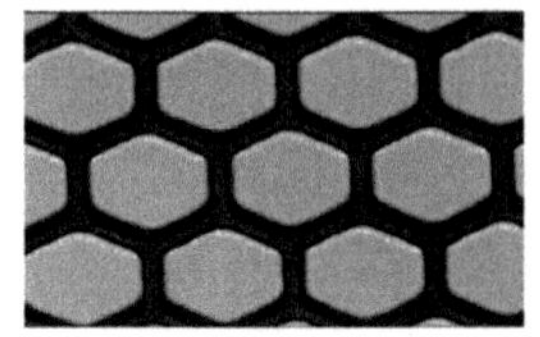
(b) 六角形微杯（Flex-It^{TM}Brite）

图 7-21　SiPix 微杯结构

微杯电泳显示技术依靠特殊的微杯结构，可以获得分色及优良的机械性能。微杯结构中，每个微杯的大小一般为 50μm 左右，微杯阵列的精细度可达 300ppi。电子纸图形的显示解析度与微杯的形状大小无关，而是取决于 TFT 背板的电极排列，即来自不同像素电极的数据可显示在同一个微杯内。如图 7-22 所示，中间微杯在左半部分和右半部分分别属于两个不同的像素，但照样可以进行正常显示，因此微杯薄膜与 TFT 背板贴合时无须精准对位。

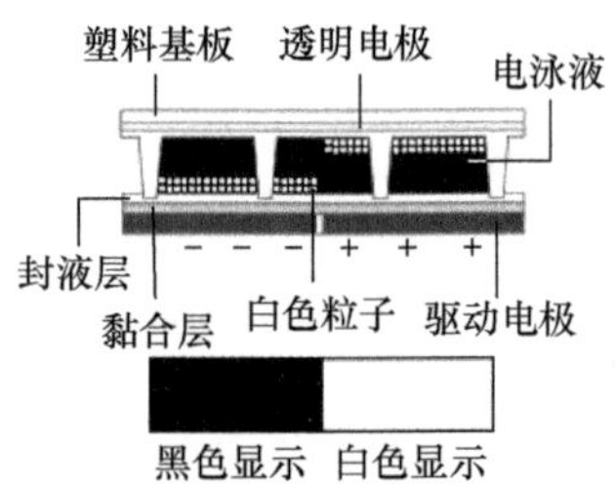

图 7-22　微杯薄膜与 TFT 背板之间无须对位的原理

7.3.2　彩色微杯电泳显示技术

微杯电泳显示的彩色化技术是一种不使用 CF 的双模式切换（dual mode switching）技术。双模式切换彩色显示技术如图 7-23 所示：一个像素由 3 个子像素组成，每个子像素对应一个微杯，每个微杯填充 RGB 中的某种着色液态介质（电泳液），着色液态介质中混有大量的白色粒子。显示白色时，驱动微杯中的白色粒子，使之移动到上表面而使整个像素显示白色。显示黑色时，驱动白色粒子横向移动使整个像素的入射光被黑色的背板吸收，微杯无法进行光线反射，整个像素显示黑色。显示红色时，驱动 R 子像素的白色

粒子移动到底层，起到反射板的作用，直接反射红色液态介质的颜色，同时 G 子像素和 B 子像素显示黑色，整个像素显示红色。双模式切换技术由于粒子不仅需要在上下方向移动，还需要在左右方向移动，因此用于驱动电路的 TFT 背板需要进行特殊设计。

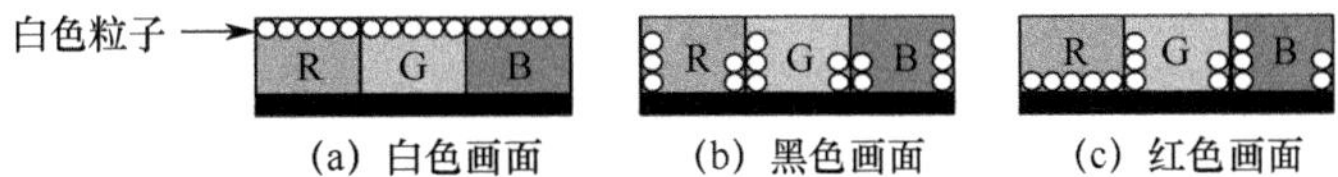

图 7-23　双模式切换彩色显示技术

相比 CF 法彩色显示技术，双模式切换彩色显示技术在光学表现上更具优势。采用 CF 法，反射光的亮度将下降 70%左右。采用双模式切换技术，在显示白色时，微杯的所有白色颗粒向上移动，整个像素便显示白色，因此，白色度和对比度更出色。彩色电子纸能够实现反射率 40%、对比度 9:1 的效果。彩色显示时，白色粒子向下移动，起到反射板的作用。不用透过 CF 色阻，而是直接显示液体的颜色，通过控制液态介质的颜色浓度，可以实现比普通反射型显示器件更宽的色域。

如果一个像素只需要显示一种颜色，可以采用如图 7-24 所示的结构。微杯内填充带正电的单色粒子、带负电的黑色粒子及不带电的白色粒子。图中给出了不同的显示效果与相应的驱动电压之间的关系。如果分别把红色粒子的子像素、绿色粒子的子像素和蓝色粒子的子像素组合成一个像素，就能实现真正的彩色显示效果。

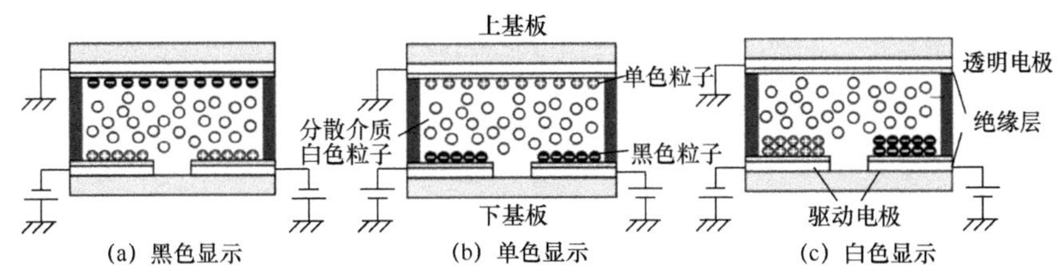

图 7-24　单色显示的结构与原理

微杯电泳显示的最大特点就是它的微杯结构。微杯结构中的每个微杯都是独立封装的，可以根据不同需要裁切成不同尺寸和不同形状的成品，可以避免电泳液外漏或是破坏显示。该特点大大提高了微杯结构在成本上的优势，可以轻易裁切不良部分，而不用整体丢弃。微杯结构不需要上下基板精确对位，所以可采用高速滚压连续性自动化整卷涂布的卷对卷（roll to roll）

生产工艺。如图 7-25 所示，连续性卷对卷制程分为四大步骤。

（1）表面涂层。将塑料复合材料涂布在有 ITO 透明电极层的 PET 塑料薄膜上。

（2）压印制杯。使用微杯滚轮压印，在 PET 塑料薄膜上形成微杯，并使用紫外线硬化成型。

（3）填充与封装。填充电泳液于微杯中，使用顶部封装技术封装电泳液及微杯，并加以固化。

（4）薄膜加工与裁切。把封装好的微杯薄膜与 TFT 背板压合形成电子纸薄膜，然后激光切割成形。

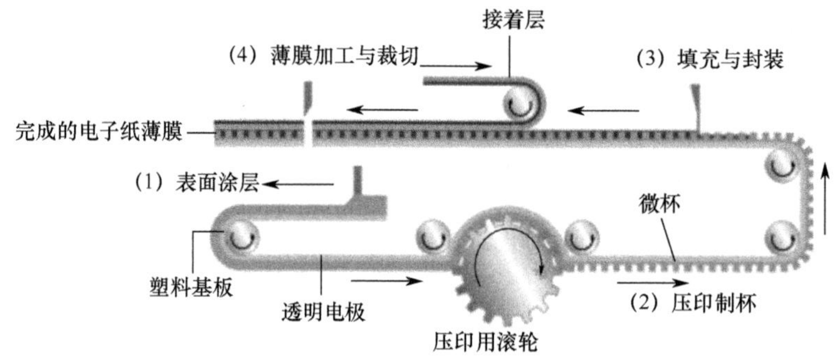

图 7-25　连续性卷对卷制程示意图

在整个工艺流程中，压印制杯和填充与封装是最关键的两道工序。如图 7-26 所示，利用特制的压模在整卷的导电薄膜上压印出微杯数组，众多细小的微杯壁保证电子纸薄膜具有更好的抗压性、结构完整性和机械稳定性。微杯数组将电泳液分隔成众多细小的独立单元，有效预防了电泳液的外漏及不当的着色粒子位移。后续的填液封装步骤，必须在数秒内完成，形成一层非常坚韧的封装层，并确保液体封装及封装后无瑕疵缝隙、漏液脱落等现象。也不需要经过抽真空的步骤，即可避免封装时微杯内的空气残留。

图 7-27 给出了广泛采用的二段式填液封装技术，也叫 liquid on liquid 技术。具体工序如下：先将电泳液填入微杯中，再将封装液涂布在电泳液上，等封装膜硬化后，整个封装完成。其工艺控制难度在于对封装液及电泳液原料的选择和控制，包括电泳液和封装液的密度控制、互不溶性及封装液和微杯壁间黏着性控制等。

图 7-26　压模的模具及其压出来的微杯

图 7-27　二段式填液封装技术

SiPix 被 EIH 收购后，利用 EIH 粒子技术，开发了微杯封装的三色电子纸技术，目前主要应用于超市价格标签产品。另外，EIH 还利用微杯技术，同时将四种粒子包裹在同一个微杯里面，通过施加不同电场控制粒子的位置，实现彩色电子纸显示，这种技术被 EIH 称为 ACep 技术。

7.3.3　透明油墨显示技术

透明油墨显示技术也称为电浆显示技术，通过控制黑色粒子在腔体中的位置变化实现显示，在腔体表面有呈半球形阵列密布的高反射膜。如图 7-28（a）所示，当需要显示黑色时，在反射膜和背板之间施加正向电压，将带负电的粒子移动到反射膜下面，入射光被黑色粒子（墨水）吸收，电子纸显示黑色。如图 7-28（b）所示，当需要显示白色时，在反射膜和背板之间施加负向电压，反射膜下面的粒子被移走，吸附到背板上，反射光被半球形高反射膜反射回去，所看到的是反射膜反射的光线。

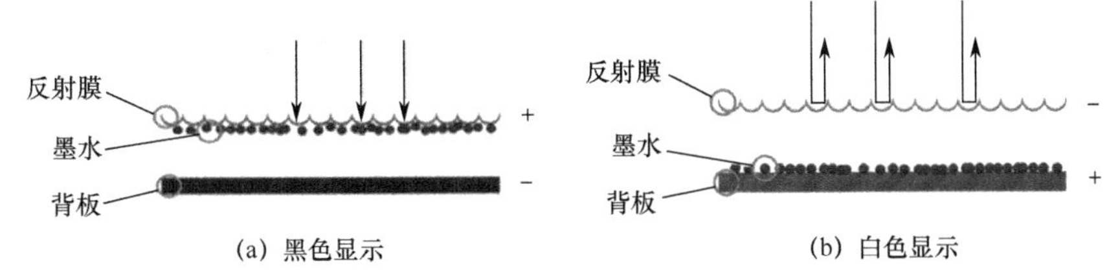

图 7-28　电浆显示基本原理

彩色电浆显示一般采用 CF 法。如图 7-29 所示，在反射膜上面增加滤光材料，可以实现彩色显示。

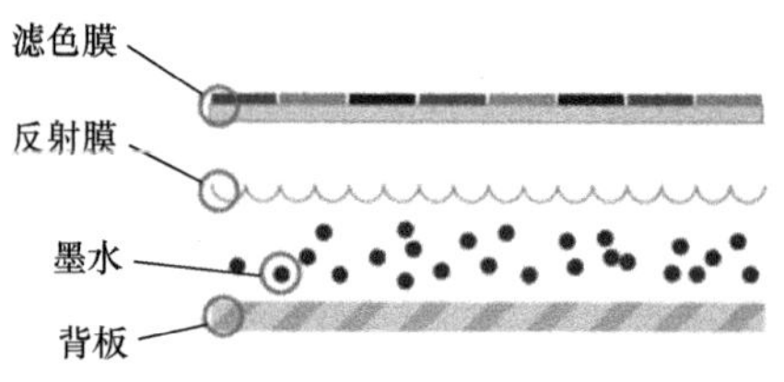

图 7-29 彩色电浆显示基本原理

Clear Ink 采用了与 LCD 兼容的生产制程，不需要重新建立生产线。Clear Ink 已经多次展示其样品，响应速度可以到几十毫秒，比较适合做视频显示。但是，粒子的团聚和黏附电极问题依然可能会存在。

7.4 横向电泳显示技术

横向电泳显示（In-Plane Electrophoretic Display，IP-EPD）技术是一种隐藏着色粒子的显示技术。除 Philips 和 Canon 公司开发的 IP-EPD 外，还有 IBM 公司开发的 Lines/Plate Electrophoretic Display 和 Wall/Post Electrophoretic Display 技术，Zikon 公司开发的逆乳胶电泳显示（Reverse Emulsion Electrophoretic Display，REED）技术等。

7.4.1 典型横向电泳显示技术

普通电子纸像素中，带电着色粒子的电泳都是与显示面做垂直的纵向移动。而 IP-EPD 像素中，带电着色粒子的电泳则是与显示面做平行的横向移动，所以被命名为横向电泳显示技术。

IP-EPD 的基本工作原理是将着色粒子和透明分散介质混成胶体状悬浮液，下基板使用与着色粒子形成对比的颜色，利用电极图案的设计，控制着色粒子在上基板可视面上的分布面积，若着色粒子散布在整个可视面上，则可看到着色粒子的色彩，若着色粒子被挤压在相对狭小的区域或是被吸附在侧壁上，则可看到下基板（背板）的颜色。图 7-30 给出了 IP-EPD 像素的基本结构及其显示原理，像素中有大量的呈悬浮态的带正电着色粒子，每个像素都由可视区和遮蔽区两个部分组成。遮蔽区内设有两个电极：集电极 C（又叫侧壁电极）和门电极 G。可视区内有两个视电极：V1 和 V2。

当 G 电极上不加电压时，带正电的着色粒子可以按照 C 电极与 V1、V2 电极之间的电压方向，在可视区与遮蔽区之间自由移动。当 C-V1、V2 加正向电压（C 极为高电位）时，着色粒子移入 V1 极和 V2 极所在的可视

区并反射环境光，像素即可显示一个色点。当 C-V1、V2 加反向电压（C 极为低电位）时，着色粒子移入 C 极所在的遮蔽区不再反射环境光，像素不显示色点，而显示背板底部的颜色。简单地说，IP-EPD 是通过控制着色粒子进入可视区还是进入遮蔽区，使其在可见与隐藏两种状态之间切换，实现画面显示。

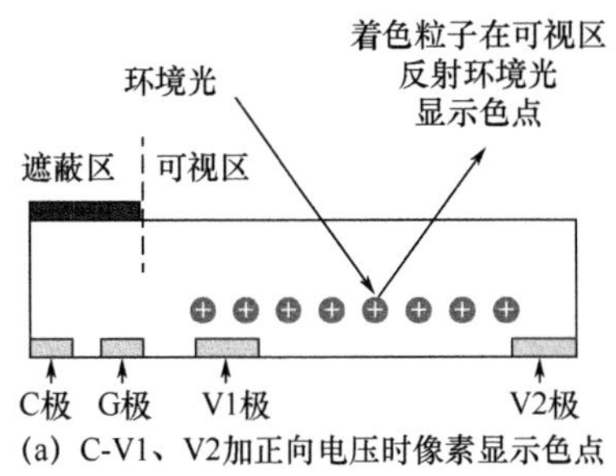

(a) C-V1、V2加正向电压时像素显示色点

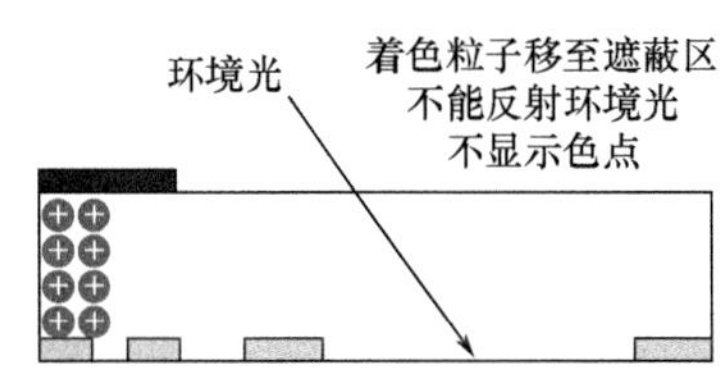

(b) C-V1、V2加反向电压时像素不显示色点

图 7-30　IP-EPD 像素的基本结构及其显示原理

当 G 电极上加载电压时，其作用就像一个闸门，使着色粒子不能自由移动而只能停留在原来位置，此时显示的画面就能稳定地保持。虽然这种稳态需要在 G 电极上保持一定的电压而不能实现零功耗，但所需的功耗非常低。IP-EPD 的这种超低功耗稳态显示特性被称作“仿双稳态”。

IP-EPD 像素采用两个视电极的目的，是在可视区形成一定的电压梯度，从而控制着色粒子在可视区内更均匀地分布，有利于增强反射显示的效果。此外，两个视电极的尺寸很小，减小了对像素的覆盖面积，从而进一步提高像素的透明度和亮度。

高亮度和高透明度等特性使 IP-EPD 可采用多种方式实现彩色显示，目前主要是采用如图 7-31 所示的双层堆叠的彩色 IP-EPD 像素结构实现彩色显示，第二层下方设有反射板。上方第一层为“青色 C–黄色 Y”基色显示层，其像素中悬浮有带正电的青色粒子与带负电的黄色粒子；第二层为“洋红色 M–黑色 K”基色显示层，像素中有带正电的黑色粒子与带负电的洋红色粒子，最底部为白色反射层。白色反射层与黑色粒子可显示高对比度的黑白图像，而青色、黄色、洋红色粒子反射的基色光可混合出鲜明的彩色图像。通过控制电场大小与方向，使所有着色粒子向画面边缘的电极下方移动时，就会形成透明显示。使着色粒子向画面内扩散时则会变为全黑显示。另外，通过对各种粒子的位置进行控制，还可实现彩色显示。

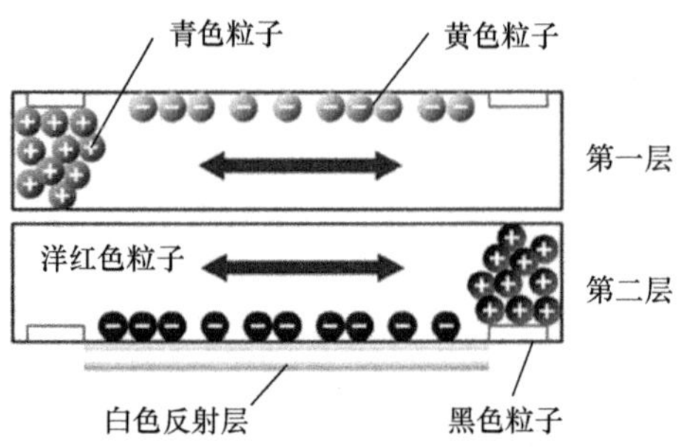

图 7-31　双层堆叠的彩色 IP-EPD 像素结构

Philips 基于如图 7-31 所示的结构开发的 e-skin 彩色电子纸显示技术，主要用于机壳及壁纸。该电子纸可在全黑状态、透明状态及彩色状态之间进行切换，可在 1%～70%的范围内控制光的透射率。该电子纸并非点阵显示方式，而是采用整个显示面如同一个阵点的设计。因此，电极结构简单，制造方便，而且驱动控制也很容易，成本可比普通点阵型显示器低很多。

7.4.2　新型横向电泳显示技术

新型横向电泳显示技术采用特殊的电极结构，通过切换不同的电压和频率，在显示底板颜色或作为透明显示时，着色粒子被吸附在电极结构上，在显示粒子颜色时，着色粒子横向散布到整个像素开口区。

1. Lines/Plate EPD 和 Wall/Post EPD 技术

如图 7-32（a）所示，Lines/Plate EPD 的基本结构是顶部基板分布着接 GND 电位的线（Lines）状电极，底部基板分布着平板（Plate）状电极，在上下基板之间的液态介质中充入带电的黑色粒子。需要显示黑色（反射粒子颜色）时，底部平板状电极吸附黑色粒子，使粒子分布在线状电极之间。需要显示白色（反射平板颜色）时，顶部线状电极吸附黑色粒子，环境光进入线状电极之间被白色平板状电极反射出去。

如图 7-32（b）所示，Wall/Post EPD 的基本结构是在像素中间分布着连接像素电压±V 的柱（Post）状电极，四周分布着连接地电位 GND 的墙壁（Wall）状电极，在上下基板之间的液态介质中充入带电的黑色粒子。需要显示黑色（反射粒子颜色）时，控制柱状电极和墙壁状电极之间的电压，使黑色粒子均匀散布在整个像素区。需要显示白色（反射平板颜色）时，墙壁状电极吸附黑色粒子，环境光进入像素开口区被白色底板反射出去。

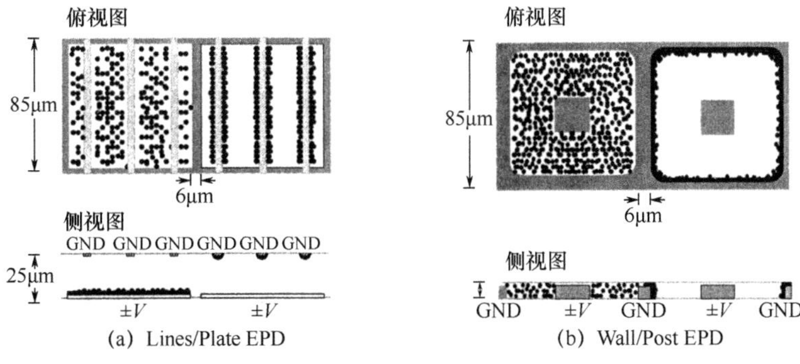

图 7-32　Lines/Plate EPD 和 Wall/Post EPD 的基本结构

图 7-32 中所用的黑色粒子，表面涂有稳定剂，以提高粒子的稳定程度。使用 Lines/Plate EPD 或 Wall/Post EPD 技术，可以实现高达 300dpi（像素尺寸为 85μm）的高精细显示。Lines/Plate EPD 的对比度在 10:1 左右，最大反射率大于 60%。Wall/ Post EPD 的对比度在 12:1 左右，最大反射率大于 70%。相对于报纸 65%的反射率而言，这种模式已经接近软膜水平。

2. REED 技术

与普通电子纸显示技术采用固态着色粒子不同，REED 技术是将大量带电的微小着色液滴与一种清澈的不带电液体均匀混合后，形成一种悬浮状的乳状液体，带电着色微液滴是将颜料与活化剂按适当配比制成的一种纳米材料。如图 7-33 所示，REED 像素的基本结构是将上述乳状液体注入两层玻璃之间的密封空隙中，正面有覆盖整个像素的较大透明电极，背面则是一个细小的像素电极。当在 REED 像素电极施加适当的正向电压和频率时，控制着色微液滴均匀分布在正面较大的电极上或均匀分布在溶液中，使像素显示一个色点（微液滴内染料的色彩）。当施加适当的反向电压和频率时，控制微液滴向像素背面的细小电极靠拢，并聚集到其附近的一个狭小区域内，显示面上的色点消失而呈清澈透明状态。

将分散相为水性溶液、分散介质为油性溶液（水在油中）的系统称为逆乳胶；分散相为油性溶液、分散介质为水性溶液（油在水中）的系统称为乳胶。两种系统除水相和油相的相对含量不同外，各自形成的作用力也因分子排列方向不同而迥异。乳胶系统是由一端具有亲油性基而另一端具有亲水性基的两性分子（amphiphilic compound）在水性或油性溶液中凝聚而形成的复杂超原子结构。在亲水系统中，由于疏水效应的作用，两性分子的亲油端会互相聚集，而形成仅由亲水端和水性溶液接触的微胞；相反地，在亲油系统中，两性分子的亲水端互相聚集，形成由亲油端和油性溶液接触的微胞，即此时的微胞内多是亲水性的离子基，静电作用力显得更重要。逆乳胶的几何构造可以是球形、柱形、虫形、双层或多层结构。将逆乳胶系统应用在显示技术时，要求在热力学上必须是稳定的，微胞不会沉降也不会分解，同时要能够利用电场的调变来驱动。

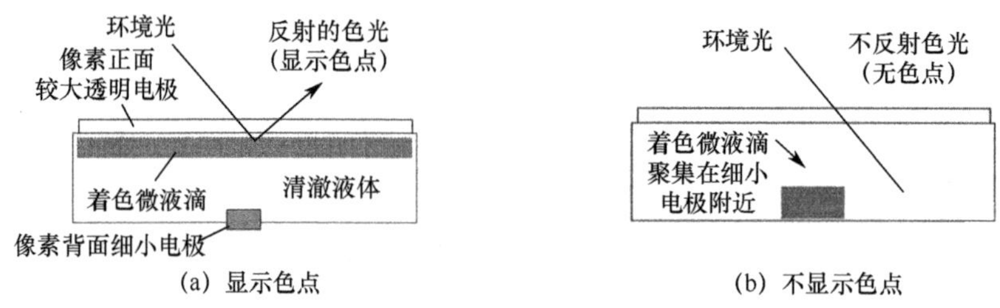

图 7-33　REED 工作原理

REED 技术的优点是具有非常高的响应速度、能够显示动态或视频图像，并且可采用常规的液晶显示器的加工工艺进行制造。另外，REED 像素所具有的高透明性，使其可以利用 CMY 三基色显示层堆叠并通过减法混色实现彩色显示。Zikon 公司制作的样品上下基板间距为 50～80m，驱动电压为 30～60V，最高透光率为 70%，对比度为 5 且响应时间约 50ms。REED 的工作电流和功耗虽然比较小，但不具备零功耗的双稳态特性，在实现器件柔性化方面也有待改进。

7.5　电子粉流体显示技术

Bridgestone 公司开发的电子粉流体显示技术属于双颗粒模式的粒子移动型电子纸显示技术。由于使用空气而不是液体作为电泳粉体的介质，着色粒子的响应速度相对较快。因此，电子粉流体显示技术也叫快速反应液态粉状显示（Quick Response Liquid Powder Display，QR-LPD）技术。

7.5.1　电子粉流体显示原理

如图 7-34 所示，黑白显示的 QR-LPD 结构是将带正电荷的黑色粒子和带负电荷的白色粒子夹在上下两片透明导电基板之间，上下基板的间距在 50μm 左右。隔板的作用是保持上下基板之间的盒厚均一性，同时防止像素

间着色粒子混合在一起。QR-LPD 使用的着色粒子是一种经过纳米级粉碎处理的树脂聚合物，是介于微粒与液体之间的粉流体，对电场的灵敏性高。当上基板加正电压时，白色粒子移动到上基板，反射并显示白光；当上基板加负电压时，黑色粒子移动到上基板，显示出黑色。

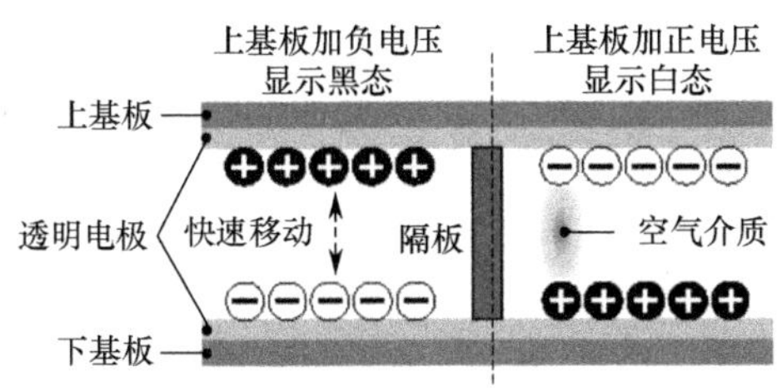

图 7-34　QR-LPD 工作原理

QR-LPD 中着色粒子受到的力，大致分为着色粒子本身带电引起的力及与着色粒子带电无关的力。前者主要是镜像力，后者主要是分子间力、液桥力等作用下的着色粒子与基板之间的附着力。镜像力与附着力之间的关系如图 7-35 所示：纵轴的截距表示与着色粒子带电无关的附着力，通过原点的直线表示上下基板间形成电场后带电着色粒子产生的库仑力。只有库仑力超过附着力，着色粒子才会脱离基板。

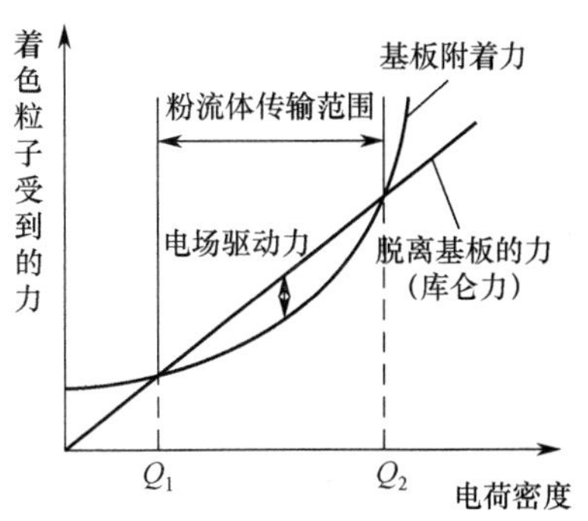

图 7-35　着色粒子飞行原理示意图

着色粒子的带电量必须适量，过大或过小都不能让着色粒子脱离基板。着色粒子在飞行过程中，由于着色粒子相互撞击与接触引起的摩擦会导致着色粒子的带电量增加。在持续显示的过程中，着色粒子的带电量会减少。QR-LPD 中的着色粒子带电量存在如图 7-36 所示的变化关系。所以，如图 7-35 所示的最佳带电量范围必须考虑到着色粒子在实际使用过程中如图

7-36 所示的带电量变化关系。

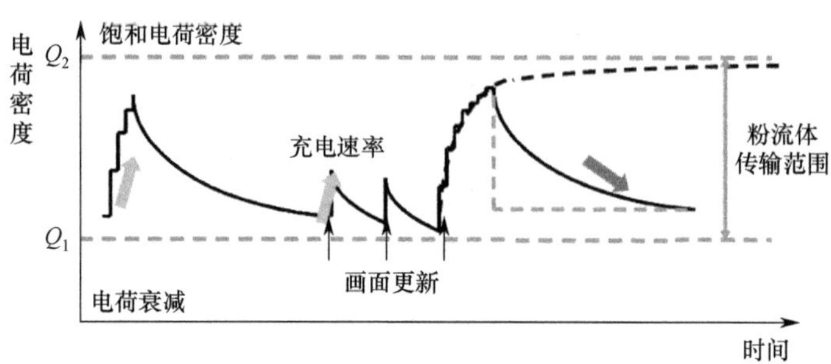

图 7-36　着色粒子带电量变化示意图

QR-LPD 的驱动电压高达 70V，在耐高电压的 TFT 开关尚未成功开发的情况下，以无源矩阵式的方式来驱动电子粉流体。高压驱动也限制了 QR-LPD 在便携式产品中的应用。QR-LPD 高压驱动的基本方法包括三阶驱动和四阶驱动两种，如图 7-37 所示。在显示画面前，所有行电极接高电压 HV，所有列电极接地电压 GND，所有像素都开始显示白色。然后，施加地电压 GND，依次选择行电极。同时，基于图像数据，向列电极输入高电压 HV 或地电压 GND。此时，对应未被选中的行电极，因为像素单元没能施加一个大于阈值的电压，所以有必要施加一个中间电压。这个中间电压一般设为高电压 HV 的一半，必须低于阈值电压 V_{th}。

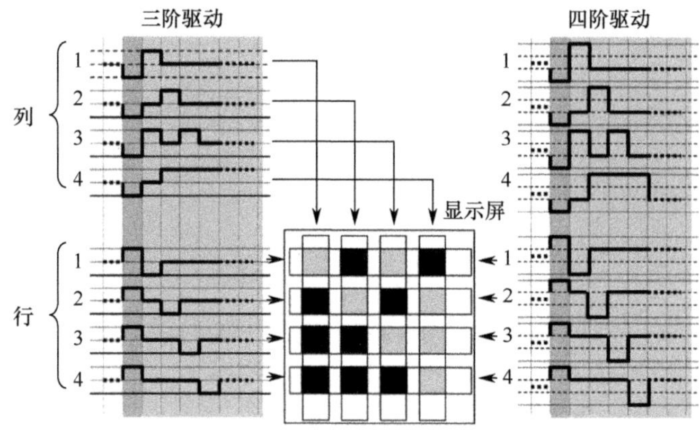

图 7-37　QR-LPD 的基本驱动方法

QR-LPD 的中间灰阶是上基板附着黑色粒子与白色粒子根据不同比例进行的组合。形成中间灰阶的驱动方法主要有 PAM（Pulse Amplitude Modulation）

法、PWM（Pulse Width Modulation）法和 PNM（Pulse Number Modulation）法，各自的驱动原理如图 7-38 所示。PAM 法通过调制不同的（模拟）电压值，降低着色粒子的响应速度，形成不同的中间灰阶。PWM 法通过控制脉冲电压的工作时间，减小脉冲宽度使着色粒子移动不充分，形成不同的中间灰阶。PNM 法通过控制脉冲电压的次数，实现中间灰阶。三种驱动方法中，PAM 法的显示效果最佳，所有灰阶的反射浓度最高。

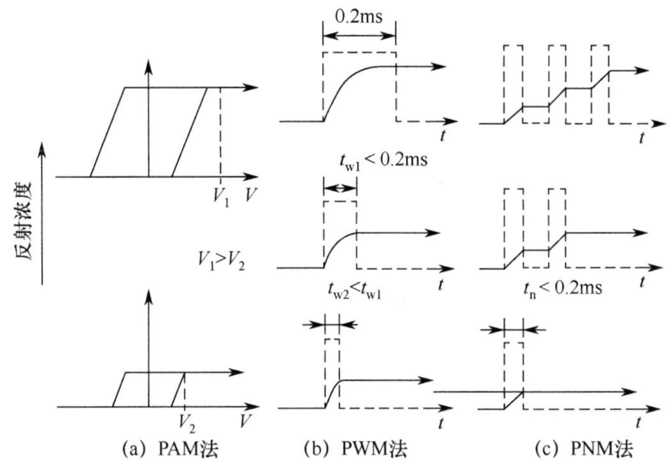

图 7-38　QR-LPD 中间灰阶的驱动方法

作为时间分割的驱动方式，为了不断满足多灰阶的发展趋势，必须减少着色粒子的移动时间，也就是必须提高着色粒子的移动率。一般，以溶液为介质的电泳显示技术，响应时间长达数秒钟。QR-LPD 属于干式电子粉流体，透过控制粉末表面特性至纳米级的变化，加上干式带电粒子在空气中具高流动性，原理上从白到黑，或从黑到白之间的响应时间都在 0.2ms 左右，如图 7-39 所示。在撤除施加电压后，依然能够维持相同的反射率。只要不施加阈值电压 V_{th} 以上的电压，就观测不到反射率的变化。所以，QR-LPD 具有双稳态特性，以及画面快速切换与动画显示的能力。0.2ms 左右的快速响应，也使 QR-LPD 最好采用简单的无源矩阵驱动，而不使用 TFT 驱动。

QR-LPD 使用高电压来驱动电子粉流体，功耗相对其他电泳显示技术要高。但采用 QR-LPD 技术的电子纸可以采用卷对卷（Roll to Roll，R2R）生产工艺，并且，可以在−20℃的低温环境下工作，而其他电泳显示技术一般在零度以下就不能使用了。

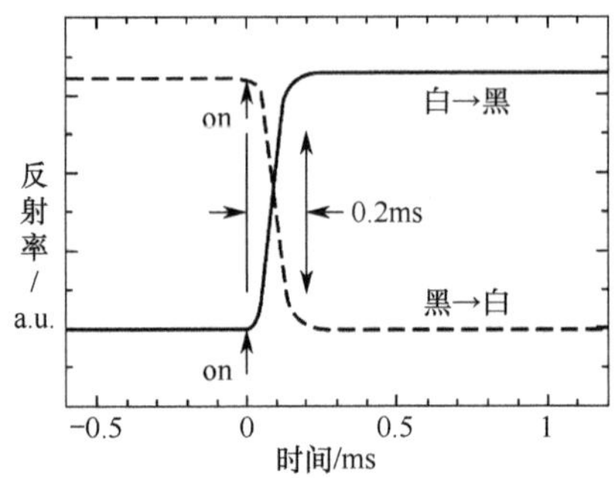

图 7-39　QR-LPD 的响应特点

7.5.2　彩色电子粉流体显示技术

QR-LPD 的彩色化方法一般采用如图 7-40 所示的 CF 法，即在黑白显示的 QR-LPD 上加贴 CF。2007 年，Bridgestone 展出了 A3 尺寸的彩色电子纸，利用 RGBW 四色 CF，实现了 4096 色彩色显示。该电子纸采用在玻璃底板中封入电子粉流体的方式，面板的外形尺寸为 450mm×338mm，显示部分尺寸为 435mm×326mm，分辨率为 75dpi，厚度仅为 0.29mm。

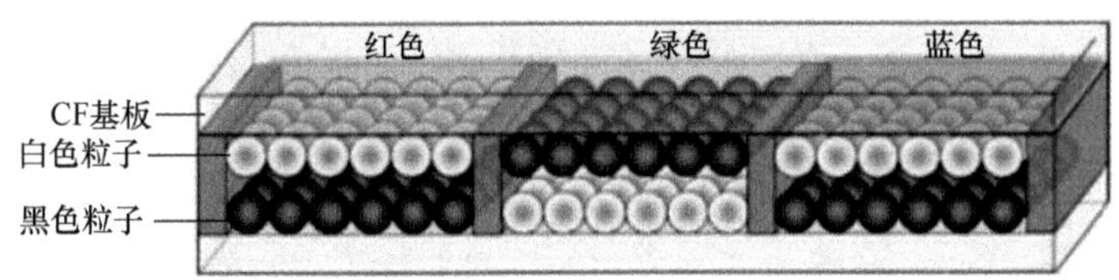

图 7-40　CF 法彩色显示技术

使用 CF 会降低电子纸的反射率和对比度。为了提高亮度与色再现性，可以采用如图 7-41 所示的基于彩色粉流体的彩色显示技术：在一个像素内填充两种不同颜色、带有不同电位的着色粒子，可以显示具有两种色彩的彩色画面；由 3 个彩色子像素构成的像素，通过加法混色原理可以显示大范围的彩色画面。

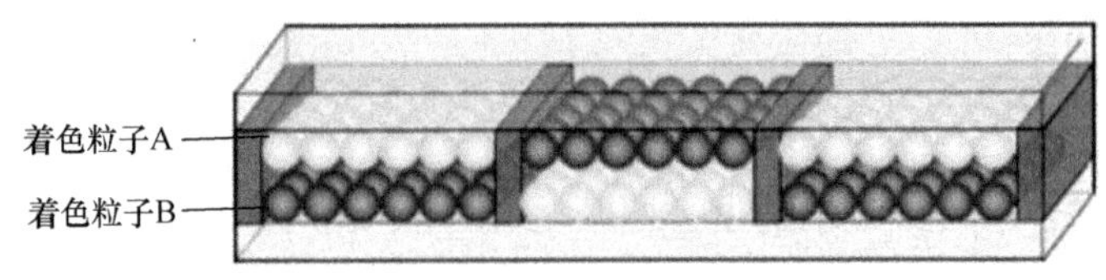

图 7-41　基于彩色粉流体的彩色显示技术

参考文献

[1] COMISKEY B, ALBERT J D, JACOBSON J M, et a1. Novel addressing schemes for electrophoretic displays: WO1999010768 Al[P].2004.

[2] KAWAI H. Method for producing display panel and display panel: US6583780[P]. 2003.

[3] HIJI N, MACHIDA Y, YAMAMOTO Y, et al. Novel Color Electrophoretic E-Paper Using Independently Movable Colored Particles[J]. SID Symposium Digest of Technical Papers, 2012, 43(1):85-87.

[4] WEN T, MENG X, LI Z, et al. Pigment-based tricolor ink particles via mini-emulsion polymerization for chromatic electrophoretic displays[J]. Journal of Materials Chemistry, 2010, 20(37):8112.

[5] KOMAZAKI Y, TORII T. Magnetic Threshold Control of Janus Particles for Color Twisting-ball Display[J]. SID Symposium Digest of Technical Papers, 2017, 48(1):1797-1800.

[6] KOMAZAKI Y, TORII T. Newly Discovered Property of Electric and Magnetic Dual - Driven Twisting Ball Display[J]. SID Symposium Digest of Technical Papers, 2015, 45(1):1344-1347.

[7] TANIKAWA T, OMODANI M, TAKAHASHI Y, et al. Basic Characteristics of Ball Motion in a Twisting Ball Display[J]. Journal of Imagingence & Technology, 2002, 46(6):557-561.

[8] WEBBER R M. Image Stability in Active-Matrix Microencapsulated Electrophoretic Displays[J]. SID Symposium Digest of Technical Papers. 2002, 33(1):126-129.

[9] KARL A, THEODORE S. Achieving Graytone Images in a Microencapsulated Electrophoretic Display[J]. SID Symposium Digest of Technical Papers, 2012, 37(1): 1918-1921.

[10] FAN S K, CHIU C P, HSU C H, et al. Particle chain display-an optofluidic electronic paper[J]. Lab on a Chip, 2012, 12(22):4870.

[11] HOWARD M E, RICHLEY E A, SPRAGUE R, et al. Gyricon electric paper[J]. Journal of the Society for Information Display, 1998, 6(4):215-217.

[12] SHERIDON N K. Canted electric fields for addressing a twisting ball display: US5717515[P].1998-02-10.

[13] YOU H, STECKL A J. Three-color electrowetting display device for electronic paper[J]. Applied Physics Letters, 2010, 97(2): 1-3.

[14] UNUR E, BEAUJUGE P M, ELLINGER S, et al. Black to Transmissive Switching in a Pseudo Three-Electrode Electrochromic Device[J]. Chemistry of Materials, 2009, 21(21):5145-5153.

[15] MOSSMAN M A, KOTLICKI A, WHITEHEAD L A, et al. New Reflective Color Display Technique Based on Total Internal Reflection and Subtractive Color Filtering[J]. SID Symposium Digest of Technical Papers, 2012, 32(1):1054-1057.

[16] INOUE S, KAWAI H, KANBE S, et al. High-resolution microencapsulated electrophoretic display (EPD) driven by poly-si TFTs with four-level grayscale[J]. IEEE Transactions on Electron Devices, 2002, 49(9):1532-1539.

[17] BOUCHARD A, SUZUKI K, YAMADA H. High-Resolution Microencapsulated Electrophoretic Display on Silicon[J]. SID Symposium Digest of Technical Papers, 2004, 35(1):651-653.

[18] INOUE S, KAWAI H, KANBE S, et al. High-resolution microencapsulated electrophoretic display (EPD) driven by poly-si TFTs with four-level grayscale[J]. IEEE Transactions on Electron Devices, 2002, 49(9):1532-1539.

[19] WHITESIDES T, WALLS M, PAOLINI R, et al. Towards Video-rate Microencapsulated Dual-Particle Electrophoretic Displays[J]. SID Symposium Digest of Technical Papers, 2004, 35(1):133-135.

[20] KOO H S, CHEN M, PAN P C, et al. Fabrication and chromatic characteristics of the greenish LCD colour-filter layer with nano-particle ink using inkjet printing technique[J]. Displays, 2006, 27(3):124-129.

[21] LIANG R C, HOU J, ZANG H M, et al. Microcup® displays: Electronic paper by roll-to-roll manufacturing processes[J]. Journal of the Society for Information Display, 2003, 11(4):621-628.

[22] LU C M, CHEN H H, LIAO J S, et al. Performance Active Matrix Micro-Cup Electrophoretic Display[J]. SID Symposium Digest of Technical Papers, 2009, 40(1):1501-1504.

[23] ITO M, MIYAZAKI C, ISHIZAKI M, et al. Application of amorphous oxide TFT to

electrophoretic display[J]. Journal of Non-Crystalline Solids, 2008, 354(19-25): 2777-2782.

[24] 梁荣昌，钟冶明. 具有双重方式切换的改良的电泳显示器: CN1275087C [P]. 2006.

[25] LIANG R C, HOU J, CHUNG J, et al. Microcup® Active and Passive Matrix Electrophoretic Displays by Roll-to-Roll Manufacturing Processes[J]. SID Symposium Digest of Technical Papers, 2003, 34(1):838-841.

[26] KISHI E, MATSUDA Y, UNO Y, et al. Development of In-Plane EPD[J]. SID Symposium Digest of Technical Papers, 2012, 31(1):24-27.

[27] XUAN X, YE C, LI D. Near-wall electrophoretic motion of spherical particles in cylindrical capillaries[J]. Journal of Colloid & Interface Science, 2005, 289(1): 286-290.

[28] BRYNING M, CROMER R. Reverse-Emulsion Electrophoretic Display (REED)[J]. SID Symposium Digest of Technical Papers, 1998, 29(1):1018-1021.

[29] LENSSEN K M H, DELDEN M H W M, MULLER M, et al. Bright e-skin technology and applications: Simplified gray-scale e-paper[J]. Journal of the Society for Information Display, 2011, 19(1):1-7.

[30] HATTORI R. A Novel Bistable Reflective Display using Quick Response Liquid Powder[J]. Journal of the Society for Information Display, 2004, 12(1):75-80.

[31] REIJI H, SATOSHI W, MICHIHIRO A, et al. Three-Voltage-Level Driver Driven Quick-Response Liquid Powder Display[J]. SID Symposium Digest of Technical Papers, 2006, 37(1):1410-1413.

[32] LEE D J. Improvement of Electric and Optical Properties of a Reflective Electronic Display by Particle-Moving Method[J]. Display Technology, Journal of, 2012, 8(6):361-365.

[33] SAKURAI R, OHNO S, KITA S I, et al. Color and Flexible Electronic Paper Display using QR-LPD® Technology[J]. SID Symposium Digest of Technical Papers, 2006, 37(1):1922-1925.

[34] 山田修平, 和久田聡, 服部励治. 電子粉流体ディスプレイ(QR-LPD®)の中間調表示[J]. 映像情報メディア学会技術報告, 2004, 28 (2): 41-44.

[35] 高木治. 高機能ナノ粒子設計によるペーパーライク電子ディスプレイの開発[J]. 粉砕, 2009 (52), 28-32.

[36] SHERIDON N K. Polychromal segmented balls for a twisting ball display: US5717514[P].1998-02-10.

[37] GOODRICH. Light valve including dipolar particle construction and method of manufacture:US4261653[P].2005-04-14.

[38] SHERIDON N K. Method for the fabrication of multicolored balls for a twisting ball display: US5344594[P], 1994-09-06.

[39] SHERIDON N K. Highlight color twisting ball display：US5760761[P].1998-06-02.

第8章

液晶型电子纸显示技术

液晶型电子纸显示技术的共性是使用具有双稳态效应的液晶作为光阀，调制外界光的强度。液晶调制光线强度的物理机制主要有：改变光的相位差、旋转光的极化态、吸收、散射及布拉格反射。前两种机制需加偏光片，用作柔性显示时，基板间的盒厚易受形变而改变。而吸收、散射与布拉格反射不易受盒厚影响。最早提出的双稳态液晶是铁电近晶相液晶材料，但这种液晶在抗冲击方面存在严重的问题，并且工作温度范围较窄。随后出现的胆甾相双稳态液晶需要高压驱动，对比度有限，彩色显示能力有待改善。后来，通过取向工艺与像素结构的改进，一些新的双稳态液晶显示技术被开发出来。目前，所有这些双稳态液晶显示技术由于不能与 TFT 液晶显示技术融合，其显示效果在可视角、对比度等方面又略逊色于微胶囊电泳显示技术，因而其产业化发展受到极大的限制。

8.1 表面稳定铁电液晶显示技术

1975 年，Meyer 和 Lievert 等合成了 S(+)4-葵氧基苯次甲基-4′-氨基肉桂酸-2-甲基丁酯，并首次发现这种手性近晶 C 相液晶在某一温度范围内呈铁电性。铁电性是指像磁体一样具有某种双稳态，在电（磁）场作用下极化方向发生变化，并能表现出某种迟滞回线的特性。在没有外加电场作用时，介质的正负电荷重心不重合而呈现电偶极矩的现象称为电介质的自发极化（spontaneous polarization）。呈自发极化且极化方向能随外加电场而改变的称为铁电体。极化均匀、方向相同、存在一个固有电距的小区域称为电畴。1980 年，Clark 和 Lagerwall 研制成功具有双稳态的表面稳定铁电液晶显示（Surface Stabilized Ferroelectric Liquid Crystal Display, SSFLCD）装置。SSFLCD 的两大特点是快速响应和双稳态显示。

8.1.1 表面稳定铁电液晶显示原理

以 SmC*相液晶为例，铁电液晶的分子结构如图 8-1 所示，分层排列并沿着某一个轴倾斜排列成螺旋状结构，层中每个分子都与 z 轴成 θ 倾斜角，同层液晶分子的长轴方向一致，液晶分子在层内的可能取向呈一圆锥形轨迹。铁电液晶具有自发极化特性，D. Walba 等从分子层面解释了自发极化的起源。由于铁电液晶分子含有手性分子，这些手性分子有多种构型，但在 SmC*相态中会倾向其中的一种稳定构型，分子的偶极矩自发指向一个方向，形成自发极化。自发极化强度 P_s 大体上与分子长轴垂直，且在层平面（x,y）内，即垂直于分子指向矢，P_s 的方向与圆锥体表面的切线方向一致。铁电液晶螺旋的特点为各层中分子的倾斜角 θ 不变，但层间方位角 φ 逐层转过一个角度，因此偶极矩也随 φ 角做螺旋转动。

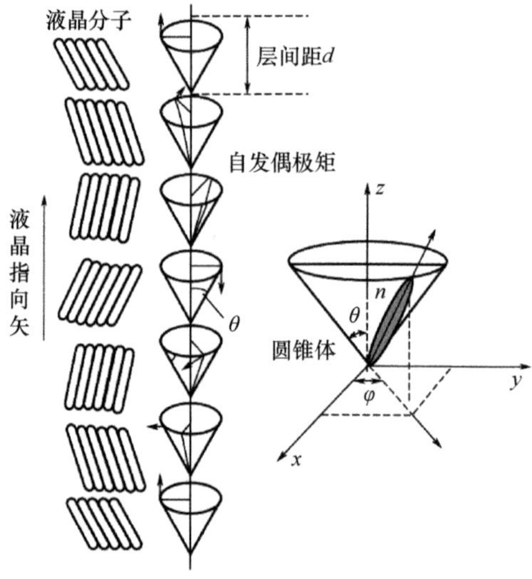

图 8-1　SmC*相铁电液晶层内的分子结构

铁电液晶（如 SmC*相液晶）分子中含有不对称碳原子，分子内存在不对称中心，每层形成自发极化。但当 SmC*相的液晶分子层自发地形成螺旋状结构时，从宏观上看，液晶分子不具有铁电性，即 P_s=0。在 1～2μm 的极薄 SSFLCD 中，盒厚 d 小于螺距 P，螺旋松散，借助基板表面良好取向处理，强制使铁电液晶的螺旋结构展开，宏观上平均自发极化不为零。可以得到液晶分子平行于基板表面的沿面排列，以及层面如图 8-2 所示的垂直基板的书架结构。

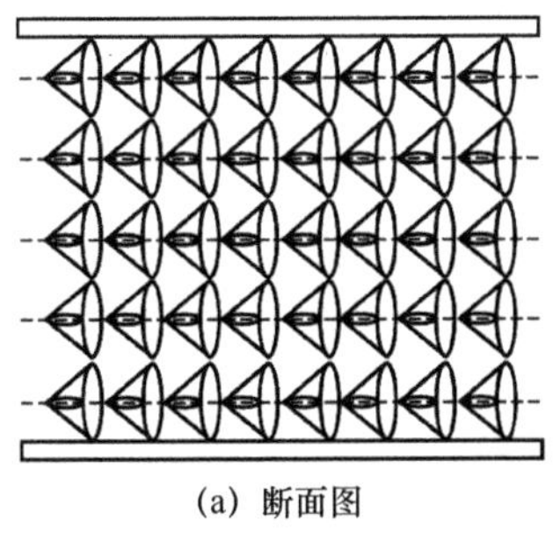

(a) 断面图

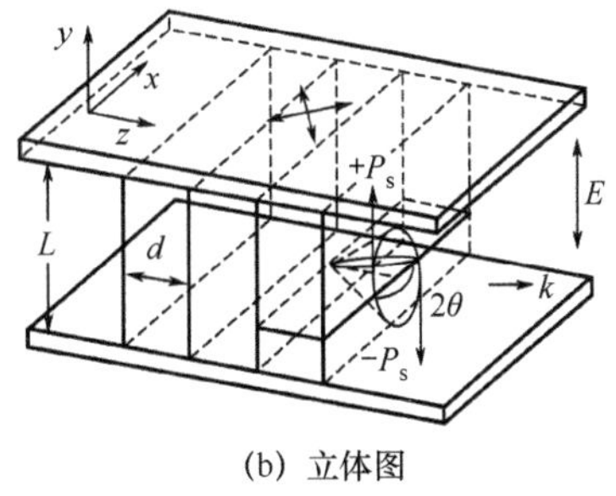

(b) 立体图

图 8-2　SmC*相液晶近晶层取向垂直于平面的书架结构

在 SSFLCD 中，当外加电场 E=0 时，全体液晶分子与基板表面平行排列。而各层自发极化的排列方向相对于纸面，要么像图 8-2 所示的朝里（右侧）整齐排列，要么像图 8-3 所示的朝外（左侧）整齐排列。如图 8-3 所示，当施加外加电场 $E<-E_c$ 时，自发极化强度 P_s 与电场 E 作用产生的偶极矩（P_sE）使所有液晶分子的极化方向指向电场。由于偶极矩方向与铁电液晶分子长轴方向垂直，这时分子长轴必沿面排列，并与水平轴线 z 呈 $-\theta$ 夹角。这种电场方向指向 LCD 下基板，所有液晶分子的 P_s 都指向下方的状态称作 Down 状态（D 态）。当外加电场 $E>+E_c$ 时，液晶分子沿圆锥形表面转动，P_s 翻转与电场方向一致，分子长轴仍沿面排列，但与 z 轴夹角为 θ，即转过 2θ。这种电场方向指向 LCD 上基板，所有液晶分子的 P_s 都指向上方的状态称作 Up 状态（U 态）。由于上下基板分别配置有偏光轴正交的偏光片，通过电场的极性反转，使液晶分子的长轴方向（n）在 U 态和 D 态之间以 2θ 角切换，实现 SSFLCD 器件的亮暗显示。

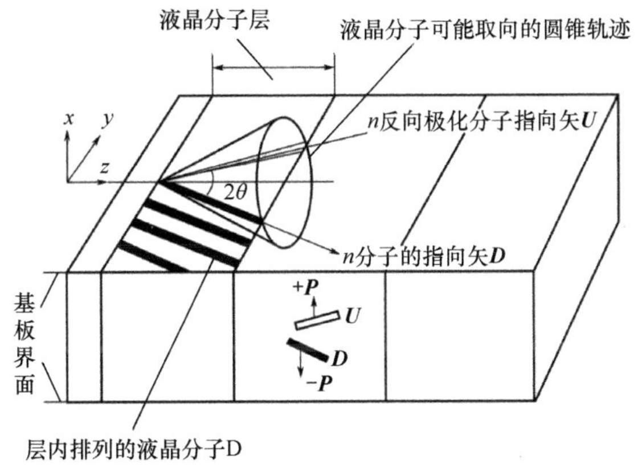

图 8-3　SSFLCD 中液晶分子层的工作原理

对于向列液晶，外电场与液晶分子间的作用是外电场与由外电场引起的分子感生偶极矩间的作用，为弱作用。对于铁电液晶，外电场与液晶分子间的作用是外电场与分子固有偶极矩间的作用，为强作用。这就是 SSFLCD 的响应速度只有微秒量级，远快于向列液晶的原因。为了分析方便，只考虑外加电场与电偶极矩的作用，以及与液晶本身的阻尼作用，忽略惯性、弹性和介电各向异性，则液晶指向矢（即主光轴）方位角 φ 的运动方程可以表示为式（8-1）。方程的解如式（8-2）所示。

$$\eta\frac{\mathrm{d}\varphi}{\mathrm{d}t}=P_{\mathrm{s}}E\sin\varphi \tag{8-1}$$

$$\tan\frac{\varphi}{2}=\tan\frac{\varphi_0}{2}\exp\left(-\frac{t}{\tau}\right) \tag{8-2}$$

式中，η 为旋转黏滞系数；P_{s} 为液晶自发极化值；E 为外加电场强度；τ（$=\eta/P_{\mathrm{s}}E$）为决定铁电液晶光开关开启速度的时间常数。对于典型的铁电液晶材料，η 一般不小于 0.3P，P_{s} 在 10nC/cm^2 左右，当外加电场 E=10V/μm 时，τ=0.3μs。因为 SSFLCD 的两种状态都用外加电场驱动，所以液晶的上升时间和下降时间都在微秒量级。不过，实际上从一个稳态转变到另一个稳态所需的时间还要考虑弹性形变等因素，基本在毫秒量级。增加外加电压，可以提高响应速度。SSFLCD 的层状液晶自发极化强度 P_{s} 一般为数 nC/cm^2 至数十 nC/cm^2，电场 E_{c} 为 $10^3\sim10^4$V/cm（相当于 0.01V/μm）。较小的驱动电压下就能获得亚毫秒级的响应速度，大大提升了铁电液晶的应用价值。

铁电液晶在圆锥各处的能量相等，所以 SSFLCD 在施加不同方向的两个外加电场时，液晶分子可以在取消电场后仍稳定在圆锥两端的其中一端，即可以实现从一个稳态向另一个稳态转变，实现双稳态显示。图 8-4 给出了对应正负电场的自发极化产生的磁滞环。在外加电场 E 作用下，当 $E>+E_{\mathrm{c}}$ 或 $E<-E_{\mathrm{c}}$ 时，液晶分子沿着倾斜角为 θ 的锥面旋转，即 θ 保持不变而方位角 φ 改变 180°，直到它的偶极矩平行于外电场。双稳态可以将信息用一个稳态锁定与记忆，因此它同时具有一个记忆阈值电压，该电压阈值是由铁电液晶本身特性和边界条件所决定的一种特殊驱动阈值。铁电液晶本身特性主要是极化矢翻转时存在电流响应，通过 SSFLCD 的电流包括液晶电阻电流、液晶电容电流和自发极化翻转产生的电流 3 个部分。电流响应的存在使 SSFLCD 的双稳态大打折扣，只有隔段时间重新刷新才能真正维持画面的稳定。

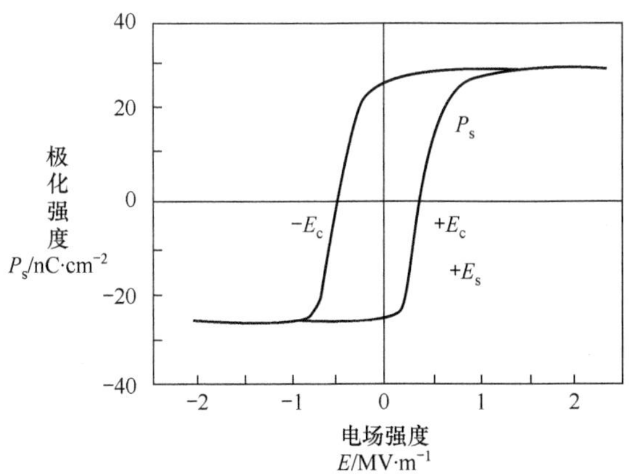

图 8-4　铁电液晶中自发极化产生的磁滞环

假设入射光的偏振方向平行于检光子的偏光轴，则在不计所有表面反射后，SSFLCD 的透光率公式为

$$T = \frac{I(\lambda)}{I_0} = \sin^2 \frac{\pi \Delta n d}{\lambda} \sin^2 4\theta \quad (8\text{-}3)$$

根据式（8-3），当 $4\theta=90°$，即 $\theta=22.5°$时透光率最高，可以获得最佳对比度。同时，对于具有一定波长的光，当$\Delta nd=\lambda/2$ 时，可以获得最佳透光率。一般，液晶的Δn 在 0.14 左右，对于 λ=555nm 的绿光，SSFLCD 最佳盒厚 d=1.98μm，所以 SSFLCD 的盒厚一般都小于 2μm。如此小的盒厚，是限制 SSFLCD 产业化的一个重要因素。

8.1.2　具有三稳态的反铁电液晶显示技术

Michelson 等在建立 SmA-SmC 转变的朗道模型理论上预言了反铁电液晶的存在。在 SmC_A 相的液晶中掺入旋光材料或合成出本身具有旋光性的分子，就可以形成 SmC_A^*相，即反铁电液晶。对于铁电 SmC^*相，在很小的电场作用下就可以看到单个磁滞环。对于反铁电 SmC_A^*相，当施加更大的电场时，在电场的半周期中可以看到如图 8-5 所示的双磁滞环。意味着反铁电液晶存在三稳态转变现象，准确地说是三态单一稳定的光电反应。这种反铁电液晶相的分子倾斜方向和偶极子取向是逐层变化的。其光轴为沿层法线方向，把这种沿层法线方向的光轴方向确定为第三个稳态。

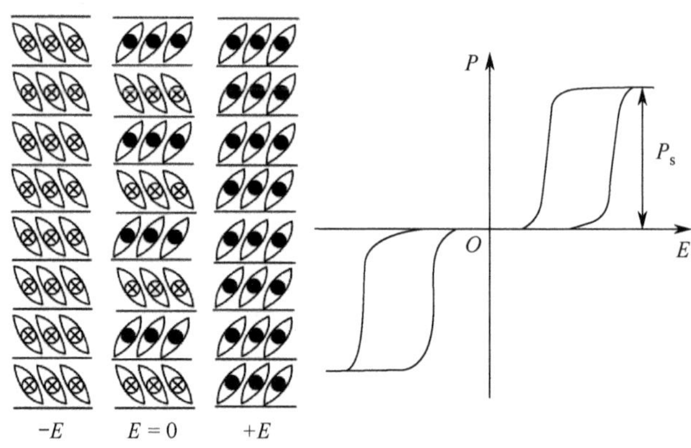

图 8-5　反铁电 SmC_A^*相非螺旋结构模型及其对应的双磁滞环效应

反铁电液晶的这种单稳态三相存在于零电场内。当电场 E=0 时，液晶分子呈 Zigzag 反转排列。每两层的分子排列中，有一个倾斜方向相反，造成分子间的偶极矩完全抵消，而不具有自发极化值。当外加一个电场时，液晶分子随着电场方向的改变而形成两个不同的稳定排列，形成双磁滞弯曲，表现为铁电特性。

铁电 SmC^*相和反铁电 SmC_A^*相非螺旋结构的比较如图 8-6 所示。在铁电液晶相，分子长轴取向在$+\theta$ 和$-\theta$ 之间变化，上 P_s 和下 P_s 在近晶层附近。铁电 SmC^*相和反铁电 SmC_A^*相螺旋结构的比较如图 8-7 所示。SmC_A^*相显示出超螺旋结构，与 SmC^*相对比，它的自发极化矢量取向与近晶层方向相反，具有双螺旋轴并且每个螺旋轴以半螺距移动。

(a) 铁电SmC^*相非螺旋结构

(b) 反铁电SmC_A^*相非螺旋结构

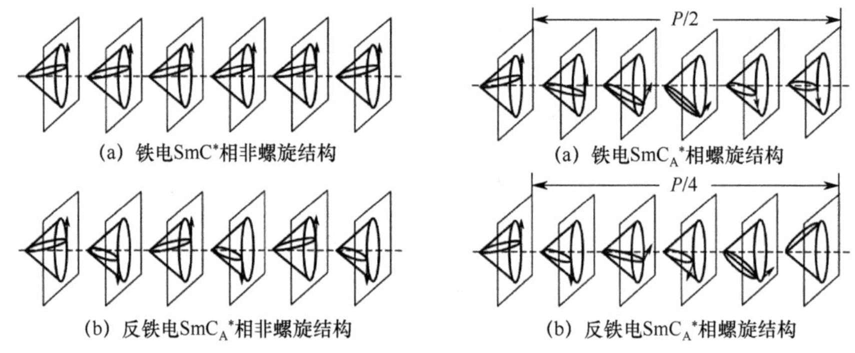

图 8-6　铁电 SmC^*相和反铁电 SmC_A^*相非螺旋结构的比较

(a) 铁电SmC_A^*相螺旋结构

(b) 反铁电SmC_A^*相螺旋结构

图 8-7　铁电 SmC^*相和反铁电 SmC_A^*相螺旋结构的比较

基于以上研究，业界开发了基于 MHPOBC（4-1-methyl-heptyloxycarbonyl-

4′-phenyl-octyloxy-biphenyl-4-carbox-ylate）等具有三稳态的反铁电液晶显示器件（Antiferroelectricity Liquid Crystal Display，AFLCD）。

8.1.3　表面稳定铁电液晶全彩化显示技术

双稳态或三稳态无法控制连续灰阶，所以难以全彩化。为此，出现了 V-Shape 等解决方案。

1996 年，Fukuda 团队首先针对 AFLCD 提出了 V-Shape 模型——Fukuda Random 模型，如图 8-8 所示。当电场为 0 时，因层结构内有圆锥形的等位面，液晶分子会躺在圆锥形的任意方向上，分子的倾斜角在层与层之间几乎没有任何关联性，所以液晶分子在层面上的投影方向可视为任意方向，整体整合后就没有特定的方向性。因此，当光通过液晶分子时，等同于看到均匀排列的异方性介质，可以呈现较好的暗态。只要外加微小的电压，液晶分子就慢慢地随着电场的增加朝同一个方向排列，直到饱和电压后，分子呈平行排列，此时呈现亮态。相应的透光率与电场关系曲线如图 8-9 所示，呈现出具有灰阶显示能力的 V 形分布。

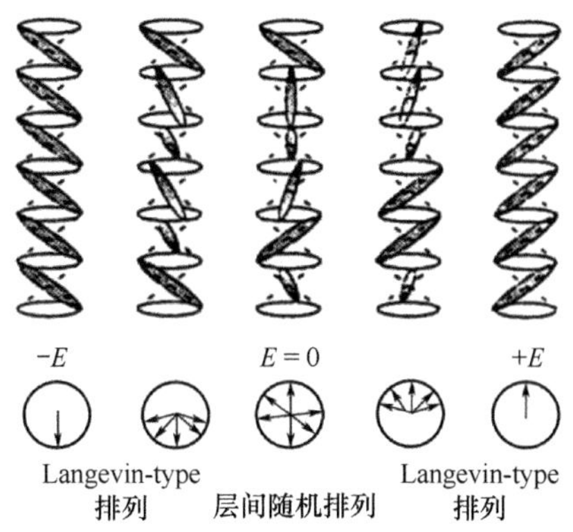

图 8-8　Fukuda Random 模型

1999 年，Clark 团队提出了如图 8-10 所示的 Clark 模型，认为 V-Shape 形成的主因是自发极化强度足够大。当自发极化值 P_s 足够小时，极化强度会从上到下做 180°连续变化。当自发极化值 P_s 足够大时，受到液晶分子之间自发极化强度的作用，分子排列倾向最低自由能的如图 8-10（b）所示的排列，上下基板附近的液晶分子的自发极化方向指向同一个方向。当外加电场时，液晶分子的自发极化方向整体往电场方向移动，透光率随之变化，就形成 V-Shape 分布。

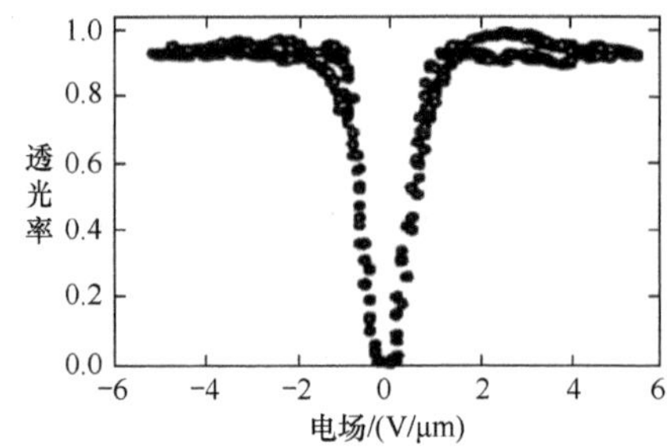

图 8-9　V-Shape 透光率与电场关系曲线

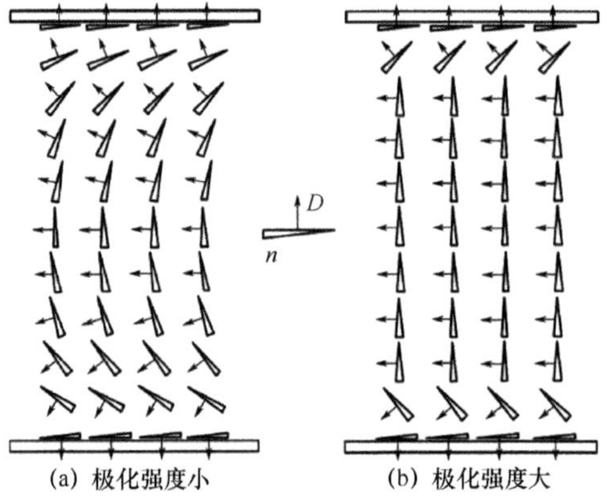

图 8-10　Clark 模型

无论是 Fukuda Random 模型还是 Clark 模型，都没能准确、完整地解释 V-Shape 铁电液晶的机理。但是，V-Shape 铁电液晶的一个共性是 *V-T* 曲线没有阈值电压，通常只在一个特性频率下才能观察到 V-Shape。铁电液晶由于 P_s 太大，极易产生电场反转。随着频率的变化，电光响应方向有反转的现象。由于电极间液晶、取向膜各层的等效 *RC* 会形成一个动态阻抗，造成动态分压效应。并且，P_s 大的液晶对温度的依存性也大。一般，室温下的铁电液晶发生 V-Shape 现象的电压频率都极低，在 0.01 ~ 1Hz，在应用上非常不便。作为对策，可以通过优化显示器的结构来提升达成 V-Shape 条件的电压频率，也有人提出采用直流驱动的 Half-V 铁电液晶。

8.2　胆甾相液晶显示技术

胆甾相液晶显示（Cholesteric Liquid Crystal Display，Ch-LCD）技术的特色是不需要偏光片，彩色显示不需要 CF，易于柔性显示。Ch-LCD 在画面

切换的响应速度上与电泳显示技术差不多或略佳。Ch-LCD 在白色画面的表现上不及电泳显示技术。不过，以微胶囊为主流的电泳显示技术一般通过 CF 法实现彩色显示，不仅增加成本，更降低反射率表现，用作软性显示的门槛要比 Ch-LCD 更高。

8.2.1　胆甾相液晶显示原理

Ch-LCD 的基础是如图 8-11 所示的胆甾相液晶，主要由向列相液晶堆积而成，并在向列相液晶中加入旋光液晶分子（chiral molecule），使向列型液晶分子的长轴方向渐次相差一个角度旋转，形成螺旋状。这种液晶分子结构跟动物体内的胆固醇分子相似，因此也称此类液晶为胆固醇液晶。Ch-LCD 作为一种呈螺旋状排列的特殊液晶模式，利用胆甾相液晶分子在不同电位下，呈现反射与透过两种不同偏极光旋转状态来达到不同亮度的显示效果。

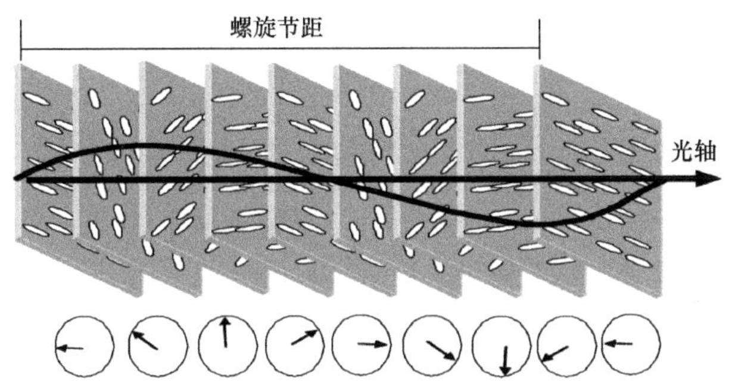

图 8-11　胆甾相液晶的分层排列

胆甾相液晶具有退螺旋（解旋）效应、方格栅效应和记忆效应等特殊的电光效应。退螺旋效应是在垂直液晶螺旋轴的方向施加电场，螺旋节距（螺距）随着电场的增大而增大。当电场达到某一阈值时，螺距趋于无穷大，液晶从胆甾相变成向列相。所以，退螺旋效应又称相变效应。方格栅效应是所施加的电场使螺距增大，但还未达到退螺旋效应的阈值，而出现的另一种畸变形式，即胆甾相的液晶层面出现周期起伏，且在两个相互垂直的方向上叠加出现，从而可以观察到方格栅图案。基于退螺旋效应和方格栅效应的胆甾相液晶状态具有记忆效应，也称存储效应。

图 8-12 给出了在不同脉冲电压下，介电各向异性为正（$\Delta\varepsilon>0$）的胆甾相液晶的状态变化与电光响应（反射率与脉冲电压的关系）。

在无外加电场时，受到上下基板平行取向的作用，胆甾相液晶处于稳定的平面态（Planar State，简称 P 态）。P 态液晶的螺旋轴垂直于基板表面，而液晶分子的指向矢垂直于螺旋轴。P 态的液晶排列整齐，可以反射特定波长的光线，呈现亮态。

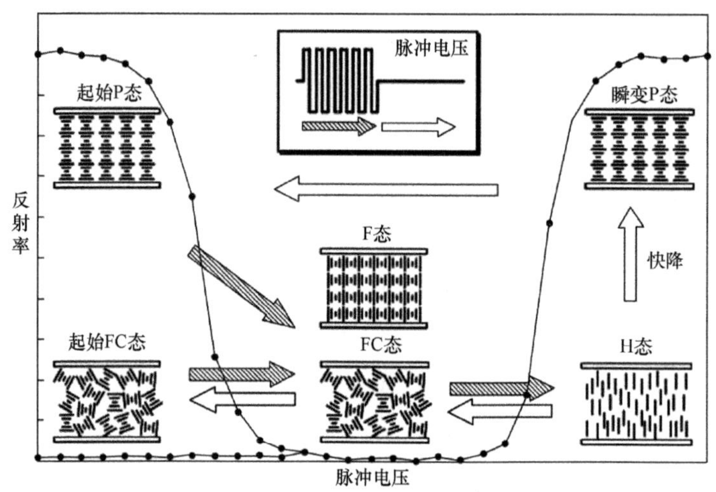

图 8-12　不同脉冲电压下的液晶状态变化与电光响应

在上下基板之间外加一个较小电场（低频电场）后，胆甾相液晶可能处于指纹态（Fingerprint State，F 态）。F 态液晶也存在固有的扭曲螺距，螺旋轴平行于基板表面，分子指向矢平行于电场方向。事实上，由于上下基板取向膜对液晶分子的锚泊作用，会造成液晶分子呈现一种多畴 F 态，不同畴的螺旋轴在空间的取向杂乱无章，形成焦锥态（Focal Conic State，简称 FC 态）。由于 FC 态的畴边界上折射率不连续变化，对入射光会造成强烈的光散射而呈现不透明状态。

继续施加一个较高电场（高频电场），胆甾相液晶开始解旋。当外加电场大于临界电场 $E_c=\frac{2\pi^2}{P}\sqrt{\frac{\pi K_{22}}{\Delta\varepsilon}}$（$P$ 为螺距，K_{22} 为扭曲弹性系数），胆甾相液晶将转为场致向列态（Homeotropic State，简称 H 态）。H 态液晶无螺旋结构且分子垂直于上下基板表面，光线全部穿透后可以看到液晶层下面一层物质的状态而呈现透明状态。H 态为暂时态，若将电场快速移除，则液晶从 H 态恢复到 P 态；若将电场缓慢移除，则液晶从 H 态恢复到 FC 态。

P 态和 F 态是胆甾相液晶在自然状态下存在的两个稳定状态，所以胆甾相液晶具有双稳态特性。胆甾相液晶除具有双稳态特性外，还具有旋光效应、圆二色性和选择性反射等光学特性。

胆甾相液晶与 TN 液晶一样具有螺旋结构，所以也具有与 TN 液晶一样的旋光效应。

圆二色性指材料选择性吸收或反射光束中两个旋转方向相反的圆偏振光分量中的一个。利用凝胶态液晶（liquid crystal gels）的圆二色性，可以实现镜面状态和透明状态之间的切换。

胆甾相液晶可以选择反射特定波长的光。这种反射遵守晶体衍射的布拉格反射定律（bragg's reflection law）。一级反射光的波长如式（8-4）所示。

$$\lambda=2nP\sin\varphi \tag{8-4}$$

式中，λ 为反射波的波长；P 为胆甾相液晶的螺距；n 为平均折射率；φ 为入射波与液晶表面的夹角。通过调整液晶的螺距 P，让某种色彩的光线具有建设性的干涉（相长干涉）现象，则可以反射这种色彩的光线而显示出这种色彩。所以，胆甾相液晶的螺距都在可见光的波长量级。

8.2.2　彩色胆甾相液晶显示技术

胆甾相液晶显示的彩色化方法主要有三层堆栈彩色化技术和单层彩色化技术。

1. 三层堆栈彩色化技术

在胆甾相液晶中，通过添加不同的手性添加剂，形成不同的旋转螺距，可以用来反射红光、绿光或蓝光，以满足彩色化显示的需求。利用胆甾相液晶可以反射不同颜色的特性，美国 KDI 提出如图 8-13 所示的三层堆栈彩色化结构，达到全彩化效果。反射蓝光、绿光和红光的液晶层螺距分别为 321.4nm、367.5nm 和 432.7nm。为了获得良好的黑色显示效果，在器件的最底层使用黑色的光吸收层。

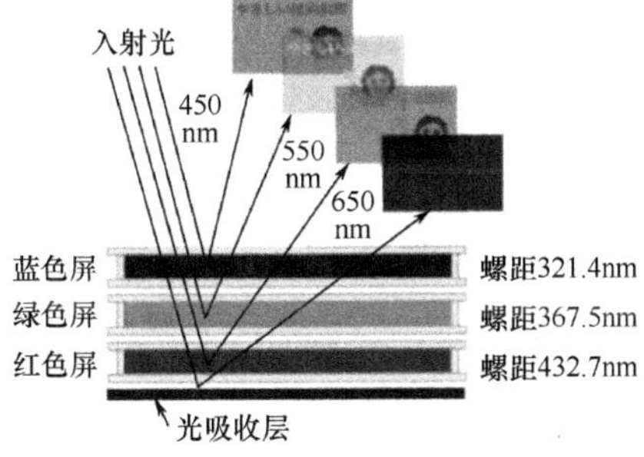

图 8-13　三层堆栈彩色化结构

三层堆栈彩色化结构在研发初期的 2005 年，只能显示 8 种（$2^1×2^1×2^1$）颜色，反射率仅为 18%。通过液晶螺距的调整、驱动技术与系统改善、面板结构材料搭配设计等对策，反射率、可显示颜色数不断提高。2009 年，获得 KDI 技术授权的 Fujitsu 公司发布了反射率为 33%、色饱和度为 19%、颜色表现达 26 万色（$2^6×2^6×2^6$）的彩色电子纸。同年，Fujitsu 推出了全球第一款商品化的彩色电子纸产品：FLEPia 电子书阅读器。这种电子纸用光阻代替塑胶粒子制作像素间的障壁以控制基板之间的盒厚，避免液晶在塑胶粒子周围的漏光，并且可以使液晶排列整齐，大幅提升反射率与对比度。也由于暗态漏光问题解决，提升色彩表现达 19%。提高液晶均匀性的控制力则可提升灰阶表现能力，进而呈现更多色彩。

以富士通的 8 色显示为例，介绍三层堆栈彩色化结构的彩色化显示原理。各层 Ch-LCD 的阈值电压如图 8-14 所示，外加电压后依次错开。在图 8-13 所示的组合结构中，每层都施加一个恢复电压 V_r 和选择电压 V_s。如图 8-14 所示，V_r 设置 V_e、V_f、V_g 3 个阈值间电压，V_s 设置 V_a、V_b、V_c、V_d 4 个阈值间电压。

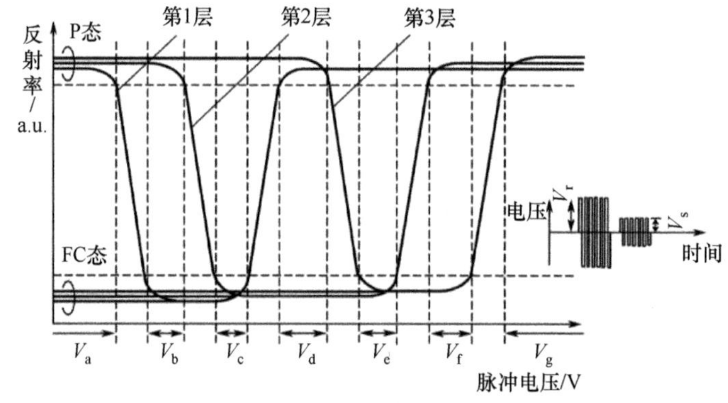

图 8-14　三层堆栈彩色化结构电光响应的原理图

各层 Ch-LCD 的液晶状态如表 8-1 中的黑白圆圈所示，通过独立控制各层 Ch-LCD 的电压，可以得到对应各层黑白圆圈的 8 种色彩显示。比如，若要显示红色画面，将蓝色屏、绿色屏驱动到 F 态，红色屏驱动到 P 态，即对应表 8-1 的○●●。若要显示紫色画面，则将蓝色屏与红色屏驱动到 P 态，将绿色屏驱动到 F 态，即对应表 8-1 的○●○。

表 8-1　两阶段的电压脉冲控制下的彩色化显示

		恢复电压 V_r		
		V_e	V_f	V_g
选择电压 V_s	V_a	○●●	○○●	○○○
		红色	黄色	白色
	V_b	●●●	●○●	●○○
		黑色	绿色	青色
	V_c	●●●	●●●	●●○
		黑色	黑色	蓝色
	V_d	○●●	○●●	○●○
		红色	红色	紫色

2. 单层彩色化技术

三层堆栈彩色化结构通过不同反射层的切换与反射达到彩色化的效果，但存在像素对位不易、视角较窄、不易弯曲及增加电极设计难度等缺点。对此，开发了如图 8-15 所示的单层彩色 Ch-LCD 结构，将单层面板分成三直条像素区块，用分道注入（Pixelized Vacuum Filling，PVF）或喷墨方式将反射红光、绿光和蓝光的胆甾相液晶分别灌注或喷印其中，让三原色同时在一层面板上出现，形成单层彩色化面板，让像素对位容易，视角宽，颜色层次分明，灰阶效果更为显著。以光阻制作障壁将每一像素进行隔离，再用黏着层将上下基板黏合，确保每一像素液晶不会混合。

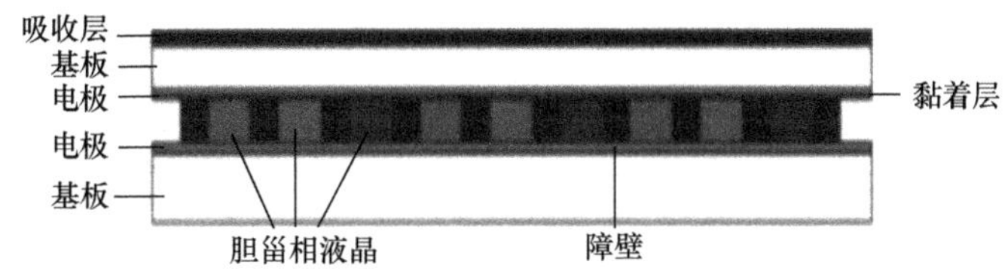

图 8-15　单层彩色 Ch-LCD 结构

单层彩色 Ch-LCD 技术的本质就是利用底板上色，让 Ch-LCD 器件看起来有几个固定位置的底色。三星和中国台湾工业技术研究院都推出了相应的样品，并且都采用了有源矩阵的驱动方式，达到显示动画效果（响应时间在 20ms 左右）。

8.3　双稳态扭曲向列相液晶显示技术

双稳态扭曲向列相液晶显示（Bistable Twisted Nematic LCD，BTN-LCD）

技术是一种通过特殊的取向方法，使掺杂手性分子的向列相液晶在特殊波形驱动脉冲作用下，在两个亚稳扭曲态间转换而实现显示的技术。

8.3.1 双稳态扭曲向列相液晶显示原理

1981 年，贝尔实验室发现，用特殊电脉冲可以使 BTN-LCD 在两个亚稳态之间进行切换，并报道了 0°扭曲态和 360°扭曲态的双稳定性。相应的工作原理如图 8-16 所示。先外加高电压使液晶分子垂直排列，如果电压慢慢下降则得到 0°扭曲态，如果电压快速下降则得到 360°扭曲态。BTN-LCD 在 0°扭曲态和 360°扭曲态之间的转换受到回流（backflow）的影响。这两个双稳态的切换是由于电压快降和慢降时，所造成的回流大小不一致造成的。在电压放掉的瞬间，边界附近的分子重新排列，造成流动现象，影响中间层附近的分子取向。当电压快降（电压变化的斜率大）时，边界附近的分子发生重新排列的速度快，造成中间层的回流大，使中间层的液晶分子发生反向倾倒，造成 360°的稳态排列。当电压慢降（电压变化的斜率小）时，分子发生重新排列的速度慢，回流小，回流不足以造成 360°的排列，而形成 0°的稳态排列。

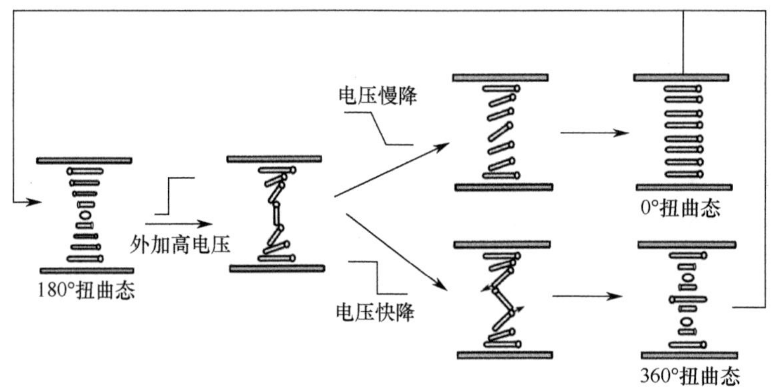

图 8-16 BTN-LCD 的工作原理

进一步的研究发现，当液晶盒厚 d 与掺有手性分子的 TN 液晶的自然螺距 p 的盒厚/螺距比（d/p）在一定范围时，就有可能得到双稳态。这种物理学原理相当直观：如果液晶盒的表面取向条件有利于液晶分子呈 Φ 角度的扭曲，那么该边界条件也有利于液晶分子呈 $\Phi+2\pi$ 角度的扭曲。如果液晶的固有扭曲角通过添加手性剂分子调整为 $\Phi+\pi$，那么 Φ 扭曲态和 $\Phi+2\pi$ 扭曲态就有相同的畸变能，因而产生双稳态。

1995 年，Seiko Epson 等机构使用如图 8-17 所示的阶梯状的无源矩阵驱动波形，开发了低预倾角 BTN-LCD。阶梯状驱动波形的第一个电压是复位脉冲电压（reset pulse）V_r，使中间层液晶分子完全拉直；第二个电压是选择电压（select pulse）V_s，影响流动的大小，并决定 BTN-LCD 切换到哪个扭曲态。外加 V_r 电压时，上下边界附近的液晶分子受到电场的作用力，产生形变，储存形变能。关掉电压后，上下边界附近的形变能释放，造成分子的快速旋转，且旋转的摩擦力引起液晶分子的流动，流动的大小取决于 V_r 降到 V_s 的电压差。当电压快降时引起的回流较大，造成中间层液晶分子的倾角往 180° 递增，最后得到 360°扭曲态。反之，得到 0°扭曲态。

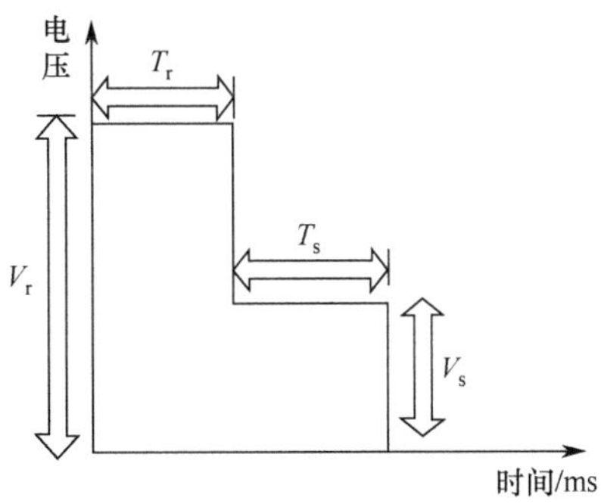

图 8-17　阶梯状的无源矩阵驱动波形

在 BTN-LCD 双稳态的转换机制中，受到液晶回流动力学的控制。回流的大小受到表面取向的预倾角及液晶形变系数的影响。若预倾角小，则外加 V_r 脉冲时，V_r 对边界附近的液晶分子所造成的形变能增加，使回流变大。故需要更大的 V_s 电压去克服回流，以形成 0°扭曲态排列。

BTN-LCD 既可以用于透过型显示器件，也可以用于反射型显示器件。与偏光片的使用相结合，黑态显示与白态显示分别对应双稳态中的一个扭曲态。透过型 BTN-LCD 上下基板使用正交偏光片。反射型 BTN-LCD 仅在上基板使用偏光片，下基板改用反射板。

8.3.2　双稳态扭曲向列相液晶显示技术的局限

简单直观地讲，当 BTN-LCD 的盒厚/螺距比 $d/p=0.5+\Phi/2\pi$，即（$\Phi+\pi$）$/2\pi$ 时，可以获得双稳态。不过，实际上 d/p 值总是稍大于简单估计的值。由于液晶的自然旋转排列是 $\Phi+\pi$ 扭曲态，自然螺距与取向条件不一致，所以 BTN-LCD 本身具有非稳定性。因此，过一段时间后，Φ 扭曲态和 $\Phi+2\pi$ 扭曲态最后都会恢复到自然螺距 $\pi+\Phi$。加复位脉冲电压 V_r 后达到复位状态的最小能量 $E=V_r^2\times T_r$。这个能量影响双稳态的保持时间。所以，BTN-LCD 的 Φ 扭曲态和 $\Phi+2\pi$ 扭曲态属于亚稳态，这一点限制了 BTN-LCD 的应用。

限制 BTN-LCD 应用的另一个重要因素是液晶响应时间长，选择时间 T_s 大。

BTN-LCD 液晶响应时间长的根本原因是 0°扭曲态的透光率波动大，0°扭曲态的响应时间比 360°扭曲态的响应时间高出将近一个数量级，使 BTN-LCD 的响应速度受到很大的限制，影响显示品质。

由于 BTN-LCD 在转换成 0°扭曲态或 360°扭曲态的过程中，外加电场及其引起的流速梯度造成液晶分子排列不断改变，使得液晶盒的光程差随时间变化，造成光穿过液晶盒时，透光率随时间变化。如图 8-18（a）所示，0°扭曲态的透光率先升高再降低，形成透光率的突起现象。这是因为，流速的梯度对中间层的液晶分子造成上下层附近各受到一个方向相反的流动，使中间层的液晶分子发生反向倾倒，从而造成光学透光率的突起现象。最后液晶分子排列成 0°扭曲态，使光程差为零，透光率接近为零，此时 BTN-LCD 为暗态。如图 8-18（b）所示，360°扭曲态的透光率先形成突起现象，然后继续增加，最后液晶分子排列成 360°扭曲态，使光程差不为零，此时 BTN-LCD 为亮态。

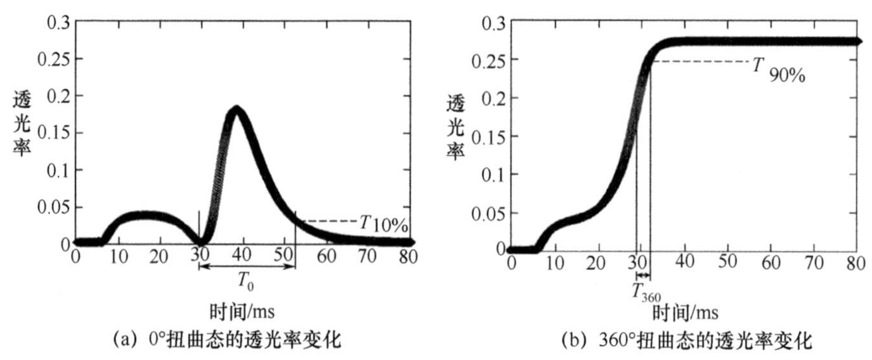

图 8-18　BTN-LCD 的透光率随时间变化关系

如图 8-19 所示，BTN-LCD 的 0°扭曲态的响应时间远远高于 360°扭曲态。从 BTN-LCD 液晶分子的动态行为看，中间层分子的行为影响 0°扭曲态的响

应时间。当中间层分子完全倒下，与液晶盒平行时，0°扭曲态的透光率为零。因为 0°扭曲态的形成过程中，中间层液晶分子存在反向倾倒的现象，耽误了液晶分子快速转到与液晶盒成平行的状态。通过分析中间层液晶分子的力矩变化，可以发现提高 0°扭曲态响应速度的对策。液晶的弹性系数 K 影响中间层液晶分子的形变力矩及流速力矩。增大弹性系数 K_{22} 和 K_{33}，可以使中间层液晶分子的最大形变力矩、流速力矩变大，从而改善 BTN-LCD 的 0°扭曲态响应时间。降低液晶的黏滞系数 γ_1，将影响流速力矩，使最大流速力矩发生时间缩短，从而改善 BTN-LCD 的 0°扭曲态响应时间。从整体响应速度来看，较大的预倾角有较快的响应速度。

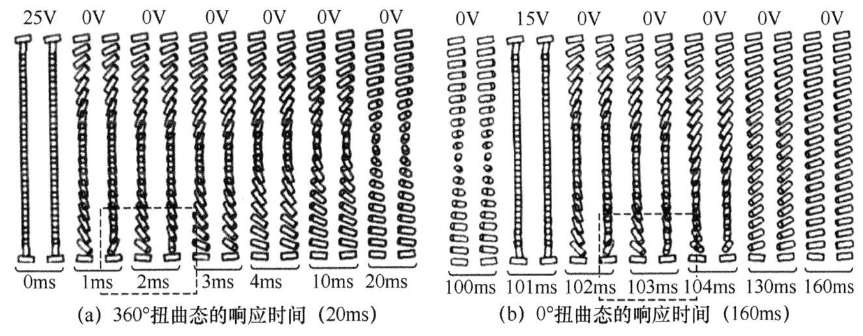

(a) 360°扭曲态的响应时间（20ms）　(b) 0°扭曲态的响应时间（160ms）

图 8-19　BTN-LCD 响应时间

BTN-LCD 的选择时间 T_s 越短，行寻址速度越快，即 BTN-LCD 可显示的行数越多。但 T_s 越小，往往意味着选择电压 V_s 越高。如果选择电压太高，以致接近复位电压 V_r，则得不到双稳态。在 BTN-LCD 双稳态驱动时，采用如图 8-20 所示的驱动波形，即在 V_s 和 V_r 脉冲之间设计延迟时间 T_d，因为 T_d 影响 V_s 值的双稳态切换范围，可使 T_s 时间缩短为 10μs。

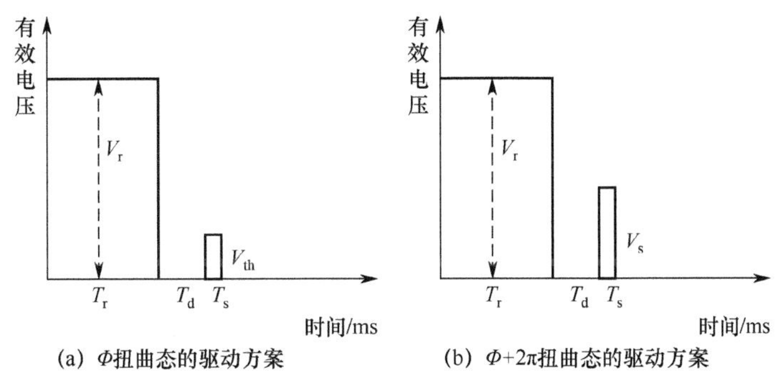

(a) Φ扭曲态的驱动方案　(b) $\Phi+2\pi$扭曲态的驱动方案

图 8-20　含延迟时间 T_d 的驱动波形

8.4 双稳态向列相液晶显示技术

双稳态向列相液晶显示（Bistable Nematic Liquid Crystal Display，Bi-Nem LCD）技术是一种通过上下基板的取向膜强锚泊力和弱锚泊力的取向，使平行取向的向列相液晶在特殊波形驱动脉冲作用下，在两个稳定的扭曲态间转换而实现显示的技术。最早由法国国家科学研究中心于 1995 年发明，并由 Nemoptic 公司在 1999 年启动 Bi-Nem LCD 技术的产业化。

8.4.1 双稳态向列相液晶显示原理

Bi-Nem LCD 的基本结构如图 8-21 所示，上下基板进行平行取向，上基板的锚泊力很强并且液晶存在一个预倾角，下基板的锚泊力只有普通 TN-LCD 的 1/3，基本上没有形成预倾角。在上下基板的取向膜表面的锚泊扭矩作用下，Bi-Nem LCD 存在左右两种稳态，即液晶分子平行排列的非扭曲态（Uniform State，简称 U 态）和液晶分子呈 180°扭曲的 π 扭曲态（Twisted State，简称 T 态）。U 态的液晶分子完全没有扭转，受平行取向的控制呈平行并列分布。T 态由于下基板的液晶分子转过 180°而使整体液晶分子从上到下成 180°扭曲。Bi-Nem 液晶在使用手性添加剂后，可以使 T 态和 U 态的扭曲形变能量均等。Bi-Nem 液晶的最佳螺距是盒厚的 4 倍。法国国家科学研究中心早期开发的 Bi-Nem LCD，盒厚/螺距比（d/p）就在 0.25 左右。

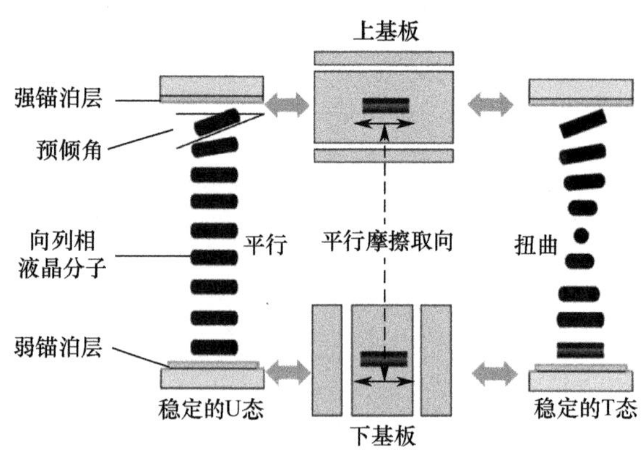

图 8-21 Bi-Nem LCD 的基本结构

U 态和 T 态具有不同的拓扑结构，相差一个 π 的扭曲，不能连续从一种状态转换到另一种状态，除非缺陷扩散或锚泊停止。所以，Bi-Nem LCD 具有双稳态特性。Bi-Nem LCD 黑白显示是在偏光片的配合下，在 U 态和 T 态之间进行切换。从 U 态转为 T 态称为写入，从 T 态转为 U 态称为消去。

写入过程如图 8-22 所示，由于 Bi-Nem LCD 上下基板的液晶分子保持力（锚泊力）不一致，当外加电场超过阈值电场（7 ~ 30V/m）时，上基板的液晶分子由于受到强锚泊力作用继续保持一定的预倾角，而下基板的液晶分子由于受到弱锚泊力作用，随着中间层液晶分子的转动，慢慢从左边站起，最后呈垂直竖立状态。这种液晶分子垂直下基板的垂直态（Homeotropic State，简称 H 态）是一种不稳定的过渡状态，对上基板的耦合很敏感。将电压急速降至 0V 后，保持力强的靠近上基板的液晶分子被快速拉向倒下的方向，在水平方向形成剪切应力（shear stress），使保持力弱的下基板的液晶分子呈向右的反方向倾倒。因为下基板的液晶分子从左到右转过 180°，中间层的液晶分子被相应地扭曲 180°。这是一个动态过程，稳定后形成 T 态。

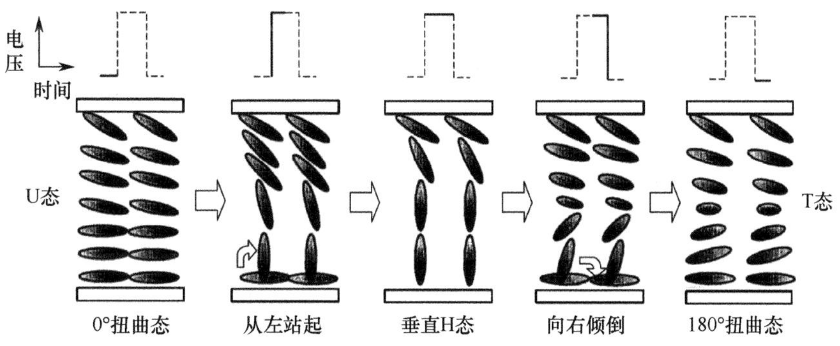

图 8-22　写入过程

消去过程如图 8-23 所示，上下液晶分子呈 180°扭曲的 T 态，在外加电场超过阈值电场（7 ~ 30V/m）后，原本向右倾倒的下基板液晶分子开始站起，最后呈垂直竖立的 H 态。若分两步缓慢解除加电状态操作，液晶分子的弹性扭矩弱，下基板的液晶分子便会因弹性能力减弱而倒向同一个方向，不会产生扭曲角度。这种缓慢降低的脉冲需要持续 100ms 左右，无论是逐步的还是持续的，都有利于静态弹性耦合，稳定后形成 U 态。

Bi-Nem LCD 在 U 态和 T 态间切换的关键是撤掉外加电场的方式不同。撤掉外加电场后，液晶分子停止的锚泊在两种方式下弛豫，产生两种表面状态中的一种：平行或不平行于初始状态。

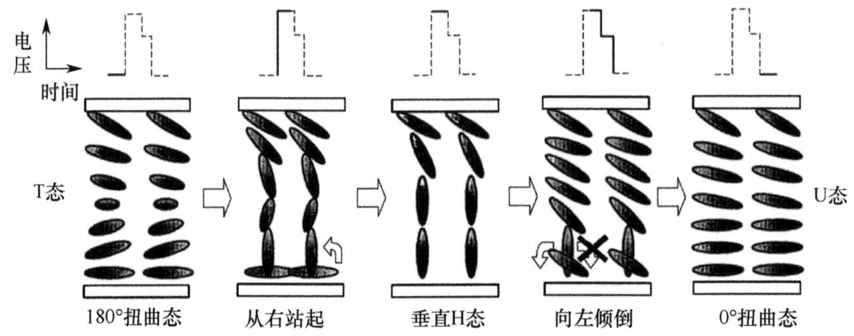

图 8-23　消去过程

Bi-Nem LCD 既可以工作在上下偏光片正交的透过型显示模式，也可以工作在只有上偏光片的反射型显示模式。为了获得最佳透过效果，液晶的取向方向与偏光片的偏光轴呈 45°夹角。反射型 Bi-Nem LCD 的白态对应液晶的 U 态：外界光进入 U 态液晶层后，反射前后都没有被旋转，最终显示为白色。反射型 Bi-Nem LCD 的黑态对应液晶的 T 态：外界光进入 T 态液晶层后，先被旋转 180°，然后经反射后再被旋转 180°，最终显示为黑色。

8.4.2　双稳态向列相液晶显示产品技术

量产的 Bi-Nem LCD 只有无源矩阵驱动的单色显示产品。Bi-Nem LCD 除具有纯黑和纯白的双稳态、高对比度、宽视角、高矩阵寻址能力等优点外，工艺上与现有的 STN-LCD 工艺兼容。

由于 Bi-Nem LCD 的共面双稳态织构，可以获得与 IPS 显示模式近似的对比度、宽视角。这在无源矩阵显示中极具价值。对于透过型 Bi-Nem LCD，对比度大于 200:1；对于反射型 Bi-Nem LCD，对比度大于 20:1。

反射型 Bi-Nem LCD 的多路驱动技术如图 8-24 所示，行扫描电压为对应动态停止阈值（dynamic breaking threshold）的双极脉冲，脉冲电压最大值为 16V 左右，脉冲宽度对应的时间为 0.5ms 左右。需要像素显示 T 态（黑态）时，数据线（列信号）输入负极性的低压脉冲（一般为−2V），上下行列电极的电压相减就是一个一阶驱动的脉冲信号，对应写入模式。需要像素显示 U 态（白态）时，数据线（列信号）输入正极性的低压脉冲（一般为 2V），上下行列电极的电压相减就是一个二阶驱动的脉冲信号，对应消去模式。

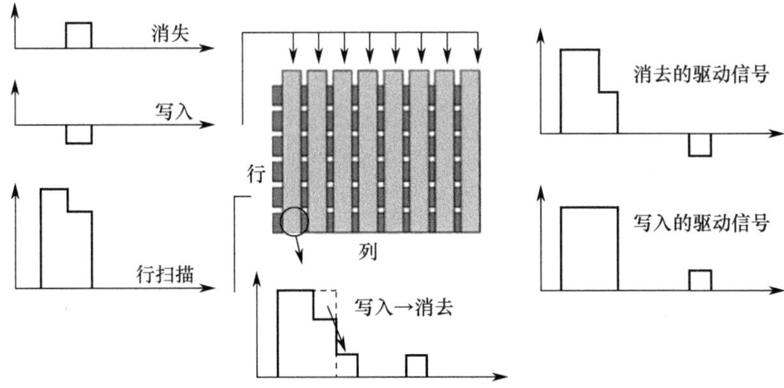

图 8-24　反射型 Bi-Nem LCD 的多路驱动技术

Bi-Nem 液晶的电光响应时间在几毫秒左右。一旦被寻址，图像就被记忆，并可以切断驱动电压，直到下次图像更新为止。因为 Bi-Nem LCD 具有记忆效应，所以在理论上可以无限多路寻址。提高双稳态切换的响应速度，通过改变切换时电压解除的电压幅度，黑色区域和白色区域的比率就会发生变化，还可以调制出中间灰阶。

Bi-Nem LCD 与 STN-LCD 的构造基本相同，最大的区别在于下基板的取向层。Bi-Nem LCD 需要取向膜具有很低的锚泊强度和良好的大面积水平均匀度。这种取向膜可以通过现有生产工艺实现。通过开发新型聚合物材料，可以降低锚泊-停止电压。为了实现液晶分子低锚泊强度的平面方位，还需要优化 Bi-Nem 液晶。特殊的下基板取向层需要特殊的生产工艺。

8.5　顶点双稳态显示技术

研究发现，在较高的预倾角区域，不需要外加电压液晶分子就会排列成弯曲态（bend mode），因为此时弯曲态所具有的自由能比斜展态（splay mode）还要低。其中的一种做法是，在部分区域的单面基板上做成垂直取向，形成部分区域的混合取向向列（Hybrid Aligned Nematic，HAN）结构，并以此作为弯曲核心以加快转态速度。基于这个理念的顶点双稳态显示（Zenithal Bistable Display，ZBD）技术是 ZBD Displays 公司开发的一种双稳态向列相液晶显示技术。

8.5.1 槽栅取向的表面双稳态技术

ZBD 的基本特征是其中一侧的基板表面为槽栅结构，用于产生两个（甚至是多个）液晶取向状态。而不像传统取向膜上的液晶那样，分子都整齐地沿着取向膜的沟槽方向排列。ZBD 的这些槽栅类似于常见的光栅。一个基板上的表面槽栅与另一个基板上适当的取向层相互作用，形成如图 8-25 所示的液晶分子取向状态。基于这样的表面结构，在同一方位角平面内，即垂直基板表面的平面内，液晶分子的取向存在两个可能的预倾角。一种是如图 8-25（a）所示的高预倾角 C 态，另一种是如图 8-25（b）所示的低预倾角 D 态。如图 8-25（a）所示，如果槽栅较矮（槽较浅），液晶的弹性形变能较小，液晶的指向矢在槽栅附近开始就保持为一个 θ_C 接近 90°的排列。如图 8-25（b）所示，如果槽栅较高（槽较深），液晶的弹性形变能较大，液晶在槽栅的顶部和底部之间分别形成+1/2 缺陷和−1/2 缺陷，液晶的倾角 θ_D 较小。

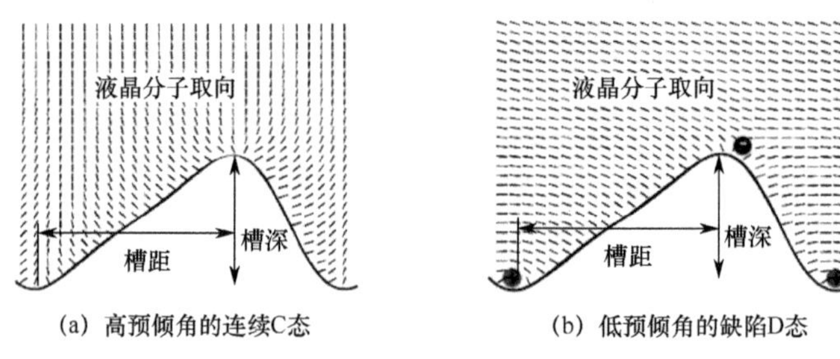

(a) 高预倾角的连续C态　　(b) 低预倾角的缺陷D态

图 8-25　ZBD 表面双稳态的预倾角

ZBD 的低倾角 D 态为展开态，由于液晶的展开形变而具有挠曲电极化（flexoelectric polarisation）P_f。如图 8-25 所示，在槽栅表面附近，两个态都具有形变（展开、弯曲等），因而也具有电极化率。如式（8-5）所示，倾角 θ_D 的值取决于+1/2 缺陷和−1/2 缺陷的垂直间距 a 和水平间距 L。不过，+1/2 缺陷和−1/2 缺陷在槽栅对向基板附近消失，这里的液晶分子取向基本保持一致。

$$\theta_D=\pi/2-a\pi/L \tag{8-5}$$

ZBD 中高预倾角 C 态和低预倾角 D 态的相对形变是槽深 a 与槽距 L 之比的函数。槽距的典型值是 1μm，槽深的典型值是 0.6～0.8μm。ZBD 的高预倾角 C 态和低预倾角 D 态的相对形变能与 a/L 的关系如图 8-26 所示。当槽深 a 与槽距 L 之比为 0.65 时，两个稳态有相同的形变能，即具有相同的稳定性。低预倾角 D 态有一对垂直于纸面的不连续奇异线（singularities），而高预倾角 C 态没有。奇异线的形成和消失是通过一级相变（first order transition）实现的，这说明两态之间存在势垒，必须吸收足够的能量克服势垒才能相互转变。

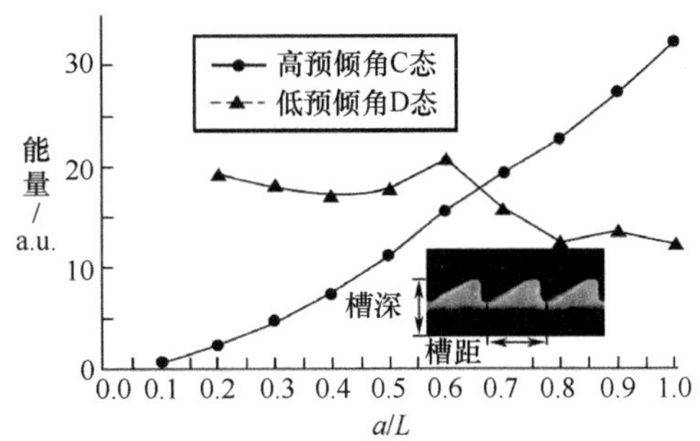

图 8-26　ZBD 的高预倾角 C 态和低预倾角 D 态的相对形变能与 *a*/*L* 的关系

ZBD 液晶盒由一个槽栅基板和一个平面基板贴合而成。槽栅对向的平面基板的表面液晶取向状态，对 ZBD 的 C 态和 D 态影响很大。槽栅对向基板可以是如图 8-27 所示的表面液晶垂直取向的 ZBD 结构，因为存在 VAN（Vertically Aligned Nematic）和 HAN（Hybrid Aligned Nematic）两种稳态，简称 VAN-HAN 模式；也可以是如图 8-28 所示的表面液晶水平取向的 ZBD 结构，因为存在 HAN 和 TN（Twisted Aligned Nematic）两种稳态，简称 HAN-TN 模式。VAN-HAN 模式中，VAN 和 HAN 两种稳态的平均倾角分别在 90°和 54°左右；HAN-TN 模式中，HAN 和 TN 两种稳态的平均倾角分别在 46°和 10°左右，比 VAN-HAN 模式低。

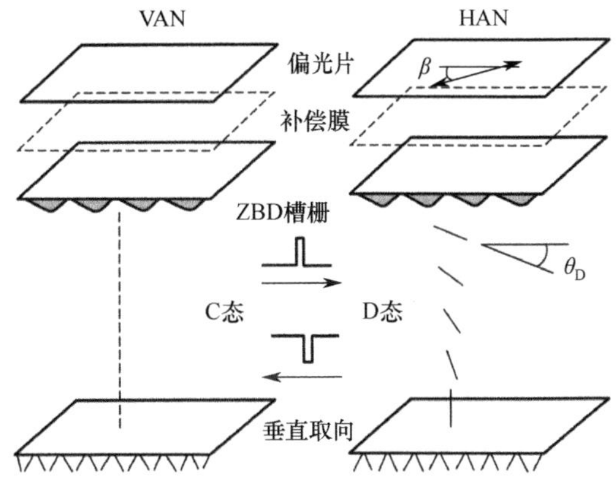

图 8-27　槽栅对向基板表面液晶垂直取向的 ZBD 结构

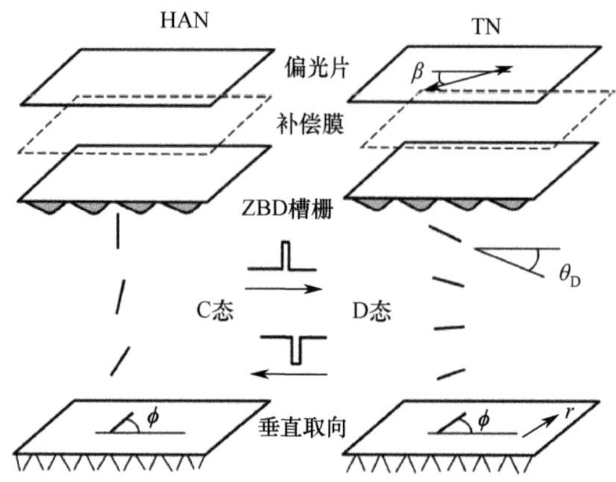

图 8-28　槽栅对向基板表面液晶水平取向的 ZBD 结构

ZBD 从一个稳态向另一个稳态切换，可以在液晶盒的上下基板间施加简单的电压脉冲 V，电压（电场）的正负方向决定了稳态的选择。当电压的方向有利于挠曲电极化 P_f 时，由高倾角 C 垂直态转变为低倾角 D 展开态；而当电压的方向相反时，由低倾角 D 展开态转变为高倾角 C 垂直态。这时，向列相正性液晶的 $\Delta\varepsilon$ 也起作用。因为存在形变能，在设计槽栅时应考虑形变能，使两个态的能量真正相等。

通过不同方向的电压脉冲，ZBD 可在两个稳态之间进行转换。在高倾角稳定态，液晶分子基本上垂直于边界基板。当垂直基板入射的线偏振光穿过垂直排列的液晶分子时，由于此时的液晶 $\Delta n=0$，光线保持原有状态穿出液晶层。在低倾角稳定态，液晶分子基本上平行于边界基板。当垂直入射的线偏振光穿过平行分布的液晶分子时，由于此时的液晶 $\Delta n\neq0$，光线穿出液晶层后两个偏振分量将形成一个光程差 Δnd，对应的相位差为 $2\pi\Delta nd/\lambda$。根据液晶的电光特性，合理选择 Δn 和 d 的值，可以控制光线穿出液晶层后的偏振状态。加上偏光片的作用，可以实现暗态和亮态之间的转换。

为了形成开关效果，一般要求 $\Delta nd=\lambda/2$。但因为高倾角 C 态并不是真正地完全垂直，低倾角 D 态也不是真正地完全平行，即实际的 Δn 比理想值要小，所以需要适当增大盒厚 d。ZBD 的样品盒厚 d 一般在 3μm 左右。

8.5.2　顶点双稳态显示驱动技术

Bryan 等用超过阈值电压的正负双脉冲驱动 ZBD 面板。图 8-29 上部线条表示所施加的脉冲方向，下部的曲线表示 ZBD 的透光率（或光强），横坐标为时间。每对脉冲只有第一个脉冲能改变其光学状态，即液晶的状态。当施加第一个脉冲后，ZBD 从暗态变为亮态。脉冲结束，即撤除外加电压后，ZBD 仍保持亮态。第二个相同方向的脉冲到来时，只是略微干扰了亮态，并不能改变光学状态。第三个脉冲到来时，因电压反相，使显示从亮态变成暗态。第四个脉冲由于和第三个脉冲同向，所以又没有引起状态的改变。此实验证明：两个稳态之间的相互转变只取决于脉冲电压的方向。不过，两个稳态之间全转换的阈值电压和脉冲宽度有关。施加的脉冲电压若低于全转换的阈值电压，则液晶只有一部分转变状态，得到一个中间灰度。

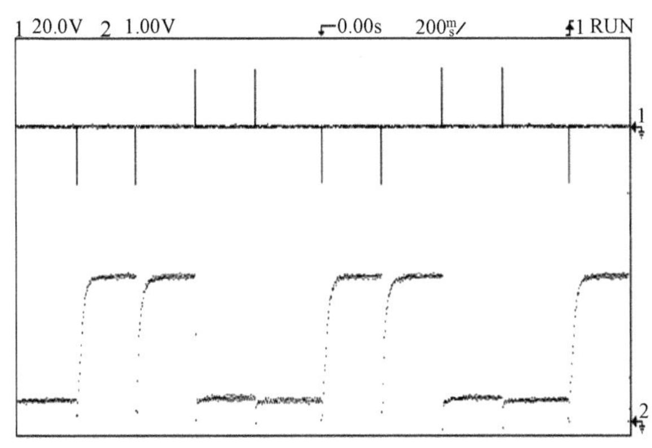

图 8-29　ZBD 器件对双脉冲的光学响应

可以采用传统 STN-LCD 驱动芯片进行 ZBD 面板的电寻址。面板为逐行寻址，寻址信号分为两部分：先是初始的 blanking 信号，用于选择 C 态；接着是与列信号（数据电压）同步的 writing 信号。逐行回扫（progressive line blanking）方案的行、列和电压差波形的原理如图 8-30 所示。其中的阴影部分电压差具有足够的脉冲能力使 ZBD 像素恢复到 C 态；而紧跟其后的电压差如果不够高（垂直阴影部分），ZBD 像素保持 C 态；如果电压差足够高（交叉阴影部分），ZBD 像素切换到 D 态。实际使用时，行列信号始终保持相反的极性。这样，可以保证加在液晶两侧的电压摆幅保持一个最大值。一组典型的驱动电压为 V_s=±15V，V_d=±3V，每行的脉冲间隔为 1ms。

与 BTN-LCD 和 Bi-Nem LCD 等方位角双稳态不同，ZBD 属于顶点双稳态，采用正负对称的脉冲进行两个稳态之间的切换，所以驱动电压相对较高。并且，ZBD 技术还存在可视角窄、难于实现彩色显示等问题。

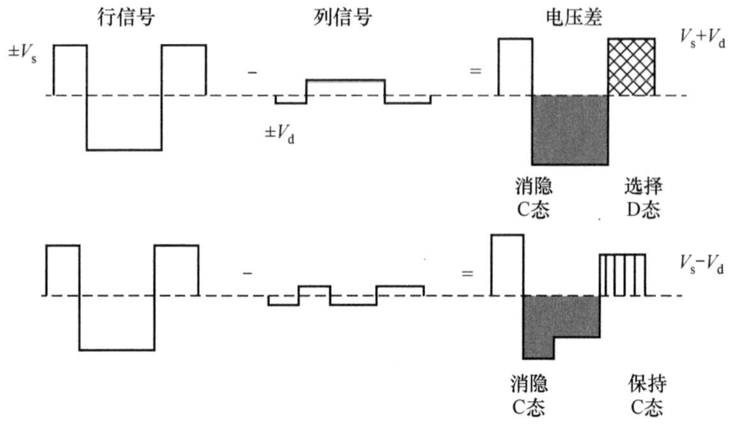

图 8-30　逐行回扫的寻址波形

参 考 文 献

[1] BLINOV L M, BERESNEV L A. Ferroelectric liquid crystals[J]. Soviet Physics Uspekhi, 1984, 27(7):492-514.

[2] LAGERWALL S T. Ferroelectric and Antiferroelectric Liquid Crystals[J]. Encyclopedia of Materials Science & Technology, 2004, 301(1):15-45.

[3] MOLSEN H, KITZEROW H. Bistability in polymer-dispersed ferroelectric liquid crystals[J]. 1994, 75(2):710-716.

[4] CLARK N A, LAGERWALL S T. Surface-stabilized ferroelectric liquid crystal electro-optics: New multistate structures and devices[J]. Ferroelectrics, 1984, 59(1): 25-67.

[5] YANG K H, CHIEU T C, OSOFSKY S. Depolarization field and ionic effects on the bistability of surface-stabilized ferroelectric liquid-crystal devices[J]. Applied Physics Letters, 1989, 55(2):125.

[6] DINESCU L, LEMIEUX R P. Optical Switching of a Ferroelectric Liquid Crystal Spatial Light Modulator by Photoinduced Polarization Inversion[J]. Advanced Materials, 1999, 11(1):42-45.

[7] KUNDU S, ROY S S, MAJUMDER T P, et al. Spontaneous polarization and response time of polymer dispersed ferroelectric liquid crystal (PDFLC)[J]. Ferroelectrics, 2000, 243(1):197-206.

[8] LAGERWALL J P F, GIESSELMANN F. Current Topics in Smectic Liquid Crystal Research[J]. ChemPhysChem, 2006, 7(1):20-45.

[9] MOHAN M L N M, ARUNACHALAM B, SANKAR C R A. Thermal and Electrical

Characterization of a Ferro Electric Liquid Crystal[J]. Metallurgical and Materials Transactions A (Physical Metallurgy and Materials Science), 2008, 39(5):1192-1195.

[10] WEISSFLOG W, LISCHKA C, DIELE S, et al. The inverse phase sequence SmA-SmC in symmetric dimeric liquid crystals[J]. Liquid Crystals, 2000, 27(1):43-50.

[11] BHATTACHARYYA S S, RAHMAN M, MUKHERJEE A, et al. Anomalous behaviour in the SmA^*-SmC_A^* pre-transitional regime of a chiral swallow-tailed antiferroelectric liquid crystal[J]. Liquid Crystals, 2008, 35(6):751-756.

[12] WU Y Z, YAO D L, LI Z Y. Hysteresis loop of a ferroelectric bilayer with an antiferroelectric interfacial coupling[J]. Journal of Applied Physics, 2002, 91(3):1482.

[13] TAKANISHI Y, HIRAOKA K, AGRAWAL V K, et al. Stability of Antiferroelectricity and Causes for its Appearance in SmC_α^* and SmC_A^* Phases of a Chiral Smectic Liquid Crystal, MHPOBC[J]. Japanese Journal of Applied Physics, 1991, 30(1):2023.

[14] LINK D R, MACLENNAN J E, CLARK N A. Simultaneous Observation of Electric Field Coupling to Longitudinal and Transverse Ferroelectricity in a Chiral Liquid Crystal[J]. Physical Review Letters, 1996, 77(11):2237-2240.

[15] URRUCHI V, OTON J M, TOSCANO C, et al. Reflective SLMs Based on Antiferroelectric and V-shape Liquid Crystals[J]. Molecular Crystals and Liquid Crystals, 2002, 375(1):543-551.

[16] PARK B, NAKATA M, SEOMUN S S, et al. Molecular Motion in A Smectic Liquid Crystal Showing V-shaped Switching As Studied by Optical Second-harmonic Generation[J]. SID Symposium Digest of Technical Papers, 2012, 30(1):404-406.

[17] WALBA D M, STEVENS F, PARKS D C, et al. Near-atomic Resolution Imaging of Ferroelectric Liquid Crystal Molecules on Graphite by STM[J]. Science, 1995, 267(5201):1144-1147.

[18] CHEN H, LIN C W. Free alignment defect, low driving voltage of half-V ferroelectric liquid crystal device[J]. Applied Physics Letters, 2009, 95(8):899.

[19] FURUTA H, XU J, KOBAYASHI S. Electro-optic properties of an intrinsic half-V-mode FLCD and its application to field-sequential full-color LCDs using a poly-Si TFT matrix array[J]. Journal of the Society for Information Display, 2012, 11(3):433-436.

[20] CHIANG C H, WU P C, WU J J. Effect of Alignment Layers on the Response Time in a Half V-Shaped Ferroelectric Liquid Crystal Cell[J]. Japanese Journal of Applied Physics, 2009, 48(2):020215.

[21] YANG D K, WEST J L, CHIEN L C, et al. Control of reflectivity and bistability in displays using cholesteric liquid crystals[J]. Journal of Applied Physics, 1994, 76(2): 1331.

[22] LU M H. Bistable reflective cholesteric liquid crystal display[J]. Journal of Applied Physics, 1997, 81(3):1063.

[23] HUANG X Y, KHAN A A, DAVIS D J, et al. Full-color reflective cholesteric liquid crystal display[J]. Proc. SPIE, 1999, 3635:120-126.

[24] CROOKER P P, KITZEROW H S, Xu F. Polymer-dispersed cholesteric liquid crystals[J]. Proceedings of SPIE—The International Society for Optical Engineering, 1994, 2175:173-182.

[25] KASYANYUK D, SLYUSARENKO K, West J, et al. Formation of liquid-crystal cholesteric pitch in the centimeter range[J]. Physical Review E, 2014, 89(2):810-814.

[26] YOKOKOJI O, OIWA M, KOIKE T, et al. Synthesis of new chiral compounds for cholesteric liquid crystal display[J]. Liquid Crystals, 2008, 35(8):995-1003.

[27] GARDYMOVA A P, ZYRYANOV V Y, LOIKO V A. Multistability in polymer-dispersed cholesteric liquid crystal film doped with ionic surfactant[J]. Technical Physics Letters, 2011, 37(9):805-808.

[28] RYBALOCHKA A, SOROKIN V, RYBALOCHKA A, et al. Simple Drive Scheme for Bistable Cholesteric LCDs[J]. SID Symposium Digest of Technical Papers, 2001, 32(1):882-885.

[29] RYBALOCHKA A, SOROKIN V, VALYUKH S. Bistable cholesteric reflective displays: Two-level dynamic drive schemes[J]. Journal of the Society for Information Display, 2012, 12(2):165-171.

[30] YAROSHCHUK O, TOMYLKO S, GVOZDOVSKYY I, et al. Cholesteric liquid crystal–carbon nanotube composites with photo-settable reversible and memory electro-optic modes[J]. Applied Optics, 2013, 52(22):53-59.

[31] HIKMET R A M, POLESSO R. Patterned Multicolor Switchable Cholesteric Liquid Crystal Gels[J]. Advanced Materials Deerfield Beach Then Weinheim, 2002, 14(7): 502-504.

[32] JOHN W S, FRITZ W J, LU Z J, et al. Bragg reflection from cholesteric liquid crystals[J]. Physical Review E Statistical Physics Plasmas Fluids & Related Interdisciplinary Topics, 1995, 51(2):1191-1198.

[33] ARAKELYAN S M, ERITSYAN O S, KARAYAN A S, et al. Light transmission through a cholesteric liquid crystal in a three-layer plate[J]. Optics & Spectroscopy, 1981, 50:297-299.

[34] HARUTYUNYAN M Z, GEVORGYAN A H, MATINYAN G K. Optical properties of a stack of layers of a cholesteric liquid crystal and an isotropic medium[J]. Optics and Spectroscopy, 2013, 114(4):601-613.

[35] LIAO Y C, YANG J C, SHIU J W, et al. Flexible Color Cholesteric LCD with Single-

Layer Structure[J]. SID Symposium Digest of Technical Papers, 2008, 39(1):807-809.

[36] CHEN K L, LIAO Y H, YANG J H, et al. Full Color Cholesteric Liquid Crystal Display with High Color Performance[J]. SID Symposium Digest of Technical Papers, 2010, 41(1):289-292.

[37] QIAN T Z, XIE Z L, KWOK H S, et al. Dynamic flow and switching bistability in twisted nematic liquid crystal cells[J]. Applied Physics Letters, 1997, 71(5):596-598.

[38] XIE Z L, KWOK H S. Reflective Bistable Twisted Nematic Liquid Crystal Display[J]. Japanese Journal of Applied Physics, 1998, 37(5A):2572-2575.

[39] GUO J X, MENG Z G, Wong M, et al. Three-terminal bistable twisted nematic liquid crystal displays[J]. Applied Physics Letters, 2000, 77(23):3716-3718.

[40] CHENG H, GAO H. Optical properties of reflective bistable twisted nematic liquid crystal display[J]. Journal of Applied Physics, 2000, 87(10):7476-7480.

[41] LEE G D, KIM H S, YOON T H, et al. High-Speed-Addressing Method of a Bistable Twisted-Nematic LCD[J]. SID Symposium Digest of Technical Papers, 1998, 29(1):842-845.

[42] TANG S T, CHIU H W, KWOK H S. Optically optimized transmittive and reflective bistable twisted nematic liquid crystal displays[J]. Journal of Applied Physics, 2000, 87(2):632.

[43] XIE Z L, KWOK H S. New bistable twisted nematic liquid crystal displays[J]. Journal of Applied Physics, 1998, 84(1):77.

[44] YOO J G, SONG B S, KIM J. Surface Pretilt Effects of Bistable Twisted Nematic Liquid Crystal Display[J]. Japanese Journal of Applied Physics, 1999, 38(10):6005-6007.

[45] DOZOV I, NOBILI M, DURAND G. Fast bistable nematic display using monostable surface switching[J]. Applied Physics Letters, 1997, 70(9):1179.

[46] XIE Z L, KWOK H S. Reflective Bistable Twisted Nematic Liquid Crystal Display[J]. Japanese Journal of Applied Physics, 1998, 37(5A):2572-2575.

[47] HSU J, LIANG B, CHEN S. Bistable chiral tilted-homeotropic nematic liquid crystal cells[J]. Applied Physics Letters, 2004, 85(23): 5511-5513.

[48] WOOD E L, BRYAN-BROWN G P, BRETT P, et al. Zenithal Bistable Device (ZBD™) Suitable for Portable Applications[J]. SID Symposium Digest of Technical Papers, 2000, 31(1):124-127.

[49] JONES J C, WOOD E L, BRYAN-BROWN G P, et al. Novel Configuration of the Zenithal Bistable Nematic Liquid-Crystal Device[J]. SID Symposium Digest of Technical Papers, 2012, 29(1):858-861.

[50] JONES J C, BELDON S M, WOOD E L. Gray scale in zenithal bistable LCDs: The route to ultra-low-power color displays[J]. Journal of the Society for Information Display, 2003, 11(2):269-275.

[51] LIANG B J, HSU J S, LIN C L, et al. Dynamic switching behavior of bistable chiral-tilted homeotropic nematic liquid crystal displays[J]. Journal of Applied Physics, 2008, 104(7):074509.

[52] CHEN H Y, SHAO R, KORBLOVA E, et al. A bistable liquid-crystal display mode based on electrically driven smectic A layer reorientation[J]. Applied Physics Letters, 2007, 91(16):163506.

[53] SILVERMAN A E. Method for making additive color electric paper without registration or alignment of individual elements: US6162321[P]. 2000-12-19.

[54] 内山勇一，高橋泰樹，斉藤進．Bi-Nem LCD のマスター基板における分子配向のプレティルト角がしきい値电圧や光学特性に与える影响[J].工学院大学研究報告,2005, 99(10):83-88.

[55] FRANCIS M,GOULDING M J, IONESCU D, et al. 双安定液晶装置で使用される液晶組成物: 特表 2006-509854 [P].2003-11-19.

[56] CHEN H Y. Bistable SmA liquid-crystal display driven by a two-direction electric field[J]. Journal of the Society for Information Display, 2012, 16(6):675-681.

第9章

电色型电子纸显示技术

电色型电子纸显示技术是在外加电场控制下，通过颜料扩散、材料变色等方式实现彩色显示的。颜料扩散的机理是通过外加电场改变疏水颜料的疏水性，使疏水颜料与水之间的接触面产生张力和形变，实现彩色显示。材料变色的机理可以是光致变色、热致变色和电致变色等，涉及可见光的选择性吸收。具体实现技术主要有电润湿显示（Electrowetting Display，EWD）技术、电流体显示（Electrofluidic Display，EFD）技术和电致变色显示（Electrochromic Display，ECD）技术。

9.1 电润湿显示技术

1875 年，Lippmann 发现了电润湿现象。电润湿是微流体现象之一，采用电润湿原理实现显示的技术就是电润湿显示技术。具体是通过施加电压来调整染色油滴等疏水颜料疏水性表面的水合性，使染色油滴在不加电压时均匀扩散在像素内，在施加电压后被迅速推送到像素边缘，从而实现彩色灰阶显示。

9.1.1 电润湿显示技术的工作原理

电润湿是指在毫米尺度下，表面张力占主导力量时，通过调整施加在液滴与它所接触的固体（绝缘介质下方电极）之间的电压，改变液滴与固体表面的润湿性，从而改变液滴和固体表面如图 9-1 所示的接触角，使液滴产生形变，进而使液滴内部产生压强差，驱使液滴运动。

在电润湿理论中，Young 方程和 Young-Lippmann 方程是最基本的方程。式（9-1）所示的 Young 方程描述了如图 9-1 所示的液滴和固体表面的接触角 θ 与表面三相张力（固气表面张力 σ_{sv}、液气表面张力 σ_{lv}、固液表面张力 σ_{sl}）

之间的关系。

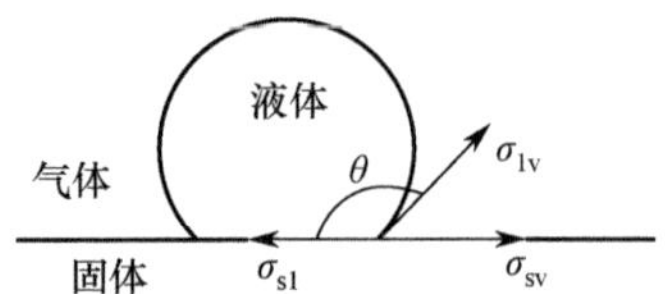

图 9-1 接触角与表面三相张力的关系

$$\cos\theta = (\sigma_{sv} - \sigma_{sl}) / \sigma_{lv} \tag{9-1}$$

根据 Young 方程，在表面张力改变的情况下，液滴在固体表面的接触角 θ 将发生变化。如图 9-2 所示，在液滴与固体之间加电压后，在液滴和固体表面之间会感应出电荷，根据式（9-2），固液界面的表面张力会减小。在式（9-2）中，ε_0 为真空介电常数，ε_d 和 d 分别为固体介质层的相对介电常数和厚度。外加电压 V 后，液滴的表面张力平衡被打破，液滴往下扩展，在这个过程中由于液气和固气界面的表面张力不变，所以达到新的平衡时，接触角 θ 会减小，具体推导如式（9-3）（Young-Lippmann 方程）所示。

$$\sigma_{sl}(V) = \sigma_{sl}(0) - \frac{\varepsilon_0\varepsilon_d}{2d}V^2 \tag{9-2}$$

$$\cos\theta(V) = \frac{\sigma_{sv} - \sigma_{sl}(V)}{\sigma_{lv}} = \frac{\sigma_{sv} - \sigma_{sl}(0) + \frac{\varepsilon_0\varepsilon_d}{2d}V^2}{\sigma_{lv}} = \cos\theta_0 + \frac{\varepsilon_0\varepsilon_d}{2d\sigma_{lv}}V^2 \tag{9-3}$$

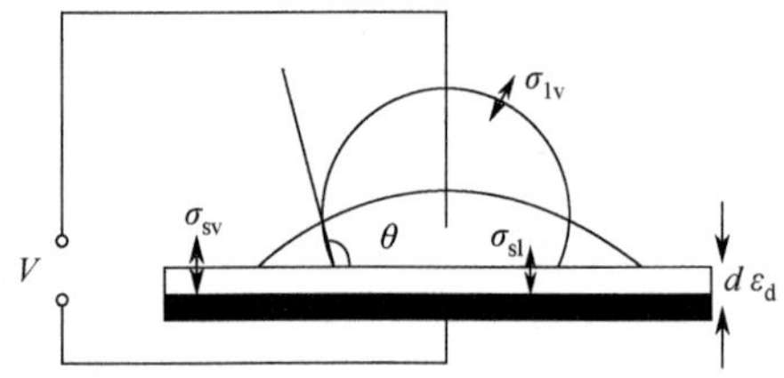

图 9-2 电润湿模型

电润湿显示技术研究的是染色油滴在固体介质上并被水包围的状态。这时的电润湿原理不变，只要把前面公式中的液滴改为染色油滴（o），空气改为水（w）即可。在外加电压 V 的作用下，平衡时的接触角大小可以通过式（9-4）求出。不加电压时，染色油滴与介质表面浸润，接触角 θ 较小，对应如图 9-3 所示的电润湿显示单元中的实线凸包。外加电压 V 后，染色油滴与介质的接触角 θ 逐渐增大，油滴收缩，对应如图 9-3 所示的电润湿显示单元中的虚线凸包。

$$\cos\theta(V)=\cos\theta_0+\frac{\varepsilon_0\varepsilon_{\rm d}}{2d\sigma_{\rm wo}}V^2 \tag{9-4}$$

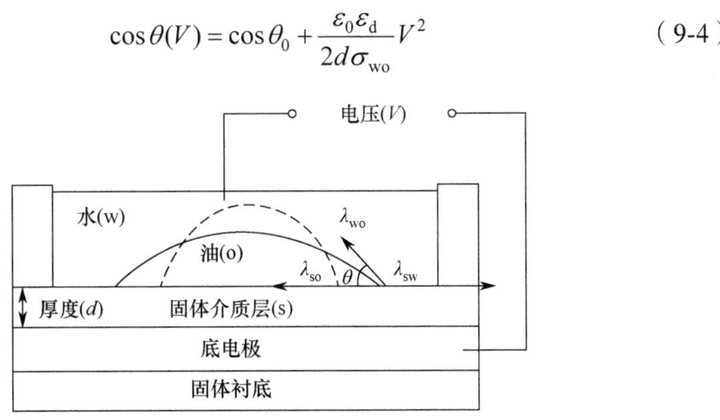

图 9-3　电润湿显示单元的电润湿原理（虚线为加电压后染色油滴表面）

2003 年，Philips 公司开发了最早的电润湿显示器件。其工作原理是通过控制染色油滴、水、疏水层三相的表面张力与静电力（electrostatic force）平衡，使染色油滴在电压控制下发生收缩和扩散，实现光学上的开态和关态，以达到显示画面的目的。

电润湿显示技术的工作原理如图 9-4 所示。在不加电压的关态，染色油滴平铺在厌水亲油绝缘层的表面，整个像素的反射光通过染色油滴后使反射光表现为染色油滴的颜色。如果染色油滴为黑色，则像素显示为暗态。在加电压的开态，厌水亲油绝缘层从疏水性转变为亲水性，油滴收缩，脱离厌水亲油绝缘层的表面，反射光大部分直接通过水后反射出去，只有小部分通过油滴而不能反射出去，像素整体显示为亮态。通过改变染色油滴脱离厌水亲油绝缘层的量，即暴露在水中的反射面积的大小，可以调制出各种灰阶亮度。

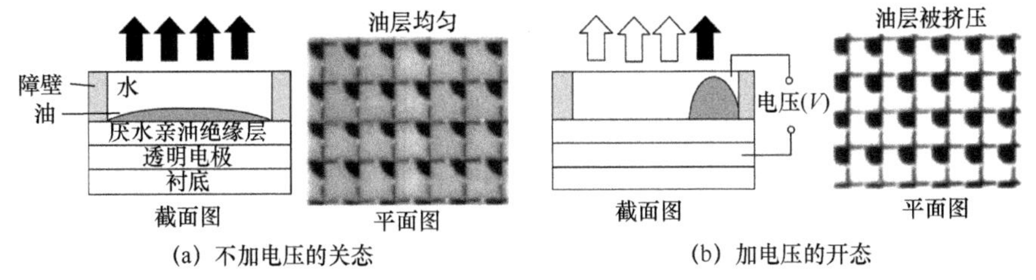

图 9-4　电润湿显示技术的工作原理

反射型电润湿显示器件的结构如图 9-5 所示。显示器的下侧存在白色的光学反射板，使用透明 ITO 或镀铝玻璃作为基板，刻蚀成所要求的下电极图形，再在其上制作含氟聚合物（特氟龙）的疏水性高介电层材料，作为公共电极的水被密封在聚甲醛树脂围成的容器内。使用透明 ITO 玻璃作为上电极，要确保和水的接触良好。另外，在顶端增加光学散射膜以获得良好的外观效果。

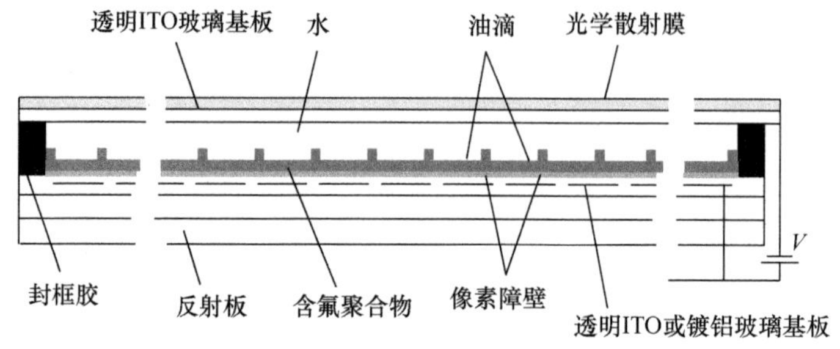

图 9-5　反射型电润湿显示器件的结构

在反射型电润湿显示器件的结构中，最关键的材料为显色介质、亲水性障壁及疏水性高介电层材料。其中，显色介质的体积主要影响白反射率，其组成为油与油溶性着色材料。油一般使用低黏度、高沸点、无毒性的疏水性液体。使用 Blue N、Sudan Red、Blue 673 等染料作为油溶性着色材料，耐日光坚牢度不佳。使用颜料作为油溶性着色材料虽然有优异的日光坚牢度，却有分散稳定性的问题。而且，两者目前皆无双稳态的能力。这些油溶性着色材料在使用前均须经过一系列的筛选与纯化过程，以去除对驱动性有影响的因素。例如，具有导电性的杂质会降低油相的失效电场；强极性染料分子会与电场交互作用，使电润湿作用产生弛豫现象；而具有极性的杂质则会降低水/油相的表面张力及显示器的操作电压，减缓应答速度。像素间亲水性障壁的需求特性是要让水可以润湿，而且其与油相的接触角必须小于 120°；此外，障壁更必须对水、油、光具有长时间稳定性；一般而言，障壁由微影制程制作，分辨率必须在 10μm 左右，高度可控制在 4 ~ 12μm。

与其他微观物理现象相比，电润湿现象的最大特点是，能以 100mm/s 的极高速度移动，响应时间小于 10ms；还可以在 1Hz 以下的超低频率下驱动，目标是实现与电子纸相当的超低功耗及彩色视频显示。电润湿显示面板制造技术与 LCD 面板相似，首先在玻璃底板上形成 TFT 阵列，然后在表面施加保护膜，以像素为单位形成障壁（因像素间没有黑矩阵，反射对比度为 6.5:1；通过形成黑矩阵，对比度能够提高到 20:1 左右），注入水及油膜等，最后与 CF 基板粘贴在一起。电润湿显示不需要偏光片，可在较大的视野及温度范围内实现高速响应，用作反射时的光反射效率超过 50%。

9.1.2　彩色电润湿显示技术

对于彩色电润湿显示器件的开发，Liquavista 公司提出了两种可能的显示模式，分别为单层结构的 CF 法与多层堆叠结构的减色法。

如图 9-6 所示的 CF 法单层结构的彩色电润湿显示器件，采用黑色油墨搭配 CF 制成，工艺制程较为简单。但使用 CF 会大幅降低光利用率，并不适用于反射型电润湿显示器件。在 SID 2008 上，Liquavista 公司展出过搭配 CF 制成的 1.8 英寸彩色电润湿显示器件，其反射率达 20%，反应时间达 8ms，具有播放动画的能力。

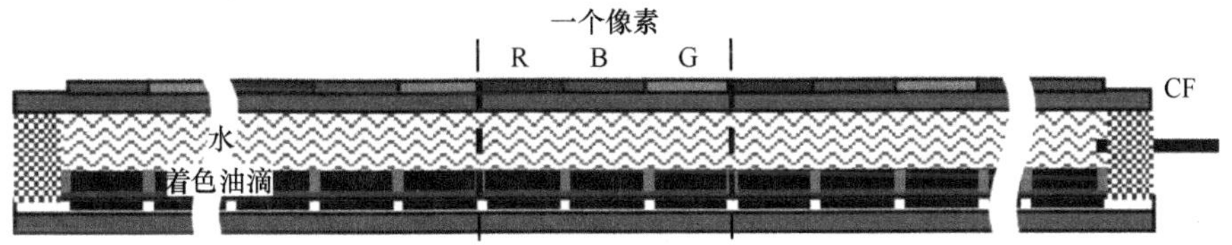

图 9-6　CF 法单层结构的彩色电润湿显示器件

Liquavista 公司开发了如图 9-7 所示的多层堆叠结构的彩色电润湿显示器件。传统的 CMY 彩色化技术是用青色（Cyan）、洋红色（Magenta）和黄色（Yellow）共 3 层电润湿显示屏堆叠实现的。在图 9-7 中，通过洋红色油膜与青色油膜在同一个电润湿显示屏中分上、下两侧单独驱动，只需两层电润湿显示屏堆叠就能实现彩色显示。如图 9-7 所示的状态，由于外界光分别被黄色油膜、洋红色油膜、青色油膜吸收，最终显示黑色。合理控制黄色、洋红色、青色 3 层油膜的收缩和平铺，可以实现所需的彩色灰阶显示。采用 CMY 减色法混色实现彩色显示，光利用率较高，但是结构复杂并不易制作。

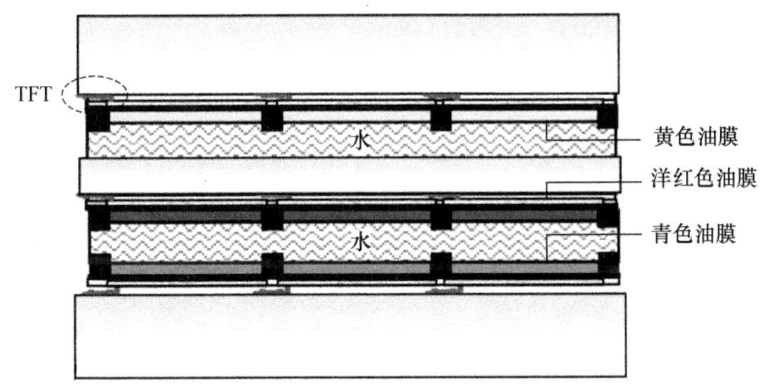

图 9-7　多层堆叠结构的彩色电润湿显示器件

中国台湾工业技术研究院采用喷墨工艺，将不同颜色的墨滴滴入像素内，形成如图 9-8 所示的单层彩色电润湿显示器件。与如图 9-6 所示的 CF 法单层结构的彩色电润湿显示器件相比，具有光利用率高、结构简单、可大面积量产等优势。使用喷墨工艺可快速将油滴置入像素区内，表面处理可解决疏水介电层表面材料附着不易的问题。因为电润湿显示器件的组件操作受器件盒厚的影响并不显著，所以在柔性显示的开发上深具潜力。加上喷墨工艺的使用，如图 9-8 所示的结构容易制成柔性彩色电子纸。

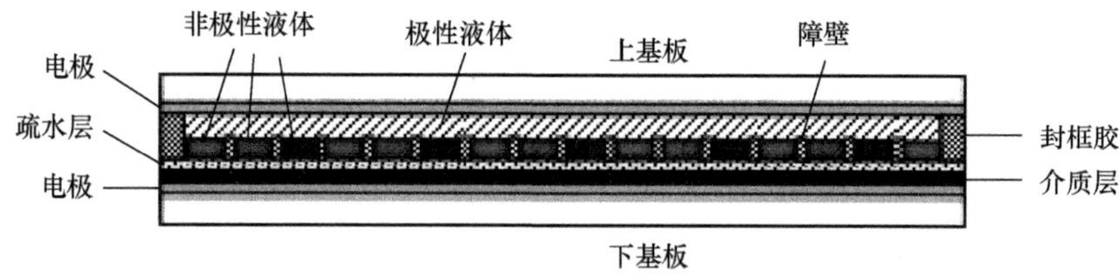

图 9-8　采用喷墨工艺制作的单层彩色电润湿显示器件

9.2　电流体显示技术

2009 年，由美国 Cincinnati 大学、Gamma-Dynamics 和 Polymer Vision Ltd 等联合开发的电流体显示（Electrofluidic Display，EFD）技术，与 EWD 的技术原理类似。相比 EWD 技术，EFD 技术具有独特的驱动原理、器件结构，以及使用水分散型颜料代替油溶性染料等特点。

9.2.1　双稳态电流体显示技术

EFD 器件由上下电润湿板对位后贴合而成。上电润湿板依次分布 ITO 透明电极层和疏水介质层，下电润湿板依次分布干膜光阻层、高反射 Al 电极层和疏水介质层。如图 9-9 所示，EFD 结构的特点体现在下电润湿板的 3 个结构。

（1）用于收纳彩色油墨（colored fluid）的储液器（reservoir），在显示面上开有微孔，此孔的面积大小不超过显示面的 10%。

（2）占显示区面积 80%～95%的表面通道，在外加电压驱动后用于收纳来自储液器中的彩色油墨。

（3）分布在像素周围的导管（duct），当彩色油墨离开储液器时使非极性流体（油或空气）反流。

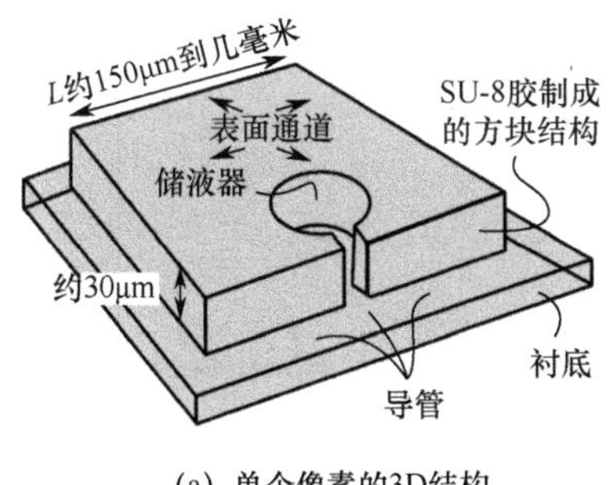

(a) 单个像素的3D结构

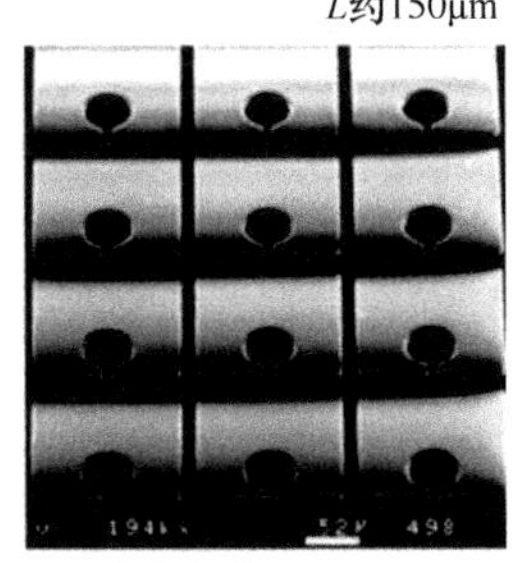

(b) 多个像素的表面SEM图

图 9-9　EFD 下电润湿板的结构图

这些结构可以通过光刻工艺或者微复制（microreplication）工艺进行低成本制作。相比电润湿显示，电流体显示结构中彩色油墨所占用的显示区面积要小。EFD 器件所用的彩色油墨是一种水性颜料分散体（aqueous pigment dispersion）。

在图 9-10（a）中，储液器中彩色油墨的 Young-Laplace 压力为

$$\Delta p_{R}=2\gamma_{ci}/R \tag{9-5}$$

式中，R 为储液器的半径；γ_{ci} 为导电的彩色油墨和绝缘的油之间的界面张力。由于表面通道的厚度 h（约 3μm）远小于表面通道的平面尺寸（约 150μm），并且油中的彩色油墨的杨氏角度接近 180°，所以表面通道的 Young-Laplace 压力为

$$\Delta p_{C}=2\gamma_{ci}/h \tag{9-6}$$

因为 $h \ll R$，所以$\Delta p_{C} \gg \Delta p_{R}$。在压力平衡后，彩色油墨稳定地填入储液器，并在油墨界面形成一个较大的曲率半径，几乎不能被人眼察觉，下电润湿板上 Al 电极反射外界光后使像素呈现亮态（关态）。

在图 9-10（b）中，在上下电润湿板和彩色油墨之间施加电压，由于电润湿效应，彩色油墨的电润湿接触角 θ_{V} 减小。如式（9-5）所示，电润湿接触角 θ_{V} 是一个与疏水介质层单位电容（ε/d）和外加电压 V 相关的函数。具体大小取决于表面通道的 Young-Laplace 压力和电润湿效应引起的机电压力之间的平衡结果。当驱动电压引起的机电压力大于 Young-Laplace 压力后（θ_{V} 的阈值在 90°左右），由于电润湿效应，储液器中的彩色油墨通过微腔（microfluidic cavities）被推到 EFD 的表面通道，使油墨覆盖像素表面。如果彩色油墨的体积稍大于表面通道的体积，彩色油墨将同时分布于储液器和表面通道，整个像素都呈现彩色油墨的色彩（开态）。如果撤除外加电压，由

于 Young-Laplace 压力效应，彩色油墨将迅速（1 ~ 10ms）退缩回储液器。电润湿接触角 θ_V 恢复到 180°。

$$\cos\theta_V = \frac{\varepsilon \cdot V^2}{\gamma_{ci} \cdot 2d} - 1 \tag{9-7}$$

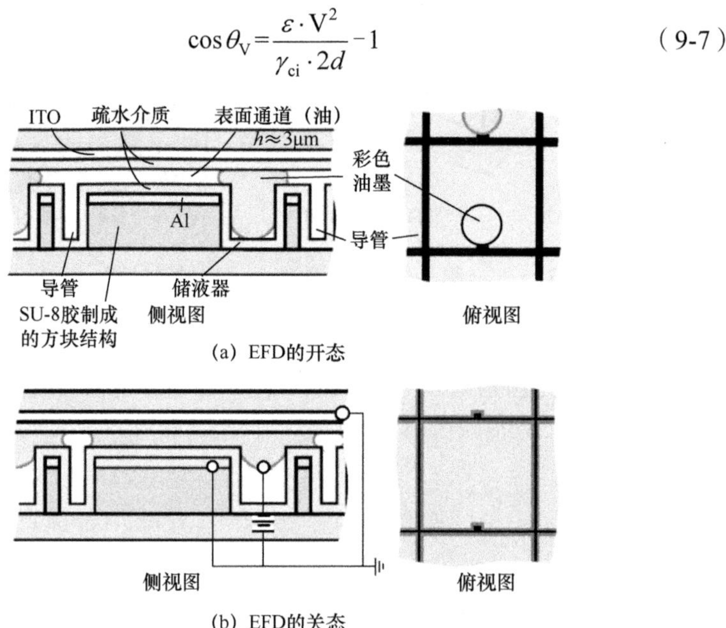

图 9-10　EFD 的关态和开态

EFD 与 EWD 共有的特点是可以控制彩色颜料的“可见”与“隐藏”两种显示状态的快速切换，故适合彩色动态影像的显示。通过优化黏度、表面张力和表面通道的尺寸，可以进一步提高器件显示状态之间的切换速度。EFD 与 EWD 都可以获得较高的光反射效率，其反射率有望超过 85%，所以能够获得很高的显示亮度和对比度。EFD 可以实现比 EWD 更小的像素，这有助于使 EFD 器件的厚度更小。

在彩色化显示方面，也可以像 EWD 那样采用 CF 法或 CMY 多层结构。带有储液器结构的 EFD，既可以应用于反射型显示，又可以应用于透过型显示。Cincinnati 大学还研究了一种垂直堆叠电润湿器件，可以工作在反射和透射两个模式下，在相当低的驱动电压（15V 左右）下工作，转换速度能够显示视频内容。

为了提高 EFD 器件的可靠性，需要在流体运动期间以及到达终点时都进行有效控制。采用如图 9-11 所示的 Laplace 屏障结构及其工作原理可以达到以上目的。

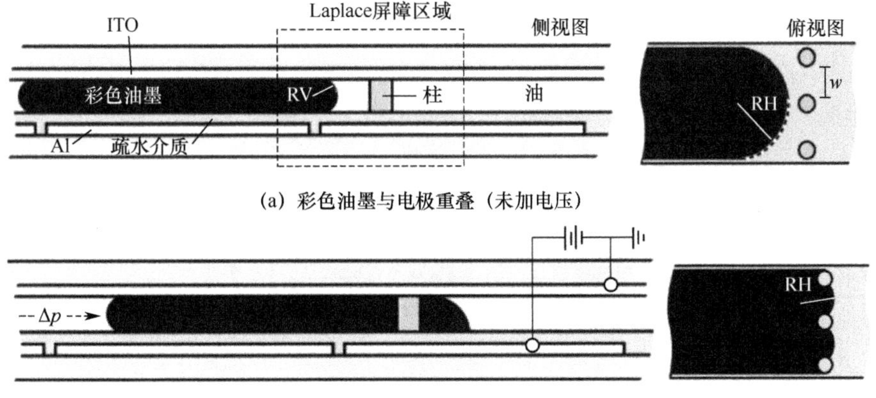

(a) 彩色油墨与电极重叠（未加电压）

(b) 流体流过Laplace屏障（加电压）

图 9-11　Laplace 屏障结构及其工作原理

Laplace 屏障的主要原理是通过一种物理结构来改变流体通道的几何形状。通过增加几何形状变更点的液体的 Young-Laplace 压力，这种几何形状的变更将增加液体经过屏障所需的压力。通过变更 Laplace 屏障的尺寸、形状和位置，可以很好地调节电流体系统的许多参数，比如流体限制（fluid confinement）和灰态（grey state）。流体限制就是在未加电压的情况下也能稳定控制流体形状的能力，属于双稳态范畴。由于通过 Laplace 屏障可以约束流体，使得流体之间紧密接触但又不相互混合，减少像素中不能显示的死角。灰态就是在一个阈值范围内即使没有外加电压（或压力），流体也能稳定地停留在一定的位置上，直到某个更大的电压（或压力）的作用。这个特点可以使 EFD 单个流体像素形成许多灰阶等级。

如图 9-11（b）所示，为了向前推动彩色油墨，需要在与彩色油墨局部重叠的电极上施加一个高于阈值的电压。彩色油墨前端的水平曲率半径 RH 形成一个向前移动的阈值压力。一旦外加电压大到克服这个阈值，彩色油墨就会快速向前推进。一旦撤除外加电压，Laplace 屏障可以按各种所需的形状稳定流体的位置。

9.2.2　多稳态电流体显示技术

双稳态显示是电子纸在使用时降低功耗、延长寿命的一个基本特征。2010 年，Cincinnati 大学又开发了多稳态 EFD（Multi-stable Electrofluidic Display）。这种器件的像素由 3 层杜邦 PerMXTM 干膜光阻通过热轧层压工艺和光刻工艺，形成上下两个尺寸相同的表面通道，具体的结构和工作原理如图 9-12 所示。上下电润湿板上依次分布透明电极层和非常薄的疏水性聚合物层，中间 PerMX 层上分布接地电位的 Al 电极反射层。在上下表面通道里，分布着透明的（或黑色的）油和彩色油墨。

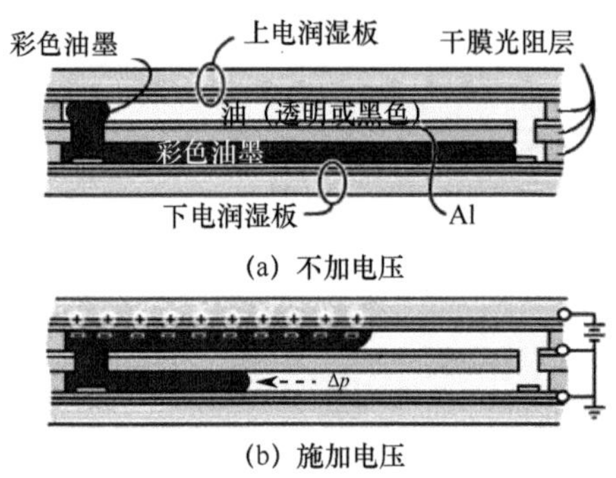

图 9-12 多稳态 EFD 的工作原理

如图 9-12（a）所示，当不加电压时，由于上下表面通道的几何结构几乎一样，上下表面通道中油和彩色油墨界面的 Young-Laplace 压力（$\Delta p_0 \approx 2\gamma_{ci}/h$）相等，油层和彩色油墨层保持稳定，Al 电极反射外界光后使像素呈现亮态（关态）。上下表面通道的厚度 h 一般设计为 20μm 左右，允许的误差范围在 10% 以内。如图 9-12（b）所示，在上表面通道的上电润湿板和 Al 电极之间施加外加电压后，驱动电压引起的机电压力推动彩色油墨进入上表面通道。如果撤除外加电压，或者在上下表面通道同时加一个相等的电压，则压力保持平衡，彩色油墨保持一个稳定的状态。

理论上，只要外加电压控制得当，多稳态 EFD 可以显示任意灰阶，并保持数月之久。以表面通道高 h=20μm、长 l=450μm 的多稳态 EFD 为例，响应时间在 170ms 左右。通过增加高长比 h/l，可以提高响应速度。

9.3 电致变色显示技术

电致变色是指在外加电场或电流的作用下，材料颜色从一种状态转变到另一种状态，改变电场或电流方向时，颜色可恢复的现象。电致变色与光致变色、热致变色现象类似，属于智能变色领域，均涉及可见光的选择性吸收。电致变色显示技术主要通过变色材料的电化学特性来实现颜色切换，加之电致变色材料种类丰富，涵盖三原色，因此较容易实现多彩化显示。

9.3.1 电致变色材料技术

1969 年，S. K. Deb 报道了 WO_3 薄膜的电致变色效应，并且提出了著名的 Deb 模型，使得电致变色材料的研究开始受到广泛的关注。

电致变色材料一般可分为两类：一类是无机电致变色材料，主要是过渡金属氧化物（WO_3、MnO_2、CeO_2、TiO_2、NiO_x 等）或氢氧化钨之类的水合物，以及普鲁士蓝（Prussian blue）和多金属氧酸盐（Polyoxometalates，POMs）等；另一类是有机电致变色材料，从结构上分主要有 1,1′-双取代基-4,4′-联吡啶盐类（紫精）、导电聚合物类、金属有机聚合物类及金属酞花菁类。表 9-1 所示为常见的电致变色材料及其变色机理。

表 9-1　常见的电致变色材料及其变色机理

电致变色材料种类	样　　品	变色机理
过渡金属氧化物	TiO_2、V_2O_5、Nb_2O_5、MoO_3、WO_3	$xM^+ + AO_y + xe^- == M_xAO_y$ （M=H,Li,Na；A=金属）
	CrO_x、MnO_x、FeO_x、CoO_x、CuO_x、RhO_x、NiO_x、IrO_x	放出 H^-，接受 OH^- $A(OH)_n == AO_x(OH)_{n-x} + xH^+ + xe^-$ $A(OH)_n + xOH^- == A(OH)_{n-x} + xe^-$
普鲁士蓝系统	$M^{I}_k[M^{II}_l(CN)_6]$（M^I 和 M^{II} 为不同价态的铁，k、l 为整数），如 普鲁士蓝：$[Fe^{3+}[Fe^{2+}(CN)_6]^-$ 普鲁士黑：$[Fe^{3+}[Fe^{3+}(CN)_6]^-$ 普鲁士白：$[Fe^{2+}[Fe^{2+}(CN)_6]^{2-}$	$JFe^{3+}[Fe^{2+}(CN)_6]+e^-+J^+==J_2Fe^{2+}[Fe^{2+}(CN)_6]$ $Fe_4^{3+}[Fe^{2+}(CN)_6]_3+4e^-+4J^+==J_2Fe^{2+}_4[Fe^{2+}(CN)_6]_3$ 通常 J^+ 为 K^+
有机物	紫精（1,1′-双取代基-4,4′-联吡啶盐）、导电聚合物（聚吡咯、聚苯胺、聚噻吩等）、酞花菁、过渡金属配位络合物、液晶等	氧化还原反应、异构化反应、晶形转变等

无机电致变色材料变色主要是通过离子与电子在材料晶格内部发生双嵌入与双脱出，导致材料能级改变，调整了其在可见光区的吸收特性完成的。进一步根据着色方式的不同，其可分为发生还原反应的阴极着色材料（如 W、Mo、V、Nb 和 Ti 的氧化物）和发生氧化反应的阳极着色材料（如 Ir、Rh、Ni 和 Co 等的氧化物和普鲁士蓝）。无机电致变色材料均具备较好的电致变色特性，但存在着颜色变化单一的问题。因此，阴极、阳极着色材料往往采用同类掺杂或者彼此互补的方式来丰富变色种类和提升整体性能。例如，Mo、Nb 掺杂 WO_3，或者 WO_3 与 NiO 或普鲁士蓝构筑互补型变色器件。

无机电致变色材料中，最具代表性的是三氧化钨（WO_3）。电致变色 WO_3 材料主要存在非晶膜和多晶膜两种，最近也报道了纳米 WO_3 材料。应用于显示装置的主要是非晶 WO_3 膜，因为非晶 WO_3 膜的着色褪色速度快。虽然关于 WO_3 变色材料的相关研究较多，但其变色机理一直存在争论，目前广受认可的是 Deb 模型、Faughnan 模型和 Schirmer 模型。

Deb 模型又称色心模型，1973 年 Deb 通过对真空蒸发形成的非晶 WO_3 膜研究，提出非晶 WO_3 膜具有类似于金属卤化物的离子晶体结构，能形成正电性氧空位缺陷，阴极注入的电子被氧空位捕获而形成 F 色心，捕获的电子不稳定，很容易吸收可见光光子而被激发到导带，使 WO_3 膜呈现出颜色。着色态 WO_3 膜在氧气中高温加热即褪色，电致变色能力消失。Faughnan 认为在氧缺位量很大时的 WO_{3-y} 膜（y=0.5）中难以产生大量色心。所以，Faughnan 等人提出了 Faughnan 模型，又称双重注入/抽出模型或者价内迁移模型。此模型认为 WO_3 的电致变色机理是基于电子和离子的注入与抽出的。当注入电子 e^-局域于某一 W^{5+}离子上，并进入其 5d 轨道时，为了保持电平衡，阳离子 M^+也必然驻留在此区域中，从而形成钨青铜 M_xWO_3，颜色发生了变化，这一电化学反应可以用下式来表示:

$$WO_3 + x(M^+ + e^-) = M_xWO_3 \tag{9-8}$$

式中，$M^+ = H^+, Li^+, Na^+$ ；$0<x\leqslant 1$；e^-是电子。所以，当电子和离子注入透明的氧化钨薄膜中时，薄膜就会变成蓝色。当离子和电子被抽出时，膜又还原成原来的透明状态。经研究发现，在这个反应中，有部分+6 价钨 W^{6+}被还原成+5 价钨 W^{5+}。一般认为，+5 价钨的形成产生了电致变色效应，而其中离子和电子的注入起到关键的作用。

Schirmer 在 Faughnan 提出的“双重注入形成钨青铜”观点的基础上，提出了小极化子吸收模型，即 Schirmer 模型。他认为：电子注入晶体后与周围晶格相互作用而被域化在某个晶格位置，形成小极化子，破坏了平衡位形。小极化子在不同晶格位置跃迁时需要吸收光子。这种光吸收导致的极化子的跃变被称为 Franck-Condon 跃变。在跃变过程中，电子跃变能量全部转化为光子发射的能量。所产生的光吸收可表示为

$$\alpha(h\omega)=Ah\omega\exp\left[\frac{(h\omega-\varepsilon-U)^2}{8Uh\omega_0}\right] \tag{9-9}$$

式中，$h\omega$ 是散射光子的能量；ε 是初态与终态能级的能量差；U 是活化能。小极化子模型不仅与 WO_3 光吸收曲线很好地吻合，而且还能对 WO_3 蒸发过程中加入少数 MoO_3 导致的光谱蓝移现象做出解释。

Faughnan 模型和 Schirmer 模型都是建立在离子和电子的双重注入抽出基础上的。它们的物理本质是相同的，实际上 Faughnan 模型可以看作 Schirmer 模型的半经典形式。

与无机电致变色材料相比，有机电致变色材料的变色机理多基于有机物的氧化还原反应。

紫精（viologens）是一种最具代表性的有机电致变色材料，是 1,1′-双取代基-4,4′-联吡啶的俗称。联吡啶盐类的所有化合物都叫紫精。紫精类化合物可通过化学、光化学及电化学等方法实现两步可逆氧化还原反应，具有优良的氧化还原性能，分子间的电荷转移促使其光吸收特性改变，继而发生颜色转变。紫精化合物通过选择合适的取代基，改变分子轨道能级和分子间电荷迁移能可方便地调节电色效应。

目前，以聚苯胺、聚吡咯、聚噻吩、聚呋喃等芳香化合物为主的导电聚合物有机电致变色材料已经成为电致变色材料研究领域的热点。研究者比较认可的变色机理是：当导电聚合物材料处于氧化状态时，进行阴离子“掺杂”，π 电子占据的最高能级和未被占据的最低能级之间的能隙宽决定了这些材料内在的光学和电学性质，随掺杂程度的变化，在导电聚合物的导带和价带之间依次出现极子能级、双极子能级，价带电子向不同能级跃迁，使光谱发生变化进而显示不同的颜色。

金属酞花菁电致变色材料也是一类研究较多的有机电致变色材料，金属酞花菁类材料是中心为金属离子的化合物。自 1970 年 $Lu(Pc)_2$ 电致变色膜材料经真空蒸发制得后，至今已形成一系列酞花菁电致变色材料。利用 LB 分子定向组装膜技术制成的优质 M1 四-[(3,3′-二甲基-1-丁氧基）羰基]酞花菁多分子膜（膜厚 10～20nm，M=Cu, Ni），在−2～+2V 之间实现蓝绿黄红的变色效应，而且稳定性好，可逆性高，使其作为光学开关器件具有极大的吸引力。

无机材料和有机聚合物电致变色材料的对比如表 9-2 所示。

表 9-2　无机材料和有机聚合物电致变色材料的对比

特　性	无 机 材 料	有机聚合物
制备方法	使用真空蒸发、溅射和电沉积等方法制备成膜	使用简单的化学、电化学聚合法合成，薄膜可用方便的浸涂、旋涂法制备
颜色变化种类	有限的几种颜色	颜色的改变依赖于掺杂的百分比、单体的选择等，可选颜色范围广

（续表）

特　　性	无 机 材 料	有机聚合物
颜色对比度	适中	对比度极高
开关时间/ns	10～750	10～120
寿命/循环次数	10^3～10^5	10^4～10^6
材料特点	化学稳定性好，抗辐射能力强，易于实现全固化	色彩丰富，易进行分子设计，变色速度快

9.3.2 电致变色显示原理

电致变色显示或称电化学显示，是利用电致变色原理进行显示的总称。其共同特点是通过施加电压，在固体或液体中引起可逆的颜色变化，实现彩色显示。电致变色显示技术的特点如下。

（1）低工作电压为−2～+2V，但是较难具有矩阵显示必需的阈值特性。

（2）不需要偏光片，观察角度大且无方向性。

（3）具有双稳态存储特性。

（4）可逆褪色，但往返显示次数受到限制，寿命大大受到影响。

（5）电致变色的响应时间缓慢。

如图 9-13 所示，传统的电致变色器件包括外加电源、透明导电层、电致变色层、电解质层、离子存储层与对电极层。器件工作时，在两个透明导电层之间加上一定的电压，电致变色层材料在电压作用下发生氧化还原反应，颜色发生变化；而电解质层则由离子导电材料组成，如包含有高氯酸锂、高氯酸钠等的溶液或固体电解质材料；离子存储层在电致变色材料发生氧化还原反应时起到储存相应的反离子，保持整个体系电荷平衡的作用，离子存储层也可以是一种与前面一层电致变色材料变色性能相反的电致变色材料，这样可以起到颜色叠加或互补的作用。比如，电致变色层材料采用的是阳极氧化变色材料，则离子存储层可采用阴极还原变色材料。

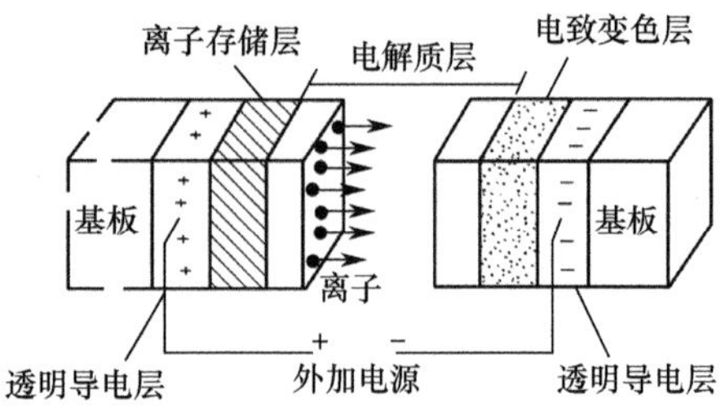

图 9-13　电致变色器件典型结构

电致变色材料可以用在能量转换、光线调节、信息记录、显示技术等领域。到目前为止，已经开发了基于 ECD 技术的可调光的电子太阳镜，还有 ECD 材料制作的自行车和汽车的反射镜，由于其反射率可调，可以达到防眩效果。另外，基于电致变色开发的门窗玻璃可以不需要窗帘遮挡阳光，还可以制作成曲面窗玻璃。在显示技术方面，由 ECD 材料开发出的广告显示牌、数字计时器、智能显色卡片及电子纸已经初步走向市场，虽然无法媲美以 LCD、LED 技术开发的显示器，但具有其独特的优势，因此在智能显示领域具有广阔的发展前景。

9.3.3　Ntera 的 Nanochromics 器件

早期的 ECD 装置存在稳定性差、响应速度慢、开关特性差和功耗偏高等不足。最近，Ntera、Acreo、SeikoEpson、Siemens、Aveso 和日本物质材料研究所（NIMS）等公司和研究机构都投入到研发新一代 ECD 技术中。其中，最成功的要属爱尔兰 Ntera 公司制备的纳米电极电致变色器件（Nanochromics），其利用改良的多孔纳米薄膜构造的电极，结合有机电致变色材料紫精制得。

如图 9-14 所示，Nanochromics 器件的基本结构包括透明衬底（玻璃或 PET）、透明导电薄膜、纳米 TiO_2 薄膜电极、大颗粒 TiO_2 白色反射层、高电容存储层 ATO（掺 Sb 的纳米 SnO_2 薄膜）、封装材料 Surlyn 和电解质等。此项技术使用改良的多孔纳米薄膜构造的电极来达到变色的目的，结合有机变色材料变色时间快、着色效率高、色彩鲜艳的特点，利用多孔纳米材料高的比表面积来吸附大量的有机变色分子。

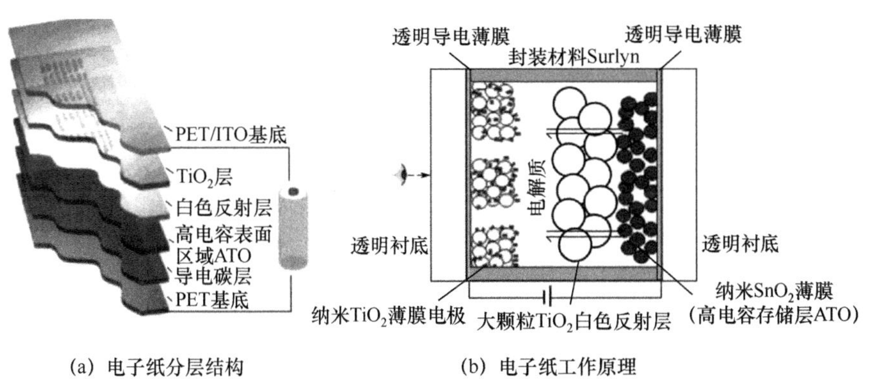

(a) 电子纸分层结构　　(b) 电子纸工作原理

图 9-14　Nanochromics 的印刷类电子纸

器件中每一层都有特定的功能：吸附染料的 TiO_2 层通过染料分子的还原或氧化来改变器件颜色；TiO_2 白色反射层可以提供高反射率的背景，提高着褪色的对比度，并使 TiO_2 层与 ATO 层之间电绝缘；高电容 ATO 层保持 TiO_2 层内的电荷注入和流出时整个器件的电荷中性平衡，ATO 下的导电碳层使器件电容进一步增加，起着背电极的作用；用液体或聚合物凝胶电解液套印多孔塑料结构，干燥之后用 PET 膜密封。在导电碳层下的透明导电层上施加负电压，器件就被接通，引起 TiO_2 层表面的染料分子发生还原反应（着色）。而施加反电压时，染料分子发生氧化反应（褪色）。

电致变色器件着色和漂白的阈值电压仅为 1V，这是因为被纳米 TiO_2 表面吸收的染料分子发生电化学还原的过电压很小，而且小的过电压能驱使在塑料基膜孔中的电荷补偿离子移动。因为所需的正向直流电压很小，器件的能量消耗也小，而且转换速度在毫秒范围内。通过控制电荷的注入可以连续调节着色量。使用吸收高密度染料的 TiO_2 层结合优化白色的反射镜，得到高对比度的彩色。选用合适的染料分子的组合可以实现全光谱范围的彩色纳米电极电致变色器件的性能、可靠性符合先进器件所需要的性能。

尽管 Nanochromics 电致变色器件实现多色电致变色分子匹配存在一些难度，但如图 9-15 所示，可以通过 CF 法或 CMY 堆叠减色法实现器件彩色显示。其中，CMY 三色墨水堆叠的结构采用全光谱印刷技术，相应的产品命名为 NCD。

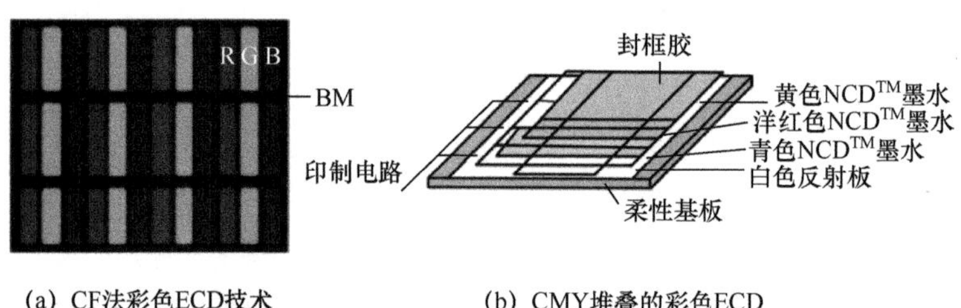

(a) CF法彩色ECD技术　　(b) CMY堆叠的彩色ECD

图 9-15　彩色 Nanochromics 器件

9.3.4　理光的 mECD 器件

因为电致变色层具有双稳态存储特性，CMY 三原色通过减色法可以制成彩色电子纸。

2011 年，Ricoh（理光）发布了反射率为 70%（波长为 550nm 时），实现 64 灰阶全彩显示的 3.5 英寸（精细度为 113ppi）反射型电致变色显示器。

如图 9-16 所示，这款彩色电子纸采用 ECD 叠层技术，在白反射层上分别把反射洋红色 M、黄色 Y 和青色 C 的 3 片 ECD 屏叠加在一起。CMY 三原色的电致变色层全部使用一块 LTPS TFT 基板驱动。试制品的 NTSC 色域比为 27%，与采用 CF 法的 ECD 相比，色彩表现范围增大 5 倍以上。驱动分为初始化（白色状态）、洋红层显示、黄色层显示、青色层显示 4 级。

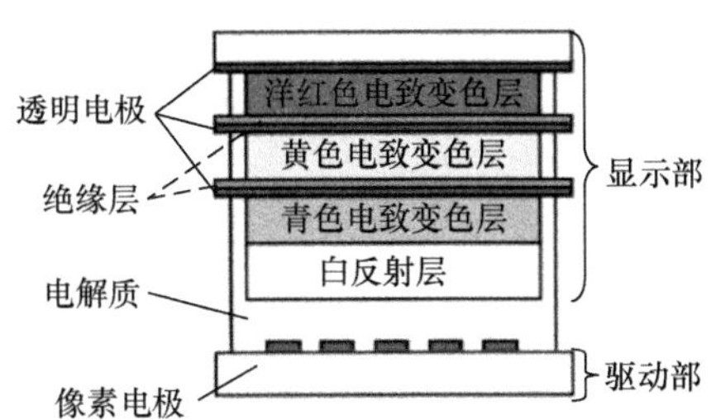

图 9-16　Ricoh 公司的叠层 ECD（mECD）原理图

mECD 的彩色显示驱动原理如图 9-17 所示。第 1 步是初始化，所有电致变色层呈白色的消色状态。第 2 步写入顶层的洋红色图像信息。仅在对应洋红色电致变色层的透明电极上施加电压，只显示含洋红色图像信息的像素着色。第 3 步写入第二层的黄色图像信息。仅在对应黄色电致变色层的透明电极上施加电压，只显示含黄色图像信息的像素着色。第 4 步写入底层的青色图像信息。仅在对应青色电致变色层的透明电极上施加电压，只显示含青色图像信息的像素着色。

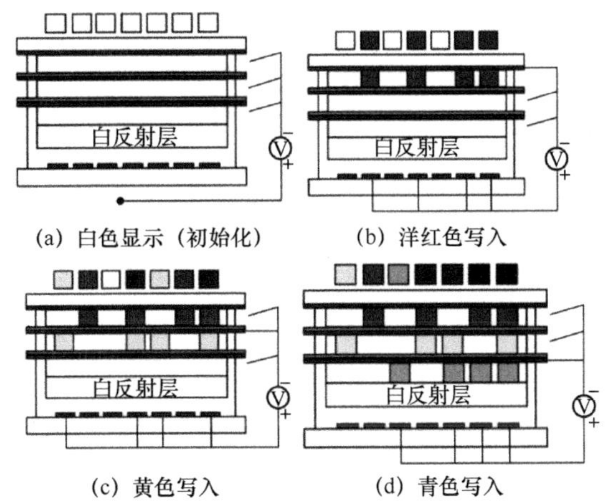

图 9-17　mECD 的彩色显示驱动原理

9.3.5 其他电致变色显示技术

瑞典 Acreo 公司使用导电聚合物技术开发的 ECD 器件如图 9-18 所示，这种 ECD 器件的像素基本结构包括固态的有机电解质、电致变色材料及柔性衬底。左右一小一大两块电致变色材料同时也作为像素的驱动电极使用，用作电极的两块电致变色材料为 PEDOT:PSS，PEDOT 是 EDOT（3,4-乙撑二氧噻吩单体）的聚合物，PSS 是聚苯乙烯磺酸盐。在像素电极上加驱动电压后，接正极的小块变色材料由于深度的氧化反应而呈透明，接负极的大块变色材料由于发生还原反应而改变颜色，随电压大小的变化反射出不同的颜色。这种聚合物在氧化还原反应过程中可以实现浅蓝色到深蓝色的转换。Acreo 基于 PEDOT:PSS 的电致变色显示为全固态有机 ECD 器件，其工作电压在 0.6 ~ 0.9 V，可以实现完全的柔性显示。

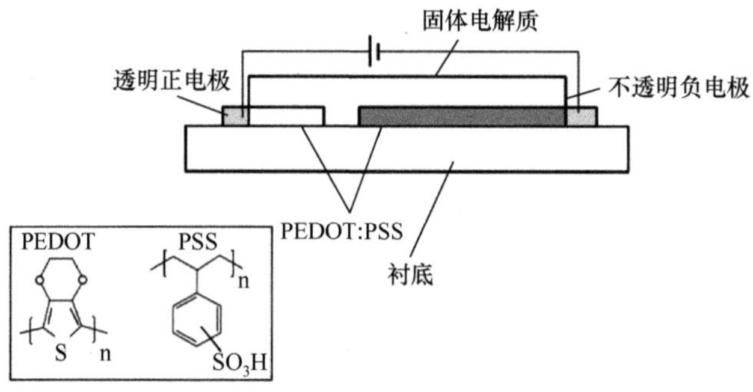

图 9-18 Acreo 公司的 ECD 器件结构

日本物质材料研究机构（NIMS）与科学技术振兴机构（JST）面向彩色电子纸用途，试制出了多色 ECD 器件。此次的试制品在电致变色材料中采用了金属离子与有机分子连成串珠状的有机/金属混合聚合物。传统导电聚合物在循环稳定性方面存在问题，因本身着色而对色的微调整有困难。此次的混合聚合物即使反复驱动也能稳定工作，并且通过改变金属离子的种类或有机分子的电子状态，容易进行色的调整。这种聚合物是利用配位结合形成高分子链，在溶液中呈现平衡状态，根据高分子浓度不同引起的聚合呈可逆的变化，即溶液中高分子浓度低时聚合度小，浓度高时聚合度大。通过对该器件在−2.5 ~ +2.5V 范围内改变施加的电压使颜色发生变化，实现了如图 9-19 所示的五种颜色显示。试制器件在制造时将混合聚合物涂在透明导电玻璃上形成薄膜，然后通过固体电解质重叠。器件厚度仅为 2mm。在 1s 内可稳定并可逆性地反复写入（着色）和擦除（褪色）。

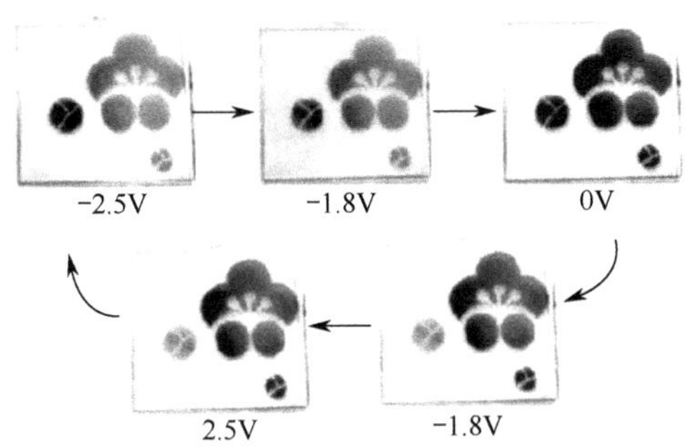

图 9-19　日本 NIMS 与 JST 开发的 10 英寸五色显示 ECD

日本阿尔卑斯电气曾推出采用 ECD 技术的蓝白显示电子纸，将蓝色的文字和图案显示在白色的背景上。这种电子纸的驱动电压为 1V，响应时间为 0.5s。通过使用薄膜底板实现柔性显示。

日本山形大学和东北大学的团队共同开发出采用一个电极就能变化四种颜色的 ECD 器件。ECD 器件由电极和普鲁士蓝、电活性高分子、普鲁士蓝三层精密涂布层构成。使用的电致变色材料是由普鲁士蓝和电化学活性高分子组成的钌配合物高分子，成功地使单一电极变化出蓝色、黄色、透明、黄蓝色四种色彩。如果调整色素、高分子材料、电极等组合条件至最佳状态，则可实现全彩色显示。

参考文献

[1] 欧阳密，朱睿，吕晓静，等. 多色显示电致变色聚合物叠层复合薄膜的可控制备[J]. 高等学校化学学报, 2019, 40(3): 631-646.

[2] 吴琼，张观广，陈皇星，等. 柔性电致变色材料的研究与发展[J]. 功能材料, 2019, 50(10): 10040-10046.

[3] THIBAULT R C, ROBERT A H, FEENSTRA B J, et al. Liquid behavior inside a reflective display pixel based on electrowetting[J]. Journal of Applied Physics, 2004, 95(8):4389.

[4] KIM D Y, STECKL A J. Electrowetting on Paper for Electronic Paper Display[J]. ACS Applied Materials & Interfaces, 2010, 2(11):3318-3323.

[5] ADAMIAK K. Capillary and electrostatic limitations to the contact angle in electrowetting-on-dielectric[J]. Microfluidics and Nanofluidics, 2006, 2(6):471-480.

[6] LEE J, KIM C J. Surface-tension-driven microactuation based on continuous electrowetting[J]. Journal of Microelectromechanical Systems, 2000, 9(2):171-180.

[7] CAI G , WANG J, LEE P S. Next-Generation Multifunctional Electrochromic Devices[J]. Accounts of Chemical Research, 2016, 49(8):1469-1476.

[8] STECKL H Y J. Three-color electrowetting display device for electronic paper[J]. Applied Physics Letteres, 2010, 97(2):1-3.

[9] SCHULTZ A L, HEIKENFELD J, KANG H S, et al. 1000:1 Contrast Ratio Transmissive Electrowetting Displays[J]. Journal of Display Technology, 2011, 7(11):583-585.

[10] SUN N L, She Y, Cui J, et al. High-Performance Transmissive Electrowetting Display based on Bilayer Metallic Nanowire Gratings[J]. SID Symposium Digest of Technical Papers, 2015, 45(1):911-914.

[11] DEAN K A, JOHNSON M R, HOWARD E, et al. Development of Flexible Electrowetting Displays for Stacked Color[J]. SID Symposium Digest of Technical Papers, 2009, 40(1):772-775.

[12] KUO S W, CHANG Y P, CHENG W Y, et al. Novel Development of Multi-Color Electrowetting Display[J]. SID Symposium Digest of Technical Papers, 2009, 40(1): 483-486.

[13] YANG S, ZHOU K, KREIT E, et al. High reflectivity electrofluidic pixels with zero-power grayscale operation[J]. Applied Physics Letters, 2010, 97(14):143501.

[14] REBELLO K J, MARANCHI J P, TIFFANY J E, et al. Electrofluidic systems for contrast management[J]. Proceedings of SPIE—The International Society for Optical Engineering, 2012, 8373:34.

[15] HEIKENFELD J, ZHOU K, KREIT E, et al. Electrofluidic displays using Young-Laplace transposition of brilliant pigment dispersions[J]. Nature Photonics, 2009, 3(5):292-296.

[16] YANG S. Electrofluidic displays: Fundamental platforms and unique performance attributes[J]. Journal of the Society for Information Display, 2012, 19(9):608-613.

[17] DEAN K A, ZHOU K, SMITH S, et al. Electrofluidic Displays: Multi-stability and Display Technology Progress[J]. SID Symposium Digest of Technical Papers, 2011, 42(1):111-113.

[18] WANG M, GUO Y, HAYES R A, et al. Forming Spacers in Situ by Photolithography to Mechanically Stabilize Electrofluidic-Based Switchable Optical Elements[J]. Materials, 2016, 9(4):250.

[19] ZHOU M, ZHAO Q, TANG B, et al. Simplified dynamical model for optical response of electrofluidic displays[J]. Displays, 2017, 49(3):26-34.

[20] ZHAO Q, TANG B, BAI P, et al. Dynamic simulation of bistable electrofluidic

device based on a combined design of electrode and wettability patterning[J]. Journal of the Society for Information Display, 2018, 26(1):27-35.

[21] HAGEDON M, YANG S, RUSSELL A, et al. Bright e-Paper by transport of ink through a white electrofluidic imaging film[J]. Nature Communications, 2012, 3:1173.

[22] AUDEBERT P, MIOMANDRE F. Electrofluorochromism: from molecular systems to set-up and display[J]. Chemical Science, 2013, 4(2):575-584.

[23] TAKANO K, SATO K. Color electro-holographic display using a single white light source and a focal adjustment method[J]. Optical Engineering, 2002, 41(10):2427.

[24] HERSH H N, KRAMER W E, MCGEE J H. Mechanism of electrochromism in WO_3[J]. Applied Physics Letters, 1975, 27(12):646-648.

[25] HASHIMOTO S, MATSUOKA H. Mechanism of electrochromism for amorphous WO_3 thin films[J]. Journal of Applied Physics, 1991, 69(2):933.

[26] DELONGCHAMP D M, HAMMOND P T. High-Contrast Electrochromism and Controllable Dissolution of Assembled Prussian Blue/Polymer Nanocomposites [J]. Advanced Functional Materials, 2010, 14(3):224-232.

[27] KOBAYASHI N, MIURA S, NISHIMURA M, et al. Organic electrochromism for a new color electronic paper[J]. Solar Energy Materials and Solar Cells, 2008, 92(2): 136-139.

[28] HIRAI Y. Electrochromism for organic materials in polymeric all-solid-state systems[J]. Applied Physics Letters, 1983, 43(7):704.

[29] KOBAYASHI N, MIURA S, NISHIMURA M, et al. Organic electrochromism for a new color electronic paper[J]. Solar Energy Materials and Solar Cells, 2008, 92(2): 136-139.

[30] ITAYA K, SHIBAYAMA K, AKAHOSHI H, et al. Prussian-blue-modified electrodes: An application for a stable electrochromic display device[J]. Journal of Applied Physics, 1982, 53(1):804.

[31] MORTIMER R J, DYER A L, REYNOLDS J R. Electrochromic organic and polymeric materials for display applications[J]. Displays, 2006, 27(1):2-18.

[32] JANG J E, JUNG J E, CHANG H N, et al. 4.5″ Electrochromic Display with Passive Matrix Driving[J]. SID Symposium Digest of Technical Papers, 2008, 39(1):1826-1829.

[33] DEB S K. Opportunities and challenges in science and technology of WO_3 for electrochromic and related applications[J]. Solar Energy Materials and Solar Cells, 2008, 92(2):245-258.

[34] PERRY T S. Black, white and readable [nanochromics display][J]. IEEE Spectrum, 2006, 43(1):38-41.

[35] YOO B, KIM K, LEE S H, et al. ITO/ATO/TiO_2 triple-layered transparent conducting substrates for dye-sensitized solar cells[J]. Solar Energy Materials and Solar Cells, 2008, 92(8):873-877.

[36] KAWAHARA J, ERSMAN P A, ENGQUIST I, et al. Improving the color switch contrast in PEDOT:PSS-based electrochromic displays[J]. Organic Electronics, 2012, 13(3): 469-474.

[37] ZHANG X, SHANG C, GU W, et al. A Renewable Display Platform Based on the Bipolar Electrochromic Electrode[J]. ChemElectroChem, 2016, 3(3):383-386.

[38] LU Z, LIANG Z, YU X X, et al. Polyaniline electrochromic devices with transparent graphene electrodes[J]. Electrochimica Acta, 2010, 55(2):491-497.

[39] YAO D, RANI R, O'Mullane A, et al. High performance electrochromic devices based on anodized nanoporous Nb_2O_5[J]. Journal of Physical Chemistry C, 2013, 118(1):476-481.

[40] LIU J W, ZHENG J, WANG J L, et al. Ultrathin $W_{18}O_{49}$ Nanowire Assemblies for Electrochromic Devices[J]. Nano Letters, 2013, 13(8):3589.

[41] CHUNG Y W, LI A K, LEE J H, et al. Electrochromic Display: Full-color Technology, Flexible, Roll-to-roll Processing etc[J]. SID Symposium Digest of Technical Papers, 2011,42(1):147-148.

[42] LU C H, HON M H, KUAN C Y, et al. Preparation of WO_3 nanorods by a hydrothermal method for electrochromic device[J]. Japanese Journal of Applied Physics, 2014, 53(6S):06JG08.

第 10 章

仿生光学型电子纸显示技术

仿生光学型电子纸显示技术主要包括干涉调制显示技术和光子晶体显示技术。

10.1　干涉调制显示技术

干涉调制显示技术主要是 Mirasol 显示技术。Mirasol 显示技术模拟了蝴蝶拍动翅膀时创造生动色彩的现象，利用反射技术，根据周围光线自动调节显示亮度。光线越强，显示画面越清晰。Mirasol 显示技术具有低能耗、高刷新率、色彩真实等优点，缺点是视角窄、制造成本高。

10.1.1　干涉调制显示原理

Mirasol 显示技术使用基于微电子机械系统（Micro-Electro-Mechanical System，MEMS）技术的微细共振单元作为像素，通过调整像素盒厚大小，分别对外界光中的 RGB 三原色进行全反射，实现彩色显示。Mirasol 显示屏的像素结构如图 10-1 所示，反射红色光（λ=675nm）的 R 子像素，盒厚为 675nm；反射绿色光（λ=520nm）的 G 子像素，盒厚为 520nm；反射蓝色光（λ=450nm）的 B 子像素，盒厚为 450nm。

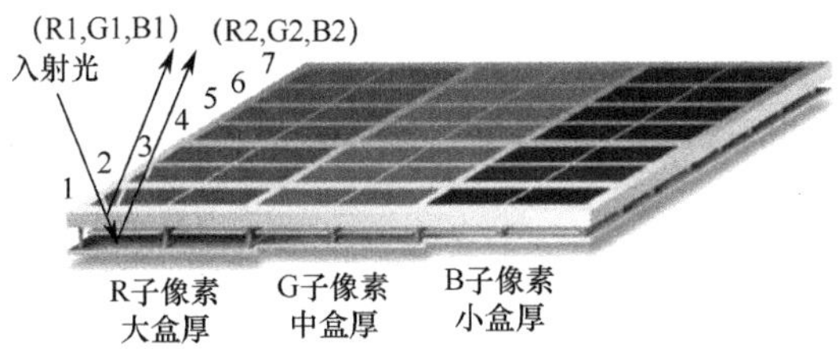

图 10-1　Mirasol 显示屏的像素结构（颜色由盒厚大小决定）

Mirasol 显示技术最核心的结构就是基于干涉测量调节（Interferometric Modulation，IMOD）反射技术的组件。如图 10-2 所示，这是一个由两块导电板组成的MEMS设备：下导电板是可变形金属反射膜(metallic membrane)，上导电板是堆叠在玻璃基板上的一叠薄膜（thin film stack），两块导电板之间的空隙充满了空气，构成空气薄膜以利于光线在其中反射。从最基础的层面来说，Mirasol 显示技术是一种光学谐振腔，上下导电板都作为光学谐振腔里的反射镜。

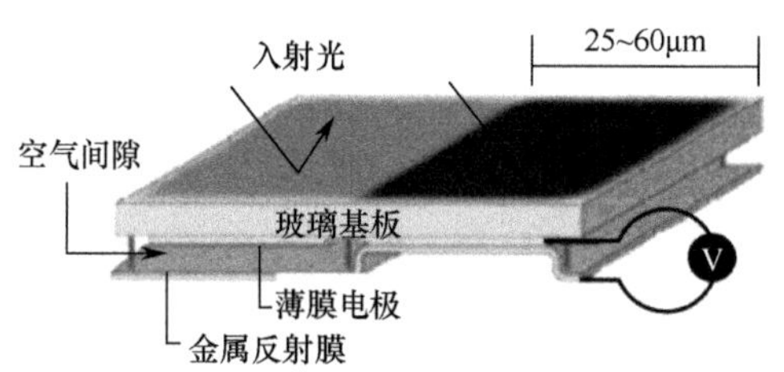

图 10-2　IMOD 基本结构

Mirasol 的彩色显示涉及薄膜干涉原理，在图 10-1 中，当入射光（可以认为是 RGB 的混合光）照射 Mirasol 显示单元时，空气薄膜上表面（上导电板）的反射光（可以认为是 R1、G1、B1 的混合光）和空气薄膜下表面（下导电板）的反射光（可以认为是 R2、G2、B2 的混合光）存在一个光程差Δ。当$\Delta=k\lambda$(k=1,2,3,⋯)时，干涉加强，属于相长干涉；当Δ=($2k+1$)$\lambda/2$(k=0,1,2,⋯)时，干涉减弱，属于相消干涉。如图 10-3 所示，在盒厚为 675nm 的显示单元中，红色光 R 在空气薄膜上下表面的反射光的光程差Δ为 2λ（λ=675nm），

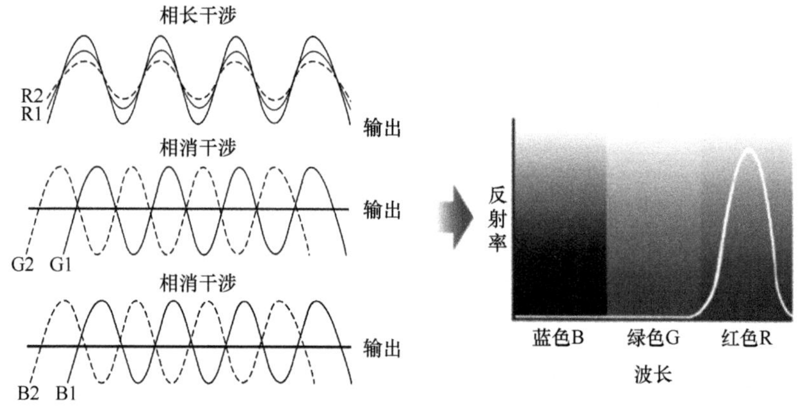

图 10-3　空气薄膜干涉原理

属于相长干涉；而绿色光 G 和蓝色光 B 在空气薄膜上下表面的反射光属于相消干涉，所以盒厚为 675nm 的显示单元反射的是红色光。同理，盒厚为 520nm 的显示单元反射的是绿色光，盒厚为 450nm 的显示单元反射的是蓝色光。

在图 10-2 中，采用 IMOD 技术的组件有两种稳定状态：不加电压时的开放态（open state），以及加电压后的关闭态（collapsed state）。当没有电压时，两块导电板互相分离，间距保持为盒厚大小，入射光经空气薄膜上下表面反射后，光程差Δ为 2λ，相应的色彩通过反射而呈现。所以，开放态也就是亮态。当施加一个比较小的电压时，空气薄膜上下表面由于静电引力吸附在一起，此时入射光经过极薄的空气薄膜上下表面反射后出现可见光相消干涉，只剩下人眼不可见的紫外线光谱，像素呈现黑色。所以，关闭态也叫暗态。

在实际使用时，Mirasol 显示单元表现出如图 10-4 所示的磁滞现象：①在一个恒定的偏置电压下，IMOD 单元固定为一个开放态，显示一定的颜色；②施加一个正向写入脉冲电压，金属反射膜在弹簧的作用下上移，进入一个关闭态，显示单元呈现黑态；③撤销写入脉冲后，IMOD 单元维持在关闭态，同时继续维持恒定的偏置电压；④施加一个负向擦除脉冲电压，金属反射膜下移，从关闭态恢复到开放态，显示单元从黑态恢复为显示一定的颜色。

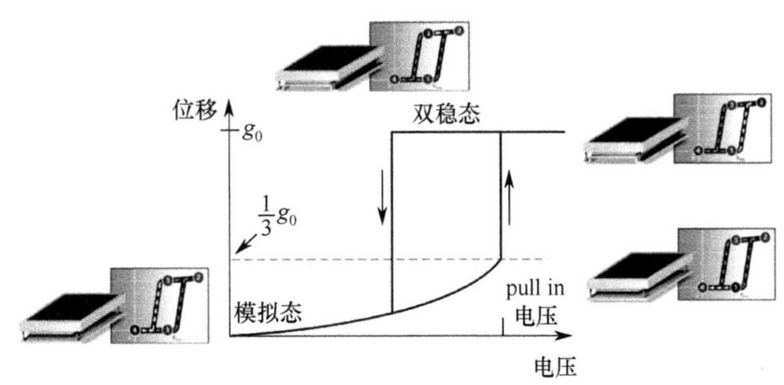

图 10-4　Mirasol 显示屏的双稳态和磁滞特性

Mirasol 显示技术原理（利用共振原理）简单，但结构不简单，这也是 Mirasol 显示技术发展多年一直面临合格率问题的主因之一。

10.1.2　彩色干涉调制显示技术

如图 10-2 所示的显示单元只能显示亮态的单一颜色，以及暗态，共两种

状态。为了形成全彩色显示，研究者开发了如图 10-5 所示的彩色 Mirasol 显示屏：一个像素分为 RGB 3 个子像素，每个子像素分为 14 个显示单元，第 1 行的两个显示单元为一组，第 2 行和第 3 行的 4 个显示单元为一组，第 4 行到第 7 行的 8 个显示单元为一组，通过空间抖动（spatial dithering）形成 8（$=2^3$）个单色灰阶，共 512（$=8^3$）种色彩。

(a) 4个显示单元组成一个像素

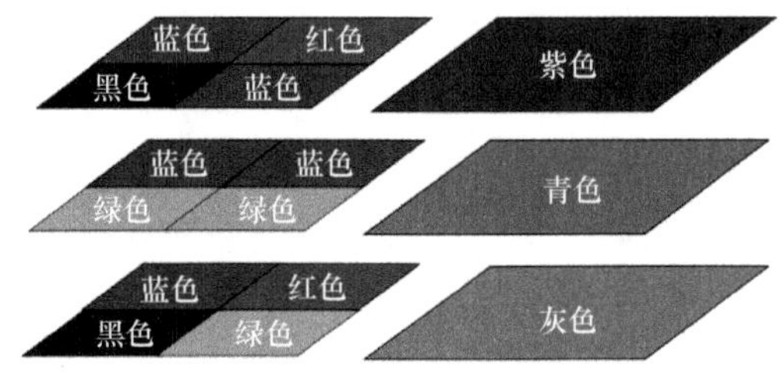

(b) 空间抖动后的知觉颜色举例

图 10-5　单个显示单元的多色显示技术

如果让每个显示单元都能独立显示 RGBK（红色、绿色、蓝色、黑色）四种颜色，那么就能用图 10-5 所示的 4 个显示单元代替图 10-1 所示的 42 个显示单元，可以显示 256（$=4^4$）种色彩。对应相同尺寸的显示屏，亮度可以提高 10 倍，或者精细度提高 10 倍。

支撑图 10-5 所示的空间抖动技术，需要采用如图 10-6 所示的模拟反射镜控制结构。反射红色光、绿色光、蓝色光，以及显示黑色时的上下电极间距，通过金属反射镜下方的弹簧进行控制。弹簧可以通过标准表面微细加工工艺进行制作。薄膜电极和金属反射镜之间的最大间距为反射红色光所需的 675nm。在电压控制下，金属反光镜上移，当薄膜电极和金属反光镜的间距为 520nm 时显示绿色，当薄膜电极和金属反光镜的间距为 450nm 时显示蓝色，当薄膜电极和金属反光镜基本接近时显示黑色。

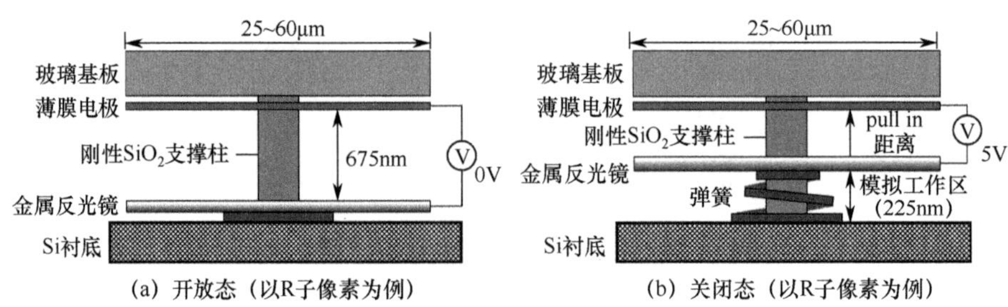

(a) 开放态（以R子像素为例）　(b) 关闭态（以R子像素为例）

图 10-6　模拟反射镜控制结构

该技术的 MEMS 结构具备的光电学机械行为本身就有磁滞现象，同时它也提供与许多有源矩阵显示相似的内置“记忆”效应。所以，Mirasol 显示技术只有在像素颜色需要改变时才需要消耗电力，功耗极低。Mirasol 显示屏依靠反射外部光源进行显示，除节能外，更能与环境光线匹配以保护视力。由于 Mirasol 面板具备彩色、强光下可视等特性，分辨率也有 223ppi。

不同于主流的电泳显示技术，Mirasol 显示技术由于可视光的波长均为纳米级别（也就是 380～780nm），采用干涉测量调节技术（IMOD）的可变形膜只需移动大约几百纳米的距离，便可实现在两种颜色间转换，色彩变幻速率在数十微秒内。所以 Mirasol 显示屏刷新速度很快，甚至可以用来播放视频，采用了 Mirasol 技术的第一代演示样品在响应时间上与 LCD 差别不大，而且播放视频画面无残影。

Mirasol 对色彩的真实还原能力相比传统 LCD 而言仍有待增强，且屏幕的可视角度明显小于电泳显示技术，超过某个特定角度，色彩就会发生较大变化。

10.2　光子晶体显示技术

光子晶体显示（Photonic Crystal Display，PCD）技术由加拿大多伦多大学和英国布里斯托尔大学共同开发。由多伦多大学创办的 Opalux 公司所首创的 PCD 技术，商用名为“光子墨水”（Photonic Ink，P-Ink）。

10.2.1　光子晶体材料技术

自 1987 年光子晶体的概念被提出以来，光子晶体的应用逐渐受到重视，范围从光纤到量子计算机不一而足。其实自然界中本来就存在着多种多样的光子晶体结构，为我们这个世界带来了斑斓绚丽的色彩。例如，光子晶体使猫眼石具有了斑斓的色彩，也使很多有机体呈现出并非源自染料的颜色。这是光子晶体显示技术的基础。

在光电子领域，LCD、LED、光纤通信等都是通过物质改变光的行为，如偏振光、电激发光、光学导波，从而实现对光的利用。这些特性多数都是以改变物质分子尺度的物理化学结构来达成的。其实，光波在物质中的电磁特性也可以通过在波长尺度上（100nm～1mm）设定特定的物理结构来加以改变。

光子晶体是一种由不同介质组成的具有周期性微结构的人工材料，可用于控制电磁波的传播，其在原子尺寸量级对应的是具有周期性结构的半导体材料。类似于半导体中周期性势能对于电子的带隙形成，光子晶体材料因其具有的周期性折射率可以形成所谓的光子频率带隙（photonic band gap），频率落在光子带隙中的光波在光子晶体中不能传播。因此，光子晶体也被称为光子半导体。光子晶体由两种或两种以上不同折射率（或介电常数）的介电材料在空间上做周期性变化的微结构。依照它在空间上周期性分布的维度，可分为如图 10-7 所示的一维光子晶体、二维光子晶体、三维光子晶体。常见的是一维光子晶体，即由两种不同折射率的材料在一个方向上交替排列而成的周期结构。

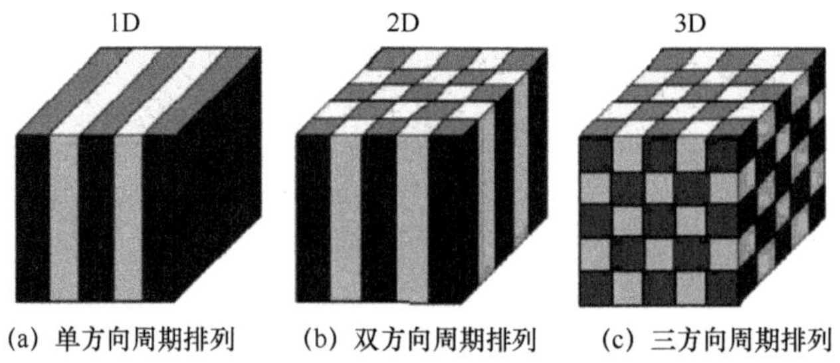

(a) 单方向周期排列　(b) 双方向周期排列　(c) 三方向周期排列

图 10-7　三种不同维度光子晶体示意图

光子晶体的半导体特性主要表现为光子晶体所具有的光子禁带、光子局域等物理特性。在光子晶体中，电磁波受周期性势场的调制而形成能带，能带之间可能出现带隙，即光子带隙或光子禁带。如图 10-8 所示，如果在光子晶体中引入缺陷结构可以由此产生局域电磁态及局域传播态，与缺陷态频率吻合的光子就会被局域在缺陷位置，一旦其偏离缺陷处光将迅速衰减。在此基础上可以制造高 Q 值微型谐振腔和线性波导，在无辐射损耗的状态下完成对光的控制。

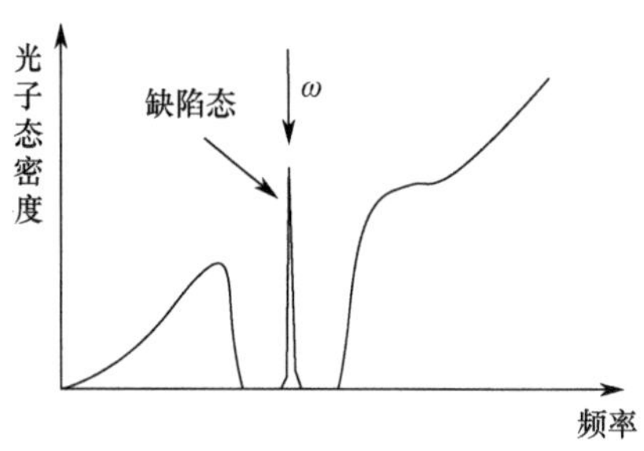

图 10-8　光子晶体的光子局域

自然界中普遍存在的结构色就是由光子晶体导致的。从花朵到蝴蝶，从昆虫到海洋生物，这些自然生物身上的光子晶体覆盖了一维到三维结构，既包括简单的光栅，也有复杂的晶格周期。这些具有特定周期结构的光子晶体能够对波长落在光子禁带范围内的光进行选择性反射，从而显示不同颜色，达到隐蔽、伪装、迷惑天敌、求偶等目的。比如，紫斑环蝶前翅边沿的有闪亮蓝色就是一种典型的结构色。如图 10-9 所示，对应这种蓝色的微结构是一维有序排列的鳞片，每个鳞片的上表面都有平行的脊脉结构，每个脊脉包含五六个壳质薄片层，彼此由空气层隔开。每个周期由壳质层和空气层组成。整个鳞片的模型可以简化成一维光子晶体结构，即由两种各向同性介质交替组成的周期性结构，其中一层是壳质层，另外一层是等效空气层的各向同性介质层。

图 10-9　紫斑环蝶蓝色前翅位置的鳞片结构

10.2.2　光子晶体显示原理

光子晶体显示技术是一种可将自身像素调制成各种颜色的显示技术，实现了像素颜色独立可调，从而能够提供更鲜艳的颜色和更高的清晰度。这里以光子墨水 P-Ink 为例，来介绍光子晶体显示的原理。

PCD 像素基本结构如图 10-10 所示，在上下导电玻璃之间的是电介质以及嵌有几百个球形 SiO_2 颗粒的电活性聚合物。SiO_2 颗粒的直径在 200nm 左右，这些微小的球形 SiO_2 颗粒堆积形成“蛋白石”结构。颗粒间距不同的蛋白石，可反射不同波长的色光而呈现不同的颜色，故被称为光子晶体。这些光子晶体材料球形微粒牢固地附着在一种类似于海绵的多孔电活化聚合物上。

光子墨水通过控制光子晶体的间距，从而影响这些晶体所反射出的光的波长。在这点上，光子晶体所起的作用与半导体晶体的作用是相同的。不过，半导体晶体影响的是电子的运动状态，而光子晶体则是影响光子的运动轨迹。如图 10-11 所示，当在像素的电极上加载的电压增大时，电解质就会被吸入这些海绵状压电聚合物中，使它们发生膨胀。压电聚合物的膨胀迫使 SiO_2 颗粒相互远离，导致光子晶体的晶格常数发生改变（$\delta_B<\delta_G<\delta_R$）。当颗粒之间的距离增大时，反射光的波长也相应红移（蓝色光→绿色光→红色光）。反之，若所加电压减小，压电聚合物就会挤出电解液而收缩，导致球形微粒的间距减小，其反射色光的波长蓝移（从红色光到蓝色光）。因此，只要精确控制 PCD 像素的驱动电压，就能使其反射不同波长的色光而显示各种颜色。实验表明，在 0～2V 的电压范围内，就可以使 PCD 像素分别显示出全部可见光的色彩。

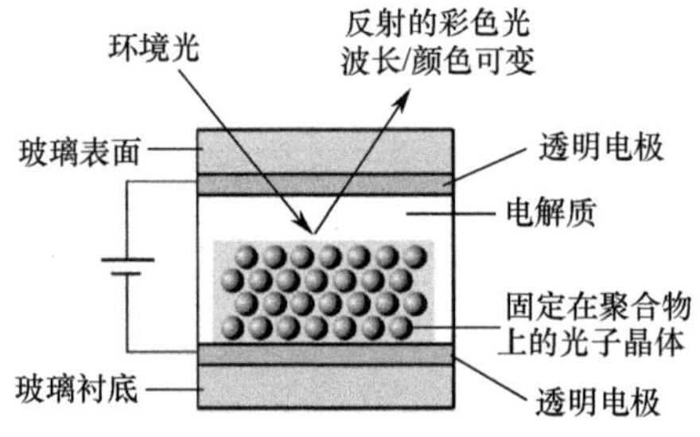

图 10-10　PCD 像素基本结构

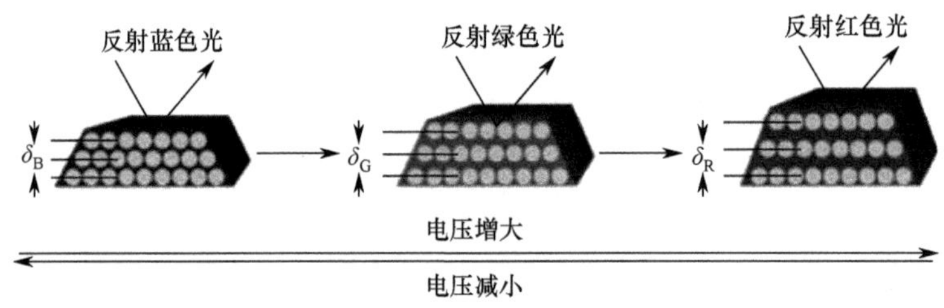

图 10-11　光子墨水的彩色显示原理

一旦电解液被压电聚合物吸入，这些液体就会待在里面，直到新输入的电压把它们给排出去。也就是说，一旦某个像素被调制到某种颜色，该像素就会在几天之内都保持颜色稳定，这期间无须任何电力来维持它的状态。这意味着光子墨水是多稳态的，具有电子纸技术的特质。而且，光子墨水材料本质上是柔性的。如果使光子晶体稍大一些，有可能超出可见光范围进入红外光区域。这种效应肉眼观察不到，但可以用来制作控制热能通过的智能窗户。

此外，加利福尼亚大学所研究的光子晶体由表面带电的磁性氧化物粒子组成，表面电荷的排斥作用使得粒子之间保持一定距离，而且这些粒子可以

受到磁场的影响。通过改变磁场强度可以调节粒子间距，从而改变光子晶体反射色光的波长，以显示从红色到紫色的各种不同颜色。切断磁场后，光子晶体又会回到原来的颜色。

传统的 RGB 像素通过空间混色的方法配比 RGB 三色比例来实现彩色显示。例如，想让整个屏幕都显示红色，那么只有 1/3 的像素被调用，这使得显示的亮度打了折扣。与其他彩色电子纸显示技术相比，PCD 技术每个像素都能呈现可见光谱中的任何一种颜色。图 10-12 所示为 PCD 像素反射红光、绿光和蓝光的反射光谱。这使得颜色的丰富度和鲜明度增加了 3 倍。对视频而言，连续的画面刷新率要求至少达到每秒 25 帧。而目前光子墨水像素开关时间在 0.2～0.4s，与其他电子纸显示技术不相上下，但尚未达到视频速率。

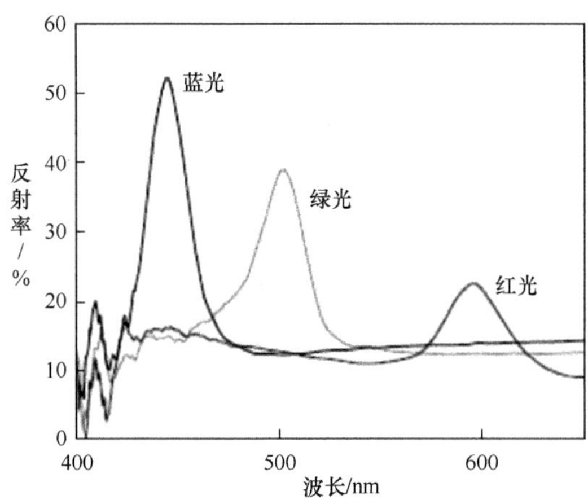

图 10-12　红绿蓝三基色的反射光谱

参考文献

[1] GALLY B, LEWIS A, AFLATOONI K, et al. A 5.7″ color mirasol® XGA display for high performance applications[J]. SID Symposium Digest of Technical Papers, 2011, 42(1):36-39.

[2] MARTIN R A, LEWIS A, MIGNARD M, et al. Invited Paper: Driving mirasol® Displays: Addressing Methods and Control Electronics[J]. SID Symposium Digest of Technical Papers, 2011, 42(1): 330-333.

[3] 徐富国,堵光磊. 显示器的室外可读性分析[J]. 液晶与显示, 2013, 28(3): 358-364.

[4] GALLY B, CUMMINGS W, TAVAKOLI H, et al. Wearable Display Expectations:

Enabling Mobile Display Experiences of the Future[J]. SID Symposium Digest of Technical Papers, 2014, 45(1):377-380.

[5] MA J, HONG B, HONG J, et al. Enhancing Interferometric Display Color View Angle Performance Using a Fiber Array Film[J]. SID Symposium Digest of Technical Papers, 2015, 46(1):469-471.

[6] BITA I, TAVAKOLI H, POLIAKOV E, et al. Optimizing the Brightness of Reflective Displays in Mobile Applications[J]. SID Symposium Digest of Technical Papers, 2012, 42(1): 261-263.

[7] XU G, GILLE J, GALLY B, et al. Optimization of Subpixel Color Tiles for Mobile Displays[J]. SID Symposium Digest of Technical Papers, 2012, 39(1):1351- 1354.

[8] HONG J, CHAN E, CHANG T, et al. Single Mirror Interferometric Display—A New Paradigm for Reflective Display Technologies[J]. SID Symposium Digest of Technical Papers, 2014, 45(1): 793-796.

[9] ARSENAULT A C, WANG H, KERINS F, et al. Photonic Crystal Display Materials[J]. SID Symposium Digest of Technical Papers, 2011, 42(1):40-41.

[10] GANESH N, ZHANG W, MATHIAS P C, et al. Enhanced fluorescence emission from quantum dots on a photonic crystal surface[J]. Nature Nanotechnology, 2007, 2(8): 515-520.

[11] ABE H, NARIMATSU M, WATANABE T, et al. Living-cell imaging using a photonic crystal nanolaser array[J]. Optics Express, 2015, 23(13):17056.

[12] KAMENJICKI M, KESAVAMOORTHY R, Asher S A. Photonic crystal devices[J]. Ionics, 2004, 10(3-4):233-236.

[13] LUO Z, XU S, RELINA V, et al. Reflective Color Display Using a Photonic Crystal[J]. SID Symposium Digest of Technical Papers, 2013, 44(1):1242-1245.

[14] ARSENAULT A C, PUZZO D P, GHOUSSOUB A, et al. Development of photonic crystal composites for display applications[J]. Journal of the Society for Information Display, 2007, 15(12):1095-1098.

[15] LI B, CAI X, ZHANG Y. Photonic crystal cavity-based micro/nanodisplay for visible lights[J]. Applied Physics Letters, 2006, 89(3):031103.

[16] SUZUKI M. Energy-efficient liquid-crystal displays (e2-LCDs) using a photonic-crystal backlight system[J]. Journal of the Society for Information Display, 2011, 19(9):590-596.

[17] LEWINS C J, ALLSOPP D W E, SHIELDS P A, et al. Light Extracting Properties of Buried Photonic Quasi-Crystal Slabs in InGaN/GaN LEDs[J]. Journal of Display Technology, 2013, 9(5):333-338.

[18] 苏安，高英俊. 双重势垒一维光子晶体量子阱的光传输特性研究[J]. 物理学报,

2012, 61(23):259-268.

[19] CHO E H, KIM H S, SOHN J S, et al. Nanoimprinted photonic crystal color filters for solar-powered reflective displays[J]. Optics Express, 2010, 18(26):27712-27722.

[20] ZHOU Y, TANG Y, DENG Q, et al. Dimensional metrology of smooth micro structures utilizing the spatial modulation of white-light interference fringes[J]. Optics & Laser Technology, 2017, 93(3):187-193.

[21] VETTENBURG T, HARVEY A R. Correction of optical phase aberrations using binary-amplitude modulation[J]. Journal of the Optical Society of America A, 2011, 28(3):429-433.

[22] LING Y, GAO W, OUYANG S, et al. Flat-Panel-Display System Based on Interference Modulation for Both Intensity and Color[J]. SID Symposium Digest of Technical Papers, 2011, 42(1):1049-1051.

[23] YAN J, MENG P H. Research on Methane Concentration Monitoring System Based on Electro-Optical Modulation Interference[J]. Spectroscopy and Spectral Analysis, 2013, 33(8):2153-2156.

[24] SUN J, HUANG S, ZHANG J, et al. Micro Fabry Perot light modulator for flat panel display[J]. Frontiers of Optoelectronics in China, 2008, 1(3-4):210-214.

[25] YUYE L, WEILU G, SHIHONG O, et al. Flat-Panel-Display System Based on Interference Modulation for Both Intensity and Color[J]. SID Symposium Digest of Technical Papers, 2011, 42(1):1049-1051.

第 3 篇　投影显示技术

第 11 章

投影显示技术概述

基于高温多晶硅液晶显示（High Temperature Poly-Silicon LCD，HTPS-LCD）、数字光处理（Digital Light Processing，DLP），硅基液晶（Liquid Crystal on Silicon，LCOS）等非主动发光微显示器（Micro Display，MD）的投影显示技术，相应的 LCD 投影、DLP 投影和 LCOS 投影统称为微显示投影（Micro Display Projection，MDP）技术，区别于早期的 CRT 投影显示技术。根据投影显示器与使用者的位置关系不同，分为前投影显示（Front Projection Display，FPD，简称前投）与背投影显示（Rear Projection Display，RPD，简称背投）两大类。前投与背投在整机方面的光学处理方式不同，但是具有相同的核心显示器件，即光学引擎。

11.1　投影显示技术发展概况

投影显示的优势在于大屏幕显示。影响大屏幕显示效果的有屏幕、光学引擎，以及屏幕与光学引擎之间的光路。屏幕技术的一个重要发展方向是高性能化，提高投射光的利用效率，扩大视角。光学引擎的一个重要发展方向是微型化，实现前投的便携式与嵌入式应用。光路的处理是背投轻薄化和前投短焦距化的一个重要技术方向。随着短焦投影的发展，前投取代背投，成为大屏幕显示的重要技术之一。

11.1.1　投影显示技术的发展

背投电视是替代 CRT 电视实现大屏幕显示的早期显示技术之一，虽然退出了家用电视领域，但依然坚守拼接墙领域。前投的主要应用是投影机和激光电视。

1. MDP 背投的发展

在 20 世纪 80 年代末，利用反射成像开发的背投显示技术，解决了 CRT

清晰度低、不能制造大尺寸屏幕的问题。第一代背投采用的是 CRT 光学引擎技术，这种 CRT 背投存在亮度较低、边缘清晰度和边缘会聚较差、功耗高、笨重、调整复杂、光栅受地磁影响等缺陷。1998 年开始出现 LCD 背投，2000 年出现 DLP 背投和 LCOS 背投，2002 年以后这些 MDP 背投迅速进入市场并开始取代 CRT 背投电视。

LCD 背投利用透射型 HTPS TFT-LCD（简称 HTPS-LCD）显示屏作为成像器件，发展较为坎坷。作为 LCD 背投电视关键部件的光学引擎，设计复杂，成品率低，导致成本较高。加上照明灯泡寿命短、开关机都需要预热等缺点，虽然三洋、三星、日立等公司都曾推出 LCD 背投电视，但都放弃得比较早。但是，HTPS-LCD 显示屏仍然有广阔的发展空间。LCD 背投的色彩可以达到 10 亿色，清晰度可以达到 622 万像素，是各种背投显示设备中像素最高的显示方式。它利用比较成熟的液晶投影技术，色彩还原性好，亮度和对比度都优于 CRT 背投。投放市场的最大 LCD 背投电视是索尼达的 70 英寸 LCD 背投。

DLP 背投是利用数字光处理器成像的背投电视。其关键器件 DMD（Digital Micromirror Device，译为数字微镜器件）显示屏是一种半导体元件，由 TI 公司研发成功，它以数字微镜装置作为成像器件，反射光投射图像到屏幕。DLP 背投在寿命方面是背投电视中最长的。2010 年，三菱电机上市了以 DLP 方式在显示器上显示激光的 75 英寸背投式电视“激光电视”。DLP 背投因为清晰度的关系，投影至 55 英寸后性能与 LCD 背投有一定差距。

LCOS 背投的光学成像原理与 DLP 一样，利用反射方式。LCOS 背投的解析度可以比 DLP 背投高，而且结构简单。2000 年，Aurora Systems 公司生产出首批成型的 LCOS 投影机产品，所以 2000 年可谓是 LCOS 投影机的元年。2006 年，JVC 展出了 110 英寸背投电视。由于 LCOS 在开发中涉及整个组件的设计、制造到光学系统的整合，有较高的技术门槛，且每个从业者所开发的 LCOS，各有专用的 ASIC、光学引擎等，零组件和生产无法标准化，因此很难达到量产的经济规模。

随着大尺寸 TFT-LCD 电视的尺寸越做越大，价格不断走低，使得 MDP 背投电视的竞争优势不再。目前，背投电视基本退出了家用电视领域。

2. MDP 前投的发展

MDP 前投的发展主要是 MDP 投影机的发展。如表 11-1 所示，最早的 CRT

投影机出现在 20 世纪 50 年代。1989 年，夏普推出全球第一台单片 LCD 视频投影机，爱普生推出全球第一台 LCD 投影机 VJP-2000，结束了投影机市场上只有 CRT 一种技术的局面，奠定了投影机快速发展的基础。随着 1996 年 3LCD 投影、第一款 DLP 投影的推出，CRT 投影技术开始走下坡路，并迅速淡出人们的视线。在 2007 年以前，MDP 投影机的发展以光通量的提升为主，主流商务投影机的光通量从 1500lm 提升至 2500lm，教育投影机的光通量也提升至 3000lm。光通量水平提升到这一高度后，投影机就开始按照不同的使用需求进行分化。在投影机的演变进化过程中，短焦投影机产品应运而生。

表 11-1　投影机的发展历史

年份	企业	事件
1953 年	EIKI	生产出世界上第一台 16mm 胶片放映机
1989 年	夏普	推出全球第一台单片 LCD 视频投影机
1989 年	爱普生	制造出全球第一台 LCD 投影机，称为 Video-Projection（视频投影机）
1991 年	富可视	研制成功全球第一台数据投影机
1993 年	富可视	研制成功全球第一台多媒体 LCD 投影机、第一台笔记本式 LCD 投影机
1994 年	NEC	推出全球第一台支持工作站的液晶投影机
1995 年	富可视	研制成功全球第一台多晶硅多媒体机、第一台便携高分辨率 1280 像素×1024 像素机
1996 年	东芝	推出世界上第一台实物摄像投影机
1996 年	富可视	推出全球首台 DMD 数字式多媒体投影机
1998 年	富可视	推出全球最小 DLP 数字式多媒体投影机
1999 年	夏普	推出全球第一台 16:9 的 DLP 数据投影机
2000 年	东芝	推出世界上最轻的液晶投影机（2.5kg）
2001 年	科视	推出世界上第一台三片式 DLP 投影机
2001 年	东芝	推出世界上最短焦的投影机
2002 年	东芝	推出世界上第一台无线投影机 TLP-T500
2003 年	东芝	推出全球首台双风道通道 DLP 便携投影机
2003 年	NEC	推出全球首款镜面反射超短焦投影机
2004 年	东芝	推出世界上第一台具有五色段“旋彩轮”技术的 DLP 投影机
2005 年	三菱和三星	分别推出第一代掌上微型投影机
2006 年	东芝	推出全球最轻的 LED 口袋型投影机
2007 年	东芝	推出当时世界上最轻超短焦投影机（4.0kg）
2008 年	德州仪器	推出全球第一台家用 LED 投影机
2008 年	奥图码	推出全球第一台手机投影机 PK101
2008 年	富可视	推出业界首款深蓝智能触控式投影机
2009 年	奥图码	推出世界上第一台具备动态运算能力的 DLP Full HD 投影机

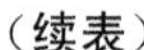

（续表）

年份	企业	事件
2009 年	优派	发布全球首款采用 3D 技术的投影机 PJ6210-3D
2010 年	卡西欧	推出世界上第一台混合光源投影机
2011 年	Acer 等	反射式 DLP 超短焦投影机上市
2012 年	理光	推出世界上最小、最轻（3.0kg）及投影距离最短的 PJWX 系直立短焦投影机
2013 年	LG	发布激光投影电视 Hecto TV（在 56 厘米处可投射出 100 英寸 1080p 影像）

短焦投影机可以在小于 1m 的短距离内投射出 80 英寸以上的大屏幕画面。短焦投影机主要分为短焦投影机和超短焦投影机。短焦一般是正投式，采用鱼眼式镜头；而超短焦一般是反射式投影，投影距离更短。反射式短焦投影机都是名副其实的超短焦。如图 11-1 所示，短焦投影机具有省空间、无阴影及健康节能等优点。短焦投影机在安装时，不必像以往那样吊装在使用者的头顶，既可以避免投影机光线对演讲者眼睛的直射，同时也避免了演讲者的影子被投射在屏幕上遮挡画面。此外，当短焦互动投影与电子白板结合使用后，使用者可以轻松地在投影画面上书写、标注，并同时操控计算机，实现与计算机的互动。

图 11-1　短焦投影机不再影响演讲者

随着投影距离的缩短，前投式大屏幕微显示投影正接近准平板显示。理光的 PJWX4130 可以在 11.7 厘米的距离投射出 48 英寸的图像，在 25 厘米的距离投射出 80 英寸的大幅画面。台达集团的 Vivitek D755WTi 结合 WXGA 分辨率及超短焦技术加上交互式多媒体功能，让用户在最短的距离投射出最大的尺寸。除可在距离屏幕约 36 厘米的距离投射出约 100 英寸的影像外，其交互式多媒体功能更可用多支互动笔，让老师与学生间双向同时无障碍沟通。超短焦投影机近年来在商务与教育领域逐步普及，家庭影院投影产品正成为下一个超短焦技术的应用细分市场。

3．投影机的应用

投影机的应用领域很广，面对不同的行业需求，投影机逐渐分化出商务投影机、便携投影机、教育投影机、工程投影机等。而近几年，个人消费对于投影机的需求增长，娱乐投影机、家用投影机行业也在逐渐兴起。新光源的崛起，也让投影机小到可以放在上衣口袋中，微型投影机也应运而生。再加上高清、3D 技术的应用，使投影机也走上了更专业的道路，根据不同的消费人群细分出市场。按照应用环境和用户的不同，投影机大致分为如下三类：主流型投影机、高端工程机和微型投影机。

光通量为 500 ~ 4999lm 的主流型投影机，主要应用于教育、商务、办公、家用等。主流型投影机以交互投影机、短焦投影机（short-throw projector）、超短焦投影机（ultra short-throw projector）的增长最为迅速。短焦和超短焦投影机的投影距离短，具有适应狭小空间投影、精度高、损失小等特点，加之其与电子白板配合良好，逐渐得到市场的接受。此外，新型激光源和 LED 光源技术的应用将会大大增加交互、3D 和 PC 投影机的市场需求量。

光通量在 5000lm 以上的高端工程机，主要应用于大型会场、数字电影院、虚拟和仿真场合。2012 年，高端工程机的出货量接近 30 万台。迅速发展的高端工程投影机成为解决彩色大画面显示的有效途径，应用范围也得到进一步拓展。高端工程机未来或许会出现“定制”模式，根据客户的需求，定制相应的投影机产品。

光通量在 500lm 以下的微型投影机，主要是口袋式微型投影机（pico-projector）和迷你式微型投影机（mini-projector）。口袋式微型投影机为手机大小，在不接外电的情况下至少有两小时以上的续航时间，质量一般不超过 0.5kg。绝大部分的迷你式微型投影机不带电池，由于其本身的功耗较高，所以要用外接电源，其电扇较大，且有一定噪声。用于微型投影机的微显示器件有 LCOS 和 DLP，光源主要是 LED、激光（LD）、混合光源（LPD）等固体光源。微投影分为独立式和嵌入式两种。其中，独立式微投影由于其小巧轻便、可移动、操作简便的特点，在广告传媒、家用娱乐等市场有广阔的应用空间。而嵌入式微投影是把微投影作为一个单独的功能模块集成到智能手机、数码相机、笔记本等数码产品中，未来的市场容量更加可观。

11.1.2　MDP 光学引擎概述

无论是前投还是背投，核心都是光学引擎，不同的光学引擎派生出不同的投影显示技术。MDP 光学引擎可以简化为如图 11-2 所示的 5 个部分：光源、照明光学系统、MD 显示屏、驱动电路系统和投影成像光学系统。

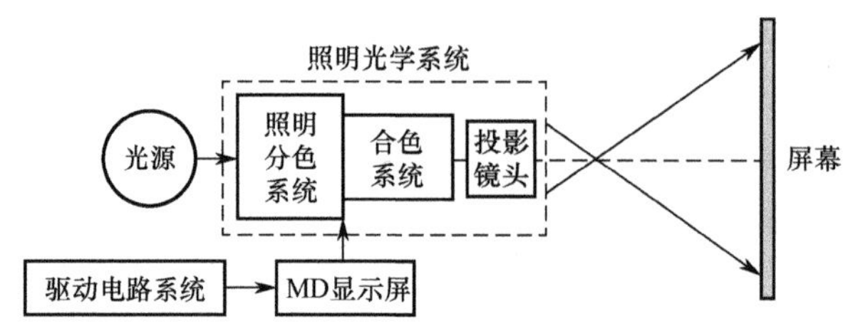

图 11-2　MDP 光学引擎的构成

1．光源与照明光学系统

MDP 属于单枪投影，即只用一个光源进行投影。MDP 光源类似于 LCD 背光源，独立地给 MD 显示屏提供光源。传统 MDP 的光源一般指短弧氙灯和超高压汞灯，新光源一般指 LED、激光及激光 LED 混合光源。超高压汞灯（Ultra High Pressure mercury Lamp，UHP）分为 1995 年飞利浦研发的 UHP（Ultra High Performance）灯和 1997 年爱普生研发的 UHE（Ultra High Efficiency）灯。LED 光源主要用于微型投影。激光光源主要用于改善投影画质，降低功耗。

如图 11-3 所示，短弧氙灯体积大，比超高压汞灯更亮，最高光通量可达到 4 万流明。短弧氙灯的辐射光谱接近日光，色温为 5000～6000K。短弧氙灯的衰减性控制良好，随工作电流和工作时间变化较小，可连续工作 1000 小时以上。超高压汞灯体积小，与氙灯相比亮度较低，发热量和功耗较小。95% 以上的投影机采用超高压汞灯类光源。但是，从节能环保角度看，超高压汞灯有电热转化效率相对较低、发热量大、存在安全隐患等弊端。所以，LED、混合光源和纯激光将逐步代替传统光源。

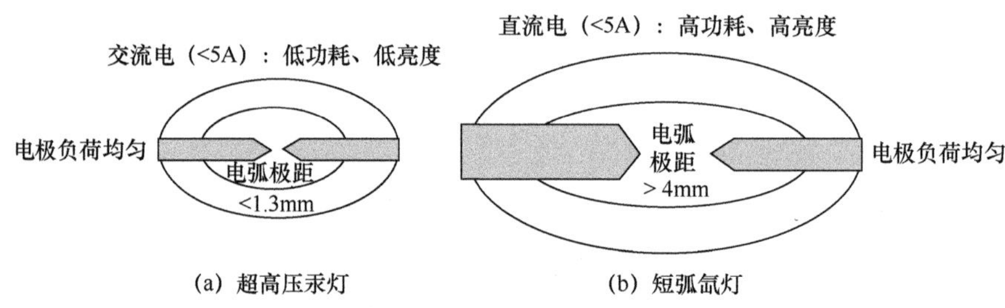

图 11-3　超高压汞灯与短弧氙灯比较

光源发出的光能，需要经过照明光学系统收集后，在 MD 显示屏上形成亮度均匀的照明光斑。同时，调整照明光斑的形状，以适合 MD 显示屏的矩形形状要求，减小由于照明光斑形状不匹配而产生的能量损失。收集光源的光学器件有反光碗、积分元件等。积分元件还可以调整照明光斑的形状。

反光碗通常与光源集成在一起，将光源发出的光能反射到特定的方向。常见的反光碗包括抛物面反光碗和椭球面反光碗，前者将照明光会聚成准直光束，后者将照明光会聚在椭球面反光碗的焦点上。

积分元件收集反光碗反射的光能，同时起到调整光斑形状的作用。复眼透镜和方棒是目前最为常用的两种积分元件，其基本原理都是将单一的光源成像为二维的光源阵列，并将光源阵列的像叠加，以实现高均匀性的照明光斑。照明成像系统将照明光会聚在 MD 显示屏上，通常采用科勒照明的形式，将光能分布均匀的前段照明系统的光阑成像在显示器件上，从而满足系统对均匀性的要求。

2．MD 显示屏

LCD、DMD、LCOS 等 MD 显示屏的作用是调制光源的亮度，作为图像发生源，通过光学投影放大系统，实现大屏幕显示。所以，MD 显示屏又称为空间光调制器（Spatial Light Modulator，SLM）。因为 MD 显示屏是在驱动电路系统的作用下把图像信号转变为光学信号的，所以，MD 显示屏又称为成像引擎。根据光学引擎中所用 MD 显示屏数量的不同，投影系统分为单片式系统和多片式系统，常见的是单片式系统和三片式系统。

单片式和三片式最主要的区别在于采用不同的分色合色方法。单片式系统为了实现彩色显示，利用人眼的视觉迟滞效应，采用时间分色合色法。由于 MD 显示屏在不同时刻显示不同颜色的图像信号，因而在任一时刻只能利用一种颜色的照明光，导致系统能量利用率较低。并且，MD 显示屏的显示频率需要提高 3 倍或更高。如果 HTPS-LCD 和 LCOS 的液晶响应速度不够快，显示频率无法提高到 180Hz，可以采用加载彩色滤光片的空间分色合色法。这种架构的显示屏像素开口率和透光率都很低，画质不够细腻，功耗较高。

三片式系统采用空间分色合色法：首先将白色照明光分为 R、G、B 三种单色光路，分别照明相应的 MD 显示屏，再经由特定的光学元件或光路结构将显示在 MD 显示屏上的三幅单色图像精确地重叠在一起，合成为一幅彩色图像，并由投影物镜成像在屏幕上。三片式系统通常具有更高的亮度和分辨率，但系统结构复杂，成本较高。

如图 11-4 所示，LCD 投影的 MD 显示屏是 HTPS-LCD，DLP 投影的 MD 显示屏是 DMD，LCOS 投影的 MD 显示屏是 LCOS。使用一片 HTPS-LCD

的称为单片式 LCD 投影，使用三片 HTPS-LCD 的称为三片式 LCD 投影。使用一片 DMD 的称为单片式 DLP 投影，使用两片 DMD 的称为两片式 DLP 投影，使用三片 DMD 的称为三片式 DLP 投影。使用一片 LCOS 的称为单片式 LCOS 投影，使用三片 LCOS 的称为三片式 LCOS 投影。

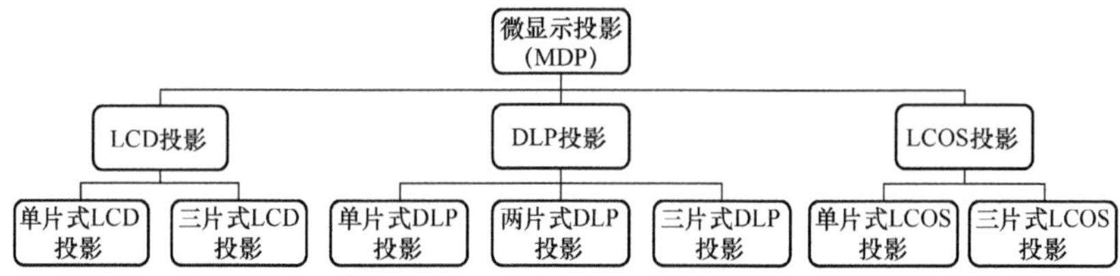

图 11-4　MDP 技术分类

表 11-2 比较了 HTPS-LCD、LCOS 和 DMD 三种主流 MD 显示屏。HTPS-LCD 和 LCOS 调制光亮的载体是液晶，而液晶处理的是线偏振光的偏振状态，所以要求进入显示屏的光为偏振光（S 偏振光）。DMD 调制光亮的载体是反射镜，所以进入显示屏的光可以是自然光。因为 DMD 反射镜片的转动速度达到每秒几千次，即响应时间在 1ms 以下，所以可以通过时间混色法进行彩色显示。需要注意的是，LCOS 和 DMD 都是反射型 MD 显示屏，说明反射技术在微显示中具有一定的优势，这种优势主要体现为光利用效率较高。LCD 投影在后期也开发了反射型 HTPS-LCD。

表 11-2　HTPS-LCD、LCOS 和 DMD 三种主流 MD 显示屏比较

MD 显示屏	HTPS-LCD	LCOS	DMD
工作模式	透射型	反射型	反射型
光源类型	偏振光	偏振光	自然光
彩色显示	三片空间合成	三片空间合成	单片时序合成
像素精细度	最高	一般	最低
像素开口率	最低（栅格最粗）	最高（栅格最细）	一般
像素正面图			
像素断面图	液晶 光 玻璃基板	液晶 光 Si基板	反射镜 光 Si基板

3．投影成像光学系统

MDP 的一个核心光学系统是分色合色系统。分色合色系统可以将白光分成红、绿、蓝三基色，分别由 MD 显示屏的图像源对这三种颜色的光进行调制后，再由合色系统合色，通过投影镜头投射到屏幕上产生彩色图像。

微显示投影镜头决定着投影系统屏幕上图像质量的好坏，要求成像清晰、色彩丰富鲜艳、消除畸变、画面亮度均匀。投影镜头成像要解决以下两个问题。

（1）照明系统和投影物镜成像系统的光能量值满足光学扩展量（Etendue）值。设计照明系统和物镜成像系统时，要控制光束扩展的发生，使其不产生“光溢出”，达到光能全被利用。Etendue 值为光束扩展值，是光束几何尺寸的度量，表示光量存在的空间。Etendue 是一个二元因次值（$m^2 \cdot sr$），Etendue 值乘以面光源亮度为光源在该扩展范围的光通量。光在照明系统中传递，Etendue 值保持不变或增加，但不会减小。用 Etendue 值可以估算系统的光能利用率。

（2）短焦/超短焦投影机投影成像的空间距离要小。短焦投影镜头一般为定焦镜头，所以投射比为重要技术参数，而不是变焦比。

除基本参数焦距 f'小、F'数小、视场角大（广角≥60°）外，还要注意投影镜头光学的反远距设计，使投影镜头后焦点到后顶点的距离大于 2～3 倍焦距，以及远心结构设计使主光线平行于光轴，可在投影屏幕上得到最高图像对比度和照度均匀性。

11.1.3　MDP 技术参数概述

投影显示技术是屏幕放大技术，把 MD 显示屏上的图像放大到投影屏幕上。一些主要的技术参数与 TFT-LCD、OLED 等平板显示模式存在一定的差异。

1．亮度

MDP 的光输出指输出的光通量，即单位时间内光源辐射产生视觉响应强弱的能力，单位是流明（lm）。MDP 光通量的测量标准常采用 ANSI（American National Standards Institute，美国国家标准化协会）标准，光通量的国际标准单位是 ANSI 流明。ANSI 流明的测量方法如下：①投影机与屏幕之间距离为 2.4m；②屏幕为 60 英寸；③用测光笔测量屏幕“田”字形 9 个交叉点上的各点照度，乘以面积，得到投影画面的 9 个点的光通量；④求出 9 个点光通量的平均值，就是 ANSI 流明。如果测定环境不同，即使 ANSI 流明相同，实际的亮度往往不同。

投影显示时，人眼看到的是从 MDP 屏幕上反射回来的光线强度。屏幕表面受到光照射发出的光通量与屏幕面积之比就是光照度，单位是勒克斯（lx，$1lx=1lm/m^2$）。光源在某方向的单位投影面积（$S \cdot \cos\theta$）上、在单位立体角中辐射的光通量叫作光亮度，单位是尼特（nit，$1nit=1cd/m^2$）。MDP 输出的光通量一定时，投射面积越大，亮度越低，反之则亮度越高。同理，投影机的光通量越高，投射到屏幕上相同尺寸的图像越明亮，图像也就越清晰。通常 MD 显示屏的面积大，则要求光输出大。投影机的光通量大多数已经达到 2000 ANSI 流明以上。

实际使用时，人眼能够感知的图像的明亮程度并不仅仅取决于 MDP 的光输出，还与环境光强度、图像的尺寸、屏幕类型等有关。同样的亮度，不同环境光线条件和不同的屏幕类型都会产生不同的显示效果。环境光越强，人眼感知的图像的亮度就越暗淡。

与亮度共存的参数是光亮度均匀度，即最亮与最暗部分的差异值。任何投影机投射出的画面都会出现中心区域与四角亮度不同的现象，均匀度反映了边缘亮度与中心亮度的差异，用百分比表示。一般，将中间定义为 100%，4 个角落的亮度与中心点亮度的比值就是均匀度。均匀度越高，画面的亮度一致性越好。影像均匀度的关键因素是光学镜头的成像质量。ANSI 规定：屏幕上 9 个点照度的均匀性要求在 90%以上，同时要求照明系统的照度均匀性高于 95%，投影物镜的照度均匀性高于 90%。

2. 分辨率

MDP 的分辨率分为最大分辨率、标准分辨率等概念。决定图像清晰程度的是标准分辨率，决定投影机适用范围的是最大分辨率。

最大分辨率也称可显示的最高分辨率，是指 MDP 可显示的输入信号的最高分辨率。MDP 通过图像处理算法，可对输入信号进行缩放处理，实现信号满屏显示。如果超出该范围，MDP 就无法正常显示画面。最大分辨率越大，可以接收的信号范围越广。

标准分辨率是指 MDP 投射出的图像原始分辨率，也叫真实分辨率或物理分辨率。物理分辨率即 MD 显示屏的物理分辨率，表示 MD 显示屏横向和

纵向的像素数。物理分辨率越高，则可接收分辨率的范围越大，投影机的适应范围越广。

常见的 MDP 分辨率表示方式有两种：一种是以电视线（TV 线）的方式表示，另一种是以像素的方式表示。以电视线表示时，其分辨率的含义与电视相似，这种分辨率表示方式主要是为了匹配接入 MDP 的电视信号而提供的。以像素方式表示时，通常表示为 1024 像素×768 像素等形式，这种分辨率的限制是对输入 MDP 的 VGA 信号的行频及场频做一定要求。当 VGA 信号的行频或场频超过这个限制后，MDP 就不能正常投影显示了。

3．对比度

对比度反映的是 MDP 所投射出的画面最亮与最暗区域的亮度之比，也就是从黑到白的渐变层次。对比度对视觉效果的影响仅次于亮度指标。对比度越高，从黑到白的渐变层次就越多，从而色彩表现越丰富，图像越清晰。

投影显示有两种对比度测试方法：①全开/全关对比度测试方式，即测试 MDP 输出的全白屏幕与全黑屏幕的亮度比值；②采用如图 11-5 所示的 ANSI 标准测试方法测试的 ANSI 对比度，该方法采用 16 点黑白相间色块，8 个白色区域亮度平均值和 8 个黑色区域亮度平均值之间的比值即为 ANSI 对比度。这两种测试方法得到的对比度值差异非常大。

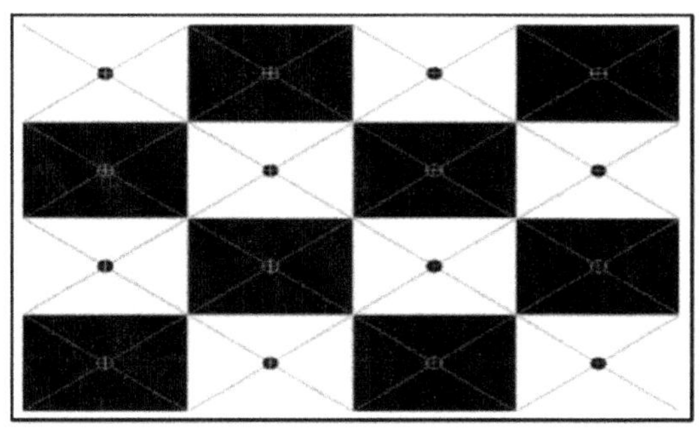

图 11-5　ANSI 对比度

高对比度对于图像的清晰度、细节表现、灰度层次表现都有很大帮助。在一些黑白反差较大的文本显示、CAD 显示和黑白照片显示等方面，高对比度产品在黑白反差、清晰度、完整性等方面都具有优势。相对而言，在色彩层次方面，高对比度对图像的影响并不明显。对比度对动态视频显示效果影响要更大一些，由于动态图像中明暗转换比较快，对比度越高，人的眼睛越容易分辨出这样的转换过程。对比度高的产品在一些暗部场景中的细节表现、清晰度和高速运动物体表现上优势更加明显。如果仅仅用演示文字和黑白图片，对比度在 400:1 左右就可以满足需要。如果用来演示色彩丰富的照片和播放视频动画，对比度需要在 1000:1 以上。

有些产品的对比度调节范围非常小，而且调节过程中更多地偏向于改变图像亮度（提高高亮区域的亮度）。而有些产品的对比度调节范围非常大，不同调节值对图像的对比度效果差距也比较大，这样用户就可以根据不同的显示内容调节对比度，以达到最佳的显示效果。也有一些产品对比度调节与亮度调节的差异不大，对比度调节可以辅助进行亮度调节。对比度的实现同样与投影机的成像器件和光路设计密切相关。

4. 画面尺寸与屏幕宽高比例

画面尺寸指投射出的画面大小，一般用对角线尺寸表示，单位是英寸。这个指标是由投影光学变焦性能决定的，要投放预定的尺寸，需将投影机放置在与屏幕相应的距离上。根据各种投影机的镜头和亮度不同，画面尺寸与投影距离的关系不同。普通投影机有一个最小画面尺寸和最大画面尺寸，在这两个尺寸之间，投影机投射出的画面可以清晰聚焦。而背投和超短焦前投的画面尺寸基本固定。

屏幕宽高比例类似于 LCD 的长宽比，指屏幕画面横向和纵向的比例。比值可以用两个整数的比表示，也可以用一个小数表示，如 4:3 或 1.33。当输入源图像的宽高比与显示设备支持的宽高比不一样时，就会出现画面变形和缺失。16:9 的图像在 4:3 屏幕上显示时有三种方式：①变形方式，在水平充满的情况下，垂直拉长，直到充满屏幕，这样图像看起来比原来瘦；②字符框-A 方式，16:9 的图像保持其不失真，但在屏幕上下各留下一条黑条；③字符框-B 方式，是前两种方式的折中，水平方向两侧各超出屏幕一部分，垂直上下黑条也比第二种窄一些，图像的宽高比为 14:9。

5. 梯形校正

投影机的位置与投影屏幕成直角才能保证投影效果。如果无法保证二者的垂直，画面就会产生梯形。这时，需要使用“梯形校正功能”来校正梯形，保证画面成标准的矩形。梯形校正分为如图 11-6 所示的垂直梯形校正与水平梯形校正。

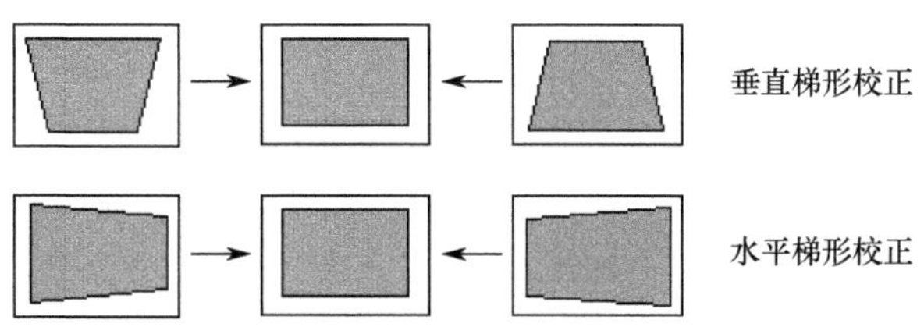

图 11-6　梯形校正

梯形校正通常有两种方法：光学梯形校正和数码梯形校正。光学梯形校正是指通过调整镜头的物理位置来达到调整梯形的目的。数码梯形校正是通过软件的方法来实现梯形校正的。其中，数码梯形校正技术是主流，采用数码梯形校正的绝大多数投影机都支持垂直梯形校正功能，即投影机在垂直方向可调节自身的高度，由此产生的梯形，通过投影机进行垂直方向的梯形校正，即可使画面成矩形，从而方便了用户的使用。

实际应用时，会因投影机水平位置的偏置而产生水平梯形，因而需要水平梯形校正功能。水平梯形校正与垂直梯形校正都属于数码梯形校正，都是通过软件插值算法，对显示前的图像进行形状调整和补偿。水平梯形校正解决了由于投影机镜头与屏幕无法垂直而产生的水平方向的图像梯形失真，从而使投影机可以在屏幕的侧面也可以同样实现标准矩形投影图像。

数码梯形校正在对图像精度要求不高时，可以很好地解决梯形失真问题，实用性强，但对于那些对图像精度要求较高的应用则不甚适宜。因为，图像经校正后，画面的一些线条和字符边缘会出现毛刺和不平滑现象，导致清晰度不是特别理想。

6．寿命

与 LCD 一样，MDP 的寿命主要取决于光源（灯泡等）的寿命，单位是小时。灯泡作为投影机的唯一消耗材料，在使用一段时间后其亮度会迅速下降到无法正常使用。寿命直接关系到投影机的使用成本。

11.2　背投的显示原理与发展

因为背投电视的投影机和屏幕合为一体，用户无须对系统进行光学调整，其使用方便性超过正面投影机。背投彩电的图像质量高低与扫描技术密不可分。背投曾是大屏幕显示最有效的方法之一。背投拼接墙依然是高端拼接墙最有效方法之一。背投只有不断薄型化才能与平板显示竞争。

11.2.1 背投的光学成像基础

背投的成像原理是利用光学系统将光源发出的光，导向非自发光的 HTPS-LCD、DMD、LCOS 等 MD 显示屏，使光带有影像信号，再利用投影镜头和反射镜将影像放大，投射到屏幕上，通过屏幕显示影像。

1. 背投的系统构成

最早出现的背投是 CRT 背投电视。普通 CRT 电视收到视频信号后，通过显像管直接显示到屏幕上。如图 11-7 所示，CRT 背投电视接收到信号后，通过电路处理，再经会聚电路和数字滤波电路优化处理，将其传输给并排放置的 RGB 3 只单色投影管。3 只投影管产生的电视图像分别经过透镜放大，经反射镜反射到投影屏幕上，RGB 三原色光叠加，合成一幅完整的大屏幕彩色图像。

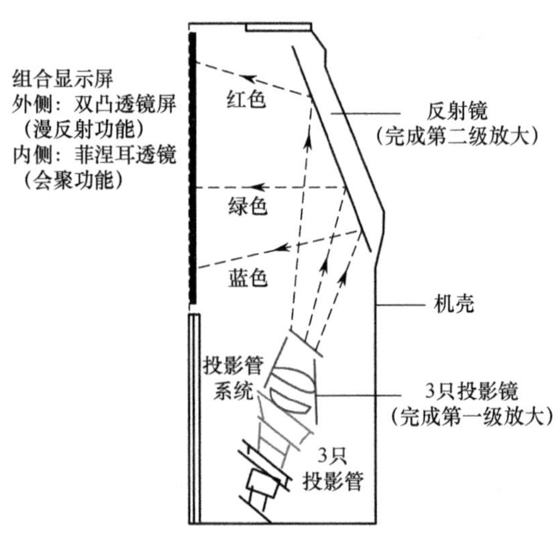

图 11-7 CRT 背投电视的系统构成

CRT 背投靠荧光粉发光，很难提升亮度，加上难以轻薄化、显像管容易老化等缺点，CRT 背投逐渐被 LCD 背投、DLP 背投、LCOS 背投等数字背投代替。数字背投的整机系统主要由光学引擎、反射镜、屏幕和机箱等部件构成。数字背投的光学引擎采用 1 英寸左右的 MD 显示屏，相比 CRT 背投投影管系统所用的 3 只 7 英寸左右的 CRT 显像管，数字背投的整机具有轻薄化优势。在数字背投中，光源与产生影像信号的 MD 显示屏分离，通过使用高亮度光源，或者提高固定光源的亮度，可以提升背投的影像亮度，有利于大屏幕显示。

对于数字背投，光学系统的设计需要确定屏幕大小、光学引擎投影距离、反射镜位置等因素。光学引擎投射出来的影像，经过反射镜的反射转折放大，投影成像于屏幕上。根据反射镜数目的不同，背投系统分为单面反射镜背投和双面发射镜背投。

如图 11-8（a）所示，单面反射镜背投的光学引擎投影镜完成第一级光学放大，反射镜完成第二级光学放大。单面反射镜背投系统采用短光路设计，亮度和对比度提高，制造成本也降低，又可实现超薄设计，是背投的主流结构。

如图 11-8（b）所示，双面反射镜背投把投影管内形成的光学图像，经过大小两面反射镜的两级反射转折放大，投射到屏幕上。双面反射镜背投系统屏幕下方的箱体高度可以缩小，而镜头的投影距离可以适当地长一些。

(a) 单面反射镜背投系统

(b) 双面反射镜背投系统

图 11-8　背投光学系统基本架构

如图 11-9 所示，光学引擎投射出来的图像光束是大角度发散：反射镜上方的入射角很大，可以接近 80°；而反射镜下方的入射角较小，只有 45°左右。如果反射镜的反射率随角度变化发生较大变化，那么会出现屏幕画面的亮度不均。反射镜的面型也是影响屏幕上图像畸变的重要因素。由于光学引擎有一定的投影距离，所以反射镜可以在一定的距离范围内自由放置，包括角度及与屏幕的距离。光学引起的投影轴线必须垂直于屏幕，并且与屏幕的轴线重合。对于某一尺寸的背投，光学引擎投影物镜的视场角是一定的，需要调整投影距离来满足屏幕画面大小的限制。当然，屏幕与光学引擎的投影距离必须匹配，否则会出现太阳效应（中心亮而四周相对较暗的亮度不均）。

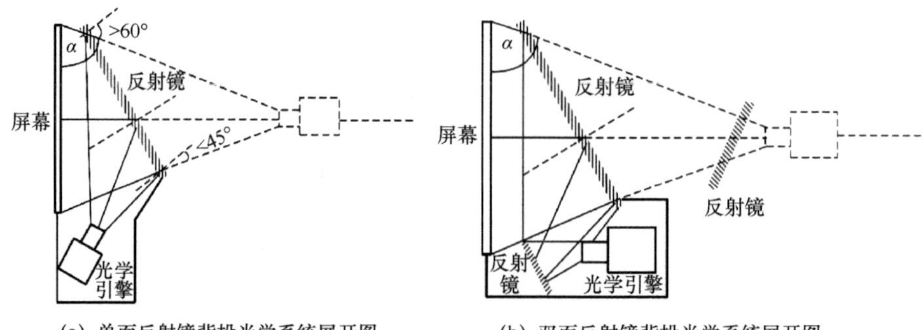

(a) 单面反射镜背投光学系统展开图　　(b) 双面反射镜背投光学系统展开图

图 11-9　背投光学系统展开图

反射系统是大屏幕背投显示系统中十分重要的组成部分。为了将投影光源亮度的损失、图像变形减少在最小范围内，背投屏幕专用反射镜系统要使用反射率大于 90%、镜面平整度在±0.02mm 以内的反射镜。反射镜有背面镀膜与正面镀膜两种。普通反射镜都采用背面镀膜，在投影光射向反射镜时，镀层要反射，玻璃表面也要反射，形成双影。背投使用的高质量正面镀膜反射镜与普通镜子不同：具有无重影、界面光损小、抗氧化、抗腐蚀、有介质膜保护和在可见光谱区（380 ~ 700nm）具有大反射率等优点。正面镀膜反射镜的反射率达到 90% ~ 95%乃至更大，充分利用光能，视觉效果更好。

2. 背投的显示特点

背投的突出优点是屏幕大小不受光学引擎的大小限制，容易实现大屏幕显示。但是，光学引擎的总光输出/光通量一定，屏幕越大，屏幕整体亮度和对比度越低。所以，增大背投的显示屏幕，会影响图像的清晰度和颜色的鲜艳程度。提高背投的清晰度、亮度和对比度，是投影技术早期的主要发展方向。在背投方式下，观众看到的是透射光线，从而避免了因为投影屏幕反射而造成的模糊现象。和普通投影机相比，背投电视有其独特优势：投影系统光路封闭，不受外界影响，亮度高，色彩丰富，画面质量更加艳丽。

背投的最大弱点是在垂直方向上的可视角范围狭窄，一般在±30°左右。这是因为背投电视的屏幕尺寸普遍较大，而光学引擎发射出的光通量有限，因此，为了保证整个图像画面具有一定的亮度，屏幕上的透镜系统只能在一定的区域内聚集光量，任何要扩大垂直观看范围的努力都会使整体画面的亮度降低。所以，要增大垂直观看视角，就必须大大地增加到达屏幕的光的总量。

因此，提高背投显示亮度和增大视角范围的一个主要对策是增加光学引擎的发光总量，以及提高透镜和屏幕的有效透光率。由于光学引擎中的 MD 显示屏是非主动发光器件，可以通过提高光源亮度来提升背投的整体亮度。此外，还可以通过改进投影屏幕来保证投影的图像质量，比如设计出由无数透镜组成的光学屏幕，如菲涅耳透镜和双凸透镜等。

由于背投显示系统要在尽可能小的厚度范围内实现广视角显示，所以光学引擎一般采用定焦广角系统，即短焦距系统。

11.2.2　背投的薄型化

背投要在显示领域具备竞争力就必须真正地平板化，在减小质量的同时实现超薄化。背投薄型化受到反射镜与屏幕夹角的限制，缩小这个夹角需要屏幕和光学引擎系统的配合。

1. 背投的厚度

传统的背投薄型化方法有：使光学引擎在投影光轴方向尽可能短，投影物镜具有更大的视场角，采用转折投影物镜等。而最根本的方法是缩小反射镜与屏幕的夹角 α。图 11-10 给出了背投厚度 d 与 α 的关系。背投系统参数之间的关系如公式组（11-1）所示。其中，$a+b$ 为镜头投影距；l 为屏幕对角线长；h 为屏幕高度；β 为屏幕对角线与底边的夹角。不过，α 不能太小，否则光学引擎的图像无法投射到反射镜，以及挡住屏幕。最小 α 的条件是光学引擎的光轴线与屏幕下边重合，这时满足关系式（11-2）。得到最小 α 为 30°。因为光学引擎物镜有一定口径，而且光学引擎也有一定大小，加上其他机械设计上的因素，最小 α 一般取 33°。

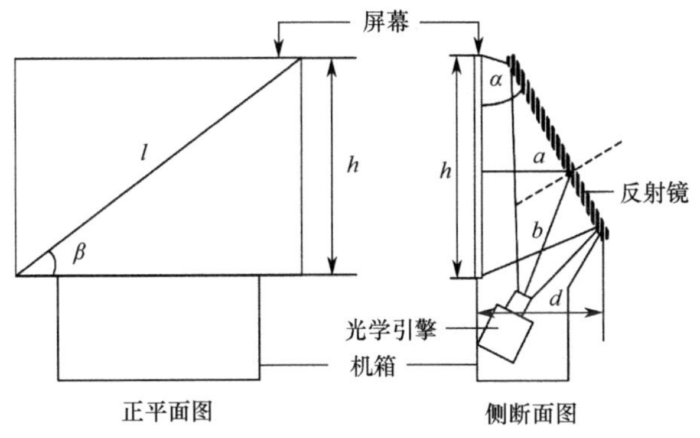

图 11-10　背投系统参数

$$\begin{cases} d = h\tan\alpha \\ h = l\sin\beta \\ a+b = \dfrac{h}{2}\tan\alpha + \dfrac{h\tan\alpha}{2\cos2\alpha} = \dfrac{h}{2}\tan\alpha\left(1+\dfrac{1}{\cos2\alpha}\right) \end{cases} \tag{11-1}$$

$$b = \frac{h}{2\sin2\alpha} = \frac{h\tan\alpha}{2\cos2\alpha} \tag{11-2}$$

这样，就可得出背投厚度的相关因素，如式（11-3）所示。对于 4:3 的屏幕，背投的厚度为 0.34l。对于 16:9 的屏幕，背投的厚度为 0.28l。平板显示的一般要求是 d=0.1l，所以传统背投即使采用最薄的设计方案都不能实现平板显示对厚度的要求。

$$d = l\sin\beta\tan\alpha = \sqrt{\frac{1}{3}}l\sin\beta \tag{11-3}$$

为了确保最小 α 设计时光学引擎不挡住屏幕，光学引擎的图像投影轴线就不能垂直于屏幕，而是以较大的角度斜入射到屏幕。这就需要改进光学引擎和屏幕。

2．与光学引擎有关的薄型化对策

背投要薄型化，光学引擎的投影物镜视场角要大，视场角的公式如式（11-4）所示。另外，还要求具有合适的投影距离，以便光学引擎可以通过一次或多次的反射镜转折，以实现小厚度的显示系统结构。可以将超薄背投光学系统分成反射光学系统、透射光学系统和透射反射组合系统三种。

$$\frac{l}{a+b} = \frac{l}{h/2\tan\alpha(1+1/\cos2\alpha v)} = \frac{2}{\sin\beta\tan\alpha(1+1/\cos2\alpha)} \tag{11-4}$$

非球面反射型光学引擎系统如图 11-11 所示，光学引擎投影的成像光束经过多个非球面反射镜与平面反射镜的组合，反射放大到屏幕。非球面反射镜的功能是：校正光束斜入射屏幕所造成的梯形畸变，增大投影成像的景深，保持高分辨率投影成像。实际光学引擎与反射镜的结构如图 11-12 所示，采用 DLP 光学引擎和 4 个非球面镜（两个凸的和两个凹的）的结构，可以方便地调节焦距与放大倍数。

超薄系统一般采用离轴投影物镜，实现屏幕的光线斜投影，但会导致屏幕上的画面极度梯形畸变。为了克服倾斜离轴透镜的成像问题，特别是降低光学校正梯形畸变的难度，可以让投影物镜的光轴与图像发生器、屏幕都保持垂直，而投影物镜的光轴相对投影系统的光轴发生平移，使到屏幕上的光

线产生较大角度入射时依然保持图像不畸变。这就要求投影物镜的视场角要大到 150°左右，而在投影时只使用一小部分视场。如图 11-13 所示的透射型超薄光学系统就利用复杂的透射式投影物镜实现超大视场角，消除梯形畸变。如图 11-14 所示的透射型光学引擎和系统利用透射式投影物镜，通过两次平面镜反射可以制成 61 英寸背投。

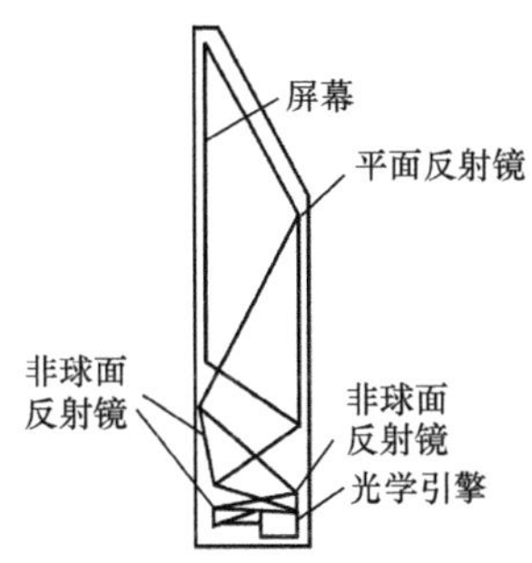

图 11-11　非球面反射型光学引擎系统

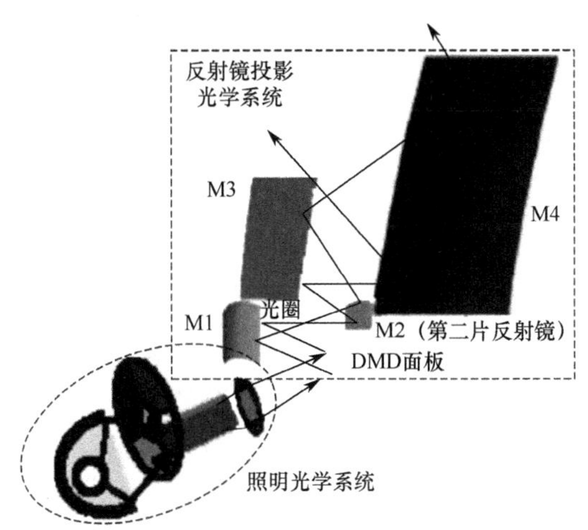

图 11-12　实际光学引擎与反射镜的结构

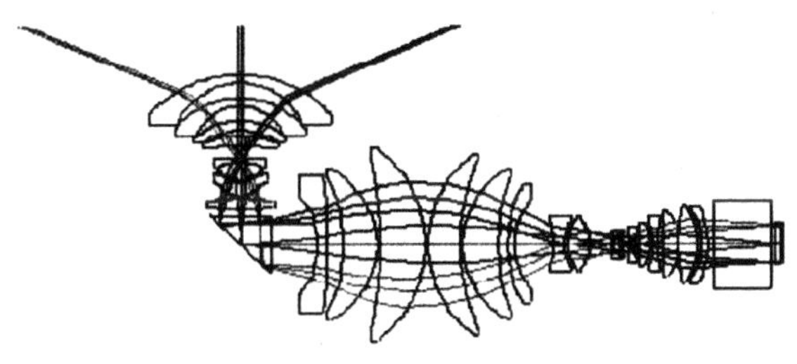

图 11-13　透射型超薄光学系统物镜结构

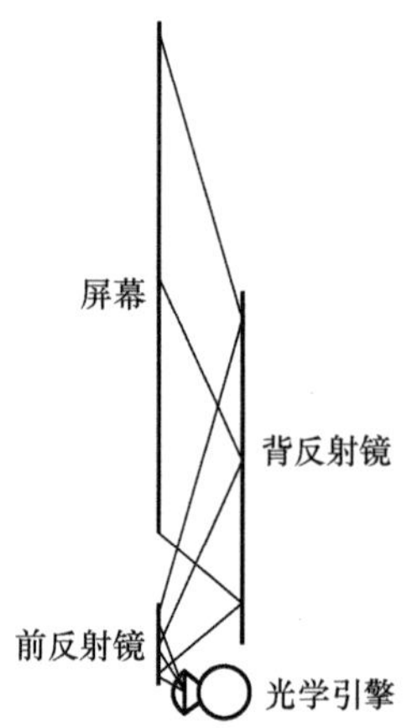

图 11-14　透射型光学引擎和系统

透射反射组合系统应用折射型投影物镜（折射透镜）和非球面反射镜的组合，适应大角度、短投影距投影的要求。如图 11-15 所示，非球面镜可以校正大视场角投影物镜带来的畸变与色差问题，因为投影的大视场角可以由非球面镜的反射放大来实现。非球面反射镜具有很强的负焦度，同时色差也能够得到很好的抑制。

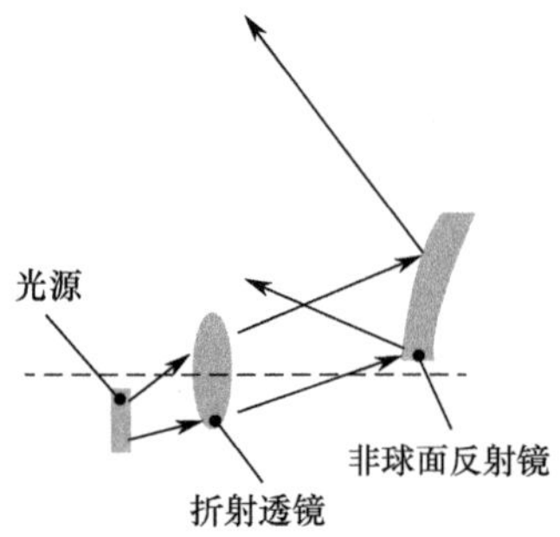

图 11-15　常规背投系统与透射反射组合系统的视场角及光学特性之间的关系

3. 与屏幕有关的薄型化对策

针对光学图像投影轴线不再垂直屏幕及投影距离变短所带来的屏幕上光线入射角增大问题，屏幕方面的对策主要是开发特殊离轴型柱透镜屏幕（lenticular lens screen）与菲涅尔镜屏幕（Fresnel lens screen）。

采用菲涅尔镜加散射屏的传统结构，应该让菲涅尔镜的中心偏移，且让中心偏移量直接与投影光束的斜入射角度相关。如图 11-16 所示，屏幕上菲

涅尔镜的偏心量 $\Delta s=l\sin\zeta$，角度 ζ 为光学引擎投影光轴与水平面的夹角。这种结构不仅能将光学引擎投影出来的发散光束准直，而且还能使斜入射的光束产生转折，变为水平光束出射。

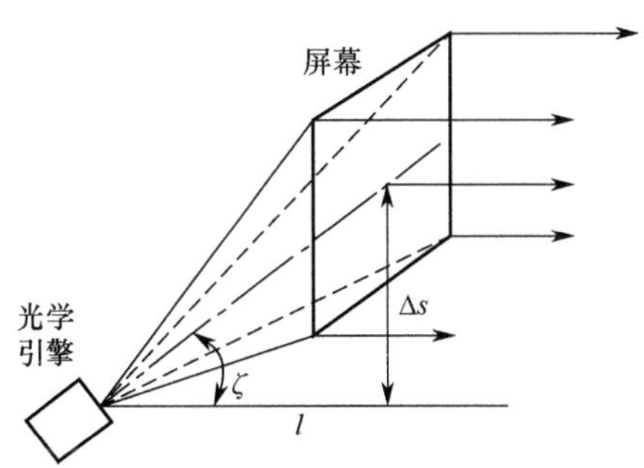

图 11-16　菲涅尔镜屏幕与偏心的关系

如图 11-17 所示的全内反射（Total Internal Reflection，TIR）屏幕既保持了菲涅尔镜对投影出来的发散光束进行准直，同时由于小齿对入射光束的全反射作用使斜入射的光束产生转折变为水平光束射出。TIR 屏幕采用全反射和折射相结合的微结构，可以有效减小超大入射角的入射光束的反射率，屏幕的光学中心和投影光束的光轴与屏幕的交点重合。为了将入射的大斜锥角度光束经过屏幕后垂直屏幕出射，屏幕上微结构的角度有一定的分布，而且对微结构的角度误差要求也较高。

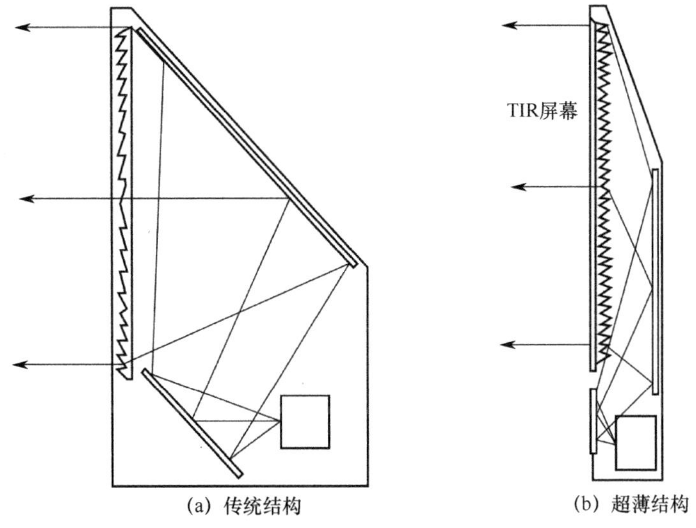

(a) 传统结构　　(b) 超薄结构

图 11-17　超薄型背投电视与传统背投电视的比较

11.3 前投的显示原理与发展

前投画面经过屏幕反射进入人眼成像。目前，短焦投影机（short-throw projector），特别是超短焦投影机（super short-throw projector）带来的零距离投影，使前投成为轻便大屏幕显示的最佳方法之一。采用激光光源的前投电视又叫激光电视。

11.3.1 前投的光学成像基础

本章所述前投指具有平板显示应用价值的短焦投影，特别是超短焦零距离投影。具体的类平板显示应用包括如图 11-18 所示的墙面投影、地面投影、桌面投影等多种实现方式。

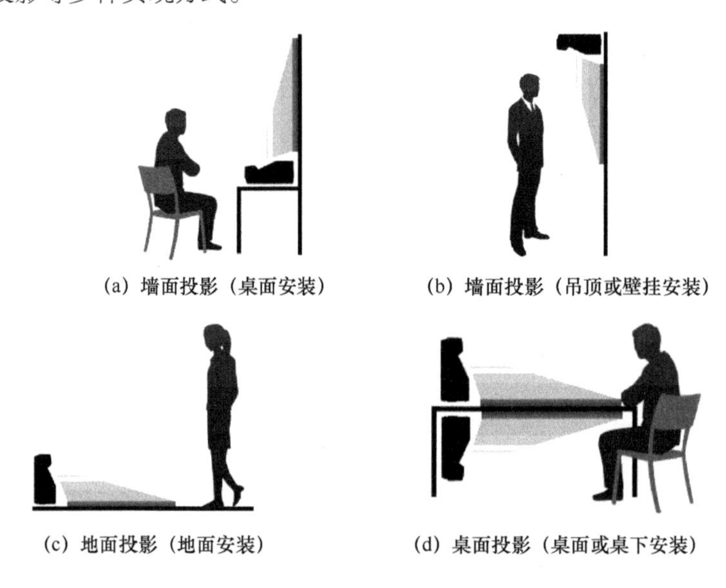

图 11-18 短焦前投的实现方式

1. 前投的系统构成

前投的一个重要参数是投射比，指投影距离与投影画面宽度的比值。如图 11-19 所示，投影距离指投影机镜头与屏幕之间的距离 A，屏幕上的投影画面宽度为 H。投射比（A/H）越小，同等投影距离内投影画面的尺寸越大。普通投影机的投射比为 1.5 ~ 1.9。投射比小于 1 的投影机，称为短焦投影机。投射比小于 0.6 的投影机，称为超短焦投影机。超短焦投影可以实现投影机本体挨着投影屏幕的零距离投影。在图 11-19 中，A 近似为前投的厚度，A 与屏

幕对角线尺寸 L 的比值（A/L）达到 0.1 时，前投近似为平板显示。对于长宽比为 4:3 的投影屏幕，投射比达到 0.125 时，投影近似为平板显示。

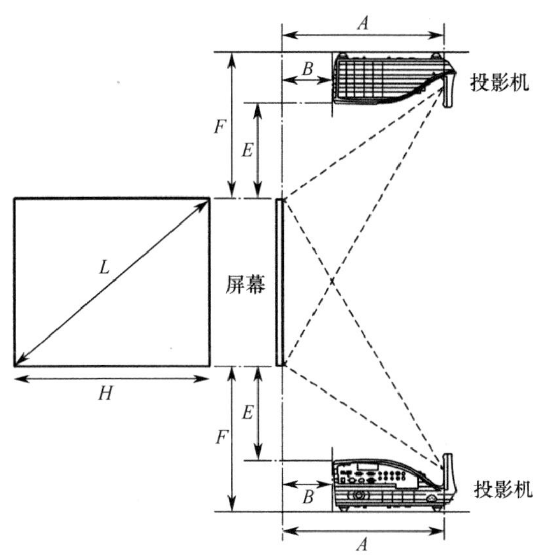

图 11-19　前投的投射比

短焦投影的最大技术课题是，在保证画质的前提下实现更短的焦距和更大的偏轴镜头。具体实现技术分为正投式和反射式两种：投射比在 0.5 以上的短焦技术一般采用正投式，投射比在 0.3 以下的短焦技术一般采用反射式。

正投式实现短距离投射功能依靠大口径镜头或鱼眼式镜头。大口径镜头采用“口径换距离”的方式，内部口径越大，投射光线的范围越宽广，投射出的画面畸变越小。如图 11-20（a）所示的鱼眼式镜头属于弧形镜头，焦距越短，视角越大，因光学原理产生的变形也就越强烈。为了达到 180°的超大视角，鱼眼式镜头对景物的还原不得不做出牺牲，造成投影画面四角畸变和画面四角的亮度很低。如图 11-20（b）所示，采用鱼眼式镜头的正投显示，除了画面中心的景物保持不变，其他本应水平或垂直的景物都发生了相应的变化。正投式短焦投影一般通过特殊设计的镜头镜片实现偏轴投影。

反射式短焦投影的原理类似于背投显示：一般采用球面反射式镜头，投射出来的画面通过一个巨大的球面镜反射到屏幕上，从而形成一个完整的大画面。反射式的技术架构，本质上不仅改变了投影机镜头的焦距，还需要通过添加一块特殊的光路反射镜，实现光路射出角度的转移，进而实现“短焦”和大“偏轴”两个主要的功能技术特性。

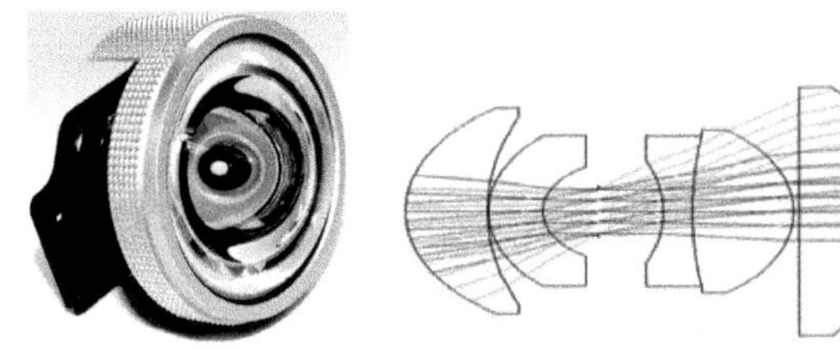

(a) 鱼眼式镜头实物图　　(b) 鱼眼式镜头光学系统

图 11-20　鱼眼式镜头正投式短焦投影原理

如图 11-21（a）所示，主流的反射式用球面镜为凸面镜，因为凸面镜配置在光线扩散放大的过程中，凸面镜容易做大。通过调节投影镜头与凸面镜的距离，以及凸面镜的大小，在理论上可以投射出无限大的画面。凸面镜的作用是进一步把光扩散放大，这样的光学系统不够紧凑。通过如图 11-21（b）所示的凹面镜系统，可以使投影光束集中，使光学系统更紧凑。为了限制从棱镜系统中发出的光束进一步扩散，先形成一次中间图像，然后通过凹面镜的反射屈折力把中间图像集中放大投射到屏幕上。这种技术在实现光学系统小型化的同时，还可实现投影画面的宽视角化。

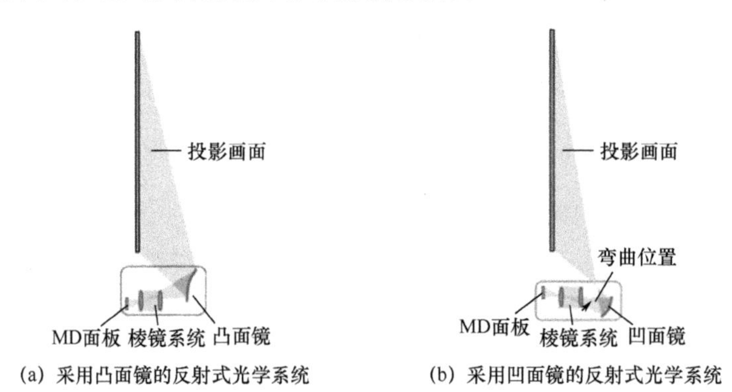

(a) 采用凸面镜的反射式光学系统　　(b) 采用凹面镜的反射式光学系统

图 11-21　球面反射式短焦投影原理

由于反射式前投增加了光路，所以投射比可以做得较小。若要接近平板显示范畴，超短焦投影的投影距离必须更短，同时还要消除画面失真、保持清晰度。为了追求超广视角，画面往往失真严重，清晰度下降。一般的对策是采用非球面棱镜对图像进行补正，防止画质劣化。但是，只使用非球面棱镜，存在对策极限。作为其中的一种对策，采用如图 11-22 所示的弯曲光学系统，可以在保证画质的同时，进一步缩小投射比。在弯曲光学系统中，除了自由曲面镜外，棱镜系统和自由曲面镜之间还配置了弯曲镜。通过光路的叠加，光学系统更紧凑，投影距离可以更短。可以在零距离投射出接近 100 英寸的大画面。

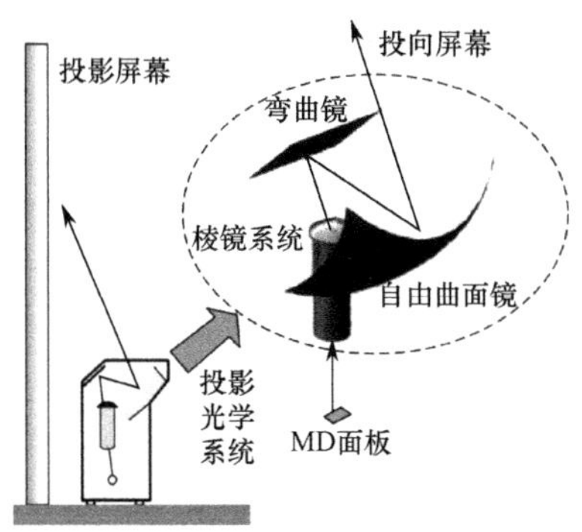

图 11-22　超小投射比的前投系统

2．前投的显示特点

短焦投影由于投影距离缩短，既可以避免投影机光线对演讲者眼睛的直射，同时也避免了演讲者的影子被投射在屏幕上遮挡画面。当短焦互动投影与电子白板结合使用后，使用者可以轻松地在投影画面上书写、标注、并同时操控计算机，实现与计算机的互动。安装使用方面，还可将地板、墙壁当作大显示屏。如果再结合特殊的屏幕，甚至可以在窗户上显示影像。

短焦投影相对于普通投影，存在明显的畸变。短焦投影的畸变不仅会造成画面四角的变形，还会造成画面的亮度不均。投影距离越短，画面畸变概率越大。对投影的屏幕或白板也有一定的要求。目前，短焦投影机一般都内置畸变控制和亮度提升功能。

短焦投影需要改善的技术可以归纳为五项：小型化、降低功耗、提高表现力、改善安装性、配备互动功能。表 11-3 归纳了短焦投影机的发展方向、现状及技术课题。

表 11-3　短焦投影机的发展方向、现状及技术课题

发展方向	现状	技术课题
小型化	接近一般台式投影机	光源、光学部件、热设计
降低功耗	连接电源线驱动	光源
提高表现力	支持 3D	光源、显示元件
改善安装性	以 30cm 焦距可投影 80 英寸影像	光源、光学部件
配备互动功能	用定位侦测笔或触控传感器可显示输入反馈	传感器

11.3.2 前投的微型化

前投的微型化需要兼顾电子产品的小型化趋势与大尺寸显示。前投主要有两种不同的显示方式：激光扫描式和 MD 成像式。激光扫描式是扫描振镜反射激光而形成影像，MD 成像式是光源照射 MD 显示屏后投射出影像。激光扫描式采用的半导体激光器发光效率高，单束激光的光强高，使用时要避免人眼直视光源。MDP 微型化需要融合微显示、紧凑投影光学引擎、LED 光源等技术。

1. LED 光源

表 11-4 是投影用 LED 光源与 UHP 光源的比较。在颜色、光谱和响应方面，LED 优势明显。它可直接发出 RGB 基色光，而白光 UHP 则需经分光、滤色才能形成基色光，利用效率较低。LED 不辐射 UHP 固有的紫外光和红外光，利于 HTPS-LCD 和 LCOS 液晶成像器件的安全和整机可靠性。LED 的缺点是流明成本高，但 LED 寿命长的优点可以弥补流明成本高的不足。因为 LED 光源的这些优势，微型投影系统普遍采用了 LED 作为照明光源。

表 11-4　投影用 LED 光源与 UHP 光源的比较

	LED 光源	UHP 光源	备注
光色	三基色、多基色、白色	白色	—
色彩饱和度	高	较低	—
色域	大	较小	—
光谱	可见光	可见光+UV 光+IR 光	—
辐射热	很小	较大	LED 传导热较大
响应时间	<1ms	>1min	—
环保	符合环保标准	含高压汞气	—
寿命/小时	>50 000	2000 ~ 6000	—
驱动	较容易	较难	—
光源展度 Es	较大	较小	—
流明效率/（lm/W）	50 ~ 65	70	指功率 W-LED
效率温度关系	温度高效率低	不显著	—
单灯单芯功率/W	1 ~ 10	100 ~ 250	LED 阵列可达数瓦
光学引擎成熟度	较低	较高	—
流明成本/（$/klm）	约 240	8 ~ 130	指通过功率 LED

MDP 微型化限制了LED的使用数量，所以对单颗LED的亮度要求很高。随着 LED 发光材料、发光层结构、芯片结构，结晶生长控制等方面的改善与进一步提高，LED 发光效率和亮度将会进一步提升，在微型投影显示光源领域显现出越来越大的优势。

MDP 微型化面临小型化、低功耗化和低成本化等技术课题。使用激光光源可以同时应对小型化和低功耗化。如图 11-23 所示，与目前主流的 LED 光源相比，激光光源射出的光不容易扩散，易于进一步缩小光学系统的尺寸。激光在光学系统中的利用效率比 LED 高，激光发出的热量少。激光的直线传播性强，比 LED 更容易聚光，因此光的损失小。但是，激光光源的使用存在如下 3 个问题：①安全性问题，即光强极高，容易伤害人眼；②高成本问题，即目前可直接振荡的绿色半导体激光器尚未产品化，只能利用 SHG（Second Harmonic Generation）元件转换红外激光的波长；③画质问题，即激光光束投影画面会出现光斑问题。

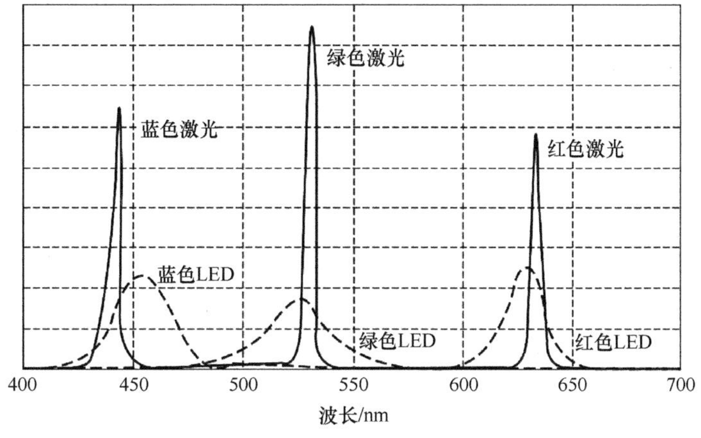

图 11-23　LED 光源与激光光源的发光光谱比较

除 LED 光源和激光光源单独使用外，还可以如图 11-24 所示使用 LED 和激光混合光源。混合光源能够利用现成的低成本绿色二极管泵浦固态（Diode Pumped Solid State，DPSS）激光器、红色激光器阵列及蓝色发光二极管，以满足相应帧速下开关调制的最低要求。高斯光束通过折射和衍射光束整形之后，形成均匀的矩形光束，并且尺寸与微型显示器相同。此后，整形光束经过去散斑装置以消除光束的时间相干性。折叠及组合光学元件将光导入微型显示器，并通过投影光学元件投射到屏幕上。相关产品亮度很高，并且能够达到一级人眼安全标准。

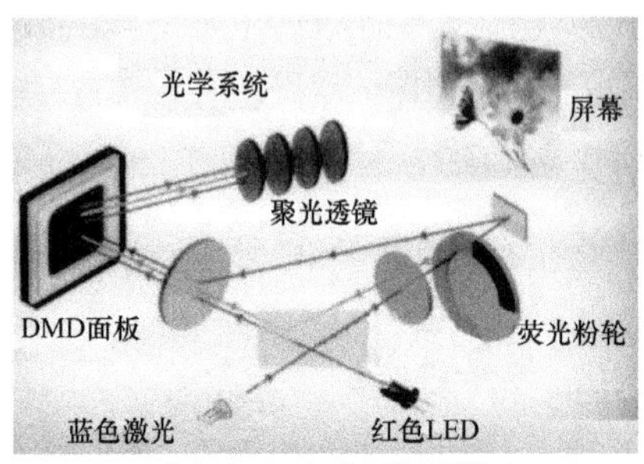

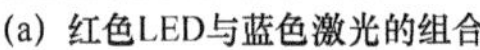
(a) 红色LED与蓝色激光的组合

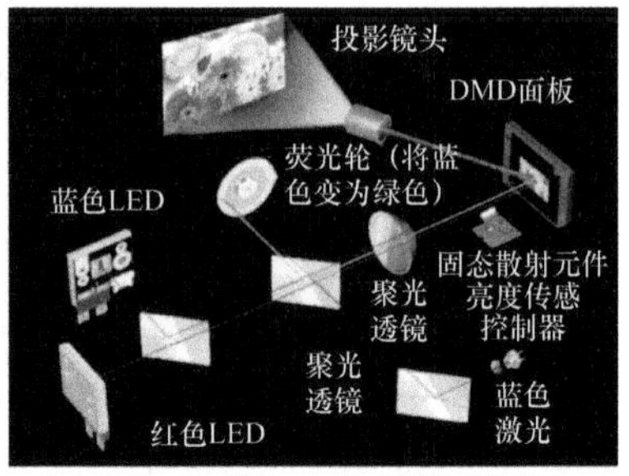

(b) 红色LED/蓝色LED与蓝色激光的组合

图 11-24　LED 和激光混合光源技术

2. 紧凑投影光学引擎

为了缩小投影机的体积，除用 LED 光源外，MD 显示屏也只能用一片。这对 MD 显示屏的光使用效率提出了很高的要求。从 MD 显示屏的开口率看，透射型 HTPS-LCD 显示屏的开口率相对较低，因此不得不采用反射型 DMD 显示屏或 LCOS 显示屏。所以，微型 MDP 一般为单片式 DLP 系统，或者单片式 LCOS 系统。

图 11-25 给出了 DLP 微型投影的一种光学系统，由 RGB 三色 LED 光源模块、合光镜、会聚透镜、积分柱、中继透镜、TIR 棱镜和投影透镜构成。LED 光源模块在时序控制下，依次发出 RGB 三基色光，通过聚光器（合光镜）对 LED 发出的光束进行收集和初步会聚，再经由会聚透镜耦合进入积分柱进行匀光。中继透镜则把积分柱匀光后的出射端面成像至 DMD 显示屏进行调制，最终由 TIR 棱镜和投影透镜投射到屏幕上。

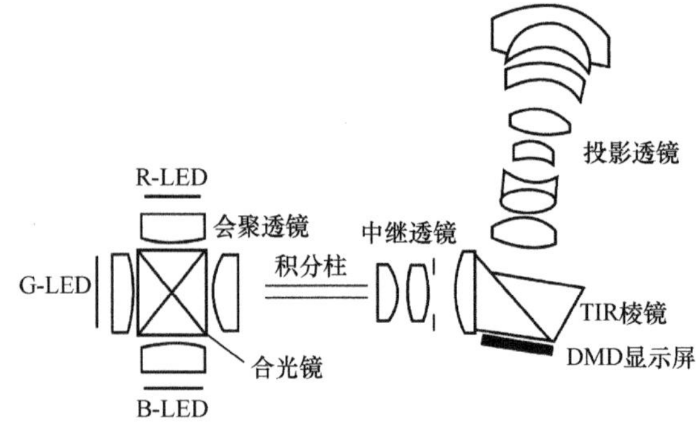

图 11-25　DLP 微型投影光学系统

采用 LED 光源的 LCOS 微型投影，微显示器的驱动与颜色调校是个技术难点。目前，LCOS 对色彩的实现分为色序法和彩色滤光片法两种方式。色序法使用 RGB 三色 LED 光源，结合使用铁电液晶的 LCOS 显示屏，简称 FLCOS（Ferroelectic Liquid Crystal on Silicon，铁电硅基液晶）架构。彩色滤光片法使用白色 LED 光源，结合使用 CF 的 LCOS 显示屏，简称 CF-LCOS 架构。CF-LCOS 架构可以缩小光学引擎的尺寸，实现小型化，但是色彩饱和度和亮度都受到影响。所采用的 LED 色温或颜色需要与滤光片特性匹配，甚至做出适当的颜色调校，才能正确地显示出所要演绎的色彩。FLCOS 架构将 RGB 三基色 LED 独立光源以 360Hz 分时反射，生成彩色画面进行投影，可达到较大色域范围，省去 3LCD 投影中的分色系统，结构相对简化，但容易出现特定颜色过于突出的情况。

FLCOS 架构是目前用于实现大屏幕、高分辨率、低成本微显示投影的一种主流技术。LCOS 微型投影机光学引擎如图 11-26 所示，其中光学引擎由光束整形系统、偏振光束分离器和投影透镜组成。原始视频信号经处理后分视频流和控制流信号送入 FLCOS 显示屏，显示屏内部电路按照场序色彩模式要求产生 RGB 照明光源的分色时序驱动信号送到外部光源驱动电路，光源由此产生 R、G、B 3 个分量的时序光，经过预偏振、光束整形和匀光系统后，整形成一个无杂散偏振的平坦照明光，然后经过偏振分光棱镜（Polarization Beam Splitter，PBS）偏振，最后反射到显示屏。经 FLCOS 显示屏调制后，依次形成 R、G、B 三幅单色光影像画面，透过 PBS 并被投影透镜放大到显示屏上，在人眼中混色合成一幅彩色影像画面。

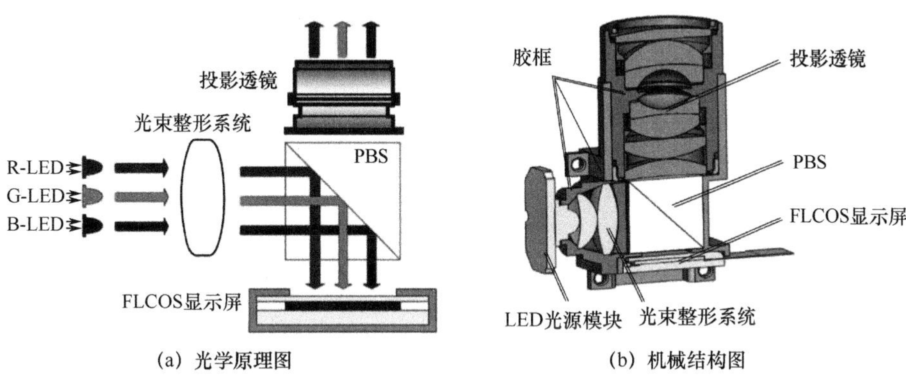

(a) 光学原理图　　(b) 机械结构图

图 11-26　LCOS 微型投影机光学引擎

在微型投影系统中，聚光器出射发散角 12°内的光束能量仅占总能量的

60%左右，导致微型投影系统的最大光输出效率只有20%左右。一二十毫米的聚光器也不利于微型投影系统外形尺寸的减小。通过反射型DMD显示屏投射图像时，需要改变光源输出光的方向，使其输入DMD显示屏，并使该反射光穿过投影用透镜后输出，因此需要TIR棱镜或PBS等专用光学部件，限制了光学系统的进一步小型化及低成本化。

3. 微型投影的发展趋势

微型投影机的心脏——光学模块，已经小到可以配备于部分手机和数码相机上，具体尺寸为4 ~ 6cm^3。为配备于更多的便携设备上，还要再缩小至与手机、相机相当的尺寸，即2cm^{3}以下。

微型化的关键分别是LED、激光等光源，LCOS及DMD等显示元件，以及封装各式各样光学部件的模块化技术的改善。其中，激光光源与DMD相结合，将是提高微型投影机设置性的捷径。因为它不需要最为麻烦的对焦作业，即实现了所谓的“免聚焦”。因将直射性的激光光束直接照射在镜片上投影，所以即使在凹凸不平的墙面上，也可以投影对焦影像。

微型投影的发展方向可归纳为小型化、降低功耗、提高表现力、改善安装性和加强输入功能这五项。表11-5列举了这些微型投影的发展方向、现状及技术课题。

表11-5　微型投影的发展方向、现状及技术课题

发展方向	现状	技术课题
小型化	可配置在手机上	光源、显示元件、模块化技术
降低功耗	使用手机电池可驱动两小时	光源
提高表现力	可在黑暗条件下观看	光源、显示元件
改善安装性	以激光光源和DMD免聚焦	光源、光学部件
加强输入功能	以机身或内置有投影机设备的按钮操作	传感器

参考文献

[1] 吕伟振，刘伟奇，魏忠伦，等. 大屏幕投影显示光学系统的超薄化设计[J]. 光学精密工程, 2014, 22(8):2020-2025.

[2] 杨秀森. 索尼最新激光、4K、3D投影显示方案亮相IFC China 2016[J]. 中国电化教育, 2016(5):142-142.

[3] 孙辉岭，赵宇，高志强，等. 立体投影光学引擎的研究[J]. 南京邮电大学学报：自

然科学版, 2012, 32(4):91-96.

[4] WANG H H, PAN J W, HUANG Y C, et al. A Higher-Contrast, Ghost-Ray-Deflecting, Total-Internal-Reflection Light Separator for LED DLP Projectors[J]. SID Symposium Digest of Technical Papers, 2014, 45(1):813-816.

[5] WHITE M S. Acoustic emissions of digital data video projectors- Investigating noise sources and their change during product aging[J]. Journal of the Acoustical Society of America, 2005, 118(3):1848-1848.

[6] RICE J P, BROWN S W, NEIRA J E. Development of hyperspectral image projectors[J]. Proceedings of SPIE—The International Society for Optical Engineering, 2006, 6297:629701.

[7] RICE J P, BROWN S W, JOHNSON B C, et al. Hyperspectral image projectors for radiometric applications[J]. Metrologia, 2006, 43(2):S61-S65.

[8] 杨凤和. DLP 技术及其投影显示应用研究[D]. 长春：中国科学院研究生院（长春光学精密机械与物理研究所）, 2005.

[9] 陈琛, 胡春海. 球幕投影通用型变焦鱼眼镜头设计[J]. 光学精密工程, 2013, 21(2):90-102.

[10] MCLAUGHLIN C W. Progress in projection and large-area displays[J]. Proceedings of the IEEE, 2002, 90(4):521-532.

[11] KAHN F J. The Digital Revolution in Electronic Projection Display Technology[J]. SID Symposium Digest of Technical Papers, 2012, 31(1):302-305.

[12] ROTH S. Four Primary Color Projection Display[J]. Advanced Display, 2012, 36(1): 1818-1821.

[13] PENG C, LI X, ZHANG P, et al. RGB High Brightness LED Modules for Projection Display Application[J]. Journal of Display Technology, 2011, 7(8):448-453.

[14] DENG Q Y, CHEN H, LI G H, et al. The Hybrid Light Source for Projection Display[J]. Optics & Photonics Journal, 2016, 6：233-236.

[15] BRENNESHOLTZ M S. The evolution of projection displays: From mechanical scanners to microdisplays[J]. Journal of the Society for Information Display, 2007, 15(10):759-774.

[16] HO G H, CHEN C H, FANG Y C, et al. The Mechanical-Optical Properties of Wire-Grid Type Polarizer in Projection Display System[J]. SID Symposium Digest of Technical Papers, 2012, 33(1):648-651.

[17] 刘旭, 李海峰. 现代投影显示技术[M]. 杭州：浙江大学出版社，2009.

[18] CHEN W, GU P. Design of non-polarizing color splitting filters used for projection display system[J]. Displays, 2005, 26(2):65-70.

[19] FENG C H, MENG Z, SUN W J. New LED Illumination Optical Engine for Micro-

Projection Display[J]. Proceedings of SPIE—The International Society for Optical Engineering, 2010, 7658:76583Y.

[20] KURATOMI Y, SEKIYA K, SATO H, et al. Analysis of speckle-reduction performance in a laser rear-projection display using a small moving diffuser[J]. Journal of the Society for Information Display, 2010, 18(12):1119-1126.

[21] JANG S J. 100-inch 3D real-image rear-projection display system based on Fresnel lens[J]. Proceedings of SPIE—The International Society for Optical Engineering, 2004, 5618:204-211.

[22] CHEN S H, CHEN Y J, LIN H Y. 55 Inches 3D Short-Throw Rear-Projection-System with Broadband Polarizing-type Glasses[J]. SID Symposium Digest of Technical Papers, 2014, 44(1):1490-1493.

[23] VAN KESSEL P F, HORNBECK L J, MEIER R E, et al. A MEMS-based projection display[J]. Proceedings of the IEEE, 1998, 86(8):1687-1704.

[24] MELCHER R L, OHHATA M, ENAMI K. High-information-content projection display based on reflective LC-on-silicon light valves[J]. Journal of the Society for Information Display, 1998, 6(4):253-256.

[25] KANAYAMA H, TAKEMORI D, FURUTA Y, et al. A New LC Rear-Projection Display Based on the "Color-Grating Method"[J]. SID Symposium Digest of Technical Papers, 1998, 29(1):199-202.

[26] JIE Z, YONG Z, JIYONG S, et al. Experiments of a grating light modulator for projection display applications[J]. Applied Optics, 2009, 48(9):1675-1682.

[27] IWASAWA S, KAWAKITA M, YANO S, et al. Implementation of autostereoscopic HD projection display with dense horizontal parallax[J]. Proc. SPIE, 2011, 7863(4): 78630T.

[28] AN S, SONG J, LAPCHUK A, et al. Line-defect calibration for line-scanning projection display[J]. Optics Express, 2009, 17(19):16492-16504.

[29] KURATOMI Y, SEKIYA K, SATO H, et al. Analysis of speckle-reduction performance in a laser rear-projection display using a small moving diffuser[J]. Journal of the Society for Information Display, 2010, 18(12):1119-1126.

[30] KATAYAMA T, NATSUHORI H, MOROBOSHI T, et al. D-ILA™ Device for Top-End Projection Display (QXGA)[J]. SID Symposium Digest of Technical Papers, 2001, 32(1):976-979.

[31] TRAVIS A. The Focal Surface of a Wedge Projection Display[J]. SID Symposium Digest of Technical Papers, 2005, 36(1):896-897.

[32] KATAGIRI B, OOIKE M, UCHIDA T. A high-contrast front-projection display system optimizing the projected light-angle range[J]. Journal of the Society for

Information Display, 2010, 18(2):173-178.

[33] JOSHI C J. Development of Long Life, Full Spectrum Light Source for Projection Display[J]. SID Symposium Digest of Technical Papers, 2007, 38(1):959-961.

[34] CHENG J, WANG Q H, LIN Z. A 5-in. CRT for High Luminance and High Resolution Projection Display[J]. SID Symposium Digest of Technical Papers, 2002, 33(1): 1084-1087.

[35] KUO J N, LEE G B, PAN W F. Projection display technique utilizing three-color-mixing waveguides and microscanning devices[J]. IEEE Photonics Technology Letters, 2005, 17(1):217-219.

[36] HSIEH S H, CHEN C H. High Efficiency LED Illuminator for 2D/3D Switchable LCoS Projection Display[J]. SID Symposium Digest of Technical Papers, 2011, 42(1):901-903.

[37] LIU S H, TSAI J C. Autostereoscopic Eccentric Projection Display with Adjustable Image Sizes and Viewing Zones[J]. Journal of display technology, 2016, 12(7):363-368.

[38] KAWASHIMA M, YAMAMOTO K, KAWASHIMA K. Display and projection devices for HDTV[J]. IEEE Transactions on Consumer Electronics, 1988, 34(1):100-110.

[39] KATAGIRI B, MIYASHITA T, ISHINABE T, et al. Novel screen technology for high-contrast front-projection display by controlling ambient-light reflection[J]. Journal of the Society for Information Display, 2003, 11(3):585-590.

[40] WANG Q, WANG Q H, LIANG J L, et al. Visual experience for autostereoscopic 3D projection display[J]. Journal of the Society for Information Display, 2014, 22(10): 493-498.

[41] ROH J, KIM K, MOON E, et al. Full-color holographic projection display system featuring an achromatic Fourier filter[J]. Optics Express, 2017, 25(13):14774.

[42] LIU Y, YANG J, GU X, et al. Interleave Reset Scheme for DMD Projection Display[J]. Journal of Display Technology, 2016, 12(12):1752-1756.

第 12 章

LCD 光学引擎技术

LCD 投影是液晶显示技术和投影技术相结合的产物。早期用小型 a-Si TFT LCD 做 LCD 背投的微显示器件，因为无法应对高分辨率和高亮度需求而停产。所以，后续 LCD 投影所用微显示器件专指 HTPS-LCD 显示屏。

12.1 LCD 投影发展概况

LCD 投影产品在 MDP 市场的占有率超过 50%。主流的 LCD 投影技术均采用三片式 HTPS-LCD 显示屏，简称 3LCD 投影。

1. LCD 投影产业的发展

LCD 投影技术主要掌握在爱普生和索尼手中。爱普生研制成功了世界上第一块 LCD 投影板芯片，并于 1989 年制造出世界上第一台 LCD 投影机 VJP-2000。索尼虽然也加入了研发 HTPS-LCD 显示屏的行列，但是从 2004 年开始停止向外提供其生产的 HTPS-LCD 显示屏，仅供其内部使用。至此，爱普生获得了这一领域的霸主地位。索尼和爱普生不仅是液晶投影机产业的推动者，还是现代数字投影机技术的最早推动者。

LCD 投影机诞生之时，面对的主要竞争者是传统的 CRT 投影机。LCD 投影技术的突飞猛进，令 CRT 技术不得不告别历史舞台。在 LCD 投影机的技术演进过程中，除现在占据绝对主流的 3LCD 投影技术外，还出现过单片式 LCD 投影机、液晶光阀投影机等。

LCD 投影机诞生之初，基于单片结构而存在性能和色彩方面的缺憾，开口率和分辨率都极低。直到 1995 年单片式 LCD 投影机才正式投入市场，紧接着 1996 年又推出了 3LCD 投影技术。相比单片式 LCD 投影机，3LCD 投影机在稳定性和色彩表现方面有了突破，其色彩饱和度更高，色彩还原也更精准。精工爱普生于 2010 年 8 月开始量产全世界第一款反射型 HTPS-LCD 显示屏，应用于 3LCD 投影机。新显示屏尺寸为 0.47 英寸，分辨率为 1920 像素×1080 像素。索尼独家开发了采用反射型 HTPS-LCD 显示屏的 SXRD 技术，并陆续推出了一些 4K、3D 等应用产品。

LCD 投影的发展，是在高亮度、小型化、延长显示屏寿命和提高图像刷新频率上持续推进的。LCD 投影机只有提高 HTPS-LCD 显示屏的开口率，才能提高亮度，并实现小型化；只有改善使用的材料，才能解决 HTPS-LCD 显示屏老化、需要防尘罩的尴尬。从 1995 年开始，HTPS-LCD 显示屏尺寸在不断减小，从最开始的 1.3 英寸慢慢减小到现在的 0.5 英寸。为应对超高清显示的需要，HTPS-LCD 显示屏尺寸又有增大的趋势。

2. HTPS-LCD 显示屏技术的发展

LCD 投影系统的核心是 HTPS-LCD 显示屏。最新（D7 代）的 HTPS-LCD 显示屏使用无机取向膜，最大的特点是在持续高温工作条件下能保持性能的稳定，为投影机产品延长整机寿命、提升产品亮度提供了技术平台。同时，这一技术的产品与普通的 TFT-LCD 一样，还具有色彩还原准确、视觉感舒适等特点。

小尺寸、高分辨率是 HTPS-LCD 显示屏技术发展的主要趋势。高端的 HTPS-LCD 显示屏能够实现 1 英寸以下的 1080p、超过 50%的开口率、12 位以上的精细控制及 120Hz 的超高刷新频率。2009 年，爱普生继推出首款拥有 WUXGA（1920 像素×1200 像素）分辨率的 3LCD 工程机 EB-Z8000WU 之后，又推出了如图 12-1 所示的首款支持 4K（4096 像素×2160 像素）分辨率的 1.64 英寸 HTPS-LCD 显示屏。这款 4K 级 HTPS-LCD 显示屏是 D7 系列中顶级芯片，配合最新的驱动技术与 C^2Fine 技术，能够实现更高的亮度与对比度。

图 12-1　爱普生 4K 级 HTPS-LCD 显示屏

2011 年，精工爱普生推出了世界上第一台使用 HTPS-LCD 显示屏的 3D 液晶投影机。该项新技术通过将图像刷新频率从 240Hz 加倍提高到 480IIz，实现了更亮丽的 3D 画面效果。同时，更高的图像刷新频率使 3D 图像的亮度至少提高到了 240Hz 刷新频率下亮度的 1.5 倍 。目前，爱普生在批量生产的全新系列 3D HTPS 显示屏中使用了此项技术。

12.2 HTPS-LCD 显示屏技术

HTPS-LCD 显示屏是 LCD 投影机的核心部件。HTPS-LCD 显示屏利用液晶的电光效应，通过加在液晶单元两端的电压高低来控制液晶分子的偏转方向，从而控制光线通过液晶单元的透光率，以产生不同灰度层次及色彩的图像。HTPS-LCD 显示屏的主要发展方向是在提高精细度的同时，提高开口率和对比度。

12.2.1 HTPS-LCD 高开口率技术

1. HTPS TFT 技术

液晶投影型 MDP 为了降低成本和小型化，需要微显示器件在微型化的同时获得极高的像素开口率。对 TFT 器件的要求是低压驱动的内置电路、高速开关和小漏电流。目前，只有 HTPS TFT 技术能同时满足以上要求。

HTPS TFT 最早在 1984 年实现实用化。基本工艺是，先用 LPCVD（Low Pressure Chemical Vapor Deposition，低压化学气相沉积）工艺在石英玻璃上沉积一层非掺杂的 p-Si 薄膜，然后在含 O_2 氛围下进行 1000℃以上的高温退火。一方面，p-Si 薄膜熔化并冷却后形成晶格结构均匀有序的 Si 结晶，载流子迁移率在 $100cm^2/V·s$ 以上；另一方面，p-Si 薄膜表面在热氧化后形成厚度为数十纳米的 SiO_2 栅极绝缘层。HTPS 薄膜形成后的工艺与 LSI 工艺基本相同。因为栅极绝缘层是通过 Si 表面氧化形成的，基于这种工艺的 HTPS TFT 具有如下特点。

（1）栅极绝缘层特性，以及栅极绝缘层与 Si 的界面特性稳定。

（2）基本上不产生异物，合格率高。

（3）即使发生工艺变动，特性也基本稳定不变。

（4）TFT 器件特性的均一性高，可靠性好。

（5）1000℃以上的高温限制了 HTPS TFT 只能制作在 8 英寸以下的石英

玻璃上，不能应用于普通玻璃。

LPCVD 是一种直接生成 p-Si 薄膜的工艺，具有沉积速度快、成膜致密、均匀性好等优点。但所生成 p-Si 薄膜的晶粒具有择优取向，内含高密度的微晶组织缺陷，且晶粒尺寸小，迁移率低。LPCVD 的理想成膜温度在 600~650℃，高于玻璃转化温度。成膜温度太低，薄膜沉积速度过慢，低于 575℃所沉积薄膜以 a-Si 形态存在。成膜温度太高，反应会倾向于以均匀性成核的方式进行，使膜厚均匀性变差。

HTPS-LCD 的工作原理与普通 TFT-LCD 完全相同。HTPS-LCD 的独特工艺结构决定了其独有的特点，这些特点的根本在于驱动 TFT 的不同。普通 TFT-LCD 的高电子迁移率 TFT 为采用 600℃以下低温工艺处理的低温多晶硅（Low Temperature Poly-Silicon，LTPS）TFT。由于加工温度的不同，相应的 TFT 便有着如表 12-1 所示的差异。HTPS TFT 的电子迁移率高，尺寸可以很小，所以 HTPS-LCD 每一个像素的配线都可以做得非常细。HTPS-LCD 的精细度都在 2000ppi 以上。

表 12-1　LTPS TFT 与 HTPS TFT 的比较

性能	LTPS TFT	HTPS TFT
工艺温度	<600℃	>900℃
基板	玻璃	石英
结晶方式	ELA（激光退火）	SPC（固相晶化）
栅极绝缘层工艺	PECVD	热处理
半导体工艺	基于 a-Si TFT 工艺	类似于 Si-LSI 工艺
电子迁移率	100cm^2/V·s	>1000 cm^2/V·s

2. HTPS-LCD 技术

HTPS-LCD 显示屏的像素间距为 12μm，比 DMD 显示屏的 1μm 大很多，开口率不高，存在网格效应。开口率提升的主要措施有：先进的细微加工技术、平坦化处理技术、MLA（Micro Lens Array，微透镜阵列）技术、RHTPS（Reflective HTPS）技术等。由于 HTPS TFT 的写入能力很强，加上小尺寸 HTPS-LCD 显示屏的配线负载很小，可以采用先进的细微加工技术，通过配线、TFT 部的最优化设计和缩小 BM 部的面积来提高开口率。其中，很重要的一点是在配线最小化过程中，存储电容面积也在缩小。为了保证像素电压的保持能力，避免出现闪烁、串扰等的恶化，存储电容在像素负荷电容中的比重不能下降。为此，常用的对策有：采用电容区域的积层化结构或减小绝缘介质层的厚度、增大绝缘介电层的介电常数。

如图 12-2 所示，通过研磨工艺实现 TFT 基板表面平坦化也可以提高像素开口率。组合了 0.6μm 最小线宽技术、第 3 代高电容化技术、新平坦化技术的精工爱普生 D5 技术，可以使像素间距为 10μm 的像素开口率达到 52%。作为比较，组合了 1μm 最小线宽技术、第 1 代高电容化技术、部分平坦化技术的精工爱普生 D1 技术，只能使像素间距为 14μm 的像素开口率达到 38%。开口率高，透光率高，光效率能够大大提升，达到使用原先大尺寸显示屏的效果。

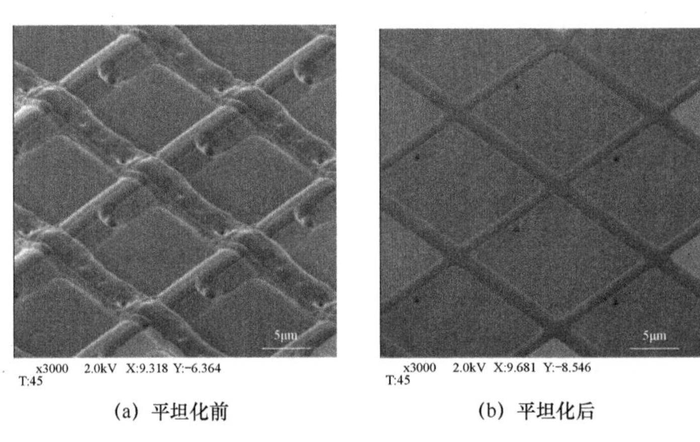

(a) 平坦化前　　(b) 平坦化后

图 12-2　HTPS-LCD 显示单元平坦化前后比较

如图 12-3（a）所示，射入传统 LCD 显示屏的部分光线会被黑色矩阵阻挡，不能透过 LCD 显示屏。如图 12-3（b）所示，在每个 HTPS-LCD 显示屏像素表面设计一个与单位像素面积大小一致的微透镜，形成微透镜阵列（MLA），将直射黑色矩阵部分的光线集中到开口部，使光线全部透过像素点，可以实现在开口率不变的情况下提高投影亮度。随着 HTPS-LCD 显示屏精细度的提高，MLA 的外形由球面变更为非球面。使用这种技术后，开口部特别小的 HTPS-LCD 显示屏的亮度能够提高达 1.3 倍。

BM 层的存在，对上下基板的贴合提出了非常高的要求。为了在一定的贴合精度范围内，不让无法控制的液晶暴露在 BM 层外侧，BM 层必须有一定的宽度。所以，使用透射型 HTPS-LCD 必然会导致 BM 层附近的一些光无法得到利用，导致光线损失。采用反射型 HTPS-LCD（RHTPS-LCD）技术，通过镜面反射的光线更容易控制方向，使得光线可以有效投射在液晶分子上，从而提高光利用率。图 12-4 比较了 HTPS 和 RHTPS 两种技术在光学处理上的差异。透射型 HTPS-LCD 技术，画面像素之间的网格现象比较明显，光利用率低。反射型 HTPS-LCD 技术提高了光利用率，增强了画面的平滑度，网格现象明显降低。

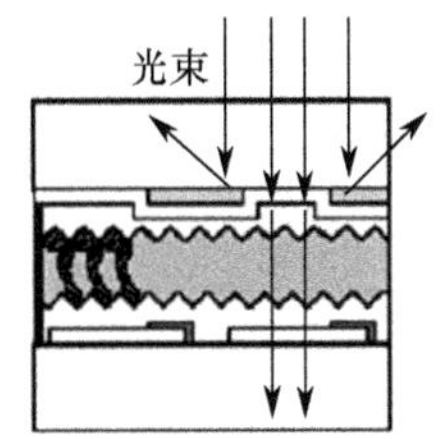

(a) 传统LCD显示屏无微透镜阵列光透图

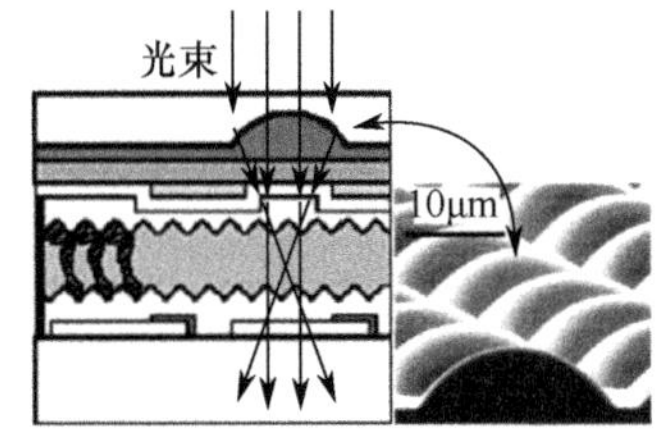

(b) HTPS-LCD显示屏带微透镜阵列光透图

图 12-3 传统 LCD 显示屏与 HTPS-LCD 显示屏的比较

(a) 透射型HTPS-LCD技术

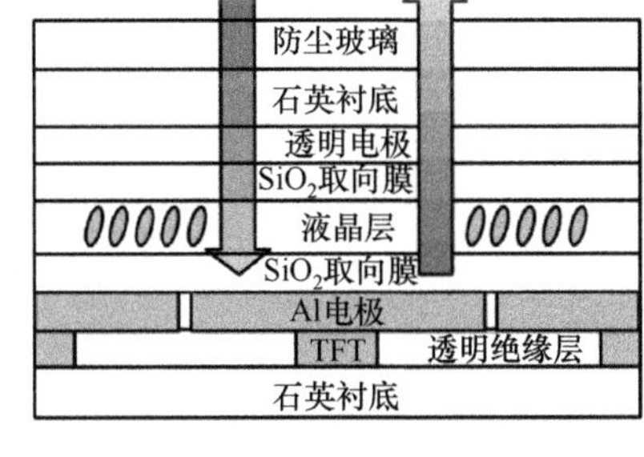

(b) 反射型HTPS-LCD（RHTPS-LCD）技术

图 12-4 HTPS 和 RHTPS 两种技术在光学处理上的差异

12.2.2 HTPS-LCD 高对比度技术

采用反射型 HTPS-LCD 技术，可以改善显示屏的视角特性，提高对比度。此对比度为 HTPS-LCD 显示屏本身的对比度，投影机的对比度取决于投影机厂家的最终规格。这是所有反射型 LCD 的共性。如图 12-5（a）所示，不同方向入射的光经过透射型 HTPS-LCD 显示屏后，由于在液晶层中走过的光程不同，所以射出透射型 HTPS-LCD 显示屏后在不同视角上有不同的亮度等级。这种差异的存在使得即使进行光学补偿也不能完全抵消相互之间的亮度差异。如图 12-5（b）所示，不同方向的光经过反射型 HTPS-LCD 显示屏反射后，相互之间存在一个自补偿的效应，所以射出反射型 HTPS-LCD 显示屏后在不同视角上的亮度等级相同。通过光学补偿，可以完全消除不同视角上的漏光现象，改善视角特性的同时有效提高对比度。

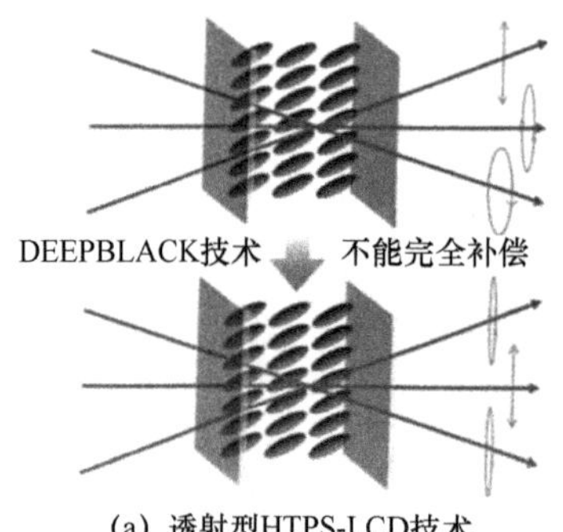

(a) 透射型HTPS-LCD技术

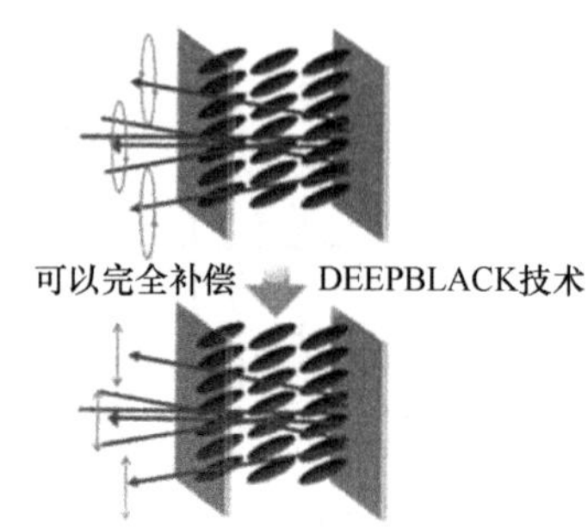

(b) 反射型HTPS-LCD（RHTPS-LCD）技术

图 12-5　HTPS 和 RHTPS 两种技术在对比度表现上的差异

另外一个提升对比度的方法是采用帧反转驱动技术代替行反转驱动技术，并且减小液晶盒厚。如图 12-6（a）所示，随着像素之间非显示区域宽度的减小，行反转驱动时相邻两行之间的像素由于电压极性相反，边缘电场效应较强（横向电场的压差为 10V），液晶向错引起的漏光现象明显，对比度下降。如图 12-6（b）所示，采用所有像素同极性的帧反转驱动技术，可以显著降低相邻像素之间的横向电场压差，从而改善像素间边缘电场带来的漏光问题。通过减小盒厚，也可以降低横向边缘电场。HTPS-LCD 的盒厚基本在 2.5μm 以下。

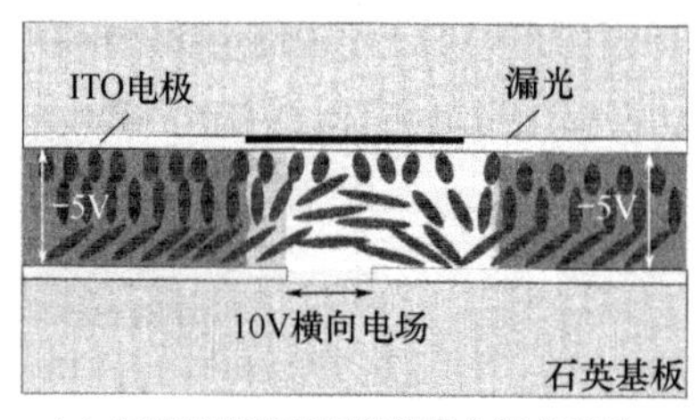

(a) 行反转驱动时相邻像素之间有串扰

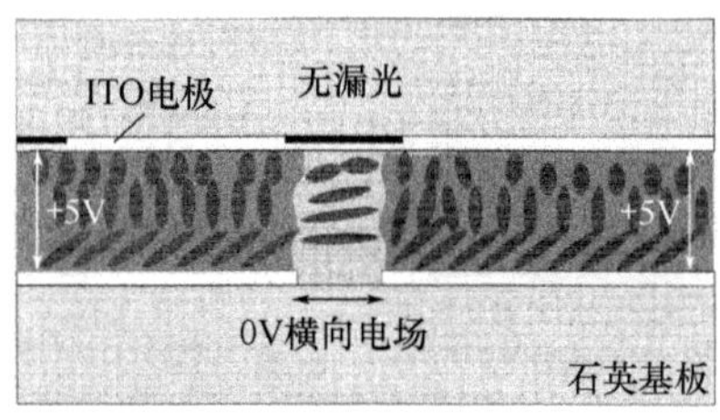

(b) 帧反转驱动时相邻像素之间无串扰

图 12-6　不同驱动技术对相邻像素之间的横向电场压差的影响

12.2.3　HTPS-LCD 附属材料技术

透射型液晶组件会因长时间使用而老化。这是因为用来调节液晶分子方向的取向膜和控制光线方向的偏光片等采用的是有机材料。由于投影灯功率高，因此不仅发热，而且光线很强，所以会使有机材料产生化学变化。材料老化的程度因投影灯的使用模式和用户使用方法的不同有很大差异。

投影系统所用偏光片为染料系偏光片，是 PVA 经过延伸后用染料染色而成的。3LCD 投影机专用偏光片具有滤色功能，图 12-7 所示为蓝光用和红光用偏光片。偏光片是投影机光学引擎中常坏的组件之一，一般绿色的偏光片被烧坏的原因是它离光源距离最近。对偏光片的基本要求是高耐久性（耐热、耐湿热、耐光、耐黏着等）、高透光率和高对比度。

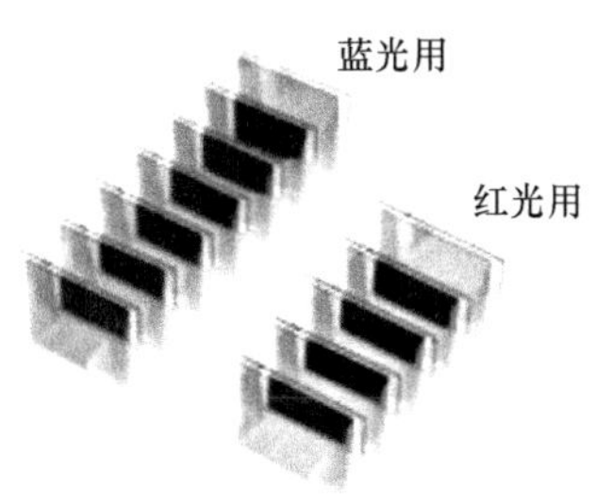

图 12-7　LCD 投影机专用偏光片（颜色滤光片）

为了进一步提高耐久性，Polatechno 公司还开发了无机偏光片 ProFlux。如图 12-8 所示，ProFlux 是在玻璃基板上形成 Al 膜，通过微细加工技术形成细条状光栅，从而产生偏光功能，所以也叫光栅偏光片（Wire Grid Polarizer，WGP）。WGP 的基本工作原理是：当光入射到线宽小于波长的金属光栅时，光中偏振方向正交的 P 光和 S 光经过的光程不同，当入射光的偏振方向平行光栅方向时，金属线条中的电子受到激发而产生电流，并使该方向的偏振光反射回入射光一侧；当入射光的偏振方向垂直光栅方向时，因为该方向上有空气间隙将金属线隔离，无法产生任何电流，则此部分光波以穿透方式通过金属偏振光栅；结果使得这种线宽小于波长的金属光栅具有与传统 PBS 类似的功能。根据具体结构与工艺的不同，分为如图 12-8（a）所示的反射型无机偏光片和如图 12-8（b）所示的吸收型无机偏光片。

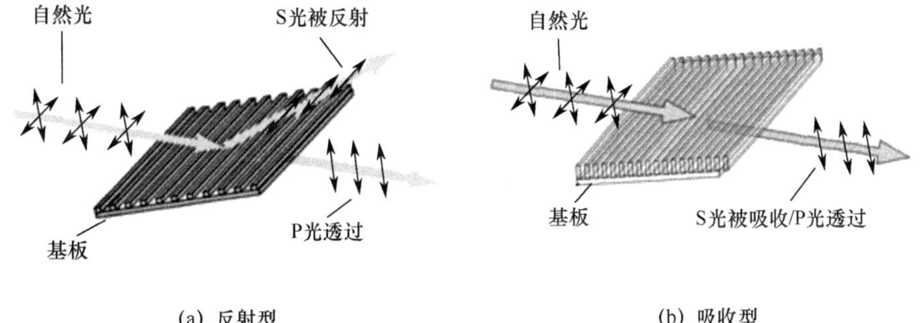

图 12-8　无机偏光片 ProFlux

相比传统有机偏光片，无机偏光片除提高耐久性和耐光性外，还可以将反射光加以利用，大幅提高光能利用率。

为了提高取向膜的耐久性，也可以使用无机物制作取向膜。水晶高清精细（Crystal Clear Fine，C^2Fine）技术就是把原来的有机取向膜改为无机取向膜，做到非接触的取向处理，同时结合 VA 显示模式，可以获得高对比度和高可靠性的显示效果。使用 C^2Fine 技术提高了黑色的再现能力，对比度比原有技术高出 4～5 倍或以上，同时也减少了取向不均的问题。

由于 HTPS-LCD 的像素小，表面异物会对透过的光线造成干扰。所以，HTPS-LCD 需要在液晶盒的两侧贴覆防尘玻璃，防止 HTPS-LCD 液晶盒受损和吸附灰尘。也可以通过加厚盖板玻璃，作为防尘设计。如图 12-9 所示，在防尘玻璃片上无法看到灰尘，因为在投影时，灰尘处于聚焦范围之外。

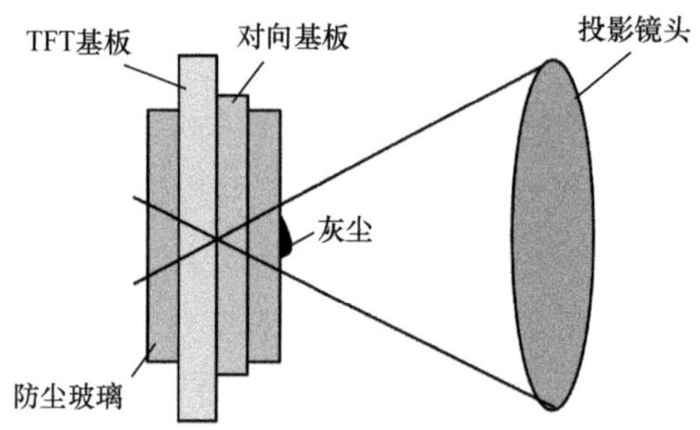

图 12-9　液晶板的防尘玻璃不易黏附异物

12.3　单片式 LCD 光学引擎技术

单片式 LCD 投影机具有轻便短小、结构简单、价格便宜等特性。单片式 LCD 架构是目前主流三片式 LCD 架构的基础，包含 LCD 投影显示的基本光学原理。根据 HTPS-LCD 工作模式的不同，单片式 LCD 投影分为单片透射型 LCD 投影和单片反射型 LCD 投影两种技术。本节只介绍单片透射型 LCD 投影技术。

12.3.1　光学引擎整体架构

单片式 LCD 投影机的光学结构如图 12-10 所示，由光源、UV-IR 滤光板、组合透镜构成的光学结构类似于 TFT-LCD 中的背光源，由入射侧偏光片、HTPS-LCD 显示屏和出射侧偏光片构成的光学结构类似于 TFT-LCD 中的显示屏结构。不同的是，单片式 LCD 投影机中的偏光片和 HTPS-LCD 显示屏分立安装，而 TFT-LCD 中的偏光片分别贴在上下玻璃基板的两侧。菲涅尔透镜和投影透镜是投影必备的光学组件。使用传统光源的 MDP 光学引擎，都需要在光源前方设计 UV-IR 滤光板。

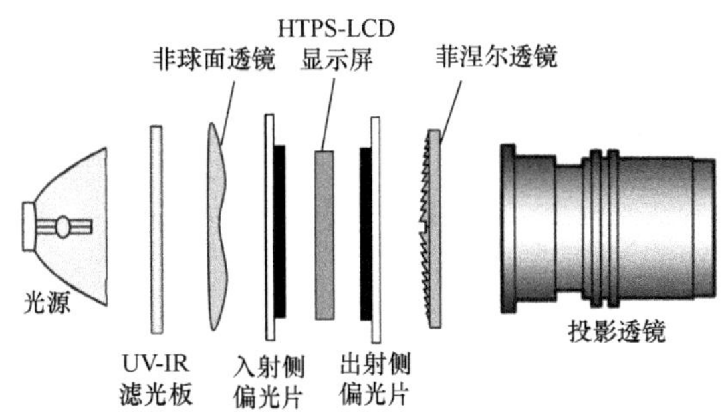

图 12-10　单片式 LCD 投影机的光学结构（直投式）

光源发出的光含有紫外线（UV）和红外线（IR）。紫外线会破坏液晶分子，加速有机膜和塑料组件老化，射到屏幕上还会伤害人眼。红外线的能量高，会产生高热，影响器件的可靠性。所以，背光进入 LCD 组件前必须使用 UV-IR 滤光板滤除紫外线和红外线。

就像 TFT-LCD 对背光源的亮度有一定的均匀性要求一样，进入如图 12-11 所示的 HTPS-LCD 显示屏之前也要求光源均匀照明。HTPS-LCD 显示屏呈矩形状，所以要将来自光源的圆形截面光束调制成矩形截面光束。均匀化照明可以提高投影图像亮度的一致性，调制光束截面形状可以提高光利用率。如图 12-11 所示，一般用组合透镜来调制成矩形截面光束，并实现光源均匀照明。通过组合透镜，将原来的光源切割成数个部分，由于数个部分光源能量分布皆不相同，通过光学系统设计，将光源呈现于 HTPS-LCD 显示屏上面，由于互补的效果，在 HTPS-LCD 显示屏上可以达到均匀化的效果。

均匀的矩形截面光束进入入射侧偏光片后，只有近一半的光呈所需的偏振状态，供 HTPS-LCD 显示屏调光使用。通过控制 HTPS-LCD 显示屏每个像素的电压来控制每个像素的液晶偏转状态，从而控制通过每个像素的光的线偏振状态。通过出射侧偏光片的滤光处理，可以控制每个像素的出光量。在进入投影透镜前，使用菲涅尔透镜校准通过 HTPS-LCD 显示屏的光线，使光线聚焦后通过投影透镜。在背投系统中，菲涅尔透镜也应用在扩散屏幕前面，可以显著提高四周亮度，提高整体显示亮度均匀性。不足之处是增加了

透镜成本，存在重影现象、菲涅尔环、莫尔条纹等。

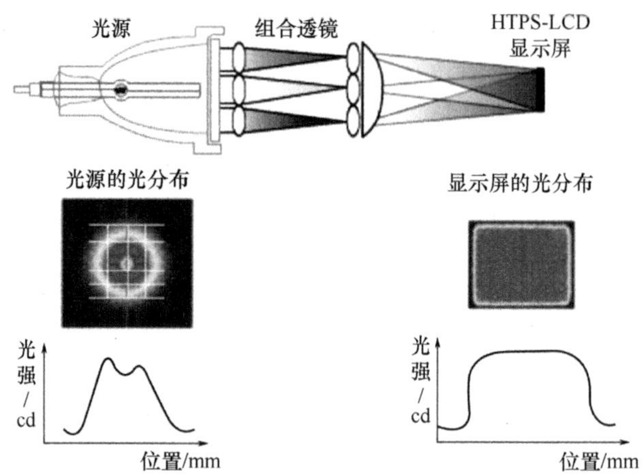

图 12-11　使用组合透镜前后的光分布状态

单片式 LCD 投影机仅使用一片 HTPS-LCD 显示屏，受到液晶响应速度的限制，基本上是在 HTPS-LCD 显示屏使用 CF 以同时提供 RGB 三种颜色。CF 的透光率只有 30%左右，加上偏光片的透光率不到 50%，所以单片式 LCD 投影机光效率很低，使得亮度偏低，且颜色不均匀。解决偏光片光效率低的方法是采用偏光转换技术，把光源 50%以上的光转换为一种方向的偏振光。解决 CF 光效率低的对策就是采用三片式 LCD 投影技术。

12.3.2　照明光学系统

在图 12-10 中，由光源、UV-IR 滤光板和组合透镜组合而成的“背光源”称为照明光学系统，适用于所有投影技术。照明光学系统收集光源发出的光能，在作为空间光调制器的 MD 显示屏上形成亮度均匀的照明光斑。同时调整照明光斑的形状，以适合空间光调制器矩形形状要求，减小由于照明光斑形状不匹配而产生的能量损失。照明光学系统的关键光学组件是反光碗和透镜。

反光碗是反射式光学组件，通常与光源集成在一起，将由发光电弧释放的光能反射向特定的方向。椭球面反光碗是一种很通用的收集光能的反光碗。如图 12-12 所示，弧光灯沿光轴放置在旋转椭球面反光碗的内焦点 P，而被照明物体（目标点）放在椭球面反光碗的第二个焦点 Q 附近，根据椭球面反光碗的特性，光能在第二个焦点附近被采集。但是，θ 角度内的光线无法到达目标点，导致一部分光能的损失，也限制了投影机的最终投影距离及投影大小。另外，由于发光体有一定的体积，不能被看作理想的发光点，不同方向出射的光线会在目标面上扩展开来，得到一个光能沿半径逐渐减小的圆斑。其光斑的均匀性较差。

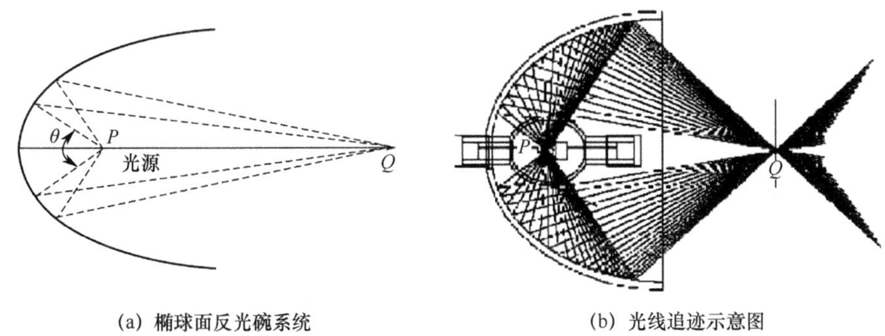

(a) 椭球面反光碗系统　　(b) 光线追迹示意图

图 12-12　椭球面反光碗的光处理效果图

另一种常见的反光碗是抛物面反光碗，将照明光会聚为准直光束。在如图 12-13 所示的双抛物面反光碗中，两个抛物面反光半碗上下对称放置，光轴在同一条直线上。弧光灯放在第一个抛物面反光半碗的焦点 P 处，反射光准直射向第二个抛物面反光半碗。被准直的光线进入第二个抛物面反光半碗，然后在它的焦点 Q 会聚。双抛物面反光碗只收集了弧光灯一部分的光线，光能利用率在 73%左右。可以在第一个抛物面反光半碗的对面放置一个半球形反光碗，球心与弧光灯位置重合，使到达半球形反光碗的光线被反射回来而最终被第一个抛物面反光半碗收集。设置半球形反光碗时，需半球形反光碗的半径与抛物面的焦距相等。

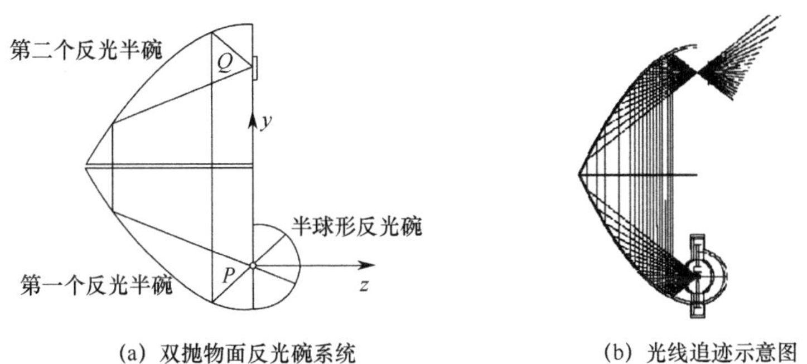

(a) 双抛物面反光碗系统　　(b) 光线追迹示意图

图 12-13　双抛物面反光碗的光处理效果图

此外，还有双椭球面反光碗、双轴双抛物面反光碗等结构。双椭球面反光碗光能利用率为 62.6%，双轴双抛物面反光碗光能利用率为 66.6%。反光碗反射的光能由组合光学组件收集，基本原理是将单一的光源成像为二维的光源阵列，并将光源阵列的像叠加，以实现高均匀性的照明光斑。

12.3.3 复眼照明光学系统

复眼照明光学系统是投影显示系统中常见的一种照明结构，能够将光源发出的圆形光斑转换为 MD 显示屏需要的矩形光斑，同时还可以有效地提高系统的照明均匀性，减小偏光片的负载。如图 12-14 所示，整个复眼照明系统由带反光碗的光源、复眼透镜和后继照明透镜组组成，引入两组复眼透镜是为了获得高能量利用率和高均匀性的照明光斑。复眼透镜由一系列微型透镜按行列组合而成，也称为微透镜阵列（MLA）。

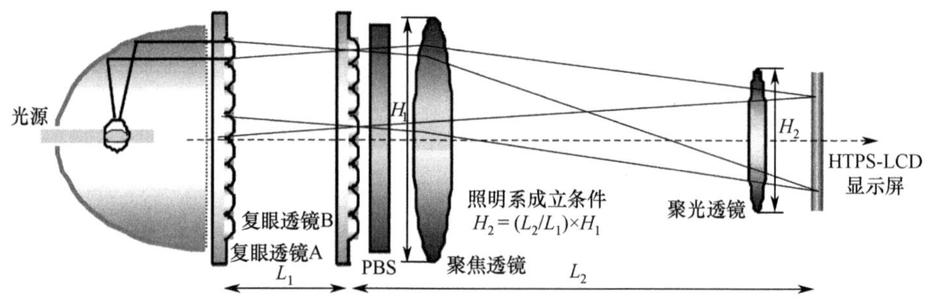

图 12-14　复眼照明系统的结构示意图

反光碗焦点上光源发出的光线经反射后成为准直光束，投射在第一组复眼透镜上，由第一组复眼的小透镜会聚成像在第二块复眼透镜上，从而将一个光源分成多个光源。第二组复眼透镜位于第一组复眼透镜的焦平面上，它的每个小透镜都将前排复眼对应的小透镜重叠成像于无穷远，然后由后继照明透镜组成像于 HTPS-LCD 显示屏的表面上。

由于光源的整个光束被分为多个细光束照明，每个细光束的均匀性都优于整个宽光束的均匀性，而且对称位置上的细光束光斑相互叠加，进一步补偿了细光束的不均匀性，因而复眼透镜系统可以获得良好的照明均匀性。所以，复眼透镜又称为匀光镜，实物如图 12-15 所示。

穿过复眼透镜的光由水平振荡的 P 光和垂直振荡的 S 光组合而成，经复眼透镜组的均匀化、矩形化处理后，再用如图 12-16 所示的偏振分光棱镜

（Polarization Beam Splitter，PBS）把 P 光转为 S 光，而 S 光仍为 S 光，从而提高光源利用率。PBS 由 4 片玻璃通过 UV 胶黏合而成。相比用偏光片滤光，采用 PBS 光源利用率可以提高 20%以上。

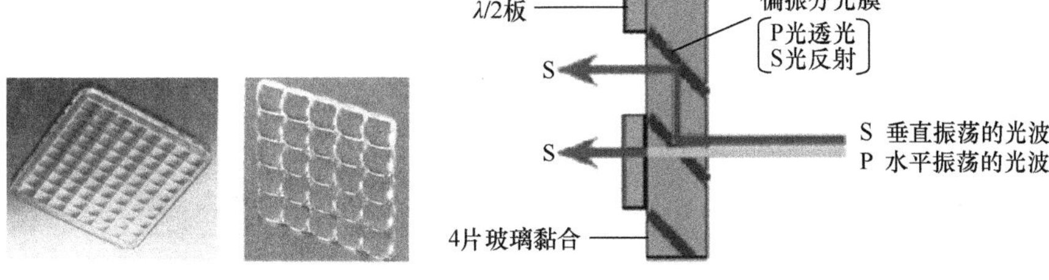

图 12-15　复眼透镜实物图　　　　图 12-16　PBS 工作原理

复眼透镜和 PBS 叠加组合后，形成 PBS 匀光系统和亮度提升系统。经过 PBS 匀光系统后，为了减小 S 光光源的损失，在 PBS 后还要通过聚光透镜进行聚光处理。有些场合，PBS 需要加装散热片。

12.4　三片式 LCD 光学引擎技术

为了达到高亮度及高解析度的要求，现代 LCD 投影大都采用三片式 LCD 光学引擎技术。三片式 LCD 投影机是用红、绿、蓝三片 HTPS-LCD 显示屏分别作为红、绿、蓝三色光的空间光调制器。三片式 LCD 投影不需要 CF，开口面积可以做得更大，像素之间的网格线可以做得更细，投影画面的画质更高。

12.4.1　光学引擎整体架构

三片式 LCD 投影机的光学结构如图 12-17 所示，光源发射出来的白色光经过透镜组后会聚到分色镜组，蓝色光首先被分离出来，投射到蓝色 HTPS-LCD 显示屏上，显示屏上的图像信息被投射形成了影像画面中的蓝色光信息。绿色光被第二片分色镜分离出来后投射到绿色 HTPS-LCD 显示屏上，形成影像画面中的绿色光信息。透过第二片分色镜的红色光经反射镜组反射后，投射到红色 HTPS-LCD 显示屏上，形成影像画面中的红色光信息。三原色的光在合光系统（合光镜）中会聚，混合成彩色影像，由投影镜头投射到屏幕上形成一幅全彩色图像。

三片式 LCD 投影的核心是用三片 HTPS-LCD 显示屏将白光光源分离成 RGB 三原色光分别加以调制，然后经合光镜混成彩色影像画面。因为分色的窄带滤光片光能效率较高，所以光源利用效率较高，颜色逼真。如图 12-18 所示，三片式 LCD 光学引擎充分利用了光源中的 RGB 成分进行色彩合成，所以比单片式 LCD 光学引擎具有更高的亮度和更高的图像质量。但是，三片式 LCD 光学引擎需要三片 HTPS-LCD 显示屏，光学系统比较复杂，体积较大，质量较大。

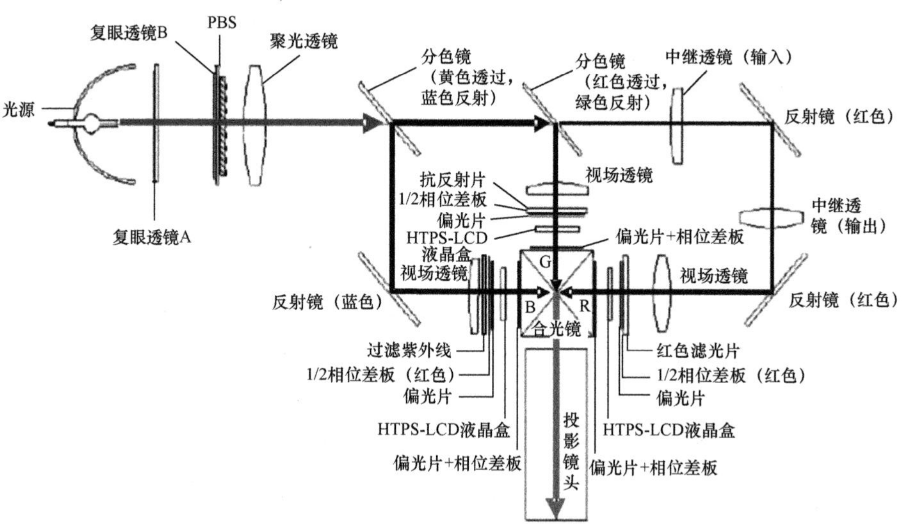

图 12-17　三片式 LCD 投影机的光学结构

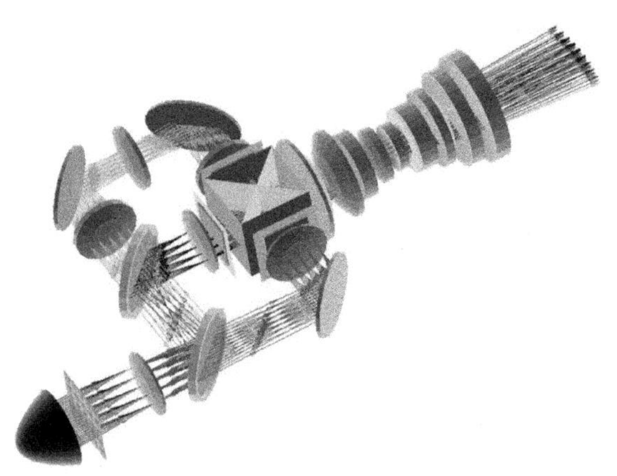

图 12-18　三片式 LCD 投影光路模拟

12.4.2　光学引擎关键组件

相比单片式 LCD 光学引擎，三片式 LCD 光学引擎的关键组件包括：

①把 RGB 三原色光分离出来的分色系统；②分别处理红色、绿色和蓝色光影像信息的 HTPS-LCD 显示屏系统；③把 RGB 三原色光的影像信息合成为彩色影像的合色系统。

从 PBS 匀光系统出来的 S 光还是白色光，需要通过两片分色镜把白光分离成 R、G、B 单色光。如图 12-19 所示，白色光以 45°斜角入射第一片分色镜后，分离出的蓝色光被反射，而剩余的黄色光被透过。黄色光是红色光和绿色光混色的结果。所以，需要继续使用如图 12-20 所示的分色镜，把黄色光分离成绿色光和红色光。

(a) 实物图

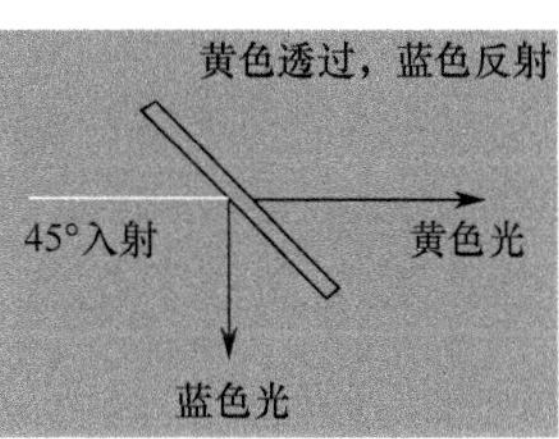

(b) 分光原理图

图 12-19　蓝色光与黄色光分色镜

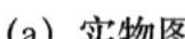

(a) 实物图

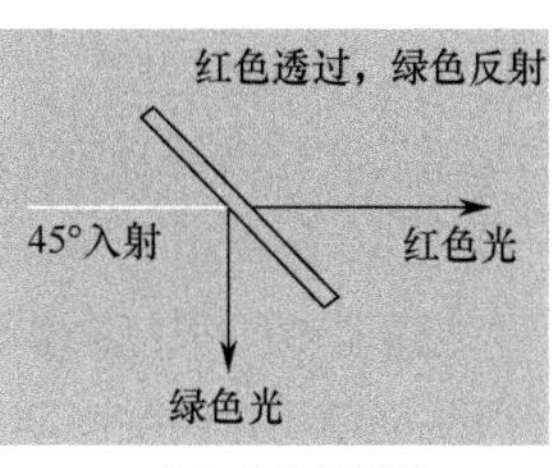

(b) 分光原理图

图 12-20　绿色光和红色光分色镜

分离出来的蓝色光 B 经反射镜反射后进入 B 组 HTPS-LCD 显示屏。先是通过视场透镜进行聚光处理，以及通过滤光片滤除紫外线成分，然后再依次通过如图 12-21 所示的由入光侧偏光片、HTPS-LCD 液晶盒与出光侧偏光片组成的 HTPS-LCD 显示屏系统。B 组 HTPS-LCD 显示屏的偏光片是专用的蓝光板，由普通偏光片与相位差板组合而成。入光侧偏光片的作用是精确调整入射 HTPS-LCD 显示屏的光的偏振状态。通过 HTPS-LCD 显示屏可以控制蓝色光的亮度。

与蓝色光一样，分离出来的绿色光和红色光也是先后通过视场透镜、入光侧偏光片、HTPS-LCD 液晶盒与出光侧偏光片。由于 G 组 HTPS-LCD 显示屏和 R 组 HTPS-LCD 显示屏的位置不同，绿色光经分色镜反射后直接进入 G 组 HTPS-LCD 显示屏，而红色光经分色镜透射后需要通过两片中继透镜和两片反射镜处理后才能进入 R 组 HTPS-LCD 显示屏。只对 B 组 HTPS-LCD 显示屏进行紫外线滤光处理，是因为分离出来的蓝色光成分属于短波长光谱，含有更短波长的紫外线成分。

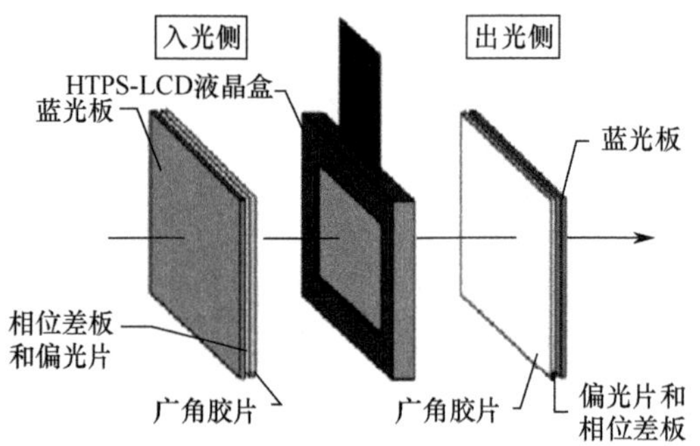

图 12-21　HTPS-LCD 显示屏系统

分别经过 R 组 HTPS-LCD 显示屏、G 组 HTPS-LCD 显示屏和 B 组 HTPS-LCD 显示屏处理的 RGB 三原色光信息需要经过合色系统才能合成为彩色影像。三片式 LCD 投影系统经历了分立合色镜三片式系统、L 棱镜式系统、X 棱镜式系统等发展阶段。X 棱镜式系统是三片式 LCD 投影的主流。如图 12-22（a）所示，X 六棱镜合光镜分 R、G、B 三面，分别对应一片 HTPS-LCD 显示屏。B 面是蓝色光的入射面，只有蓝色光能透过，其他颜色的光线全部被挡在外面。同样，G 面和 R 面分别只有绿色光和红色光才能透过。有的合光镜会在表面贴上一层彩色滤光片，只有纯度非常高的单色光才能穿透合光镜。合光镜的工作原理如图 12-22（b）所示。

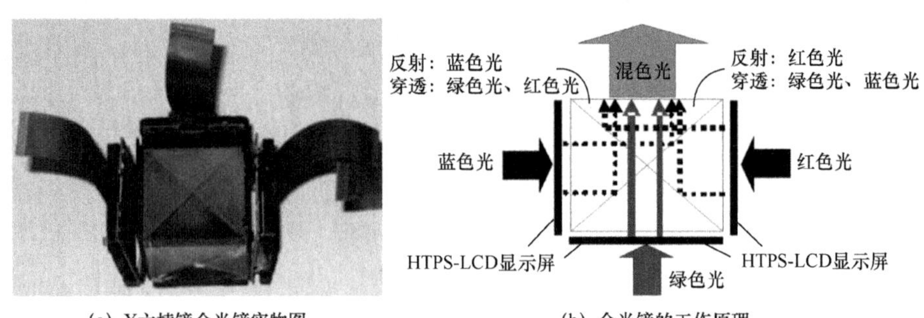

(a) X六棱镜合光镜实物图　　(b) 合光镜的工作原理

图 12-22　X 六棱镜合光镜系统

参考文献

[1] 丁莹, 范静涛, 朱纪洪. 一种投影显示图像颜色失真校正方法[J]. 计算机工程与应用, 2012, 48(33):14-17.

[2] TANAKA T, ITO A, YASUKAWA M. New technology for HTPS-LCD panels for projection systems[J]. Journal of the Society for Information Display, 2007, 15(10):825-828.

[3] RALLI P J, GUNNARSSON G H, NAGARKAR P V, et al. Intrinsic Polarizers—Ultra Durable Dichroic Polarizers for LCD Projection[J]. SID Symposium Digest of Technical Papers, 2007, 38(1): 101-104.

[4] ROTH S. Four Primary Color Projection Display[J]. Advanced Display, 2012, 36(1): 1818-1821.

[5] NICOLAS C, LOISEAUX B, HUIGNARD J P. Polarized light source for LCD projection[J]. Displays, 1995, 16(1):43-47.

[6] KIM J H. Design method of dichroic filter using color appearance model in LCD projection systems[J]. Optical Engineering, 1998, 37(11):3031.

[7] HANG Z, MEIHUA L, YUFEI M, et al. Design for Free-Form Reflector Surface Based on Foci Mapping Ellipse Flow-Line Methods and Gradient Optimization[J]. Laser & Optoelectronics Progress, 2014, 51(5):147-151.

[8] ZHOU J, LIU J, LIU X, et al. A Novel Reflector for Rear-Projection Systems[J]. SID Symposium Digest of Technical Papers, 2004, 35(1):725-727.

[9] LI K. The Physics and Commercialization of Dual Paraboloid Reflectors for Projection Systems[J]. SID Symposium Digest of Technical Papers, 2012, 41(1):965-968.

[10] INATSUGU S, LI K. Improved Dual Paraboloid Reflector System using Non-Spherical Retro-Reflector for Projection Display[J]. SID Symposium Digest of Technical Papers, 2005, 36(1):874-875.

[11] 郑臻荣, 顾培夫. 液晶投影显示的色纯度和色均匀性[J]. 光电工程, 2002, 29(5):30-32.

[12] 华锋, 冉旭, 于恒. 采用发光二极管的液晶投影机的设计[J]. 液晶与显示, 2008, 23(3): 365-370.

[13] 刘骏, 顾静良, 李海峰, 等. 液晶投影仪液晶板自动汇聚系统的对焦算法分析[J]. 光子学报, 2003, 32(10):1268-1270.

[14] 赵华龙, 梁志毅, 石兴春, 等. 利用 LED 的投影系统光源设计[J]. 光子学报, 2007, 36(2): 244-246.

[15] 郑臻荣. 液晶投影显示复眼照明的容差模拟分析[J]. 光子学报, 2004, 33(5):

593-597.

[16] 郭方，王克逸，闫佩正，等. 用于大视场目标定位的复眼系统标定[J]. 光学精密工程, 2012, 20(5): 913-920.

[17] 王沛沛，杨西斌，朱剑锋，等. 基于复眼透镜的大面积均匀照明方案研究[J]. 应用光学, 2014, 35(5): 771-778.

[18] 王晶，崔恩坤. 大视场曲面复眼光学系统设计[J]. 中国光学, 2014, 7(6): 969-974.

[19] SAKATA H ARUGA S, EGAWA A, et.al. A High-Efficiency HTPS Projection Engine with LED Light Sources[J]. SID Symposium Digest of Technical Papers, 2006, 37(1): 1724-1727.

[20] KATAYAMA T, NATSUHORI H, MOROBOSHI T, et al. D-ILA™ Device for Top-End Projection Display (QXGA)[J]. SID Symposium Digest of Technical Papers, 2001, 32(1):976-979.

[21] KOIKE Y, MOCHIZUKI A, YOSHIKAWA K. Phase transition-type liquid-crystal projection display[J]. Displays, Technology and Applications, 1989, 10(2):93-99.

[22] MORI Y, NAGAE Y, KANEKO E, et al. Multi-colour laser-addressed liquid crystal projection display[J]. DISPLAYS, 1988, 9(2):51-55.

[23] ESTHER S. Phosphor Development for α-Silicon Liquid Crystal Light Valve Projection Display[J]. Journal of The Electrochemical Society, 1994, 141(11):3172.

[24] DING Y, GU P F, SUN X T, et al. Thin-film polarizing beam splitters used in liquid crystal projection display[J]. Journal of Zhejiang University (Engineering Science Edition), 2009, 43(8):1433-1437.

[25] HORIUCHI T, SHIRATORI S. Fabrication of nickel micro-parts using liquid-crystal-display projection lithography and newly developed pattern transfer process[J]. Microelectronic Engineering, 2012, 98(10):574-577.

[26] GREGORY K. Liquid crystal diffractive phase grating as light modulator for projection display[J]. Optical Engineering, 2006, 45(11):116202.

第 13 章

DLP 光学引擎技术

数字光处理（Digital Light Processing，DLP）投影的核心是 DMD 显示屏，上面集成了几百万面小镜子。这些小镜子反射来自光源的光，控制出射光的亮度，最后投影到屏幕上直接形成图像。所以，DLP 投影技术抛弃了传统意义上的光学会聚，可以随意改变焦点，调整起来十分方便，而且其光学路径相当简单，体积更小。根据 DMD 显示屏使用片数的不同，DLP 投影显示分为单片式 DLP 投影、两片式 DLP 投影和三片式 DLP 投影三种显示技术。单片式 DLP 投影最常见，多应用于大型拼接显示墙及前投影设备，三片式 DLP 投影多应用于超高亮度投影机。

13.1　DLP 投影发展概况

DLP 投影技术的核心是 DMD 显示屏。DMD 显示屏技术由 TI（Texas Instruments，德州仪器）公司独家垄断。

1. DLP 投影产业的发展

1995 年，TI 公司展出了采用 576 像素×768 像素分辨率的 DMD 显示屏的 PAL 制背投式显示器，以及采用 600 像素×848 像素分辨率的 DMD 显示屏的前投式投影机。从此开始，TI 公司便将采用 DMD 显示屏的视频技术命名为 DLP（Digital Light Processing）。1998 年，PLUS（普乐士）公司采用 TI 公司的 800 像素×600 像素分辨率的 DMD 显示屏，开发了厚度不足 10cm 的第一款移动 DLP 投影机 UP-800。除 PLUS 外，TI 公司开始向多家北美的大型投影机厂商提供 DLP，并在前投式投影机领域获得了较大的市场份额。

凭借 PLUS 推出的超小型前投式 DLP 投影机，使 DLP 投影技术的认知度不断提高。TI 公司开始把 DMD 显示屏瞄准了背投电视。1999 年，松下公司面向美国市场投放了首批采用 DLP 投影技术的背投电视。同时，三菱电机在自主开发的光学系统中组合使用支持 XGA 解析度的 DMD 显示屏及数字补偿技术的两片式 DLP 背投电视也于 1998 年底开发成功。

目前，市场上几乎没有双片式 DLP 投影机的存在，三片式 DLP 主要应用在高端工程、影院级投影机中，单片式系统是最常见的应用产品。

单片式 DLP 投影系统最大的技术特点是结构简单、成本低廉。因此，市场上价格最低的投影机基本都采用了单片式 DLP 投影系统。不过，单片式 DLP 产品容易出现经色轮分色后色彩分离带来的彩虹现象，色彩水准长期位于 3LCD 投影机之下。2005 年，TI 公司开发了极致色彩（brilliant color）技术，用于提升单片式 DLP 投影机的色彩表现。极致色彩技术的本质是采用三原色和三补色结合的色轮，以及适当的色彩调配算法电路，实现单片式 DLP 投影机显示性能的提升。

凭借系统本身架构的简单性，单片式 DLP 系统和 3LCD 系统相比，成本优势非常明显。不过，在中端产品市场上，单片式 DLP 系统色彩性能不敌 3LCD，三片式 DLP 系统虽然性能出众但是成本太高，因此在中端投影机市场上，3LCD 的主流地位依然难以撼动。在背投拼接墙市场上，单片式 DLP 背投单元拥有着绝对主流的地位。这一市场的主要前辈是 CRT 投影单元，而竞争者则是 TFT-LCD 和 PDP。DLP 背投单元获得这一市场的核心竞争力是高稳定性、长寿命和低维护成本的优势。

三片式 DLP 数字影院投影机产品更是成了唯一实用化的数字影院投影显示技术。其最大的优势在于性能。亮度、对比度、色彩、画面响应速度、画面连续性等均达到惊人的水平。加上各家投影机厂商添加的独特调制技术，三片式 DLP 投影机可以产生媲美胶片电影的投影效果。采用最新一代 DMD 显示屏的三片式 DLP 投影机已经成为全球数字影院客户最追捧的产品。在高端工程投影机市场上，DMD 芯片独有的高开口率、高效反射式光路，带来了 3LCD 产品不能媲美的光效率，成为高亮投影工程最经济的技术选择。三片式 DLP 投影机的缺陷是高昂的成本，DMD 显示屏是单片式系统的 3 倍之多，同时光路复杂程度也超过了单片式系统 1 倍以上。

目前，在数字影院投影机和高端家庭影院投影机市场上，仅有 3LCOS 技术具有挑战 DLP 技术统治优势的能力。而在高端工程市场上，3LCD 投影也保有一定的市场份额，LCOS 产品也有进入的潜力。

从未来投影机的发展趋势来看，高性能产品和轻型化产品的市场需求有望持续扩大。这两个领域恰恰是 DLP 投影技术的优势领域。在适合于随身便携的投影机和数字影院投影机市场上，DLP 技术均拥有很大的发挥空间。即便是在家庭影院市场上，DLP 产品也可以凭借 3DLP 技术盘踞高端市场，以单片技术强攻普及型应用领域。

2. DMD 显示屏技术的发展

DLP 投影利用了微镜对光的反射原理，微镜反射光的核心器件是 DMD 显示屏。DMD 显示屏是利用硅的微细加工技术，在半导体芯片上制作可动的微镜而形成的。IT 公司从 1977 年开始从事运用反射控制光线投射的原理研究，并于 1987 年将 DMD 研究成功。

DMD 的原型是一种机械构造的微镜阵列。如图 13-1 所示，这种微镜阵列将金属覆膜的薄塑料板载于硅制芯片上，用锑对硝酸纤维素（nitrocellulose）进行覆膜，形成微镜。为了使微镜可动，用等离子蚀刻在微镜下部设置了空间。接着，在空间的底部设置晶体管及电容器，通过调整静电引力使微镜发生凹陷。通过微镜的这种变形，使入射的光发生散射。由于微镜会变形，因此这种构造的器件被命名为变形镜器件（Deformable Mirror Device）。在变形镜器件中，集成在硅片上的寻址电路输出一定的电压，使空气间隙下方的电极与上方的柔性薄膜（镜面）之间产生一定大小的静电力，使薄膜变形。用纹影（schlieren）光学系把变形反射镜的反射光转换成一定的强度分布，形成所需的亮度等级。利用模拟信号很难使反射镜的动作均匀化，也难以获得良好的重复性。

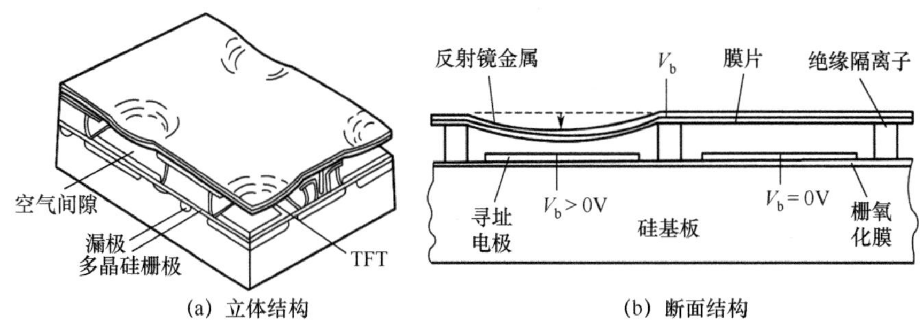

图 13-1　变形镜器件的结构

1991 年，TI 公司以数字控制技术取代模拟技术，开发出了新一代 DMD，更名为数字微镜器件（Digital Micromirror Device）。1994 年，第一台 DLP 投影原型机诞生。1996 年，第一台商用 DLP 投影机诞生。DMD 显示屏技术的发展，以及相关的光学系统技术的发展，不断推动 DLP 投影技术的进步。

第一代 DMD 显示屏主要偏重于商务应用，分辨率是 848 像素×600 像素，可以兼顾 800 像素×600 像素的 SVGA 计算机标准和 848 像素×480 像素的 480p（16:9）视频标准。这一代 DMD 显示屏的微镜偏转角度为 10°，对比度为 400:1 至 800:1 不等。从第二代 DMD 显示屏开始，DLP 才开始大规模进入家庭影院投影机市场，这一代的 DMD 显示屏称为 HD1，不仅分辨率提高到高清标准的 1280 像素×720 像素，微镜偏转角度也增大到 12°。微镜偏转角度增大，可以减小图 13-2 中 DMD 显示屏像素中心暗点的面积，并且 DMD 显示屏成像过程中杂散光线的影响也被大大减小，对比度指标进一步提高。

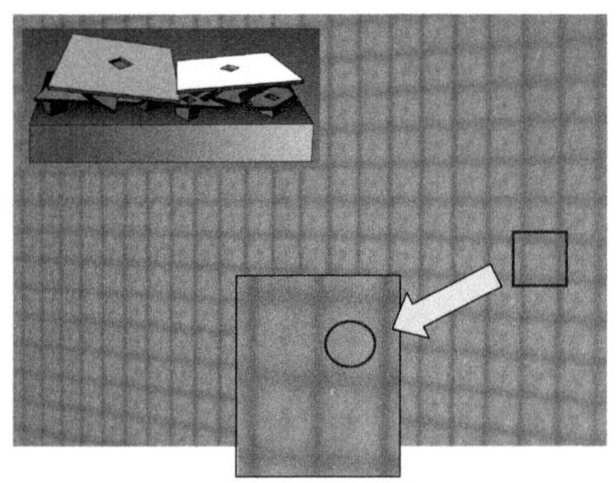

图 13-2　DMD 显示屏像素中心的暗点

此后，DLP 投影技术正式确立了商务数据投影和视频投影两种应用同步发展的路线。在这期间，TI 公司对 DMD 显示屏最大的技术变革在于将微镜非光学面的金属统统处理成黑色，借此大大减少由这些金属反射出的杂散光，使得产品的对比度表现获得空前提升。这一技术被称为 DarkChip1。2007 年，因应数字电影产业对高亮度及高对比度画质的需求而研发出 DarkChip4，基于该技术的 DMD 显示屏支持 1920 像素×1080 像素的全高清分辨率，通过提升微镜设计的微影技术加上其他专业处理程序，使原始对比度提升 30%。随着 DarkChip 芯片被广泛运用，更多的全高清投影机逐渐诞生，包含 DLP 高分辨率电视、单片式 DLP 投影机及三片式 DLP 投影机等。

此外，DMD 显示屏的另一个重要研究方向是不断缩小反射镜面间的距离，减少杂散光线对成像质量的干扰，同时能够显著提高 DMD 显示屏的开口率，使得 DMD 显示屏整体的光利用率大幅提升。基于这一技术，DMD 显示屏本身的体积逐渐缩小，只有不足 1 英寸的光学面，可以使 DLP 投影机制造得更加小巧，甚至装配到普通的手机上应用。同时，更大的显示屏能够容纳更多的像素点，全高清产品已经成为 DMD 显示屏家用投影机市场上的主角产品。

DLP 投影技术是未来各种内置微型投影显示技术的最佳选择之一。在新兴的微型投影机市场上，DLP 和 LCOS 是目前仅有的成功产业化的竞争者。其中，DLP 产品主要的竞争优势是较高的光学效率。2008 年，TI 公司展示了 DLP Pico™技术的原型机，分辨率为 nHD（640 像素×360 像素）。体积小巧、功能众多的 DLP Pico™芯片帮助终端厂商开发了移动投影机。2013 年，TI 公司推出了 Tilt&Roll Pixel（TRP）像素架构的 DLP 微型投影产品。微投影显示屏与传统 DMD 显示屏的比较如图 13-3 所示。该架构可集成于智能手机、平板电脑、相机及摄像机、笔记本电脑、眼镜和独立设备等，将表现出更为突出的性能。

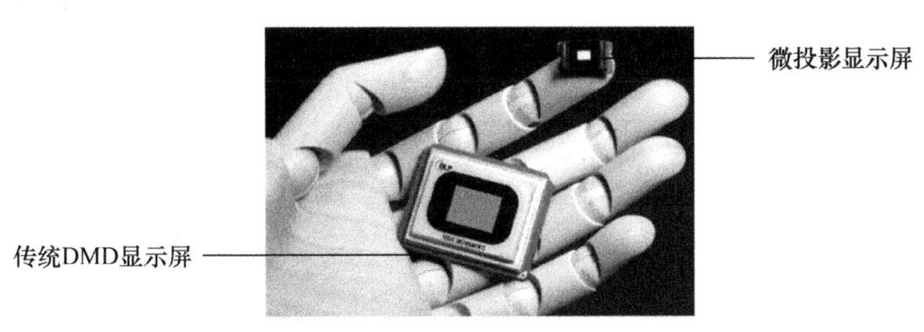

图 13-3　微投影显示屏与传统 DMD 显示屏的比较

13.2　DMD 显示屏技术

DMD 显示屏是一种基于 MEMS 技术的反射型空间光调制器，由一组集成在 CMOS SRAM 阵列上可旋转的铝制微镜面阵列构成。DMD 显示屏是大规模集成电路技术、微机电系统技术和微光学技术相结合的产物。大规模集成电路技术形成控制电路，微机电系统技术形成控制镜片转动的结构，微光学技术形成反射镜片。每个 DMD 微型反射镜（简称微镜）对应一个像素点，DMD 微镜的数目决定了 DLP 投影机的物理分辨率。DMD 显示屏的发展方向是高精细化、高对比度和小尺寸。可以在提高像素分辨率的同时，减小像素间距（<10μm），通过减少光的反射散乱来提升对比度（>2000:1）。

13.2.1 DMD 结构与功能

图 13-4 给出了反射镜偏转方向相反的两个 DMD 像素的完整结构。每个反射镜都能将光线从+12°或−12°两个方向反射出去，实际反射方向取决于像素底部集成在 Si 衬底上的 SRAM 提供的数据信号。利用 SRAM 存储电路中的微小电极，对微反射镜施加静电引力，可以控制微反射镜的倾斜方向和角度。

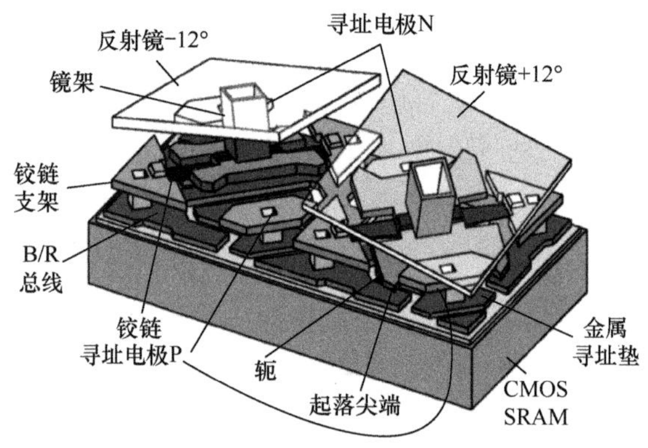

图 13-4 反射镜偏转方向相反的两个 DMD 像素的完整结构

SRAM 寻址电极和互补寻址电极的电压通过接触孔送入上方的两个金属寻址垫。与金属寻址垫同层的是偏压/复位总线（简称 B/R 总线），分别用于提供偏压和复位电压。金属寻址垫的电压通过寻址电极支架分别送入上方的寻址电极 N 和寻址电极 P。介于寻址电极 N 和寻址电极 P 的是轭，轭被固定在铰链上，铰链由两头的支架固定住。通过铰链在反射镜的对角线方向上把它固定在两个支柱上，形成一个“跷跷板”式的结构。轭通过镜架与上方的反射镜相连，即轭与反射镜同电位。轭的 4 个角上设有起落尖端，下方 B/R 总线对应有起落点。

单个 DMD 像素详细的分层结构及各层的功能如图 13-5 所示。每个 SRAM 由 6 个晶体管电路构成，两个输出端分别对应寻址电极和互补寻址电极，寻址电压 V_a 和互补寻址电压 V_a' 分别输入寻址垫 N 和寻址垫 P，分别与轭之间形成一定的静电力区域。寻址垫 N 和寻址垫 P 又分别把电位输入寻址电极 N 和寻址电极 P，分别与反射镜之间形成一定的静电力区域。这样，寻址电极 N、寻址电极 P 与反射镜之间，寻址垫 N、寻址垫 P 与轭之间因为电位不同而产生静电效应。寻址电极和寻址垫固定不动，而轭和反射镜由于左右两侧受到的静电力不同，使其绕铰链轴向某一侧转动。

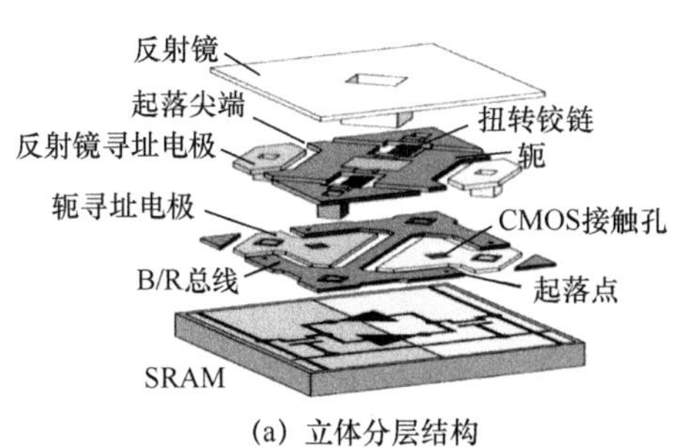

(a) 立体分层结构

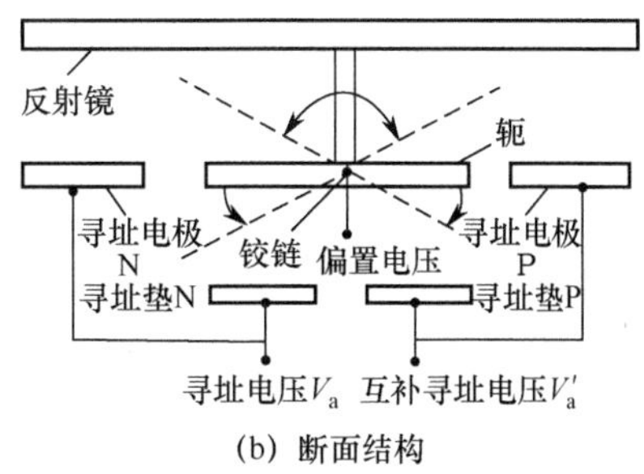

(b) 断面结构

图 13-5　单个 DMD 像素详细的分层结构及各层的功能

控制 V_a、V_a' 和偏置电压 V_b 的大小可以实现反射镜稳定在±12°位置，或者向其他稳定状态翻转。反射镜倾斜的角度，取决于反射镜与下方电极座之间的空间距离及反射镜的大小。当静电力撤销后，反射镜通过铰链的机械弹力恢复水平位置。轭与反射镜等电位，都产生静电力，用来产生静电转矩，可以提高电效率和稳定性。B/R 总线与芯片外接口相连，用于传输固定的偏压和复位电压。

在 DMD 像素结构中，正方形的反射镜占据像素表面 90%左右的面积，在扭转+12°后都能把铰链及铰链支架隐藏在下方。这样，在提高光利用率的同时，可以避免铰链及铰链支架对入射光的衍射，从而提高对比度。

13.2.2　DMD 工作原理

每个 DMD 像素的反射镜都是一个微小的光学开关，工作原理如图 13-6 所示。光源从右侧−24°方向入射，反射镜稳定在水平 0°，反射光从左侧 24°方向出射，像素处于水平态。当反射镜不工作时，停泊在 0°的水平态。当 SRAM 单元输出二进制“1”时，反射镜在顺时针方向偏转+12°，反射光在 0°方向出射，进入光学透镜，最终投射到屏幕上，像素处于开态。当 SRAM 单元输出二进制“0”时，反射镜在逆时针方向偏转−12°，反射光从左侧 48°方向出射，被遮挡后显示暗态，像素处于关态。在反射镜从开态向关态翻转过程中，存在水平态瞬间，为了保证这时候的光不进入投影透镜，投影透镜的 f 值要设计在 2.4 以上。

反射镜的每个状态都对应一组电压[V_a,V_a',V_b]。每个反射镜的偏置电压波形每次都相同，而寻址电压必然有一个是 0V，另一个是 5V 或 7.5V。两个寻址电压的不同，决定反射镜的转动方向。图 13-7 是一个典型的脉冲控制序列图：A 区电压为[0V,5V,24V]或[5V,0V,24V]，持续 5μs；B 区电压为[0V,7.5V,−26V]或[7.5V, 0V,−26V]，持续 0.5μs；C 区电压为[0V,7.5V, 7.5 V]或[7.5V, 0V, 7.5 V]，持续 0.7μs；D 区电压为[0V,7.5V,24V]或[7.5V, 0V,24V]，持续 3μs；E 区电压为[0V,5V,24V]或[5V,0V,24V]，持续直到下一个控制信号来临。偏置电压在 B 区和 C 区分别为−26V 和 7.5V，被称为“双极复位脉冲”。寻址电压除了 0V 和 5V 外，还有一个 7.5V 的“阶梯寻址脉冲”。

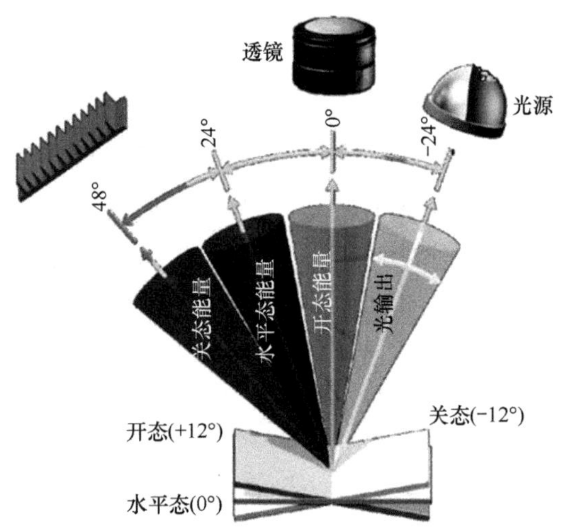

图 13-6　每个 DMD 像素反射镜的光学开关（光阀）原理

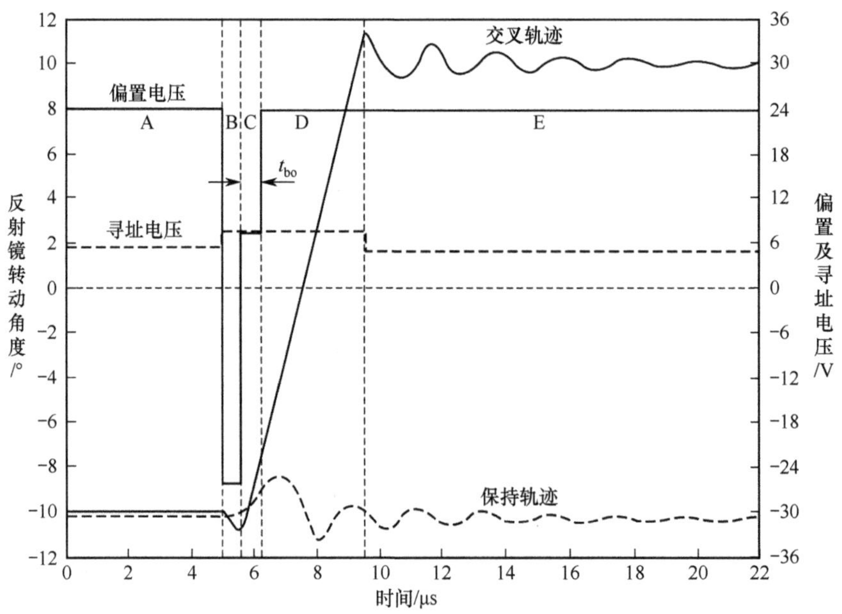

图 13-7　一个典型的脉冲控制序列图

反射镜从−12°的“0”状态转到+12°的“1”状态，以及从+12°的“1”状态转到−12°的“0”状态称为“跳转状态”。反射镜从−12°的“0”状态转到−12°的“0”状态，以及从+12°的“1”状态转到+12°的“1”状态称为“保持状态”。反射镜在跳转和保持时的状态转换及相应的电压关系如图 13-8 所示。E 区和 A 区的电压组相同，使寻址的动态过程称为一个完整的周期，防止下一个工作周期装入数据时寻址电压的突然改变而导致反射镜状态受到干扰。跳转状态的左侧为起点，右侧为落点；保持状态的左侧既是起点也是落点。

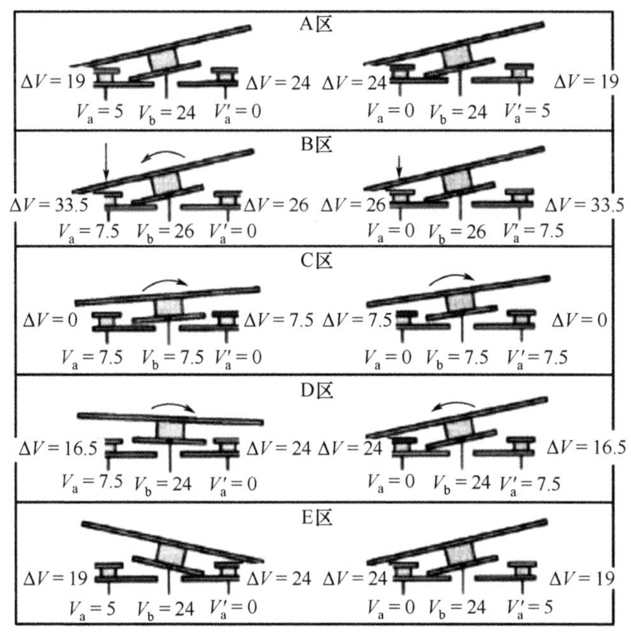

图 13-8　反射镜在跳转和保持时的状态转换及相应的电压关系

在 A 区，SRAM 写入反射镜下一个动作状态所对应的数据。为了避免 SRAM 数据更新干扰反射镜现有状态，偏置电压设为最高的 24V 以锁定反射镜状态。在 A 区，跳转状态的静电转矩较小，起落点的变形也较小；保持状态的静电转矩较大，使现有状态不易被改变。

在 B 区，双极复位脉冲和阶梯寻址脉冲的组合使跳转状态的静电转矩大增，使反射镜更贴近起落点，起落尖端和铰链因此存储了弹性形变能；而保持状态的静电转矩变化不大。

在 C 区，跳转状态的起点静电转矩为 0，在落点静电转矩作用下，起落尖端（轭）和铰链所存储的弹性势能转为动能，反射镜向水平态迅速“起飞”；而保持状态起落点的电压差为 7.5V，阻碍反射镜飞离起落点，所以保持状态的反射镜向水平态缓慢“起飞”。这种“起飞”的快慢也就区分了反射镜接下来将要实现的状态。

在 D 区，寻址电压不变，偏置电压由 7.5V 提高到 24V，跳转状态和保持状态的反射镜和落点之间的静电转矩突然增大，反射镜被快速拉向落点。只是，保持状态的落点就是起点。

在 E 区，反射镜被锁定在落点，整个 DMD 像素的工作状态组件稳定下来。在这个阶段，系统将为输入下一批数据和指令做准备。E 区寻址电压由 7.5V 下降到 5V 是防止下一个运动周期寻址电压突变给反射镜状态带来的干扰。

DMD 一个工作周期可以分为 3 个阶段：第 1 个阶段为寻址期，将需要显示的图像数据存入微镜下的存储单元；第 2 个阶段为初始化期，将微镜复位后再根据图像数据进行状态转换或保持；第 3 个阶段为稳定期，微镜固定，存储器也不做刷新。

13.2.3 灰度显示技术

DMD 显示屏上的每个反射镜只能工作在+12°的开态或−12°的关态。但是，反射镜的旋转速度高达 5000 次/秒。所以，DMD 显示屏可以采用二进制脉冲宽度调制（Pulse Width Modulation，PWM）技术实现不同的灰度显示。

PWM 技术对每个反射镜下的存储单元以二进制信号进行寻址，一个二进制信号对应一种反射镜的倾斜状态，即开态或关态。把 8 位或 10 位二进制信号送至 DMD 像素 SRAM 的输入端，可以产生 256（2^8）或 1024（2^{10}）个灰阶。每个灰阶的亮度由每一帧时间内处于开态和关态的占空比来决定。开态次数多，反射镜开启时间长，亮度就高，属于高灰阶。关态次数多，反射镜开启时间短，亮度就低，属于低灰阶。

PWM 调制灰阶需要把一帧时间分成 N 个子帧，每个子帧的时间宽度按 N 位二进制编码比例（$2^{N-1}:2^{N-2}:\cdots:2^0$）进行分配，每一位对应一个子帧。每个二进制位的“1”或“0”分别代表 DMD 像素的开态或关态。设最低有效位（Least Significant Bit，LSB）对应子帧的时间宽度为 T，按照式（13-1）可以计算出该像素在一帧中的开态时间。亮度的高低取决于射入人眼视网膜上的辐射强度与作用时间的积分，在光源辐射强度一定的条件下，DMD 像素每帧的亮度就由各子帧显示时间的组合来确定。N 个子帧就可以产生 2^N

个灰阶。

$$T_{on}=(2^0+2^1+\cdots+2^{N-1})\times T \tag{13-1}$$

图 13-9 给出了显示 4 位共 16 个灰阶的 DMD 显示屏的显示原理。在一帧时间内，等分成 15（0 灰阶为没有亮度显示的黑态）个时间段。从二进制寻址序列的最低有效位 LSB（0001）到最高有效位（Most Significant Bit，MSB）MSB（1000），依次对应一个子帧。LSB（0001）对应的子帧包含 1（$=2^{1-1}$）个单位的时间段，MSB（1000）对应的子帧包含 8（$=2^{4-1}$）个单位的时间段。DMD 显示屏工作时，从 MSB 到 LSB，依次输入二进制编码的每个位（0 或者 1）。不同的位（1）对应不同的子帧，不同的子帧对应不同单位的时间段，所有 4 位编码的组合就是对应灰阶的亮度保持时间。比如，二进制编码（1111）对应为 15（=8+4+2+1）灰阶，二进制编码（0100）对应为 4（=0+4+0+0）灰阶，二进制编码（0000）对应为 0（=0+0+0+0）灰阶。DMD 显示屏根据不同的二进制编码，把光源调变成为一群光包（light bundles），反射到人眼。由于光包时间远小于人眼的响应时间，因此人眼看到的是一个固定的亮度。

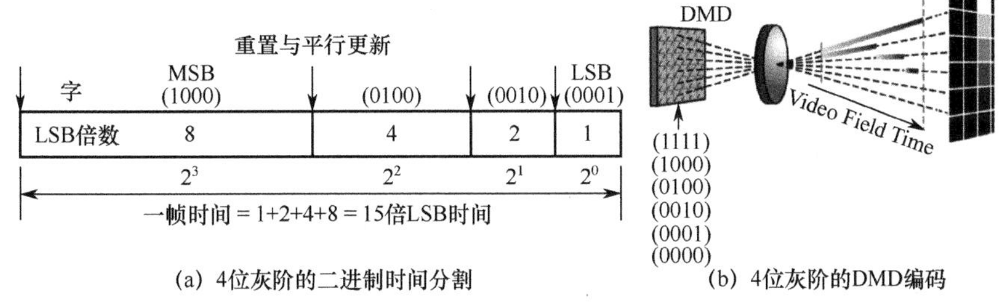

图 13-9　DMD 显示屏 4 位灰阶显示

13.3　单片式 DLP 光学引擎技术

单片式 DLP 投影的光学系统充分发挥了 DMD 反射镜高速翻转的特点，采用了色轮分色与 DMD 显示屏分帧处理单色光信号相结合的时间分色合色法。光源发出的白光，经色轮分成不同时段的 RGB 三束单色光。三原色光分别经 DMD 显示屏反射成像，在极短的时间内通过时间混色还原出彩色影像。如图 13-10 所示，根据光射入和射出 DMD 显示屏的处理方式的不同，单片式 DLP 光学引擎分为 TIR 棱镜（Total Internal Reflector Prism）型、场镜（field lens）型、凹面镜（concave mirror）型、聚光镜（condenser lens）型等架构。

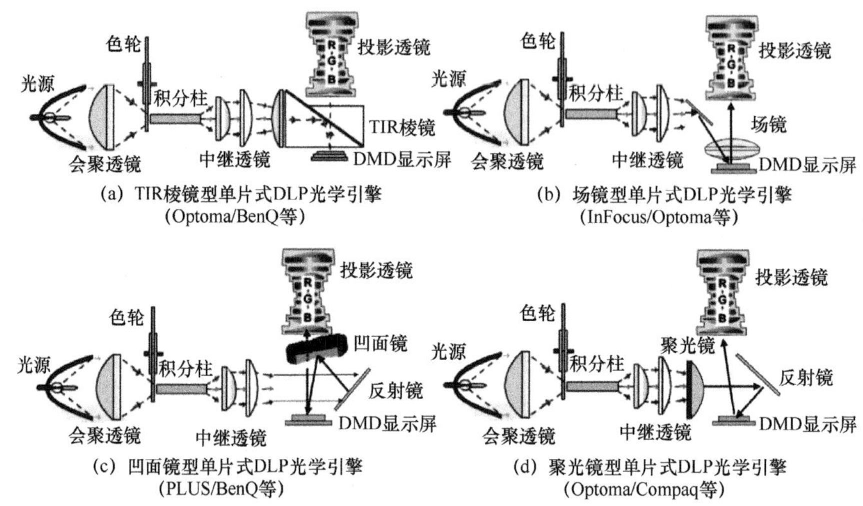

(a) TIR棱镜型单片式DLP光学引擎 (Optoma/BenQ等)

(b) 场镜型单片式DLP光学引擎 (InFocus/Optoma等)

(c) 凹面镜型单片式DLP光学引擎 (PLUS/BenQ等)

(d) 聚光镜型单片式DLP光学引擎 (Optoma/Compaq等)

图 13-10 单片式 DLP 光学引擎的分类

13.3.1 色轮的分色系统

在图 13-10 中，不同架构的光学引擎，具有相同的色轮分色系统。组成色轮分色系统的光学组件有色轮、积分柱（integrator rod）和中继透镜（relay lens）。会聚透镜将光源发出的光聚焦在穿透性色轮上，通过高速马达使色轮转动，顺序分出不同的单色光，透过色轮的单色光进入积分柱形成光线均匀的矩形截面光源，再经中继透镜放大后成像到 DMD 显示屏上。

色轮的表面为很薄的金属层，金属层的膜厚与红、绿、蓝三色的光谱波长相对应。白色光源通过金属膜时，只有光谱波长对应的部分单色光透过色轮，其他颜色的光不能透过色轮，因此色轮的使用会带来部分的亮度损失。色轮技术的发展方向是提高光利用效率的同时，保证色彩的真实还原。不同的色段设计，投射出的画面颜色不同。DLP 投影使用的色轮技术有 RGB 三段色轮技术、RGBW 四段色轮技术、RGBRGB 六段色轮技术、RGBRGBW 七段色轮技术、采用 RGBCMY 六段色轮的 BrilliantColor^{TM} 技术、增益型色轮技术等。色轮技术举例如图 13-11 所示。

(a) RGB三段色轮技术

脉冲 M Q N

(b) RGBW四段色轮技术

(c) RGBRGB六段色轮技术

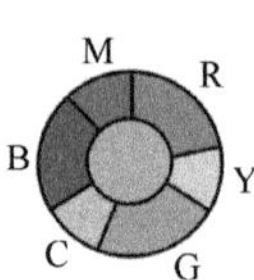

(d) RGBCMY六段色轮技术

(e) 增益型色轮技术

图 13-11 色轮技术举例

RGB 三段色轮技术的色彩还原性相对较好，但各单色光的亮度只有不到光源亮度的 1/3。色轮上红色的开口角度一般较大，可以弥补图像红色的不足。RGBW 四段色轮技术通过加白色段（W 段），亮度比三段色轮提高 20%左右。使用时，将脉冲信号同步锁定在 W 段中，脉冲宽度与 W 段宽度对应，可以在一定程度上减少画面的闪烁现象。RGBRGB 六段色轮技术所需的转速要求很高，可以有效减少运动图像和边缘的彩虹效应，视频动态效果更好，图像的色彩更加丰富艳丽。但由于六色分段分隔较多，积分柱通过各色段之间时光损耗也较大。因此，可以采用 RGBRGBW 七段色轮技术，以提高投影机亮度和减少画面闪烁。采用 RGBCMY 六段色轮的 BrilliantColor™ 技术采用 RGB 三原色和 CMY 三补色结合的色轮，可以提高光的利用效率，增强投影机的色彩表现。增益型色轮技术也称连续色彩补偿（Sequential Color Recapture，SCR）技术，色轮表面采用阿基米德原理的螺旋状光学镀膜，可以让 RGB 三原色同时出现，避免以往同一时间只能显现单色造成光量的浪费，既可以改善色分离（Color Breakup，CBU）现象，又可以提高投影机亮度及色彩饱和度。

如图 13-12 所示，光源经一个椭球面反光碗聚光后，透过色轮聚焦于积分柱的入光面。积分柱的功能跟 LCD 投影机的微透镜阵列类似，将光源均匀化，并配合 DMD 显示屏的形状把光调制成矩形截面。积分柱一般位于椭球面反光碗的第二个焦点上，其截面长宽比与 DMD 显示屏的长宽比相等。积分柱基本上是截面为方形的波导，利用不同角度的光线在内壁面做多次全反射后在出光面重新分布，从而达到均匀化的功能。积分柱越长，出光面的光线均匀度效果越好。

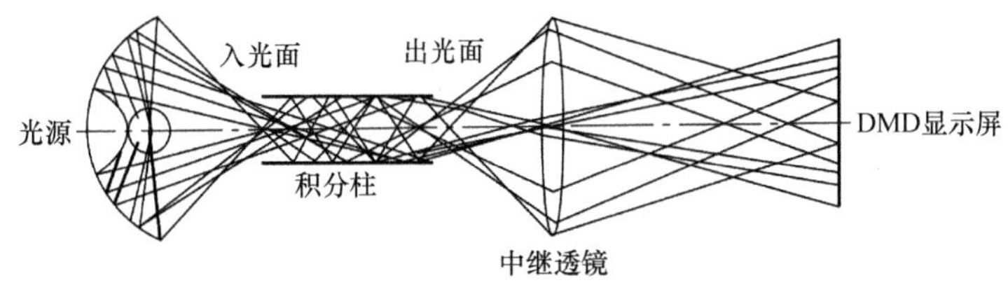

图 13-12　光经过积分柱前后的光线追迹示意图

积分柱可以是实心的玻璃棱镜，也可以是由镀有高反射薄膜的平面反射镜黏结而成的空心管（Hollow Integrator LightTunnel™）。实心积分柱利用光波在玻璃内的全反射，反射效率高，加工方便，成本低。但是，由于其在出光面及入光面容易沾灰尘，此灰尘经投影系统成像于 DMD 显示屏后容易发生散色光。所以，目前多用空心积分柱。空心积分柱主要是在内壁四面镀上反射模，光在内壁多次反射，可以在出光处达到均匀化。空心积分柱在空气中传输，反射效率较低，但也避免了玻璃材料的吸收和实心积分柱前后表面的反射而造成的能量损失。同时，由于没有玻璃的折射，光线在积分柱内具有更大的角度，可以在更短的长度内实现同样次数的内部反射，达到相同的照明均匀性。

由于积分柱发出的光，角度分布广，具有明显的发散性。因此，一般需要用非球面透镜搭配球面透镜构成中继透镜系统。从积分柱发出的光经过中继透镜处理后，放大并成像于 DMD 显示屏上。

13.3.2 DMD 显示屏的光处理系统

单片式 DLP 投影属于场序列彩色显示技术。从色轮分出的单色光必须与 MDM 显示屏处理的视频信号严格地同步，以便在一帧的时间内合成所需要的颜色。控制电路根据色轮旋转位置，把相应的颜色投射到 DMD 显示屏上。同时，控制 DMD 反射镜的旋转状态（+12°或−12°），让光线反射后，进入投影透镜的透光孔（ON 态）或离开投影透镜的透光孔（OFF 态）。由 DMD 显示屏产生的灰度信号，结合由色轮分出的单色光，形成单色图像。先后形成的 RGB 单色图像，通过在极短的时间内混色后，合成为一幅彩色图像。

射入 DMD 显示屏和射出 DMD 显示屏的光，需要分离开来。不同的单片式 DLP 结构，具有不同的分离方法。无论何种架构，在分离入射光与出射光的同时，要尽量缩短投影透镜与 DMD 显示屏之间的距离。在图 13-10 中，场镜型、凹面镜型和聚光镜型架构使用反射镜系统，进行入射光与出射光的分离。反射镜的作用是将光束反射，导引到所要投射的方向。TIR 棱镜型采用 TIR 棱镜系统实现入射光与出射光的分离，属于 DLP 投影的特色架构。

图 13-13 给出了 TIR 棱镜系统的工作原理。入射光以特定角度经第一片 TIR 棱镜，投射到空气间隙（air gap）上。因为入射光的入射角度大于介质的临界角，光线产生全反射后被反射到 DMD 显示屏上。DMD 显示屏反射光的出射方向取决于输入 DMD 显示屏的视频信号，通过控制 DMD 反射镜±12°的不同旋转方向，将光线控制在开态（ON 态）或关态（OFF 态）。TIR 棱镜系统的结构能使入射光到达空气间隙层时被全反射，而经过 DMD 显示屏调制后的出射光能直接透过。

如图 13-13（a）所示，当 DMD 反射镜为+12°时，光线经 DMD 显示屏反射后，重新进入第一片 TIR 棱镜。由于透过两片 TIR 棱镜之间的空气间隙时，入射角度小于临界角，因此光线可以向正前方，经过第二片 TIR 透镜直接穿透 TIR 棱镜系统，进入投影透镜的透光孔，呈 ON 态。

如图 13-13（b）所示，当 DMD 反射镜为−12°时，光线经 DMD 显示屏反射后，射向第一片 TIR 棱镜的上方。由于透过两片 TIR 棱镜之间的空气间隙时，入射角度小于临界角，因此光线可以射向正前方，经过第二片 TIR 透镜直接穿透 TIR 棱镜系统，不能进入投影透镜的透光孔，呈 OFF 态。

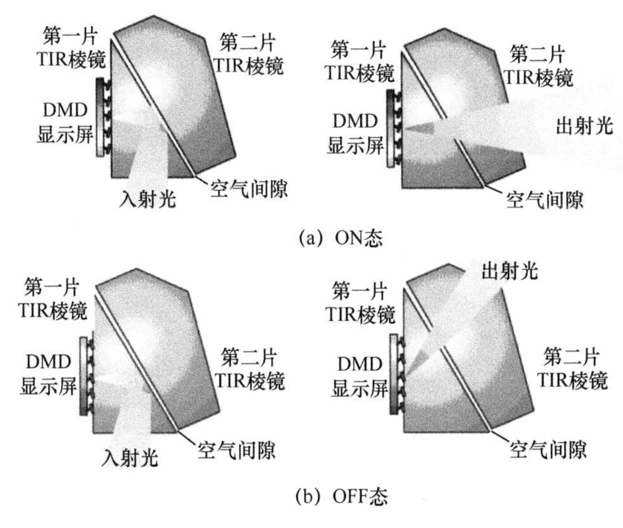

(a) ON态

(b) OFF态

图 13-13　TIR 棱镜系统的工作原理

为了让 ON 态和 OFF 态的反射光在不同方向上都直接穿透出去，第二片 TIR 棱镜在两个出射方向上分别切成不同的两个角度。因为 ON 态和 OFF 态的光分两个方向从 TIR 棱镜射出，所以 TIR 棱镜称为 DLP 系统的光门（light gate）。

TIR 棱镜是提高图像对比度和图像一致性的关键元件。TIR 棱镜可以增强旁轴照明，缩短焦点深度，并使结构显得紧凑。每片 TIR 棱镜，通过光线的工作面需要镀一层宽带并满足一定角度范围的减反射膜（增透膜），不通过光线的非工作面涂有高质量的黑色涂料。

13.4　多片式 DLP 光学引擎技术

多片式 DLP 投影分为两片式 DLP 投影和三片式 DLP 投影。其中，三片式 DLP 投影最常用，也是图像品质最好的 MDP 技术之一。两片式 DLP 投影是单片式 DLP 投影与三片式 DLP 投影的折中架构。

13.4.1 三片式 DLP 系统

三片式DLP系统的架构如图 13-14 所示：光源发出的白光不再使用色轮，直接经过积分柱、中继透镜和聚光透镜后，被一个分色棱镜系统分成红色光 R、绿色光 G 和蓝色光 B，并分别以一定的角度投射到 DMD（R）显示屏、DMD（G）显示屏和 DMD（B）显示屏上。每片 DMD 显示屏各自处理对应单色光的影像画面，分别出射后进入投影透镜，在极短的时间内混色成一幅色彩均匀的彩色图像。

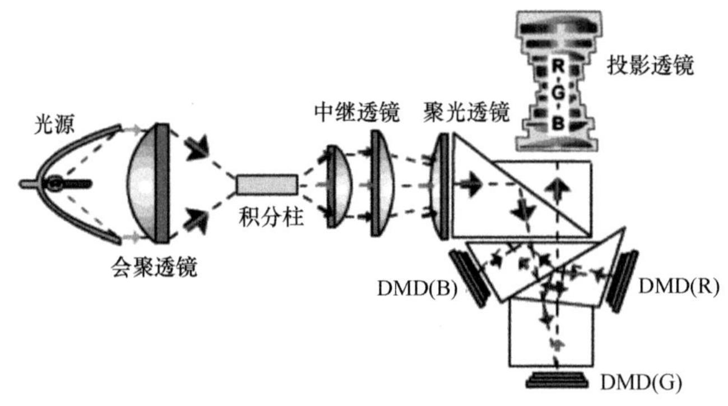

图 13-14　三片式 DLP 系统的架构

三片式 DLP 系统不需要色轮，一方面消除了色轮转动不稳定带来的色偏问题，另一方面没有色轮滤光带来的光源损耗。所以，三片式 DLP 系统的亮度可以比单片式 DLP 系统高出 3 倍，彩色图像的质量也更有保证。三片式 DLP 系统不存在色轮与 DMD 显示屏之间严格的时序同步要求，驱动信号的处理比单片式 DLP 系统更简单。但是，三片式 DLP 系统的架构增加了 DMD 显示屏数量和 TIR 棱镜数量，体积更大，质量更大。

13.4.2 两片式 DLP 系统

两片式 DLP 系统的架构如图 13-15 所示：既使用了单片式 DLP 系统的色轮分色系统，也采用了三片式 DLP 系统的双色光分色棱镜。在两片式 DLP 系统中，为了提高亮度并弥补金属卤化物灯的红色不足，色轮采用品红（红紫色）和黄色两个辅助颜色。色轮上的品红片段可通过红色光和蓝色光，黄色片段可通过红色光和绿色光。

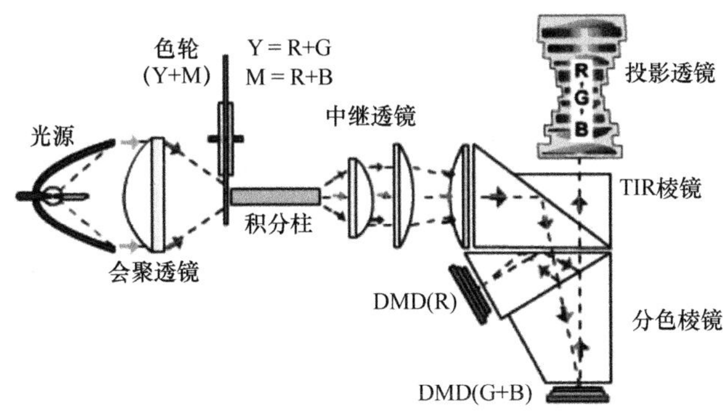

图 13-15　两片式 DLP 系统的架构

光源的光线透过色轮，并依次经过积分柱和中继透镜后，直接通过双色棱镜系统。持续的红色光线被分离，并直接投射到专门处理红色光与红色视频信号的 DMD（R）显示屏上。连续的蓝色光线和绿色光线直接投射到另外一个 DMD（G+B）显示屏上，从 DMD（G+B）显示屏出射的光混色成蓝绿色图像。从 DMD（R）显示屏出射的光与从 DMD（G+B）显示屏出射的光混色，形成一幅色彩均匀的彩色图像。

两片式 DLP 系统是单片式 DLP 系统在亮度提升和色彩改善方面的改进版本。以 RGB 色轮为例，单片式 DLP 系统中的红色光只能通过 1/3 的时间，而两片式 DLP 系统的红色光可以在 Y 和 M 色段都通过，红色光的输出提升了近 2 倍。并且，在两片式 DLP 系统中，绿色光和蓝色光分别可以通过 1/2 的时间，相比单片式 DLP 系统只能通过 1/3 的时间，光利用效率提升了近 50%。3 倍的红色光输出，以及提升近50%的蓝色光和绿色光输出，使得两片式 DLP 系统可以产生更逼真的颜色。

13.5　GLV 投影显示技术

由 Stanford 大学研制的光栅光阀（Grating Light Valve，GLV）投影显示技术，与 DMD 一样，都是依靠静电驱动微型机械部件，对入射光的强度和反射方向进行控制的微机电系统（Micro ElectroMechanical System，MEMS）。

如图 13-16 所示，GLV 器件的像素由 6 条细条状表面镀铝的氮化硅金属

陶瓷晶片组成，RGB 每个基色使用两条，其中一条用于显示，另一条接地用于隔离基色之间的影响。反射条下面的硅基底上有一个接地的面状公共电极，变形光栅在硅芯片控制下施加偏置电压。

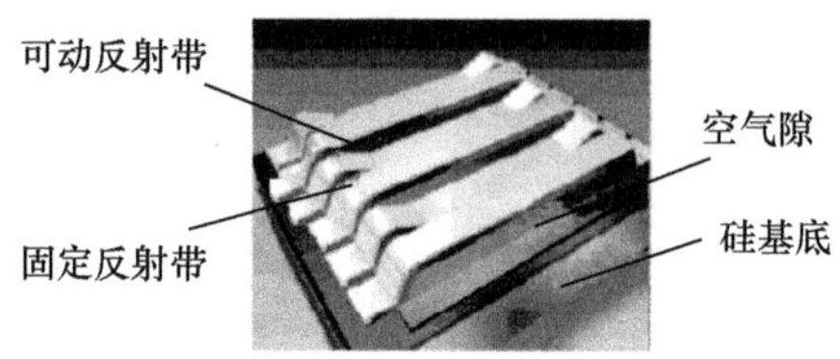

图 13-16　GLV 器件的一个像素

衍射光以不同的衍射角从变形光栅中射出，用简单的光学系统加以会聚后就可以在屏幕上显示出高对比度的彩色图像。如图 13-16 所示，这个光栅光阀器件均由装在硅片上的数千对陶瓷光条组成，陶瓷光条的作用是使激光束形成衍射图样（陶瓷片可以反射入射的激光。）。若在 RGB 3 对陶瓷光条上分别加上相应的色信号电压，则每对陶瓷光条均可发生形变，其每对光条可变的间距均小于该激光束的波长。从各个光阀器件中射出的衍射光加以会聚，便可形成一个彩色像素。

如图 13-17 所示，对硅芯片施加电场，让微反射带发生变形，使激光发生衍射而使反射角改变。当所有反射条在同一个平面上时，反射光沿着原路返回。当静电力作用，将相互间隔的可动带向下移动时，反射光强度逐渐降低而衍射光强度增强。当可动带向下移动 1/4 波长时，衍射光最强，而反射光最弱，从而屏幕上面也达到最亮。

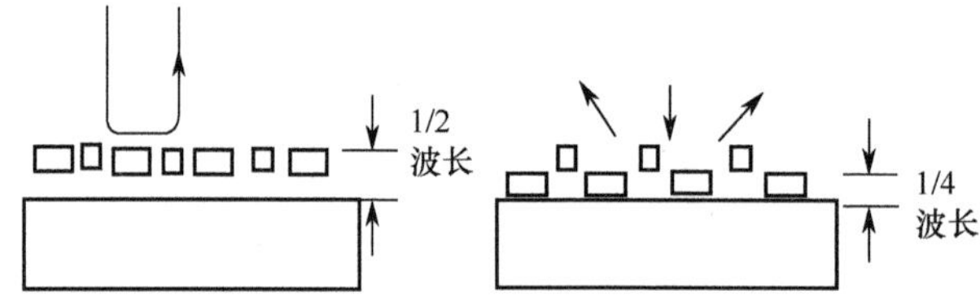

图 13-17　GLV 的暗态（OFF 态）和亮态（ON 态）

GLV 是一个线阵式硅芯片器件，反射带呈长条状，长度是可以显示的垂直像素，而宽度只有一个像素，只能产生一条竖直的线阵式像素。要变成一个平面图像还要依靠光学的扫描方法。

屏幕的垂直方向由 GLV 控制扫描，而其水平方向由其他反射镜扫描完成。只用 1/4 波长，如何使其具有优异的移动可重复性，是决定其特性的因素。激光束依次照射到这样一长排并排排列的金属晶片条栅组上，与此同时又在每条镜片与底部晶片间加上受视频电视信号调制的电压，就可以使反射光的明暗按照电视图像的规律产生变化。如果再利用旋转棱镜，使反射光产生横向扫描，这样，一组像素就可在投影屏幕上产生一行电视图像，而一条器件则可产生一幅电视图像。GLV 成像原理如图 13-18 所示。

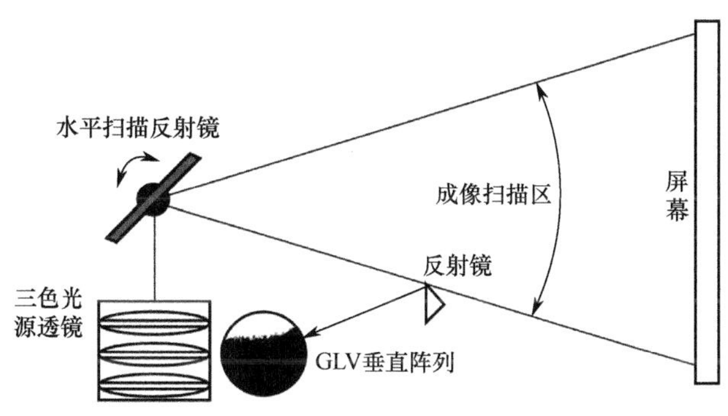

图 13-18　GLV 成像原理

上述方法产生电视图像中垂直像素的多少，由 GLV 线阵器件的像素数目决定。索尼公司开发的 GLV 是 1080 个像素排成竖列的一维画面器件。将此经由 1080 组 GLV 光栅反射的激光带，再用光学棱镜水平旋转投射到屏幕上，就可以形成一幅 1920 像素×1080 像素的高清晰度电视图像。水平像素的多少，由光栅所加电视信号的行像素决定。GLV 每个晶片长度为 20μm，宽度为 5μm。镜片能够高速运动，每秒可实现 50 000 次弯曲和弹回。其速度比 DLP 微镜器件还快，因而可以实现高清晰度电视图像扫描显示。GLV 采用不同的投射光路，既可以组成与等离子电视厚度相差不大的背投电视，也可以做成正投影装置。

GLV 显示系统内使用了激光光源和机械旋转装置，结构较为复杂。电子方式只限于一条垂直方向的 GLV 器件，要变成一幅图像，还得要依靠机械方式的旋转棱镜，才能把一条垂直线展开成为矩形图像。这虽然不是成本主流，但是也增加了成本，并且降低了整机的可靠性。而且，其光源是复杂而昂贵的激光器，增加了成本。另外，也难于将显示系统做得很薄。GLV 的光源是波长极为单一的激光，所以具有较大的色彩表现范围。由于 GLV 显示使用了折射方式，与使用透过光和反射光的 HTPS-LCD 和 DMD 显示屏方式相比，

由于光效更高，图像的亮度也高，明暗之间的亮度相差也大，更容易提高显示的对比度。

参 考 文 献

[1] DA F, GAI S. Flexible three-dimensional measurement technique based on a digital light processing projector[J]. Applied Optics, 2008, 47(3):377-385.

[2] LAURA E. Autoexposure for three-dimensional shape measurement using a digital-light-processing projector[J]. Optical Engineering, 2011, 50(12):123603.

[3] WYBLE D R, ROSEN M R. Color Management of Four-Primary Digital Light Processing Projectors[J]. Journal of Imaging Science and Technology, 2006, 50(1):17.

[4] DEWALD S D. Using ZEMAX Image Analysis and user-defined surfaces for projection lens design and evaluation for Digital Light Processing projection systems[J]. Optical Engineering, 2000, 39(7):1802.

[5] THRASHER C J, SCHWARTZ J J, BOYDSTON A J. Modular Elastomer Photoresins for Digital Light Processing Additive Manufacturing[J]. ACS Applied Materials & Interfaces, 2017, 9(45):39708-39716.

[6] MONK D W. Digital light processing: a new image technology for the television of the future[C]//International Broadcasting Convention Amsterdam, Netherlands, 1997:581-586.

[7] RUI D W. Optical design in illumination system of digital light processing projector using laser and gradient-index lens[J]. Optical Engineering, 2012, 51(1):013004.

[8] HUEBSCHMAN M L, MUNJULURI B, HUNT J, et al. Holographic video display using digital micromirrors [J]. Proceedings of SPIE—The International Society for Optical Engineering, 2005, 5742.

[9] ZHAO X, FANG Z L, MU G G. Analysis and design of the color wheel in digital light processing system[J]. Optik-International Journal for Light and Electron Optics, 2007, 118(12):561-564.

[10] 刘霞芳. 数字微镜的动力分析[D]. 西安：西安电子科技大学, 2007.

[11] HO F C. A projection system composed of three pieces of DLP panels[J]. Proceedings of SPIE—The International Society for Optical Engineering, 2005:88-96.

[12] AMM D T, CORRIGAN R W. Grating Light Valve™ Technology: Update and Novel Applications[J]. SID Symposium Digest of Technical Papers, 1998, 29(1):29-32.

[13] AMM D T, CORRIGAN R W. Optical performance of the Grating Light Valve technology[J]. Proceedings of SPIE—The International Society for Optical Engineering, 1999, 3634:71-78.

[14] PERRY T S. Tomorrow's TV-the grating light valve[J]. IEEE Spectrum, 2004, 41(4):38-41.

[15] KUO J N, WU H W, LEE G B. Optical projection display systems integrated with three-color-mixing waveguides and grating-light-valve devices[J]. Optics Express, 2006, 14(15):6844-6850.

[16] FURLANI E P, LEE E H, LUO H. Analysis of grating light valves with partial surface electrodes[J]. Journal of Applied Physics, 1998, 83(2):629-634.

[17] SANKAR S P, SUNDARAVADIVELU S. High Reflectance Optical Thin Film Grating Light Valve[J]. Journal of Optics, 2007, 36(3):145-152.

[18] 张洁, 黄尚廉, 付红桥, 等. 光栅光阀的光学特性分析和仿真[J]. 光学学报, 2005, 25(11): 1452-1456

[19] SAMPSELL, JEFFREY B. Digital micromirror device and its application to projection displays[J]. Journal of Vacuum Science & Technology B (Microelectronics and, Nanometer Structures), 1994, 12(6):3242.

[20] ASWENDT, PETRA. Hologram reconstruction using a digital micromirror device[J]. Optical Engineering, 2001, 40(6):926.

[21] ZHANG C, HUANG P S, CHIANG F P. Microscopic Phase-Shifting Profilometry Based on Digital Micromirror Device Technology[J]. Applied Optics, 2002, 41(28): 5896-5904.

[22] MONK D W, GALE R O. The digital micromirror device for projection display[J]. Microelectronic Engineering, 1995, 27(1-4):489-493.

[23] CRITCHLEY B R, BLAXTAN P W, ECKERSLEY B, et al. Picture quality in large-screen projectors using the Digital Micromirror Device[J]. Journal of the Society for Information Display, 1995, 3(4):199-202.

[24] HANLEY Q S, VERVEER P J, GEMKOW M J, et al. An optical sectioning programmable array microscope implemented with a digital micromirror device[J]. Journal of Microscopy, 2000, 196(Pt 3):317-331.

[25] REFAI, HAKKI H. Digital micromirror device for optical scanning applications[J]. Optical Engineering, 2007, 46(8):085401.

[26] CHENG Z, RENJIE Z, CUIFANG K, et al. Digital micromirror device-based common-path quantitative phase imaging[J]. Optics Letters, 2017, 42(7):1448.

[27] HENCK S A. Lubrication of digital micromirrordevicesTM[J]. Tribology Letters, 1997, 3(3):239-247.

[28] KAI Z, YONG H, JIE Y, et al. Dynamic infrared scene simulation using grayscale modulation of digital micro-mirror device[J]. Chinese Journal of Aeronautics, 2013(02):150-156.

[29] MARKANDEY V, CLATANOFF T, GOVE R, et al. Motion adaptive deinterlacer for DMD (digital micromirror device) based digital television[J]. IEEE Transactions on Consumer Electronics, 1994, 40(3):735-742.

[30] ZHU P, FAJARDO O, SHUM J, et al. High-resolution optical control of spatiotemporal neuronal activity patterns in zebrafish using a digital micromirror device[J]. Nature Protocols, 2012, 7(7):1410-1425.

[31] SHIN S, KIM K, YOON J, et al. Active illumination using a digital micromirror device for quantitative phase imaging[J]. Optics Letters, 2015, 40(22):5407.

[32] ZHENG J Y, PASTERNACK R M, BOUSTANY N N. Optical Scatter Imaging with a digital micromirror device[J]. Optics Express, 2009, 17(22):20401-20414.

[33] ALONSOL MANUEL J. Characterization of digital-micromirror device-based infrared scene projector[J]. Optical Engineering, 2005, 44(8):086402.

[34] PAN J W, WANG C M, SUN W S, et al. Portable digital micromirror device projector using a prism[J]. Applied Optics, 2007, 46(22):5097-5102.

[35] YIH J N, HU Y Y, SIE Y D, et al. Temporal focusing-based multiphoton excitation microscopy via digital micromirror device[J]. Optics Letters, 2014, 39(11):3134-3137.

[36] 邹静娴, 吴荣治. 数字光处理顺序彩色获取[J]. 液晶与显示, 2005(6):118-122.

[37] 王程, 郝文良, 田丽伟, 等. 基于新型导光管的微型 DLP 投影式光路设计[J]. 红外与激光工程, 2015, 44(8): 2472-2477.

[38] 李海峰, 刘旭, 顾培夫. 投影显示中的光学薄膜元件[J]. 激光与光电子学进展, 2009(7):18-22.

[39] 刘雁杰, 惠彬, 李景镇, 等. 用于DLP投影系统的自由曲面TIR准直透镜设计[J]. 红外技术, 2015, 37(7): 582-587.

[40] 卞殷旭, 王恒, 郭添翼, 等. 超短投影距的投影物镜设计[J]. 光学学报, 2015, 35(12):242-247.

[41] 郭华, 周金运, 刘志涛, 等. 2μm 分辨 DMD 光刻系统镜头设计[J]. 光电工程, 2015, 42(3): 83-88.

[42] LIU Y, YANG J, GU X, et al. Interleave Reset Scheme for DMD Projection Display[J]. Journal of Display Technology, 2016, 12(12): 1752-1756.

第 14 章

LCOS 光学引擎技术

LCOS 投影显示技术的成像采用反射式光路，形成反射光路的核心器件是 LCOS 显示屏。早期的 LCOS 投影显示产品，采用过和单片式 DLP 类似的时序成像方式，即单片式 LCOS 架构。目前的主流产品，普遍采用三片 LCOS 显示屏分别处理 R、G、B 影像画面，再组合成像的三片式 LCOS 架构。

14.1 LCOS 投影发展概况

LCOS 投影显示技术的基础是硅基液晶（LCOS）显示技术，这是一种结合半导体工艺和 LCD 显示原理的新兴技术。美国 Brillian 公司首先将 LCOS 注册为商标，从而有了 LCOS 这个名称。但是，其他企业的 LCOS 产品只能用其他商标，如 JVC 的 D-ILA（Direct-drive Image Light Amplifier）、索尼的 SXRD（Silicon X-tal Reflective Display，X-tal 表示 crystal）。SXRD 只有索尼自家使用，所以，目前采用 SXRD 技术的投影机比采用 D-ILA 技术的产品少一些。

1. LCOS 投影产业的发展

1995 年，开始有厂商涉足 LCOS 技术。真正的 LCOS 技术先驱是 JVC。JVC 在 1995 年开发出名为 D-ILA 的 LCOS 专利技术，并很快推出 1.3 英寸的商品化 LCOS 显示屏，从 1998 年就开始制造 D-ILA 投影机。索尼在拥有 LCD 技术专利的情况下，也跟进 LCOS 技术的研发，并于 2004 年开发了名为 SXRD™的 LCOS 专利技术。Brillian 公司是第二代 LCoS™技术和超高质 720p 与 1080p 规格高清背投电视的创新者。

LCOS 投影技术在诞生初期被普遍看好，曾被认为能够取代 TFT-LCD、PDP 的显示技术之一。2000 年，美国 Aurora 公司第一次推出 LCOS 背投彩电样机，在业界引起了强烈的震动。飞利浦在 2001 年推出单片 LCOS 显示技术。英特尔公司在 2004 年进入 LCOS 领域，众多 OEM 厂商和高清电视零部件生产厂商与其合作，开发应用该芯片的产品。

JVC 在 2004 年发布了第一款背投式 1280 像素×720 像素高清电视，这标志着第二代 LCOS 问世。随后索尼在 2005 年推出了高端的 1920 像素×1080 像素 Qualia 设备。之后，JVC 和索尼陆续推出各自的更高世代高清电视和投影机等 LCOS 产品。但是，面对来自 TFT-LCD、PDP 及 DLP 投影显示技术的冲击，LCOS 背投电视市场占有率并没有达到业界的期望。

2004 年，惠普、东芝、三星宣布终止 LCOS 计划。随后，飞利浦、英特尔等公司相继宣布终止 LCOS 产品的生产。中国的许多 LCOS 厂商也放弃了 LCOS 技术，纷纷转向生产 LCD 和 DLP 产品。

LCOS 投影技术的发展面对市场和产业的双重压力。在产业方面，LCOS 投影技术自身的产业链不够完善。首先，由于液晶附着在硅基板上比较困难，液晶封装技术环节的合格率较低，导致 LCOS 芯片整体的合格率平均仅能达到 60%左右，无法有效地降低成本，限制了芯片的量产。其次，三片式 LCOS 光学引擎在芯片的对准及贴合方面存在工艺难度，产品质量难以控制，光学引擎的量产也遇到了瓶颈。同时投影光源的灯泡寿命较短，频繁更换灯泡增加了产品的后期维护成本，使 LCOS 背投产品的竞争力减弱。在市场方面，LCD 平板显示技术的发展对 LCOS 产业的发展带来了不小的冲击。在平板电视的快速扩张下，国内外电视市场一致追捧超薄结构。而 LCOS 背投产品受到自身结构限制，在厚度方面无法与平板显示产品相抗衡。这使得 LCOS 背投电视在与平板电视的市场竞争中处于不利地位。

但是，LCOS 投影技术目前尚未出现垄断状况，颇有市场发展潜力。通过不断改进技术、降低成本，LCOS 技术又有很大发展。索尼虽然拥有大量的 HTPS-LCD 专利技术，但仍看好 LCOS 技术。2004 年，索尼开发出供数字影院放映电影用的 SXRD-LCOS 投影机，分辨率为 4096 像素×2160 像素，称为 4K 投影机；2007 年，又推出顶级 SRX-R220 型 LCOS 投影机。

由于没有知识产权壁垒，中国的多家企业继续看好 LCOS 技术。在中国，从 1998 年就开始进行 LCOS 技术的研究，先后出现了海盛、雅图、鸿源、南方辉煌等诸多 LCOS 的生产企业。不少彩电企业如康佳、创维、TCL、海信等也参与进来，进行 LCOS 背投电视的研发和生产。此外，中国电子视像行业协会与飞利浦公司合作，联合了二十多家企业成立了 LCOS 联盟。目前，继续从事 LCOS 投影产品研发与生产的中国企业包括浙江海盛、河南中光学（与 Syntax-Brillian 公司合作）、武汉全真等。

近几年，微显示投影市场为 LCOS 技术的发展的带来了难得的发展机遇。目前，市场上的微投影产品销量中 LCOS 技术占 30%左右，份额略低于 DLP。但 LCOS 技术在芯片小型化、实现更高的分辨率方面更有技术优势，在微显示投影方面更有发展潜力。未来随着 LCOS 技术的发展和微投产业链的不断完善，LCOS 技术或将在微显示投影领域成为主流的显示技术。

2．LCOS 显示屏技术的发展

LCOS 显示屏技术是一项从 LCD 发展起来的技术，其基本原理类似于反射型 LCD，区别在于它利用的是 Si 衬底及使用 Si 基金属–氧化物–半导体场效应晶体管（Metal-Oxide-Semiconductor Field Effect Transistor, MOSFET）驱动液晶转动。目前，LCOS 显示屏技术主要有 JVC 的 D-ILA 技术和索尼的 SXRD 技术，两者的差异在于：D-ILA 采用无机取向膜排列，SXRD 则采用液晶层垂直排布方式来实现。图 14-1 以 SRXD 显示屏为例，介绍 LCOS 显示屏技术。SXRD 显示屏的分辨率高达 1920 像素×1080 像素，像素间的间隙缩小到 0.2μm，消除了影像画面的颗粒感。采用垂直取向的 VA 液晶，加上反射型液晶显示模式，SRXD 显示屏的对比度最高可以达到 15 万比 1。SRXD 显示屏的液晶盒只有 2μm，使得液晶的响应速度高达 2ms。

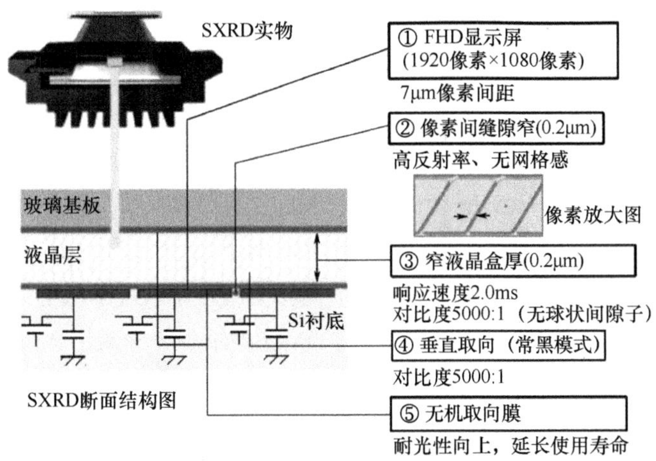

图 14-1　SXRD 显示屏断面图

MDP 微型化是 LCOS 投影技术的趋势与机会。在新兴的微型投影机市场上，LCOS 产品是 DLP 产品强有力的竞争者。其中，DLP 产品主要的竞争优势是较高的光学效率，但是 LCOS 产品在持续提升产品分辨率方面拥有最大的潜力。2012 年，Intersil 推出号称“全球最低成本、最小体积”、基于 LED 的 LCOS 微投系统 Pico-qHD 参考设计方案，其体积比香烟盒略长，宽度略窄，厚度是香烟盒的一半。Pico-qHD 参考设计方案的主要特点有：采用了 Micron 的 E330 紧凑型(7mm×30mm×31mm)qHD 光引擎；最大光通量是 10lm；分辨率为 960 像素×540 像素；光引擎功耗为 1W，整个系统（光引擎+电子系统）功耗小于 2W；PCB 尺寸为 1.7 英寸×2 英寸。

为了对应微型化，Citizen 开发了如图 14-2 所示的透射型 LCOS 显示屏。LCOS 显示屏采用铁电液晶，液晶的响应速度在 1ms 以下。因为是透射型 LCOS，可以省略反射型 LCOS 必备的 PBS 光学结构，有利于 LCOS 光学引擎的轻薄化与微型化。计划量产的产品有 0.53 英寸的 SVGA 显示屏、0.39 英寸的 SVGA 显示屏、0.25 英寸的 VGA 显示屏等。最终目标是像激光笔那样的超小型投影机，或者手机内置的投影机等。

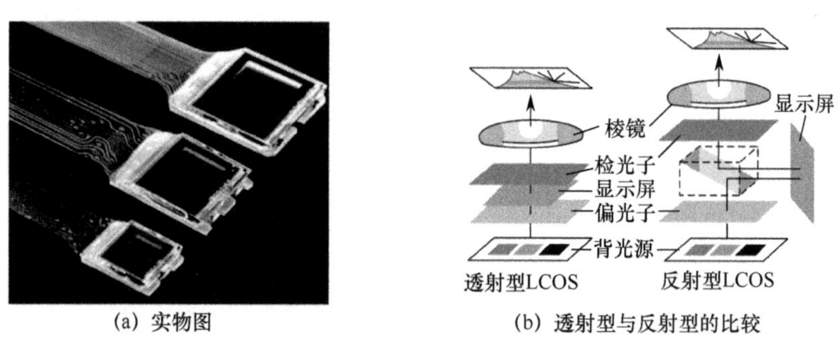

(a) 实物图　　(b) 透射型与反射型的比较

图 14-2　Citizen 的透射型 LCOS 显示屏

14.2　LCOS 显示屏技术

LCOS 显示屏是做在硅衬底上的反射型 LCD，与 HTPS-LCD 显示屏一样使用液晶光阀调制偏振光的出光量，与 DMD 显示屏一样采用 Al 反射层反射入射光。

14.2.1　LCOS 显示屏的结构与功能

与普通反射型 TFT-LCD 显示屏上下两侧都用玻璃基板不同，LCOS 显示屏的上侧为玻璃基板，下侧为集成了控制电路的 Si 衬底，类似于 TFT-LCD 的阵列基板。

图 14-3 给出了 LCOS 显示屏上两个相邻像素的断面结构。从像素功能上看，Si 衬底上的 CMOS（Complementary Metal-Oxide Semiconductor）有源显示驱动矩阵为每一个像素提供了 n 型 MOSFET 开关、存储电容、扫描线（栅极）、数据线、遮光层和像素电极。像素电极为抛光的铝镀层，用作光线的反射面。上侧的玻璃基板相对简单，只涂覆一层透明的 ITO 导电层，提供公共电极电位。在 ITO 透明电极和像素电极上，各形成一层无机取向膜，用于中间液晶的取向。LCOS 显示屏使用的液晶有 TN（Twist Nematic）液晶、VA（Vertical Alignment）液晶、铁电液晶（Ferroelectric Liquid Crystal，FLC）等。在 LCOS 显示屏的上侧玻璃基板和下侧 Si 衬底之间，通过 SiO_2 间隙子的支撑，保证面内各处的盒厚保持一致。SiO_2 间隙子位于非透光区域。LCOS 显示屏的 Si 衬底上表面经过抛光处理后非常平坦，玻璃基板只有一层 ITO 透明电极也很平坦，所以液晶盒厚可以做到 2μm 以下。

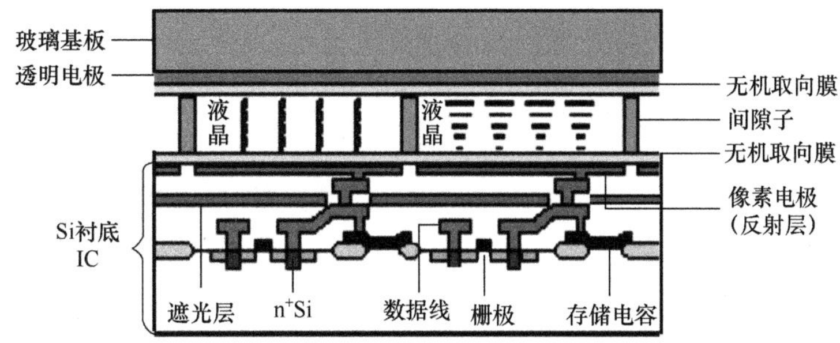

图 14-3　LCOS 显示屏上两个相邻像素的断面结构

反射型 LCOS 显示屏只有一个光学面，能够利用非光学面的 Si 衬底配置驱动电路，易于实现高精细化和小型化。

因为 LCOS 的像素开关、存储电容及各种配线都位于反射镜面下，并不占用像素开口（反射）面积，只有为防止像素之间的液晶相互干扰而预留的间隙才占用开口面积，所以 LCOS 像素的有效反射面积达到 90%以上。LCOS 采用半导体工艺来控制像素的分辨率，分辨率可以做到很高。因为 LCOS 像素的光利用效率很高，加上半导体工艺的使用，可以快速实现高精细化，提高影像画面的解析度。

LCOS 显示屏在反射镜面下配置驱动电路，可以达到驱动电路和芯片一体化的产品结构。普通的 TFT-LCD 有大量外部引线，例如分辨率为 1366 像素×768 像素的 TFT-LCD 有 4866 根外部引线，需要一一分别引出，再与驱动 IC 相连接。LCOS 显示屏的扫描线和数据线都通过半导体工艺在 Si 衬底上与驱动 IC 相连接，留在外部的仅有数根数据控制线、时序线及电源线，减少外部 IC 的数量及封装成本，并使体积减小。还可利用通用连接端口与前级电路相连接，整机装配简便。

图 14-3 中的存储电容与遮光层，是针对传统模拟 TFT-LCD 的工作原理而设计的结构。存储电容的作用是在一帧时间中稳定像素电压，保证各灰阶的正常显示。遮光层的作用是防止强光照射沟道导致像素电压漂移。采用如图 14-4 所示的数字像素 LCOS 显示屏，可以省略存储电容与遮光层。

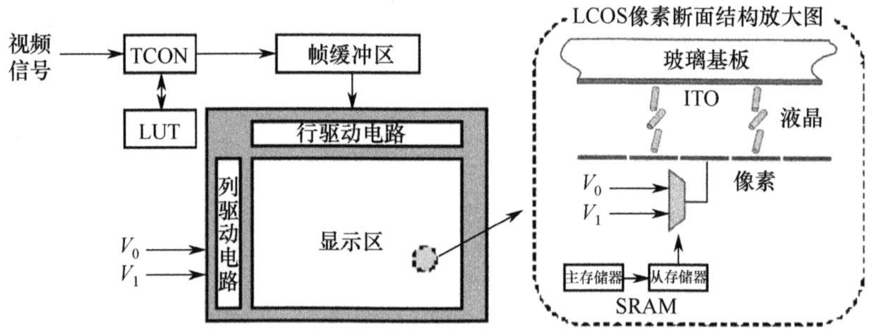

图 14-4　数字像素 LCOS 显示屏的结构与工作原理

具体的驱动方法分数据写入和液晶驱动两步。输入的视频信号经时序控制电路 TCON 处理后，参照查找表 LUT 转换成若干比特的帧（Bit Frame）信号。LUT 的作用是针对某个灰阶，决定相应的比特顺序。Bit Frame 影像信号通过帧缓冲区后，输入每个像素的 SRAM 电路。像素 SRAM 电路只有开和关的信息。这些像素信息分两个阶段，依次经过主存储器和从存储器，传给像素电极。数据写入完成后，通过选择 V_0 或 V_1，使液晶层两端施加（ITO 电压$-V_1$）或（ITO 电压$-V_0$）。数字像素能够驱动 40 个子帧（Sub Frame），可以形成高达 10 位灰阶。这对液晶的响应速度要求很高，一般使用可以快速响应的铁电液晶。

14.2.2　LCOS 显示屏的光学基础

不同于 DMD 显示屏反射镜的±12°翻转，LCOS 显示屏的反射镜面位置固定，为了分离入射光与反射光，一般需要 LCOS 显示屏与偏振分光棱镜

（PBS）组合使用。LCOS 显示屏的液晶光阀只调制入射光的偏振状态，使反射光通过 PBS 的光量不同。LCOS 显示屏与 PBS 组合的亮度控制原理如图 14-5 所示。暗态显示时，LCOS 液晶层相当于一片 λ/2 板，入射的 S 光经 LCOS 显示屏反射后依旧为 S 光，到达 PBS 后被反射回光源方向。亮态显示时，LCOS 液晶层相当于一片 λ/4 板，入射的 S 光经 LCOS 显示屏反射后转化为 P 光，到达 PBS 后直接通过，经光学系统处理后投射到屏幕上。

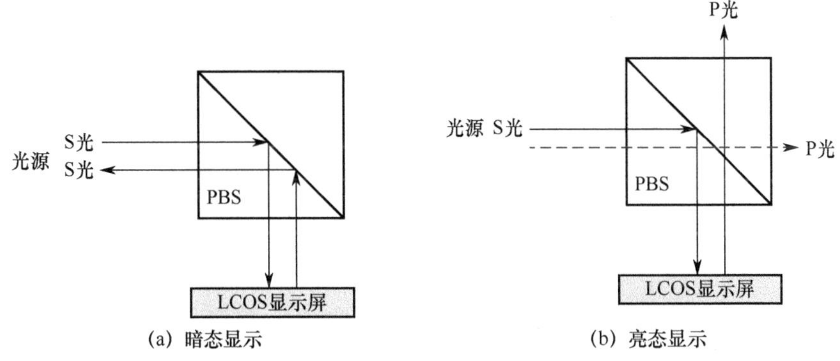

图 14-5 LCOS 显示屏与 PBS 组合的亮度控制原理

根据如图 14-5 所示的亮度控制原理，LCOS 显示屏电光特性的本质就是控制反射光中 P 光的比例。以 VA 液晶显示模式为例，LCOS 显示屏的电光特性曲线如图 14-6 所示。在 LCOS 投影出光量最小的暗态，LCOS 显示屏反射的都是 S 光；在 LCOS 投影出光量最大的亮态，LCOS 显示屏反射的都是 P 光；在 LCOS 投影出光量居中的中间态，LCOS 显示屏反射出一部分 S 光和一部分 P 光。

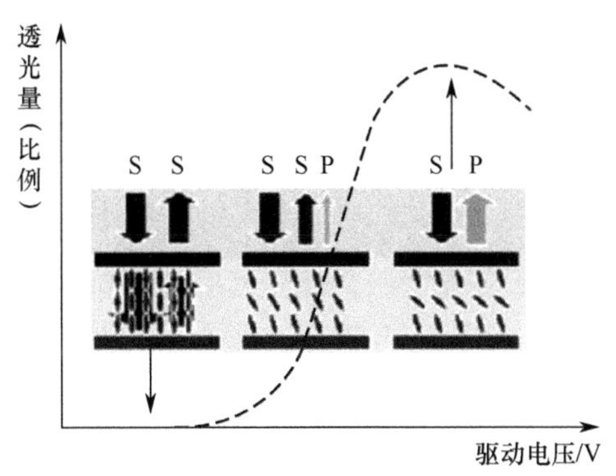

图 14-6 LCOS 显示屏的电光特性

14.2.3 LCOS 显示屏的关键工艺

整个 LCOS 显示屏的 Si 衬底，都是在半导体集成电路生产线上完成的。如图 14-7 所示，Si 衬底和上玻璃基板贴合成显示屏后，直接封装在电路板上。半导体集成电路技术可以低成本、大批量地生产出具有高可靠性和高精度的微电子结构模块，实现 LCOS 模组的小型化与轻薄化。

图 14-7 LCOS 模组结构实物图

LCOS 显示屏的前段 Si 衬底处理工艺采用 0.35μm 左右的传统半导体集成电路工艺，合格率可达 90%以上。但是，后段 Si 衬底与玻璃基板贴合，液晶灌入，以及显示屏切割和封装等的合格率却只有 30%左右。在 LCOS 显示屏的整个制造过程中，主要难点是铝反射电极层与液晶分子间的结合。液晶分子的着床需要优秀的光学反射平面。这对铝金属电极层的质量提出了苛刻的要求。铝金属电极层主要采用表面化学抛光和表面蒸镀反光层的工艺。

LCOS 技术的成功是由于硅表面化学机械抛光（Chemical Mechanical Polishing，CMP）处理工艺的突破，把微光学上起伏不平的反射表面处理得光滑如镜。通过 CMP 工艺填平复杂的电路走线，在电学上可以提高各金属配线层的平面光刻精度，防止电荷尖端积累效应；在光学上可以增大光利用面积［如图 14-8（a）所示］，同时避免起伏不平处因液晶取向紊乱引起的漏光现象，提高对比度［如图 14-8（b）所示］。

➤ 无化学机械抛光处理　　➤ 有化学机械抛光处理

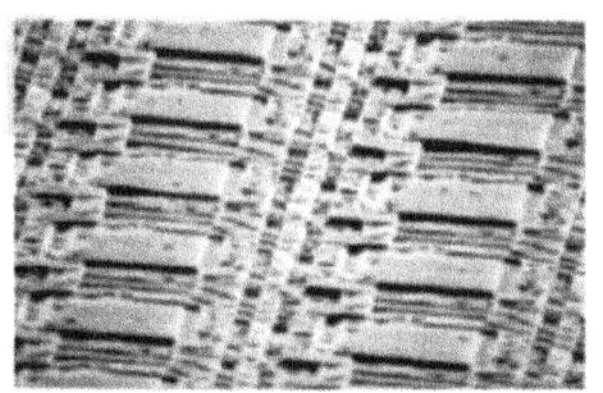

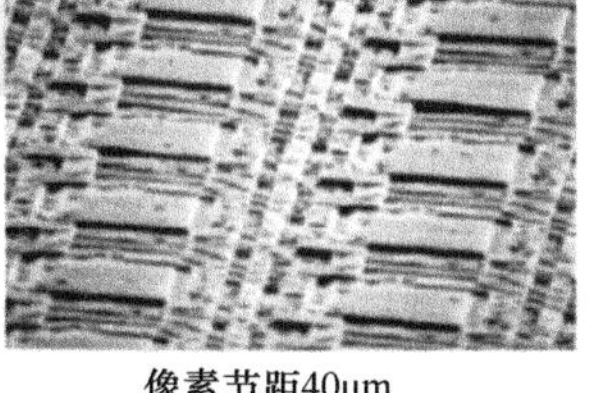

像素节距40μm　　像素节距40μm

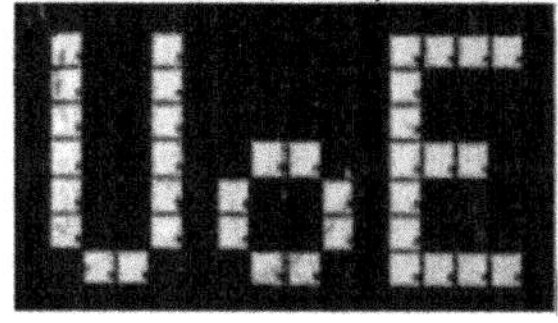

(a) 增大像素的光利用面积

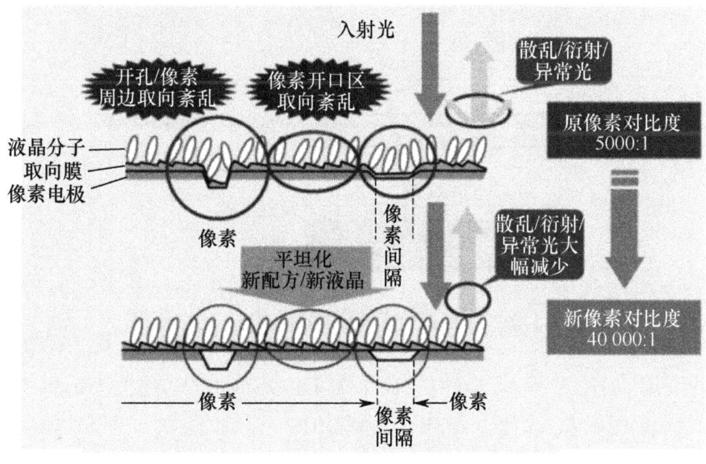

(b) 提高对比度

图 14-8　LCOS 硅表面化学机械抛光工艺的优势

14.3　单片式 LCOS 光学引擎技术

单片式 LCOS 光学引擎有全息彩膜（Hologram Color Filter，HCF）架构、旋转棱镜（rotating prism）架构、色轮架构、色开关（color switch）架构等。单片式 LCOS 光学引擎由于只用一片 LCOS 显示屏，混色时不会出现像素错位。

14.3.1　空间混色的光学引擎架构

空间混色的光学引擎架构主要是 HCF 架构，HCF 架构的技术特征是采用特殊的全息彩膜。

HCF 架构的光学引擎采用如图 14-9 所示的 D-ILA 全息器件。入射白光进入 HCF 发生衍射，不同波段（对应不同颜色）的光呈现不同的角度，以最大光收集效率射向反射电极。这样，白光中不同波长范围的光被分离成 RGB 三种单色光，分别汇聚到各自对应的子像素上。反射后的 RGB 单色光再一次穿过液晶层的时候，通过控制液晶两端的像素电压控制 RGB 各单色光的出光量。反射光穿过 HCF 层的时候，会发生一定的衍射，造成出光量的损失。采用 HCF 架构，每个像素的光利用效率高达 88%，可以获得较高的像素密度。

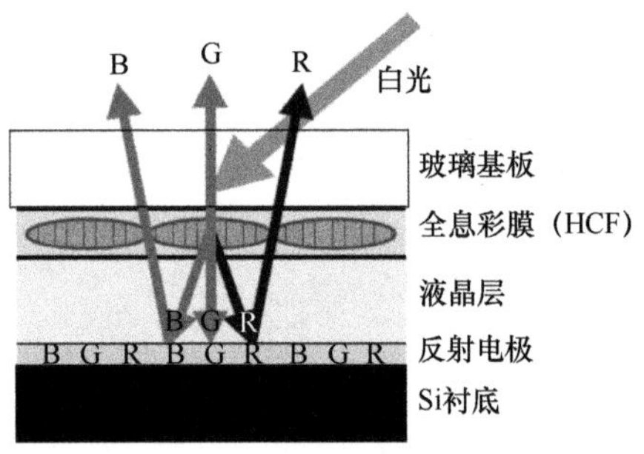

图 14-9 D-ILA 全息器件的结构及工作原理

最早采用 D-ILA 全息器件的单片式 LCOS 背投电视为 50 英寸 16:9 的 SD-ILA，其光学引擎的基本结构与原理如图 14-10 所示。光源发出的白光经冷镜（cold mirror）反射后，由聚光镜收集可视光，再经 PBS 处理后作为线性偏振光以一定的角度射入 D-ILA 全息器件。经 LCOS 调制后，RGB 以各自的亮度等级透过投影透镜后投射在屏幕上形成一幅彩色影像画面。

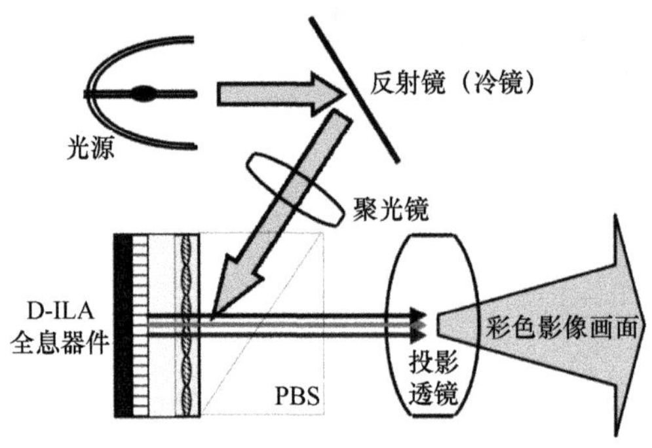

图 14-10 SD-ILA 光学引擎的基本结构与原理

14.3.2　时间混色的光学引擎架构

时间混色的光学引擎架构不需要 CF，采用色序法进行时间混色。采用时间混色的架构，LCOS 显示屏的驱动频率至少为 180Hz，一般采用铁电液晶和小于 2μm 的液晶盒厚来实现液晶的高速响应。

1．旋转棱镜架构

旋转棱镜（rotating prism）架构本质是占 LCOS 显示屏 1/3 面积的色条经过旋转棱镜沿着扫描地址线自上而下的扫描，在 LCOS 显示屏上投射如图 14-11 所示的卷动颜色（scrolling color），依次形成红色子帧影像画面、绿色子帧影像画面和蓝色子帧影像画面。3 个子帧的影像画面通过时间混色，合成一幅彩色影像画面。

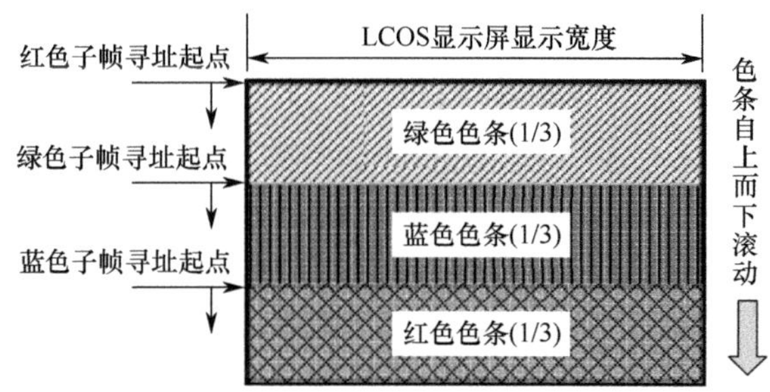

图 14-11　卷动颜色的色序关系

旋转棱镜上下扫描过程中，色条之间的上下位置关系不变，但是整体都从上往下依次扫过。如图 14-12 所示，实线和虚线分别代表两块色条，当旋转棱镜分别转动 0°和 30°时，上下两色条的相对位置不变。在一帧时间内，3 个色条对应 RGB 单色光全部扫描完毕。

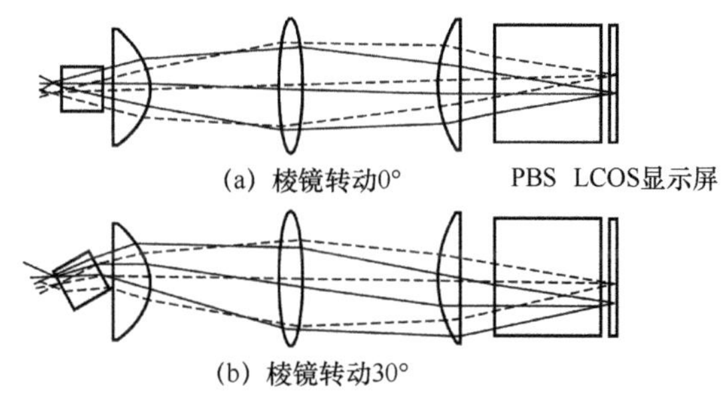

图 14-12　旋转棱镜扫描色条的光路图

旋转棱镜架构的光学引擎如图 14-13 所示：经照明系统处理后的均匀矩形光，先经过第一片分色镜分出蓝色光和黄色光，黄色光经过第二片分色镜后分出绿色光和红色光。RGB 每束单色光在旋转棱镜前被成像为一条状光斑，通过中继透镜放大后，各自独立通过 PBS 偏光处理，投射到 LCOS 显示屏上。因为旋转棱镜匀速转动，通过时序控制，如图 14-11 所示的 RGB 色条在 LCOS 显示屏上亦向下卷动扫过 LCOS 显示屏。经 LCOS 显示屏调制的 RGB 三原色的影像画面，最终通过投影透镜投射到屏幕上，在一帧时间内合成为一幅彩色影像画面。

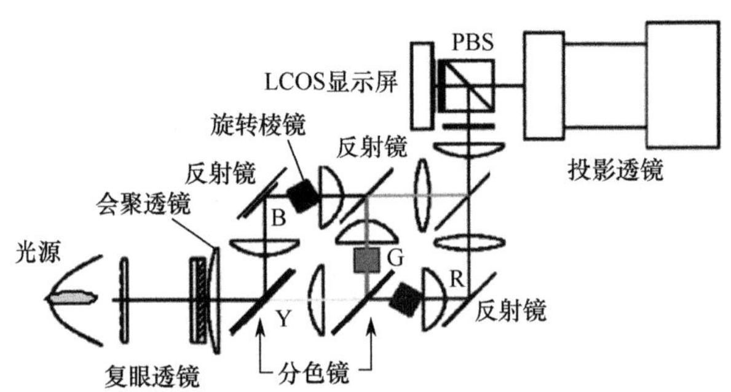

图 14-13 旋转棱镜架构的光学引擎

这种架构的缺点是旋转棱镜快速转动会产生磨损、噪声甚至振动，影响系统的性能和寿命。

2．色轮架构

如图 14-14 所示，色轮架构的单片式 LCOS 系统与色轮架构的单片式 DLP 系统，最大的区别是光入射和出射 MD 显示屏的处理方式不同。DMD 显示屏的反射镜因为可以±12°翻转，采用的是 TIR 棱镜和 DMD 显示屏的组合结构；而 LCOS 显示屏的反射镜固定，采用的是 PBS 和 LCOS 显示屏的组合结构。色轮架构的单片式 LCOS 系统通过色轮分色后，R、G、B 3 个单色光先后通过透镜，经 PBS 处理后呈线偏振光射入 LCOS 显示屏。经 LCOS 显示屏调制的 RGB 三原色的影像画面，最终通过投影透镜投射到屏幕上，在一帧时间内合成为一幅彩色影像画面。

3．Color Switch 架构

图 14-15 给出了 Color Switch 架构的单片式 LCOS 光学引擎。照明系统发出的均匀矩形光经过 Color Switch 将白色光形成循序的红、蓝、绿色光，

并将三原色光与驱动程序产生的红、蓝、绿画面，同步形成分色影像，再借由人眼视觉暂留的特性，最后在人脑中产生彩色的投影画面。

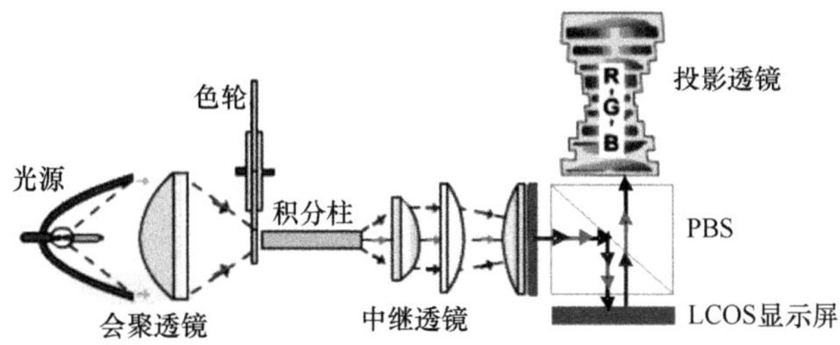

图 14-14　色轮架构的单片式 LCOS 光学引擎

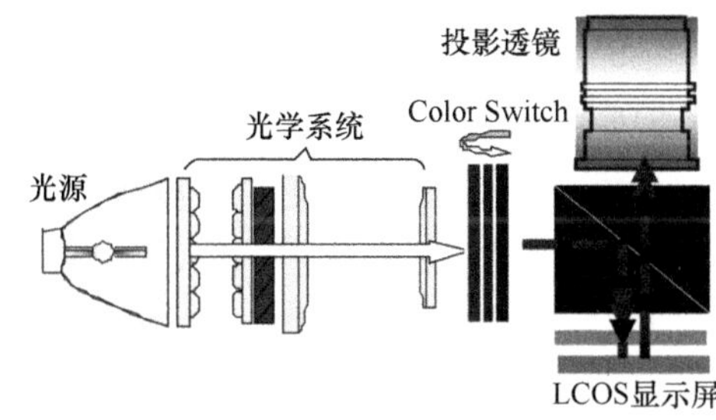

图 14-15　Color Switch 架构的单片式 LCOS 光学引擎

Color Switch 架构的核心是如图 14-16 所示的 Color Switch 透明装置，包括 3 片分别对应 RGB 三原色的主动式彩色滤光片，每片以液晶分子作为开关，入光侧和出光侧都贴附了多张偏振延迟膜。3 个延迟膜堆叠结构分别隔开，选择性地让白色光或是 RGB 三原色光通过，透光率在 90%以上。此装置利用偏振干涉滤光片和液晶盒结合的原理产生时序上的颜色分离。时间序列很容易动态改变，而且不要求周期性重复输出。这个架构通过 LCD 开关决定单色光的亮度，切换过程中图像的色度不受影响。

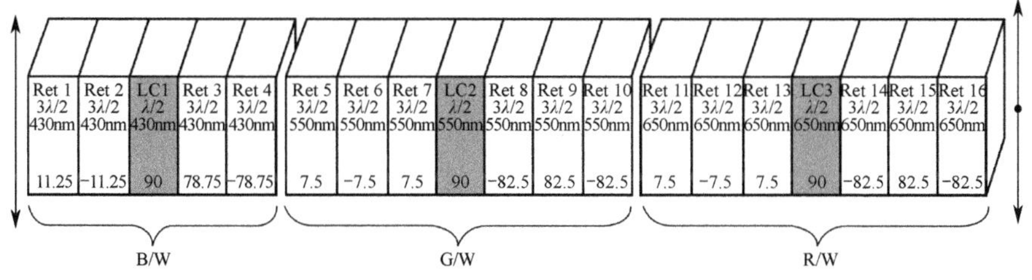

图 14-16　由 16 张延迟膜构成的 Color Switch 的结构（11.25 为偏振光转动角度）

Color Switch 架构是色轮架构的替代品，所以单片式的 DLP 或 LCOS 投影系统都可以用。

14.4　三片式 LCOS 光学引擎技术

三片式 LCOS 系统能产生更加饱和、丰满的色彩，并且不会出现单片式 DLP 系统的彩虹画面问题。为了应对入射光与反射光在 LCOS 显示屏同侧而引起的干扰，三片式 LCOS 系统分为离轴（off-axis）和同轴（on-axis）两种不同的光学设计。如图 14-17 所示，由 Aurora 提出的离轴设计将分光组件和合光组件分开，光斜向射入并斜向射出 LCOS 显示屏，在两个光路上分别加偏光片，纯化光的偏振方向，可以得到比较高的对比度。但是，离轴设计不用远心照明，因此镜头设计以及三片 LCOS 显示屏的像素对位难度很大，光机也不容易扁平化，加上必须使用昂贵的非球面镜，所以离轴设计比较少见。同轴设计利用 PBS 和棱镜的组合分离在同一轴上的入射光与反射光。根据 PBS 与棱镜的不同组合方式，同轴设计分为 4-Cubic 架构、ColorQuad 架构、Philips Prism 架构、ColorCorner Prism 架构等。棱镜的贴合与薄膜设计，玻璃的双折射性质都会影响到系统的对比，所以同轴设计的对比度较低。

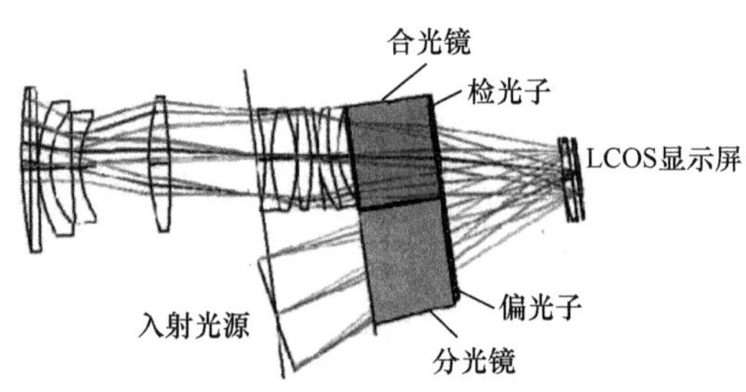

图 14-17　离轴 LCOS 光学系统示意图

1．IBM 4-Cubic 架构

Nikon 的基于 3LCOS/3PBS 的 IBM 4-Cubic 架构是最早推出的 LCOS 光学系统结构，是最基本的三片式结构设计。IBM 4-Cubic 架构的基本分光合光原理类似于三片式 LCD 系统。如图 14-18 所示，由光源发射出的光穿过偏振态控制器（Polarization State Controller，PSC）后被转化为 S 光，S 光再被分色镜分为 RGB 三原色，然后分别传送到对应其色彩的 PBS 和 LCOS 显示屏，经过三片 LCOS 显示屏分别调制成由 P 光组成的三幅单色光影像画面，

经过合光镜后，合成为一幅彩色影像画面，最后投影到屏幕上。此架构利用 3 个 RGB 窄带 PBS 及 X 棱镜，不需要其他特殊的光学组件，但使用的光学组件多，体积较大，成本也不具竞争力。

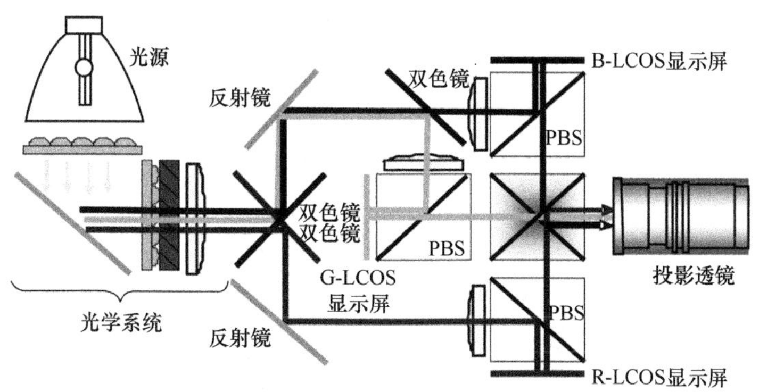

图 14-18　基于 3LCOS/3PBS 的 IBM 4-Cubic 架构

JVC 利用 IBM 4-Cubic 架构的设计概念，推出如图 14-19 所示的采用线栅（wire grid）偏光片的 D-ILA 投影机。由于使用了光学基板表面具有偏光层构造的线栅偏光片，不存在 PBS 特有的斜交角（skew angle）问题，实现了高对比度。彩色滤波器也进行了重新设计，提高了色纯度，扩大了红色色域范围。

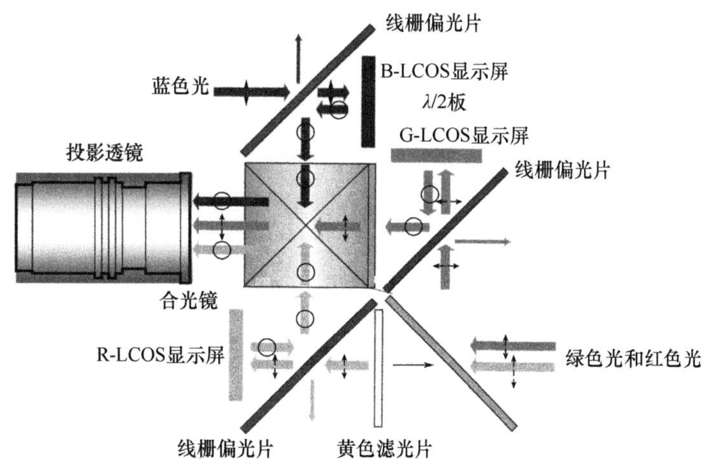

图 14-19　采用线栅偏光片的 D-ILA 投影机

2. ColorQuad 架构

ColorLink 公司开发的 ColorQuad 架构如图 14-20 所示，将 4 个 PBS 和

ColorSelect 薄膜黏合，光学系统很紧凑。ColorQuad 架构的核心技术是由多层波片组成的偏振干涉滤光片，它是利用偏振性而不是薄膜相干或吸收来控制彩色的。需要对特定波长转换极化方向，相应的组件就是 ColorLink 的 ColorSelect 滤光片。在做色彩的分合时，可以完整地极化而满足高对比表现的需求。从照明系统出射的白色 S 光，经过 ColorQuad 处理后，分成 RGB 三原色光，分别被 R-LCOS 显示屏、G-LCOS 显示屏和 B-LCOS 显示屏调制成带一定灰度的影像画面，最后进入投影透镜前都转为 P 光，合成为一幅彩色影像画面。

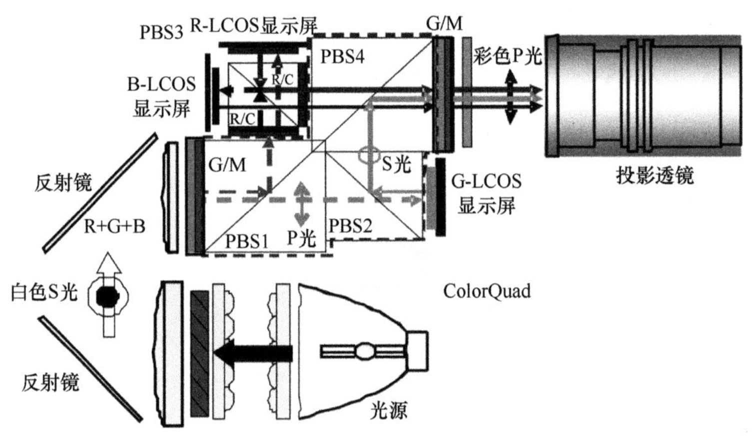

图 14-20　基于 3LCOS/4PBS 的 ColorQuad 架构

白色 S 光经过绿色/品红色（G/M）偏振干涉滤光片后，绿色光偏振态旋转 90°转为 P 光，依次透射过 PBS1 和 PBS2，到达绿色光路的 G-LCOS 显示屏。经 G-LCOS 显示屏调制后，偏振方向旋转 90°，反射光转为 S 光，依次在 PBS2 和 PBS4 上发生反射后到达第二片 G/M 偏振干涉滤光片。经过第二片 G/M 偏振干涉滤光片的绿色 S 光转为 P 光。

白色 S 光经过 G/M 偏振干涉滤光片后，由红色和蓝色成分合成的品红色光保持 S 光状态。被 PBS1 反射后经过第一片红色/青色（R/C）偏振干涉滤光片，红光偏振态旋转 90°变为 P 光，透射过 PBS3 后到达红色光路的 R-LCOS 显示屏。经 R-LCOS 显示屏调制后，偏振方向旋转 90°，反射光转为 S 光，被 PBS3 反射后经过第二片 R/C 偏振干涉滤光片，红色光偏振态旋转 90°变为 P 光，依次透射过 PBS4 和第二片 G/M 滤光片。

品红色 S 光经过第一片 R/C 偏振干涉滤光片后，蓝色光仍然保持 S 偏振态，被 PBS3 反射后到达蓝色光路的 B-LCOS 显示屏。经 B-LCOS 显示屏调制后，偏振方向旋转 90°，反射光转为 P 光。蓝色 P 光依次透射过 PBS3、第二片 R/C 偏振干涉滤光片、PBS4 和第二片 G/M 滤光片。

利用二色性干涉膜滤光片（dichroic filter）可以取代一个 PBS，以减少 PBS 与 ColorSelect 薄膜的使用数量，降低材料成本，从而形成 ColorQuad 架构改良版的 Dichroic-PBS 架构。

3．Philips Prism 架构

如图 14-21 所示，基于 Philips Prism 架构的三片式 LCOS 系统类似于三片式 DLP 系统，最根本的区别在于：三片式 DLP 系统分别采用一块棱镜处理入射光和出射光，而三片式 LCOS 系统只使用一个 PBS 将光源导入和导出 Philips Prism 系统。

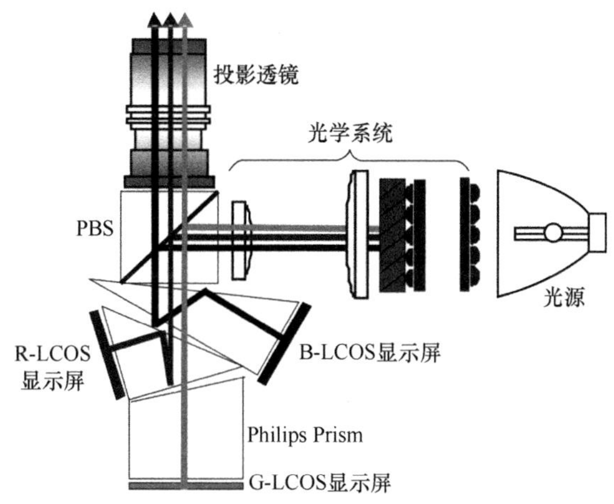

图 14-21　基于 3LCOS/1PBS 的 Philips Prism 架构

Philips Prism 架构的核心是 Philips Prism，Philips Prism 是一个较为紧凑的色彩分合、调变的光学组合，由 3 个棱镜分别处理红、蓝、绿三色光。由于棱镜组件必须要有足够的公差以利于将各 LCOS 显示屏的影像做准确的重组，而光学组件上的镀膜由于包含 20~30 道膜层，制作也相当复杂，所以棱镜组件与镀膜加工成本价格都很高。

4．ColorCorner Prism 架构

Unaxis 公司的 ColorCorner Prism 架构兼有 ColorQuad 架构和 Philips

Prism 架构的特点。如图 14-22 所示，作为光学处理核心组件的 ColorCorner Prism，由一个 PBS、一个二向色棱镜（dichroic prism）和一个正方形补偿用棱镜组成。其中，PBS 与两片 ColorSelect（色彩极化分离镜）黏合。从照明系统出射的白色 S 光，经过 ColorCorner Prism 处理后，分成 RGB 三原色光，分别被 R-LCOS 显示屏、G-LCOS 显示屏和 B-LCOS 显示屏调制成带一定灰度的影像画面，最后进入投影透镜前都转为 P 光，合成为一幅彩色影像画面。

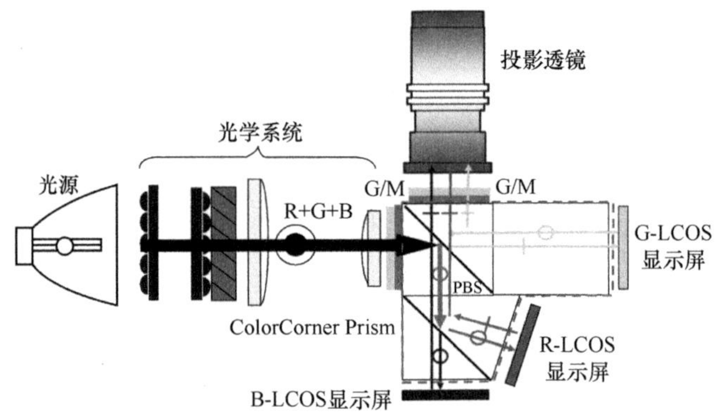

图 14-22　基于 3LCOS/1PBS 的 ColorCorner Prism 架构

在图 14-22 中，白色 S 光（“O”代表 S 光，“—”代表 P 光）经过第一片 G/M 偏振干涉滤光片后，绿色光转为 P 光，依次透射过 PBS 和正方形补偿用棱镜，到达绿色光路的 G-LCOS 显示屏。经 G-LCOS 显示屏调制后，绿色光转为 S 光，依次透射过正方形补偿用棱镜及被 PBS 反射后，经过第二片 G/M 偏振干涉滤光片，绿色光转为 P 光。

白色 S 光经过第一片 G/M 偏振干涉滤光片后，由红色光和蓝色光成分合成的品红色光保持 S 光状态。被 PBS 反射后进入二向色棱镜，被分成红色光和蓝色光，分别进入红色光路的 G-LCOS 显示屏和蓝色光路的 G-LCOS 显示屏。经 R-LCOS 显示屏和 B-LCOS 显示屏调制后，红色反射光和蓝色反射光都转为 P 光。P 偏振态的红色光和蓝色光依次透射过二向色棱镜、PBS 和第二片 G/M 偏振干涉滤光片，与同为 P 偏振态的绿色光混色，合成为一幅彩色影像画面。

参 考 文 献

[1] 刘红，孙传伟，那柏林，等. 三片式硅基液晶激光投影显示中光学引擎的设计[J].

强激光与粒子束, 2011, 23(10)：2621-2624.

[2] 孙辉岭, 赵宇, 高志强, 等. 基于硅基液晶微显示立体投影光学引擎的设计[J]. 光学学报, 2012, 32(2)：255-260.

[3] 赵斌, 张国玉. 硅基液晶投影系统的 LED 光源照明系统设计[J]. 激光与光电子学进展, 2014, 51(7):126-132.

[4] 杨中东, 王鹏, 李晓慧, 等. 基于LCoS像素级图像亮度调整方法研究[J]. 仪器仪表学报, 2013, 34(1):147-152.

[5] 杨洪宝, 李超, 刘凯丽, 等. 透射式硅基液晶微显示器研制[J]. 光电子技术, 2015, 35(4)：217-221.

[6] ZOU H, SCHLEICHER A, DEAN J. Single-Panel LCOS Color Projector with LED Light Sources[J]. SID Symposium Digest of Technical Papers, 2012, 36(1):1698-1701.

[7] BUCKLEY E. Eye safety analysis of current laser-based LCOS projection systems[J]. Journal of the Society for Information Display, 2010, 18(11):944-951.

[8] YANG H, ROBERTSON B, WILKINSON P, et al. Small phase pattern 2D beam steering and a single LCOS design of 40 1×12 stacked wavelength selective switches[J]. Optics Express, 2016, 24(11):12240.

[9] CUYPERS, SMET D, CALSTER V. VAN LCOS Microdisplays: A Decade of Technological Evolution[J]. Journal of Display Technology, 2011, 7(3):127-134.

[10] ANDERSON D, SHAHZAD K. Off-axis LCoS Compensation for Enhanced Contrast[J]. SID Symposium Digest of Technical Papers, 2012, 34(1):1433-1435.

[11] HUANG H C, JONG M, LAM C K. Power Considerations of Color-Filter LCOS, Embedded Pico-Projector, Electronic Architectures for Mobile Phones[J]. SID Symposium Digest of Technical Papers, 2012, 40(1):162-165.

[12] FERNÁNDEZ F A, DAY S E, SMET H D, et al. Special Issue on LCoS Technology[J]. Journal of Display Technology, 2011, 7(3):109-111.

[13] ROBINSON M G, CHEN J, SHARP G D. Three-panel LCOS projection systems[J]. Journal of the Society for Information Display, 2012, 14(3):303-310.

[14] CHEN Y, PENG F, WU, SHIN-TSON, et al. A Vertically-Aligned LCOS with Submillisecond Response Time[J]. SID Symposium Digest of Technical Papers, 2014, 44(1):898-901.

[15] KIM M S, SON H, KANG J. A study of electro-optical characteristics depending on LC pre-tilt angle and cell gap in a full-HD LCOS panel[J]. Journal of the Society for Information Display, 2012, 18(11):982-987.

[16] PENG J, WANG S Y, WANG C J, et al. Improvement on Fringe Field in VA Mode LCOS Panels[J]. SID Symposium Digest of Technical Papers, 2012, 36(1):1294-1297.

[17] FLACK R, WATERMAN J. System Performance Optimization for LCOS Devices in

Projection Displays[J]. SID Symposium Digest of Technical Papers, 2012, 32(1):973-975.

[18] 刘浩. LCoS 光引擎成像测试实验方法及结果分析[J]. 光电技术应用, 2011, 26(6): 11-13

[19] 张宝龙，李丹，戴凤智，等. 彩色滤光膜硅覆液晶微显示器的三维光学建模[J]. 物理学报, 2012, 61(4):62-68.

[20] HASHIMOTO S, AKIMOTO O, ISHIKAWA H, et al. SXRD (Silicon X-tal Reflective Display); A New Display Device for Projection Displays[J]. SID Symposium Digest of Technical Papers, 2005, 36(1)： 1362-1365.

[21] SHIMIZU J A, JANSSEN P J, SHAHZAD K. A single-panel LCoS engine based on light guides[J]. Journal of the Society for Information Display, 2012, 14(2):187-192.

[22] JANSSEN P, SHIMIZU J A, DEAN J, et al. Design aspects of a scrolling color LCoS display[J]. Displays, 2002, 23(3):99-108.

[23] HEINE C, LINZ-DITTRICH S. Color Management System for 3Panel LCOS-Projectors[J]. SID Symposium Digest of Technical Papers, 2012, 32(1):1189-1191.

[24] OU C R, LEE W T, CHUNG S C, et al. Thermal-Optical Simulations on ColorQuad™ for Image Quality[J]. SID Symposium Digest of Technical Papers. 2001,32(1):922-925.

[25] ROBINSON M G, KORAH J, SHARP G, et al. High Contrast Color Splitting Architecture Using Color Polarization Filters[J]. SID Symposium Digest of Technical Papers, 2000, 31(1):92-95.

[26] BACHELS T, SCHMITT K, JÜRG F, et al. Advanced Electronic Color Switch for Time-Sequential Projection[J]. SID Symposium Digest of Technical Papers, 2001, 32(1):1080-1083.

[27] XU M, URBACH H P, BOER D K G D, et al. Wire-grid diffraction gratings used as polarizing beam splitter for visible light and applied in liquid crystal on silicon[J]. Optics Express, 2005, 13(7):2303-2320.

[28] ZHANG B, LI K K, CHIGRINOV V G, et al. Application of Photoalignment Technology to Liquid-Crystal-on-Silicon Microdisplays[J]. Japanese Journal of Applied Physics, 2005, 44(6A):3983-3991.

[29] ZHANG Z, JEZIORSKA-CHAPMAN A M, COLLINGS N, et al. High Quality Assembly of Phase-Only Liquid Crystal on Silicon (LCOS) Devices[J]. Journal of Display Technology, 2011, 7(3):120-126.

[30] LEE S. Fast-switching liquid-crystal-on-silicon microdisplay with framebuffer pixels and surface-mode optically compensated birefringence[J]. Optical Engineering, 2006, 45(12):127402.

[31] ZHANG Z, YOU Z, CHU D. Fundamentals of phase-only liquid crystal on silicon (LCOS) devices[J]. Light: Science & Applications, 2014, 3(10):213.

[32] WOLFE J E, CHIPMAN R A. Polarimetric characterization of liquid-crystal-on-

silicon panels[J]. Applied Optics, 2006, 45(8):1688-1703.

[33] ZHANG R, HUA H. Design of a polarized head-mounted projection display using ferroelectric liquid-crystal-on-silicon microdisplays[J]. Appl Opt, 2008, 47(15):2888-2896.

[34] LEE S, MORIZIO J C, JOHNSON K M. Novel frame buffer pixel circuits for liquid-crystal-on-silicon microdisplays[J]. IEEE Journal of Solid-State Circuits, 2004, 39(1):132-139.

[35] OTÓN J, AMBS P, MILLÁN M S, et.al. Dynamic calibration for improving the speed of a parallel-aligned liquid-crystal-on-silicon display[J]. Applied Optics, 2009, 48(23):4616-4624.

[36] LEE J, CHUNG Y, OH C G. ASIC design of color control driver for LCOS (liquid crystal on silicon) micro display[J]. IEEE Transactions on Consumer Electronics, 2002, 47(3):278-282.

[37] YOURI M. Optical engines for high-performance liquid crystal on silicon projection systems[J]. Optical Engineering, 2003, 42(12):3551.

[38] ZHEN Y K. Ultrahigh-performance lamp illumination system with compound parabolic retroreflector for a single liquid-crystal-on-silicon panel display[J]. Optical Engineering, 2007, 46(5):054001.

[39] VETTESE D. Microdisplays: Liquid crystal on silicon[J]. Nature Photonics, 2010, 4(11):752-754.

[40] HENDRIX K, TAN K, DUELLI M, et al. Birefringent films for contrast enhancement of liquid crystal on silicon projection systems[J]. Journal of Vacuum Science & Technology A (Vacuum, Surfaces, and, Films), 2006, 24(4):1546-1551.

[41] KANG J S, KWON O K. Digital Driving Method for Low Frame Frequency and 256 Gray Scales in Liquid Crystal on Silicon Panels[J]. Journal of Display Technology, 2012, 8(12):723-729.

[42] LU T, PIVNENKO M, ROBERTSON B, et al. Pixel-level fringing-effect model to describe the phase profile and diffraction efficiency of a liquid crystal on silicon device[J]. Applied Optics, 2015, 54(19):5903-5910.

[43] FAN CHIANG K H, CHEN S H, WU S T. Diffraction Effect on High-Resolution Liquid-Crystal-on-Silicon Devices[J]. Japanese Journal of Applied Physics, 2005, 44(5A):3068-3072.

[44] ZHANG B L, KWOK H S, HUANG H C, et al. Optical Analysis of Vertical Aligned Mode on Color Filter Liquid-Crystal-on-Silicon Microdisplay[J]. SID Symposium Digest of Technical Papers, 2006, 37(1):1435-1438.

[45] JEPSEN M L, AMMER M J, BOLOTSKI M, et al. High resolution LCOS microdisplay for single-, double- or triple-panel projection systems[J]. Displays, 2002, 23(3):109-114.

第 15 章 激光超短焦投影显示技术

显示产品的主要技术发展方向集中在高颜色质量化、高清晰度化、大屏幕化和节能环保化等几个方面。激光超短焦投影显示技术是一种在投影显示技术基础上衍生的一种新型显示技术，其主要技术特点是使用了半导体或固态激光器作为照明光源，创新性地使用超短焦镜头，大幅缩短投影距离，充分结合了投影和激光的优势，能够轻松实现超大屏、长寿命、高亮度、大色域、高清显示等特点。目前，激光超短焦投影显示技术主要用于激光电视、激光工程投影、激光教育投影和拼接墙等领域。激光具有方向性好、单色性好和亮度高 3 个基本特性，用于显示可以实现超高清、大色域、高观赏舒适度的高保真图像再现，是现有显示技术中能够实现 BT.2020 超高清电视标准的优选显示技术。

15.1 激光超短焦投影显示技术概述

近年来，激光投影显示技术随着光源技术、芯片技术、荧光粉色轮技术等方面的发展，取得了较大的发展，在家用、商用、教育、工程和影院等方面得到了广泛的应用。

15.1.1 激光投影显示技术的发展现状与挑战

激光投影显示技术出现很早，1965 年美国德州仪器公司就推出了第一台激光电视，但受制于激光器的发光效率、功耗、体积、扫描精度等问题发展极其缓慢。21 世纪初期，随着激光技术的进步，全固态激光器、激光二极管的发展促使激光投影显示技术不断革新，大量工程样机逐渐推出。日本三菱早在 2009 年就推出了投放于市场的激光电视，但是反响很小。直到 2012 年，

韩国 LG 推出了基于半导体激光器的激光超短焦投影影院系统，激光投影显示技术才进入蓬勃发展期。

激光投影显示技术具有大屏化、大色域、高亮度、低能耗、长寿命、无污染等优点，在激光巨幕电影院、激光专业投影、商务会议室、教育显示、私人影院、虚拟现实（VR）/增强现实（AR）及空间科学等领域有着广泛的应用，如图 15-1 所示。基于激光的相干特性，在原理上可以实现显示的终极形态全息立体显示，也可以通过光场成像的原理实现裸眼 3D 立体显示、空间定位及交互感知等多种技术融合。

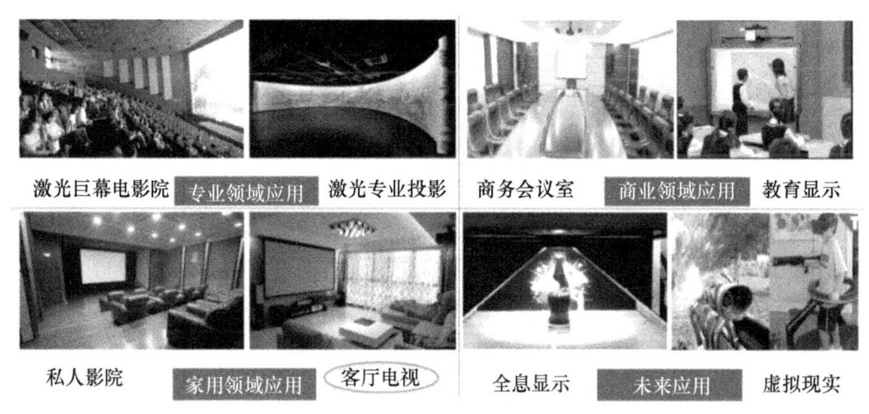

图 15-1　激光投影显示技术广泛的应用领域

目前，激光投影显示的主要问题有：受限于高分辨率成像芯片工艺问题，单台激光投影显示器难以实现 8K（像素分辨率为 7680 像素×4320 像素）、16K（像素分辨率为 15 360 像素×8640 像素）等超高分辨率；激光投影显示采用反射式成像原理，存在对比度低、亮度不足等问题；同时亮度的提升也对激光光源和其中的光学镜片的机械稳定性和工作环境提出了较高要求，对其可靠性及寿命也提出了较大挑战，这在很大程度上限制了激光投影显示的应用范围。

激光投影中主要使用具有高亮度、高单色性、高定向、高电光转换效率等特点的激光二极管（LD）（或固态激光器）集成模组作为其核心照明光源，其技术路线主要划分为激光荧光粉照明和纯激光照明。对激光荧光粉照明来说，由蓝光激光器发出的单色光照射到涂覆有荧光粉的色轮上进行颜色转换，获得各种颜色的光被中继到高分辨率的 DMD 芯片上进行图像调制，反射出的图像再经超短焦光学镜头投射到特殊定制的菲涅尔光学反射屏幕上进行成像。纯激光照明主要采用 RGB 三色激光器，采用空间耦合/光纤耦合的方式将被处理过的光斑中继到 DMD 芯片上进行图像调整，然后投影成像。

激光投影显示未来发展的技术方向要满足色域空间 BT.2020 的国际标准，同时分辨率达到 8K，灰阶也要达到 12 位，视频的帧频达到 120fps。由于激光荧光粉技术路线蓝光为激光，红、绿光为荧光，目前市场上激光荧光粉激光电视仅能达到 BT.709 色域、4K 分辨率、8 位灰阶和 60fps 的帧频。三基色激光投影显示是目前唯一能够实现 BT.2020 标准的显示技术。要促进未来激光投影显示技术发展，需要提升的基础技术有以下几个方面。

（1）全色的激光光源，三基色、四基色甚至多基色的半导体激光光源技术是未来发展的主流方向。相比于 OLED、Micro LED、QLED 等其他新型显示技术，全色激光电视也是目前唯一能够达到未来电视色彩顶级标准——BT.2020 的显示产品。三基色半导体激光器，特别是红、绿激光器，单颗功率和墙插效率（WPE）的提升是关键点，虽然近年来性能取得较大的提高，但在产品上使用时仍然要进行多颗集成提升总功率，因而要满足更好的使用要求还需要提升性能。同时，在三基色激光投影显示技术中，由于激光的时间与空间相干性带来的散斑问题就成为整个行业需要克服的关键难点，这种散斑问题在主观上表现为许多明暗相间的、颗粒状的“散斑”，在画面上形成一层网状的晶状亮斑，严重影响激光投影显示产品画面的观看质量。另外，对红光激光器来说，由于其 PN 结外量子效率受温度影响明显，高效的散热以抑制温度漂移而产生的画面色漂移则显得极为重要。

（2）激光投影显示产品的芯片主要基于 DLP、3LCD 和 LCOS 技术，目前业界主流采用 DLP 技术。激光投影显示产品的分辨率的一个决定性因素是 DMD 的尺寸，更高分辨率需要更小的尺寸，由于半导体工艺本身和电子控制的限制，目前遇到较大的挑战。目前，DLP 技术中的一个通俗的做法是在 2K 分辨率的 DMD 成像芯片前采用振镜插值的方式，利用时间暂留效应实现准 4K 分辨率的成像。

（3）激光投影显示同时要提升色阶的层次，从传统的 8 位向 12 位发展，需要为成像芯片 DMD 配套相应的精准控制芯片，精确控制每一帧画面的颜色比例，同时对半导体激光器进行精准电流驱动的调节，均可以使得色阶的层次大幅提升。

（4）由于激光投影显示基本原理为投影光学成像，高分辨率要求进一步提升光学投影镜头的成像分辨率。由于应用场景的需要，在折反式超短焦镜头上搭载精密非球面乃至自由曲面的光学设计、模具加工与产线加工检测技术，对装调的公差要求会更加严格，未来 8K 的投影镜头，特别是高质量的

超短焦 8K 成像镜头是画质保证的关键。

（5）由于超短焦镜头的大规模应用和接受度提升，特别要强调专用菲涅尔光学屏幕的重要性，只有专用的抑制环境光、散射均匀性俱佳的具有微结构的屏幕才更适合于家居使用，对提升激光投影显示的反射画面亮度、对比度及色彩还原性均起到至关重要的作用。

（6）对于目前激光投影显示中采用的主流蓝光激光激发荧光粉获得黄、绿、红等基色的技术，主要是基于成本和散热的考虑。由于红色荧光粉的寿命、荧光淬灭和高温红移现象的短板，目前还无法大规模应用在激光投影显示领域，因而提升黄、绿荧光粉的发光效率和开发专用的红色荧光粉显得极为重要。

15.1.2 激光投影显示技术总体框架

激光投影显示技术主要由光学引擎技术、电子技术和屏幕技术三大部分组成。激光投影显示的光学引擎技术方案主要取决于 DMD 的照明方式，被分为斜入射和底部入射两类。电子技术主要包括 DMD 芯片控制系统和智能视频信号处理系统。超短焦镜头技术要求对应使用的菲涅尔屏幕技术提升亮度和抗环境光。整机上主要考虑风道和散热技术。激光投影显示技术总体框架如图 15-2 所示。

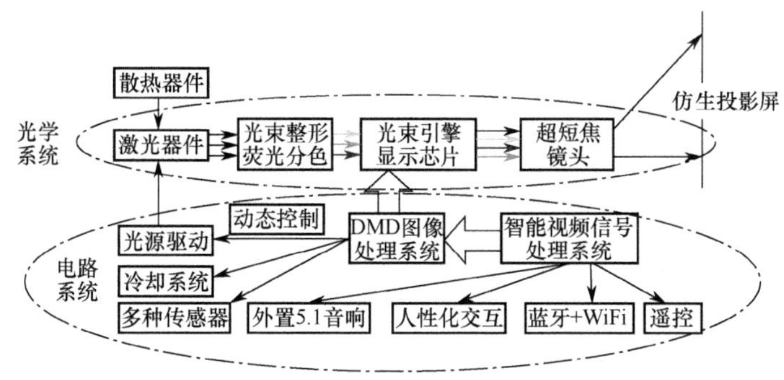

图 15-2 激光投影显示技术总体框架

光学引擎由光源模组、照明模组和投影镜头模组 3 个部分核心部件组成，包含部分部件电子驱动和散热组件。光源模组主要为整机提供照明光源，整机的主要关键指标如亮度、色域、对比度、整机功耗等均由光源决定。基于激光荧光粉技术的光源模组技术主要包括荧光粉轮发光和合光技术、激光合光系统、激光器驱动技术。照明模组是整机成像的关键模组，主要作用是将光源模组的光束进行整形，均匀照射到成像器件（DMD 芯片）上，并使成像器件的图像无损耗地进入投影镜头模组。投影镜头模组把图像放大无畸变地投射到屏幕上。

对激光投影显示技术来说，由于其是投影机技术的延续，因而在电路系统上基本和投影机技术保持了一致性。唯一的差异是在现代激光投影显示技术中加入了智能视频信号处理系统，通过合理的框架设计完成智能信号板与 DMD 图像处理板之间的通信、控制。典型激光投影显示电路系统框图如图 15-3 所示。在实际设计过程中，根据光学引擎的构造设计，可采用智能信号板和 DMD 图像处理板分板设计，也可采用合板设计。分板设计可有效减少各个 PCB 的层数，合板设计可有效节省整机的装配空间。

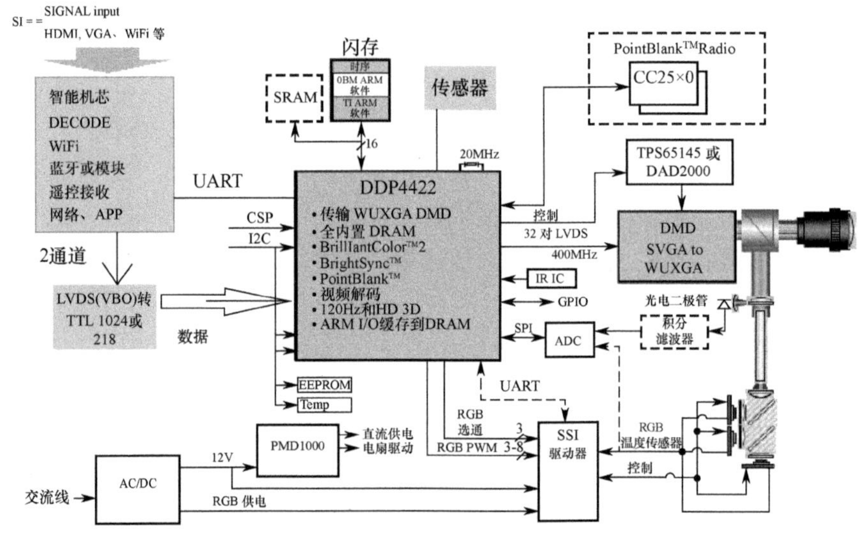

图 15-3 典型激光投影显示电路系统框图

激光投影显示技术中最重要的部分就是光学引擎技术，光学引擎的重要性相当于平板显示中的屏，它关系着整机的构造、效率、性能、色彩表现等所有能够呈现给消费者的指标。一个激光投影显示产品的好坏大部分取决于光学引擎的设计水平高低。RGB 三基色激光光学引擎与激光荧光粉光学引擎有较大差异，下面分别介绍。

激光荧光粉光学引擎可以分为以下几个部分：①激光光源与望远镜系统，主要目的是将分散的单个激光头的光能量集中照射到荧光粉轮上面，包含激光器、扩束镜、散射片和收光镜系统 4 个部分；②荧光粉轮和合光系统，主要目的是利用前端的激光照射在荧光粉上实现颜色转换，并将转换后的分

离颜色合为统一的光路，主要包括荧光粉轮、二向色片（根据系统要求可以选择镀膜实现蓝光透射和蓝光反射两种）和光管（或光棒）；③蓝光中继系统，主要目的是将透过荧光粉轮的蓝光中继传递入光管（或光棒）；④照明中继系统，主要目的是将经过光管（或光棒）匀光后出来的方斑传递到 DMD 芯片的微镜区，基于面向市场的不同，一般照明中继系统配合镜头的入瞳设计，可以分为远心光路设计和非远心光路设计两大类。典型激光荧光粉光学引擎光学设计如图 15-4（a）所示。其中在设计过程中要综合考虑激光器本身的散热、荧光粉轮的散热、收光光斑峰值能量密度、光管（或光棒）的匀光次数等综合因素对引擎效率的影响。

如图 15-4（b）所示，RGB 三基色激光光学引擎可以分为两个部分，第一部分包括三色激光光源的合束、匀场激光光源和光束整形合束及用于匀场的光学系统，第二部分为将经过光管（或光棒）匀光后出来的方斑传递到 DMD 芯片的微镜区的照明中继系统。可以看出，不需要荧光粉轮、合光系统和蓝光中继系统，RGB 三基色激光光学引擎激光传输中间环节少，过程损耗低，激光光效高。

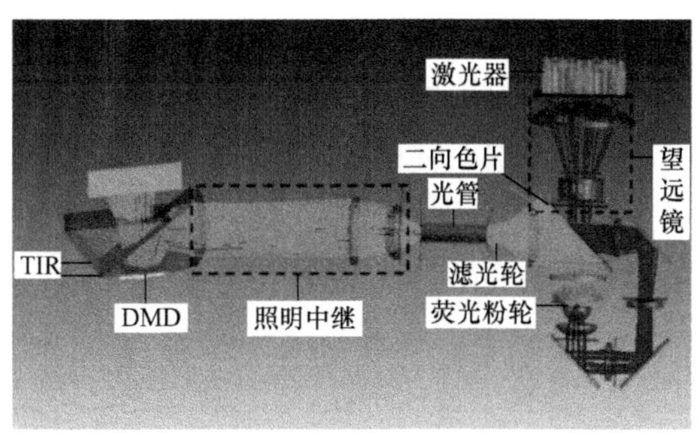

(a) 典型激光荧光粉光学引擎光学设计

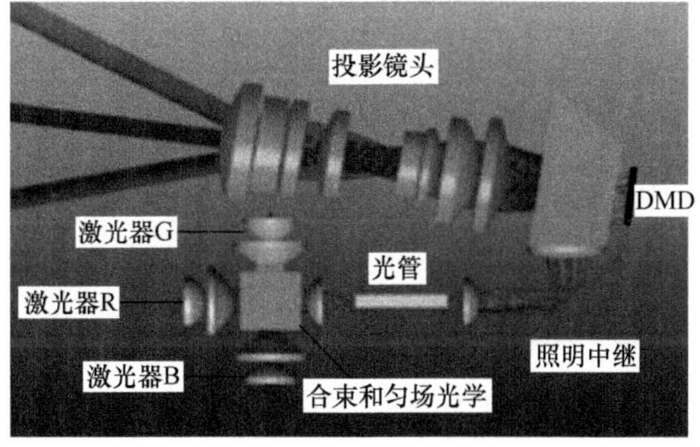

(b) RGB三基色激光光学引擎光学设计

图 15-4　激光投影显示光学引擎光学设计

投影屏幕一般分为白塑幕、玻珠幕、灰幕、金属幕、微晶幕、黑栅幕和菲涅尔光学幕等，根据应用需求可以选择不同技术原理的屏幕产品进行匹配。对现在的主流激光投影显示系统来说，其中一个主要的特征就是大量使用了超短焦镜头提升了用户使用的便捷性。由于超短焦镜头大幅缩短了投影机与屏幕的距离，使得镜头放大出射的光线视角较大，因而一般搭配黑栅幕和菲涅尔光学幕来使用。

15.1.3 激光投影显示屏幕技术

投影显示屏幕的作用就是将投影显示系统投射的具有特定方向性光线的图像，转换成不具有特定方向性的图像，使观众在较宽广的区间都能观看到显示的图像。屏幕对投影显示的图像质量影响很大，屏幕设计的目的是将投射出的图像以最小甚至无损耗地在特定的区域内显示给观察者。

1、表征屏幕特性的参数

投影显示屏幕可以使用特征参数来表征：增益、反（透）射率、屏幕的可观察角度及在环境光下的对比度。这些特征参数都是在屏幕前特定的观察区域内测试的，观察角越大说明屏幕的漫散射性越强。

表征屏幕光学特性的参数为屏幕的增益和散射角。屏幕的增益主要是指屏幕将某些方向上的光线转向到另外需要的方向上的效率。对于一个理想的漫射体，达到 100%反射，其增益为 1，这种理想的、标准的漫射体作为参照体（标准朗伯体）。朗伯体漫射光使得漫射光的亮度在各个方向上是相同的。屏幕增益定义：某一方向的亮度 $B_S(\theta)$ 与屏幕为朗伯体时的亮度 B_L 的比值，即 $G(\theta)=B_S(\theta)/B_L$。其中，$\theta$ 是相对于屏幕法线的夹角。图 15-5 表示不同增益屏幕的光亮度分布情况。图 15-5（b）中的实直线表示增益为 1 的朗伯体屏幕的亮度分布。不同的屏幕因增益特性的不同，应用场合应该有所考虑。一般高增益屏的漫散射角度范围较小，观察区域小；低增益屏，图像暗一些，但观察区域较大。应该指出，一般情况下屏幕的增益是指垂直于屏幕角度区域的增益，不考虑屏幕区域亮度分布不均匀性，可以简单地应用如下公式计算屏幕中心区域的平均亮度。

$$\text{屏幕亮度}=\frac{\text{投影机光输出（lm）}\times\text{屏幕损耗}}{\pi\times\text{屏幕画面面积（m}^2\text{）}}\times\text{屏幕增益} \tag{15-1}$$

式中，屏幕损耗是指屏幕总输出光能与投影机光能输出的比值，由于屏幕存

在损耗，使得屏幕总输出光能的值小于投影机光能输出值，故屏幕损耗的取值范围为 0 ~ 1。屏幕损耗值越接近 1，则表示屏幕总输出光能的值越接近于投影机光能输出值。

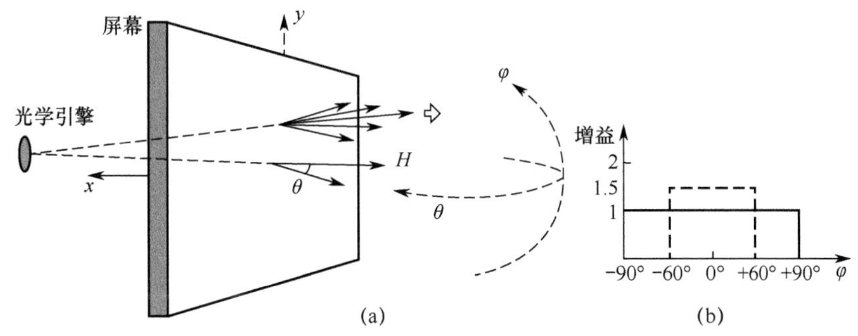

图 15-5　屏幕增益及视角

屏幕对比度的影响因素如图 15-6 所示。屏幕对比度主要指两个方面的性能。其一，对周围环境光的减反射作用。好的屏幕对周边的环境光有很强的减反射作用，能极大提高显示图像的对比度。其二，指屏幕本身内部结构（包括颗粒散射）形成的漫反射光对图像对比度的影响。这个对比度的影响主要是指暗背景环境下的对比度。屏幕对比度可表示为

$$C_C = \frac{T_D - T_A}{T_D + T_A}，\quad 其中，T_A = T_R + T_B \tag{15-2}$$

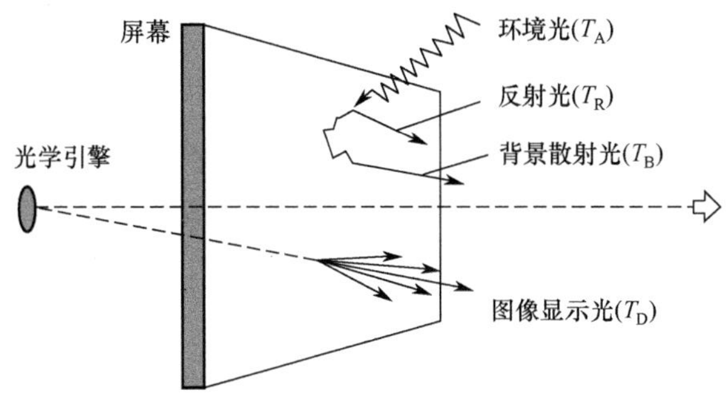

图 15-6　屏幕对比度的影响因素

屏幕的均匀性不但表现在画面的质量上面，而且和投影机的投影技术息息相关。好的均匀性能够保证屏幕在水平方向、垂直方向观看时，画面亮度和色彩的一致性。屏幕表面材料的均匀性对画面的均匀性起到了良好的补充作用。

屏幕焦距是光学背投幕中的一个重要参数，在光学屏幕制造过程中，屏

幕的菲涅尔透镜以同心圆的方向进行切割，以控制光线的入射角度。若需在背投幕上形成良好的图像聚焦，则对光源的距离就会有一定的限制范围，在这范围内投影，才能使图像获得良好的聚焦度和解析度，避免图像模糊或重影。因此，屏幕菲涅尔镜的焦距需与投影机的投影距相匹配，即与投影机镜头参数相匹配（最好在−5%～+10%之间）。如图 15-7 所示，当投影机的投影距等于屏幕焦距时，屏幕图像的亮度非常均匀；大于屏幕的焦距时，光线会收窄，图像的最亮部分会出现在屏幕的角上。

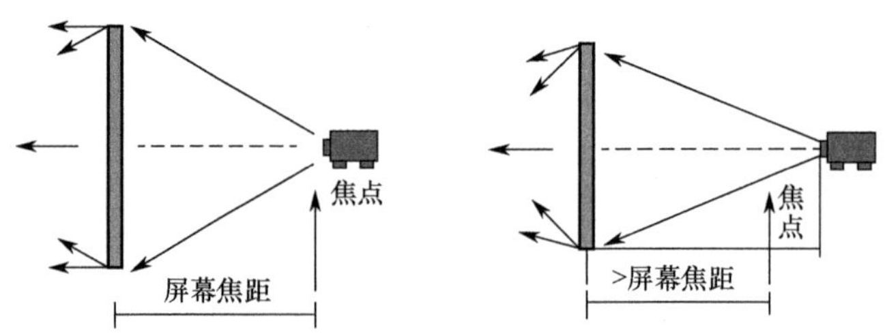

图 15-7　屏幕焦距与投影机的投影距的关系

2、背投影显示系统

背投影屏幕是一个传递屏幕，其对环境的光线有更强的抗干扰能力，照在屏幕上的环境光线原则上并不会冲淡图片而是穿过屏幕。但绝大多数的背投影屏幕也会受到环境光线的影响。然而，背投影机可提供相对于前投影机更高的对比度，一般为前投影机的 10 倍以上。背投影显示系统允许操作人员接近屏幕而不用担心留下阴影。背投影显示系统的不足之处是需要在屏幕后面留有一定的空间位置。大规模显示墙大多通过若干 DLP 显示单元拼接而成，形成近似无缝的大型显示系统。背投影显示系统的屏幕可分为光学屏幕和散射屏幕，如图 15-8 所示。光学屏幕在屏幕的内部有透镜整合，具有微结构；散射屏幕包含着光线分散粒子。

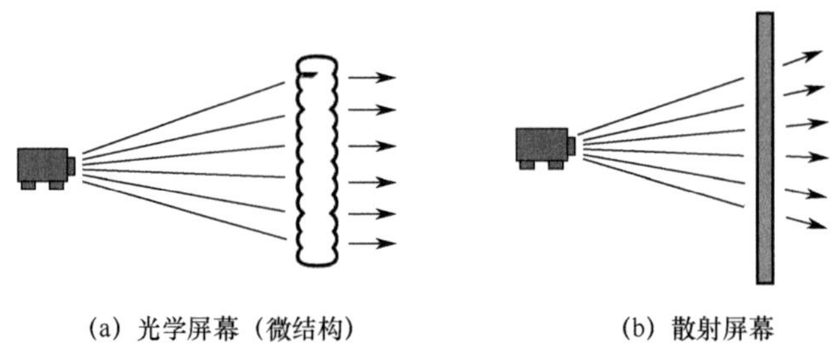

(a) 光学屏幕（微结构）　　(b) 散射屏幕

图 15-8　背投影显示系统的屏幕类型

散射屏幕的设计主要基于屏幕中扩散粒子和基本材料的色彩。散射屏幕分为高亮度、小观看角度的高增益屏幕（增益 2.0 或更高），以及低亮度、大观看角度的低增益屏幕（增益 1.5 或更低）。散射屏幕可以用来改变画面显示的暗淡情况。

光学屏幕存在着两种不同的设计：单元件光学屏幕和双元件光学屏幕。如图 15-9 所示，单元件光学屏幕是一种微结构屏幕，屏幕背面有菲涅尔透镜，前面有光线分散功能。透镜可以汇聚投影机发出的光线，可以演示较宽横向和较窄纵向的光线分配，或者对称的分配。如图 15-10 所示，双元件光学屏幕是一种微结构屏幕，在单元件光学屏幕结构基础上再增加一个菲涅尔透镜（意味着增加了分散光线的屏幕元素，如光栅、交叉光栅或扩散屏幕）。菲涅尔透镜确保了光线完美地穿过屏幕的表面，然后光线分散元素将画面分发到观看区域。双元件光学屏幕拥有一个光学过滤器，在吸收房间内环境光线的同时，允许有光线通过。这些屏幕对房间内的照明光线表现出了很好的抗干扰能力。

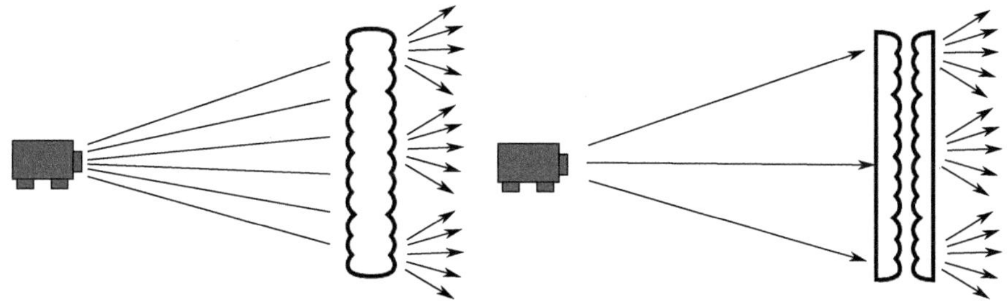

图 15-9　单元件光学屏幕呈现的画面演示　图 15-10　双元件光学屏幕呈现的画面演示

光学屏幕可以捕捉到所有投影机发出的光线，并以特定的方式传递到观看区域（由屏幕设计的标准决定）。散射屏幕漫反射投影机发射的光线。漫反射的角度是由漫射粒子的数量和特征决定的。散射屏幕往往用在大尺寸屏幕上并拥有不同的光学规格（高增益和较小的观看角度、低增益和较大的观看角度、提高对比度而降低增益的有色模型）。光学屏幕相对于散射屏幕可以提高更好的亮度、角度和对比度（充分利用投影机发出的所有光线）。双元件光学屏幕有更多的光学表面，能够在屏幕的边缘提供更高的光学效率。单元件光学屏幕在屏幕的边缘和中心损失了反射的光线，特别是距离较短的情况下，如图 15-11 所示。

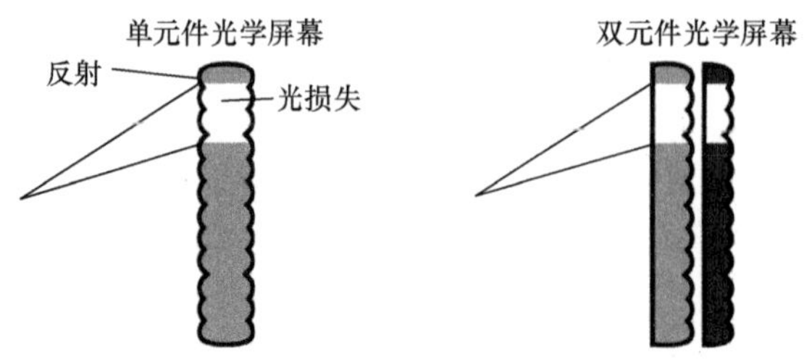

图 15-11　单元件光学屏幕的反射光损

背投影屏幕在应用中的优缺点归纳如表 15-1 所示。高增益散射屏幕在观测角度、亮度均匀性及对比度方面效果最差，双元件光学屏幕在峰值亮度、观测角度、亮度均匀性及对比度等方面均具有优势。

表 15-1　背投影屏幕在应用中的优缺点

屏幕	峰值亮度	观测角度	亮度均匀性	对比度
散射（高增益）	一般	差	差	差
散射（低增益）	差	好	一般	差
光学（单元件）	好	一般	一般	一般
光学（双元件）	好	好	好	好

3、超短焦专用屏幕

对当前激光投影显示，特别是激光电视应用领域而言，超短焦镜头的广泛使用对菲涅尔光学屏幕提出了需求，以达到提升激光电视整体效果的目的。菲涅尔光学屏幕主要结构共分为 5 层，从下而上分别是反射层（反射图像，决定增益）、菲涅尔结构层（提高亮度，抗环境光）、扩散层（决定视角）、着色层（提升对比度）和硬化层（防划伤），如图 15-12 所示。

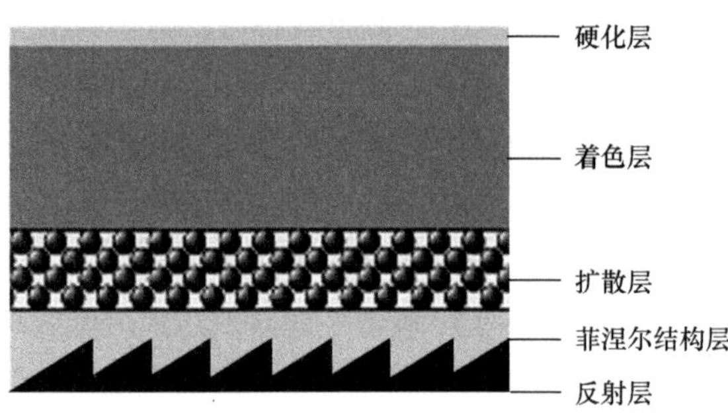

图 15-12　菲涅尔光学屏幕主要结构

菲涅尔屏幕主要是针对超短焦镜头的大视角图像光线投射，其主要工作原理如图 15-13 所示。目前市面上的菲涅尔屏幕主要有环形菲涅尔屏幕和条形菲涅尔屏幕两种。环形菲涅尔屏幕制造工艺复杂，针对大尺寸一般有整面压模雕刻模具和滚锥型模具两类，成本极高，但配合超短焦投影使用，屏幕具有增益高、亮度高、色彩还原性好等优势，但其视角较小，且随着尺寸的增大制造成本急剧增加。而条形菲涅尔屏幕主要采用滚压的方式，视角宽广，尺寸大，成本低，但增益较低，色彩还原性较差。

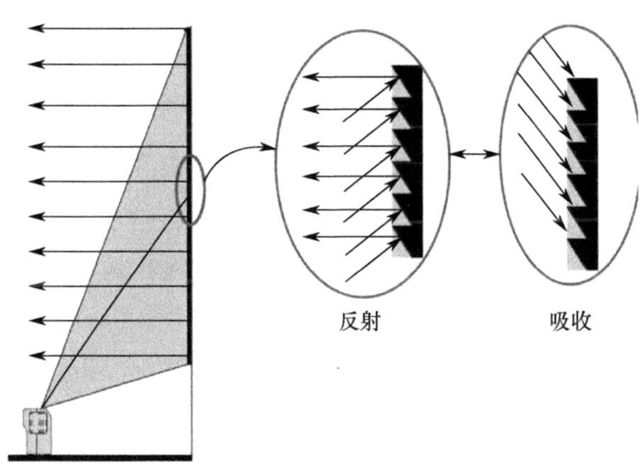

图 15-13　菲涅尔屏幕工作原理

15.2　激光光源技术与色彩管理

激光投影显示区别于其他投影显示的根本是使用激光光源，主要有全色激光光源技术和激光荧光粉技术。

15.2.1　激光光源技术

激光光源系统直接关系到显示画面的质量，如亮度、色彩还原性、色温、画面均匀性等显示效果，还关系到系统产品的使用寿命、能耗等。

1、半导体激光器芯片

全色的激光光源，三基色、四基色甚至多基色的半导体激光光源技术是未来发展的主流方向。相比于 OLED、Micro LED、QLED 等其他新型显示技术，全色激光电视也是目前唯一能够达到未来电视色彩顶级标准——

BT.2020 的显示产品。以三基色激光器为例，目前红、绿、蓝半导体激光器技术经济指标已可满足激光投影显示整机应用需求。蓝光 LD 目前最为成熟，单管功率、效率和价格已可满足产业化应用需求；红光 LD 需改善温度特性，进一步提高单管功率；对绿光 LD 来讲，在提升单管功率的同时要进一步降低成本，提升墙插效率（WPE）。基于 RGB 三色激光器的光源模组技术主要包括合光和匀场技术、激光器驱动技术。与激光荧光粉技术相比，三基色激光模组有两大优势：①不需要荧光粉轮，没有激光激发荧光粉过程造成的能量损失，效率大幅提升，同时由于不使用旋转电机，有效减小了整机噪声；②三基色均为窄线宽激光，色域远超其他显示方式，能实现目前技术水平下的最大色域。

激光投影显示中采用的蓝光激光激发荧光粉获得红、绿基色的技术，主要是基于成本及减少红光 LD 散热部分的考虑，其色域虽与 LED 等其他常规显示处于相近水平，但无法体现激光电视的大色域优势，同时由于主要采用黄色荧光粉激发光谱加红色滤光片的方式获得红色，极大地降低了光学引擎效率。而基于三基色激光光源的显示器是激光投影显示整机序列中的高端产品，无论在亮度（4000lm）、色域（150%NTSC）、性价比（亮度提升一倍，价格提高不到一倍），还是在观赏舒适度方面，三基色激光投影显示都展现出了巨大的优势。

目前，三基色激光电视逐步在扩大市场规模，预计将在几年内成为市场的主流。

2、激光投影显示光学引擎

投影显示技术中的光源技术有 UHP 光源、LED 光源、激光光源等。UHP 投影显示单元采用白色 UHP 灯泡作为光源，通过色轮高速旋转实现彩色。LED 光源投影显示单元，直接取消了荧光粉轮，分别采用红色、绿色及蓝色的大功率发光二极管（LED）作为投影光源实现三基色。目前，激光投影显示光学引擎中采用的是半导体激光器作为光源，分为两种：激光荧光粉光源、全色激光光源。激光荧光粉光源使用光学耦合系统将单个或多个面上的每颗蓝色激光二极管发出的激光束耦合到荧光粉轮的色带上，利用多色荧光粉轮的旋转产生黄光和绿光，而在蓝光段一般采用镂空结构或透明玻璃片透射过去，在前端二向色片处实现合光，进入光管（或光棒）前通过滤光轮的滤光片得到最终的红绿蓝三基色，实现在不同时间产生不同颜色的光输出（空间

混色），最终实现白光/色光输出到 DMD 芯片上。全色激光光源直接采用三基色激光在空间实现混色，实现白光/色光输出到 DMD 芯片上。目前比较成熟的方案是基于激光荧光粉技术的激光投影显示单元。近几年来，全色激光光源，即三基色均采用半导体激光器的激光投影显示光源逐步成熟，越来越多的产品走向市场。

图 15-14 给出了激光光源及 LED 光源的投影显示单元技术原理对比示意图。表 15-2 给出了激光光源及 LED 光源的投影显示单元技术特点对比。其中，如图 15-14（a）所示的激光投影显示单元采用蓝色半导体激光器芯片，并加上荧光粉轮方式产生基色；如图 15-14（b）所示的 LED 光源投影显示单元直接采用阵列式 RGB LED 光源直接产生基色。目前，激光投影显示单元虽具有低能耗、高亮度等优势，但在超大尺寸拼接显示单元中激光投影显示还需要关注光源寿命、色彩饱和度等应用问题。

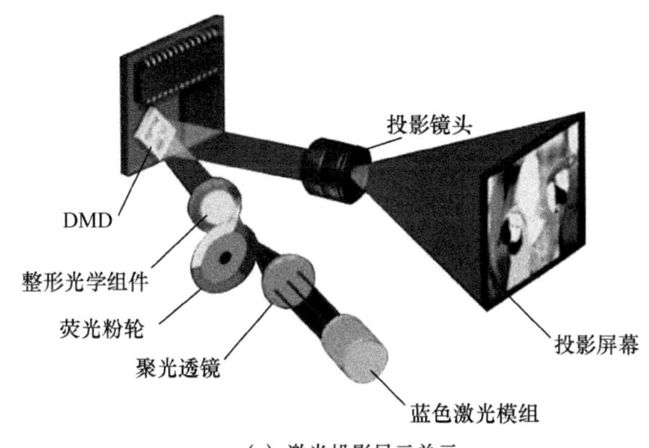

(a) 激光投影显示单元

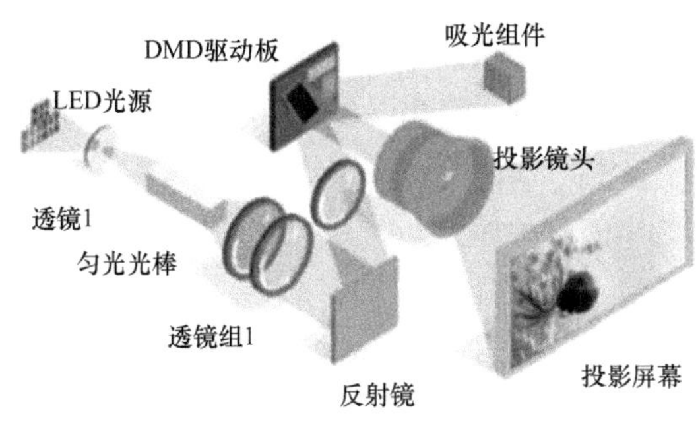

(b) LED光源投影显示单元

图 15-14　激光光源及 LED 光源的投影显示单元技术原理对比示意图

表 15-2 激光光源及 LED 光源的投影显示单元技术特点对比

对比内容	激光光源	LED 光源
技术架构	基于激光荧光粉技术或全三色激光光源	阵列式 RGB LED 光源
光源	蓝色半导体激光器芯片或 RGB 半导体激光器芯片	RGB LED 光源直接发光，绿色环保
光源寿命	2 万小时	6 万至 8 万小时
色彩饱和度	激光荧光粉光源：R/G 饱和度不够，色域为 85% NTSC 全三色激光光源：色域大于 150%NTSC，色彩鲜艳	R/G/B 饱和度更优，色域为 100% NTSC，色彩鲜艳
光通量	可达 100 000lm	可达 1500lm

15.2.2 激光电视的色域扩展映射技术

显示设备的显色范围一般用色域来描述，把设备能显示的每一个色彩用坐标系里的一个坐标点来描述，那么所有显色的坐标集合即代表了设备的显色覆盖范围。现代传统液晶显示设备的发展日趋成熟，同时也趋于显示性能的极限，人们不断追求新的显示方式来更好地表达图像及视频色彩。虽然激光投影显示技术能实现宽色域覆盖，但是显示设备的宽色域并不一定意味着颜色显示的大覆盖率。视频获取端的工作是在一定色域标准下的，而这个色域标准与激光投影显示的色域标准一般不同。那么在图像传输的过程中，由于获取端视频信号的限制，最终显示的图像也无法显示宽色域的颜色覆盖范围。此外，由于激光三基色和传统三基色也有很大不同，色度坐标相差很大。若激光投影显示采用现有设备的调制方式，就会出现颜色偏差和混乱现象。即使经过颜色矫正，也不过是在宽色域设备上显示了原有的色域范围，无法体现宽色域显示设备的优势。因此，对原有设备进行色域映射是激光投影显示系统的重要环节。

以激光电视为例，其色域为 PAL 制式的 190%，要使其色彩表现力得到充分发挥，必须将色域扩展算法应用到激光电视中去，将信号源的色域扩展到激光投影显示的宽色域范围内，从而获得更好的色彩显示效果和视觉享受。色域扩展映射其实就是实现颜色从窄色域到宽色域的映射，其可分为色彩检测、空间变换、色域边界确定及色域扩展 4 个流程。色彩检测就是将设备所呈现的颜色变换至与设备相关的空间中，以坐标形式显示颜色，实现颜色的数字化。空间变换主要完成不同颜色空间的变换，使得各个设备的色彩

得以匹配，以便于色彩的配置，通常该过程都在均匀颜色空间中完成。色域边界的形状一般不规则，媒介不一样边界通常也不一样。边界生成主要是用来确定各个媒介在颜色空间中的边界，以此作为色域扩展的参考信息，完成窄色域到宽色域的转换。

1．色域映射

颜色信息对人类生活有着重大的意义，在画布、纸或显示器等不同媒体上呈现色彩与人的生活密切相关。每个颜色装置或颜色再现介质在颜色和结构上都是不同的，因而对颜色有着不同的表现力，即不同的色域范围。色彩在跨媒介复现时会因为媒介间显色能力不同而出现显色一致性问题，这就使得色域映射成为跨媒介颜色复制的一个重要步骤。

自 20 世纪色域映射的概念被提出以来，色域映射一直是彩色复制领域的研究重点。按色域映射源色域的不同，色域映射算法可分为设备相关的色域映射（device to device gamut mapping，设备到设备的映射）和图像相关的色域映射（image to device gamut mapping，图像到设备的映射）两种。设备相关的色域映射将一个设备的色域映射到另一个设备的色域。一旦完成映射，就确定目标设备上的颜色的再现。设备之间的颜色转换形成恒定的对应关系。图像相关的色域映射与图像信息的色域密切相关。不同图像中的相同颜色可能与目标设备不同。设备相关的色域映射满足实时性，可以在先建立好映射表的前提下，对某一颜色点的映射值直接通过表的方式获得。这个映射表是通过某一特定的映射算法计算好的，为了使色域映射过程和色域映射算法的复杂度相互独立，实现算法与硬件分离，具有映射快、灵活实现的特点。图像相关的色域映射必须分别映射到每个图像。整个色域映射过程的复杂性和计算与色域映射算法的复杂性和计算是一致的。一般来说，图像相关的色域映射效果优于设备相关的色域映射。

根据映射中颜色点的处理，色域映射分为局部映射和全局映射。全局映射是将映射的媒介作为整体进行映射，每个点的映射与其周围点无关，与设备相关映射类似。局部映射在映射算法上尽量保持局部纹理信息，每个点的映射与周围颜色点相关，在细节上的表现力更佳。

2．色域裁缩映射

在实际的生活应用中，需要的更多是大色域向小色域的色域映射，如显示器向打印机、印刷设备等。从大色域向小色域的色域映射也叫色域裁缩。学者们对映射方向、映射类型和色域边界进行了大量的研究。

色域裁缩主要分为色域裁切和色域压缩。色域裁切保持源色域在目标色域内的所有颜色不变，对目标色域外的颜色通过某些映射手段映射至色域边界，这类方法虽然保证了源色域的部分颜色的真实性，但是位于源色域之外的颜色会大量丢失，出现“云泥”现象。

根据映射方向，色域裁切法可分为三类：①最小色差法，在等色调面内寻找边界上和其颜色最相近的点，也叫直角裁切；②α 角裁切法，与彩度轴成一定角度映射到色域边界；③弦裁切法，沿明度轴上的某点与映射点连线方向压缩至色域边界。三种色域裁切法如图 15-15 所示。

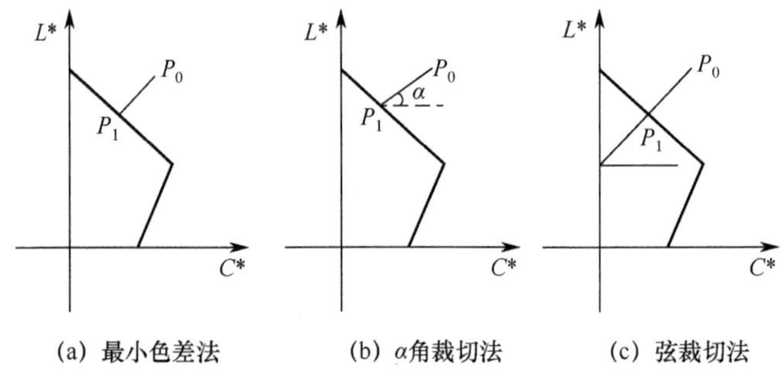

图 15-15　三种色域裁切法

色域压缩映射将源色域整个压缩映射到目标色域范围内，虽然每个颜色坐标都发生了映射变化，颜色的饱和度下降，但是却能保持源色域颜色的相对关系及均匀色域不同带来的颜色差异。

色域压缩的类型同时具备线性和非线性的特征。色域压缩有 4 个方向：①颜色参数不变方向，如饱和度、色调或明度；②固定锚点方向，在明度轴上取一点作为基准点，沿映射点和锚点连线方向裁切；③变锚点方向，不同颜色区域取不同锚点；④取目标色域内距映射点最近的点连线方向进行裁切。

3．色域扩展映射

色域扩展可以理解为反向的色域压缩，是由小色域向大色域的映射，目的是消除不同介质间的不一致性，有效解决颜色特征非理想化引起的色彩失真和细节损失问题。色域压缩映射以尽可能地还原源色域色彩为目标，映射

效果有比较明确的评价标准。色域扩展映射是不同的，为了实现宽色域覆盖，扩展映射在映射前后不能达到相同的颜色，因此缺乏明确的目标。扩展映射的效果也没有具体的衡量标准。

在色域映射提出之后的一段时间内，色域扩展映射的研究并没有受到足够的重视。随着激光技术引发的宽色域设备的发展，色域扩展才进入人们的视野。现有的色域扩展算法已经多种多样，如基于饱和度的色域扩展算法、在均匀颜色空间的线性扩展算法、根据色调角而变化扩展系数的非线性扩展算法、直接在 RGB 空间内直接进行色域映射的算法等。但是现有的色域扩展算法仍有很多不足：一是对色域扩展效果的分析和评价缺乏具体标准；二是色域扩展算法的复杂性较高，难以通过硬件实现，物理实现不够灵活。

15.2.3　激光光源的色彩管理技术

图 15-16 给出人眼明视觉与暗视觉的光谱光视效率归一化曲线。明视觉曲线 $V(\lambda)$包括国际照明委员会（Commission Internationale de L'Eclairage，CIE） 制定的 CIE 1931 标准曲线（实线），学者 Judd-Vos 1978 年的修正数据（虚线），以及学者 Sharpe、Stockman、Jagla 和 Jägle 2005 年的测试数据（点线）。2005 年的光谱光视效率测试数据主要纠正了 CIE 1931 标准对蓝光光视效率的低估。

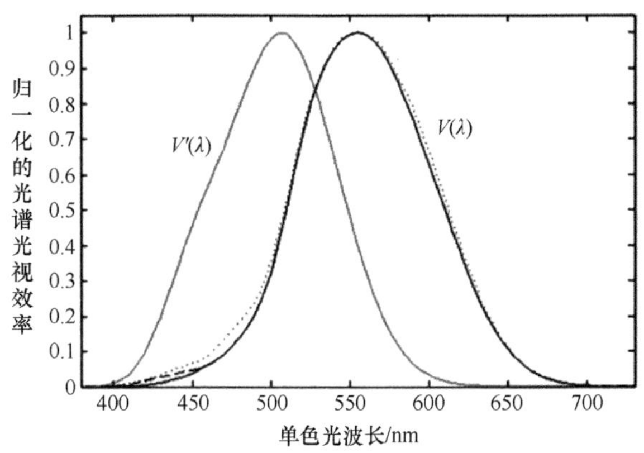

图 15-16　人眼明视觉[$V(\lambda)$]和暗视觉[$V'(\lambda)$]的光谱光视效率归一化曲线

由图 15-16 可以看出，人眼对波长λ=555nm 的绿光最敏感，光谱光视效率为 1.0；人眼对黄光也很敏感，如对波长λ=580nm 的黄光光谱光视效率为 0.87，所以人眼对黄绿色光很敏感。而人眼对紫光却不敏感，对波长越小的紫光越不敏感，对紫外光的光谱光视效率为零；类似，人眼对红光亮度也不敏感，如对波长λ=630nm 的红光光谱光视效率只为 0.265，对波长越大的红光越不敏感，对红外光的光谱光视效率为零。也就是无论是红外还是紫外光如何强，人眼都感觉不到其亮度。

根据混色原理，自然界的色彩可以通过控制 RGB 三原色的不同混合比例产生。任何位于△RGB 三角形内（图 15-17 给出代表人眼全部可视色彩的舌型区域）的复合色彩都可由 RGB 三原色唯一地表达，位于△RGB 三角形边上的色彩可由 RGB 三原色中的两个原色唯一地表达。由于激光投影显示设备具有超高清晰度，同时可以达到 BT.2020 色域标准，为了提高激光投影显示的效能，除了 RGB 三原色外，还可以引进第四原色。在图 15-17 中，将第四原色记为 X，并讨论其选取方法。图 15-17（a）中的 X 为直线上的一点，其选取对研制高效能 HDR（High Dynamic Range，译为高动态范围）显示设备至关重要。若 X 选为黄色 Y (=Yellow)，如图 15-17（b）所示，由于蓝色和黄色互成补色，则连接黄色 Y 和蓝色 B 的直线通过白光 W（中国选定 D65 作为白光 W）。图 15-17（b）中的白线区域是代表真实表面色域的 Pointer 色域，是目前几乎所有色域标准的目标色域。下面定性讨论 X 点的选取。

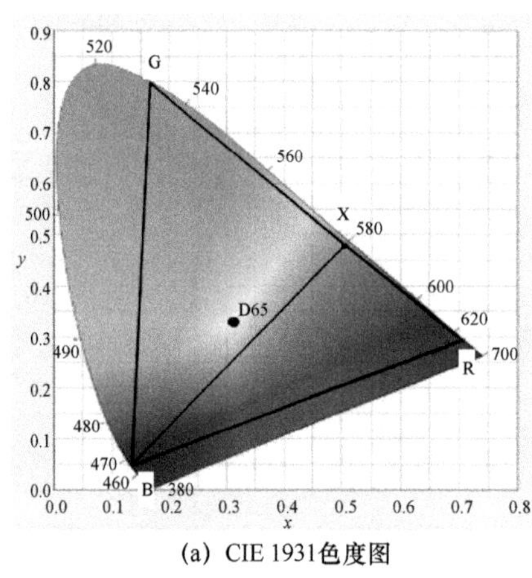

(a) CIE 1931色度图

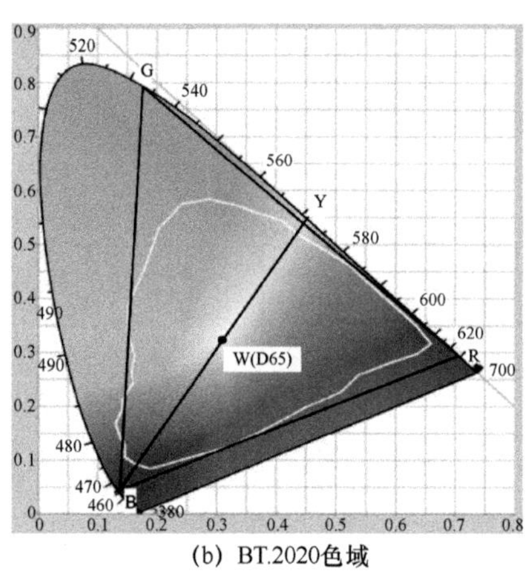

(b) BT.2020色域

图 15-17　CIE 1931 色度图和 BT.2020 色域

为了简化计算，所有色彩分量都变换到 XYZ 彩色空间，以便利用 XYZ 彩色空间的叠加特性。假设(x_R, y_R)、(x_G, y_G)和(x_B, y_B)为图 15-17 中 RGB 三原色的坐标位置，m 和(x, y)分别为待重现色彩的色模和在 XYZ 色度图中的坐标位置，则为重现该色彩所需的 RGB 三原色色模分别为

$$
\begin{aligned}
m_{\mathrm{R}} &= \frac{\left(\frac{1}{y_{\mathrm{G}}}-\frac{1}{y_{\mathrm{B}}}\right)\frac{x}{y}-\left(\frac{1}{y}-\frac{1}{y_{\mathrm{B}}}\right)\frac{x_{\mathrm{G}}}{y_{\mathrm{G}}}-\left(\frac{1}{y_{\mathrm{G}}}-\frac{1}{y}\right)\frac{x_{\mathrm{B}}}{y_{\mathrm{B}}}}{\left(\frac{1}{y_{\mathrm{G}}}-\frac{1}{y_{\mathrm{B}}}\right)\frac{x_{\mathrm{R}}}{y_{\mathrm{R}}}-\left(\frac{1}{y_{\mathrm{B}}}-\frac{1}{y_{\mathrm{R}}}\right)\frac{x_{\mathrm{G}}}{y_{\mathrm{G}}}-\left(\frac{1}{y_{\mathrm{R}}}-\frac{1}{y_{\mathrm{G}}}\right)\frac{x_{\mathrm{B}}}{y_{\mathrm{B}}}}m \\
m_{\mathrm{G}} &= \frac{\left(\frac{1}{y_{\mathrm{B}}}-\frac{1}{y_{\mathrm{R}}}\right)\frac{x}{y}-\left(\frac{1}{y}-\frac{1}{y_{\mathrm{R}}}\right)\frac{x_{\mathrm{B}}}{y_{\mathrm{B}}}-\left(\frac{1}{y_{\mathrm{B}}}-\frac{1}{y}\right)\frac{x_{\mathrm{R}}}{y_{\mathrm{R}}}}{\left(\frac{1}{y_{\mathrm{G}}}-\frac{1}{y_{\mathrm{B}}}\right)\frac{x_{\mathrm{R}}}{y_{\mathrm{R}}}-\left(\frac{1}{y_{\mathrm{B}}}-\frac{1}{y_{\mathrm{R}}}\right)\frac{x_{\mathrm{G}}}{y_{\mathrm{G}}}-\left(\frac{1}{y_{\mathrm{R}}}-\frac{1}{y_{\mathrm{G}}}\right)\frac{x_{\mathrm{B}}}{y_{\mathrm{B}}}}m \qquad (15\text{-}3) \\
m_{\mathrm{B}} &= \frac{\left(\frac{1}{y_{\mathrm{R}}}-\frac{1}{y_{\mathrm{G}}}\right)\frac{x}{y}-\left(\frac{1}{y}-\frac{1}{y_{\mathrm{G}}}\right)\frac{x_{\mathrm{R}}}{y_{\mathrm{R}}}-\left(\frac{1}{y_{\mathrm{R}}}-\frac{1}{y}\right)\frac{x_{\mathrm{G}}}{y_{\mathrm{G}}}}{\left(\frac{1}{y_{\mathrm{G}}}-\frac{1}{y_{\mathrm{B}}}\right)\frac{x_{\mathrm{R}}}{y_{\mathrm{R}}}-\left(\frac{1}{y_{\mathrm{B}}}-\frac{1}{y_{\mathrm{R}}}\right)\frac{x_{\mathrm{G}}}{y_{\mathrm{G}}}-\left(\frac{1}{y_{\mathrm{R}}}-\frac{1}{y_{\mathrm{G}}}\right)\frac{x_{\mathrm{B}}}{y_{\mathrm{B}}}}m
\end{aligned}
$$

但是由于人眼对红光亮度很不敏感，若要达到与绿光相同的亮度感觉，必须大大提高红光 LD 的发射功率。很明显，随之而来的问题是功耗和散热。对激光投影显示而言，在混色时，尽可能避免或减少对红光的使用。虽然由图 15-16 可以看出，人眼对蓝光亮度也不太敏感，但蓝光 LD 的电光转换效率很高，蓝光又经常被用来产生其他色光，所以无法避免或减少对蓝光的使用。

为尽可能避免或减少使用红光，可将自然界色彩分成必须由红色和可以避免由红色产生的色彩，即找一个对人眼来说比红色敏感的色彩 X，将舌形区域中的△RGB 三角形分成两个三角形。色彩 X 的位置只能在△RGB 三角形的 3 条边上或外部，而不能在△RGB 三角形的内部，否则无法保障由 RGB 三原色覆盖的色域范围，从而造成某些色彩不能正确重现的问题。研究人员讨论了色彩 X 位于△RGB 三角形 3 条边上的情况。讨论结果也适合于色彩 X 位于△RGB 三角形 3 条边以外的情况。若 X 位于△RGB 三角形 3 条边以外，也就是说色彩 X 选择得较纯净、较 RGB 三原色更靠近舌形曲线上的谱色。在此情况下，覆盖的色域范围超过 RGB 三原色的色域范围，有利于色彩重现，但是对产生色彩 X 的发光元件也提出了更高的要求，如采用激光。实际上图 15-17（a）中的 X 是复合色，真正的谱色位于图 15-17 中舌形区域最外部的舌形曲线上。

很显然，色彩 X 不能选在△RGB 三角形的直线内，因为在此情况下无论如何分解△RGB 三角形，都无法避免红光的使用。所以，色彩 X 只能在△RGB 三角形的直线上。一个分法是：在△RGB 三角形的直线上找

该点 X，将△RGB 三角形分成△GBX 和△RGX 两个三角形。但是，人眼对直线上所有波长的光都不敏感。另外，人眼虽然能感觉到该直线上的色光，但是这些光不作为独立波长光存在。例如，人眼虽然能感觉到直线上的紫红色光，但是不存在紫红色光的波长，自然在 CIE 1931 色度图上也查找不到紫红色光的波长。

由图 15-17 可以看出，人眼对△RGB 三角形直线上的色彩较敏感。因此，△RGB 三角形被分成△RXB 和△XGB 两个三角形，如图 15-17（a）所示。位于△RXB 三角形内的色彩继续由 RGB 三原色混色而成；位于△XGB 三角形内的色彩不再由 RGB 三原色混色，而是由 XGB 三原色混合而成。由于摄像端的彩色图像一般由 RGB 三原色组成，所以位于△XGB 三角形内的色彩需要经过色度空间变换得到。

15.2.4 激光投影显示散斑的测量、评价与抑制技术

激光良好的相干性会引入散斑现象，极大影响激光投影显示技术的图像质量。当激光照射到粗糙表面时，在粗糙表面散射出多个子波，子波光束互相干涉，形成明暗随机分布的颗粒状图样，这些颗粒状图像就是散斑现象，如图 15-18 所示。散斑抑制技术是三基色激光投影显示实现超高清显示的关键技术。散斑现象涉及人眼的生物学特征与激光投影显示光学特性研究，是光学与视觉心理学的交叉。因此，抑制散斑需要从散斑成因、获取、评价等角度开展全面分析，基于人眼的生物学特征形成相关的理论方法和评价体系，搭建测试平台准确获得散斑信息，实现散斑的有效抑制。

图 15-18　全固态激光器产生的典型散斑现象

1．激光散斑测量与评价方法

无论是评测激光投影显示产品的散斑指标参数，还是验证散斑抑制方法的有效性，都需要对散斑准确测量。目前国际上还没有形成统一的散斑测量标准，且在大多数散斑文献中未详细阐述散斑的测量方法，尤为重要的是，不同散斑测量方法的散斑测量结果差异性较大，使实验结果缺乏可靠性。准确地测量激光散斑需要满足以下两点要求：测量系统能有效地模拟人眼生物学特征参数，测量结果与人眼的主观视觉感知一致；测量结果不依赖于测量系统。

激光散斑的评价方法通常采用散斑对比度（Speckle Contrast，SC），散斑对比度是基于误差敏感的评价方法的，定义为散斑图像的强度标准差与平均值的比值。该方法计算简便、物理意义明确，但只能表现散斑图像的灰度涨落幅度，忽略了人眼视觉特性，导致评价结果经常出现与人眼主观感受不一致的情况。

要准确测量散斑，不仅要求散斑测量系统的参数与人眼特征参数一致，测量系统的光学传递函数应该与人眼的光学传递函数保持一致，而且要求散斑评价方法与人眼主观感受一致。在研究人眼的过程中，科学家构造了多种人眼模型，选择 Westheimer 人眼模型，在该模型下，3mm 瞳孔直径的人眼光学传递函数（Optical Transfer Function，OTF）为

$$\mathrm{OTF_s}(\rho) = 0.286\,5\mathrm{e}^{-3\rho^3} + \frac{0.015\,62}{0.147\,9^2 + \rho^2} \tag{15-4}$$

式中，$\rho = \sqrt{v_x^2 + v_y^2}$，其量纲为每弧分的周数，$\mathrm{v}_x$ 和 v_y 分别代表空间频域的坐标。

在散斑测量中，为了保证测量系统的光学传递函数与人眼光学传递函数相匹配，应确保使二者在相同条件下对相同物体具有类似的成像，表达式为

$$\mathrm{OTF_e}(\rho) = \begin{cases} \dfrac{2}{\pi}\left[\arccos\left(\dfrac{\rho}{\rho_0}\right) - \dfrac{\rho}{2\rho_0}\sqrt{1-\left(\dfrac{\rho}{2\rho_0}\right)^2}\right], & \rho \leqslant \rho_0 \\ 0, & \text{其他} \end{cases} \tag{15-5}$$

式中，$\rho_0 = \dfrac{L}{2\lambda d_\mathrm{i}}$，是光学系统的截止频率，$d_\mathrm{i}$ 为出瞳到像面的距离。

利用式（15-5）计算散斑测量系统在不同参数下的光学传递函数，并与Westheimer人眼模型光学传递函数对比，如图15-19所示。从图中可看出，搭建的测量系统的光学传递函数与Westheimer人眼模型的光学传递函数基本一致，可以有效地模拟人眼光学成像过程。

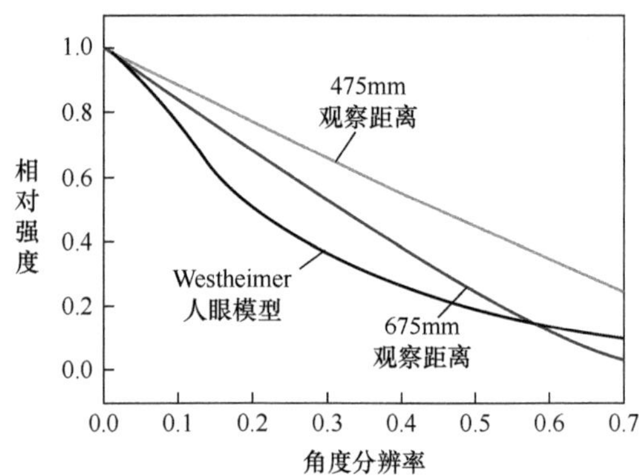

图 15-19　Westheimer 人眼模型和测量系统的光学传递函数模拟对比

2. 散斑消除方法

依据对激光散斑产生机理及人眼的时间–空间积分特性的分析，当散斑对比度小于某一数值时，人眼将无法识别散斑，该数值称为人眼识别散斑的阈值。人眼积分响应时间通常约为30ms，视网膜的空间分辨率约为4μm×4μm。因此，如果在人眼有限的时间–空间内产生足够数量的独立散斑图样，当这些独立的散斑图像叠加平均后的散斑对比度小于人眼识别阈值时，人眼将看不到散斑，这就是消除激光散斑的原理。

为了克服激光散斑对激光投影显示图像质量的影响，国内外研究机构开展了散斑抑制方法的大量研究。散斑抑制方法的原理主要包括减弱时间相干性和减弱空间相干性。基于散斑影响因素的分析，散斑抑制方法具体体现为基于波长多样性、角度多样性、偏振多样性和空间多样性原理的散斑抑制方法，在实用化角度应充分考虑激光散斑的结构与人眼的光学成像特征匹配的问题，深入研究激光线宽、屏幕、光纤等影响激光散斑的因素。

1）激光线宽对散斑（对比度）的影响

在一定条件下，当两束光的波长差$\Delta\lambda$满足以下关系时，可以认为两束光产生的散斑图样的强度相关度降至$1/e^2$，满足退相关的条件。

$$|\Delta\lambda| \geqslant \frac{\bar{\lambda}^2}{2\sqrt{2}\pi\sigma_h} \tag{15-6}$$

式中，$\bar{\lambda}$ 为两束光中心波长的平均波长；σ_h 为粗糙表面高度涨落标准差（简称表面高度标准差）。令激光照射屏幕的入射角为 θ_i、观察角为 θ_0，则散斑对比度与激光线宽的关系为

$$SC = \sqrt{\frac{1}{\sqrt{1+2\pi^2\left(\frac{\delta\lambda}{\bar{\lambda}}\right)^2\left(\frac{\sigma_h}{\bar{\lambda}}\right)^2(\cos\theta_o+\cos\theta_i)^2}}} \tag{15-7}$$

式中，λ 为激光光谱的中心波长；$\delta\lambda$ 为激光光谱带宽。图 15-20 描述了在法向入射和法向观察的条件下，激光线宽对散斑的影响。

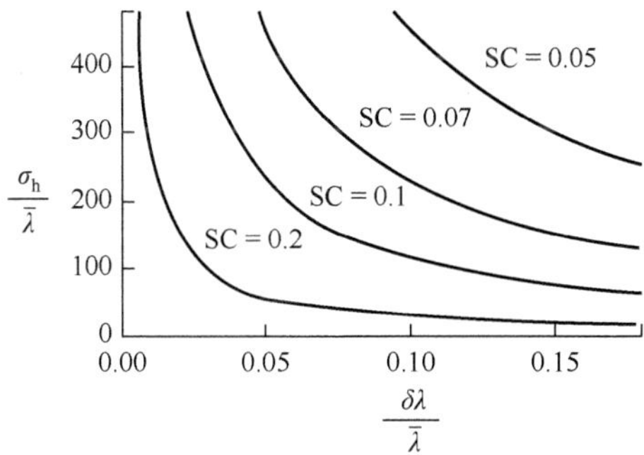

图 15-20　激光线宽对散斑的影响

2）光纤对散斑（对比度）的影响

目前很多激光投影显示产品的照明光源采用光纤耦合方式，当相干光束耦合输入多模光纤时，由于不同模式的光波入射角和传输相速度不同，导致光纤输出的光波相位不同，使不同模式的光波发生干涉，形成散斑。假设多模光纤的各个模式传输的光功率相等，可得到散斑对比度与多模光纤的工作模式数、工作模式之间相关度的关系为

$$SC = \frac{1}{m\Delta\tau}\sqrt{\int_0^{m\Delta\tau} 2(m\Delta\tau-\tau)|\gamma(\tau)|\mathrm{d}\tau} \tag{15-8}$$

式中，m 为多模光纤的工作模式数；τ 为工作模式之间的时间延迟；$\Delta\tau$ 为第 k 个工作模式和第 $k-1$ 个工作模式的时间延迟差；γ 为激光光束在时间序列上的相干度。由式（5-8）可知，不同工作模式之间的相关度越小，散斑对比度越小。图 15-21 描述了实验上测得的光纤长度对散斑的影响。

(a) 光纤长度为1.5m时获得的散斑图像　　(b) 光纤长度为5m时获得的散斑图像

图 15-21　光纤长度对散斑的影响

3）运动散射片对散斑（对比度）的影响

随着散射片的运动，散射片粗糙表面的散射光相位不断变化，在 CCD 相机曝光时间或人眼积分时间内，动态散斑的积分使散斑对比度减小，表达式为

$$\mathrm{SC}=\sqrt{\frac{1}{M}}=\sqrt{\frac{2}{T}\int_0^T\left(1-\frac{\tau}{T}\right)\left|2\frac{J_1\left(\dfrac{\pi Dv\tau}{\lambda z}\right)}{\dfrac{\pi Dv\tau}{\lambda z}}\right|^2\mathrm{d}\tau} \tag{15-9}$$

运动散射片的归一化位移用 vT/r_0 表示，r_0 为散射片粗糙表面的相关半径，T 为 CCD 相机曝光时间。采用数值积分计算可以得出，不同粗糙度的散射片下，散斑对比度与运动散射片的归一化位移 vT/r_0 的关系，结果如图 15-22 所示。σ_0 为散射片附加相位 ϕ_0 的标准差，表征散射片的粗糙程度。

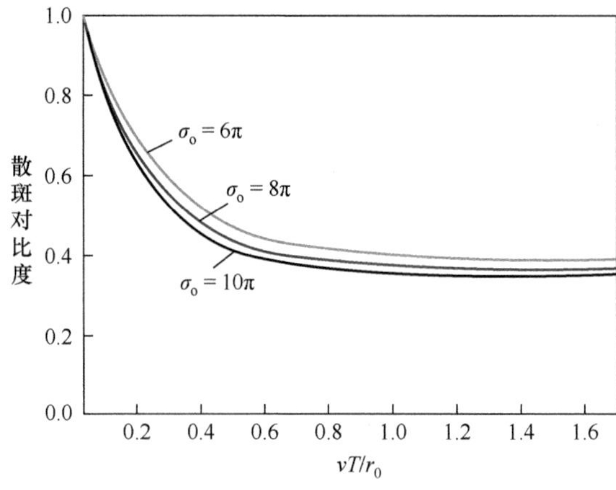

图 15-22　散斑对比度与运动散射片的归一化位移的关系

4）屏幕对散斑（对比度）的影响

从图 15-20 中激光线宽对散斑对比度的影响曲线可以看出，在相同的激光线宽条件下，表面高度标准差越大，即表面越粗糙，获得图像的散斑对比度越小。参考 Goodman 理论推导，表面微结构与散斑对比度的关系为

$$SC=\sqrt{\frac{8(N-1)\left\{N-1+\cosh\left[\left(4\pi\frac{\sigma_h}{\lambda}\right)^2\right]\right\}\sinh^2\left[\left(4\pi\frac{\sigma_h}{\lambda}\right)^2/2\right]}{N\left[N-1+\exp\left(4\pi\frac{\sigma_h}{\lambda}\right)^2\right]^2}} \tag{15-10}$$

式中，N 为叠加的散斑图样数目；σ_h 为表面高度标准差。叠加的散斑图样数目和表面高度标准差对散斑对比度的影响如图 15-23 所示。图 15-23（a）描述了不同的 N 值下散斑对比度 SC 与 σ_h/λ 的关系，由图中可知，随着屏幕表面粗糙度的增加，也即表面高度标准差的增大，散斑对比度随之增大，并逐渐达到饱和值（SC=1）。图 15-23（b）描述了不同的 σ_h/λ 下散斑对比度 SC 与 N 的关系，由图中可知，随着参数 N 的增大，散斑对比度呈现了先增大后减小的趋势。

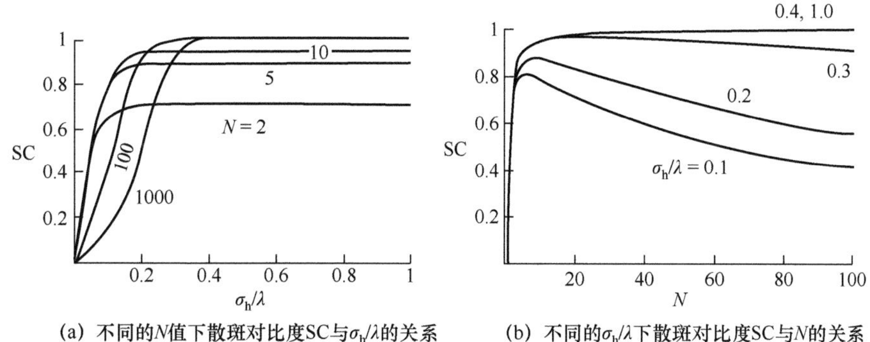

(a) 不同的N值下散斑对比度SC与σ_h/λ的关系　(b) 不同的σ_h/λ下散斑对比度SC与N的关系

图 15-23　叠加的散斑图样数目和表面高度标准差对散斑对比度的影响

当屏幕迅速地沿垂直于屏幕方向或平行于屏幕方向振动时，若振动振幅恰好达到一个波长 λ，也即 2π 弧度的相位变化，则两个散斑图样之间失去相关性，导致散斑对比度发生变化。下面将分析散斑图样运动速率、相关时间变化规律和独立散斑图样数量三者与散斑影响度的量化关系，明确运动器件

消除散斑的原理机制及器件的关键参数的影响机制。根据 Goodman 关于散斑理论的推导，散斑影响度（SID ）可以进一步表示为

$$\mathrm{SID}=\left\{\sqrt{w}\,\mathrm{erf}\left(\frac{\pi}{w}\right)-\left(\frac{w}{\pi}\right)\left[1-\exp\left(-\frac{\pi}{w}\right)\right]\right\}\times(2-\gamma)\times\alpha\left[2\int_0^1(1-x)\frac{J_1^2\left(\frac{\upsilon TD}{\lambda z}\right)}{\left(\frac{\upsilon TD}{\lambda z}\right)^2}\mathrm{d}x\right]^{1/2} \tag{15-11}$$

由图 15-24 可以看出，随着屏幕运动速率的增大，相同时间间隔的散斑图样相关度减弱，且运动散斑图样之间退相关时间缩短；当屏幕运动速率大于 90μm/ms 时，散斑影响度基本保持 3.8%不变。

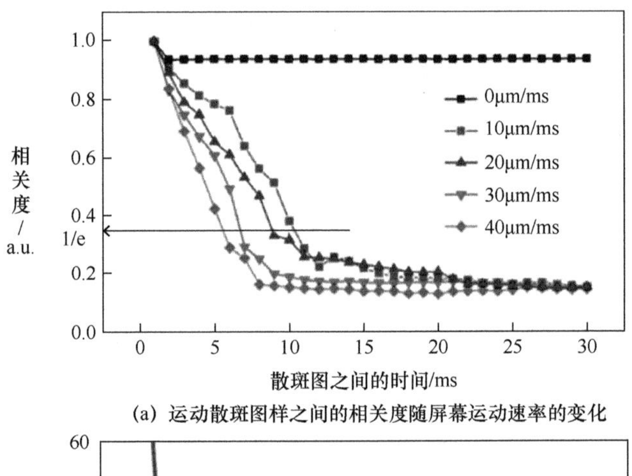

(a) 运动散斑图样之间的相关度随屏幕运动速率的变化

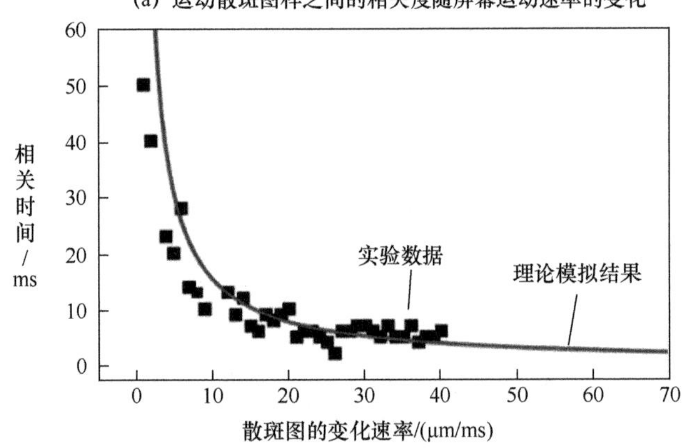

(b) 屏幕运动速率从0到40μm/ms时运动散斑图样之间的相关时间变化

图 15-24　屏幕对散斑的影响

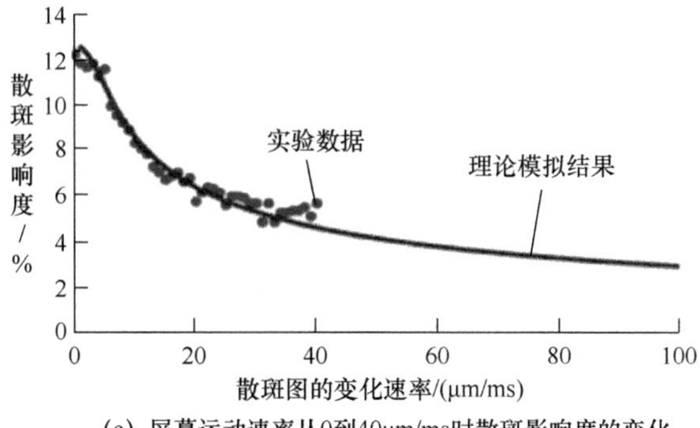

(c) 屏幕运动速率从0到40μm/ms时散斑影响度的变化

图 15-24　屏幕对散斑的影响（续）

当光从粗糙的表面反射时，通常发生多重散射，导致反射光呈现非偏振态。如果经过一个检偏器观察光的强度，检偏器的方向先是 x 方向再沿 y 方向（x 和 y 是检偏器偏振正交的两个方向），那么观察到的两个散斑图样是不相关的，二者叠加后的散斑对比度将减小，减小的程度依赖于散斑图样中光的偏振度 P。散斑对比度与偏振度之间的关系为

$$\mathrm{SC}=\frac{\sqrt{1+P^2}}{2} \tag{15-12}$$

式中，P 为完全偏振波分量的强度和光波总强度之比。

5）测量系统的参数设置对散斑（对比度）的影响

除此之外，散斑对测量系统具有很强的依赖性，测量系统的参数设置不同，测得的散斑也会不同。例如，入射光光强、散斑尺寸、成像镜头数值孔径、成像镜头 F 数、成像镜头聚焦程度和 CCD 曝光时间等测量系统参数对散斑均有重要影响。

基于以上的论述，散斑抑制方法均是基于对散斑影响因素和获得独立散斑图样的条件的分析来设计的，当多个独立的散斑图样求和时，散斑对比度将会减小，从而达到抑制散斑的目的。实际情况中，激光投影显示设备通常采用多种散斑抑制方法，以最大限度抑制散斑。将每种散斑抑制方法看成是引入某一数目的自由度，则散斑对比度取决于降低因子 R，表达式为

$$\mathrm{SC}=\frac{1}{R_\lambda R_\sigma R_\theta R_N} \tag{15-13}$$

式中，R_λ 为激光光源的波长多样性产生的降低因子；R_σ 为屏幕的偏振多样性

产生的降低因子；R_θ 为投影系统和观察系统的角度多样性产生的降低因子；R_N 为空间多样性产生的降低因子。

6）多波长激光与散斑图样叠加消除散斑技术

根据散斑形成的物理原理，国内外对消除激光散斑的方法进行了大量的研究。主要方法如下。

（1）对屏幕施加微小振动，使散斑图样实现均化。屏幕快速地振动，利用了人眼视觉暂留效应，观察到的图像就会平滑起来，改变散斑分布图样，起到抑制散斑的效应。

（2）通过对激光进行相位、偏振、角度等多方位的调制，增加激光子波的多样性。根据激光散斑学理论，假设一束激光通过调制产生 M 个独立分布、实值、不相关的随机分量，则散斑对比度将减小。由于散斑对比度随独立变量成反比关系，单纯靠增加多样性来减小散斑对比度的方法是有限度的，一般可减小到 8%左右。

（3）采用宽谱带激光光源，降低相关性。从散斑形成的物理本源上解决问题是最有效的方法。每个基色采用尽可能多的激光器，独立激光器数目的增加降低了光源相干性。半导体激光器线宽较宽，相干性相对较低，是激光投影显示的理想光源，532nm 绿光可满足 REC.2020 国际标准，但是目前绿光半导体激光器还没有普及应用，因此常用半导体泵浦的固态激光器实现 532nm 绿光输出，但是其窄的线宽（通常为 0.1～0.2nm）使得消除散斑难度增大。

下面将分别介绍基于多波长激光和散斑图样叠加的两种消除散斑技术研究。

- 多波长激光及散斑消除。

理论上，采用宽谱带激光光源是解决散斑问题最直接、最有效的方案，钕（Nd^{3+}）和镁 Mg^{2+}共掺的铌酸锂（$LiNbO_3$）和钽酸锂（$LiTaO_3$）晶体在 1080nm 附近都表现出多波长激光输出的特性，其光谱谱带较宽，采用合适的晶体倍频后，就可以获得宽谱带绿光，是一种减弱激光散斑的潜在的基础光源材料。采用 $Nd:Mg:LiTaO_3$ 晶体作为激光晶体，设计制备了周期极化铌酸锂（PPLN）晶体作为非线性光学晶体，采用腔内倍频的方法，成功获得了多波长、宽谱带的绿光激光器，有效地减小了散斑对比度。

在 $Nd:Mg:LiTaO_3$ 晶体的基频光振荡中，本来就有两个波长，即 1076nm 和 1092nm，是一个多波长相互竞争的过程。为了获得更多个绿光波长，理

想的倍频过程应该包括 3 个过程：1092nm 的倍频、1076nm 的倍频、1092nm 和 1076nm 的倍频。本实验采用的实验装置如图 15-25 所示，M1 是平面输入镜，泵浦光通过 M1 聚焦到 Nd:Mg:$LiTaO_3$ 晶体，产生基频光通过平凹输出镜 M2 实现基频光输出。为了尽可能获得丰富的绿光，更加有效地降低光源的相干性、消除散斑，系统采用准相位匹配，设计多周期或准周期的 PPLN 晶体，在同一块晶体内同时进行多个非线性频率变换实现多波长输出，获得了 538nm、542nm、546nm 三波长绿光激光输出，如图 15-26 所示，通过产生多波长、宽谱带激光，可拥有效抑制散斑。

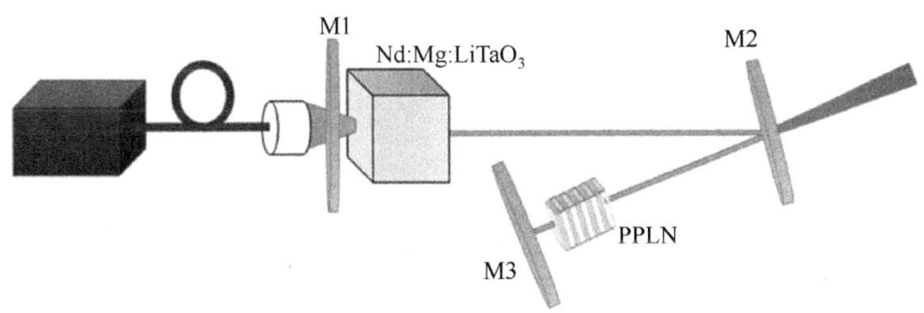

图 15-25 LD 泵浦 Nd：Mg：$LiTaO_3$/MgO：PPLN 产生多波长绿光激光器示意图

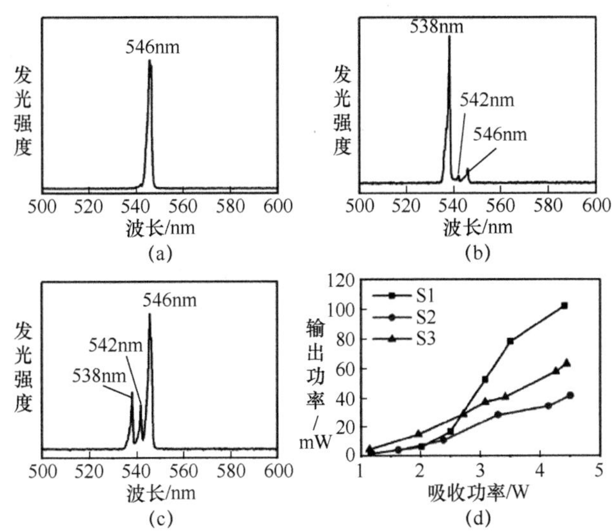

图 15-26 三波长绿光激光输出光谱图和输出高功率曲线

- 散斑图样叠加散斑抑制技术。

通过多幅独立非相关的散斑图样的动态叠加可以实现散斑的抑制。基于改变光子晶体光纤空气孔的折射率，进而控制光纤出射端模式场（散斑场）

的分布，最后通过在一定时间内散斑动态图的叠加，达到消除屏幕散斑的目的。如图 15-27 所示，把 RGB 三基色的半导体激光耦合进入多模光纤，再通过一个加入介电弹性体促动器的光棒，多模光纤采用一个音圈电机振动光纤，这样就可以同时引入光程差来降低激光本身的时间和空间相干性，从而达到抑制散斑的目的。这里多模光纤和介电弹性体促动器的参数可以优化以达到在较小的光效损失下最小的散斑对比度。这里激光器可以采用半导体激光器，也可以采用更高光束质量的绿色自倍频的固态激光器，它产生 532nm 的激光，线宽为 0.2nm。激光输出光束通过透镜耦合进入 1m 长度的多模光纤中，其中一部分光纤连接固定到音圈电机上，通过信号发生器进行驱动。我们把介电弹性体促动器放在光纤出口端面距离 2cm 处，然后进入长度 35mm 的四边形或六边形的光棒中。

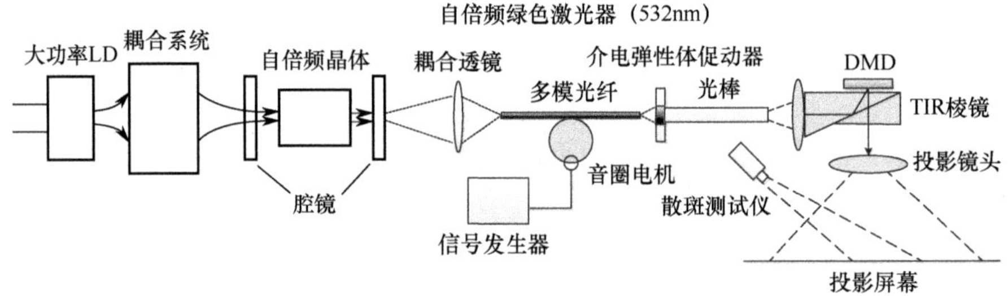

图 15-27　三基色激光消除散斑光路示意图

通过光棒的三基色混色通过 TIR 棱镜照射到 DMD 芯片上，然后通过投影镜头投射到屏幕上。目前三基色激光投影首先蓝光和红光已经有大功率商品化的产品，大功率绿光半导体激光器经过几年的发展，单管功率从几百毫瓦提高到 1.2W，输出波长从 520nm 扩展到 532nm，绿光半导体激光器商品化进程进展迅速。基于自倍频的绿色固态激光器是另一种可实现散斑抑制的技术路线，主要包括泵浦源 LD、耦合系统、自倍频晶体、腔镜等部分。其中腔镜部分可以是简单的平–平腔，也可以是较为复杂的平–凹腔或平–凸腔。通过研究自倍频晶体出光特性，实现波长 532nm 的大功率输出。

在图 15-27 中，音圈电机用于振动多模光纤，振动的光纤将产生随时间变换的激光束的相位调制。音圈电机的直径一般为 2cm，在一定驱动电压下，振幅–频率的关系如图 15-28 所示。驱动信号采用正弦波信号，在图 15-28 中，如果音圈电机在 50Hz 及 9V 电压驱动下，多模光纤会产生接近 0.5mm 的振幅变化。

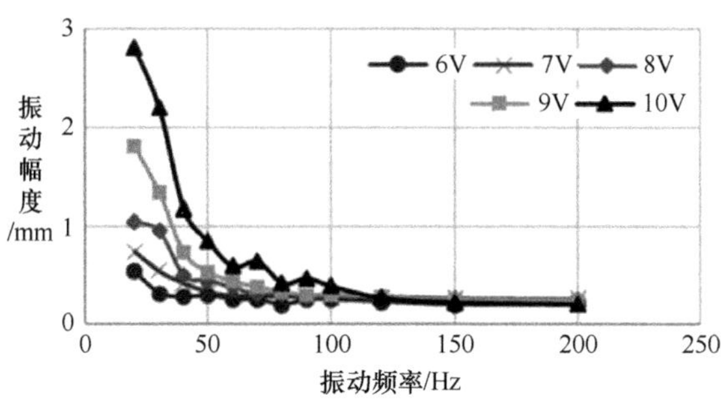

图 15-28　不同驱动电压下的音圈电机响应曲线

15.3　高分辨率激光投影显示技术

随着显示产品的分辨率从全高清（FHD）逐渐发展到超高清（UHD），激光投影显示的分辨率也在逐渐提升。

15.3.1　高分辨率激光电视技术

激光投影显示非常容易实现大尺寸屏幕显示，图 15-29 给出了投影尺寸及观看距离和图像分辨率的关系。从图中可以看出，随着屏幕尺寸的增大，越近的观看距离需要的图像分辨率越高，激光电视技术就是在目前家居有限的客厅观影距离下，向着 4K/8K 更高的图像分辨率快速迭代。

对激光投影显示产品来说，整机的分辨率主要取决于 DMD 芯片上微镜的尺寸大小和镜头的线对数，这两个参数的配合决定了整机投影图像的分辨率。DMD 芯片上微镜的大小主要由半导体工艺制程、驱动电路和系统设计决定，目前 DMD 芯片上微镜主流使用的为 10.8μm、7.6μm 和 5.4μm 三种，其中 10.8μm 覆盖整机的分辨率为 XGA 和 WXGA、1080P（影院级），7.6μm 覆盖整机的分辨率为 WUXGA、1080P 和 4K（加振镜插值技术），5.4μm 覆盖整机的分辨率为 1080p 和 4K（加振镜插值技术）。而镜头的线对数要求取决于芯片上微镜的尺寸，一般 10.8μm 要求镜头分辨率最低为 46lp/mm（线对每毫米），7.6μm 要求镜头分辨率最低为 66lp/mm，5.4μm 要求镜头分辨率最低为 93lp/mm。根据镜头的光学特性，其分辨率主要由系统光学设计和镜片表面精度决定，由于产线工艺制程稳定性和零件检测手段的关系，每一个镜头的最终性能都表现为其中的每一个单部件公差的累计，生产出来的单个镜头的分辨率覆盖范围较广，需要产线品控进行筛选以达到具体整机产品的使用要求，对镜头的制程提出了较高的要求。

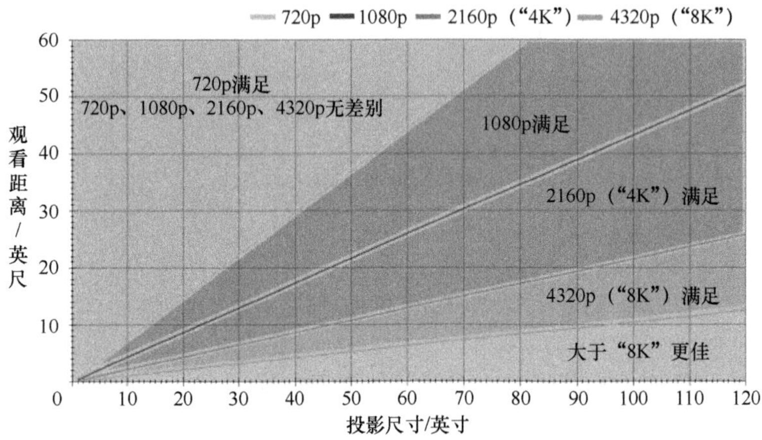

图 15-29　投影尺寸及观看距离和图像分辨率的关系

对主流激光投影显示来说，采用 DMD 加上振镜插值方式实现分辨率提升是一个较为普遍的做法，大体上可以分为单轴振镜插值和双轴振镜插值两种。一般 6.5 英寸 DMD 本身分辨率 2K，可以通过单轴振镜插值，实现 4K 分辨率的图像视频输出。当前采用的一种低成本方案主要采用 0.47 英寸（微镜尺寸 5.4μm×5.4μm）2K 分辨率的 DMD 通过双轴振镜插值的方式实现 4K 输出，这样的 4K 输出方式是采用分时的方式。在液晶中原生 4K 分辨率的显示芯片只有索尼公司的 LCOS 芯片方式，但一般需要 3 片一起用，造成成本没有任何优势，且液晶天生不能承受激光超高功率的辐照，损伤阈值低，已经仅成为某些高端激光投影显示的选择，已经退出了激光投影显示的主流市场。

在超短焦镜头上，分辨率的提升也是极为难攻克的技术壁垒。对描述一个超短焦镜头的主要指标来说，有投射比、数值孔径、后截距、像圈大小、DMD 移轴量、MTF、适应尺寸、相对照度等，其中有些参数的实现在设计上是相互矛盾的，需要综合考虑，实际上只能通过经验判断加生产治具的保障等方式来获得最佳优化值。并且，由于采用折反式技术原理和 DMD 尺寸限制，一般超短焦镜头均采用定焦设计，在要求镜头能够达到设定分辨率的情况下，生产工艺的难度会被更加放大，通常要求的装调精度优于 5μm。

15.3.2　振镜插值技术

激光投影显示产品的分辨率主要受制于 DMD 芯片的像素大小，由于半导体工艺的限制，像素可做到 5.4μm，要实现分辨率的提升还是遇到较大的挑战。目前主流的 DLP 技术中的 DMD 成像芯片采用振镜插值的方式可实现像素的提升，利用时间暂留效应实现将 2K 分辨率提升为准 4K 分辨率的成像，具体振镜插值方式即在 DMD 与成像镜头入瞳处之间插入一片高透光率的平板玻璃，使用音圈电机驱动其绕中心原点进行方向上的偏转，达到投射到屏幕上的图像像素往复转移并实现像素插值的效果。振镜插值技术光路原理如图 15-30 所示。通过振镜插值及人眼视觉暂留效应，如图 15-31 所示通过下移平移半个像素的位置（2.7μm），可以实现视频图像准 4K 分辨率的显示效果。图 15-32 给出了 4K 单轴振镜的组成原理示意图，通过单轴振镜，可以把 DMD 物理分辨率在 3K 像素显示插值形成 4K 分辨率的显示效果。

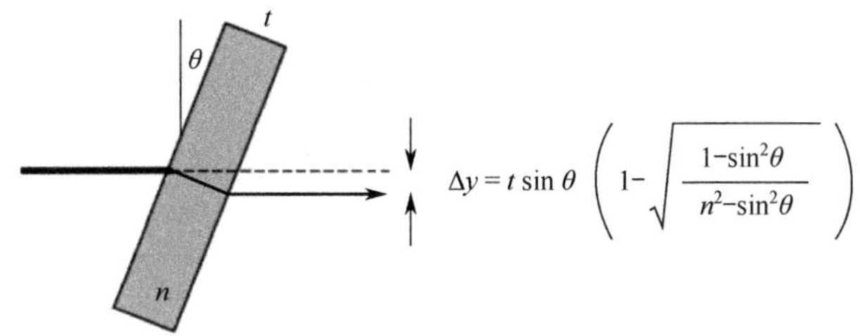

图 15-30　振镜插值技术光路原理

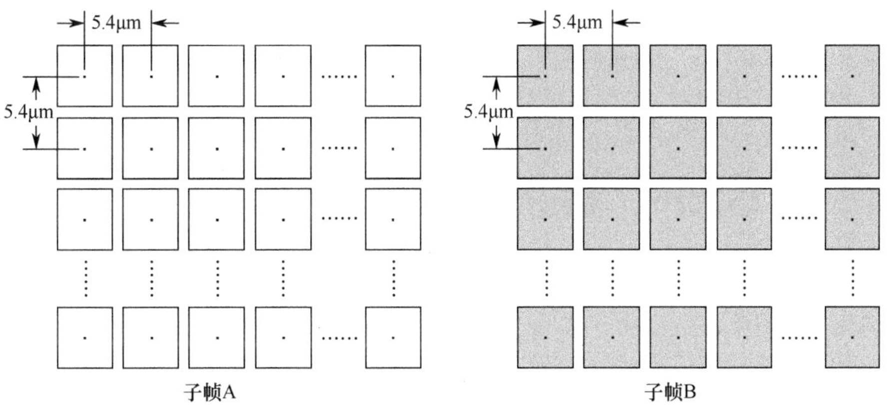

图 15-31　DMD 芯片通过振镜插值技术实现准 4K 分辨率显示效果

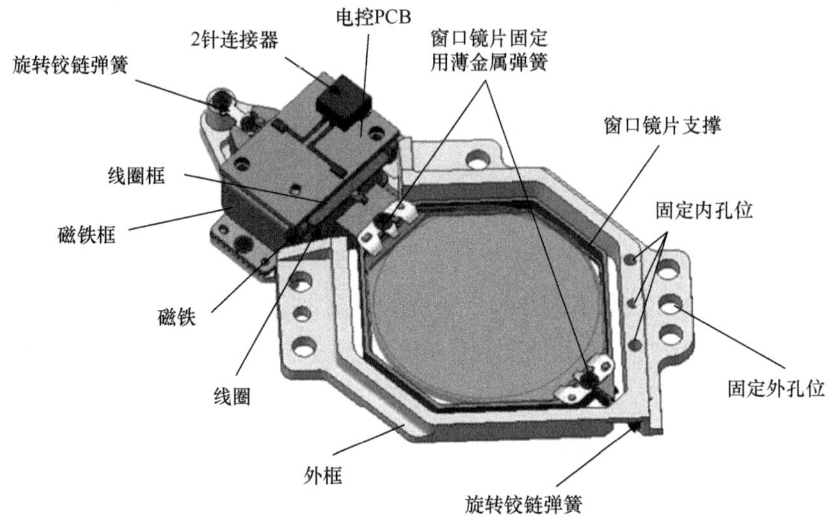

图 15-32　4K 单轴振镜的组成原理示意图

对未来 8K 甚至 16K 分辨率而言，一方面激光投影显示需要不断提高成像芯片的分辨率，另一方面采用振镜插值的方式也可以提高成像分辨率。目前量产已经实现了双轴振镜插值，在其工作时像素移动示意图如图 15-33 所示，可以方便地使 1080p 分辨率的 DMD 芯片具有 4K 分辨率的显示效果，这种方式已经成为目前家用 4K 激光电视的主流技术方案。

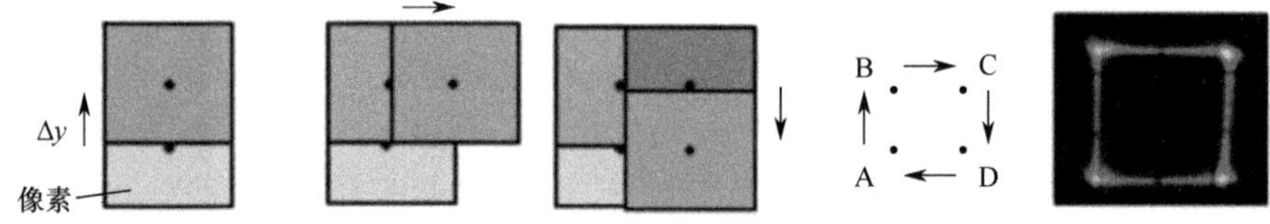

图 15-33　双轴振镜插值情况下的像素移动示意图

15.4　超大尺寸激光投影显示技术

激光电视的大尺寸化需要采用超短焦镜头，超大尺寸激光投影显示一般采用拼接墙技术。

15.4.1　超大尺寸激光电视技术

对激光投影显示而言，由于采用光学投影的方式，天生就具有大尺寸的优势。通常采用的投影镜头可以通过变焦的形式，覆盖投影尺寸范围从 80 英寸到

180 英寸均可实现，对于长焦镜头甚至可以从 50 英寸到 300 英寸均可实现。

但这里要十分注意一点的是，随着投影尺寸的增大，同时需要对照明光源提出更高的要求，也就是需要采用更多激光器输出功率，也将带来更大的散热需求，散热器将急剧放大，且带来更大的风扇噪声，产生更高的成本。

因此，为了保证激光投影显示足够的屏前亮度，一般要求可以和液晶电视亮度相媲美，即 300nit。对于家庭用于替换电视的应用，一般参考为 100 英寸投影尺寸需要 3000lm 的光亮度输出。而对于 150 英寸的投影尺寸，为了保持同样的屏前亮度，通常需要输出亮度超过 5000lm。为了解决这部分超出的热量散热，需要设计如图 15-34 所示的水冷散热器结构，包含装有冷却液的水箱和水泵。经过老化试验证明，在 35℃的室内温度下，可以稳定工作 10 年以上。

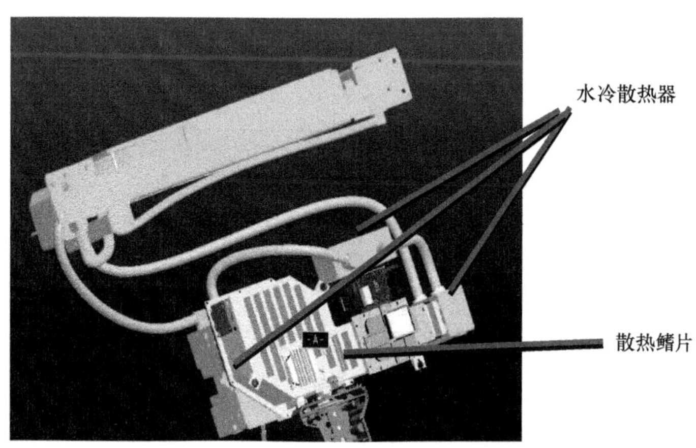

图 15-34　150 英寸激光投影紧凑水冷散热器结构

采用空间合光的 150 英寸激光投影显示的照明模块光路设计如图 15-35 所示。两个方向的蓝色激光束经过空间合光后，通过反向的望远准直光学系统缩束，在通过透镜聚焦与高速旋转的荧光粉轮上，激发出来黄光和绿光，部分蓝色激光透过经过蓝光回路，黄光和绿光通过后面的滤光轮同步产生窄光谱的红光和绿光，最后通过二向色片合光进入光棒进行混色产生白光。

上述 150 英寸激光投影显示，采用两个 115W 的 MCL 日亚蓝光半导体激光器通过偏振态方式合光，荧光粉轮采用美题隆 92mm 陶瓷轮。光源光路尺寸设计约为 244mm×70mm，激发光斑尺寸直径约为 1.6mm。150 英寸 4K 分辨率激光投影显示整机布局图如图 15-36 所示。

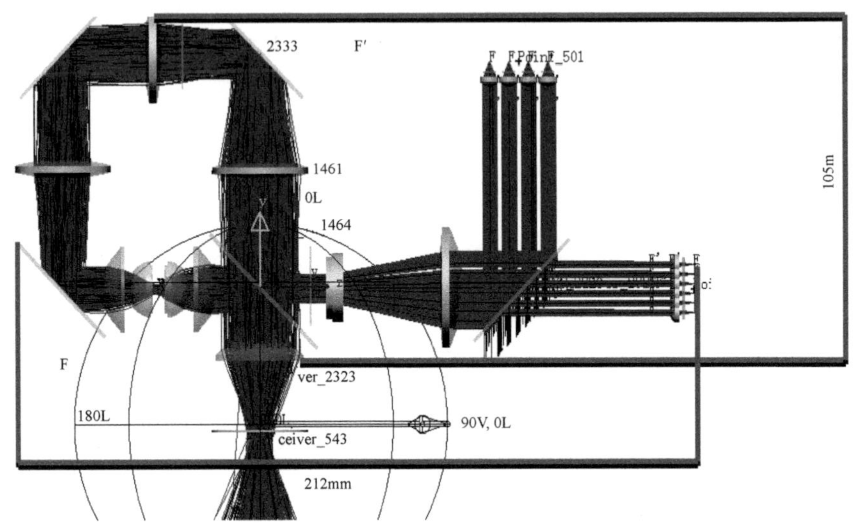

图 15-35　采用空间合光的 150 英寸激光投影显示的照明模块光路设计

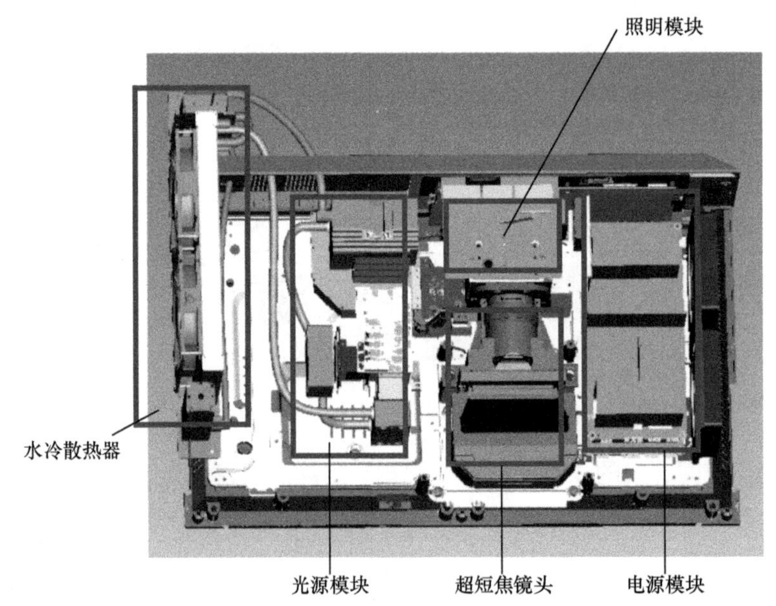

图 15-36　150 英寸 4K 分辨率激光投影显示整机布局图（含水冷散热器）

超短焦镜头由十数枚镜片组成，除了对镜头组装工艺要求极高之外，其内含的数枚非球面与自由曲面反射镜对镜片本身的面形状精度、尺寸公差与材质特性等都需要精密的控制与监测，才能达到良好的超短焦投影的成像质量。

目前业内最新一代的超短焦镜头，可以达到 4K 分辨率，投射比为 0.24，

利用了远心光路设计，使得屏幕亮度均匀性及色度均匀性都得到了较大比例的提高，均匀性可以达到 90%以上。超短焦镜头为了实现良好的画质表现，需要采用工艺复杂的非球面镜片，非球面镜片特别是大口径非球面镜片的制造工艺高，公差限定使整个装配要求非常严格，国内厂商已经成功掌握超短焦镜头的组装工艺及检测方法，拥有小批量组装超短焦镜头的制造能力积累，已经搭配多个产品线在市场上销售，均取得良好反响。激光投影显示超短焦镜头光路图如图 15-37 所示，分为前群、中群和后群，采用逆光路设计，前群后中群为偏心光路设计，为达到外观的美观，前群和中群通常可以截去镜片的上半部分。其中设计值 MTF（如图 15-38 所示）：93lp/mm > 0.6，Distortion < 0.5%。这说明屏幕成像中心及边缘均成像清晰，成像效果优良。

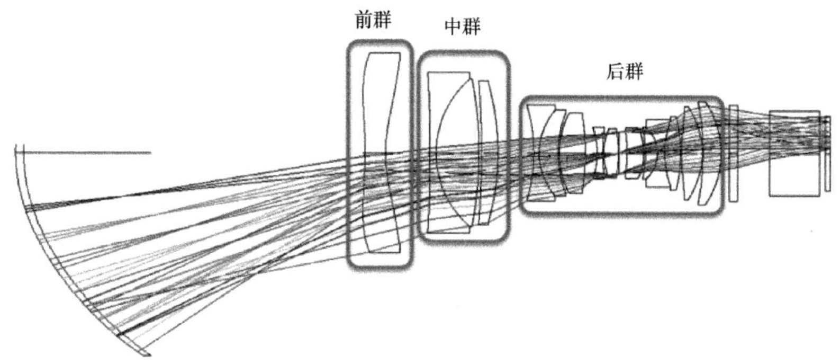

图 15-37　激光投影显示超短焦镜头光路图

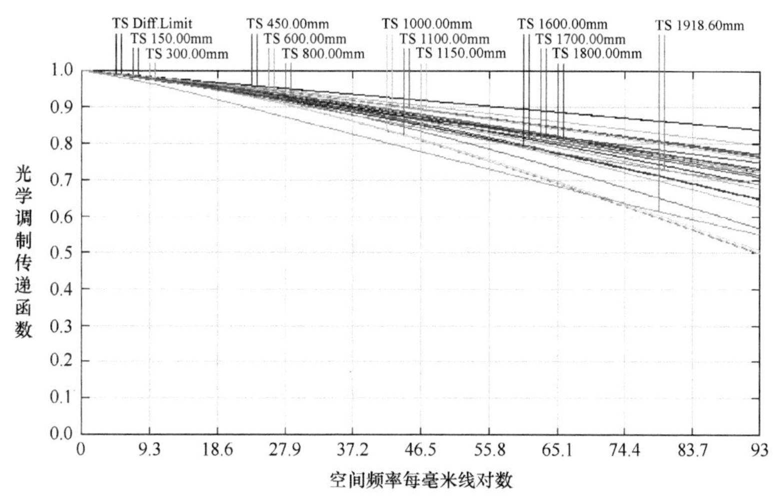

图 15-38　激光投影显示超短焦镜头的 MTF 曲线

15.4.2 超大尺寸拼接显示技术

随着大尺寸平面显示技术的不断进步和计算机图形处理技术的软硬件持续发展，以及社会对信息可视化的迫切需求，超高分辨率显示墙已经深入应用到人类工作和生活的方方面面，在科学研究、模拟仿真、指挥监控、远程协同等各个应用领域发挥着重要作用。

超高分辨率显示墙是通过多个独立的显示设备个体拼接合成一个大规模、可伸缩、高像素分辨率的超大尺寸拼接显示系统。图 15-39 给出了超高分辨率显示墙的系统架构图，输入视频图像源也多达数十路甚至上百路数量，输入视频图像源需要经过多屏图像处理器进行图像拼接处理后，最终输出到显示墙屏幕特定区域上。其中多屏图像处理器是系统中的处理核心部件之一，其对前端输入信号源进行图像采集、图像传输控制及图像处理。

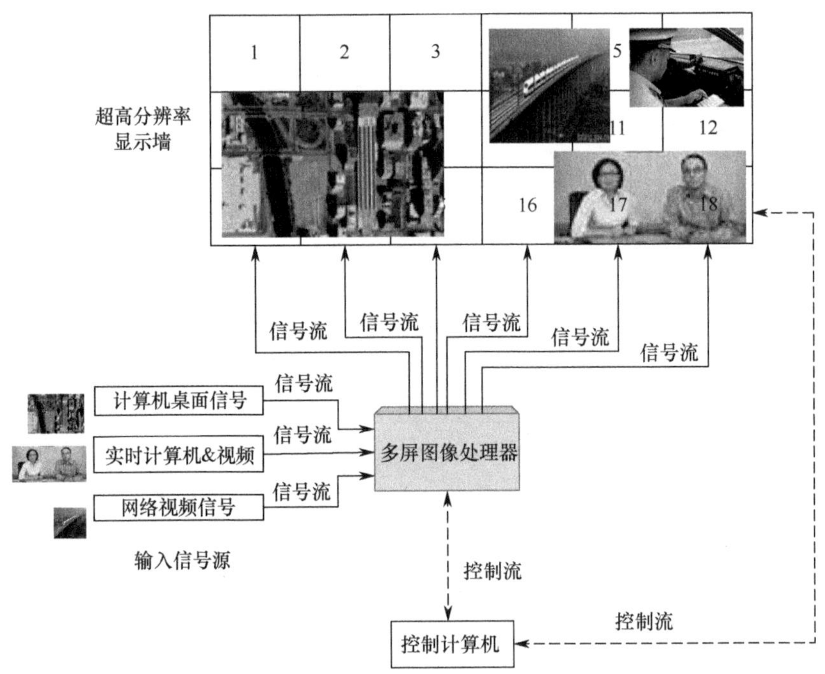

图 15-39 超高分辨率显示墙的系统架构图

由各个 DLP 投影显示单元按照行列矩阵进行拼接，可构成一个超高分辨率显示墙。例如，由 4 行 4 列矩阵的高清显示单元（1920×1080）可构成一个 8K 分辨率（7680×4320）超高清显示屏。DLP 投影显示单元由投影机和

投影屏幕组成，由投影屏幕和投影机共同决定显示设备的整体表现。投影机位于投影屏幕后方，将投影到屏幕上的图像的光线透过屏幕供观察者观看。DLP 投影显示单元是以 DMD 作为光阀成像器件的现代投影显示技术，其采用全数字化处理，具备高亮度、高对比度、高清晰度、精确的灰度和彩色再现能力及无缝的图像质量，是大屏幕系统中一个最理想的显示呈现方式。DLP 投影显示单元在原理结构上由光学引擎系统、机芯控制系统、主控系统、信号处理系统、光源驱动系统、散热系统和色彩采集管理系统等多个子系统组成，如图 15-40 所示。其中光学引擎系统包括光源、照明系统、DMD 芯片、投影透镜等部分。

在超大尺寸拼接显示技术中，显示色彩一致性、信号处理能力常常是系统的技术关键。

1. 显示色彩一致性

由于显示光源个体的光谱差异性，每个显示单元的颜色、亮度存在着较大差异，当这些显示单元拼接在一起后，就产生了拼接后的显示色彩不均匀、不一致性问题。

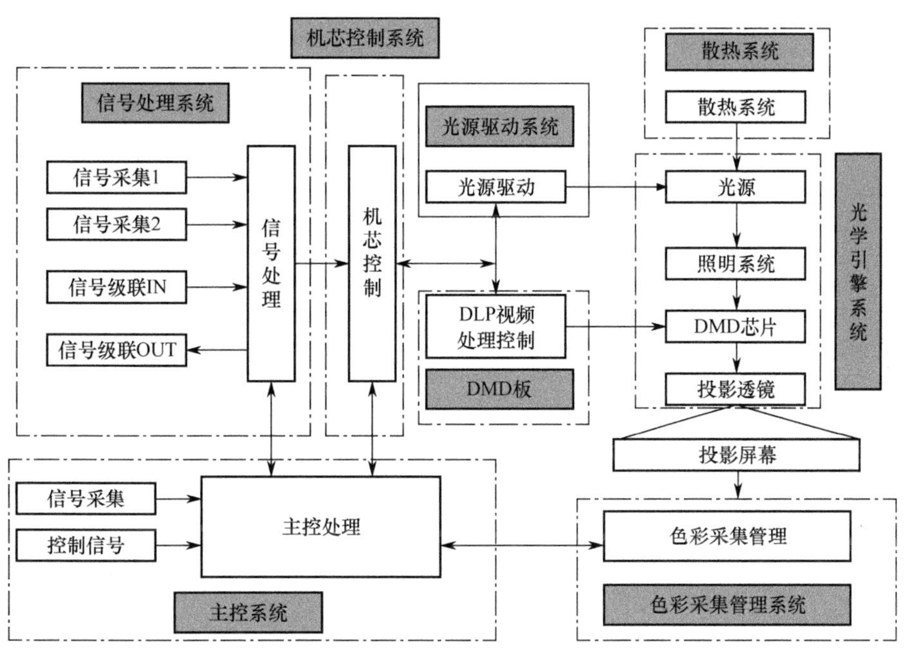

图 15-40　DLP 投影显示单元系统框图

为实现拼接系统中的显示色彩一致性，色彩采集管理系统是实现超大尺寸拼接显示技术的一个关键。色彩采集管理系统的技术原理如图 15-41 所示，通过高速高精度光学采集系统获取大屏幕原始亮度、颜色等光学参数，经过亮度、色度参数逐点数据处理软件平台处理，获得系统显示屏补偿校正参数，由逐像素亮度、色度校正参数平台对补偿参数进行管理，大屏幕显示系统根据校正参数控制各显示单元的显示画面，使多个单元组成的拼接显示系统中的每个单元的色度和亮度偏差变得非常小，以达到高分辨率拼墙显示系统颜色高度一致性的要求。色彩采集管理系统采用动态的闭环调节控制系统，来调整整个显示屏幕颜色及亮度的一致性。

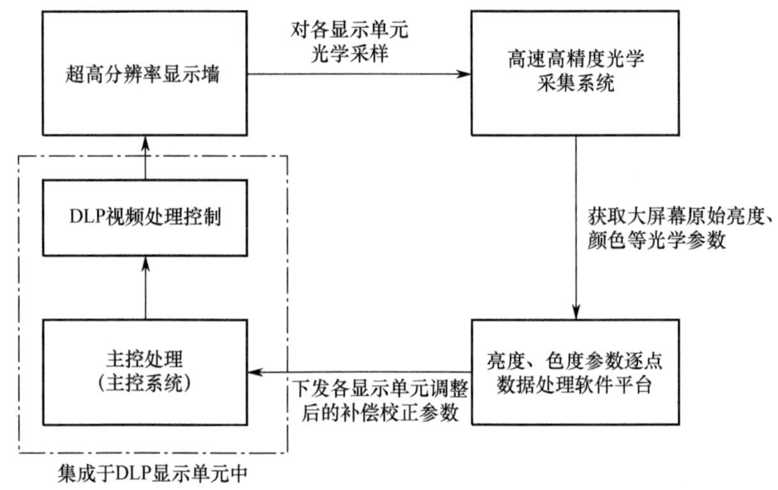

图 15-41　色彩采集管理系统的技术原理

2. 信号处理能力

信号处理能力是指系统画面更新速度、各显示设备间画面更新一致性。显示设备间画面更新一致性主要反映的是各显示设备间的同步性能，由于显示墙是由多个显示设备拼接而成的，各通道对画面内容显示帧处理的时间先后差异会影响到整个显示效果的一致性，特别是对于高速运动内容的视频窗口在显示通道间不同步时，即同步失配，会产生画面撕裂效应，如图 15-42 所示。

多屏图像处理器解决方案有采用计算机总线式平台架构、基于分布式并行架构、实时交换式硬件架构三种。

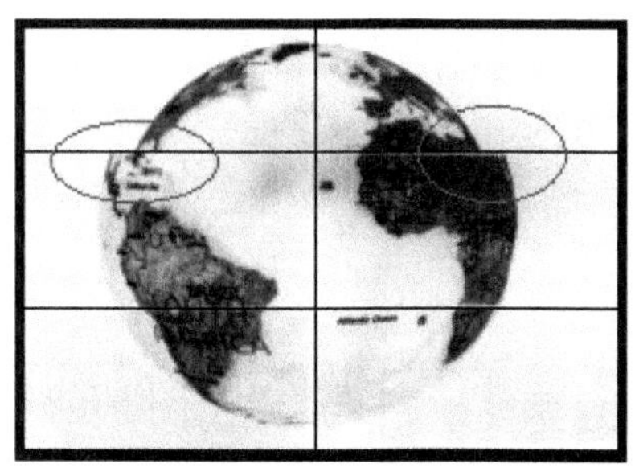

图 15-42　同步失配引起的画面撕裂效应

计算机总线式平台架构由计算机系统模块、PCI Express 交换模块、显示输出模块及图像采集模块等组成。外部信号源由图像采集模块进行实时采集，捕获的实时视频数据经计算机系统总线 PCI Express 输出到相应的显示输出模块进行缩放、叠加、合成等处理。

基于分布式并行架构的多屏图像处理器系统，主要由输入节点、显示节点、控制节点及系统网络等组成，且每个显示节点控制一个显示单元，如图 15-43 所示。输入节点采集外部信号源，编码成网络信号发送到每个显示节点解码显示。

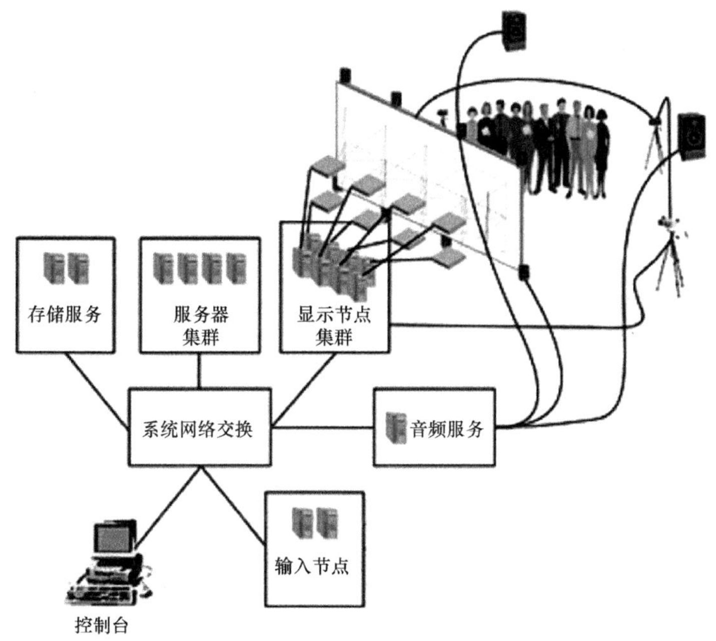

图 15-43　Princeton 团队的 DisplayWall 系统结构图

在实时交换式硬件架构中，外部视频信号源经信号采集模块归一化处理为高速串行视频流，由系统控制交换模块的视频信号交叉器实现系统内视频流的点对点无阻塞传输到指定图像叠加处理模块。实时交换式硬件架构如图 15-44 所示。

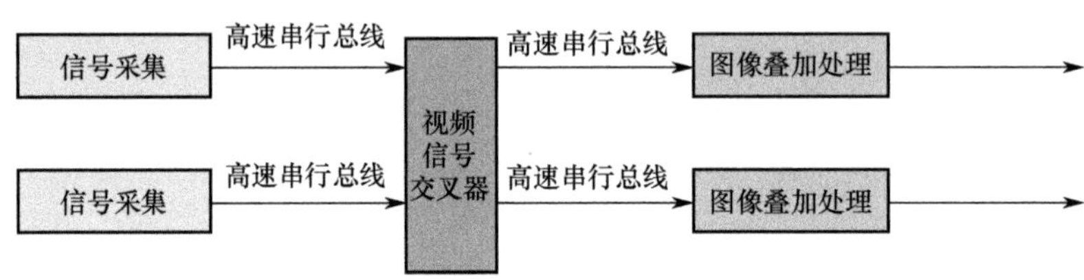

图 15-44 实时交换式硬件架构

在上述三种架构中，随着外部信号源数量的增加，多路信号源同时采集处理时，计算机总线式平台架构存在着数据交换瓶颈，会严重影响系统的处理性能，容易造成显示设备间画面更新不一致；基于分布式并行架构的多屏图像处理器系统，由于各个节点是通过网络编解码进行传输的，在处理性能上存在着较大的时延；在实时交换式硬件架构中，视频交换采用空分交换方式，系统的处理时延最小，实时显示效果较好，是目前多屏图像处理器的一种主流架构。

通过高分辨率投影显示单元、多屏图像处理器等关键子系统所构建的超大尺寸拼接显示屏幕系统，将前端的高清、超高清信号统一调度到超高分辨率大屏上集中显示，实现超高清智慧显示，未来将会在安防监控、智能交通、智慧城市、工业制造等重点领域应用发挥着更加重要的作用。

参考文献

[1] 刘旭，李海峰，现代投影显示技术[M]. 杭州：浙江大学出版社，2009.

[2] 李玉翔，姚建铨，蔡彬晶，等. 激光电视的研究进展及趋势分析[J]. 激光杂志，2007, 28(1): 1-2.

[3] 王延伟，毕勇，王斌，等. 大屏幕激光投影与激光电视[J]. 物理，2010, 39(4): 232-237.

[4] 许祖彦. 激光显示——新一代显示技术[J]. 激光与红外，2006, 36(B09): 737-741.

[5] 谭晓波. LCOS 投影显示技术专利现状[J]. 现代显示，2011, 124(5): 50-53.

[6] 汪百知. 激光显示：一次革命性的行业洗礼[J]. 高科技与产业化，2017: 74-77.

[7] 赵汉鼎. 投影式激光显示产业化配套现状与展望[J]. 电视技术，2013, 37(4): 10-12.

[8] 赵富宝, 武怀玉, 杨延宁. 浅析激光显示技术及其进展[J]. 现代显示, 2013: 27-30.
[9] 应根裕, 等. 平板显示应用技术手册[M]. 北京：电子工业出版社, 2007.
[10] 田志辉, 等. 基于 DLP 投影方式的激光显示系统[J]. 2007, 22(3): 315-319.
[11] 杨铁军. 产业专利分析报告——新型显示[M]. 北京：知识产权出版社, 2015.
[12] Laser display devices-Part 1-2: Terminology and letter symbols. IEC 62906-1-2.
[13] Laser display and devices-Part 5-2: Optical measuring methods of speckle. IEC 62906-5-2.
[14] Measuring method of visual quality display devices. IEC 62906-5-3.
[15] Measurement of optical performance for laser front projection display. IEC 62906-5-1.
[16] 2016 中国激光产业发展报告[R]. 中国科学院武汉文献情报中心, 1-29.
[17] 王延伟, 毕勇, 王斌, 等. 大屏幕激光投影与激光电视[J]. 物理, 2010, 39(4): 232-237.
[18] 刘英. 基于激光电视的色域扩展映射研究[D]. 济南：山东大学，2011.
[19] 张岳, 赫丽, 柳华, 等. 激光显示的原理和实现[J]. 光学精密工程，2006, 14(3): 402-405.
[20] 田志辉, 刘伟奇, 李霞, 等. 激光显示中散斑的减弱[J]. 光学精密工程, 2007, 15(9): 1366-1370.
[21] MOROVIC J, LUO M R. The fundamentals of gamut mapping: A survey[J]. Journal of Imaging Science and Technology, 2001, 45(3): 283-290.
[22] YUAN Y. Speckle Measurement, Evaluation and Reduction in Laser Display[D]. University of Chinese Academy of Sciences, 2019.
[23] IVERGARD T, HUNT B. Handbook of Control Room Design and Ergonomics(2nd Edition)[M]. 2009, CRC Press.
[24] 王文知, 井红旗, 祁琼, 等. 大功率半导体激光器可靠性研究和失效分析[J].发光学报, 2017, 38(2):165-169.
[25] 王狮凌, 房丰洲.大功率激光器及其发展[J].激光与光电子学进展, 2017, 54(9): 51-64.
[26] 刘建平, 杨辉.全球氮化镓激光器材料及器件研究现状[J].新材料产业, 2015(10): 44-48.
[27] 景明君. 基于 DLP 技术的背投显示拼接单元设计与实现[D]. 大连：大连理工大学, 2015.
[28] 马先. LED 光源 DLP 拼接墙色彩显示均匀性和一致性的研究与实现[D]. 广州: 华南理工大学, 2013.
[29] 莫志君, 张慧莉, 余松煜.基于 TI DLP 技术的投影机驱动电路设计和实现[J].光学仪器, 2009, 31(6):48-51.
[30] 汪琦. 基于三色 LED 光源的投影系统研究[D]. 大连：大连理工大学, 2011.

[31] 邱崧. 基于 LED 光源的 DLP 投影系统的研究[D]. 上海：华东师范大学, 2007.

[32] 梁传样. 激光投影显示光学系统关键技术研究[D]. 长春：中国科学院长春光学精密机械与物理研究所, 2017.

[33] 李海青. 基于激光光源投影机关键技术的开发和研制[D]. 成都：电子科技大学, 2010.

[34] LI K, CHEN H, CHEN Y, et al. Building and Using A Scalable Display Wall System[J]. Computer Graphics and Applications, IEEE, 2000, 20(4): 29-37.

[35] FREUND I, GOODMAN J W. Speckle Phenomena in Optics: Theory and Applications[J]. Journal of Statistical Physics, 2008, 130(2):413-414.

[36] KUBOTA S. Simulating the human eye in measurements of speckle from laser-based projection displays[J]. Applied Optics, 2014, 53(17):3814-3820.

[37] YUAN Y, FANG T, SUN M Y, et al. Speckle measuring instrument based on biological characteristics of the human eyes and speckle reduction with advanced electromagnetic micro-scanning mirror[J]. Laser Physics, 2018, 28:075002.

[38] ARTAL P . The Eye as an Optical Instrument[M]. Berlin : Springer International Publishing, 2016.

[39] WESTHEIMER G. Image Quality in the Human Eye[J]. Optica Acta International Journal of Optics, 1970, 17(9):641-658.

[40] GOODMAN J W. Introduction to Fourier optics[M]. Roberts and Company Publishers, 2005.

[41] 吕乃光, 傅里叶光学[M]. 北京：机械工业出版社, 2011.

[42] HUANG W, LI F, CHANG H, et al. P-171: Speckle Simulation in Laser Scanning Display System[J]. SID Symposium Digest of Technical Papers, 2009, 40(1):1763-1765.

[43] YUAN Y, BI Y, SUN M Y, et al. Speckle evaluation in laser display: From speckle contrast to speckle influence degree[J]. Opt. Commun, 2020, 454(5):124405.

[44] WANG L, TSCHUDI T, HALLDORSSON T, et al. Speckle reduction in laser projection systems by diffractive optical elements[J]. Applied optics, 1998, 37(10): 1770-1775.

[45] ELBAUM M, GREENEBAUM M, KING M. A wavelength diversity technique for reduction of speckle size[J]. Optics Communications, 1972, 5(3): 171-192.

[46] YUAN Y, WANG D, ZHOU B, et al. High luminous fluorescence generation using Ce:YAG transparent ceramic excited by blue laser diode[J]. Optical Materials Express, 2018, 8(9): 2760-2767.

[47] TONG Z, SHEN W, SONG S, et al. Combination of micro-scanning mirrors and multi-mode fibers for speckle reduction in high lumen laser projector applications[J]. Opt Express, 2017, 25(4): 3795-3804.

[48] AKRAM M N, TONG Z M, OUYANG G M, et al. Laser speckle reduction due to

spatial and angular diversity introduced by fast scanning micromirror[J]. Applied Optics, 2010, 49(17): 3297-3304.

[49] RIECHERT F, BASTIAN G, LEMMER U. Laser speckle reduction via colloidal-dispersion-filled projection screens[J]. Applied optics, 2009, 48(19): 3742-3749.

[50] TU S Y, LIN H Y, LIN M C. Efficient speckle reduction for a laser illuminating on a micro-vibrated paper screen[J]. Applied optics, 2014,53(22): E38-E46.

[51] YUAN Y, BI Y, SUN M Y, et al. Quantification of the effects of time-varying speckle patterns on speckle images using a modified speckle influence degree method[J]. Opt. Commun., 2020, 463: 125368.

[52] YUAN Y, WANG D, WANG D, et al. Influence and evaluation of vibrating screen methods on subjective speckle reduction[J]. Proc. SPIE, 2019, 11023: 110234A.

反侵权盗版声明